普通高等教育艺术设计类专业“十二五”规划教材
计算机软件系列教材

3ds max 建模与动画

(第二版)

主　编　彭国安　李　蕾　左　堃
副主编　李　垠　景永霞　庚　坤　廖国良
参　编　彭　舸　白　翔　彭丽桐　葛　立
　　　　刘　霜　葛晓宇　葛　辉

华中科技大学出版社
中国·武汉

内 容 简 介

本书分为 2 篇，共 16 章。第 1 篇“3ds max 建模”包含 9 章，主要内容是 3ds max 9 的界面、3ds max 9 的常用操作、几何体与建模、曲线与建模、修改器与建模、复合对象与建模、灯光与摄影机、材质与贴图、后期制作。第 2 篇“3ds max 动画”包含 6 章，主要内容是关键帧动画、约束动画与控制器动画、reactor 对象与动画、粒子系统与动画、空间扭曲与动画、二足角色与动画。最后一章(第 16 章“3ds max 实训”)介绍了 16 个实训实例。

图书在版编目(CIP)数据

3ds max 建模与动画/彭国安，李蕾，左堃主编. —2 版. —武汉：华中科技大学出版社，2014. 6
ISBN 978-7-5680-0175-5

Ⅰ. ①3…　Ⅱ. ①彭…　②李…　③左…　Ⅲ. ①三维动画软件　Ⅳ. ①TP391. 41

中国版本图书馆 CIP 数据核字(2014)第 135889 号

3ds max 建模与动画(第二版)　　　彭国安　李　蕾　左　堃　主编

策划编辑：谢燕群
责任编辑：熊　慧
封面设计：刘　卉
责任校对：周　娟
责任监印：周治超
出版发行：华中科技大学出版社(中国・武汉)
　　　　　武昌喻家山　　邮编：430074　　电话：(027)81321913
录　　排：华中科技大学惠友文印中心
印　　刷：湖北新华印务有限公司
开　　本：787mm×1092mm　1/16
印　　张：24
字　　数：600 千字
版　　次：2012 年 8 月第 1 版　2019 年 1 月第 2 版第 4 次印刷
定　　价：48.00 元

前　　言

3ds max 是 Autodesk 公司旗下 Discreet 公司开发出来的一款三维动画制作软件。该软件具有强大的三维建模功能和强大的三维动画制作功能。自然界的物体纷繁复杂，运动千变万化。无论何种物体、何种运动都能用 3ds max 模拟出来。即使是自然界中不存在的物体和运动，只要你想得到的，都能用 3ds max 实现。用这个软件制作的三维效果图和动画，无论是外形、材质、灯光还是运动形态都可以达到以假乱真的程度。

3ds max 的奇特功能使得它在建筑效果图制作、室内装饰效果图设计、动画片制作、游戏开发、网页制作、电影特技和电影片头制作、三维广告制作及其他很多领域都得到了广泛应用。国内目前学习、使用人数最多的三维动画软件非 3ds max 莫属了。

3ds max 已相继推出较高版本。但考虑到很多学校的教学情况，以及某些个人由于某些原因，现在依然使用 3ds max 9 版本，因此，编者选择了 3ds max 9 编写本书。3ds max 9 与前三个版本界面布局相近，而功能最好。更高的版本界面布局有些变化，但功能提高并不多。

本书的特点主要体现在以下几个方面。

第一，本书采用理论与实例相结合的方法，全面、系统地介绍了 3ds max 9 的建模和动画制作思路与方法。为了配合 3ds max 和多媒体应用技术的教学，编者创建了一个百家动漫网站，网址是：http://61.183.139.120:99/bjdm/ 。网站的“图像处理”栏目提供了书中所用到的背景图像和贴图图像。“秀动画”栏目收集了绝大部分动画实例。在“制作效果图”栏目里可以看到多数实例中的效果图。“毕业设计”栏目选登了部分学生毕业设计的作品。实例教案放在“草根讲坛”栏目中。除此以外，网站还包含很多图像处理、二维动画等方面的内容。网站给老师的教学和学生的学习带来了极大的方便。欢迎使用本书的同人参与本书的修改和百家动漫网站的建设。有关事宜可以通过 QQ（2583605069）和我联系。

第二，本书语言精练，通俗易懂，大量有趣、与生活贴近、难度适中的实例对于掌握全书内容和破解难点极有帮助。

第三，软件中的所有专业名词均采用中英文对照，从而在中、英文界面之间起到了很好的桥梁作用。

本书特别适合做本、专科教材，对于自学者也是不错的选择。

全书由彭国安、武昌理工学院的李蕾和左堃主持编写。第 1~6 章由李蕾编写，第 7~12 章由左堃编写，第 13~16 章由李垠、景永霞、廖国良、庾坤编写；彭舸、白翔、彭丽桐参加了第 1~8 章的编写，葛立、刘霜、葛晓宇参加了第 9~16 章的编写，葛辉负责全书的语法修改。

感谢各位专家、学者对编写本书的支持，欢迎对书中的谬误和不足之处予以指正。

彭国安
百家动漫网址：
http://61.183.139.120:99/bjdm/
2014 年 3 月

目　录

第 1 篇　3ds max 建模 …… 1

第 1 章　3ds max 9 的界面 …… 2

1.1　3ds max 9 的界面 …… 2

1.2　界面的设置 …… 5

1.2.1　重置界面 …… 5

1.2.2　如何恢复系统默认的界面设置 …… 6

1.3　3ds max 9 的视口配置 …… 6

1.3.1　重新布局视口 …… 7

1.3.2　视图的选择 …… 7

1.3.3　视图中对象的显示 …… 7

1.3.4　显示栅格 …… 9

1.3.5　安全框 …… 9

1.3.6　3ds max 9 的单位设置 …… 10

1.4　3ds max 9 视图的控制 …… 10

思考题 …… 11

第 2 章　3ds max 9 的常用操作 …… 13

2.1　设置背景 …… 13

2.1.1　设置单色渲染输出背景颜色 …… 13

2.1.2　设置图像渲染输出背景 …… 14

2.1.3　设置 Viewport Background(视口背景) …… 15

2.2　渲染输出 …… 17

2.2.1　渲染输出效果图 …… 17

2.2.2　渲染输出动画 …… 18

2.3　选择对象 …… 18

2.3.1　Selection Filter(选择过滤器) …… 19

2.3.2　Select Object(选择对象)按钮 …… 19

2.3.3　Selection Region(选择区域) …… 20

2.3.4　Window/ Crossing(窗口/交叉)按钮 …… 21

2.3.5　Select by Name(按名称选择)按钮 …… 21

2.3.6　Selection Lock Toggle(选择锁定切换)按钮 …… 23

2.3.7　Isolate Selection(孤立当前选择)命令 …… 23

2.3.8　Hide Selection(隐藏当前选择)命令与 Unhide All(全部取消隐藏)命令 …… 23

2.3.9　Freeze Selection (冻结当前选择)命令与 Unfreeze All(全部解冻)命令 …… 23

2.4 如何同时显示曲面的正、反两面 …… 24
2.4.1 对视口设置强制双面 …… 24
2.4.2 渲染输出时设置强制双面 …… 24
2.5 变换对象 …… 25
2.5.1 移动对象 …… 25
2.5.2 旋转对象 …… 26
2.5.3 缩放对象 …… 28
2.5.4 定量变换对象 …… 31
2.6 对象的链接 …… 33
2.6.1 Select and link(选择并链接) …… 33
2.6.2 Unlink Selection(取消选择的链接) …… 33
2.7 对齐对象 …… 34
2.7.1 Align(对齐)对象 …… 34
2.7.2 Quick Align(快速对齐) …… 36
2.7.3 Align to View(对齐到视图) …… 36
2.7.4 Normal Align(法线对齐) …… 37
2.8 对 Group(组)的操作 …… 38
2.8.1 Group(组合) …… 39
2.8.2 Ungroup(撤销组) …… 39
2.8.3 Open(打开)组 …… 40
2.8.4 Close(关闭)组 …… 40
2.8.5 Detach(分离) …… 40
2.8.6 Attach(添加) …… 40
2.8.7 Explode(炸开) …… 40
2.8.8 Assembly(集合) …… 40
2.9 变换中心 …… 42
2.9.1 变换中心的选择 …… 42
2.9.2 轴心点的移动 …… 43
2.10 3ds max 9 的坐标系统 …… 44
2.11 复制对象 …… 45
2.11.1 变换复制 …… 45
2.11.2 Edit(编辑)菜单的 Clone(克隆)命令复制 …… 48
2.11.3 Mirror(镜像)复制 …… 49
2.11.4 Array(阵列)复制 …… 50
2.11.5 Snapshot(快照)复制 …… 54
2.11.6 Spacing Tool(间隔工具)复制 …… 55
2.11.7 Clone and Align(克隆并对齐)复制 …… 57
思考题 …… 59

第 3 章　几何体与建模……60
3.1　创建对象与修改对象参数……60
3.1.1　Create(创建)命令面板与 Create(创建)菜单……60
3.1.2　修改已创建对象的参数和选项……61
3.2　标准基本体与扩展基本体的创建……61
3.2.1　Object Type(对象类型)卷展栏……61
3.2.2　Name and Color(名称和颜色)卷展栏……62
3.2.3　Creation Method(创建方法)卷展栏……63
3.2.4　Keyboard Entry(键盘输入)卷展栏……64
3.3　几个基本体的创建……65
3.3.1　创建 Tube(管状体)……65
3.3.2　创建 Hose(软管)……66
3.4　创建 AEC Extended(AEC 扩展)对象……72
3.4.1　Foliage(植物)……72
3.4.2　Railing(栏杆)……73
3.4.3　Wall(墙)……74
3.5　创建门窗与楼梯……75
3.5.1　Doors(门)……75
3.5.2　Windows(窗)……76
3.5.3　如何将门和窗嵌到墙上……76
3.5.4　Stairs(楼梯)……77
3.6　创建 Patch Grids(面片栅格)……78
思考题……79
第 4 章　曲线与建模……81
4.1　创建 Splines(样条线)……81
4.1.1　“对象类型”卷展栏……81
4.1.2　Rendering(渲染)卷展栏……82
4.1.3　Interpolation(插值)卷展栏……84
4.1.4　Keyboard Entry(键盘输入)卷展栏……84
4.2　创建样条线实例……85
4.2.1　创建 Line(直线)……85
4.2.2　创建 Helix(螺旋线)……86
4.2.3　创建 Text(文本)……87
4.2.4　创建 Circle(圆)和 Donut(圆环)……88
4.3　Extended Splines(扩展样条线)……90
4.4　修改 Splines(样条线)……91
4.5　创建和修改 NURBS Curves(NURBS 曲线)……105
4.5.1　创建 NURBS 曲线……105

4.5.2 修改 NURBS 曲线 ······ 107
4.5.3 NURBS Creation Toolbox(NURBS 创建工具箱) ······ 109
4.5.4 使用 NURBS 创建工具箱创建点和曲线 ······ 109
4.5.5 使用 NURBS 创建工具箱创建曲面 ······ 113
思考题 ······ 126
第 5 章 修改器与建模 ······ 128
5.1 修改器堆栈及其管理 ······ 128
5.2 对曲线的修改 ······ 129
5.2.1 Extrude(挤出) ······ 129
5.2.2 Lathe(车削) ······ 130
5.2.3 Bevel(倒角) ······ 131
5.2.4 CrossSection(横截面)与 Surface(曲面) ······ 132
5.2.5 Path Deform(路径变形)(WSM) ······ 133
5.3 对曲面的修改器 ······ 135
5.3.1 Surface Deform(曲面变形)(WSM) ······ 135
5.3.2 Surface Deform(曲面变形) ······ 136
5.3.3 Patch Deform(面片变形)与 Patch Deform(面片变形)(WSM) ······ 137
5.3.4 Symmetry(对称) ······ 138
5.3.5 Edit Mesh(编辑网格) ······ 139
5.3.6 Edit Poly(编辑多边形) ······ 141
5.4 几何体的修改器 ······ 147
5.4.1 FFD(自由变形) ······ 147
5.4.2 Lattice(晶格) ······ 148
5.4.3 Mesh Smooth(网格平滑) ······ 149
5.4.4 Mirror(镜像) ······ 150
5.4.5 Ripple(涟漪) ······ 151
5.4.6 Squeeze(挤压) ······ 152
5.4.7 Stretch(拉伸) ······ 153
5.4.8 Twist(扭曲) ······ 153
5.4.9 Shell(壳) ······ 154
5.4.10 Bend(弯曲) ······ 155
5.5 其他修改器 ······ 157
5.5.1 Skin(蒙皮) ······ 157
5.5.2 Skin Morph(蒙皮变形) ······ 160
5.5.3 Hair and Fur(WSM)(毛发和毛皮(WSM)) ······ 162
思考题 ······ 163
第 6 章 复合对象与建模 ······ 165
6.1 Scatter(离散) ······ 165

6.2 Connect(连接) …… 166
6.3 ShapeMerge(形体合并) …… 167
6.3.1 功能与参数 …… 167
6.3.2 使用形体合并将图形和网格对象合并的操作步骤 …… 167
6.4 Boolean(布尔运算) …… 168
6.4.1 功能与参数 …… 168
6.4.2 布尔运算的操作步骤 …… 169
6.5 Terrain(地形) …… 172
6.5.1 功能与参数 …… 172
6.5.2 创建地形的操作步骤 …… 172
6.6 Loft(放样) …… 173
6.6.1 功能与参数 …… 173
6.6.2 用放样创建相同截面复合对象的操作步骤 …… 173
6.6.3 用放样创建多截面复合对象的操作步骤 …… 174
6.6.4 修改放样复合对象 …… 175
思考题 …… 178
第 7 章 灯光与摄影机 …… 179
7.1 灯光概述 …… 179
7.2 Standard(标准)灯光 …… 179
7.2.1 Target Spot(目标聚光灯) …… 179
7.2.2 Free Spot(自由聚光灯) …… 188
7.2.3 Omni(泛光灯) …… 189
7.2.4 Skylight(天光) …… 189
7.3 Photometric(光度学)灯光 …… 190
7.3.1 IES Sun(IES 太阳光) …… 191
7.3.2 Free Linear(自由线光源) …… 191
7.4 摄影机 …… 192
7.4.1 TargetCamera(目标摄影机) …… 193
7.4.2 FreeCamera(自由摄影机) …… 193
7.4.3 将摄影机与对象对齐 …… 193
7.4.4 使用摄影机创建动画 …… 194
思考题 …… 196
第 8 章 材质与贴图 …… 198
8.1 材质与贴图概述 …… 198
8.2 Material Editor(材质编辑器) …… 198
8.2.1 示例窗口 …… 199
8.2.2 材质编辑工具栏 …… 200
8.2.3 Material/Map Browser(材质/贴图浏览器) …… 201

8.3 材质 …… 202
8.3.1 标准材质 …… 202
8.3.2 Blend(混合)材质 …… 204
8.3.3 Composite(合成)材质 …… 206
8.3.4 Double-Sided(双面)材质 …… 208
8.3.5 Multi/Sub-Object(多维/子对象)材质 …… 209
8.3.6 Architectural(建筑)材质 …… 211
8.3.7 Raytrace(光线跟踪)材质 …… 211
8.3.8 Matte/Shadow(不可见/投影)材质 …… 213
8.4 贴图 …… 214
8.4.1 贴图概述 …… 214
8.4.2 “贴图”卷展栏详述 …… 217
8.4.3 二维贴图 …… 223
8.4.4 三维贴图 …… 228
思考题 …… 230
第 9 章 后期制作 …… 232
9.1 用 Environment(环境)选项卡制作环境效果 …… 232
9.2 用 Effects(效果)选项卡制作场景特效 …… 236
9.2.1 Lens Effects(镜头效果) …… 236
9.2.2 Depth of Field(景深)效果 …… 239
9.3 Merge(合并)场景 …… 239
9.4 Advanced Lighting(高级照明) …… 240
9.4.1 Light Tracer(光跟踪器) …… 241
9.4.2 Radiosity(光能传递) …… 242
9.5 Import(导入)文件 …… 244
9.6 使用 Photoshop 进行图像处理 …… 245
9.7 制作多媒体文件 …… 246
思考题 …… 250
第 2 篇 3ds max 动画 …… 251
第 10 章 关键帧动画 …… 252
10.1 使用动画控制区创建动画 …… 252
10.1.1 动画控制区 …… 252
10.1.2 创建关键帧动画 …… 255
10.1.3 删除动画 …… 256
10.2 Motion(运动)命令面板 …… 257
10.2.1 Parameters(参数) …… 257
10.2.2 Trajectories(轨迹) …… 258

10.3 Track View-Curve Editor(轨迹视图-曲线编辑器) …… 258
10.4 通过修改参数创建动画 …… 260
10.4.1 通过变形放样对象创建动画 …… 260
10.4.2 通过修改火参数创建动画 …… 260
10.4.3 通过修改雾参数创建动画 …… 262
10.4.4 通过修改曲线变形(WSM)修改器参数创建动画 …… 263
思考题 …… 264
第 11 章 约束动画与控制器动画 …… 266
11.1 Path Constraint(路径约束)动画 …… 266
11.2 Surface Constraint(曲面约束)动画 …… 267
11.3 Look-At Constraint(注视约束)动画 …… 269
11.4 Orientation Constraint(方向约束)动画 …… 269
11.5 Position Constraint(位置约束)动画 …… 270
11.6 Attachment Constraint(附着约束)动画 …… 271
11.7 Spring Controller(弹力控制器) …… 272
11.8 Noise Controller(噪波控制器) …… 274
思考题 …… 275
第 12 章 reactor 对象与动画 …… 276
12.1 Create Rigid Body Collection(创建刚体类对象) …… 276
12.2 Create Cloth Collection(创建布料类对象) …… 278
12.3 Create Soft Body Collection(创建柔体类对象) …… 279
12.4 Create Rope Collection(创建绳索类对象) …… 279
12.5 Create Deforming Mesh Collection(创建变形网格类对象) …… 281
12.6 Create Plane(创建平面) …… 282
12.7 Create Spring(创建弹簧) …… 283
12.8 Create Linear Dashpot(创建直线缓冲器) …… 284
12.9 Create Motor(创建发动机) …… 285
12.10 Create Wind(创建风) …… 286
12.11 Create Toy Car(创建玩具汽车) …… 288
12.12 Create Water(创建水) …… 289
思考题 …… 290
第 13 章 粒子系统与动画 …… 291
13.1 Spray(喷射) …… 291
13.2 Snow(雪) …… 292
13.3 Blizzard(暴风雪) …… 293
13.4 PCloud(粒子云) …… 293
13.5 PArray(粒子阵列) …… 295
13.6 Super Spray(超级喷射) …… 295

思考题 …… 296

第 14 章　空间扭曲与动画 …… 297

14.1　概述 …… 297

14.2　Forces(力)空间扭曲 …… 297

14.2.1　Vortex(旋涡) …… 297

14.2.2　Path Follow(路径跟随) …… 298

14.2.3　Displace(置换) …… 299

14.2.4　Gravity(重力) …… 300

14.2.5　Wind(风) …… 301

14.3　Deflectors(导向器)空间扭曲 …… 302

14.3.1　导向板导向器 …… 302

14.3.2　导向球导向器 …… 304

14.3.3　通用导向器 …… 305

14.4　Geometric/Deformable(几何/可变形)空间扭曲 …… 306

思考题 …… 308

第 15 章　二足角色与动画 …… 309

15.1　创建二足角色 …… 309

15.2　足迹动画 …… 309

15.2.1　使用足迹模式创建足迹 …… 310

15.2.2　创建足迹动画 …… 310

15.2.3　体型模式 …… 312

15.3　创建二足角色复杂动画 …… 313

15.4　Bones(骨骼) …… 314

15.4.1　创建 Bones(骨骼) …… 314

15.4.2　创建骨骼分支 …… 315

15.4.3　正向运动学和反向运动学 …… 315

15.4.4　使用 IK 解算器创建反向运动学系统 …… 316

15.4.5　渲染骨骼 …… 317

15.4.6　制作角色动画 …… 317

思考题 …… 320

第 16 章　3ds max 实训 …… 321

实训 1　象棋残局博弈——在露天体育场下棋 …… 321

实训 2　飞机表演动画 …… 325

实训 3　制作楼房室外效果图 …… 326

实训 4　制作室内效果图 …… 333

实训 5　掷骰子 …… 351

实训 6　魔术表演 …… 352

实训 7　创建轧制钢轨的效果图和动画 …… 354

实训 8　制作龙喷水动画……358
实训 9　创建刚体类对象——篮球坠落楼梯上……359
实训 10　创建水……360
实训 11　地雷爆炸……361
实训 12　给粒子贴图创建仙女散花……362
实训 13　用暴风雪粒子系统创建草原上的雄鹰……363
实训 14　用放样创建一段人行道护栏……364
实训 15　用标准材质创建落日……365
实训 16　用混合材质制作一页小猫图像的相册……366

第 1 篇

3ds max 建模

3ds max 的功能概括起来包括创建模型和创建动画两个方面。创建模型也简单地称为建模。建模是最基本的，也是最重要、最复杂的。自然界中的物体，无论是有生命的还是无生命的，都千差万别，要将其形状、神态、材质、纹理、颜色、光泽等方面都模拟出来，是非常费时、费事的。对于创建动画，建模非常关键。模型创建得不得体，即使动画创建出来了，也不会有好的效果。

本篇将介绍 3ds max 的界面和常用操作、几何体与建模、曲线与建模、修改器与建模、复合对象与建模、灯光与摄影机、材质与贴图、后期制作等内容。

第 1 章　3ds max 9 的界面

本章介绍 3ds max 9 主界面的组成及如何设置主界面。3ds max 9 的建模和创建动画主要是在主界面内完成的。熟悉 3ds max 9 界面内各元素的位置和主要功能，掌握设置和调整界面的常用操作是非常必要的。初学者由于刚接触 3ds max 9，对于那些前后有关联的内容学起来会感觉困难，因此建议在深入学习的过程中，根据需要逐步掌握这些知识。

1.1　3ds max 9 的界面

3ds max 9 的界面如图 1-1 所示。它由标题栏、菜单栏、主工具栏、命令面板、视图控制区、动画控制区、时间标尺和时间滑动块、max 脚本信息栏、状态栏、提示栏、reactor 工具栏和视图区等组成。

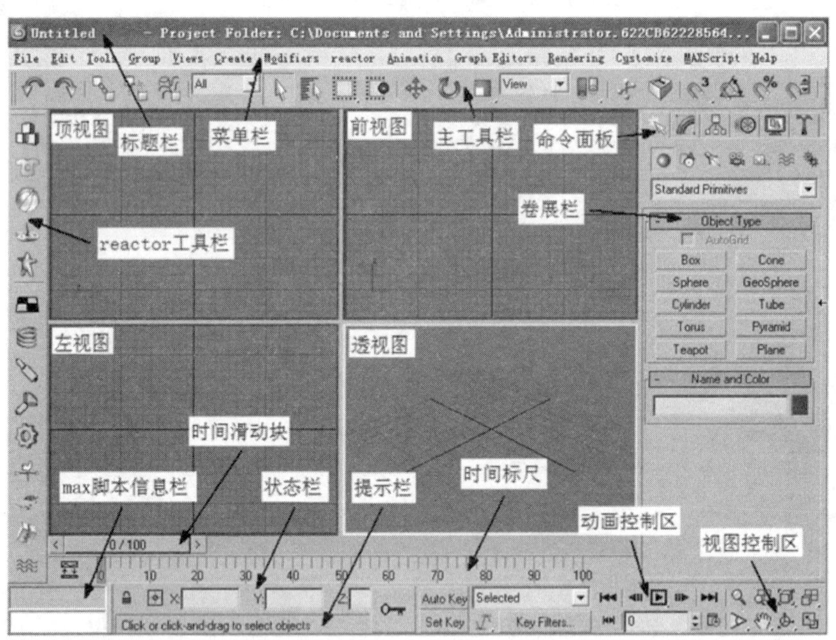

图 1-1　3ds max 9 的界面

标题栏和菜单栏完全采用 Windows 风格。3ds max 9 的菜单包括主菜单和快捷菜单。主菜单中的菜单有 File(文件)、Edit(编辑)、Tools(工具)、Group(组)、Views(视图)、Create(创建)、Modifiers(修改器)、reactor(反应器)、Animation(动画)、Graph Editors(图形编辑)、Rendering(渲染)、Customize(自定义)、MAXScript(脚本语言)和 Help(帮助)。

工具栏有 Main Toolbar(主工具栏)、reactor 工具栏、Layers(层)工具栏、Extras(附加)工具栏、Render Shortcuts(渲染快捷方式)工具栏、Axis Constraints(轴约束)工具栏和 Snaps(捕

捉)工具栏等。

前两个工具栏已显示在默认界面中。若要显示其他隐藏的工具栏，就将鼠标指针(以下简称指针)指向任何一个工具栏的空白处，待指针变成手形后，右击会弹出一个快捷菜单，如图 1-2 所示。

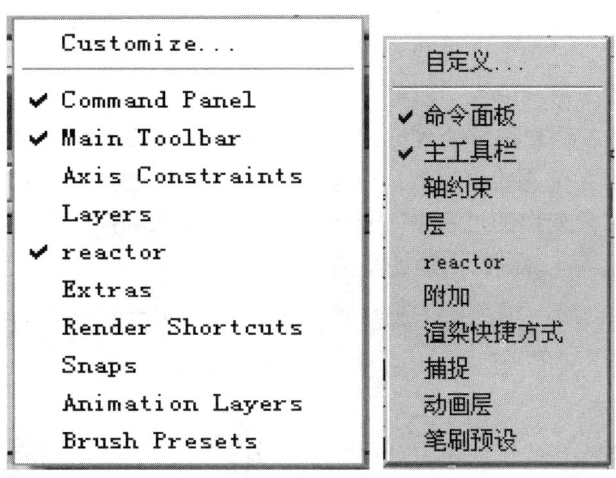

图 1-2　选择工具栏的快捷菜单

这些快捷菜单对应的工具栏如图 1-3 所示。

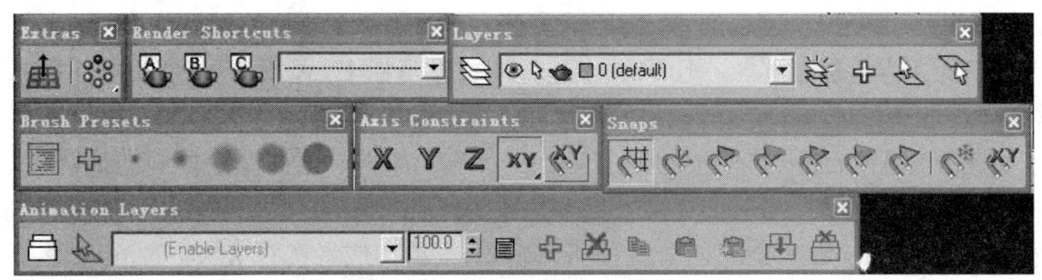

图 1-3　未显示在默认界面中的工具栏

主工具栏主要包含一些操作频率较高的按钮。因按钮太多，故有一部分按钮未显示出来。只要将指针指向主工具栏空白处，待指针变成手形后左右拖动，就能显示出不在界面内的按钮。

将指针指向主工具栏的最左端，待变成形后拖动，能使主工具栏变成浮动工具栏或停靠在窗口的其他边缘旁。

对 reactor 工具栏也可进行与主工具栏相应的操作。

工具栏中有的按钮右下角有一个由黑白两色构成的小三角形标记，这表示该按钮是一个按钮组。将指针指向这样的按钮，按住左键不放就能展开按钮组；滑到要选择的按钮上放开就能选定该按钮。

命令面板上有六个按钮，每个按钮代表一个面板。这六个按钮是 Create(创建)、 Modify(修改)、 Hierarchy(层次)、 Motion(运动)、 Display(显示)和 Utilities(工具)。

有的命令面板要显示的内容比较多，可分成多个子面板。一个子面板按照功能分类，还可能包含多个卷展栏。单击卷展栏标题框左端的+或−号，可以展开或卷起卷展栏。将指针指向命令面板空白处，待变成手形后，可以按住左键上下拖动命令面板。将指针指向命令面板标题上边缘或下边缘处，待变成形后，按住左键拖动，可以使其浮动或停放在窗口别的边缘处。

有时可能误操作，使得命令面板被隐藏而无法使用。这时只要在快捷菜单中重新勾选命令面板命令项，就会显示出命令面板。

状态栏显示当前视图和指针的状态，如图 1-4 所示。未选定视图中的对象时，坐标显示区显示视图中指针所在位置的坐标值；选定了对象但未作对象变换时，显示选定对象当前的坐标值；在进行对象变换的过程中，显示当前的变换值；在选择一种变换后，若输入新的坐标值，按回车键就能得到给定值的变换。

选择了 1 个 对象　X: 102.577　Y: 245.058　Z: -34.189　栅格 = 10.0

图 1-4　状态栏

状态栏中还有两个按钮，一个是“锁定选择对象”按钮，另一个是“变换输入模式”按钮。单击Selection Lock Toggle(锁定选择对象)按钮后，不能再选定其他对象，也不能取消已有的选择。“变换输入模式”按钮有两种：单击Absolute Mode Transform Type-In(绝对模式变换输入)按钮，在这种模式下，输入的值是变换的绝对值；单击Offset Mode Transform Type-In(偏移模式变换输入)按钮，在这种模式下，输入的值是变换的相对偏移量。

状态栏的下方是提示栏，在用户操作过程中，提示栏中会显示下一步的操作提示。

MAXScript 信息栏显示当前操作的脚本信息，如图 1-5(a)所示。MAXScript 信息栏的上、下两行对应于 MAXScript Listener(MAXScript 侦听器)的上、下两个区域中的最后一行，如图 1-5(b)所示。要打开 MAXScript Listener(MAXScript 侦听器)，可以右击 MAXScript 信息栏，选择 Open Listener Window(打开侦听器窗口)菜单，或者选择 MAXScript(脚本语言)菜单，选择 MAXScript Listener(MAXScript 侦听器)命令。选择 MacroRecorder(宏录制器)菜单，单击 Enable(启用)命令，就能将操作对应的 MAXScript 信息录制下来。录制的宏可以保存为文件。运行录制的宏文件，可以重复宏中全部操作。

move $ [35.841,0,0]
欢迎使用 MAXScript.

(a)

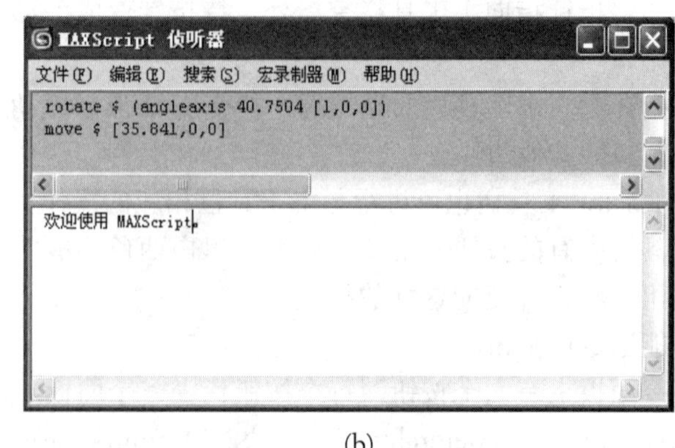

(b)

图 1-5　MAXScript 信息栏和 MAXScript 侦听器

关于菜单栏、工具栏、命令面板和其他界面元素的详细功能和操作，将在后续各章节中陆续介绍。

3ds max 9 的首选项是可以由用户设置的。方法是选择 Customize(自定义)菜单，选择首选项命令，就会打开“首选项设置”对话框，如图 1-6 所示。如要增大撤销的最多次数，则只要将场景撤销的级别数加大就可以了。

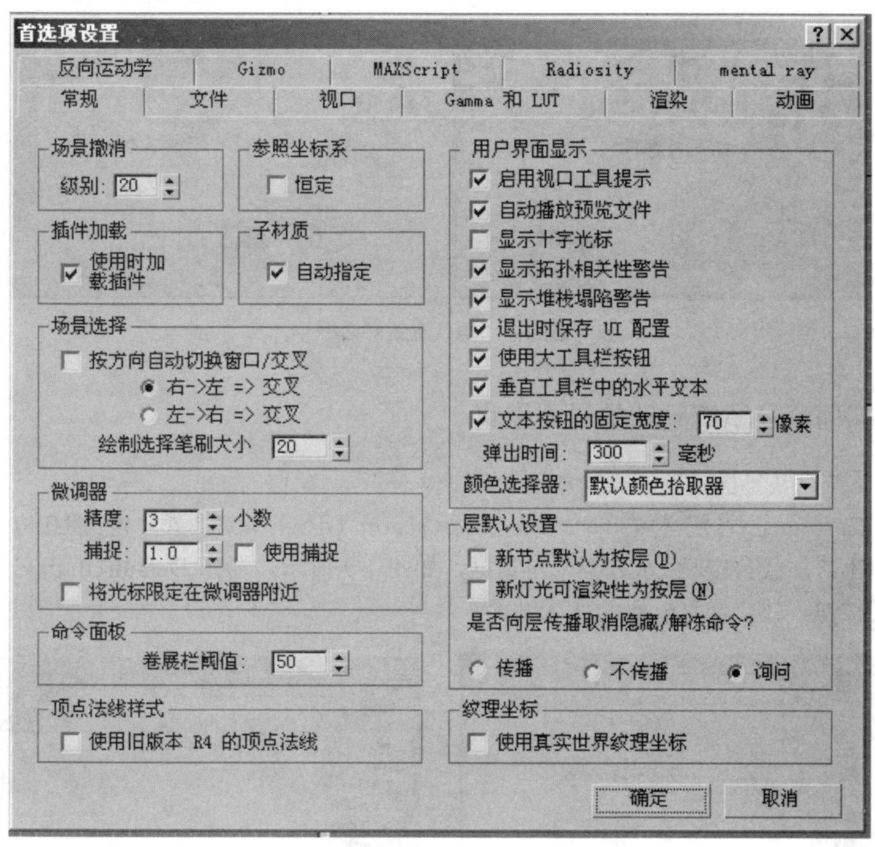

图 1-6　“首选项设置”对话框

1.2　界面的设置

1.2.1　重置界面

当界面发生了改变而要想恢复到打开时的设置时，可进行以下操作。

选择 File(文件)菜单，单击 Reset(重置)命令，这时会弹出提示是否保存文件的确认对话框，如图 1-7 所示。

若单击“是”按钮，就会弹出保存对话框。保存后或单击“否”按钮(不保存)，就会弹出确认重置对话框，如图 1-8 所示。选择 Yes(是)就能恢复到打开前的界面。

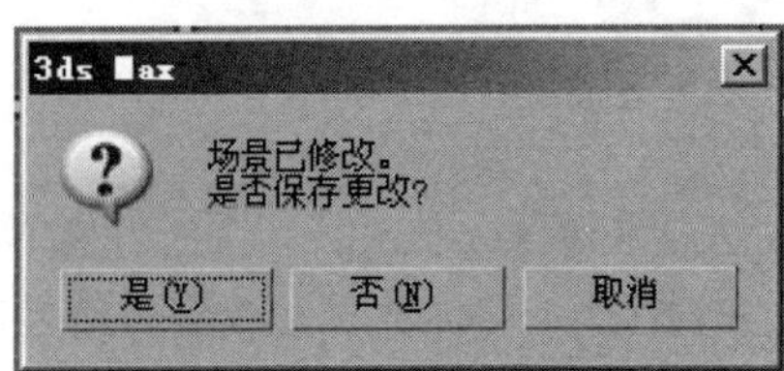

图 1-7　提示是否保存文件的确认对话框

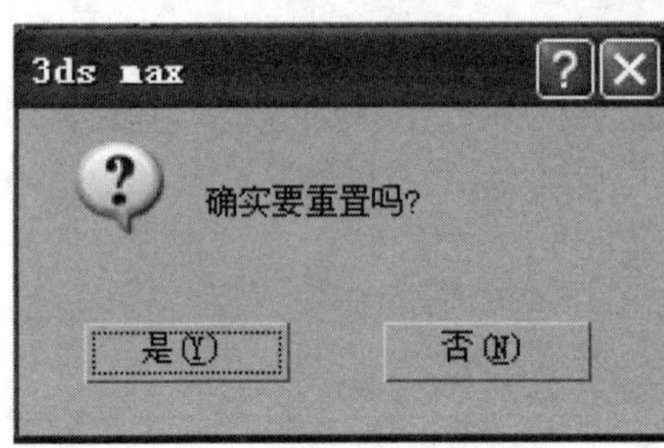

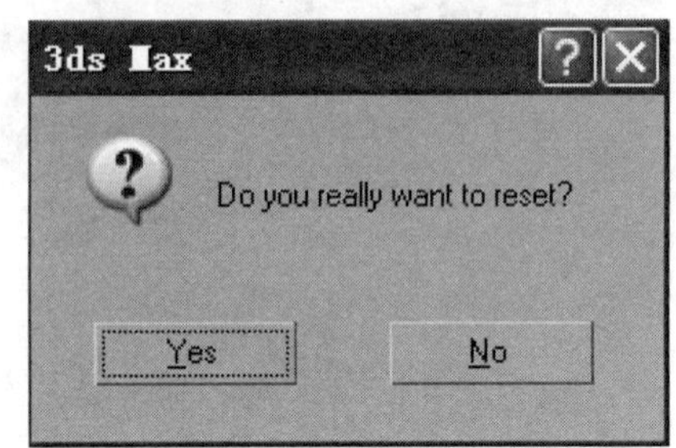

图 1-8　确认重置对话框

1.2.2　如何恢复系统默认的界面设置

恢复系统默认界面设置的操作如下。

选择 Customize(自定义)菜单，单击 Load Custom UI Scheme(加载自定义 UI 方案)命令，这时会弹出“加载自定义 UI 方案”对话框，如图 1-9 所示。选择 DefaultUI.ui 文件，单击“打开”按钮，就会恢复界面的默认设置。

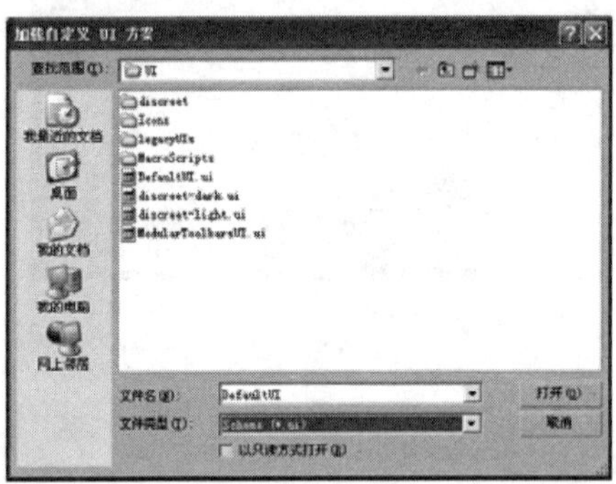

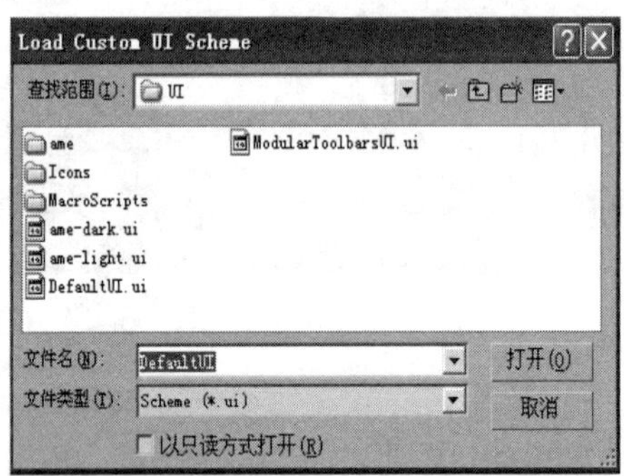

图 1-9　“加载自定义 UI 方案”对话框

1.3　3ds max 9 的视口配置

3ds max 9 视图区可以由用户重新配置。将指针对准视口(Viewport)左上角的视图标题右击，弹出一个快捷菜单，如图 1-10 所示。在该快捷菜单中，可以选择视图类型、配置视口等。

1.3.1　重新布局视口

视图区的默认布局是将视图区等分成四个视口，每个视口选择一种视图。默认的四个视口中分别显示顶视图、左视图、前视图和透视图。重新布局视图区的操作如下。

选择视图快捷菜单中的 Configure(配置)命令或右击视图控制区中的任意一个按钮，会弹出 Viewport Configuration(视口配置)对话框，选择 Layout(布局)选项卡，如图 1-11 所示，重新选择一种布局，就能改变视口的个数和排列位置。拖动视口的分界线或边框线可以改变视口的大小。

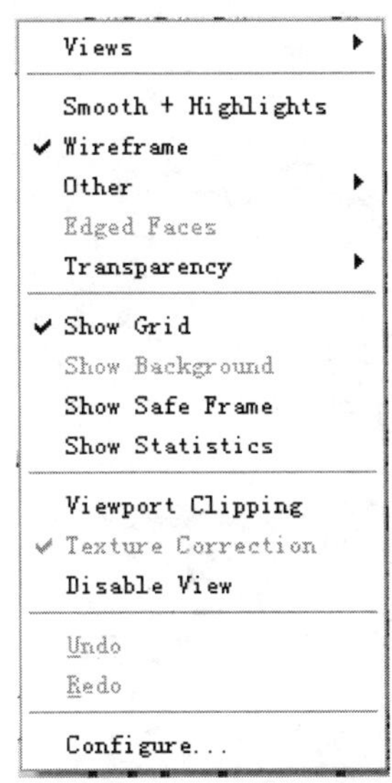

图 1-10　视图快捷菜单

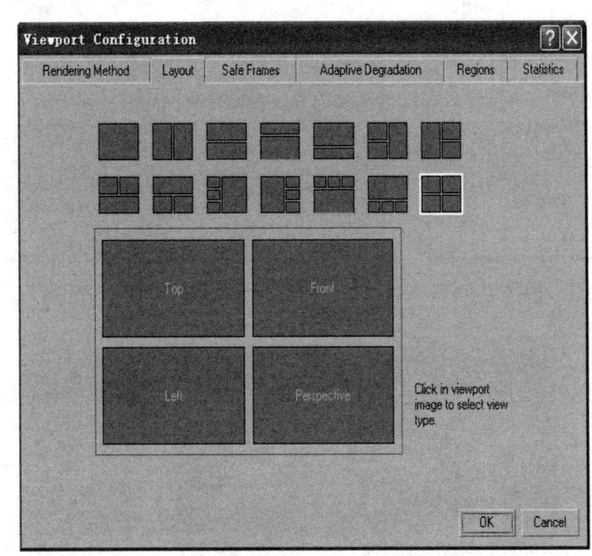

图 1-11　“视口配置”对话框中的布局选项卡

1.3.2　视图的选择

将指针指向视图快捷菜单的 View(视图)命令后会弹出一个视图名列表，如图 1-12 所示。列表上方是创建的灯光和摄像机名称列表。被选择的视图名前会出现 ✔。若勾选灯光或摄像机名，就能选择灯光视图或摄像机视图。

1.3.3　视图中对象的显示

视图中的对象可以按不同的渲染级别显示。

将指针对准视图左上角的视图名后右击，弹出一个快捷菜单。在快捷菜单中可以选择对象的显示级别。

在弹出的快捷菜单中，选择设置命令，弹出 Viewport Configuration(视口配置)对话框。Viewport Configuration(视口配置)对话框中的“渲染方法”选项卡如图 1-13 所示。在该对话框的 Rendering Level(渲染级别)选项区，可以选择对象显示的级别。例如，创建一个茶壶，选择 Smooth(平滑)显示级别，这时茶壶的显示效果如图 1-14(a)所示。选择 Wireframe(线框)显示级别，这时茶壶的显示效果如图 1-14(b)所示。选择 Lit Wireframes(亮线框)显示级别，这时茶壶的显示效果如图 1-14(c)所示。选择 Facets(面)显示级别，这时茶壶的显示效果如图 1-14(d)所示。

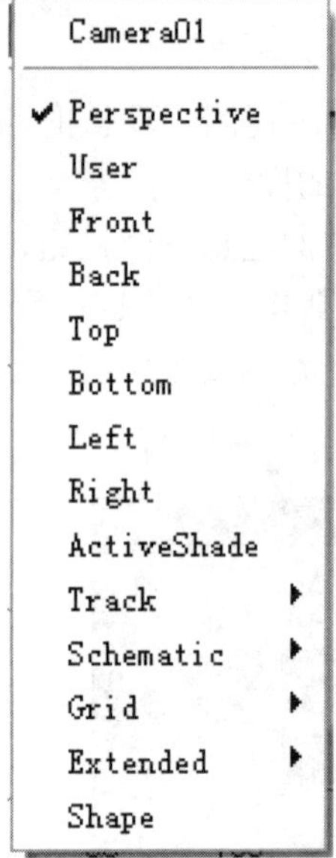

图 1-12　视图名列表

图 1-13　“视口配置”对话框中的渲染方法选项卡

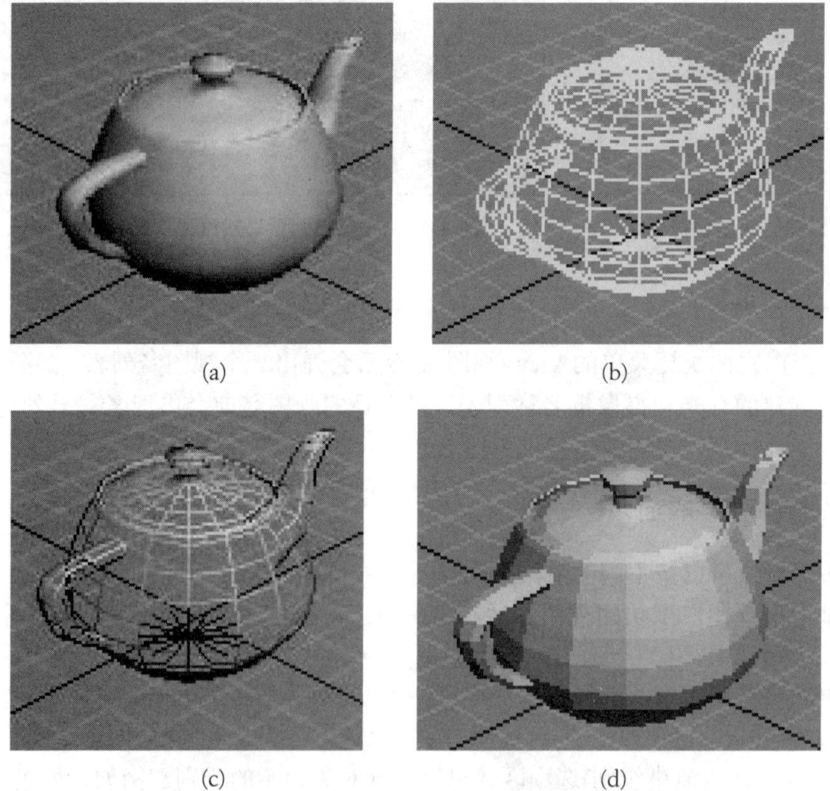

(a)　(b)　(c)　(d)

图 1-14　选择不同显示级别时茶壶的显示效果

1.3.4　显示栅格

要在视口中显示网格线，就要勾选视图快捷菜单中的 Show Grid(显示栅格)选项，否则就不会显示网格线。

1.3.5　安全框

安全框是保证制作的动画在输出到广播媒介时，周边不至于被屏幕剪切掉而在视图中设置的标志操作范围的线框，如图 1-15 所示。单击 Viewport Configuration(视口配置)对话框中的 Safe Frames(安全框)选项卡，设置安全框。

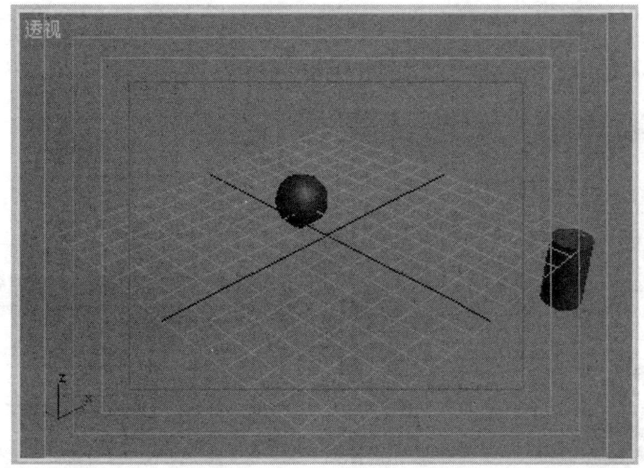

图 1-15　设置了安全框的视图

Safe Frames(安全框)选项卡如图 1-16 所示。

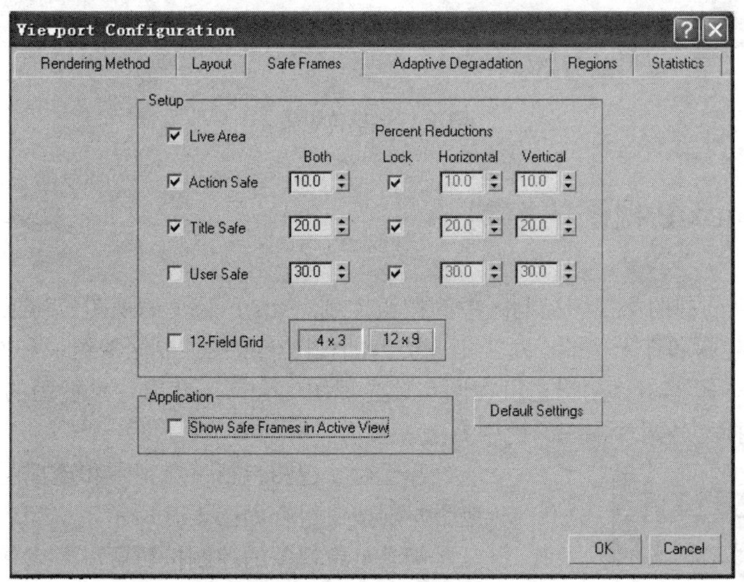

图 1-16　“视口配置”对话框中的“安全框”选项卡

Live Area(活动区域)：完整的屏幕，黄线框。

Action Safe(动作安全区)：保证该区域内的对象在最终渲染文件里可见，蓝线框。

Title Safe(标题安全区)：标题能不失真显示，橘黄线框。

User Safe(用户安全区)：由用户定义的区域，品红线框。

以上安全框的大小都可以由用户重新设定。

1.3.6　3ds max 9 的单位设置

3ds max 9 的单位可以由用户设置。打开自定义菜单，选择单位设置命令，就会打开“单位设置”对话框，如图 1-17(a)所示。

单击“系统单位设置”按钮，就会打开“系统单位设置”对话框，如图 1-17(b)所示。经过设置后，就能知道 3ds max 9 中的一个单位代表的是多长了。

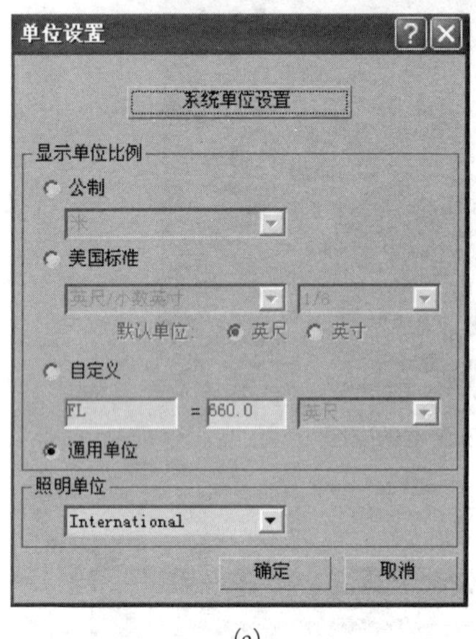

(a)

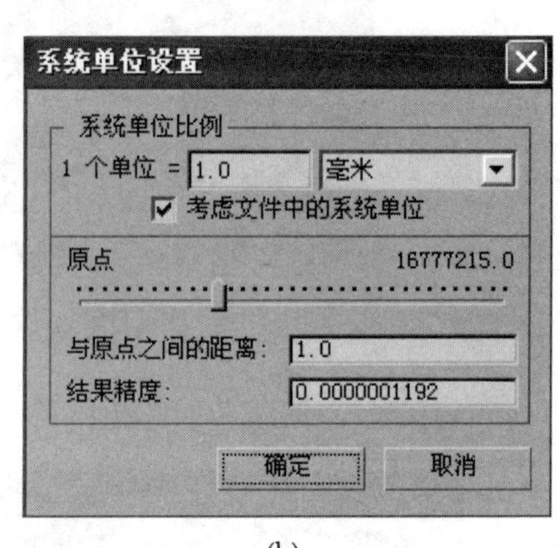

(b)

图 1-17　单位设置

1.4　3ds max 9 视图的控制

3ds max 9 的视图由视图控制区中的按钮控制。3ds max 9 的视图分为三类：普通对象视图、摄影机视图和灯光视图。对于不同类型的视图，视图控制区的组成和操作是不同的。由于篇幅所限，本书不介绍摄影机视图和灯光视图。会操纵普通对象视图的用户，很容易举一反三，掌握另外两种视图的使用方法。

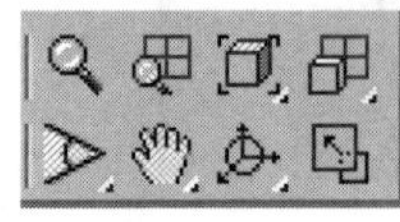

图 1-18　普通对象视图的控制按钮

普通对象视图包括正交视图和透视图。这类视图的视图控制按钮组合如图 1-18 所示。

普通对象视图的控制按钮可以用来移动、旋转、缩放视图。对视图进行移动、旋转、缩放操作是不能创建成动画的。

普通对象视图各控制按钮的功能如下。

Zoom(缩放)按钮：在任意一个激活视图中按住左键拖动鼠标，就能缩放该视图。

Zoom All(缩放全部)按钮：在任意视图中按住左键拖动鼠标，能缩放全部视图。

Zoom Extents(最大化显示)按钮：该按钮和下一个按钮构成按钮组，单击该按钮能将当前已激活视图恢复最大化(大于最大化时变小，小于最大化时变大)，同时移动视图使对象居中显示。

Zoom Extents Selected(最大化显示选定对象)按钮：若未选定对象，则该按钮的作用与上一个按钮的相同。若使用该按钮之前选定了至少一个对象，则单击该按钮后会最大化激活视图中的选定对象，并且会移动视图，使选定对象定位到视图正中间。

Zoom Extents All(所有视图最大化显示)按钮：该按钮和下一个按钮构成按钮组，单击该按钮能将所有视图恢复最大化，并移动视图使对象居中显示。

Zoom Extents All Selected(所有视图最大化显示选定对象)按钮：若不选定任何对象，则该按钮与上一个按钮的作用相同。若先选定了至少一个对象，则单击该按钮后会最大化全部视图中的选定对象，并移动视图，使选定对象居中显示。

Field -of -View(视域)按钮：该按钮和下一个按钮构成按钮组。这个按钮只对透视图起作用。选择该按钮，在透视图中按住左键拖动鼠标或转动滚动轮，能缩放该视图。

Region Zoom(缩放区域)按钮：选择该按钮，在激活视图中拖动鼠标会产生一个虚线框(选定区域)，放开鼠标后会最大化选定区域，并使选定区域居中显示。

Pan View(移动视图)按钮：该按钮和下一个按钮构成按钮组。选择该按钮，在任意一个激活的视图中拖动鼠标，能平移该视图。按住 Ctrl 键拖动鼠标，能快速移动视图。

Walk Through(摇动)按钮：该按钮只有在激活了透视图时才会出现。在透视图中拖动鼠标，透视图会朝相反方向移动，就像摇动摄影机一样。

Arc Rotate(弧形旋转)按钮：该按钮和下面两个按钮构成按钮组。选择该按钮，再拖动鼠标时，激活的透视图绕视图中心旋转，在正交视图中绕鼠标单击处旋转。旋转方向视指针的形状不同而不同，指针形状视其在视图中的位置不同，有、、、四种。

Arc Rotate SubObject(弧形旋转选定对象)按钮：选定该按钮，拖动鼠标，当前视图会绕着选定对象轴心点旋转。指针形状视其在视图中的位置不同，有、、、四种。

Arc Rotate Selected(弧形旋转子对象)按钮：在对象中选定子对象。选定该按钮，拖动鼠标，当前视图会绕着选定子对象旋转。指针形状视其在视图中的位置不同，有、、、四种。

Maximize Viewport Toggle(最大化当前视图)按钮：这是一个开关按钮，单击一次，当前视图最大化，视图区仅显示当前视图，再单击一次，视图还原。

要取消激活了的视图控制按钮，只需对准视图空白处右击。视图的移动也可以通过按住鼠标中键不放并拖动来实现。利用鼠标的滚动轮可以缩放视图。

思　考　题

1. 说出菜单栏、主工具栏、命令面板、时间标尺、视图控制区、动画控制区的位置和作用。

2. 说出透视图、顶视图、左视图、前视图所在的位置。
3. 如何才能在窗口中显示出主工具栏？
4. 文件菜单中的重置命令有何作用？
5. 如何能使主工具栏左、右移动？
6. 如何能使命令面板上、下移动？
7. 如何能让顶视图变成透视图？
8. 前视图中的对象能呈光滑显示吗？应怎么办？
9. 如何改变透视图的大小？
10. 如何移动透视图？
11. 各视图之间的分界可以调整吗？如何调整？
12. 要求窗口中同时显示三个视图，该怎么办？
13. 3ds max 9 有几个命令面板？它们的名称是什么？如何打开这些命令面板？
14. 创建命令面板下有哪些子面板？如何打开这些子面板？
15. 如何才能展开卷展栏？
16. 一个按钮的右下角有一个小三角形，它有何意义？
17. 默认界面的文件名是什么？如何才能恢复默认的界面？
18. 如何控制命令面板显示与不显示？

第 2 章　3ds max 9 的常用操作

选择对象、变换对象、复制对象、对齐对象、链接对象、组合对象、渲染场景等，这些都是在建模和动画制作中经常用到的操作。熟练掌握和灵活运用这些操作是非常必要的。

2.1　设置背景

渲染输出总会有一个背景，或者是单色的，或者是图像。为了操作方便，有时也需要在视口中设置背景。

2.1.1　设置单色渲染输出背景颜色

输出背景颜色的默认值是黑色。要改变背景颜色，就需要重新设置。设置背景颜色的操作步骤如下：

选择 Rendering(渲染)菜单，单击 Environment (环境)命令就会打开 Environment and Effects(环境和效果)对话框。单击背景选区的颜色按钮，就会打开颜色选择器。如图 2-1 所示，选择一种色调，适当调整白度，单击“关闭”按钮，背景颜色就设置好了。

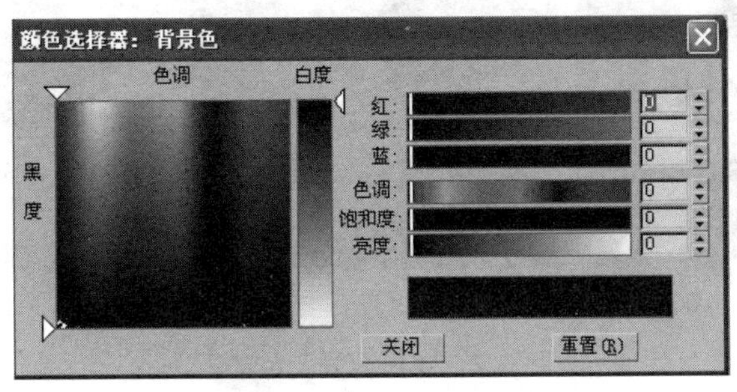

图 2-1　颜色选择器

背景颜色的变化也可以制作成动画。单击“自动关键点”按钮，只要在不同帧设置不同背景颜色，播放动画时，就可以看到背景会从一种颜色逐渐变成另一种颜色。

实例 2-1　制作背景变色动画——黎明时分。

在前视图中创建一个长方体：长为 140，宽为 110，高为 0。

选择一张有飞鸟的图片，如图 2-2(a)所示。制作一张黑白剪影文件，鸟是白色的，背景是黑色的。采用不透明贴图技术给长方体贴图。

在前视图中创建一个长方体，长、宽能盖住整个前视图，高度为 0。选择一张自然环境图片，如图 2-2(b)所示。制作一张黑白剪影文件：天空为黑色，其他部分为白色。采用不透明贴图技术给长方体贴图。

创建一盏泛光灯。

在透视图中泛光灯、小长方体、大长方体的 Z 坐标依次为−100、0、190，效果如图 2-2(c)所示。

设置时间轴的范围为 0~200 帧。

制作动画：单击“自动关键点”按钮，在第 0 帧时将鸟放在前视图右下角，第 200 帧时将鸟移到左上角。

第 0 帧和第 50 帧时灯光颜色和背景颜色都设置为黑色，第 200 帧时灯光颜色和背景颜色都设置为白色。

渲染输出动画。播放动画，可以看到画面由黑逐渐变亮，看到的物体也由黑逐渐变成彩色，就像黎明前后看到的场景。黎明前的一幅场景如图 2-2(d)所示。黎明后的一幅场景如图 2-2(e)所示。

(a) (b)

(c) (d) (e)

图 2-2 制作背景变色动画

2.1.2 设置图像渲染输出背景

设置图像渲染输出背景的一般操作步骤是：打开 Rendering(渲染)菜单，选择 Environment(环境)命令，就会打开 Environment and Effects(环境和效果)对话框。单击背景选区的“环境贴图”按钮，就会打开材质/贴图浏览器，双击浏览器列表中的位图选项，就会打开选择位图图像文件对话框，选择一个位图文件打开，输出背景图像就设置好了。需要注意的是：只有勾选了背景选区的“使用贴图”复选框，才会使用指定的贴图图像做输出背景，否则，输出背景就为设置的单色背景颜色。

实例 2-2 制作鹰在天上飞的动画。

单击 Rendering(渲染)菜单，选择 Environment(环境)命令，就会打开 Environment and Effects(环境和效果)对话框，单击“环境贴图”按钮，就会打开材质/贴图浏览器，双击列表中的位图选项，选择一个有天空的图像文件打开，如图 2-3(a)所示。

选择一个有飞机的图像文件，如图 2-3(b)所示。

用 Photoshop 将图像处理成黑白剪影文件，飞机为白色，背景为黑色，如图 2-3(c)所示。

在前视图中创建一个高度为 0 的长方体。使用不透明度贴图技术，用有飞机的图像文件给长方体贴图。

单击“自动关键点”按钮，将时间滑动块移到第 100 帧，移动和缩小长方体，就做成了飞机在天空飞行的动画。播放动画，可以看到飞机从右下角飞到左上角，且距离越远，飞机越小。

渲染输出前视图。第 50 帧画面如图 2-3(d)所示。

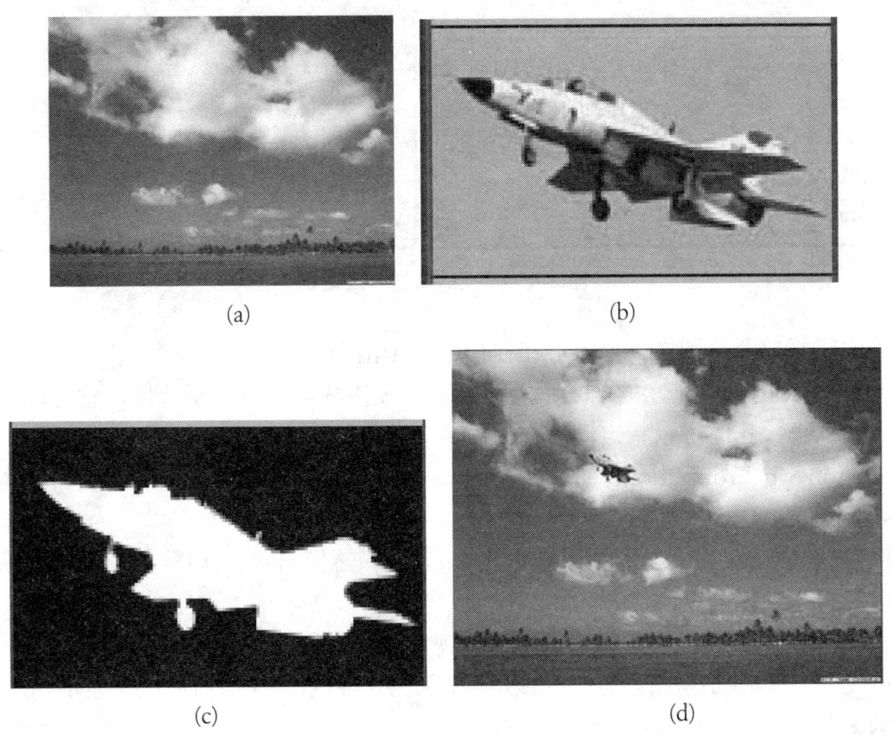

(a)　(b)　(c)　(d)

图 2-3　制作飞机在天上飞的动画

2.1.3　设置 Viewport Background(视口背景)

通过“视口背景”命令可以为视口指定背景。单击“视图”菜单中的“视口背景”命令，就会打开“视口背景”对话框。“视口背景”对话框如图 2-4 所示。

Files(文件)：单击该按钮就会打开 Select Background Image(选择背景图像)对话框，通过该对话框可以选择一个图像文件做视口背景。

Devices(设备)：单击该按钮，可以使用设备输入的文件做视口背景。

Use Environment Background(使用环境背景)：若勾选该复选框，则使用在“环境”选项卡中指定的背景贴图做视口背景，否则，使用在“选择背景图像”对话框中指定的图像文件做视口背景。

Display Background(显示背景)：若勾选该复选框，则在视口中显示指定的背景图像，否

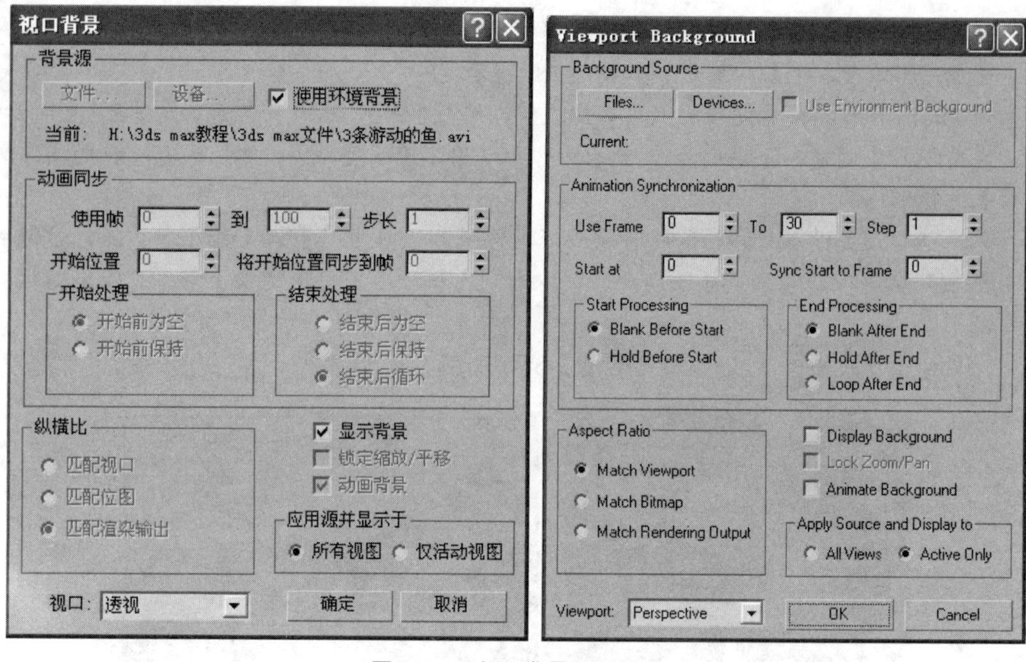

图 2-4 “视口背景”对话框

则即使指定了视口背景图像，也不会在视口中显示出来。

Animate Background(动画背景)：若不勾选“使用环境背景”复选框，就可以勾选“动画背景”复选框，这时可以指定动画文件做视口背景。

Animation Synchronization(动画同步)：该选区用来设置视口背景中的动画如何与视图中的动画同步。

Match Rendering Output(匹配渲染输出)：若选择该选项，则视口背景中图像的纵横比与渲染输出时背景贴图的纵横比相匹配。

All Views(所有视图)：若选择该选项，则视口背景在所有视图中都显示。

Active Only(仅活动视图)：若选择该选项，则视口背景只在当前视图中显示。

实例 2-3 制作汽车在路上行驶的动画。

选择一个有路的图像做渲染输出背景，如图 2-5(a)所示。

选择左视图，单击“视图”菜单，选择“视口背景”命令，就会打开“视口背景”对话框。单击“文件”按钮，选择与渲染输出背景相同的图像文件打开。选择匹配渲染输出选项，单击“确定”，就给左视图设置了视口背景。

选择一个有汽车的图像文件，如图 2-5(b)所示。

使用 Photoshop 将汽车图像文件处理成黑白剪影文件，汽车为白色，背景为黑色，如图 2-5(c)所示。

在左视图中创建一个高度为 0 的长方体，其长度为 30，宽度为 35。使用不透明度贴图技术，用汽车文件给长方体贴图。将长方体移到公路的远处一端，如图 2-5(d)所示。

单击“自动关键点”按钮，将时间滑动块移到第 100 帧。在左视图中将长方体移到公路近处一端，适当放大长方体。

渲染输出左视图。播放动画，可以看到汽车顺着马路行驶，由远而近，汽车也越来越大。第 100 帧的输出画面如图 2-5(e)所示。

(a)　(b)　(c)

(d)　(e)

图 2-5　制作汽车在马路上行驶的动画

2.2　渲染输出

渲染输出是制作效果图和动画必不可少的一个步骤。

2.2.1　渲染输出效果图

单击“渲染”菜单，选择“渲染”命令，就会打开“渲染场景”对话框，时间输出选择“单帧”选项，单击“文件”按钮，就会打开“渲染输出文件”对话框，选择保存位置，设置保存文件名，文件类型可以选择.jpg 等，单击“保存”按钮，单击对话框中的“渲染”按钮，或单击“快速渲染”按钮，就渲染并保存好了文件。

实例 2-4　制作一个玛瑙手镯。

在前视图中创建一个圆，半径为 50。在左视图中创建一个椭圆，长度为 16，宽度为 6。通过放样，制作成一个手镯，如图 2-6(a)所示。

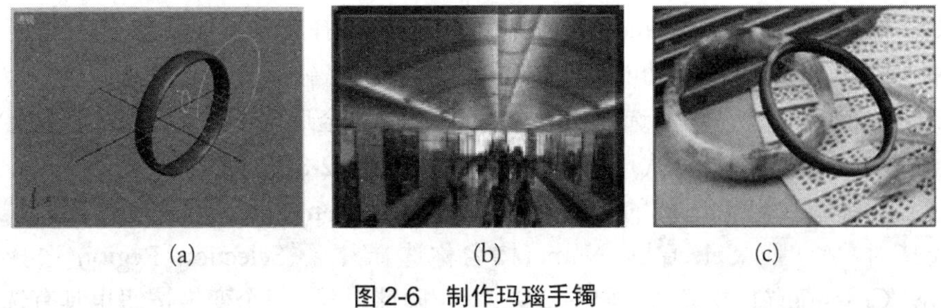

(a)　(b)　(c)

图 2-6　制作玛瑙手镯

选择一个合适的贴图文件，如图 2-6(b)所示。给手镯进行漫反射颜色贴图。

用一个有手镯的图像文件做背景，渲染输出为.jpg 文件，使其看上去很像一个玛瑙手镯，如图 2-6(c)所示。

2.2.2　渲染输出动画

单击“渲染”菜单，选择“渲染”命令，就会打开“渲染场景”对话框，时间输出选择“范围”选项，单击“文件”按钮，就会打开“渲染输出文件”对话框，选择保存位置，设置保存文件名，文件类型可以选择.avi 等，单击“保存”按钮，单击对话框中的“渲染”按钮，或单击“快速渲染”按钮，就渲染并保存好了文件。

实例 2-5　制作路径约束动画。

创建一个 10 圈的宝塔形螺旋线和一个球体，如图 2-7(a)所示。

将球体创建成路径约束动画，约束路径是螺旋线。

选定螺旋线，选择“修改”命令面板，在“渲染”卷展栏中勾选“可渲染”复选框。

打开“渲染”菜单，选择“渲染”命令，时间输出选择“范围”选项。单击“文件”按钮，指定保存文件的位置和文件名，类型选择.avi。渲染输出动画。这时可以看到球体沿螺旋线盘旋向上。第 60 帧画面如图 2-7(b)所示。

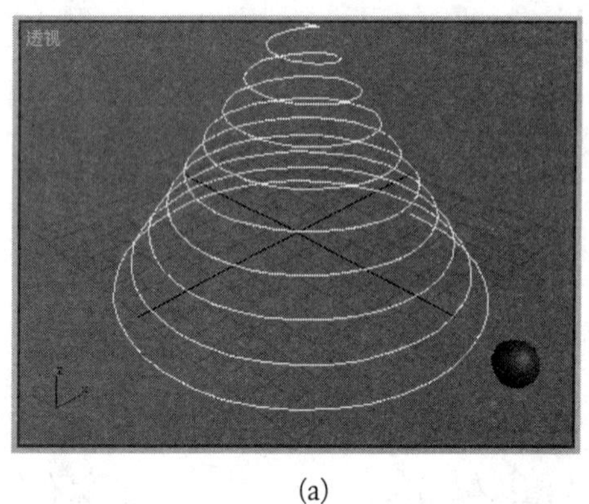

(a)

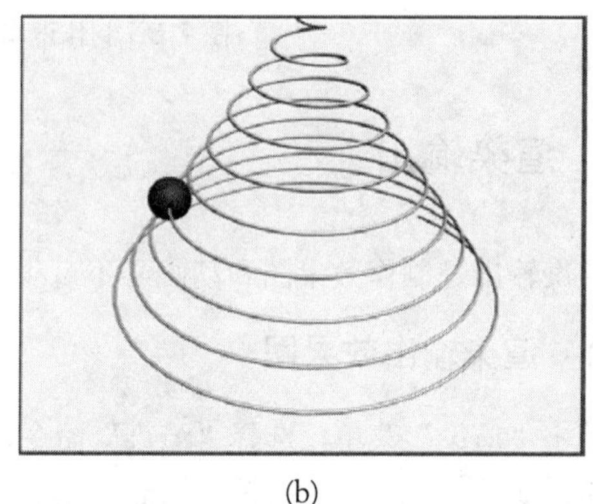

(b)

图 2-7　制作路径约束动画

2.3　选择对象

要对对象进行变换、修改、删除等操作，首先就必须选择对象。因此，选择对象是最基本、最常用的一种操作。3ds max 9 提供了使用菜单选择对象和使用主工具栏工具按钮选择对象两种方法。两种方法的功能相同。下面通过工具按钮来介绍各种选择操作。

在 Edit(编辑)菜单中，用于选择的命令有 Select All(全选)、Select None(全不选)、Select Invert(反选)、Select By(选择方式)和 Region(区域)，如图 2-8 所示。

在主工具栏中，用于选择的按钮有全部 Selection Filter(选择过滤器)、 Select Object(选择对象)、 Select by Name(按名称选择)、Selection Region(选择区域)和 Window /Crossing(窗口/交叉)，如图 2-9 所示。除此以外，三个变换按钮也具有选择功能。

全选(A)	Ctrl+A	Select All	Ctrl+A
全部不选(N)	Ctrl+D	Select None	Ctrl+D
反选(I)	Ctrl+I	Select Invert	Ctrl+I
选择方式(B)	▸	Select By	▸
区域(G)	▸	Region	▸

图 2-8 编辑菜单中用于选择对象的命令

图 2-9 主工具栏中专用于选择的按钮

2.3.1 Selection Filter(选择过滤器)

全部 Selection Filter(选择过滤器)及其下拉列表如图 2-10 所示。选择过滤器能筛选出允许选择的对象类型。当选定列表中的一种类型时，只有这种类型的对象才能被选择。这样，就能避开其他类型对象对编辑的干扰。

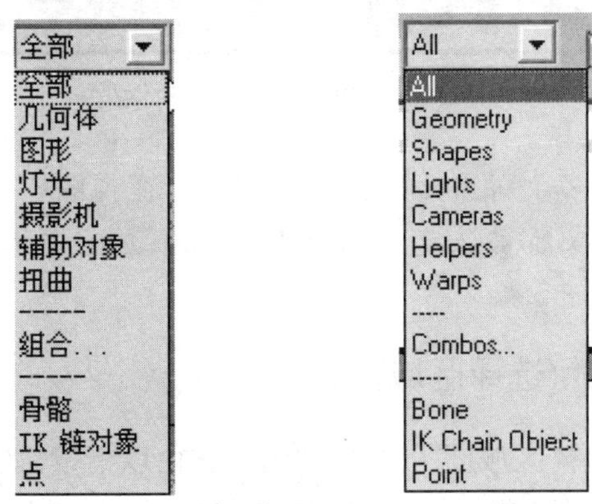

图 2-10 选择过滤器及其下拉列表

自定义组合：选定选择过滤器列表中的 Combos(组合)选项，就会打开 Filter Combinations(过滤器组合)对话框，如图 2-11 所示。在 Create Combination(创建组合)列表框中选定需要的类型，单击 Add(添加)按钮，系统会自动给该组合命名，并将该组合名称添加到 Current Combinations(当前组合)列表框中，单击 OK(确定)按钮，该组合名称会添加到选择过滤器列表中。加入选择过滤器列表中的组合具有与其他选项相同的功能。

删除组合：在 Filter Combinations(过滤器组合)对话框的 Current Combination(当前组合)列表框中，选择要删除的组合，单击 Delete(删除)按钮。

2.3.2 Select Object(选择对象)按钮

要选择场景中的对象，首先要选定 Select Object(选择对象)按钮。对准原未选定的对象并单击，就会选定该对象，将指针对准原已选定的对象单击就会撤销选定。按住 Ctrl 键

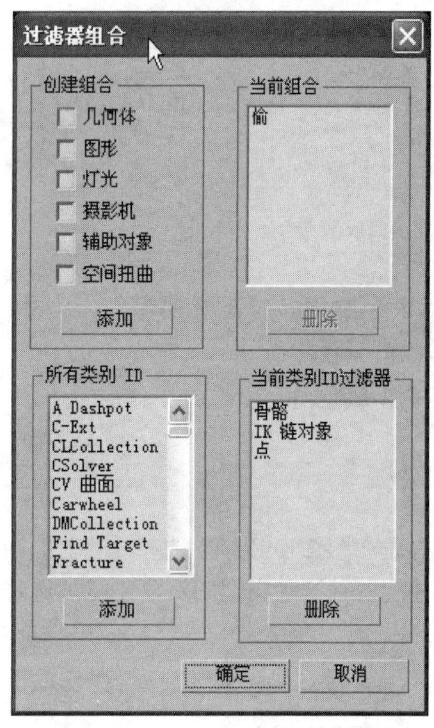

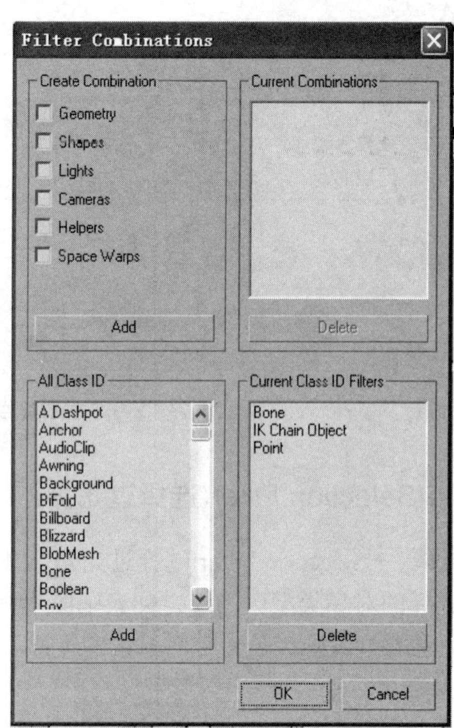

图 2-11　“过滤器组合”对话框

不放并单击，就可以选择多个对象。按住左键不放，在视图中拖动鼠标，可以拉出一个虚线框，框线区域内的对象都被选定。框线的类型由Selection Region(选择区域)按钮决定。

2.3.3　Selection Region(选择区域)

Selection Region(选择区域)是一个按钮组，它由以下按钮组成。

Rectangular Selection Region(矩形选择区域)按钮：在视图中拖动鼠标时，可选择一个矩形区域。

Circular Selection Region(圆形选择区域)按钮：在视图中拖动鼠标时，可选择一个圆形区域。

Fence Selection Region(围栏选择区域)按钮：在视图中拖动鼠标并在拐弯处单击，当折线首尾相接时，可以选择一个折线围成的区域。

Lasso Selection Region(套索选择区域)按钮：在视图中拖动鼠标时，可以选择一个任意形状的封闭区域。

Paint Selection Region(绘制选择区域)按钮：在视图中拖动鼠标时，会出现一个白色圆环，继续拖动鼠标，圆环扫过的区域就是选择对象的区域。

实例 2-6　在球体上切除一个圆顶。

创建一个球体。选择编辑网格修改器，选择顶点子层级，单击“圆形选择区域”按钮，在顶视图中选择一个圆形区域，如图 2-12(a)所示。

删除选定的顶点，就得到一个球壳，如图 2-12(b)所示。

选择“自定义”菜单，单击“视口配置”命令就会打开“视口配置”对话框。勾选“强制双面”复选框，单击“确定”按钮，就会在视口中同时显示曲面的正、反两面，如图 2-12(c)所示。

如果要想渲染输出，看到曲面的正、反两面，就要在“渲染场景”对话框中勾选“强制双面”复选框。这时的输出结果如图 2-12(d)所示。

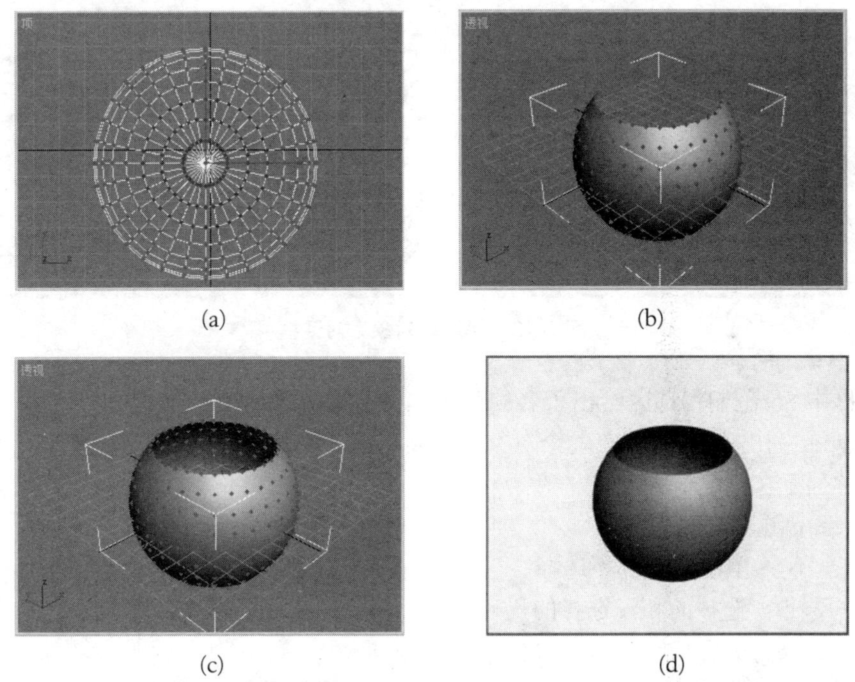

(a) (b) (c) (d)

图 2-12 在球体上切除一个圆顶

2.3.4 Window/ Crossing(窗口/交叉)按钮

这是个乒乓按钮。将指针对准 Window(窗口)按钮并单击，该按钮变成 Crossing(交叉)按钮；将指针对准 Crossing(交叉)按钮并单击，该按钮变成 Window(窗口)按钮。这个按钮只有在使用选择区域进行选择时才起作用。当它为窗口时，只有完全在选择区域内的对象才被选定。当它为交叉时，与选择区域相交的对象也能被选定。

2.3.5 Select by Name(按名称选择)按钮

单击 Select by Name(按名称选择)按钮，弹出 Select Objects(选择对象)对话框，如图 2-13 所示。

“选择对象”对话框的左边列表框中，显示视图中的对象名称列表。将指针对准对象名称并单击，能选定一个对象。按住 Ctrl 键，单击对象名称，能选定不连续的多个对象。单击第一个要选的对象名称，再按住 Shift 键，单击要选的最后一个对象名称，能选定从第一个到最后一个之间的所有对象。

图 2-13 “选择对象”对话框

对话框中 Sort(排序)选区给出了名称列表框中名称的四种排序方式。

List Types(列出类型)选区有九个对象类型复选框，勾选某个对象类型，则属于这一类型的对象名称显示在列表框中。

All(全部)：选择全部对象。

None(全不)：全部对象都不选择。

Invert(反转)：选择的和没选择的反过来。

选择好对象名称后，单击 Select(选择)按钮确定。

选择对象的方法多种多样，在复杂场景中选择对象或次级对象时，若使用的选择方法得当，则往往能达到事半功倍的效果。

实例 2-7 旋转人的朝向。

创建四个人，分别站在透视图网格中两条黑线的末端，如图 2-14(a)所示。如果要使得一个轴上的两个人相向而立，就要旋转三个人的朝向。如果要旋转人的朝向，就要选定这个人的根骨头，然后旋转。人的根骨头是以 Bip 带数字命名的。根骨头只有在选择的对象对话框中才能选择。旋转后的结果如图 2-14(b)所示。

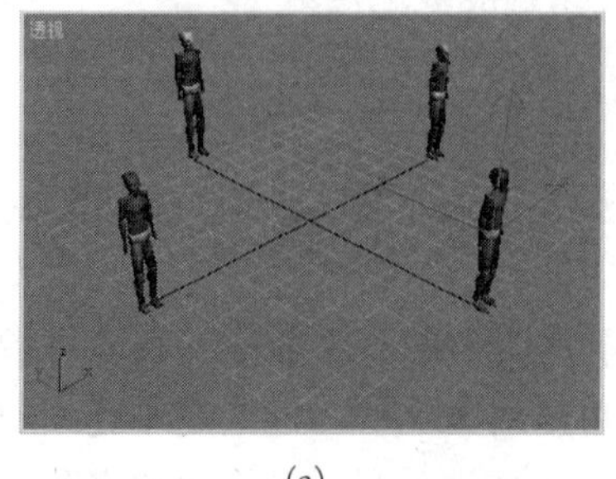

(a)

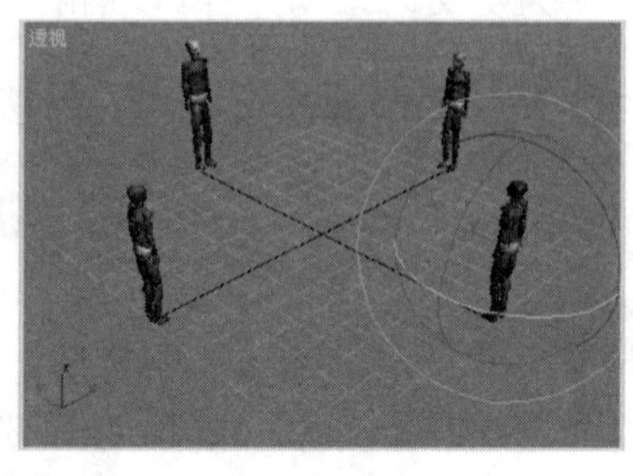

(b)

图 2-14 旋转人的朝向

2.3.6　Selection Lock Toggle(选择锁定切换)按钮

要取消全部选择，只需在视图中的空白处单击一下。若只取消部分选择的对象，则可按住 Ctrl 键不放并单击要取消的对象。

如果要确保选择和未选择的对象在操作过程中不发生翻转，可以单击状态栏中的 Selection Lock Toggle(选择锁定切换)按钮。该按钮是一个开关按钮，背景呈黄色时，起锁定作用。锁定后，已选定的对象不能被取消选定，未选定的对象不能被选定。

2.3.7　Isolate Selection(孤立当前选择)命令

Isolate Selection(孤立当前选择)命令能使选择了的对象呈最大显示状态，并且隐藏所有未选择的对象。这样就能方便地对选择对象进行操作而不影响其他对象。

选定要孤立的对象，选择 Tools(工具)菜单，或将指针对准视图右击，弹出一个快捷菜单，选择 Isolate Selection(孤立当前选择)命令，这时会以最大状态显示当前选择，隐藏未选择对象，并出现一个警告提示。

单击警告提示的“关闭”按钮，能对当前选择解除孤立。

2.3.8　Hide Selection(隐藏当前选择)命令与 Unhide All(全部取消隐藏)命令

将指针对准视图并右击，弹出一个快捷菜单，在快捷菜单中用于隐藏对象和取消隐藏的命令选区如图 2-15 所示。选择 Hide Selection(隐藏当前选择)命令，可以隐藏选定的对象；选择 Hide Unselected(隐藏未选定对象)命令，可以隐藏未选定的对象。对象隐藏后将不再显示在视图中，也不能对这些对象进行任何操作和渲染输出。在编辑复杂场景时，为了方便选取和不因误操作而影响邻近对象，往往会采用隐藏操作。对在场景中起一定作用而又不需要渲染输出的对象，也会采用隐藏操作。

隐藏了的对象可以使用 Unhide All(全部取消隐藏)命令或 Unhide by Name(按名称取消隐藏)命令取消隐藏。

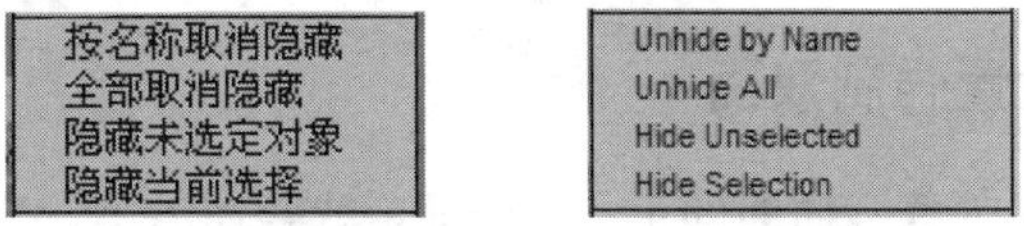

按名称取消隐藏 全部取消隐藏 隐藏未选定对象 隐藏当前选择	Unhide by Name Unhide All Hide Unselected Hide Selection

图 2-15　隐藏对象和取消隐藏的命令选区

2.3.9　Freeze Selection (冻结当前选择)命令与 Unfreeze All(全部解冻)命令

冻结对象也能起到方便编辑和避免误操作的作用。对象被冻结后在视图中呈灰色，而渲染输出不受冻结的影响，这是与隐藏对象的不同之处。Freeze Selection(冻结当前选择)命令和 Unfreeze All(全部解冻)命令在快捷菜单中的选区如图 2-16 所示。

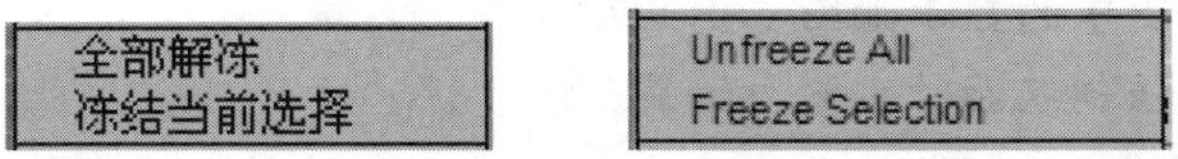

全部解冻 冻结当前选择	Unfreeze All Freeze Selection

图 2-16　冻结当前选择和全部解冻在快捷菜单中的选区

2.4　如何同时显示曲面的正、反两面

在默认情况下，无论是在视口中或渲染输出时都只显示曲面的正面，而不显示曲面的反面。所以，当一个曲面有正面，也有反面朝外时，看到的曲面就会残缺不全。要想同时看到曲面的正面和反面，先必须进行强制双面设置。

2.4.1　对视口设置强制双面

要在哪个视口中能同时看到曲面的正、反两面，就要对这个视口设置强制双面。操作步骤是：选定要设置强制双面的视口，打开“自定义”菜单，选择“视口配置”命令，就会打开“视口配置”对话框，如图 2-17 所示。勾选“强制双面”复选框，单击“确定”。

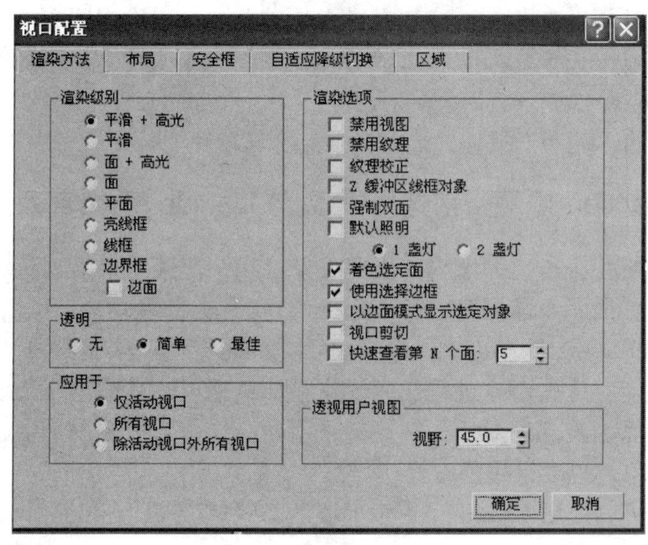

图 2-17　“强制双面”复选框

2.4.2　渲染输出时设置强制双面

要在渲染输出时能同时看到曲面的正、反两面，就要在渲染输出时设置强制双面。操作步骤是：打开“渲染”菜单，选择“渲染”命令，就会打开“渲染场景”对话框。在对话框中勾选“强制双面”复选框。

实例 2-8　设置强制双面。

创建一个茶壶，在“参数”卷展栏中不勾选“壶盖”复选框。未设置强制双面时，视口中的显示如图 2-18(a)所示。

选定透视图，打开“自定义”菜单，选择“视口配置”命令，在对话框中勾选“强制双面”复选框，透视图中的显示如图 2-18(b)所示。

渲染输出未设置强制双面时，输出结果如图 2-18(c)所示。

打开“渲染”菜单，选择“渲染”命令，在“渲染场景”对话框中勾选“强制双面”复选框。渲染透视图的结果如图 2-18(d)所示。

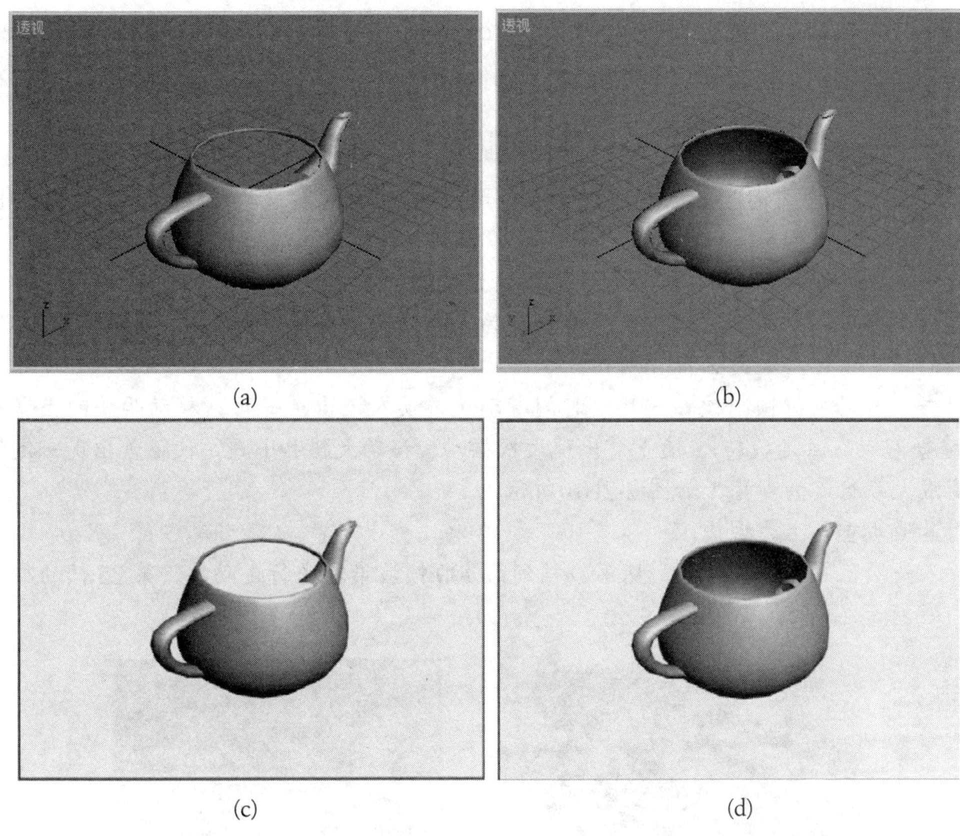

图 2-18　设置强制双面

2.5　变换对象

变换对象是指改变对象在坐标中的位置、方向和尺寸大小。变换包括移动、旋转和缩放。主工具栏中变换操作的三个按钮如图 2-19 所示。

图 2-19　变换操作按钮

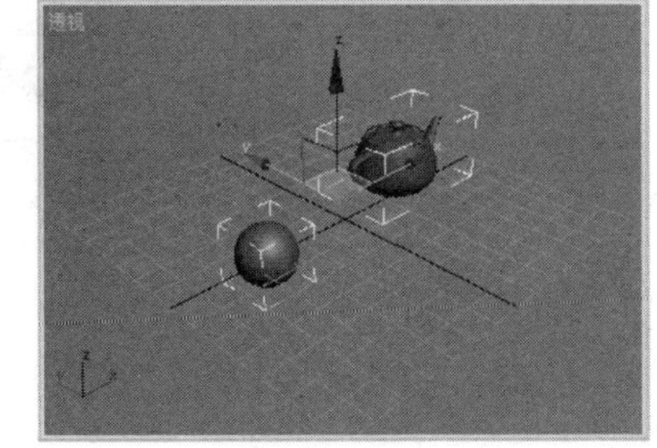

图 2-20　移动对象

2.5.1　移动对象

要移动对象，则需要先选定对象。单击 Select and Move(选择并移动)按钮，这时在被选择对象的变换中心会出现一个直角坐标，如图 2-20 所示，X 轴为红色，Y 轴为绿色，Z

轴为蓝色。将指针指向选定了的对象后，一个或两个坐标轴会被激活。被激活的坐标轴呈黄色，而坐标轴箭头仍然保持原有颜色。按住左键不放并拖动鼠标，对象就能沿黄色轴向移动。

如果未显示坐标，只要选择“视图”菜单中的 Show Transform Gizmo(显示变换 Gizmo)命令(命令前显示出对勾)。这时，按 X 字母键可以控制坐标是否显示。对于旋转和缩放也这样。

实例 2-9　移动人体手和腿并创建大步行走动画。

创建一个人。使用“运动”命令面板，为人创建大步行走足迹动画。移动足迹，使足迹之间的距离增大，如图 2-21(a)所示。

单击“自动关键帧”按钮，移动时间滑动块，使人迈出第一步。移动两手的上臂和下臂(注意是移动，不是旋转)，使手臂出现大幅摆动。移动大腿和小腿，使膝盖出现一定的弯曲，变成大步行走的姿势，如图 2-21(b)所示。

对其他步重复上述操作。

导入一幅位图文件做背景。从第 0 帧到第 100 帧渲染输出行走动画。第 25 帧的画面如图 2-21(c)所示。

(a)　(b)

(c)

图 2-21　移动人体手和腿并创建大步行走动画

2.5.2　旋转对象

选定对象后，单击 Select and Rotate(选择并旋转)按钮，这时会出现由红、绿、蓝三个操作轴(圆环)包围的虚拟轨迹球。另外还有一个灰色环和一个白环，如图 2-22 所示。

将指针移到某个彩色圆环上时，该圆环被激活且圆环变成黄色。按住左键并拖动鼠标，就能绕变换中心旋转对象。激活红环绕 X 轴旋转，激活绿环绕 Y 轴旋转，激活蓝环绕 Z 轴旋转。旋转时，虚拟球上方会显示旋转的角度。白环与各视图平面平行，激活一种视图并激活白环，拖动鼠标，对象绕变换中心的旋转受白环约束。将指针移入黑环内，但不激活任何彩色环，拖动鼠标，对象可以绕变换中心任意旋转。

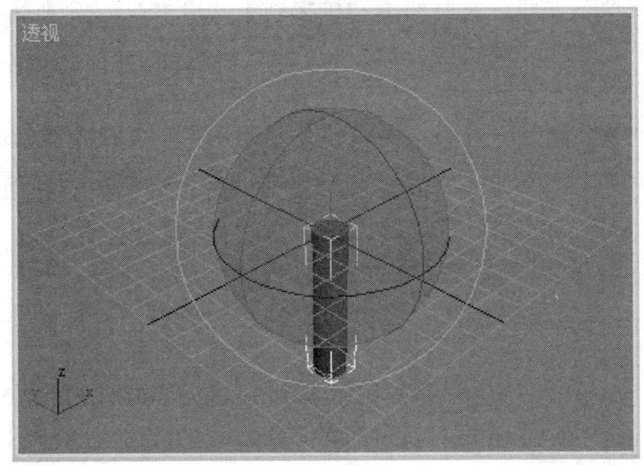

图 2-22　旋转对象

实例 2-10　创建顶环杂技。

在前视图中创建一个半径 1 为 15、半径 2 为 1 的圆环。

创建一个半径为 2、高度为 15 的圆柱体。

选择"系统"子面板，创建一个高度为 100 的二足角色对象。创建的全部对象如图 2-23(a)所示。

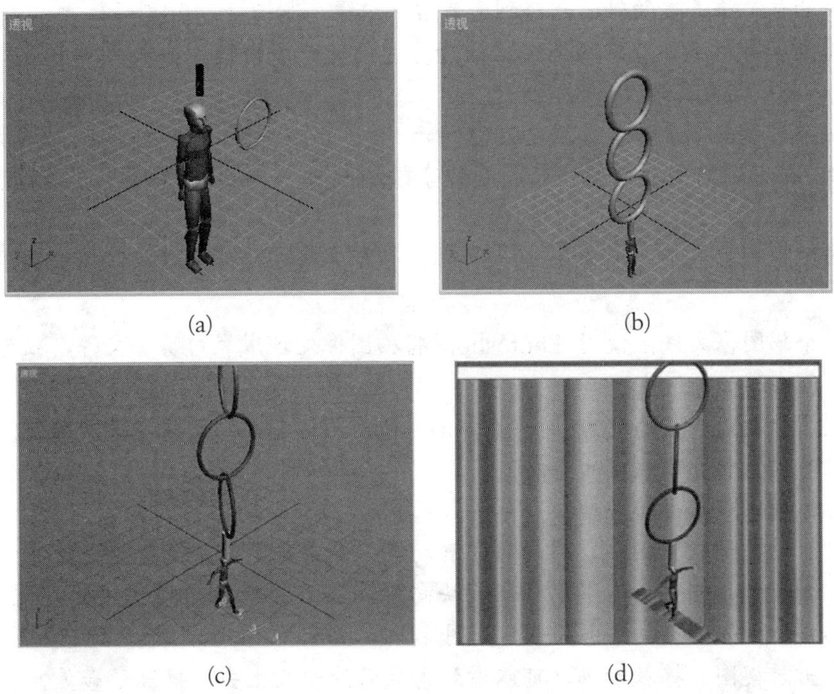

(a)　(b)

(c)　(d)

图 2-23　创建顶环杂技

将圆柱体和圆环与人的头对齐，沿 Z 轴移动圆柱体和圆环，使它们依次叠放在头顶上。

复制两个圆环，使圆环两两相切并叠放在圆柱体上，所得结果如图 2-23(b)所示。

将圆柱体和三个圆环都链接在头上。

单击“自动关键帧”按钮，将时间滑动块拖到第 100 帧处，分别绕 Z 轴的正向和反向旋转圆环。

给二足角色对象创建行走动画。

单击“自动关键帧”按钮，在每个关键帧处移动手臂，并使手臂始终水平张开。

播放动画，可以看到人在行走，三个圆环中相邻两环以不同速度朝相反方向旋转，如图 2-23(c)所示。

渲染输出动画。第 30 帧画面如图 2-23(d)所示。

2.5.3　缩放对象

缩放对象时要使用缩放按钮组。缩放按钮组由 Select and Uniform Scale(选择并均匀缩放)按钮、 Select and Non-uniform Scale(选择并非均匀缩放)按钮和 Select and Squash(选择并挤压)按钮组成。

在三个轴向上同时进行的缩放称为均匀缩放，只在一个或两个轴向上进行的缩放称为非均匀缩放。

若单击 Select and Uniform Scale(选择并均匀缩放)按钮或 Select and Non-uniform Scale(选择并非均匀缩放)按钮，则在一个或两个轴向上缩放时，另外的轴向保持不变。

实例 2-11　制作老鼠偷油动画。

创建一个油壶，不勾选“壶盖”复选框。沿 Z 轴放大油壶。只勾选“壶盖”复选框，再创建一个油壶。将壶盖的轴心点移到壶盖右侧边缘，如图 2-24(a)所示。

将壶盖与壶身对齐。在前视图中沿油壶壶身创建一条曲线。在顶视图中将曲线移到油壶的前方，如图 2-24(b)所示。

选择一个老鼠图像文件，如图 2-24(c)所示。

使用 Photoshop 将老鼠图像处理成黑白剪影文件，老鼠为白色，背景为黑色，如图 2-24(d)所示。

在前视图中创建一个高度为 0 的长方体。使用不透明度贴图技术，用老鼠图像给长方体贴图。

选择一个猫图像文件，使用 Photoshop 将猫图像处理成黑白剪影文件，猫为白色，背景为黑色。

在前视图中创建一个高度为 0 的长方体。使用不透明度贴图技术，用猫图像给长方体贴图。将贴有猫的长方体放在油壶内。

将长方体创建成路径约束动画。

单击“自动关键点”按钮，移动时间滑动块，使老鼠刚好爬到壶口，少许旋转壶盖，沿 Z 轴少许移动贴猫长方体。将时间滑动块向前移动 10 帧，旋转壶盖 90° 左右，沿 Z 轴向上移动贴猫长方体，使猫露出头部，如图 2-24(e)所示。

渲染输出前视图。播放动画，可以看到老鼠沿油壶爬上去，掀翻了壶盖，自己被撞掉了下来。第 20 帧截取的画面如图 2-24(f)所示。

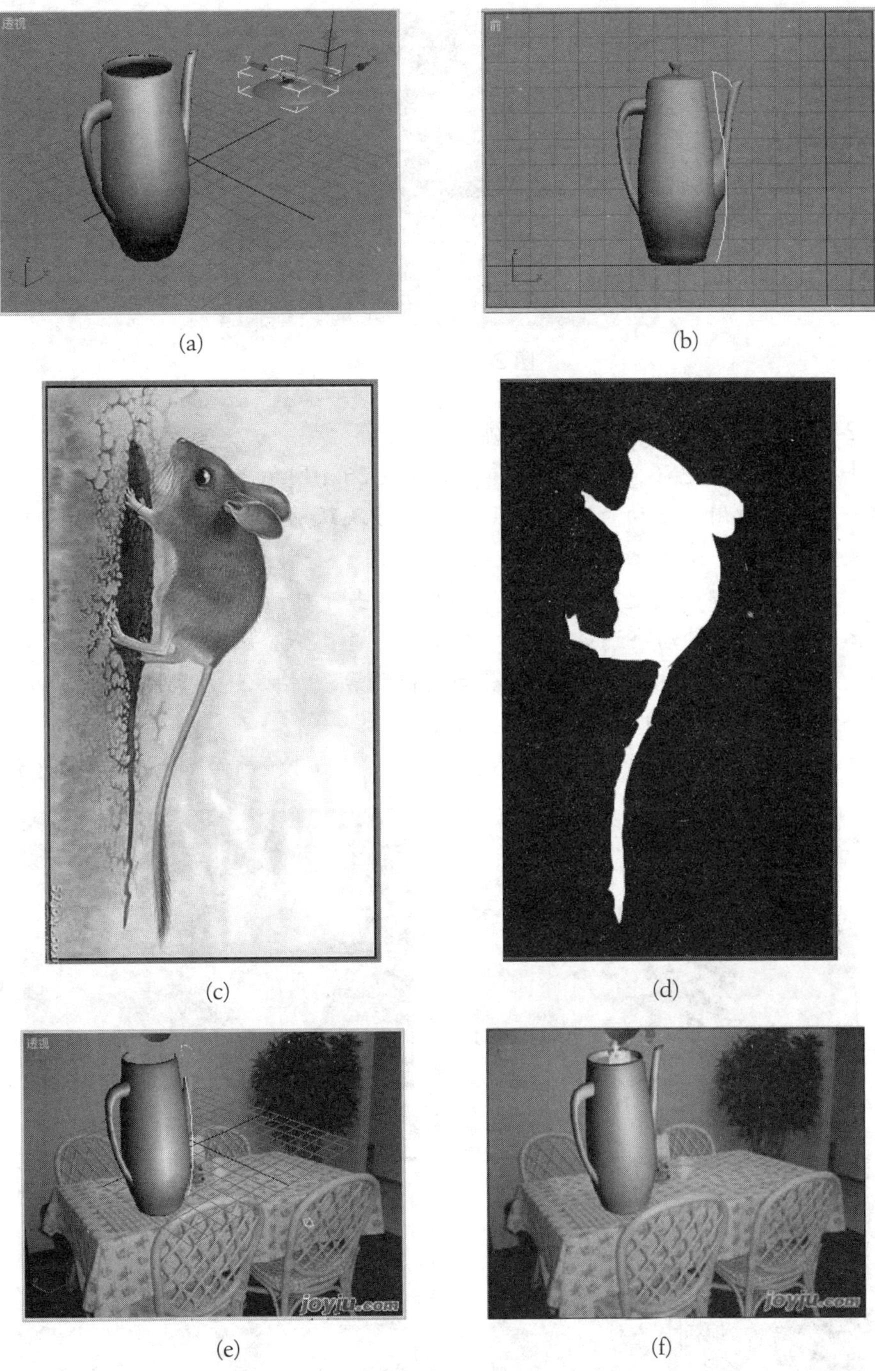

(a)　(b)

(c)　(d)

(e)　(f)

图 2-24　创建老鼠偷油的动画

若单击 Select and Squash(选择并挤压)按钮，则只能在一个或两个轴向上放大或缩小，与之垂直的方向也会缩小或放大，以保持体积不变。

两个同样大小的球体在 Z 轴方向放大 1 倍以后得到两个椭球，如图 2-25 所示。左侧椭球采用非均匀缩放，右侧椭球采用选择并挤压。使用不同按钮缩放的结果明显不同。

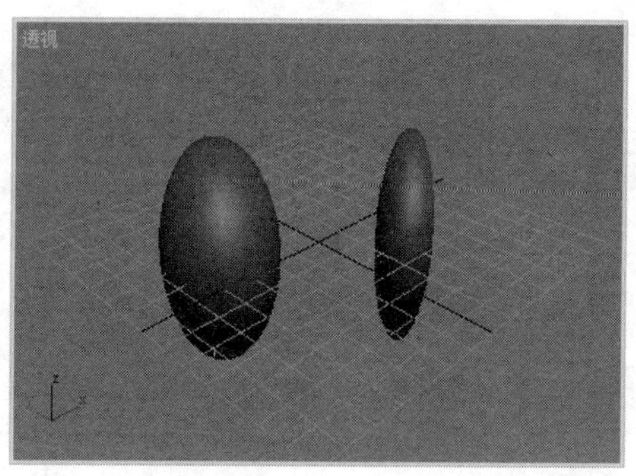

图 2-25 缩放对象

实例 2-12 创建挤压动画——趣味跳。

创建半径为 15、颜色不同的五个球体，如图 2-26(a)所示。

创建一个人。使用“运动”命令面板创建 14 步跳跃动画，并将每次跳跃的足迹移到球体上，足迹处于球体中心的上方，如图 2-26(b)所示。

单击缩放按钮组中的“选择并挤压”按钮，单击“自动关键帧”按钮记录动画。选定第一个球体，移动时间滑动块到第 20 帧，在 Z 轴方向微微挤压球体。将时间滑动块移到第 22 帧，在 Z 轴方向将球体挤扁。将时间滑动块移到第 38 帧，还原球体。每隔 20 帧，类似地创建一个球体挤扁/还原的动画，如图 2-26(c)所示。

为动画指定一个背景贴图，并渲染输出 120 帧。第 63 帧画面如图 2-27(d)所示。

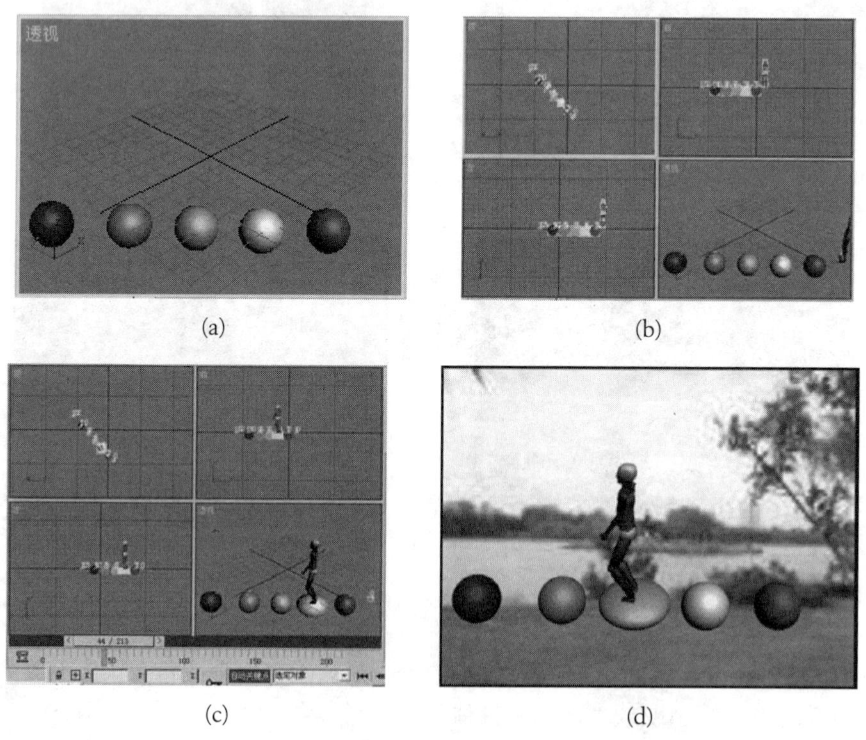

(a) (b)

(c) (d)

图 2-26 挤压动画

2.5.4　定量变换对象

采用拖动鼠标变换对象的方法，变换了多少并不知道。若要知道变换的数量，可以使用以下两种工具进行操作。

1. Transform Type-In(变换输入)对话框

将指针对准任何一个变换按钮并右击，或者选择一个变换按钮，打开 Tools(工具)菜单，选择 Transform Type-In(变换输入)命令，都会弹出 Transform Type-In(移动变换输入)对话框，如图 2-27 所示。该对话框有两项功能：当拖动鼠标变换对象时，它会显示变换的绝对值；若向对话框中输入绝对值或偏移值，按回车键或单击其他空白位置，就能进行指定数值的变换。

绝对：世界(Absolute：World)：世界坐标系的绝对坐标值。

偏移：世界(Offset:Screen)：世界坐标系的相对偏移量(相对值)。

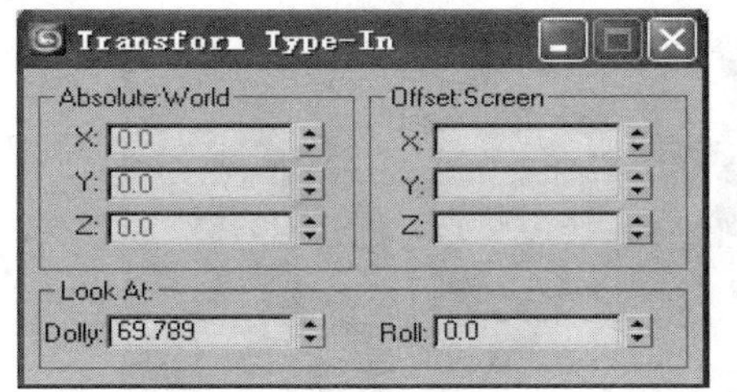

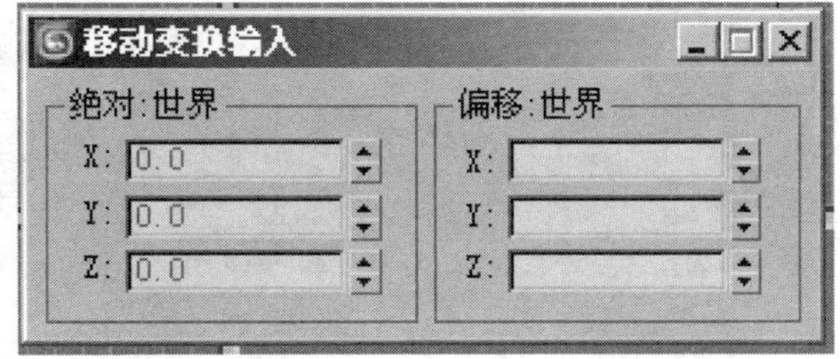

图 2-27　“移动变换输入”对话框

2. 状态栏的坐标区

状态栏的坐标区也具有与 Transform Type-In(变换输入)对话框相似的功能。使用左端模式按钮能在绝对和偏移两种模式下进行切换。绝对模式如图 2-28(a)所示，偏移模式如图 2-28(b)所示。只要改变坐标数码框中的值，对象的位置就会发生相应的改变。

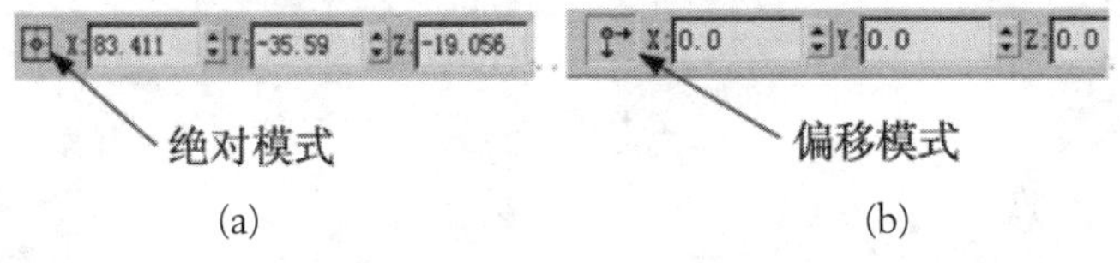

(a)　　　　(b)

图 2-28　状态栏的坐标区

实例 2-13　挂画。

选择一个砖墙图片，设置渲染输出背景和在前视图中添加视口背景，如图 2-29(a)所示。

创建两个高度为 0 的长方体。一个长方体用一幅画贴图，另一个长方体用一块半砖宽的部分墙面贴图，如图 2-29(b)所示。

将两个长方体的轴收点移到下边沿处。

同时缩放两个长方体的长度和宽度，适当移动位置，使长方体砖缝与背景砖缝对齐，如图 2-29(c)所示。

1. 制作画面动画

在前视图中，将贴有墙面的长方体沿 Z 轴移动 5 个单位。在前视图中将贴有公鸡图像的长方体绕 X 轴旋转 1.15°，这时后面长方体的上边缘就会露出来。

单击“自动关键帧”按钮，将时间滑动块移到最右端。在前视图中，将后面的长方体沿 Z 轴移动 6 个单位。

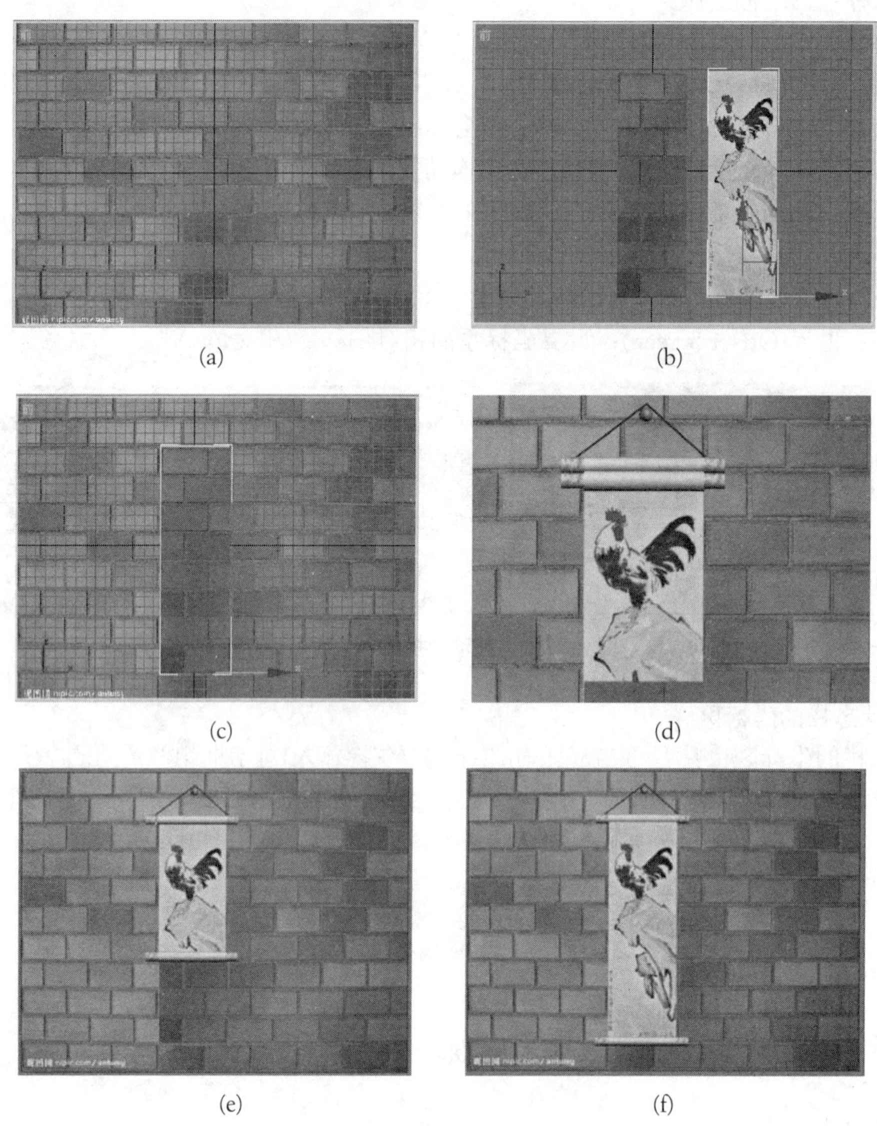

图 2-29　制作挂画动画

2. 制作画轴

在左视图中创建一个半径为 8 的圆柱体做画轴轴芯，裁剪画纸空白处贴图。复制一个圆柱体做画轴手柄，使用一个图案文件贴图。复制一个画轴做下轴，下轴轴芯的直径要适当放大。创建一条曲线做挂画的绳子。创建一个球体做挂画的钉子。效果如图 2-29(d)所示。

3. 制作画轴动画

单击“自动关键帧”按钮，随着画面的展开，在前视图中沿 Y 轴逐渐移动下轴。将时间滑动块移到第 100 帧，在透视图中绕 X 轴旋转 1500°。将下轴轴芯的直径缩小到和轴柄一样大。

渲染输出动画，可以看到随着下轴的滚动，画面逐渐展开，下轴轴芯逐渐缩小。第 40 帧的画面如图 2-29(e)所示。第 100 帧的画面如图 2-29(f)所示。

2.6　对象的链接

2.6.1　Select and link(选择并链接)

选定一个对象，选择主工具栏中的Select and Link(选择并链接)按钮，将鼠标指向选定对象，按住左键不放拖到目标对象，这时能看到当前对象与目标对象之间有一条虚线连接，单击目标对象，在选定对象与目标对象之间就建立了链接。这种链接属正向链接。目标对象称为父对象，当前对象称为子对象。移动、旋转、缩放父对象，子对象也会进行同样的变换。反过来，变换子对象，父对象不受任何影响。

实例 2-14　创建链接。

创建一个球体和一个茶壶，并选定球体。

单击主工具栏中的“选择并链接”按钮，按住左键不放，从球体拖到茶壶，这时可以看到球体和茶壶之间有一条虚线相连，如图 2-30 所示。

单击茶壶，球体和茶壶之间就建立了链接。茶壶是父对象，球体是子对象。拖动茶壶，球体也一起移动。

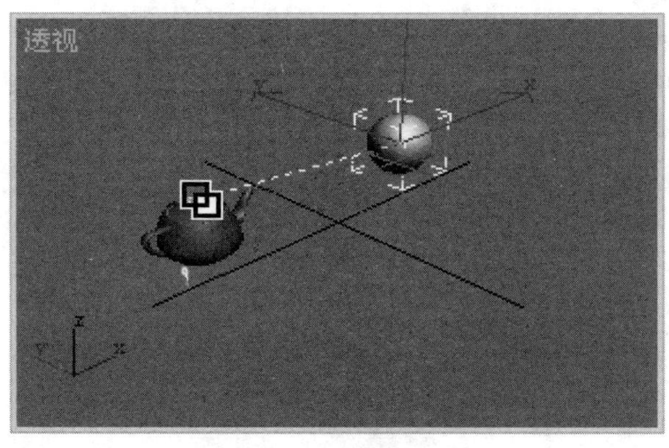

图 2-30　选择并链接对象

2.6.2　Unlink Selection(取消选择的链接)

选定子对象，单击主工具栏中的Unlink Selection(取消选择的链接)按钮，子对象与父对象之间的链接就被取消了。

实例 2-15　创建地球绕太阳旋转、月亮绕地球旋转的动画。

在透视图中创建三个球体，由大到小，依次代表太阳、地球、月亮。

选择一张太空图片做背景。

在月亮、地球、太阳之间建立链接，地球是月球的父对象，太阳是地球的父对象，如图 2-31 所示。

单击动画控制区中的自动关键点Auto Key(自动关键点)按钮，这时，时间标尺上方会出现一条红色带。将时间滑动块拖到第 100 帧的位置。

右击旋转按钮。选定地球，在对话框中的偏移 Z 轴文本框中，输入 2880。选定太阳，在对话框中的偏移 Z 轴文本框中，输入 360。单击动画控制区中的播放按钮，就能看到地球绕太阳一圈，月亮就绕地球 8 圈。

图 2-31　地球绕太阳旋转，月亮绕地球旋转

2.7　对齐对象

在 Tools(工具)菜单中，有对齐、快速对齐、法线对齐、对齐摄像机、对齐到视图和放置高光命令，可用来对齐不同的对象，如图 2-32(a)所示。

在主工具栏有一个对齐按钮组，如图 2-32(b)所示。其中的每个按钮都有对应的菜单命令。当选定了“工具”菜单中的某一对齐命令时，主工具栏中的对齐按钮会自动地切换成对应的按钮。

命令	快捷键	Command	Shortcut
镜像(M)...		Mirror...	
阵列(A)...		Array...	
对齐(G)...	Alt+A	Align...	Alt+A
快速对齐	Shift+A	Quick Align	Shift+A
快照(P)...		Snapshot...	
间隔工具(I)...	Shift+I	Spacing Tool...	Shift+I
克隆并对齐...		Clone and Align ...	
法线对齐(N)...	Alt+N	Normal Align...	Alt+N
对齐摄影机(C)		Align Camera	
对齐到视图(V)...		Align to View...	
放置高光(H)	Ctrl+H	Place Highlight	Ctrl+H

(a)　　(b)

图 2-32　“对齐”菜单和工具按钮

2.7.1　Align(对齐)对象

选定要对齐的一个对象，选择 Tools(工具)菜单，单击 Align(对齐)命令，单击目标对象，这时会弹出 Align Selection(对齐选择)对话框，如图 2-33 所示。选择需要的参数，单击 OK(确定)按钮就能将 Current Object(当前对象)与 Target Object(目标对象)对齐。

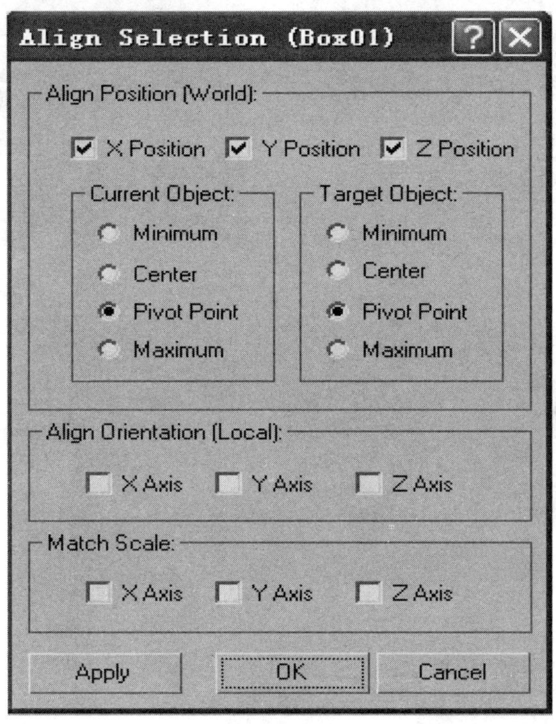

图 2-33　“对齐选择”对话框

在对齐位置选区，用户可以选择对齐的坐标轴，还可以选择 Current Object(当前对象)的哪个点与 Target Object(目标对象)的哪个点对齐。

Minimum(最小)：边界盒最近的一点。

Center(中心)：边界盒的几何中心。

Pivot Point(轴心点)：对象的轴心点。

Maximum(最大)：边界盒最远的一点。

Align Orientation (Local)(对齐方向局部)：勾选了的，坐标方向对齐；未勾选的，坐标方向不对齐。

Match Scale(匹配比例)：如果目标对象进行了缩放操作，则在勾选了的坐标方向上，对齐后，当前对象也会保持与目标对象相同的缩放比例(注意：不是保持同样大小)。

实例 2-16　制作象棋中的一颗棋子。

创建一个球体和两个长方体，使用布尔运算将球体的上、下均切去一部分。所得结果如图 2-34(a)所示。

创建棋子上的一个“炮”字，创建一个样条线中的圆环。将“炮”字和圆环转换成可编辑样条线，对齐后附加成一个图形，如图 2-34(b)所示。

选择挤出修改器将其挤出成立体对象，挤出数量为 3。复制一个“炮”字，将两字分别设置为红色和黑色，如图 2-34(c)所示。

将“炮”字与棋子对齐，并将“炮”字与棋子组合成组，渲染后的结果如图 2-34(d)所示。

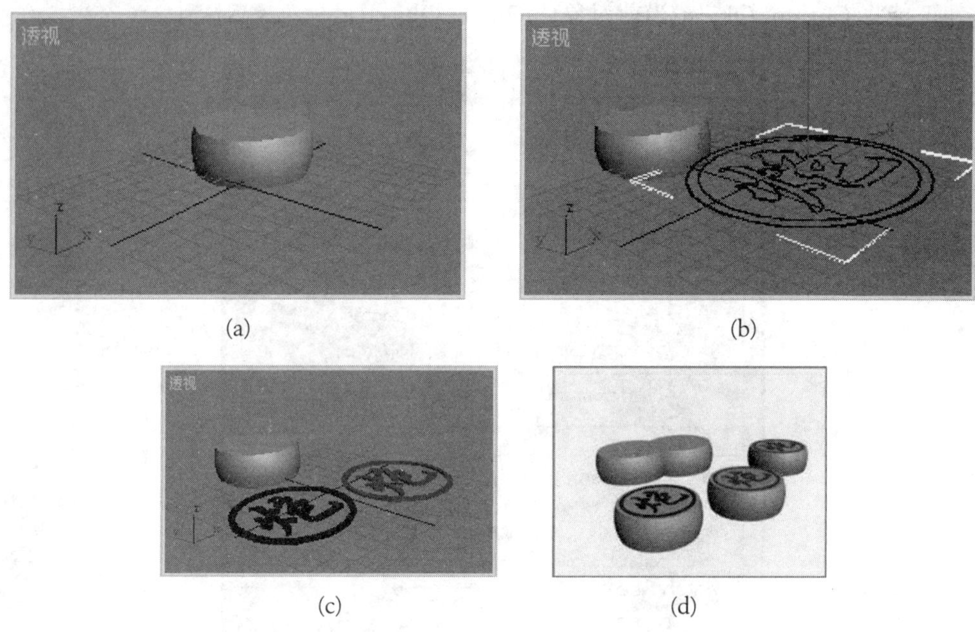

图 2-34 制作棋子

2.7.2 Quick Align(快速对齐)

选定要对齐的一个对象，选择 Tools(工具)菜单，单击 Quick Align(快速对齐)命令，单击目标对象。快速对齐仅实现当前对象与目标对象的位置对齐，且是轴心点与轴心点对齐。

2.7.3 Align to View(对齐到视图)

使用 Align to View(对齐到视图)，在激活正视图的情况下，对象局部坐标系的选定轴总是与视图中 Z 轴对齐。

激活一个正视图，选定要对齐的对象，选择 Tools(工具)菜单，单击 Align to View(对齐到视图)命令，这时会弹出 Align to View(对齐到视图)对话框，如图 2-35 所示。选择要对齐的轴向，单击 OK(确定)按钮，这时可看到选定对象的该轴在各视图中均与视图的 Z 轴对齐。

Flip(翻转)：选定轴向的反方向与视图对齐。

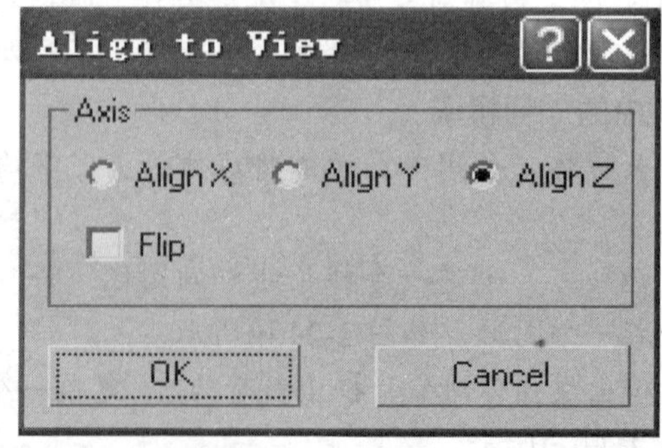

图 2-35 “对齐到视图”对话框

实例 2-17　对齐到视图。

用拖动的方法创建一个茶壶。

选择前视图，选定茶壶，选择“工具”菜单，单击“对齐到视图”命令，选择“对齐 Z 轴”选项，这时可以看到茶壶局部坐标的 Z 轴与前视图的 Z 轴已经对齐，如图 2-36(a)所示。

在“对齐视图”对话框中选择“对齐 Y 轴”选项，这时可以看到茶壶局部坐标的 Y 轴与前视图的 Z 轴已经对齐，如图 2-36(b)所示。

在“对齐视图”对话框中选择“对齐 X 轴”选项，这时可以看到茶壶局部坐标的 X 轴与前视图的 Z 轴已经对齐，如图 2-36(c)所示。

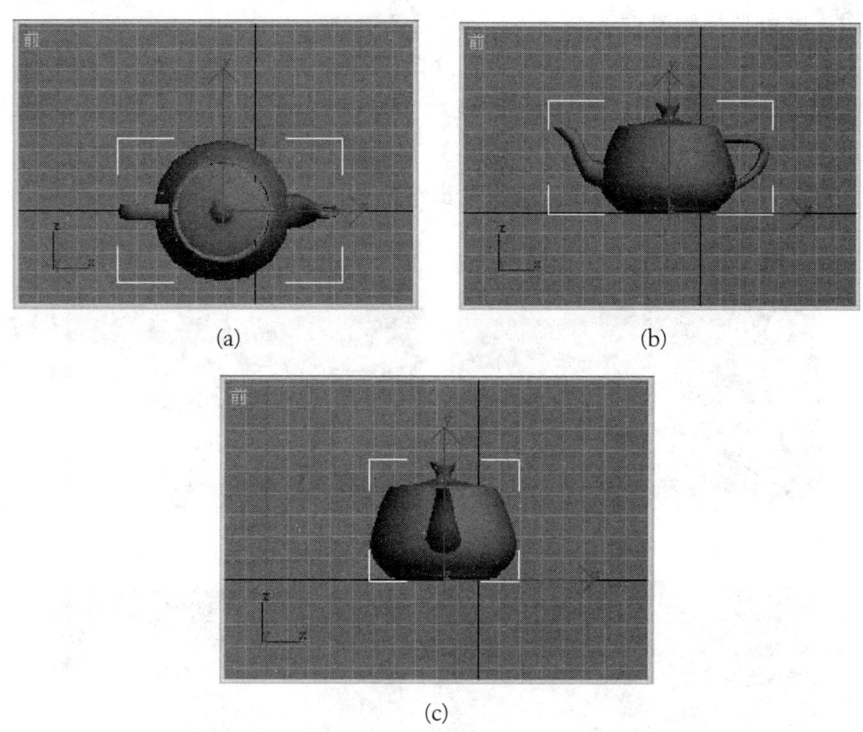

(a)　(b)

(c)

图 2-36　对齐到视图

2.7.4 Normal Align(法线对齐)

法线对齐是将当前对象的一个面(法线)与目标对象的一个面(法线)对齐。

选定要对齐的一个物体，选择 Tools(工具)菜单，单击 Normal Align(法线对齐)命令，单击当前对象的一个面，再单击目标对象要对齐的一个面，这时会弹出 Normal Align(法线对齐)对话框，如图 2-37 所示。设置位置偏移、旋转偏移和是否镜像，单击 OK(确定)按钮。

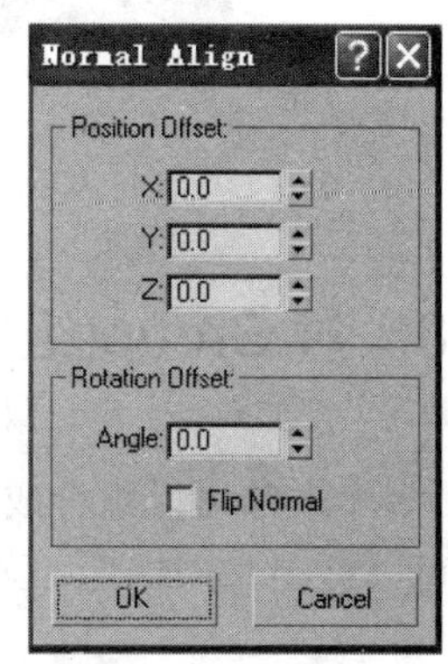

图 2-37　法线对齐对话框

Position Offset(位置偏移)：对齐以后，在选择轴向位置偏移的值。

Rotation Offset(旋转偏移)：对齐以后，绕法线旋转的角度。

Flip Normal(翻转法线)：当前对象法线的反方向与目标对象的法线对齐。

对于没有表面的对象，如辅助对象、空间扭曲对象、粒子系统和大气线框等，使用法线对齐可实现与这些对象的 Z 轴对齐。

实例 2-18　使用法线对齐制作学校门牌。

在前视图中创建一个不对称的封闭梯形，如图 2-38(a)所示。

选择挤出修改器，挤出曲线，挤出数量设置为 100，就得到了一个梯形几何体。给梯形几何体贴图，贴图坐标的 V 向平铺为 6，如图 2-38(b)所示。

创建文本：武汉科技大学。选择挤出修改器，挤出文本，就得到了立体文本。

选定文本，选择“工具”菜单的“法线对齐”命令，单击文本，单击梯形几何体的斜面。翻转文本，将文本贴到斜面上，如图 2-38(c)所示。

在门牌前摆上几盆花装饰门面。渲染输出结果如图 2-38(d)所示。

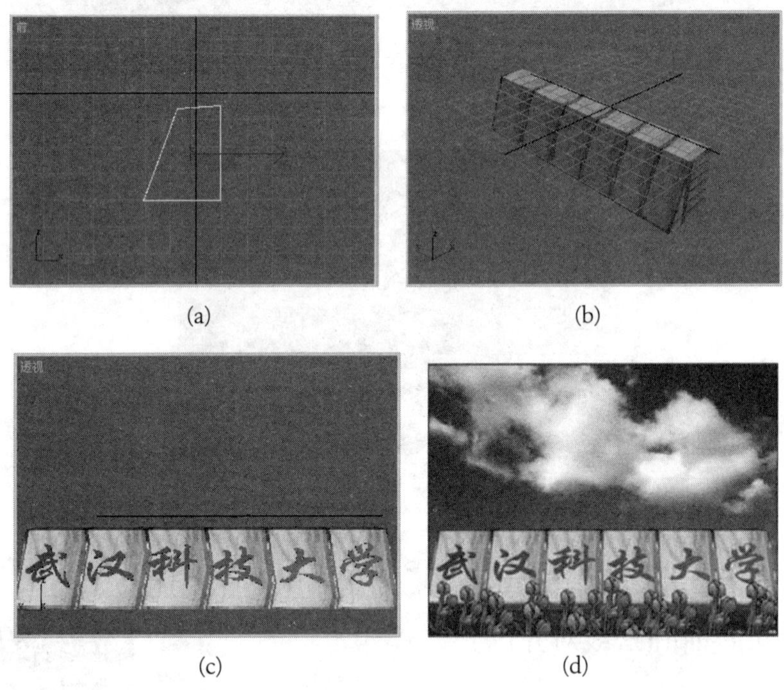

(a)　(b)

(c)　(d)

图 2-38　使用法线对齐制作学校门牌

2.8　对 Group(组)的操作

多个对象可以组合成一个组。组合成组以后，组中的各个对象保持原有的显示属性。组也可以撤销，撤销后，各个对象恢复独立。在创建的场景比较复杂时，往往会用到组的操作。

2.8.1　Group(组合)

Group(组合)操作能将选择了的多个对象组合成一个 Group(组)。

选定要组合成组的所有对象(包括组)，选择 Group(组)菜单，单击 Group(组合)命令，会弹出 Group(组)对话框，如图 2-39 所示。用户可以重新指定组名，最好指定一个与组中对象有关联的组名，以便于记忆和识别，单击 OK(确定)按钮，就将选择的对象组合成了一个组。在“选择对象”对话框的对象列表中，组名加有方括号。

多个对象组合成组以后，它们保持各自的显示属性。但在选择、变换、修改等操作中，组是一个单个的对象，组中的对象包括在一个边界盒中。如果组中有组，每级组都有自己的边界盒。在视图中要选择组，只需对准组中的任意一个对象单击就能选定该组。

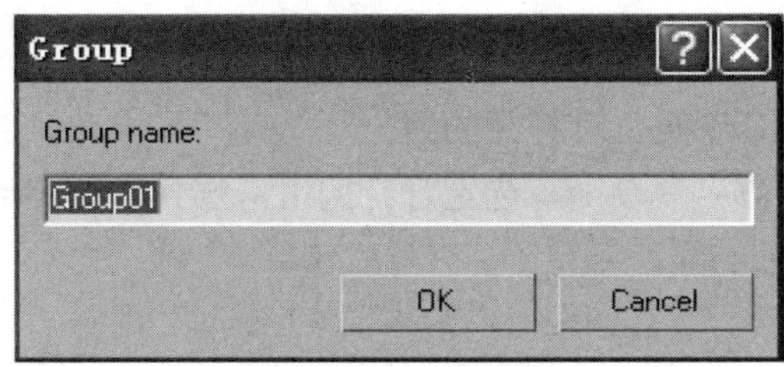

图 2-39　组对话框

实例 2-19　创建组。

创建一个长方体、一个茶壶和一个球体。这时还未创建组，三个对象都有各自的边界盒，如图 2-40(a)所示。

选定这三个对象，选择“组”菜单，单击“组合”命令，弹出“组”对话框，输入组名或使用默认组名，单击“确定”按钮，就将三个对象创建成了一个组。这时三个对象包含在一个边界盒中，如图 2-40(b)所示。

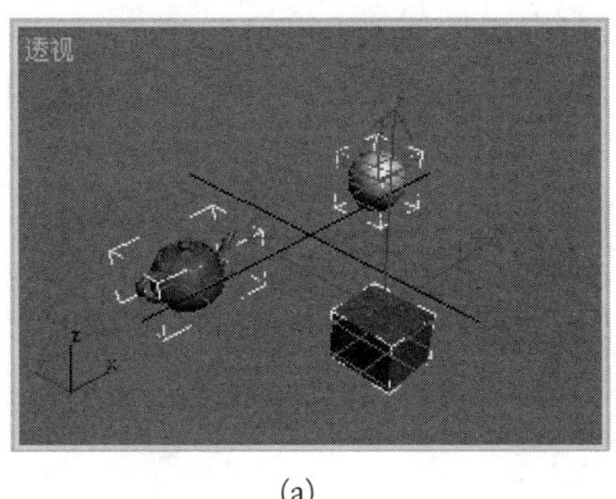

(a)

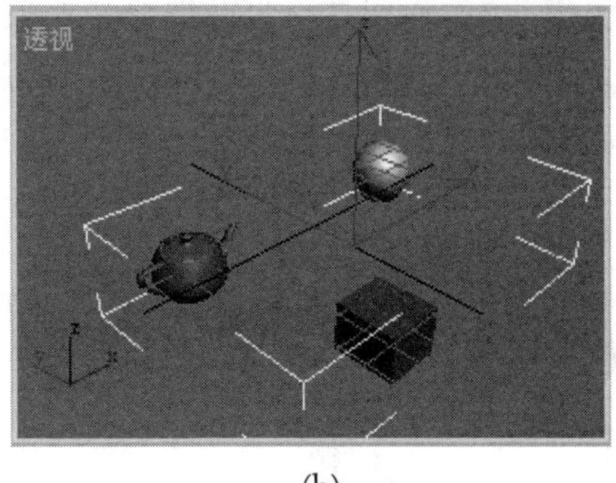

(b)

图 2-40　创建组

2.8.2　Ungroup(撤销组)

选定要撤销的组，选择 Group(组)菜单，单击 Ungroup(撤销组)命令就能撤销组。

撤销组只撤销本级组，而不撤销下级组。

组撤销以后，组中的各个对象恢复独立，在组中所做的变换和修改保持不变，但只保持组的修改动画，而不保持组的变换动画。

2.8.3 Open(打开)组

Open(打开)组的作用是暂时撤销组。这时组中对象各自独立，可对其中对象单独进行操作。待操作完成后，只要选择 Group(组)菜单，单击 Close(关闭)命令，就能恢复原来组的组成和组名。

Open(打开)组命令只对本级组起作用，不打开下级组。组打开后，组的各对象依然保留在组的选择集中。而且单击组的粉红色边界盒，就能选定这个组。对其可进行变换操作，但不能进行修改操作。

2.8.4 Close(关闭)组

Close(关闭)组的作用是恢复暂时打开的组。

对准打开组的粉红色边界盒单击，选定打开的组，选择 Group(组)菜单，单击 Close(关闭)组命令，就会恢复原来的组。

2.8.5 Detach(分离)

Detach(分离)的作用是把组中的部分对象从组中分离出去。

选定要分离的组，选择 Group(组)菜单，单击 Open(打开)组命令打开组，这时 Detach(分离)命令被激活。选择要从组中分离出去的对象，选择 Group(组)菜单，单击 Detach(分离)命令，选择的对象就从组中分离出去。对准剩余部分的粉红色边界盒单击，选定剩余部分，选择 Group(组)菜单，单击 Close(关闭)命令，就会得到由剩余部分组成的组，组名不变。

2.8.6 Attach(添加)

Attach(添加)的作用是将当前选择的对象(包括组)添加到某个组中去。

选定要添加的对象，选择 Group(组)菜单，单击 Attach(添加)命令，单击目标组，选择的对象就被添加到了目标组中。

2.8.7 Explode(炸开)

Explode(炸开)的作用是将所有各级组全部撤销。

2.8.8 Assembly(集合)

Assembly(集合)是个子菜单，它包含的命令有 Assemble(集合)、Disassemble(撤销)、Open(打开)、Close(关闭)、Attach(添加)、Detach(分离)、Explode(炸开)。除 Assemble(集合)外，其他命令的作用和操作与组的对应命令相似。下面仅讨论 Assemble(集合)。

定义一个集合：选定要定义在集合中的所有对象(包括另外的集合和组合)，选择 Assembly(集合)子菜单，单击 Assemble(集合)命令，会弹出 Create Assembly(创建集合)对话框，如图 2-41 所示。用户可以重新指定集合名。系统指定的 head object(头对象)是 Luminaire(光源)。单击“确定”，就将选择的对象定义成了一个集合。在“选择对象”对话框的对象列表中，集合名加有方括号。

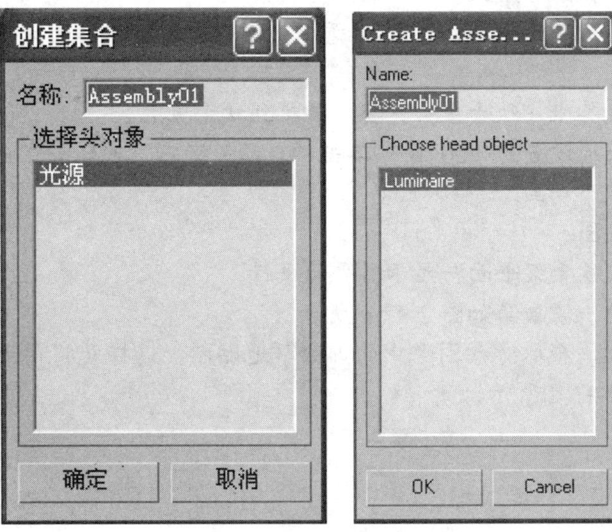

图 2-41　创建集合对话框

实例 2-20　荡秋千。

创建一个长方体：长度为 15，宽度为 10，高度为–200。

复制两个长方体。适当移动、旋转长方体，做成一个秋千架，如图 2-42(a)所示。

(a)　(b)　(c)　(d)

图 2-42　荡秋千

创建一个圆柱体，做秋千绳，其半径为 1，高度为−150。

复制一个圆柱体，得到两根秋千绳。创建一个长方体，做秋千板。

将秋千绳和秋千板组合成组。

将组的轴心点移到秋千架的横梁上(注意“变换中心”按钮的选择项是否是轴点中心)，如图 2-42(b)所示。

创建两个人，使其坐在秋千板上。将人链接到秋千板上。

将时间标尺的长度设置为 120 帧。单击“自动关键点”按钮，在垂直于秋千架的方向旋转秋千，做成荡秋千动画。

指定一幅背景贴图。

旋转透视图，使秋千架平面与显示器平面平行。

渲染后，截取的一帧画面如图 2-42(c)所示。

创建一个长方体，截取背景图像中的部分草地贴图，这样就将秋千架的立柱移到了草地中间部位，如图 2-42(d)所示。

2.9 变换中心

3ds max 9 中的变换中心有三种：轴心点、选择集中心(也称几何中心)和坐标系中心。对象的移动、旋转、缩放、链接、对齐等操作往往都与变换中心有关，选择的变换中心不同，产生的效果也可能不同。灵活选择不同的变换中心和适当移动轴心点，有时会给操作带来很大的方便。

2.9.1 变换中心的选择

变换中心的选择可使用主工具栏中的变换中心选择按钮组，它由三个按钮组成，即 Use Pivot Point Center(使用轴心点)按钮、 Use Selection Center(使用选择集中心)按钮和 Use Transform Coordinate Center(使用变换坐标系中心)按钮，如图 2-43 所示。

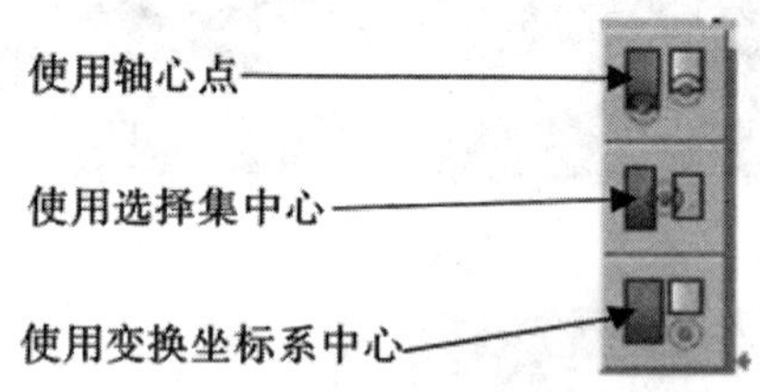

图 2-43 三种不同的变换中心

Use Pivot Point Center(使用轴心点)按钮：对象的轴心点是该对象局部坐标系的坐标原点。对于单个对象，变换中心为对象的轴心点。对于多个对象构成的选择集，变换中心为各对象自身的轴心点。旋转时，各对象按各自的轴心点旋转。

轴心点是可以移动和旋转的。选择 Hierarchy(层次)命令面板，单击 Pivot(轴)按钮。展开 Adjust Pivot(调整轴)卷展栏，单击 Affect Pivot Only(仅影响轴)按钮。选择主工具栏中的移动按钮，就能移动轴心点。选择旋转按钮，就能旋转轴心点。

Use Selection Center(使用选择集中心)按钮：对于选择集，选择集中心就是边界盒(选定对象后出现的白色矩形线框)的几何中心。对于单个对象，选择集中心就是它自身的几何中心。

Use Transform Coordinate Center(使用变换坐标系中心)按钮：这时的变换中心为所选坐标系的原点。当选择父坐标系时，变换中心为所选父对象的局部坐标系原点。若选择拾取坐标系，变换中心为拾取对象的局部坐标系原点。

实例 2-21　观察选择不同变换中心对变换的影响。

创建一个圆柱体，如图 2-44 所示。

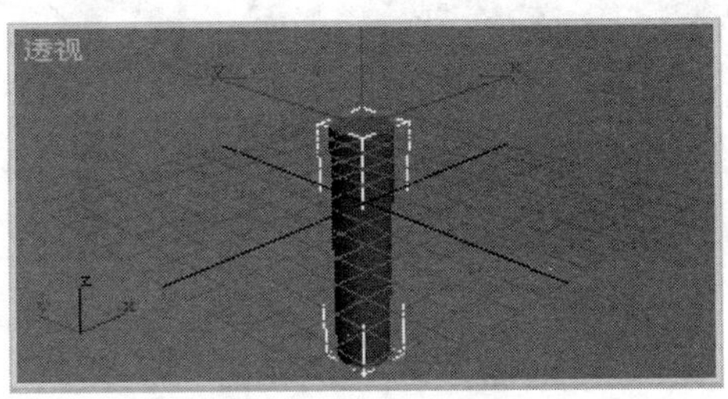

图 2-44　圆柱体

选择使用轴心点，将圆柱体旋转 90°，如图 2-45(a)所示。

选择使用选择集中心，将圆柱体旋转 90°，如图 2-45(b)所示。

选择使用变换坐标系中心，将圆柱体旋转 90°，如图 2-45(c)所示。

通过比较可以看出，旋转相同数量，选择的变换中心不同，所产生的结果也各不相同。

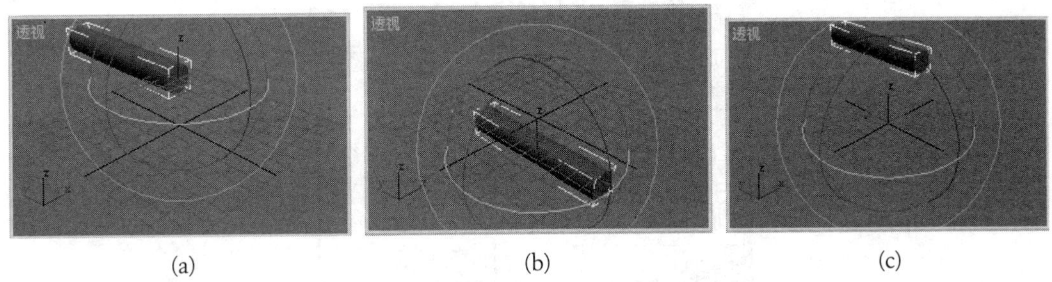

(a)　(b)　(c)

图 2-45　选择不同变换中心绕 X 轴旋转 90°

2.9.2　轴心点的移动

一个对象的轴心点是可以移动的，可以将轴心点移到对象的任何部位，甚至还可以将轴心点移到对象以外的任何位置。

移动轴心点的操作步骤是：选定要移动轴心点的对象，单击“层次”命令面板，单击“调整轴”卷展栏中的“仅影响轴”按钮，使用“移动”按钮就可以将轴心点移到任意位置。

实例 2-22　摇呼啦圈。

创建一个二足角色对象，高度为 100。伸开两手和一条腿。

创建一个圆环，主半径为 18，次半径为 1。通过贴图将圆环的不同部分加上不同颜色。

复制四个圆环，对象类型选择“复制”。将一个圆环的轴心点沿 X 轴移动 10 个单位，将它的轴心点与腰部骨骼的中心对齐。将另外三个圆环的轴心点沿 X 轴移动 15 个单位。使轴心点分别与颈部、下臂和抬起的小腿中心对齐。

用圆锥体制作一顶小丑帽。将帽子链接到人的头上，如图 2-46(a)所示。

创建动画：以人的颈、腰、手、腿为轴旋转圆环，旋转量分别为 1000° 到 5000° 。选择腰部一块骨骼，每隔 10 帧旋转一次，使得上身有轻微前后摇动的感觉。渲染输出的一帧画面如图 2-46(b)所示。

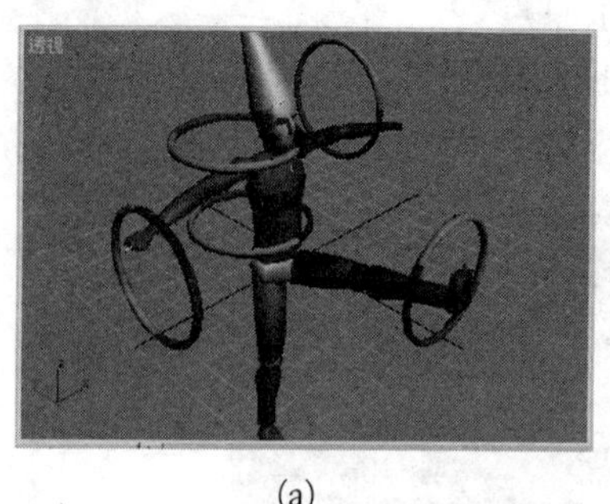

(a)

(b)

图 2-46 摇呼啦圈

2.10 3ds max 9 的坐标系统

展开主工具栏的视图Reference Coordinate System(参考坐标系)列表框，显示一个坐标系列表，如图 2-47 所示。

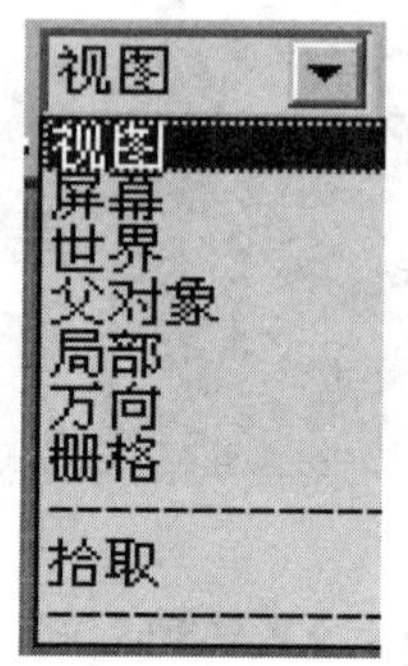

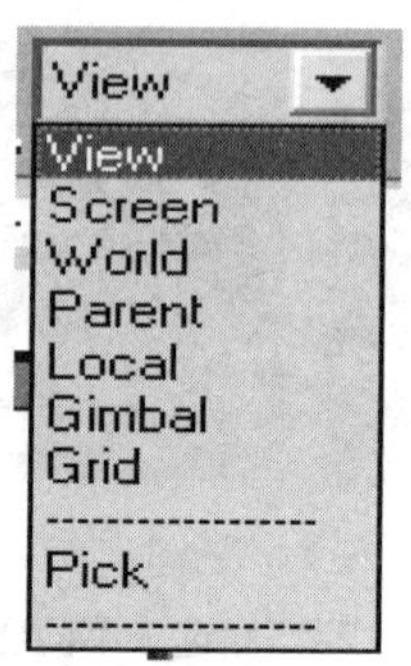

图 2-47 参考坐标系列表框

3ds max 9 的坐标系有：World(世界)坐标系(又称世界空间)、Screen(屏幕)坐标系、View(视图)坐标系、Local(局部)坐标系、Parent(父对象)坐标系、Grid(栅格)坐标系、Gimbal(万向)坐标系和 Pick(拾取)坐标系。下面重点介绍几个常用坐标系。

1. World(世界)坐标系

位于各视图左下角的坐标显示了世界坐标系的方向，其坐标原点位于视口中心，该坐标系的方向不因选择了其他坐标系而变化。对象上的坐标可以选择世界坐标系，也可选择其他坐标系，在选择了世界坐标系后，对象上的坐标与视口左下角的坐标可保持一致。

注意：选择坐标系只是选择固定在对象上的坐标系。

2. Screen(屏幕)坐标系

屏幕坐标系在激活的视图中对坐标轴重新进行定向。在任何激活的视图中，X 轴将永远在视图的水平方向并且正向向右，Y 轴在视图的竖直方向并且正向向上，Z 轴垂直于屏幕并且正向指向用户。屏幕坐标系最好用于正交视图(前视图、俯视图、左视图、右视图等都属正交视图)。

3. View(视图)坐标系

视图坐标系是默认的坐标系，它混合了世界坐标系和屏幕坐标系。其中正交视图激活时使用屏幕坐标系，未激活时使用世界坐标系。而在透视图等非正交视图中，激活时使用世界坐标系。

4. Local(局部)坐标系

局部坐标系是使用所选物体本身的坐标系，又称物体空间。局部坐标系的原点就是物体的轴心点，Z 轴总与物体主轴方向保持一致。变换对象时坐标系也一起变换。当需要物体沿着自身的轴向进行变换时，使用局部坐标系是最佳的选择。

2.11　复制对象

生活中见到的许多物体都具有相同的形状和大小，如电扇的三片叶片、阳台的各根栏杆。就是人和大多数动物，也可看作是由左右对称的两半构成。创建这样一些对象，从事计算机工作的人自然会想到复制。3ds max 9 提供了多种复制操作，灵活使用这些复制操作，不仅能节省很多建模和制作动画的时间，而且效果更好。

在 Tools(工具)菜单中，给出了各种复制操作命令，相应菜单部分如图 2-48 所示。

镜像(M)...		Mirror...	
阵列(A)...		Array...	
对齐(G)...	Alt+A	Align...	Alt+A
快速对齐	Shift+A	Quick Align	Shift+A
快照(P)...		Snapshot...	
间隔工具(I)...	Shift+I	Spacing Tool...	Shift+I
克隆并对齐...		Clone and Align ...	

图 2-48　复制菜单部分命令

2.11.1　变换复制

按住 Shift 键不放，并移动、旋转或缩放对象，对象除发生相应变换外，还会弹出 Clone Options(克隆选项)对话框，如图 2-49 所示。指定复制的副本数，单击“确定”按钮，就能复制出指定数量的对象。

Object(对象)选项区中有以下三个单选项。

Copy(复制)：选择该选项，复制出的对象和源对象各自独立。

Instance(实例)：也译成关联，选择该选项，复制出的对象和源对象相互之间存在内部链接关系，即修改(注意，不是变换)源对象会影响复制对象，修改复制对象也会影响源对象。

Reference(参考)：采用这种方式复制出的对象与源对象之间存在单向链接关系，即修改

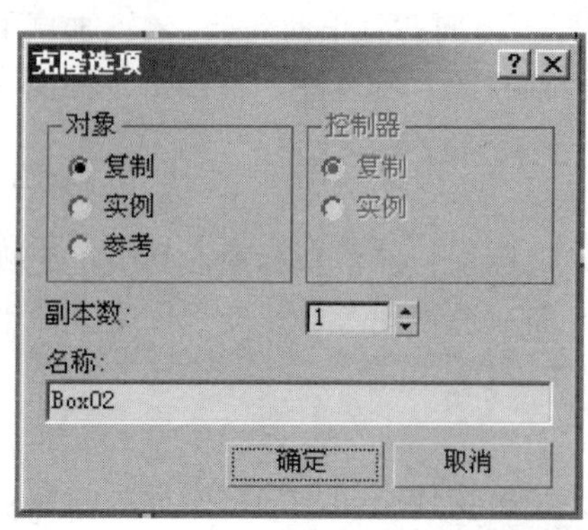

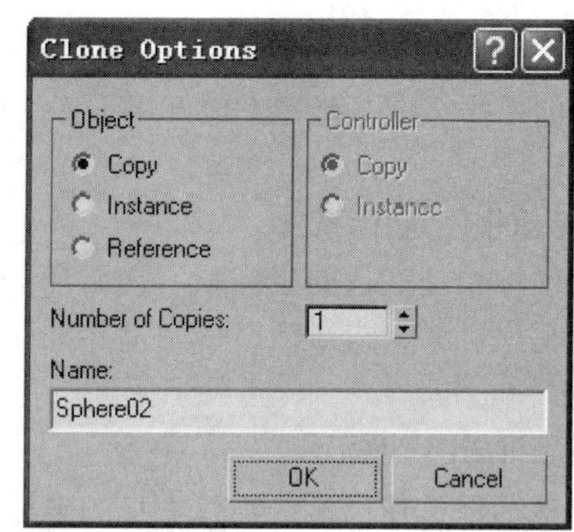

图 2-49　“克隆选项”对话框

源对象会影响复制对象，而修改复制对象不会影响源对象。

在其他复制操作中，也存在对上述复制方式的选择。

Number of Copies(副本数)：生成复制对象的个数。

Name(名称)：在这个文本框中，用户可以重命名复制对象的名称。若复制的对象超过一个，则在名称后自动添加数字序号加以区别。

实例 2-23　使用移动复制制作一个算盘。

在前视图中创建一个圆环做算盘珠子，主半径(半径 1)为 8，次半径(半径 2)为 7。

在前视图中创建一个圆柱体做轴，半径为 4，高度为 120，如图 2-50(a)所示。

在顶视图中沿 Y 轴复制 6 个算盘珠子，并将 7 个珠子分成两组，如图 2-50(b)所示。

选定一束算盘珠子，沿 X 轴复制 11 束，如图 2-50(c)所示。

在顶视图中画一个矩形做算盘边框，画一条直线做分隔梁，如图 2-50(d)所示。

选定矩形和直线，将它们转换为可编辑样条线。

在修改器堆栈中选择样条线子层级，分别选定矩形和直线，在“几何体”卷展栏中设置轮廓值为 6，单击“轮廓”按钮就得到了轮廓后的样条线，如图 2-50(e)所示。

选择挤出修改器挤出，设置挤出值为 20，就得到了一个算盘，如图 2-50(f)所示。

指定一幅有桌子的位图文件做背景贴图，渲染输出的效果如图 2-50(g)所示。

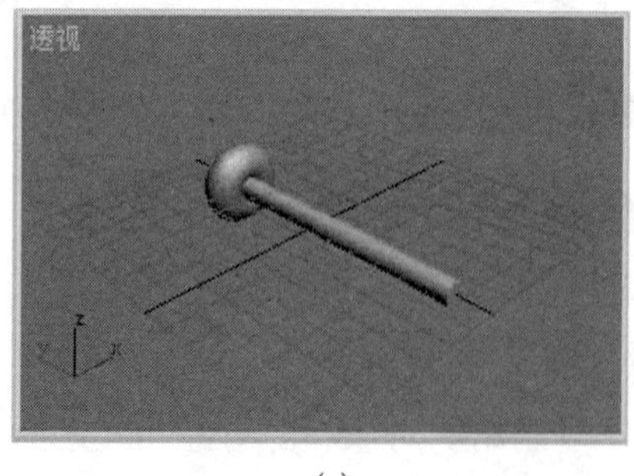

(a)

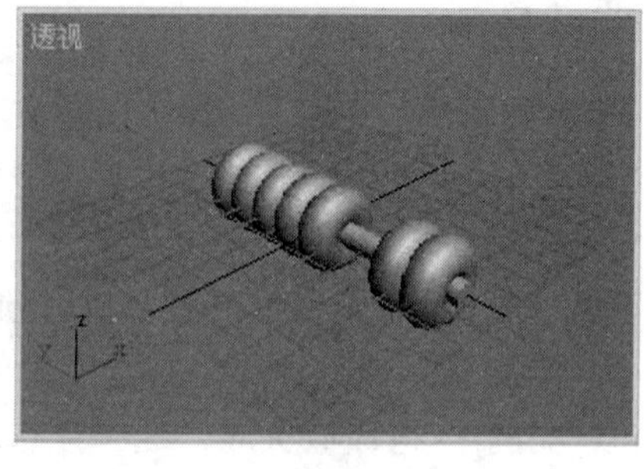

(b)

图 2-50　创建算盘

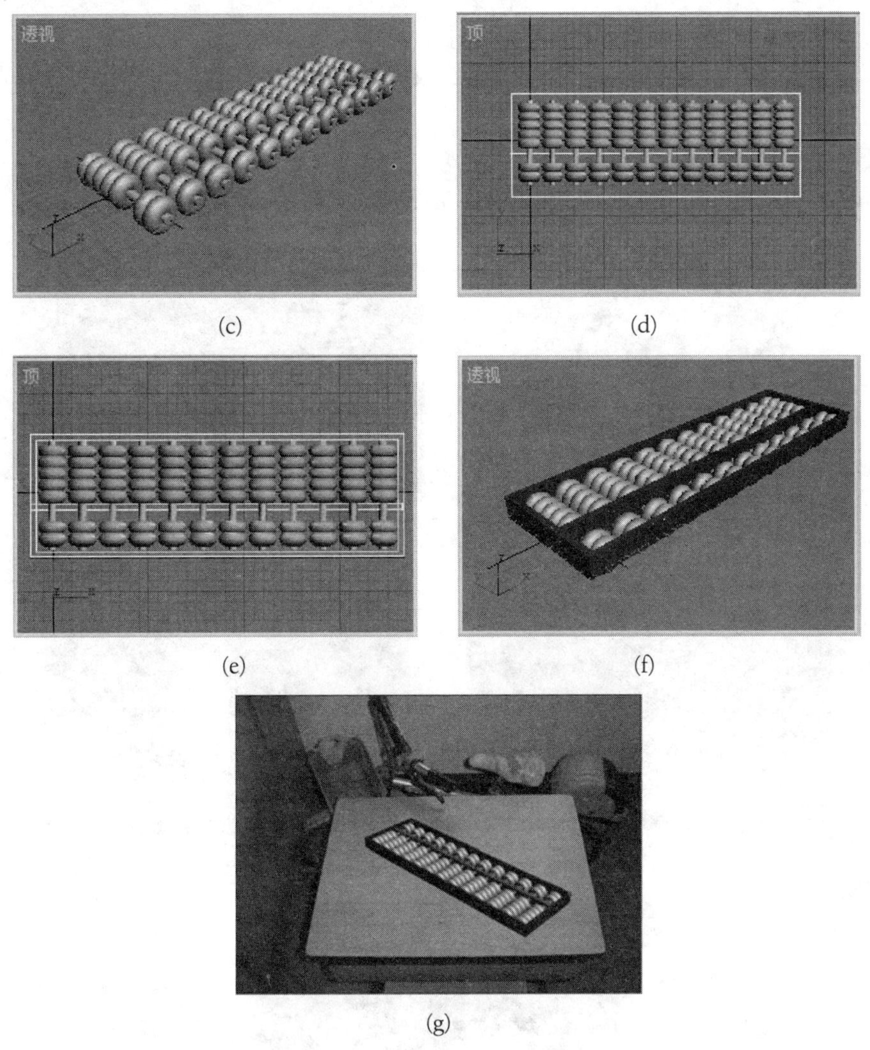

(c)　(d)　(e)　(f)　(g)

续图 2-50

实例 2-24　用旋转复制和旋转操作制作足球。

足球是由边长相等的六边形和五边形子面构成的，每个五边形对象的周围有五个六边形对象。足球图像如图 2-51(a)所示。

创建一个 6 点的星形，半径 1 为 20，半径 2 为 17.5。创建一个 5 点的星形，半径 1 为 17，半径 2 为 14。将两个星形缩小到原来的 80%，如图 2-51(b)所示。

将两个星形挤出成柱体。

创建一个半径为 50、分段数为 50 的球体。

缩放复制一个略小的球体。做布尔相减运算得到一个球壳。为了做两次布尔运算，需要再复制一个球壳。

将两个柱体分别与位置在坐标原点的球壳做布尔交集运算，得到一个弧面六边形对象和一个弧面五边形对象。

将弧面六边形和弧面五边形的轴心点移到坐标原点，如图 2-51(c)所示。

创建一个参考球体，半径为 49。

旋转复制六边形对象和五边形对象。旋转操作使六边形对象和五边形对象按足球子面的排列规则排列，如图 2-51(d)所示。

选定所有对象，将它们组合成组。

加背景后渲染输出，制作的足球如图 2-51(e)所示。

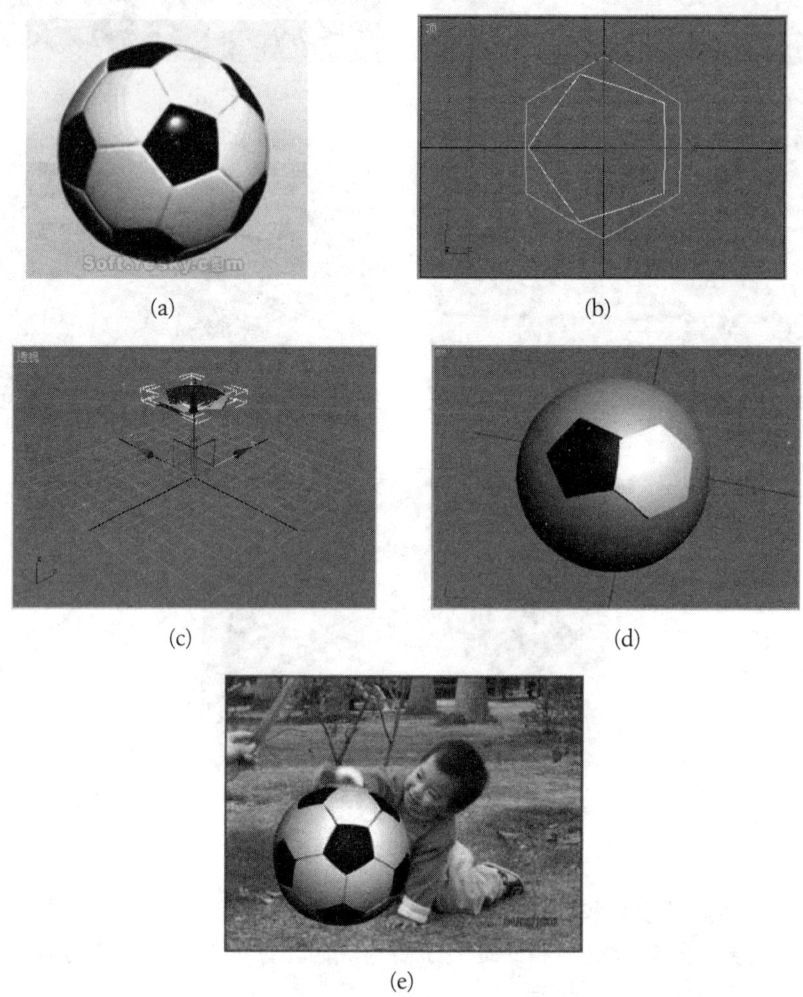

图 2-51 用旋转复制和旋转操作制作足球

2.11.2 Edit(编辑)菜单的 Clone(克隆)命令复制

选定要复制的对象，打开 Edit(编辑)菜单，选择 Clone(克隆)命令，弹出 Clone Options(克隆选项)对话框。选择需要的参数，单击“确定”按钮，就能复制出一个对象。

这种方法一次只能复制一个对象，而且复制的对象和源对象重叠在一起。

Name(名称)：在这个文本框中，用户可以重命名复制对象的名称。

2.11.3　Mirror(镜像)复制

选择 Mirror(镜像)命令可以复制出一个镜像对象。这种复制方法往往用在制作对称物体上，首先制作好物体的一半，再复制出对称的另一半。

选定要复制的对象，选择 Tools(工具)菜单，选择 Mirror(镜像)命令或者单击主工具栏中的 Mirror(镜像)按钮，弹出 Mirror(镜像)对话框，如图 2-52 所示。指定需要的参数，单击“确定”按钮，就能复制出一个镜像对象。

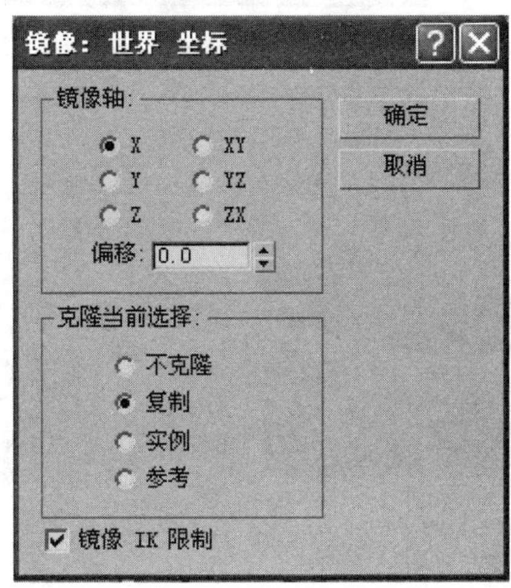

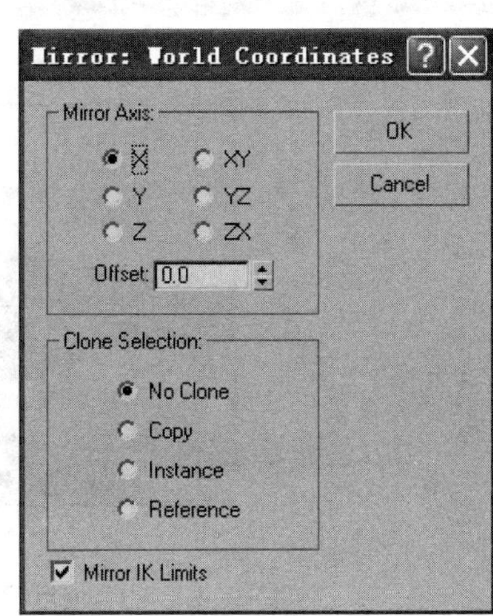

图 2-52　“镜像”对话框

在 Mirror Axis(镜像轴)选区，可以指定以下参数。

Offset(偏移)：在数码框中输入的值是复制对象偏移源对象的距离。若选择单个轴，则只在该轴方向偏移指定的值；若选择一个平面，则同时沿两个轴向偏移指定的值。用户可以选择不同的坐标系。选择的坐标系不同，在偏移量和偏移轴向相同的情况下，产生的结果可能不同。

若选择 Clone Selection(克隆当前选择)选区中的 No Clone(不克隆)选项，则不会复制对象，只是将源对象按照指定偏移量和轴向变换到镜像位置。

实例 2-25　使用镜像复制创建倒影。

创建一个圆锥体，颜色设置为黄色。创建一个圆柱体，颜色设置为深灰色。将两个物体组成一个独柱凉亭，如图 2-53(a)所示。

指定一幅背景贴图，渲染后的效果如图 2-53(b)所示。

选定凉亭，选择 Tools(工具)菜单，选择“镜像”命令。在“镜像”对话框中选择 Z 轴为镜像轴，选择“复制”选项，偏移量设置为−100。单击“确定”按钮，就得到了一个凉亭倒影。

选择倒影中的圆柱体，赋给标准材质，不透明度设置为 50，漫反射颜色设置为深灰色。

选择倒影中的圆锥体，赋给标准材质，不透明度设置为 70，漫反射颜色设置为浅黄色。

渲染后的效果如图 2-53(c)所示。

(a)　(b)

(c)

图 2-53　使用镜像复制创建凉亭倒影

2.11.4　Array(阵列)复制

选定要复制的对象，打开 Tools(工具)菜单，选择 Array(阵列)命令，弹出 Array(阵列)对话框，如图 2-54 所示。输入参数，单击 OK(确定)按钮，就能复制出指定数量的对象。

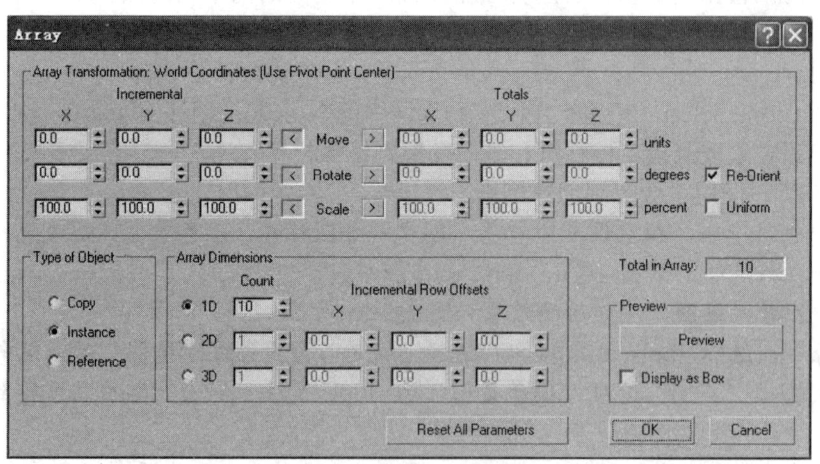

图 2-54　Array(阵列)复制对话框

Array Transformation(阵列变换)选区中的 World Coordinates(Use Pivot Point Center)(世界坐标(使用轴点中心))是默认的坐标系和变换中心。用户在打开 Array(阵列)对话框之前，可以另选坐标系和变换中心。在输入相同选项值的情况下，选择的坐标系和变换中心不同，其结果可能会不同。

Incremental(增量)：每两个复制对象之间的变换差值。阵列复制可以是移动复制、旋转复制和缩放复制。在 Move(移动)一行输入的坐标值，是沿该坐标方向移动的距离。在 Rotate(旋转)一行输入的坐标值，当勾选了 Re-Orient(重新定向)复选框时，为绕该轴旋转的角度；否则只复制，不旋转。在 Scale(缩放)一行输入的坐标值，当未勾选 Uniform(均匀)复选框时，是该轴向缩放的比例，其他轴向不缩放；若勾选了 Uniform(均匀)复选框，则进行均匀缩放。

Totals(总计)：下面的坐标值是两个复制对象之间的增量乘以复制的个数所得的总变换值。在输入了增量和复制的个数后，单击 > 按钮，对应坐标中会自动显示出总计值。

Array Dimensions(阵列维度)：阵列复制可以在一维中复制，也可同时在二维或三维中复制。

Count(数量)：在一维中复制的对象个数。

Incremental Row Offsets(增量行偏移)：行与行之间的偏移量。

Totals in Array(阵列中的总数)：一维的个数乘以行数。

Reset All Parameters(重置所有参数)：单击该按钮，会清除对话框中的所有参数，以便重新使用该对话框。

实例 2-26　制作魔方与玩魔方。

1. 制作魔方

创建一个切角长方体：长、宽、高均为 20，圆角为 0.2。

为了便于旋转，将轴心点沿 Z 轴上移 10 个单位。

选择编辑网格修改器，依次选择切角长方体的六个面，给它们赋标准材质，按红下、橙上、蓝前、绿后、黄右、白左的规定，标准材质的漫反射颜色分别选择红、橙、蓝、绿、黄、白六种不同颜色，如图 2-55(a)所示。

选择“阵列”命令，同时在三维中移动复制，每维的增量均为 20，每维数量均为 3。制作的魔方如图 2-55(b)所示。

在不同方向旋转部分小块，打乱魔方，使得同一面的颜色不完全一样。制作的魔方如图 2-55(c)所示。

2. 玩魔方

进行第一次旋转：将转动面的周围八小块都链接到正中小块上。单击“自动关键帧”按钮，将时间滑动块移到第 100 帧，将正中小块旋转 90°的整数倍。在第 0~100 帧渲染输出动画。

在第一次旋转基础上进行第二次旋转：删除上一次的旋转动画，断开原来八个小块的链接。将新转动面周围的八小块链接到正中小块上，打开“自动关键帧”按钮，将时间滑动块移到第 100 帧。在第 0~100 帧渲染输出动画。

类似地，可以制作一系列的旋转动画。

使用多媒体编辑软件将不同的旋转动画连接起来，就可以得到玩魔方的全过程。

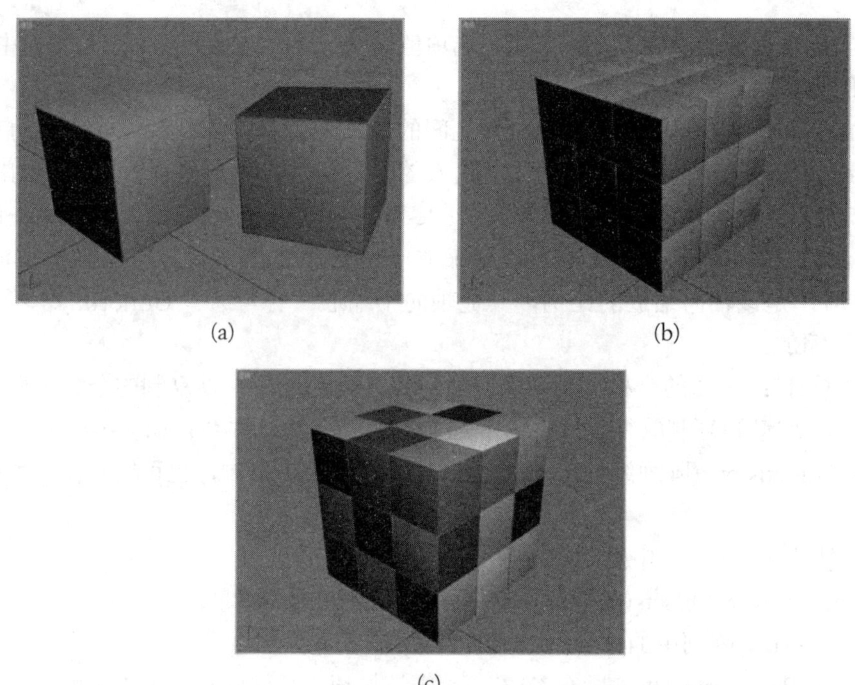

(a)　　(b)

(c)

图 2-55　制作魔方

实例 2-27　使用旋转阵列复制制作荷花。

创建一个半径为 30 的球体。在 Y 轴放大成一个椭球，长轴是短轴的 2 倍左右。

缩小复制一个椭球，将小椭球沿 Z 轴往上移动 2 个单位，如图 2-56(a)所示。

对两个椭球采用布尔相减运算得到一瓣荷花。

选择编辑网格修改器，编辑荷花瓣的两端，顶视图的效果如图 2-56(b)所示。

将轴心点移到荷花瓣的根部，如图 2-56(c)所示。

绕 X 轴旋转荷花瓣，使荷花瓣凹面朝上，如图 2-56(d)所示。

给荷花瓣指定渐变贴图，颜色 1 为粉红色，颜色 2 为浅粉红色，颜色 3 为白色。颜色 2 的位置为 0.7，渐变类型为径向。

选择"工具"菜单，选择"阵列"命令，打开"阵列"对话框。在旋转行中，增量的 Z 值设为 36，阵列维度选择 1D，数量设为 10，单击"确定"按钮，就得到一圈荷花瓣，如图 2-57(a)所示。

改变一片荷花瓣的角度，再复制一圈荷花瓣。改变外圈部分荷花瓣的角度，使荷花瓣的角度变得不规则，如图 2-57(b)所示。

用圆锥体制作一个莲蓬，用球体做莲子，用圆柱体做荷杆，将荷花杆弯曲 70°，就得到一朵荷花，如图 2-57(c)所示。

选择一个荷花图像做背景贴图。渲染输出就得到了荷花的效果图，如图 2-57(d)所示。

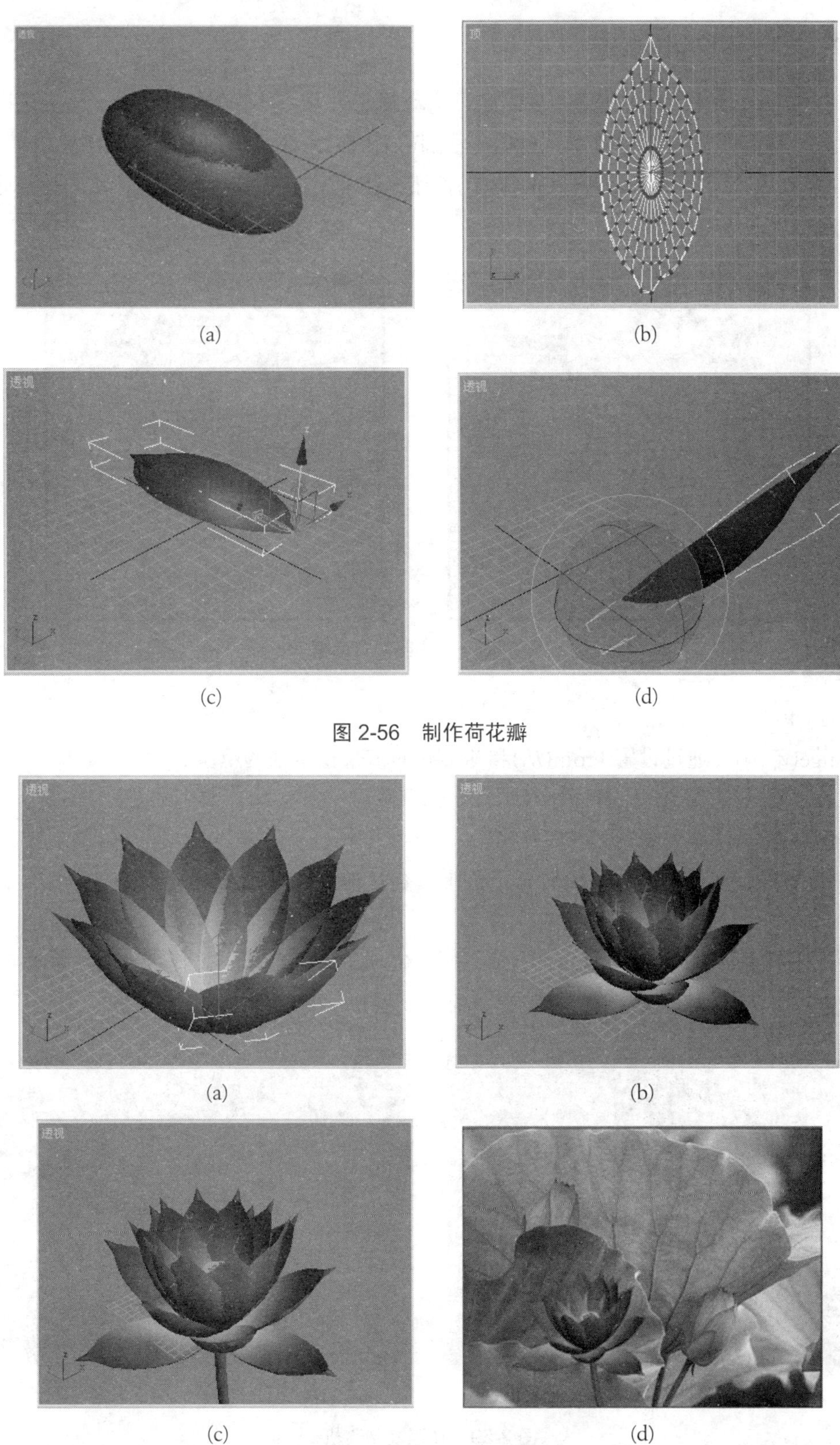

(a)　(b)　(c)　(d)

图 2-56　制作荷花瓣

(a)　(b)　(c)　(d)

图 2-57　用旋转阵列复制制作荷花

2.11.5 Snapshot(快照)复制

选择 Snapshot(快照)命令只能复制已设置动画的对象，但不会复制动画。选定已设置动画的对象，打开 Tools(工具)菜单，单击 Snapshot(快照)命令，弹出 Snapshot(快照)对话框，如图 2-58 所示。选择参数，单击 OK(确定)按钮，就能复制出指定数量的对象，并沿动画轨迹曲线分布。

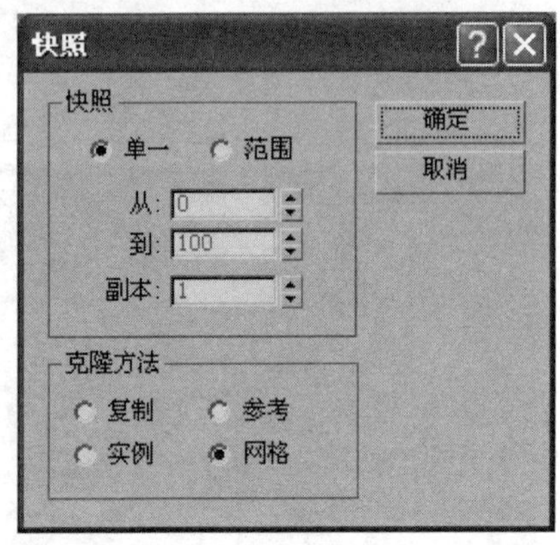

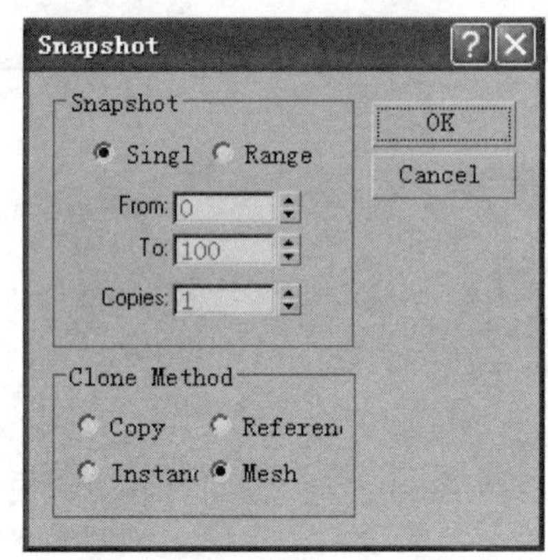

图 2-58 “快照”对话框

Singl(单一)：只复制一帧。

Range(范围)：通过设置 From(从)和 To(到)的值来指定帧的范围。

Copies(副本)：复制出的对象个数。

实例 2-28 快照复制飞机。

制作一架飞机，如图 2-59(a)所示。为飞机创建动画(图中显示运动轨迹)，如图 2-59(b)所示。

进行快照复制：选定要复制的飞机，选择 Tools(工具)菜单，选择“快照”命令，范围指定为 0~100 帧，副本设置为 5，单击“确定”按钮，复制的飞机如图 2-59(c)所示。

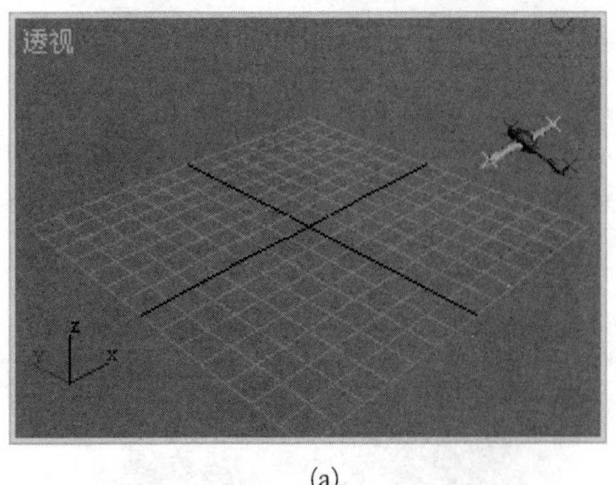

(a)

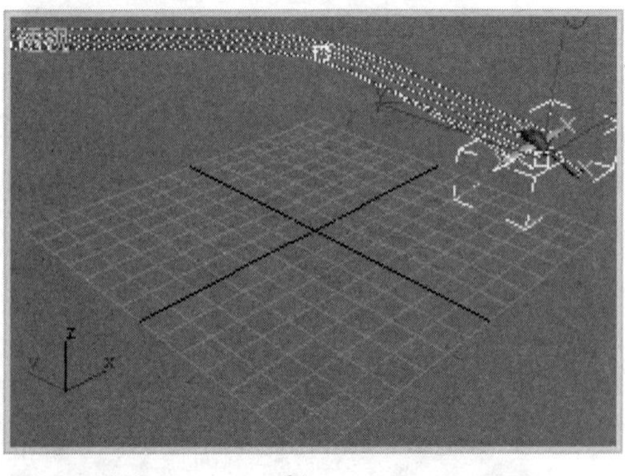

(b)

图 2-59 快照复制飞机

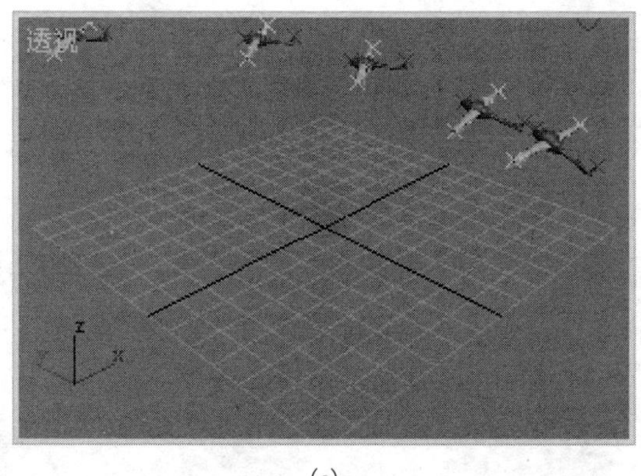

(c)

续图 2-59

2.11.6　Spacing Tool(间隔工具)复制

选定要复制的对象，打开 Tools(工具)菜单，选择 Spacing Tool(间隔工具)命令，弹出 Spacing Tool(间隔工具)对话框，如图 2-60 所示。

间隔工具复制有 Pick Path(拾取路径)和 Pick Points(拾取点)两种方法。

Pick Path(拾取路径)：采用这种方法复制对象时，先要建立一条作为复制路径的曲线(也可以是复合二维图形)，选择 Pick Path(拾取路径)后，单击作为路径的曲线，单击 Apply(应用)按钮，复制的对象就会按照指定的路径排列。用这种方法制作有拐角的栏杆、马路两边的路灯等特别方便。

Pick Points(拾取点)：采用这种方法复制对象时，不需要建立作为路径的曲线。选择 Pick Points(拾取点)后，单击视图中的任意一点后拖动鼠标，这时在单击处和指针之间会出现一条连线，单击视图中的另一点，在两点之间就会复制出沿直线分布的指定数量的对象，而且连线会自动消失。

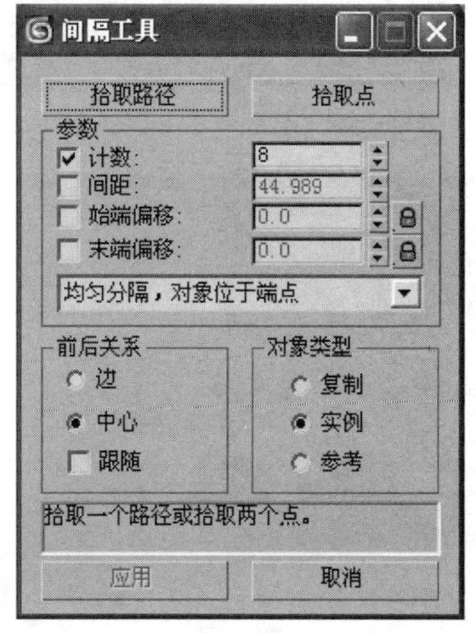

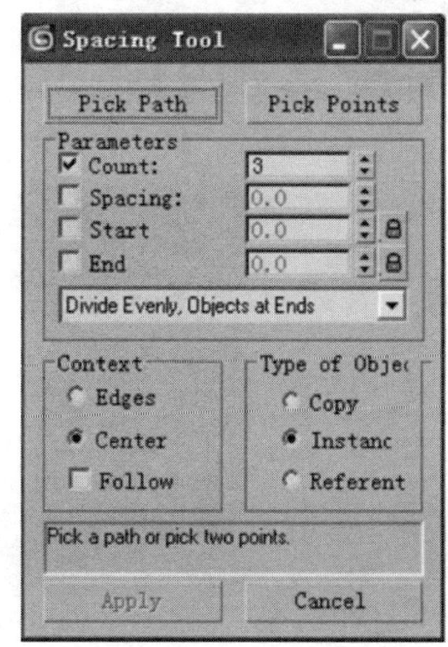

图 2-60　“间隔工具”对话框

Follow(跟随)：勾选该复选框，复制对象的轴心点坐标方向随轨迹曲线方向的改变而改变。

使用间隔工具复制方法沿圆周复制五个茶壶。不勾选 Follow(跟随)复选框，茶壶的方向不随曲线方向改变而改变，如图 2-61(a)所示；勾选 Follow(跟随)复选框，茶壶的方向随曲线方向改变而改变，如图 2-61(b)所示。

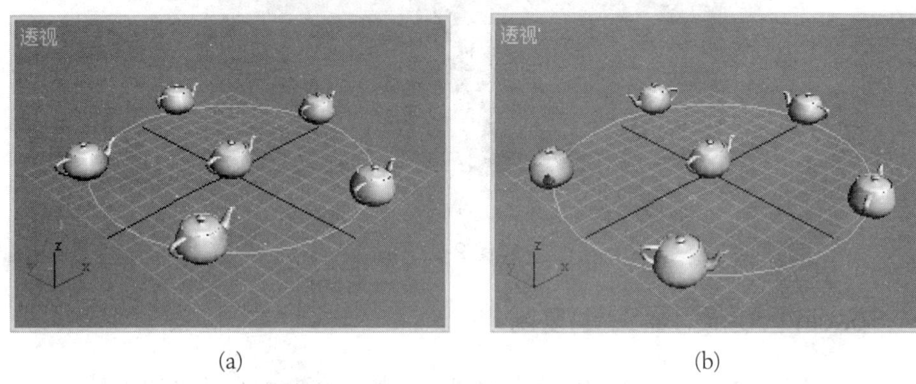

(a)　　(b)

图 2-61　使用间隔工具复制茶壶

实例 2-29　使用间隔工具制作阳台栏杆。

1. 通过拾取路径制作栏杆

制作一根栏杆和一条栏杆分布的轨迹曲线，如图 2-62(a)所示。

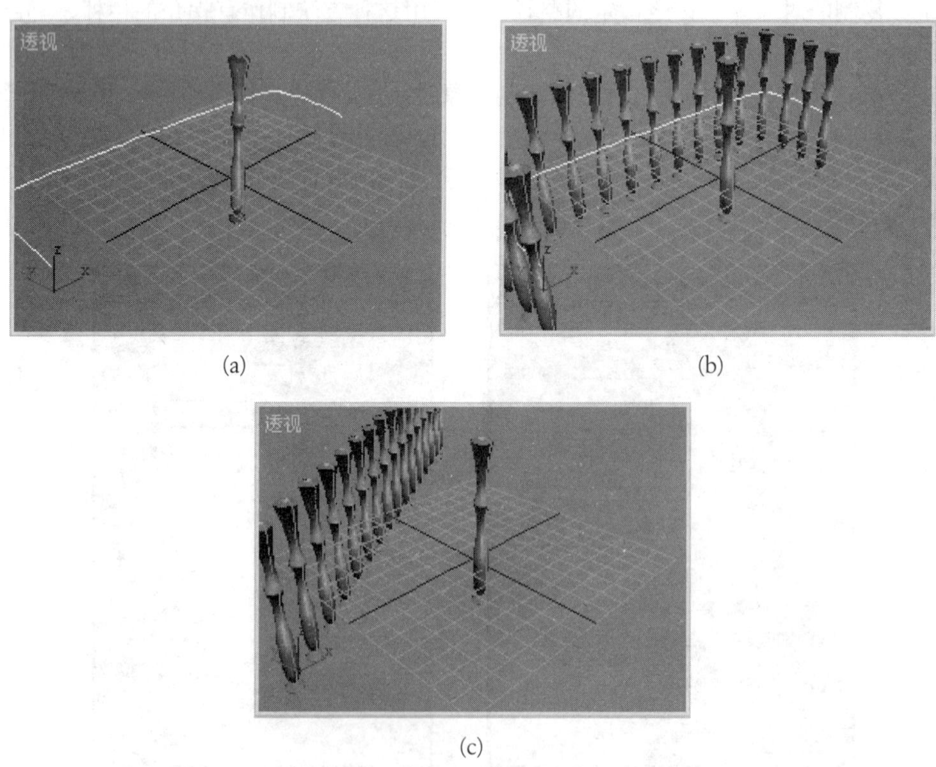

(a)　　(b)

(c)

图 2-62　使用间隔工具复制制作阳台栏杆

参数中指定数量为 18，前后关系选择“中心”，不勾选“跟随”复选框。单击“拾取路径”按钮，单击制作好的路径，单击“应用”按钮，就得到沿曲线分布的栏杆，如图 2-62(b)所示。

2. 通过拾取点制作沿直线分布的栏杆

制作一根栏杆，参数中指定数量为 16，前后关系选择“中心”，不勾选“跟随”复选框。单击“拾取点”按钮，在视图中单击复制栏杆的起始处，拖动鼠标，并单击复制栏杆的结束处，就得到沿直线分布的栏杆，如图 2-62(c)所示。

2.11.7　Clone and Align(克隆并对齐)复制

选择 Clone and Align(克隆并对齐)命令复制对象时，不仅会复制一个源对象，而且复制的对象与目标对象对齐。因此，在复制对象之前，先要创建一个源对象和一个或多个目标对象。选定源对象，单击“克隆并对齐”命令，这时会弹出 Clone and Align(克隆并对齐)对话框，如图 2-63 所示。设置需要的参数，单击“拾取”按钮或“拾取列表”按钮，单击目标对象，单击“应用”按钮，就会给每个目标对象复制出一个源对象，并与目标对象对齐。

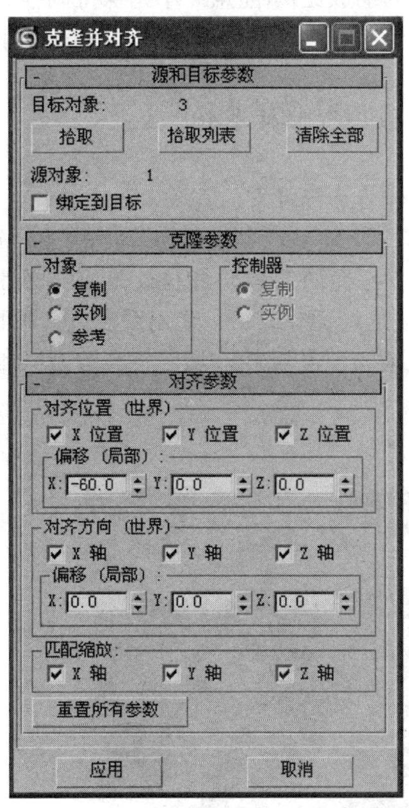

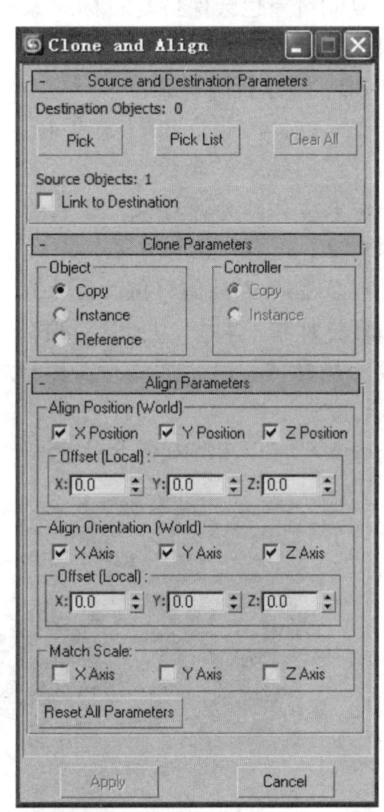

图 2-63　“克隆并对齐”对话框

Pick(拾取)：若单击“拾取”按钮，则只能给一个目标对象复制一个源对象。

Pick List(拾取列表)：若单击“拾取列表”按钮，则会弹出一个“拾取目标对象”对话框，在该对话框中可以拾取一个或多个目标对象，这时会给每个目标对象复制出一个源对象，并分别与各目标对象对齐。

Clear All(清除全部)：在未单击“应用”按钮之前，单击该按钮，会清除已复制的全部对象。

Link to Destination(绑定到目标)：若勾选该复选框，则复制对象被绑定到目标对象上。当目标对象变换(移动、旋转、缩放)时，复制对象也会跟着一起变换。

Apply(应用)：只有单击了该按钮，复制结果才有效；否则，当退出或进行别的操作时，复制结果会自动取消。

Align Parameters(对齐参数)选项区可以设置对齐位置、对齐方向和匹配缩放等的参数。

Align Position (World) (对齐位置(世界))：在这个选项区，可以指定对齐的坐标轴。偏移值决定了复制对象轴心点在该轴方向偏移目标对象轴心点的值。

Align Orientation (World) (对齐方向(世界))：在这个选项区，可以指定复制对象与目标对象对齐的轴向，在未勾选的坐标方向，复制对象与源对象对齐。偏移值决定了复制对象局部坐标与目标对象局部坐标偏移的角度。

Match Scale(匹配缩放)：如果目标对象进行了缩放操作，则在勾选了的坐标方向，克隆并对齐后，复制对象也会保持与目标对象相同的缩放比例(注意：不是保持同样大小)。

Reset All Parameters(重置所有参数)：单击该按钮，则清除原来已设置的所有参数。

实例 2-30　制作折扇骨架。

创建一个长方体，长为 80，宽为 4，高为 0.01，Y 坐标为 40。

将轴心点移到接近 Y 轴原点。

复制一块长方体作为源对象，原来的一块作为目标对象。

选择源对象，选择 Tools(工具)菜单，选择“克隆并对齐”命令，打开“克隆并对齐”对话框。对齐位置的 Z 轴偏移值设为 0.01，对齐方向的 Z 轴偏移值设为 10。单击“拾取”按钮，单击目标对象，单击“应用”按钮。重复这些操作六次，复制出左边六根扇骨。将 Z 轴偏移值设为绝对值相同的负值，在目标对象右边重复操作六次，得到右边六根扇骨，如图 2-64 所示。

该折扇骨架也可以用阵列等方法复制。

图 2-64　制作折扇骨架

思　考　题

1. 主工具栏中哪几个按钮与选择对象有关？
2. 如何选择场景中的一个对象？
3. 如何知道场景中的对象已被选定？
4. 如何同时选择场景中的多个对象？
5. 如何选择一个复杂场景中的所有灯光？
6. 在场景中拖动鼠标框选对象时，怎样才能拖出一个虚线圆？
7. 框选对象时，必须使得虚线框内的对象被选定，该怎么办？
8. 如何才能由用户画虚线框选对象？
9. 如何选定一个复杂场景中的所有对象？
10. 如何保证一个对象怎么也不会被选定？
11. “移动”按钮在什么位置？如何才能沿 X 轴移动？
12. 如何沿 Z 轴方向移动 30 个单位？
13. “旋转”按钮在什么位置？如何才能绕 Y 轴旋转？
14. 如何绕 X 轴旋转 34°？
15. “缩放”按钮在什么位置？如何才能只在 Y 轴方向放大？
16. 如何将一个对象放大到原来的 2 倍？
17. 移动对象时，发现坐标不见了，该怎么办？
18. 复制有哪些菜单命令？
19. 如何进行变换复制？
20. 如何进行阵列复制？
21. 如何使复制的每两个对象之间的距离为 20 个单位？
22. 如何使复制的每两个对象之间的夹角为 25°？
23. 如何沿着一条路径复制对象？
24. 如何复制一个镜像对象？
25. 怎样对齐两个对象？
26. 怎样链接两个对象？如何判断哪个是父对象，哪个是子对象？
27 如何才能断开链接？
28. 如何将多个对象组成一个组？
29. 如何炸开组？
30. 如何隐藏对象？如何解除隐藏？

第 3 章　几何体与建模

本章介绍简单几何体的创建。这些几何体结构简单，已经由 3ds max 设计好，并内置在 3ds max 中。简单几何体有标准基本体、扩展基本体、AEC 扩展对象、面片栅格、门、窗和楼梯等。

3.1　创建对象与修改对象参数

3.1.1　Create(创建)命令面板与 Create(创建)菜单

利用 Create(创建)命令面板可以创建出各种类型的对象。它包括七个子面板，即 Geometry(几何体)、Shapes(图形)、Lights(灯光)、Cameras(摄影机)、Helpers(辅助对象)、SpaceWarps(空间扭曲)和 Systems(系统对象)，如图 3-1 所示。

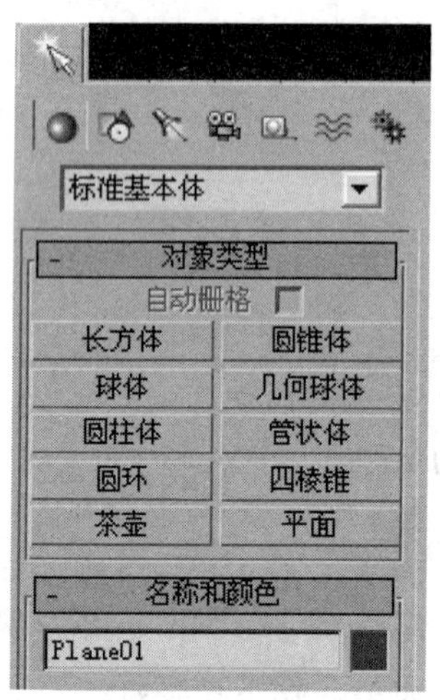

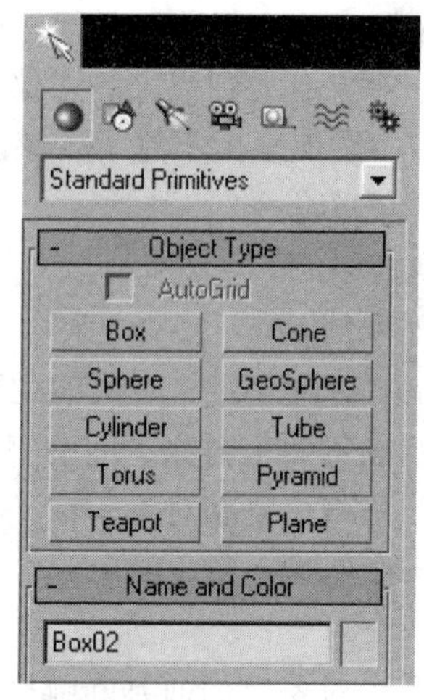

图 3-1　Create(创建)命令面板

Create(创建)菜单与 Create(创建)命令面板一样，也具有创建各种对象的功能。“创建”菜单如图 3-2 所示。

当选择菜单中的一项命令时，“创建”命令面板中的对应按钮也会被激活。

如果不需要准确控制对象的参数，则只要选择“创建”菜单中的一项命令或“创建”命令面板中 Object Type(对象类型)卷展栏内的一个按钮，在视图中按住左键拖动并释放，就能创建一个对象。有的对象只需拖动并释放一次就能完成创建，如创建球体。有的对象需要拖动并释放多次才能完成创建，如创建管状体。

如果要准确控制对象参数，就要使用“创建”命令面板中的各卷展栏，输入参数后，在视图中拖动并释放或单击 Keyboard Entry(键盘输入)卷展栏中的 Create(创建)按钮，就能按照指定的参数创建一个对象。每个对象都有一定的参数供用户选择，只有了解了这些参数的作用，输入适当的参数，才能创建出需要的对象。

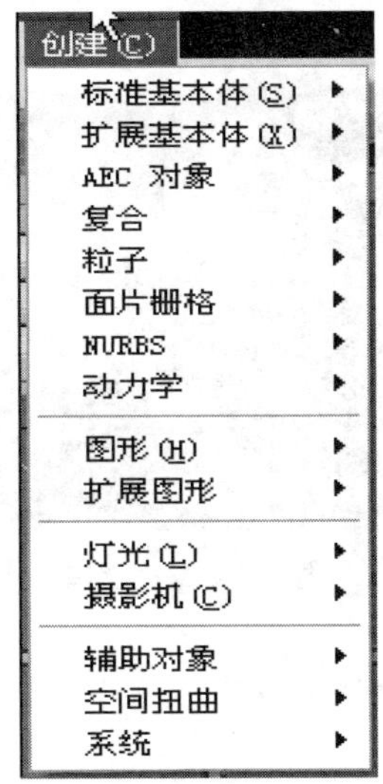

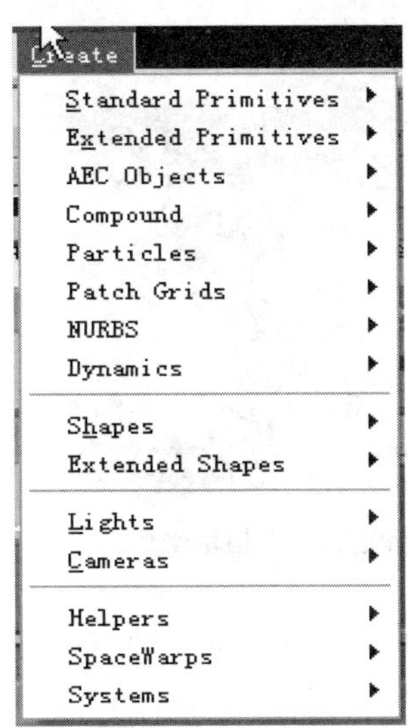

图 3-2　“创建”菜单

3.1.2　修改已创建对象的参数和选项

如果刚创建的对象还处在激活状态，则只要在命令面板中重新输入参数，单击命令面板任意空白处或按回车键，对象的参数就会被修改。

如果创建的对象已取消选择，则只要重新选定要修改的对象，选择 Modify(修改)命令面板，重新输入参数，单击命令面板任意空白处或按回车键，对象的参数就会被修改。

3.2　标准基本体与扩展基本体的创建

选择“创建”命令面板，选择“几何体”子面板，单击几何体类型列表框中的展开按钮，选择“标准基本体”，在“对象类型”卷展栏中单击需要的对象按钮，在视图中拖动鼠标就能创建一个对象。

Standard Primitives(标准基本体)和 Extended Primitives(扩展基本体)的命令面板卷展栏有 Object Type(对象类型)、Name and Color(名称和颜色)、Creation Method(创建方法)、Keyboard Entry(键盘输入)和 Parameters(参数)。不同对象所具有的卷展栏数目可能不同。

3.2.1　Object Type(对象类型)卷展栏

“对象类型”卷展栏包含若干按钮，每个按钮对应一种对象类型。

AutoGrid(自动网格)：选择一种对象类型后，AutoGrid(自动网格)复选框就会被激活。若勾选“自动网格”复选框，这时指针中就会包含一个指示坐标。当指针在对象上移动时，指针会自动捕捉到对象表面网格邻近的一点，指针指示坐标的 X 轴和 Y 轴与该点对象表面相切，Z 轴与对象表面垂直，如图 3-3 所示。

单击一个对象类型按钮后，在视图中按下左键，就会出现一个浅灰色激活网格。该网格在指针指示坐标的 XY 平面内。在图 3-4 中，茶壶上方的网格是激活网格，下方的网格是主网格。

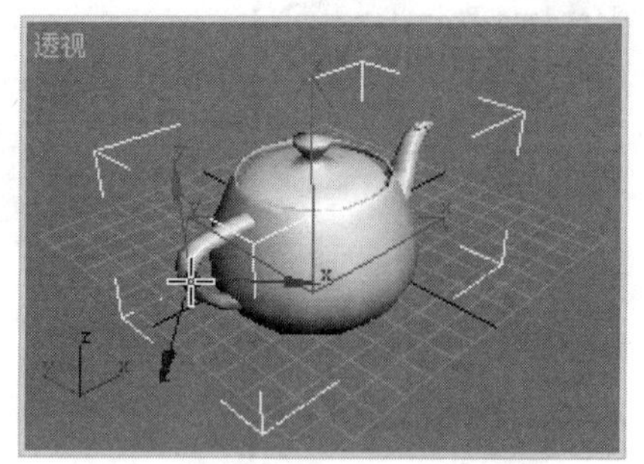

图 3-3　指针包含一个指示坐标

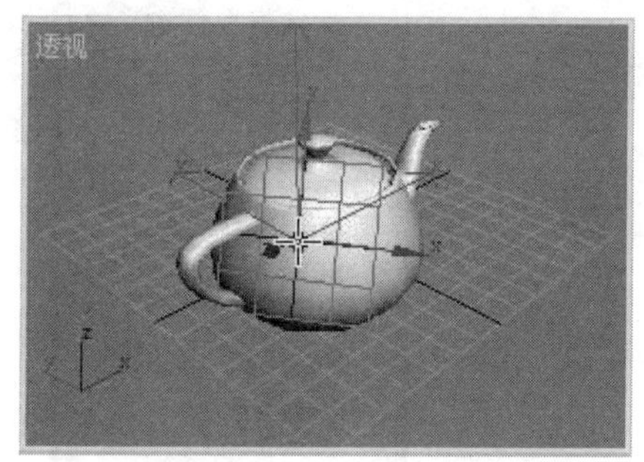

图 3-4　茶壶上有一个激活网格

若不在任何对象上按下左键，则激活网格与主网格对齐。若在某对象上按下左键，则激活网格与对象上该点表面对齐。

注意：勾选“自动网格”复选框后，拖动鼠标创建的对象总是与激活网格对齐，而不是与主网格对齐。

实例 3-1　勾选“自动网格”复选框，在一个四棱锥的四个侧面粘贴字符。

创建一个宽为 70、深为 70、高为 90 的四棱锥。

选择“图形”子面板，单击“文本”按钮，勾选“自动网格”复选框，逐字输入“中国制造”四个字，依次单击四棱锥的四个侧面。

选择挤出修改器，数量设置为 5。这时四个字就分别贴在了四个面上，如图 3-5(a)所示。

渲染输出的效果如图 3-5(b)所示。

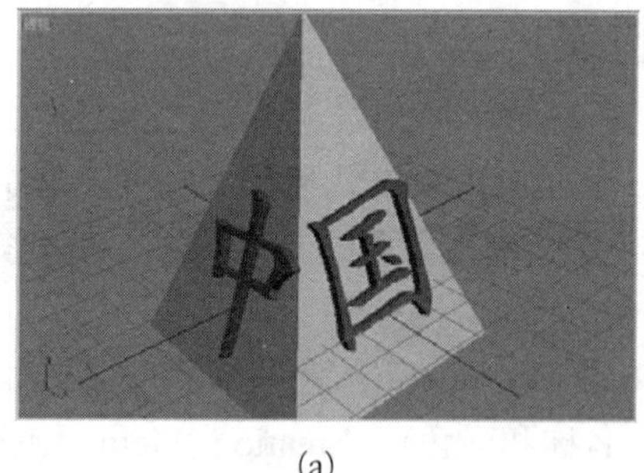

(a)

(b)

图 3-5　勾选“自动网格”复选框，在一个四棱锥的四个侧面粘贴字符

3.2.2　Name and Color(名称和颜色)卷展栏

在“名称”文本框中，可以修改对象的名称。当场景比较复杂时，可以给对象指定易于识别的名称，以便于组织对象。

单击“名称”文本框右侧的“对象颜色”按钮，弹出 Object Color(对象颜色)对话框，如图 3-6 所示。Basic Colors(基本颜色)有 3ds Max palette(3ds max 调色板)和 AutoCAD ACI palette(AutoCAD ACI 调色板)两种。3ds max 调色板有 64 种系统颜色，AutoCAD ACI 调色板有 256 种系统颜色。如果要将创建的对象输出到 AutoCAD，并使用颜色组织对象，就要选择 AutoCAD ACI 调色板。

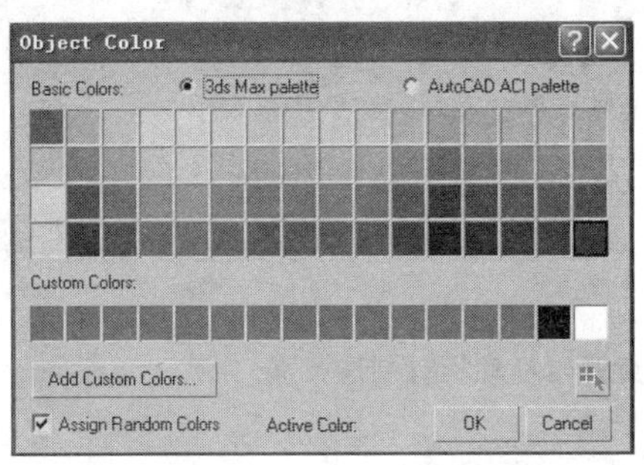

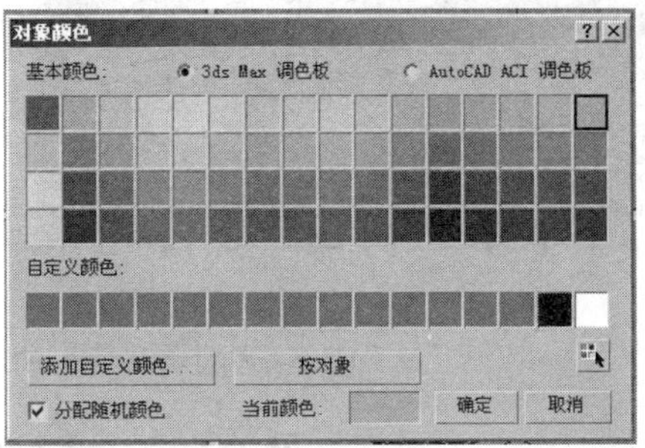

图 3-6　“对象颜色”对话框

单击 Add Custom Colors(添加自定义颜色)按钮，弹出 Color Selector：Add Color(颜色选择器：添加颜色)对话框，如图 3-7 所示。用户可以选择一种颜色添加到 Custom Colors(自定义颜色)栏中。

在调色板或自定义颜色栏中选择一种颜色，单击“确定”按钮，就能将选择的颜色替换为选定对象原有的颜色。在“选择对象”对话框中，也可按颜色选定选择集。

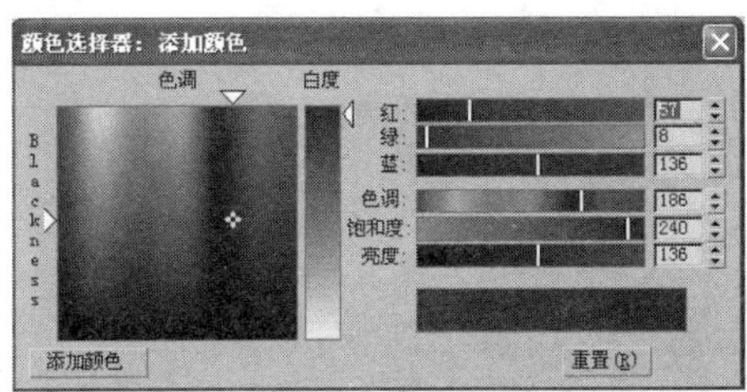

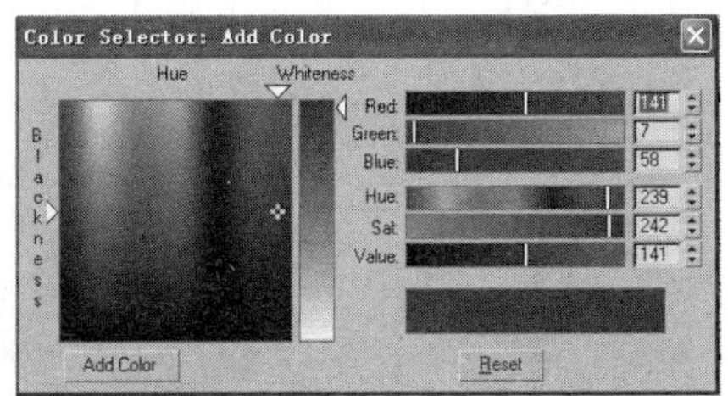

图 3-7　“颜色选择器：添加颜色”对话框

3.2.3　Creation Method(创建方法)卷展栏

Creation Method(创建方法)卷展栏由单选项构成，其单选项视对象不同可能会有不同。

Edge(边)：当在视图中拖动指针创建对象时，拖动指针的起始点对齐对象边界盒底部的一条边。

Center(中心)：当在视图中拖动指针创建对象时，拖动指针的起始点对齐对象的轴心点。

Corners(角)：当在视图中拖动指针创建对象时，拖动指针的起始点对齐对象边界盒底部的一个角。

实例 3-2　在“创建方法”卷展栏中选择不同选项创建茶壶。

在“创建方法”卷展栏中选择 Edge(边)选项，从世界坐标系的原点开始拖动指针创建茶壶，茶壶边界盒底部的一条边对齐世界坐标系的原点，如图 3-8(a)所示。

在“创建方法”卷展栏中选择 Center(中心)选项，从世界坐标系的原点开始拖动指针创建茶壶，茶壶的轴心点对齐世界坐标系的原点，如图 3-8(b)所示。

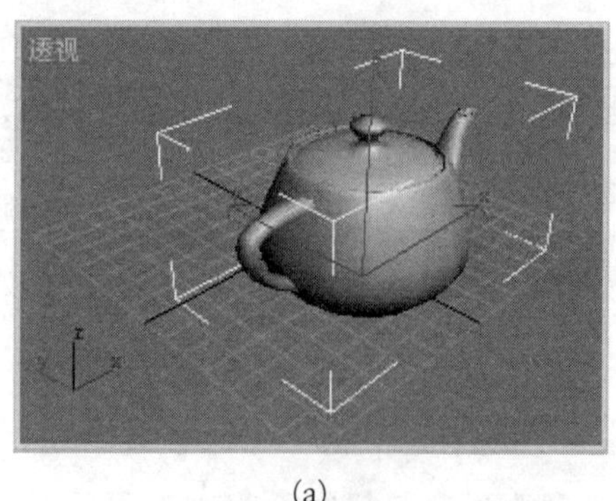

(a)

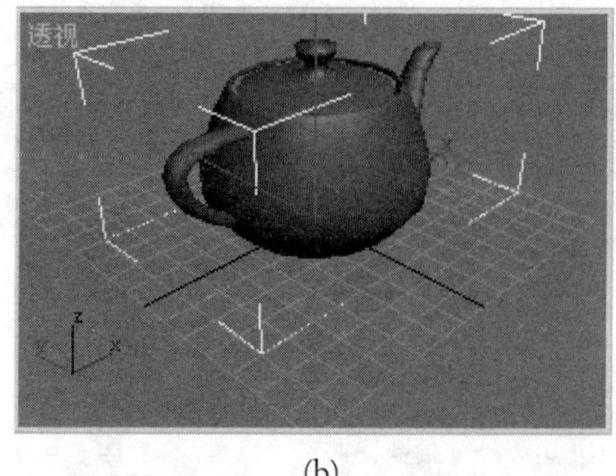

(b)

图 3-8　从世界坐标系的原点开始拖动指针创建茶壶

3.2.4　Keyboard Entry(键盘输入)卷展栏

Keyboard Entry(键盘输入)卷展栏的 X、Y、Z 三个坐标值为对象中心的位置。Length(长度)、Width(宽度)、Height(高度)、Radius(半径)等是决定对象大小的参数。设置好参数后，单击“创建”按钮，就能按照设置的参数在视图中创建一个对象。

实例 3-3　创建吊扇。

创建一个长为 90、宽为 10、高为 0 的长方体做吊扇叶片。长方体的 X、Y、Z 坐标分别为 0、50、0，如图 3-9(a)所示。

使用“阵列复制”命令复制出两片扇叶，每两片扇叶间的夹角为 120°，如图 3-9(b)所示。

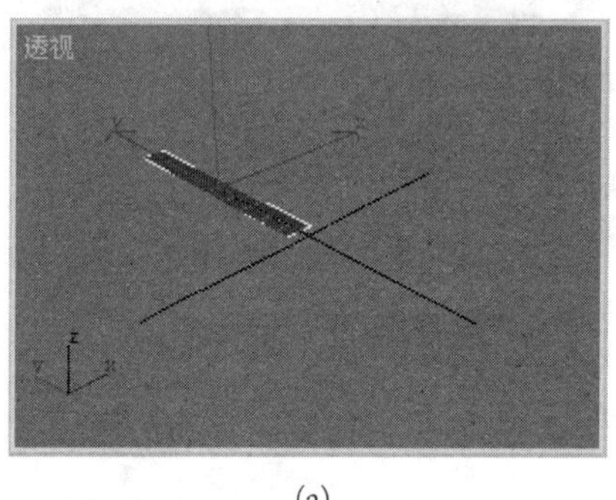

(a)

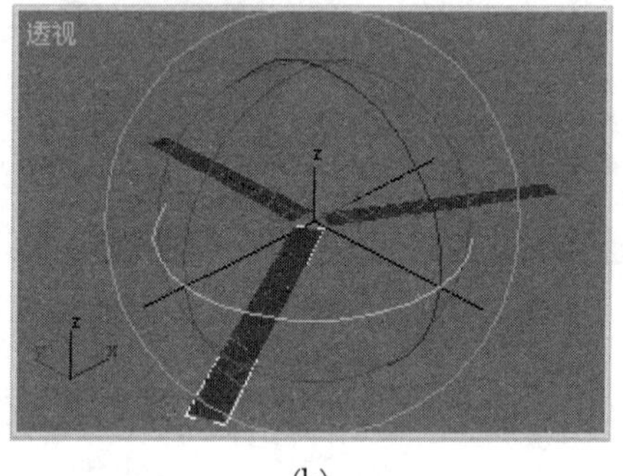

(b)

图 3-9　创建吊扇叶片

图 3-10　创建吊扇电机

创建一个油罐状物体做吊扇电动机。油罐半径为 15，高度为 10，封口高度为 2，Z 坐标为–5。在“参数”卷展栏中设置边数为 30。创建的油罐状物体如图 3-10 所示。

将叶片链接到油罐状物体上。

创建一个圆柱体做吊扇吊杆。圆柱体半径为 1，高度为 50。创建的吊杆如图 3-11 所示。

创建两个圆锥体做吊扇下盖盒和上盖盒，下盖盒半径 1 为 7，半径 2 为 4，高度为 15。上盖盒半径 1 为 4，半径 2 为 7，高度为 15，Z 坐标为 30。创建的吊扇上盖盒、下盖盒如图 3-12 所示。

图 3-11　创建吊扇吊杆

图 3-12　创建吊扇上盖盒和下盖盒

按照上述操作步骤创建的电动机、下盖盒、吊杆已自动对齐。

适当缩小整个吊扇，使吊扇大小与房间匹配。

在叶片上、下分别创建一盏泛光灯照亮吊扇，泛光灯强度设置为 0.5。

选择弧形旋转按钮，旋转透视图，使吊扇的横截面与天花板平行。

创建的透视图如图 3-13（a）所示。渲染输出的一帧画面如图 3-13（b）所示。

(a)

(b)

图 3-13　创建和渲染后的吊扇

创建动画：选择轴心点为旋转中心，单击“自动关键点”按钮，旋转电动机，创建绕 Z 轴旋转的动画，旋转角度为 2500° 。

3.3　几个基本体的创建

3.3.1　创建 Tube(管状体)

选择“创建”命令面板，选择“几何体”子面板，单击几何体类型列表框的展开按钮，展开几何体类型列表，在列表中选择 Standard Primitives(标准基本体)，单击“管状体”按钮，这时会切换到管状体创建命令面板。在命令面板中设置参数，就能创建所需的管状体。

Sides(边数)：管状体截面的边数。

Slice On(切片启用)：若勾选该复选框，则会激活 Slice From(切片从)和 Slice To(切片到)两个数码框。在这两个数码框中，输入的夹角值表示绕管状体局部坐标系 Z 轴方向切除的部分。

实例 3-4　通过设置不同参数创建管状体。

创建一个管状体，边数设置为 50，这时可以看出管状体表面非常光滑，如图 3-14(a)所示。

将边数分别设置为 3 和 4，就得到一个三边形截面的管状体和一个四边形截面的管状体，如图 3-14(b)所示。

将边数设置为 3，且切去切片从 0 到 30 后所得结果如图 3-14(c)所示。

将边数设置为 5，且切去切片从 120 到 180 后所得结果如图 3-14(d)所示。

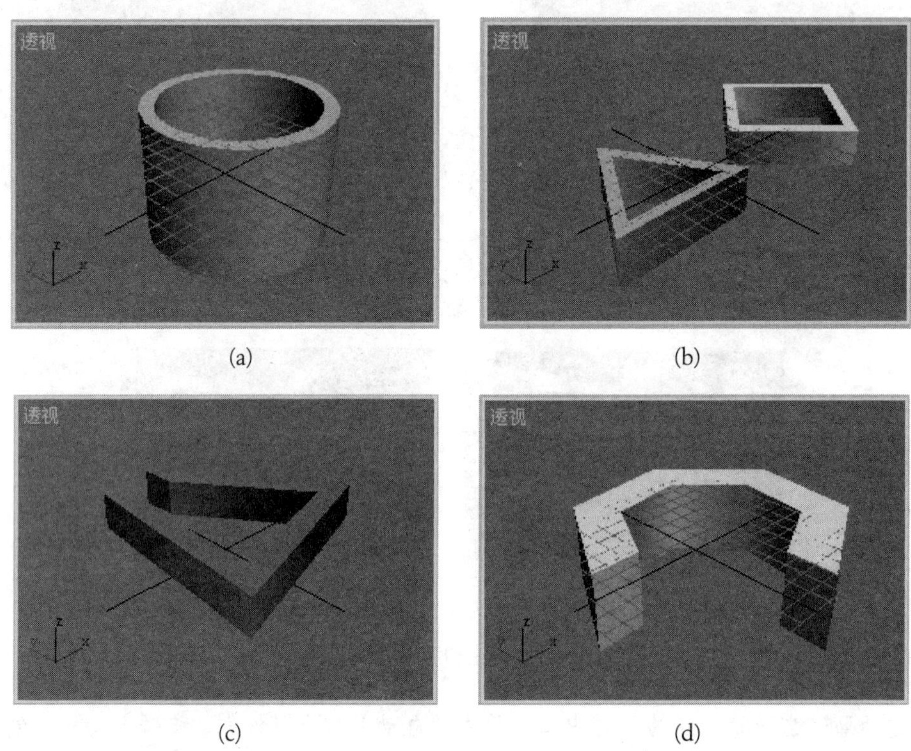

(a)　(b)

(c)　(d)

图 3-14　通过设置不同参数所得的管状体

3.3.2　创建 Hose(软管)

选择“创建”命令面板，选择“几何体”子面板，单击几何体类型列表框的展开按钮，展开几何体类型列表，在列表中选择扩展基本体，单击“软管”按钮，这时会切换到软管创建命令面板。在命令面板中设置参数，就能创建所需的软管。3ds max 的 Hose(软管)与真实的软管一样，也可以任意弯曲变形。

Hose Parameters(软管参数)包括以下一些参数。

Free Hose(自由软管)：若勾选该复选框，则创建两端不受约束的软管。

Bound to Object(绑定到对象轴心点)：若勾选该复选框，则可将软管两端绑定到两个不同对象的轴心点上。

Pick Top Object(拾取顶部对象)：选定软管，单击该按钮，再单击绑定到软管顶部的目标对象，就能将软管的一端绑定到该目标对象的轴心点上。

Pick Bottom Object(拾取底部对象)：选定软管，单击该按钮，再单击绑定到软管底部的目标对象，就能将软管的另一端绑定到该目标对象的轴心点上。

Cycles(周期数)：软管的环节数。

Round Hose(圆形软管)：截面为圆形。

Rectangular Hose(矩形软管)：截面为矩形。

D-Section Hose(D 截面软管)：截面为 D 形。

三种不同截面的软管如图 3-15 所示。

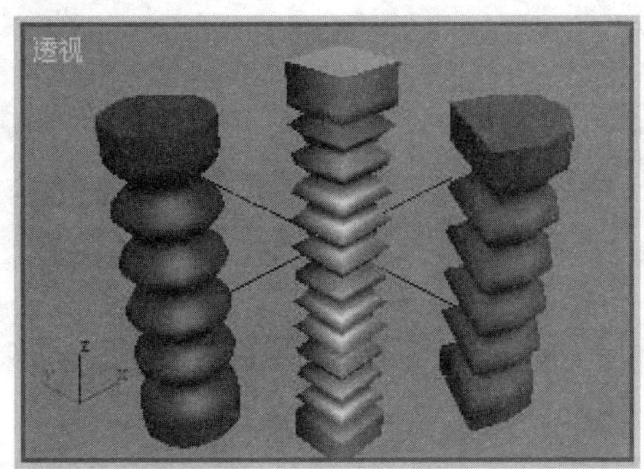

图 3-15　不同截面的软管

实例 3-5　创建一根连接在两根圆形管状体端面的软管。

创建两根内半径为 8、外半径为 10、高度为−100 的管状体，其中一根横着，另一根竖着。创建一根周期数为 20、半径为 15、边数为 30 的软管。

观察两根管状体的轴心点是否在要连接的端口上，如果不在，则要先移动管状体的轴心点，如图 3-16(a)所示。

选定软管。

打开“修改”命令面板，在 Hose Parameters(软管参数)卷展栏中，勾选 Bound to Object(绑定到对象轴心点)复选框。

单击 Pick Top Object(拾取顶部对象)按钮，单击竖着的圆形管状体。

单击 Pick Bottom Object(拾取底部对象)按钮，单击横着的圆形管状体。软管的两头连接在两根圆形管状体的轴心点上，如图 3-16(b)所示。

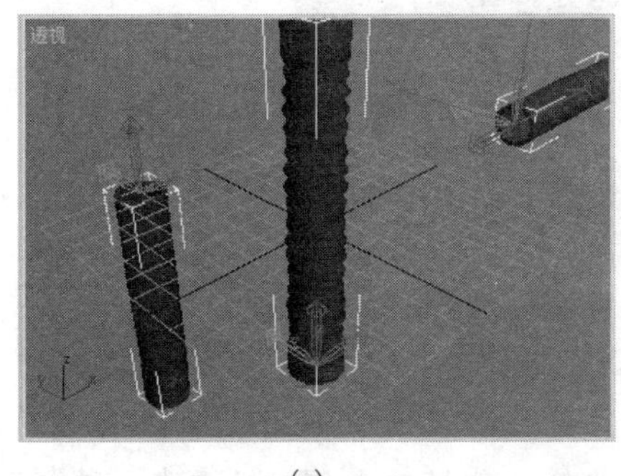

(a)

(b)

图 3-16　将软管绑定到两根圆形管状体上

实例 3-6　制作小轿车。

制作小轿车的步骤分为制作车身、制作门窗、制作玻璃、制作车灯、制作车轮、创建动画。

1. 制作车身

创建一个切角长方体，如图 3-17(a)所示，长度分段为 10，宽度分段为 8，高度分段为 5，圆角分段为 3。

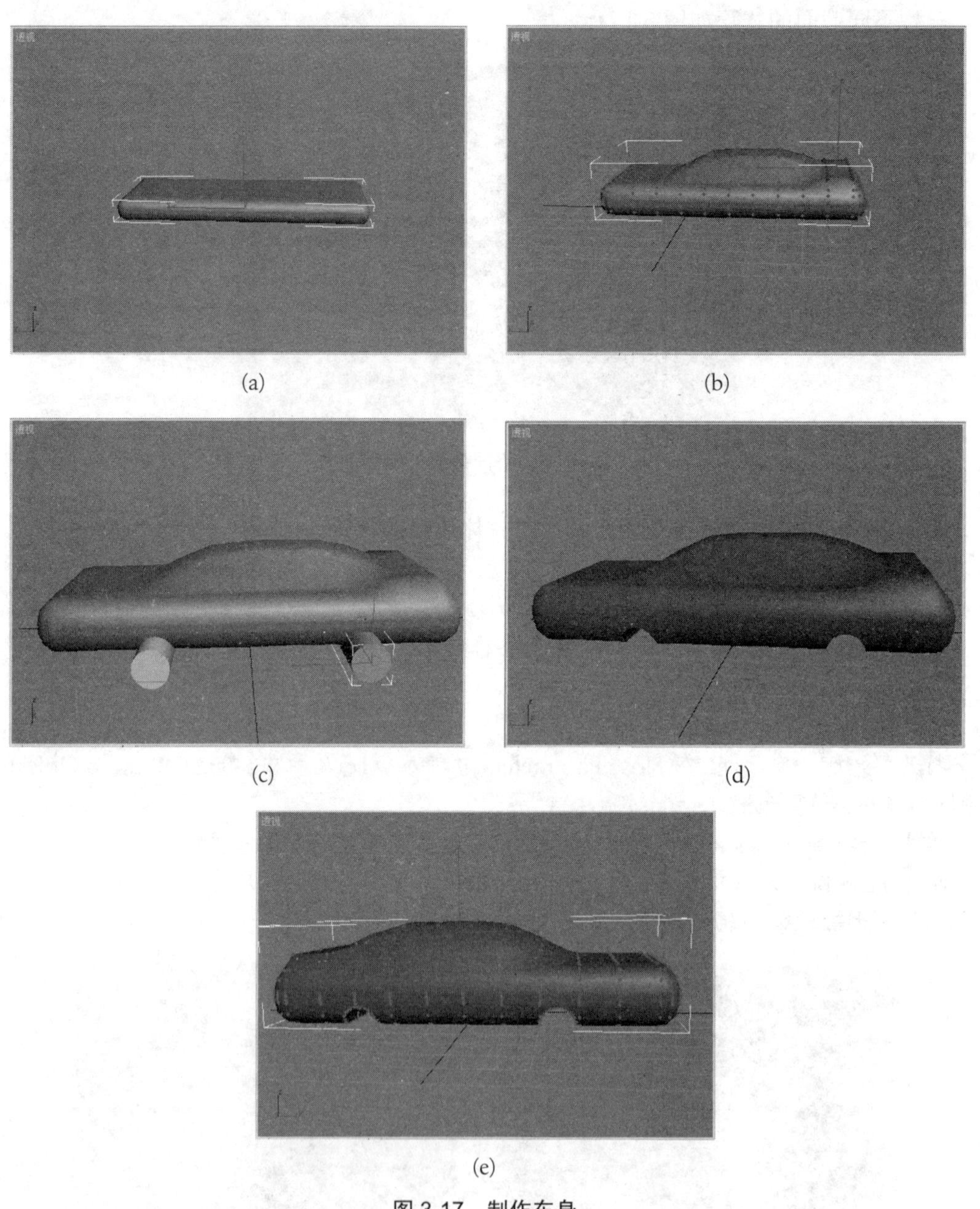

(a)　(b)　(c)　(d)　(e)

图 3-17　制作车身

选择编辑网格修改器，对顶点子层级进行编辑。选择顶点前，注意在“选择”卷展栏中勾选“忽略背面”复选框，这样可以防止背面的顶点被选上。所有对车身的编辑操作都应对称地进行，以保持车身的对称性。初步编辑效果如图 3-17(b)所示。

创建两个圆柱体，半径为 5，长度为 80。调整两个圆柱体至车轮的位置，如图 3-17(c)所示。

将圆柱体与车身进行布尔运算，得到车轮的安装空档，如图 3-17(d)所示。

使用编辑网格修改器继续对车身外形进行调整，使之更接近实际小车车形，如图 3-17(e)所示。

2. 制作门窗、制作玻璃

复制一个车身，用于制作玻璃，如图 3-18(a)所示。

画一条样条线，如图 3-18(b)所示。

挤出样条线，并与车身进行布尔运算，就挖出了车窗，如图 3-18(c)所示。

画出车门轮廓线，如图 3-18(d)所示。

挤出车门轮廓线，并与车身进行布尔运算，就挖出了车门，如图 3-18(e)所示。

对复制的车身赋标准材质，不透明度设置为 30，漫反射颜色设置为浅绿色，如图 3-18(f)所示。

将赋了标准材质的车身缩小 3%，移动并对齐已开窗的车身，车窗和车门的玻璃安装完毕，如图 3-18(g)所示。

给车身赋材质，渲染后的效果如图 3-18(h)所示。

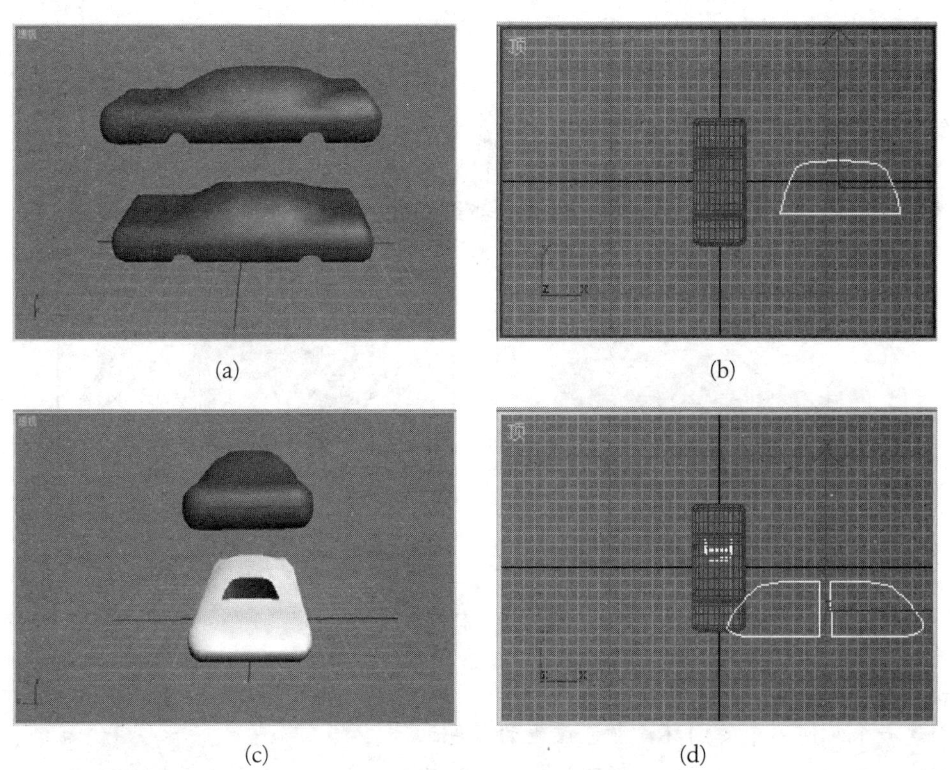

(a)　(b)　(c)　(d)

图 3-18　制作车门和车窗

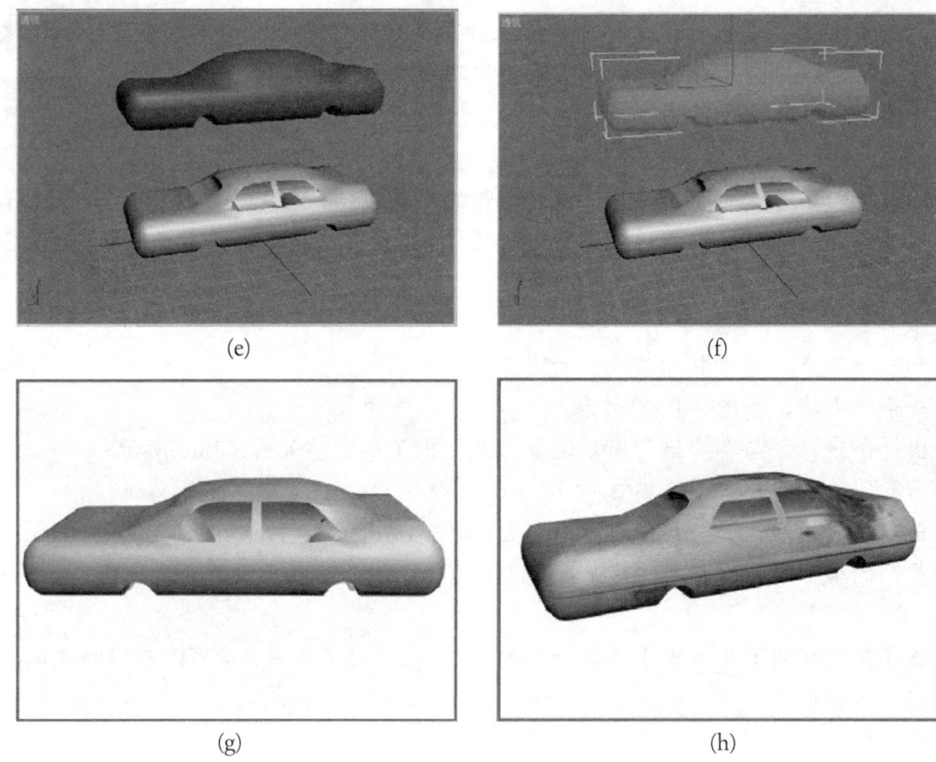

(e)　(f)

(g)　(h)

续图 3-18

3. 制作车灯

创建两个球体做前车灯，如图 3-19(a)所示。

创建六个切角长方体做后车灯，如图 3-19(b)所示。

将制作好的车身、车门、车窗、车灯全部组合成一个组。

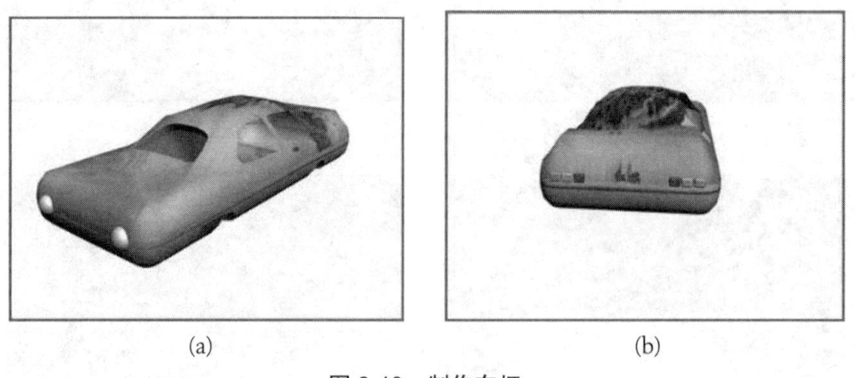

(a)　(b)

图 3-19　制作车灯

4. 制作车轮

创建一个几何体中的圆环，颜色设置为黑色。

创建一个六角星。使用挤出修改器挤出。挤出数量为 1，给六角星赋予材质。

创建一个球体，颜色设置为白色。

将圆环、六角星、球体对齐，并组合成组。做成的车轮如图 3-20(a)所示。

复制三个车轮。将四个车轮移到对应位置，如图 3-20(b)所示。

在车中放置一个司机和一个乘车人，如图 3-20(c)所示。

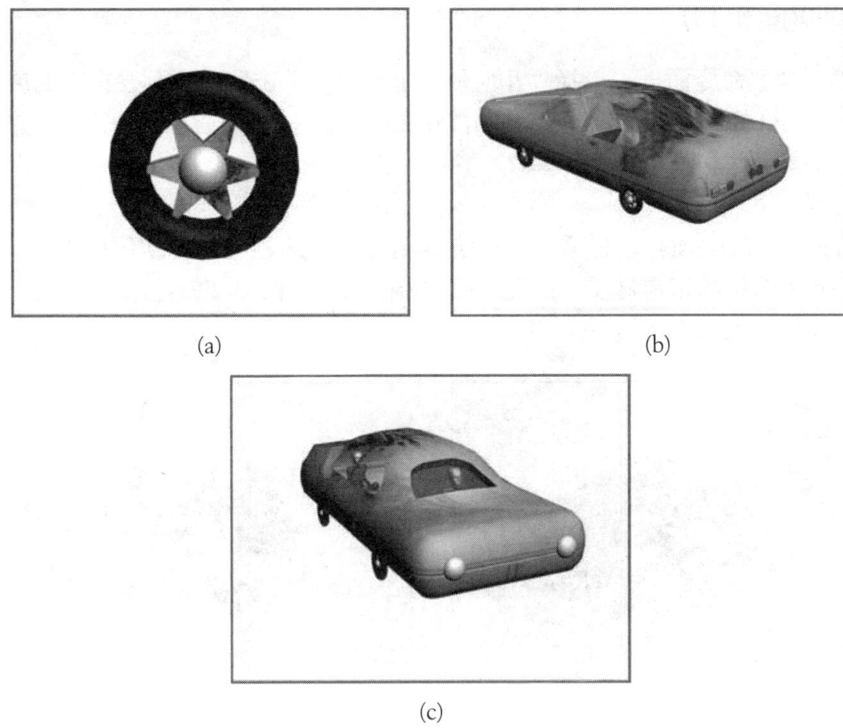

(a)　(b)

(c)

图 3-20　制作车轮

5. 创建动画

选定整个小轿车，单击“自动关键帧”按钮，将时间滑动块拖到时间标尺末端。

移动小轿车到终止位置。朝同一方向，用同样转速旋转车轮。播放动画，可以看到小轿车在向前行驶时，车轮在旋转，与真实汽车的运动模式没有区别。

将复制的已创建动画的小轿车组成一个车队，这时动画也会一起复制。打开组，重新给车身贴图，然后关闭组。这样，车队中各汽车在外观上就各不相同了，如图 3-21 所示。

图 3-21　具有不同外观的车组成的车队

3.4 创建 AEC Extended(AEC 扩展)对象

3.4.1 Foliage(植物)

选择“创建”命令面板，选择“几何体”子面板，单击几何体列表框中的展开按钮，选择 AEC Extended(AEC 扩展对象)，单击 Foliage(植物)按钮，选定一种植物，将指针在视图中拖动，就能创建一种植物。

参数设置如下。

Automatic Materials(自动材质)：若勾选该选项，则为植物指定默认材质。也可由用户利用材质编辑器为植物指定材质。使用默认材质的植物如图 3-22(a)所示，由用户重新指定材质的植物如图 3-22(b)所示。

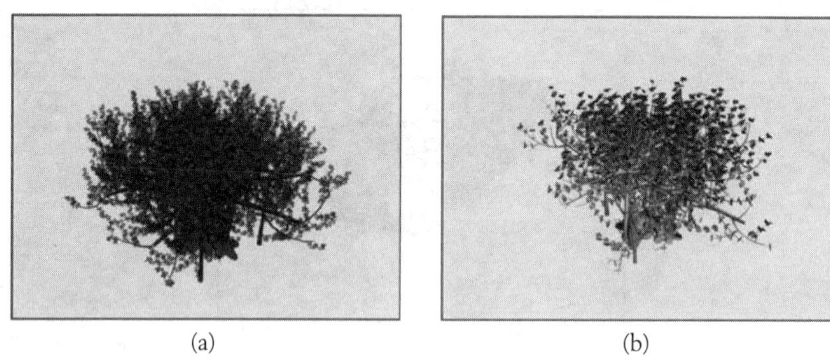

(a) (b)

图 3-22 植物的材质

实例 3-7 创建一棵苹果树。

创建一棵美洲榆，如图 3-23(a)所示。

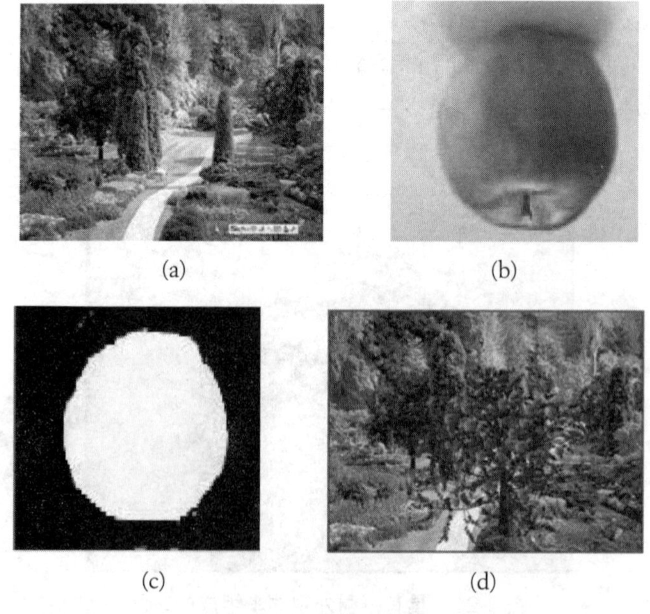

(a) (b)

(c) (d)

图 3-23 制作苹果树

创建一个 Snow(雪)粒子对象。雪花大小设置为 6，将渲染选项选择“面”。

为了给粒子贴图，先准备一个苹果的位图文件，如图 3-23(b)所示。

使用 Photoshop 制作出苹果对应的黑白图像文件，有一部分为白色，其余部分为黑色，如图 3-23(c)所示。

打开材质编辑器，在“贴图”卷展栏中选择不透明度贴图，将苹果黑白图像文件指定给粒子系统。在“贴图”卷展栏中勾选“漫反射颜色”复选框，将苹果位图文件指定给粒子系统。

指定一幅背景贴图。

将时间滑动块放在第 15 帧处，适当调整粒子系统对象的图标大小和位置，使苹果布满整个树枝。渲染后的效果如图 3-23(d)所示。

3.4.2　Railing(栏杆)

在视图中创建一条曲线做栏杆的路径，栏杆路径决定栏杆的形状。

选择“创建”命令面板，选择“几何体”子面板，单击几何体类型列表框中的展开按钮，选择 AEC 扩展对象，单击 Railing(栏杆)按钮，设置栏杆参数，单击“栏杆”卷展栏中的 Pick Railing Path(拾取栏杆路径)按钮，单击栏杆路径就会创建一个栏杆。

图 3-24 给出了栏杆各组成部分的名称。

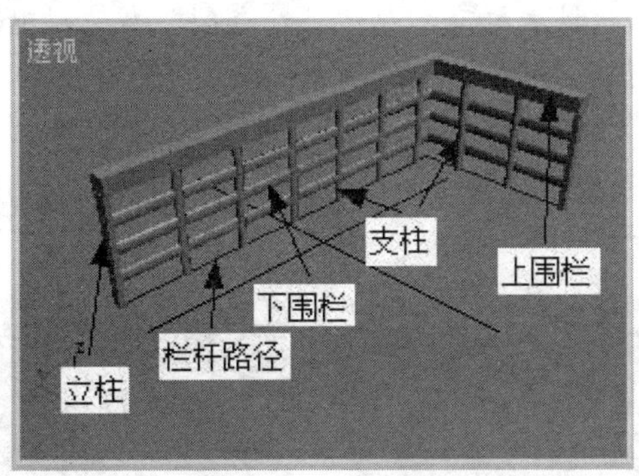

图 3-24　栏杆的构成

Pick Railing Path(拾取栏杆路径)：在创建栏杆之前要创建一条曲线做围栏的轮廓线，单击该按钮，再单击轮廓线，就能按照指定的轮廓创建出一个栏杆。

Respect Comers(匹配拐角)：若勾选该复选框，则创建的栏杆围栏轮廓与有拐角曲线的形状保持一致，否则创建的栏杆为直线栏杆。

Top Rail(上围栏)：可以指定上围栏横截面的形状和大小。

Lower Rail(下围栏)：可以指定下围栏横截面的形状和大小。单击下围栏选区的按钮，弹出 Lower Rail Spacing(下围栏间距)对话框，如图 3-25 所示，在该对话框中可以设置下围栏的数量等参数。

Posts(立柱)：可以指定下立柱横截面的形状和大小。单击立柱选区的按钮，弹出“立柱间距”对话框，在该对话框中可以设置立柱的数量等参数。

Picket(支柱)：可以指定下支柱横截面的形状和大小。单击支柱选区的按钮，弹出“支柱间距”对话框，在该对话框中可以设置支柱的数量等参数。

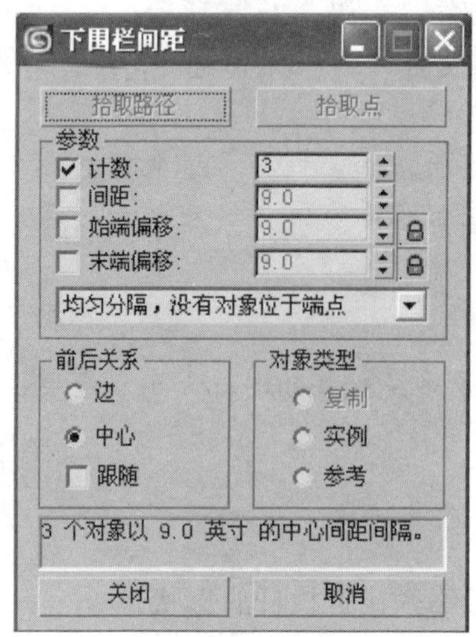

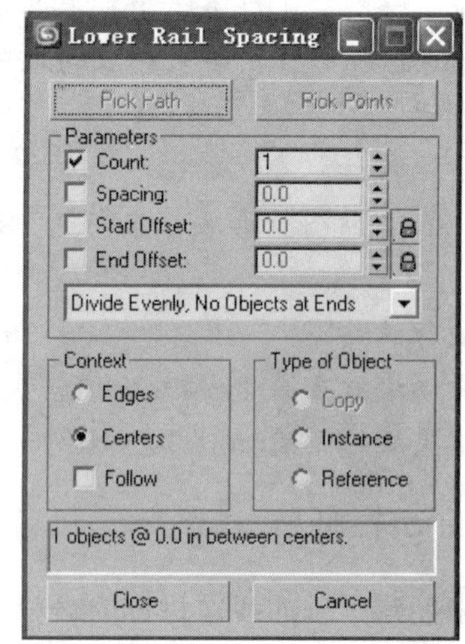

图 3-25　“下围栏间距”对话框

实例 3-8　创建一个有三个拐角的栏杆。

在顶视图中画出拐角栏杆的轮廓线，如图 3-26(a)所示。

在类型列表中选择 AEC 扩展对象，在“对象类型”卷展栏中选择栏杆，在“栏杆”卷展栏中单击“拾取栏杆路径”按钮，单击栏杆轮廓线。

栏杆分段数设置为 4，勾选“匹配拐角”复选框。

下围栏设置为 3，支柱数设置为 20。上围栏选择为方形，下围栏选择为圆形。创建的拐角栏杆如图 3-26(b)所示。

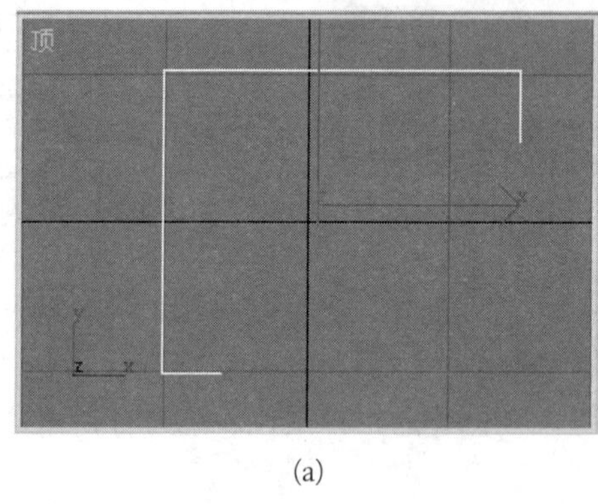

(a)

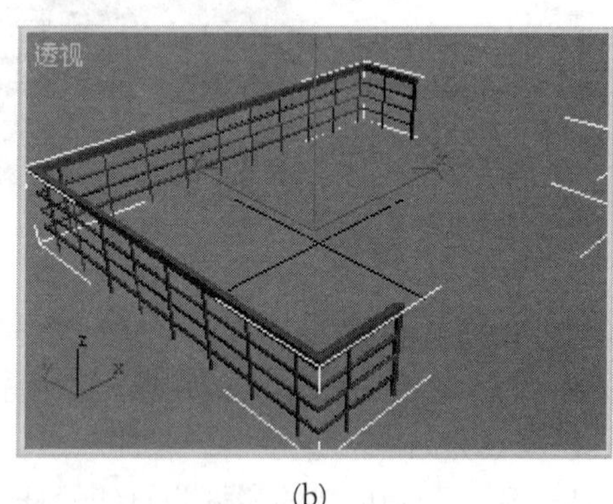

(b)

图 3-26　拐角栏杆

3.4.3　Wall(墙)

创建 Wall(墙)可以采用鼠标单击/拖动的方法，也可以采用键盘输入的方法来实现。

鼠标单击/拖动方法的操作步骤是：单击 AEC 扩展对象中的“墙”按钮，单击/放开后拖动，重复这个过程，就可以创建多个首尾相连的墙面。

键盘输入分为按墙角点创建和按样条线创建两种方法。

采用按墙角点创建的方法时，只需用键盘输入各墙角点的坐标，单击“添加点”按钮，就会在两个点之间自动生成一面墙。

采用按样条线创建的方法时，则先要画出样条线构成的平面图，或导入 CAD 制作的平面图，单击“拾取样条线”按钮，就会在样条线上自动生成一面墙。

实例 3-9　创建整套房间的墙。

在顶视图中采用按样条线创建的方法绘制出一套房间的平面图，如图 3-27(a)所示。

选择几何体中的 AEC 扩展对象，在“对象类型”卷展栏中单击“墙”按钮，在“参数”卷展栏中设置墙体高度为 50。

单击“键盘输入”卷展栏中的“拾取样条线”按钮，单击视图中的样条线，就会自动生成一面墙。重复这个过程，就可以让所有样条线都生成墙。创建的墙体如图 3-27(b)所示。

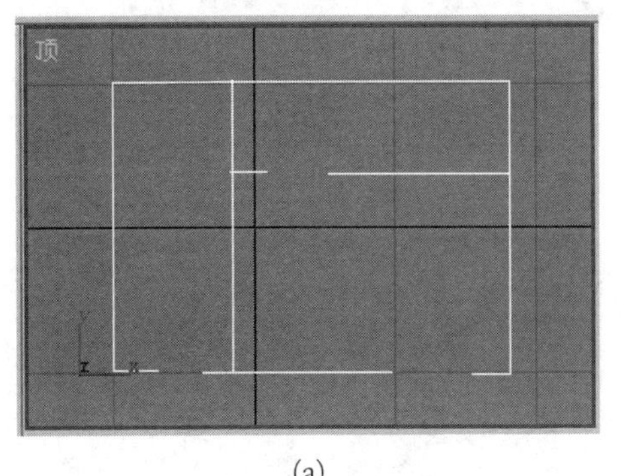

(a)

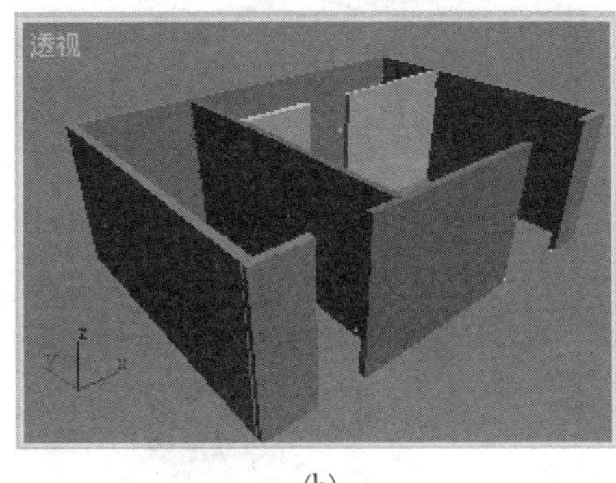

(b)

图 3-27　按样条线创建整套房间的墙

3.5　创建门窗与楼梯

3.5.1　Doors(门)

门分为 Pivot(枢轴门)、Sliding(推拉门)和 Bifold(折叠门)。枢轴门如图 3-28(a)所示，推拉门如图 3-28(b)所示，折叠门如图 3-28(c)所示。

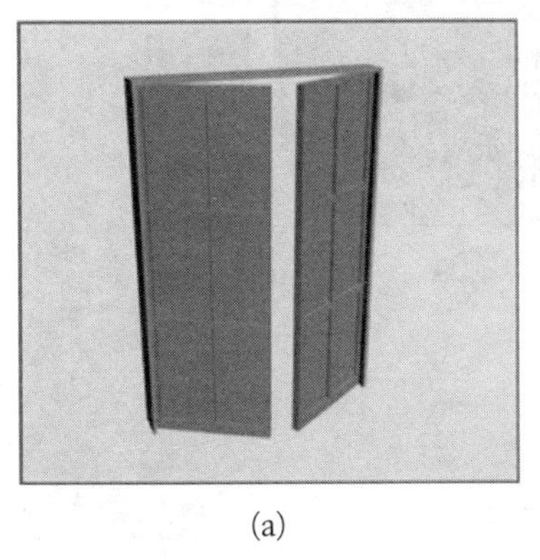

(a)

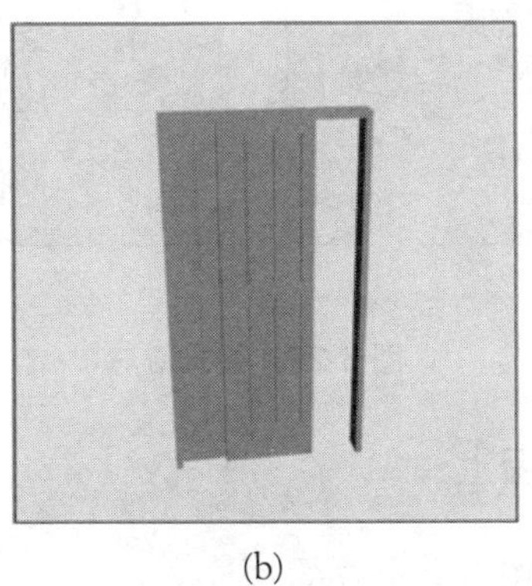

(b)

(c)

图 3-28　创建门

3.5.2 Windows(窗)

Awning(遮篷式窗)如图 3-29(a)所示，Pivoted(旋转窗)如图 3-29(b)所示，Sliding(推拉窗)如图 3-29(c)所示，Casement(平开窗)如图 3-29(d)所示，Projected(伸出式窗)如图 3-29(e)所示，Fixed(固定窗)如图 3-29(f)所示。

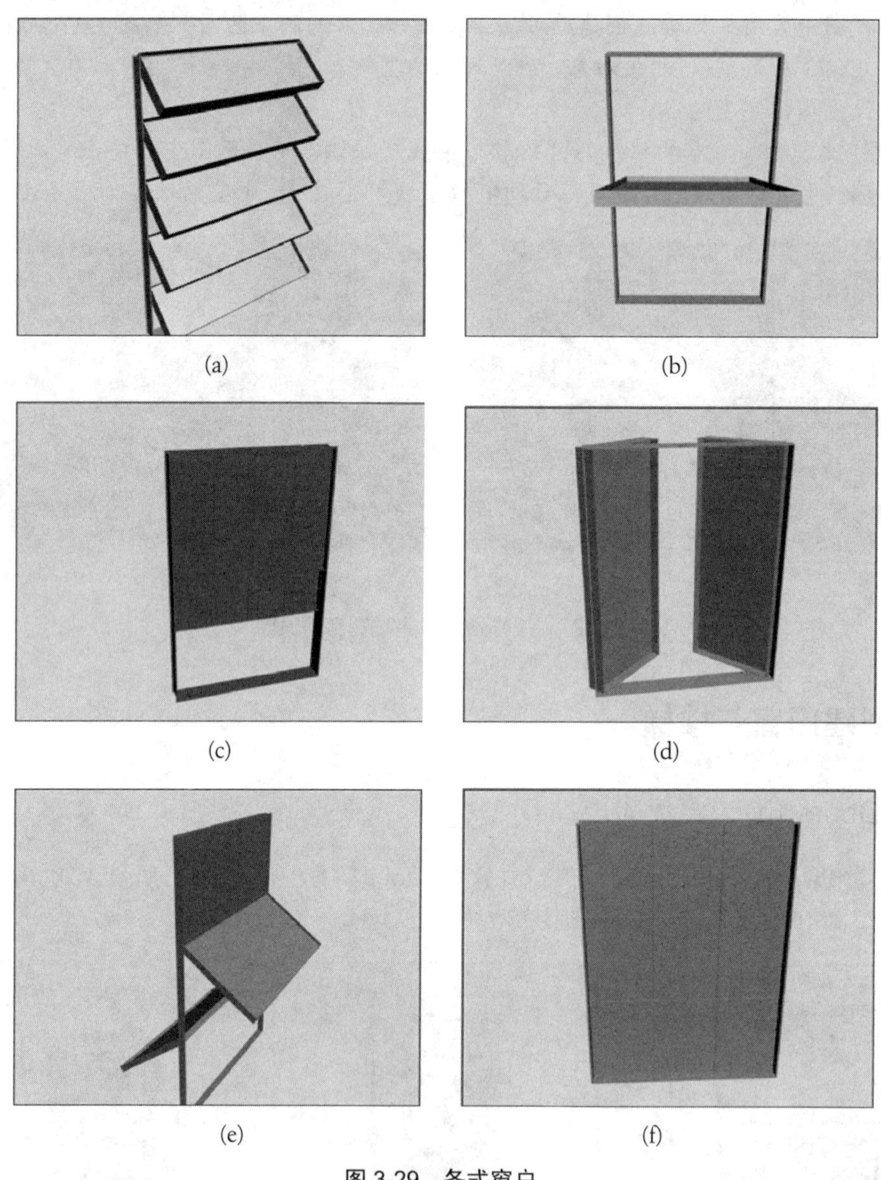

(a) (b) (c) (d) (e) (f)

图 3-29 各式窗户

3.5.3 如何将门和窗嵌到墙上

在墙上创建门和窗户可以使用以下方法。

在任意位置创建一道墙。与墙平行创建一个门或一扇窗户，在墙与门或窗户之间建立链接，墙为父对象，门或窗为子对象。将门或窗户移到墙上，门或窗户就被嵌入墙中。如

图 3-30 所示。

3.5.4　Stairs(楼梯)

图 3-30　在墙上创建门和窗户

可以创建的楼梯对象有 L Type Stair(L 形楼梯)、U Type Stair(U 形楼梯)、Straight Stair(直线楼梯)和 Spiral Stair(螺旋楼梯)。

下面简要介绍 L Type Stair(L 形楼梯)。

Open(开放式)：开放式楼梯只有踏板，上级踏板与下级跳板之间无挡板连接，如图 3-31(a)所示。

Closed(封闭式)：封闭式楼梯的上级踏板与下级踏板之间有挡板连接，如图 3-31(b)所示。

Box(落地式)：落地式楼梯的侧面一直封闭到地面，如图 3-31(c)所示。

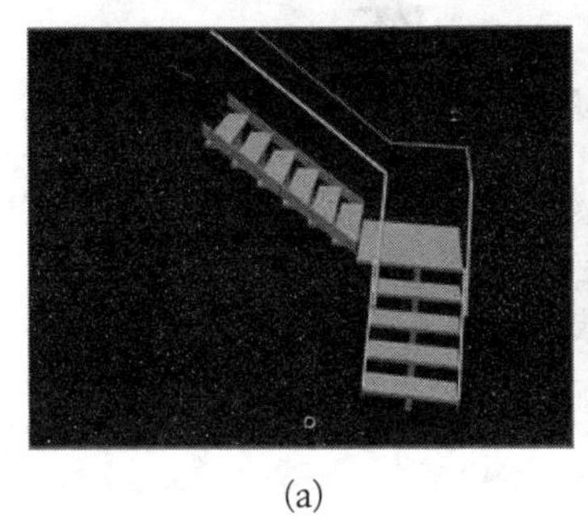

(a)

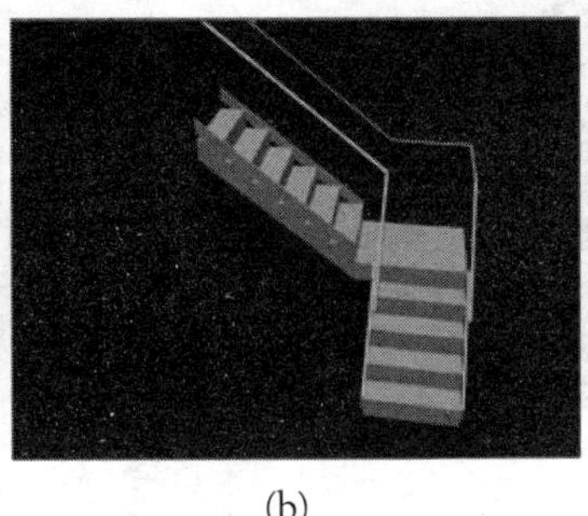

(b)

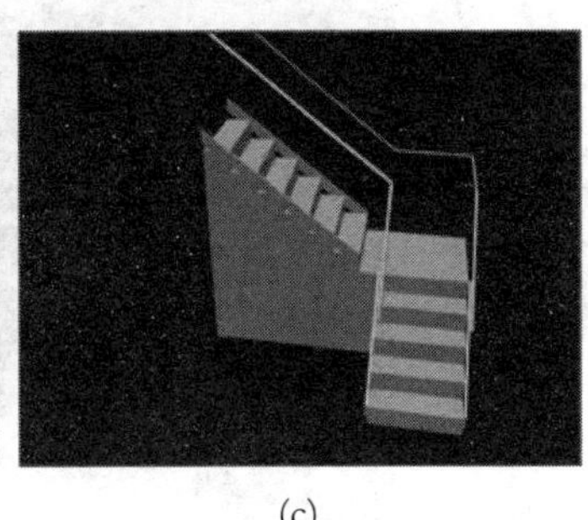

(c)

图 3-31　L 形楼梯

Length 1(长度 1)：第一段楼梯的长度。

Length 2(长度 2)：第二段楼梯的长度。长度 1 和长度 2 必须大于 0，否则，楼梯会变成垂直的。

Width(宽度)：楼梯的宽度，包括踏步和平台的宽度。

Angle(角度)：控制第一段楼梯与第二段楼梯之间的夹角。

Riser Height(竖板高)：每一步竖板的高度。

Riser Ct(竖板数量)：两段楼梯的总步数。

Steps(台阶)的 Thickness(厚度)：台阶板的厚度。

Depth(深度)：每一步踏板的深度。

实例 3-10　创建 L 形楼梯。

创建一个 L 形楼梯，参数选择为：封闭式，生成侧弦，有左右扶手和扶手路径，竖板数为 20。长度 1 设置为 40，长度 2 设置为 30。楼梯如图 3-32(a)所示。

创建一根栏杆，如图 3-32(b)所示。

将栏杆轴心点移到栏杆的顶端。适当调整栏杆长度，使之刚好适合楼梯。选择 Tools(工具)菜单中的“间隔”工具命令，复制栏杆，内侧栏杆数为 20，外侧栏杆数为 27，如图 3-32(c)所示。

选择栏杆路径(它是独立于楼梯的曲线)，在“修改”命令面板中指定厚度为 5。勾选“可渲染”和“显示渲染网格”复选框。在场景中设置一盏泛光灯，渲染后的效果如图 3-32(d)所示。

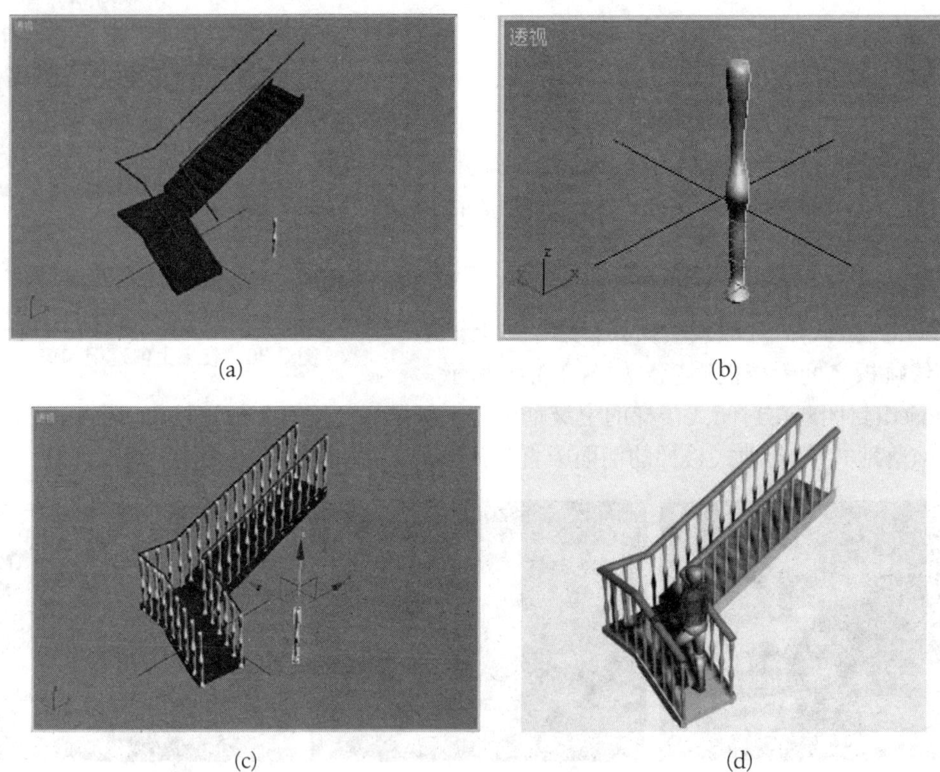

(a) (b)

(c) (d)

图 3-32 创建楼梯栏杆

3.6 创建 Patch Grids(面片栅格)

Patch Grids(面片栅格)只有两种类型：Quad Patch(四边形面片)和 Tri Patch(三角形面片)。

四边形面片可以设置长度分段数和宽度分段数来细化面片。三角形面片没有长度分段数和宽度分段数这两个参数。三角形面片的细化要通过在细化修改器中设置迭代次数来实现。细化的程度不同，在有些编辑操作中会产生不同的编辑效果。

实例 3-11 用面片栅格制作横幅。

在前视图中创建一个面片栅格对象做横幅，长度分段数和宽度分段数均设为 4，如图 3-33(a)所示。

在前视图中制作一条横幅文本做横幅贴图，渲染输出的宽度为 800，高度为 200，背景色为红色，如图 3-33（b）所示。

用文本文件给横幅贴图，指定一个背景文件。渲染输出前视图，效果如图 3-33(c)所示。

将贴图后的面片栅格创建成布料。

将横幅两侧边缘固定在视图上。

创建一个风空间扭曲对象，适当调整风的大小和方向。将风和布料绑定在一起，渲染输出动画。截取的一幅画面如图 3-33(d)所示。

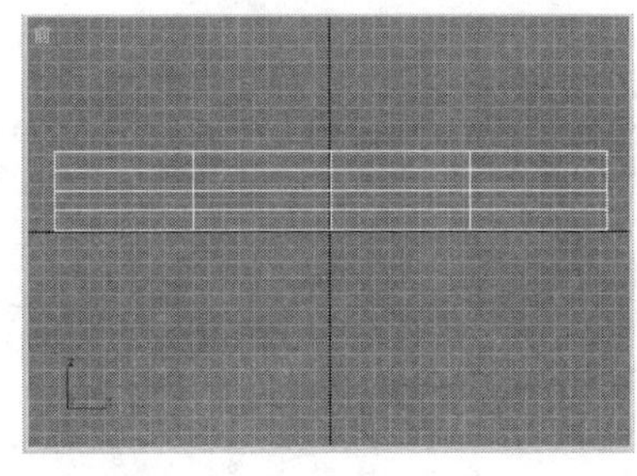

(a)

(b)

(c)

(d)

图 3-33　用面片栅格制作横幅

思　考　题

1. 怎样创建一个球体？
2. 怎样创建半个球体？
3. 怎样创建四分之一个球体？
4. 怎样创建一个没盖的茶壶？
5. 怎样创建一个长为 34、宽为 33、高为 23 的长方体？
6. 怎样将一根软管连接在两根管状体上？
7. 分段数对于创建的对象有何影响？
8. 勾选和不勾选“自动网格”复选框，对创建对象有何影响？
9. 如何给一个对象重新命名？
10. 如何改变一个对象的颜色？
11. 如何创建五边形的管状体？
12. 如何使创建的树没有树冠薄壳？
13. 如何创建一棵没树叶的树？
14. 如何创建一个支柱数为 5 的栏杆？
15. 如何创建一个 S 形的栏杆？
16. 如何改变栏杆立柱的粗细？
17. 如何创建一面有三个拐角的墙体？

18. 如何创建一面 C 形墙体？
19. 如何创建山墙？
20. 如何创建 L 形楼梯？
21. 如何创建侧面一直封闭到地面的楼梯？
22. 如何创建楼梯的栏杆？
23. 楼梯栏杆的路径和楼梯是一个对象吗？能否利用它来创建栏杆？
24. L 形楼梯两段之间的夹角能否改变？
25. 楼梯的长度和步数可以改变吗？
26. Open(开放式)和 Closed(封闭式)楼梯有什么不同？
27. 如何创建打开 30°角的门？
28. Flip Swing(翻转转动方向)选项有何作用？
29. Flip Hinge(翻转转枢)选项有何作用？
30. Create Frame(创建门框)复选框有何作用？
31. Width/Depth/Height(宽度/深度/高度)选项的作用是什么？

第 4 章　曲线与建模

"创建"命令面板下的 Shapes(图形)子面板可用于创建各种曲线。3ds max 9 将曲线分为 Splines(样条线)、NURBS Curves(NURBS 曲线)和 Extended Splines(扩展样条线)三类。NURBS 是英文 non-uniform rational b-splines 的缩写。

曲线在建模和创作动画中都非常有用。曲线本身就可以直接用来建模，通过放样、地形等复合操作和 NURBS 创建工具箱可以创建出更复杂的模型。在动画、复制、路径变形修改器中，曲线可当作路径使用。在墙、栏杆等的创建中也会用到曲线。

4.1　创建 Splines(样条线)

选择"创建"命令面板下的 Shapes(图形)子面板，在图形列表框中选择 Splines(样条线)，单击"对象类型"卷展栏中的一个对象按钮，就可以创建对应的样条线。样条线同样可以使用手工拖动和键盘输入两种方法来创建。

4.1.1　"对象类型"卷展栏

AutoGrid(自动网格)：选择一种对象类型后，"自动网格"复选框就会被激活。若勾选"自动网格"复选框，这时指针中就会包含一个指示坐标。不论在哪个正交视图中创建曲线，在透视图中都可以看到一个活动网格，指针中指示坐标的 XY 平面为网格平面。

Start New Shape(开始新图形)：若勾选(默认)该复选框，则连续创建的所有样条线，不论它们是否有交点，彼此都是独立的。若未勾选该复选框，则连续创建的所有样条线，不管它们是否有交点，都属于一个图形对象。

实例 4-1　比较勾选和不勾选"开始新图形"复选框对创建对象的影响。

勾选"开始新图形"复选框，创建一个圆和一个"静"字，如图 4-1(a)所示。从图中可以看出，圆和"静"字是两个独立的图形，它们各有各的边界盒。

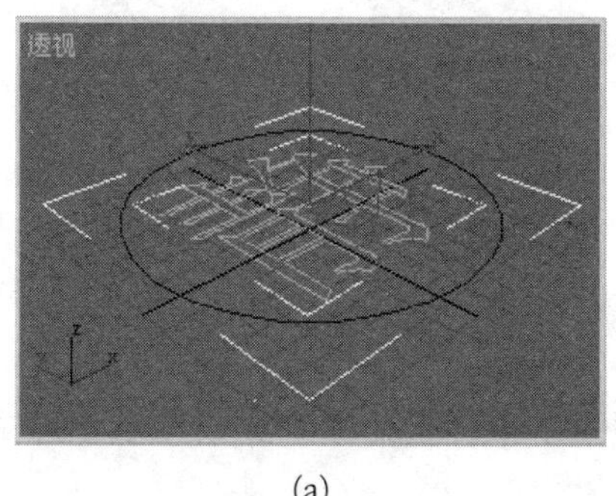

(a)

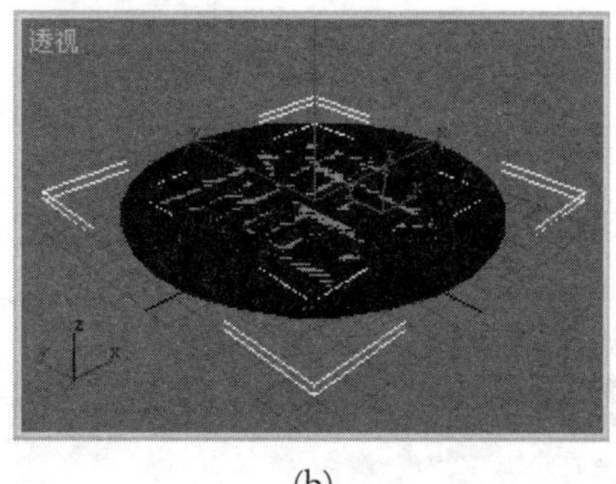

(b)

图 4-1　比较勾选和不勾选"开始新图形"复选框对创建对象的影响

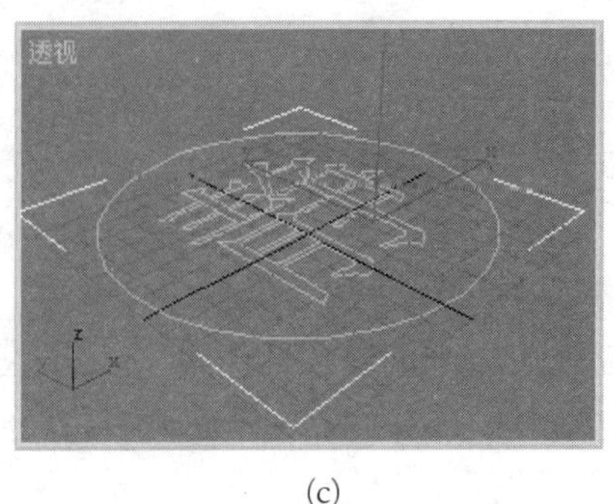

(c)

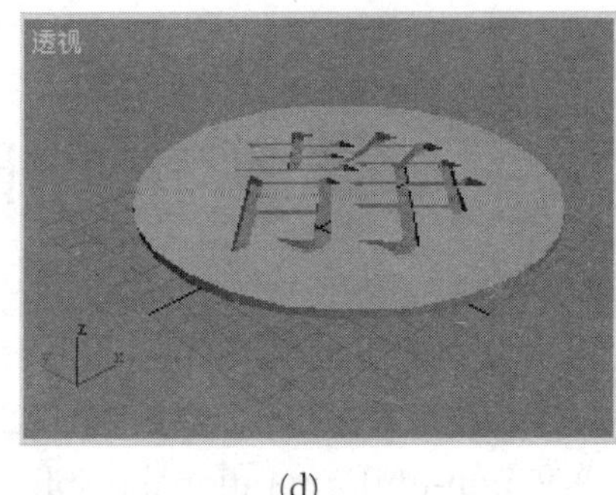

(d)

续图 4-1

选定这个圆和这个“静”字，选择挤出修改器，挤出后的效果如图 4-1(b)所示。从图中可以看出，两个图形是分别挤出的。

不勾选“开始新图形”复选框，同样创建一个圆和一个“静”字，如图 4-1(c)所示。从图中可以看出，圆和“静”字属于同一个图形，它们只有一个共同的边界盒。

选择挤出修改器挤出，就得到一个镂空的静字，如图 4-1(d)所示。

4.1.2 Rendering(渲染)卷展栏

“渲染”卷展栏如图 4-2 所示。

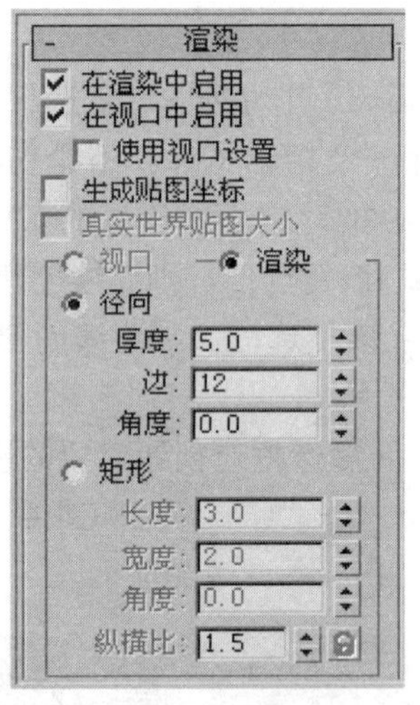

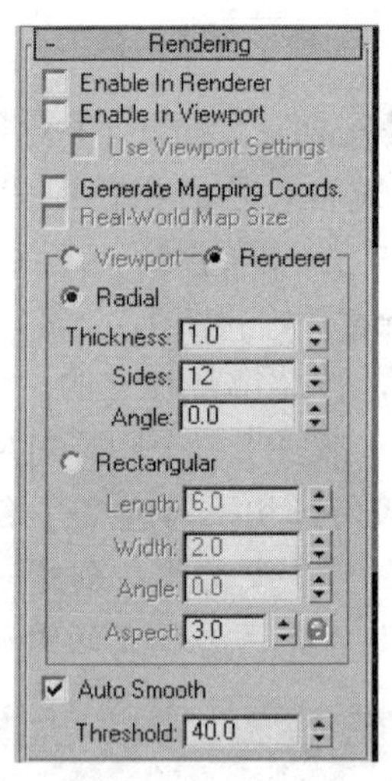

图 4-2 “渲染”卷展栏

使用该卷展栏，在视图中显示或渲染输出时，可以设置样条线横截面的大小和形状。

Enable In Renderer(在渲染中启用)：只有勾选了该复选框，在渲染中输出样条线时，“渲染”卷展栏中的设置才有效。

Enable In Viewport(在视口中启用)：只有勾选了该复选框，在视口中显示样条线时，“渲染”卷展栏中的设置才有效。

Use Viewport Settings(使用视口设置)：只有勾选了该复选框，才会激活视口选项。

Generate Mapping Coords.(生成贴图坐标)：若勾选该复选框，则为样条线贴图指定默认贴图坐标。

Viewport(视口)：只有选择了该选项，在“渲染”卷展栏中的设置才能应用到视口显示中。

Renderer(渲染)：只有选择了该选项，在“渲染”卷展栏中的设置才能应用到渲染输出中。

Redial(径向)：若选择该选项，则可以设置圆形横截面径向的大小、边和角度。

Rectangular(矩形)：若选择该选项，则可以设置矩形横截面的长度、宽度和角度。

Thickness(厚度)：若选择“径向”选项，则该项设置起作用。厚度值为样条线横截面的直径。

Sides(边)：设定样条线横截面的边。

Angle(角度)：设定样条线横截面绕路径轴向旋转的角度。

实例 4-2　选择不同的渲染参数创建圆。

选择“创建”命令面板，选择“图形”子面板，在“对象类型”卷展栏中单击“圆”按钮，在视图中拖动指针，创建一个圆。

选择“修改”命令面板，展开“渲染”卷展栏。

在“渲染”卷展栏中选择“视口”选项，选择“径向”选项，设置厚度为 1。勾选“在视口中启用”和“使用视口设置”复选框，所得效果如图 4-3(a)所示。

选择“径向”选项，设置厚度为 10，边为 20，所得效果如图 4-3(b)所示。

设置径向厚度为 10，边为 3，角度为–30° ，所得效果如图 4-3(c)所示。

选择“矩形”选项，设置长度为 6，宽度为 4，角度为 0，所得效果如图 4-3(d)所示。

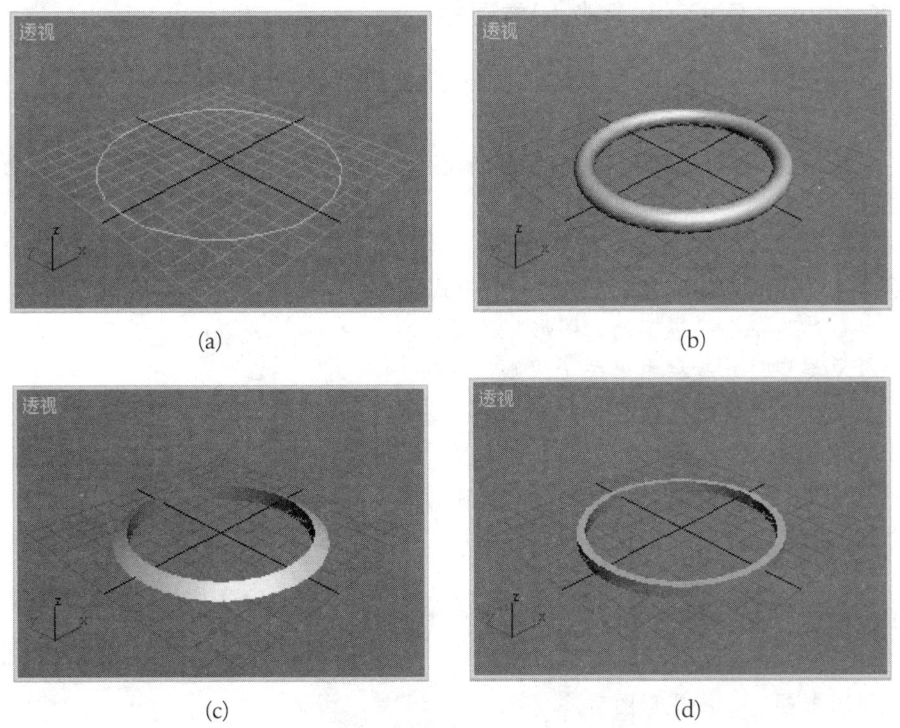

(a)　(b)　(c)　(d)

图 4-3　选择不同的渲染参数创建圆

4.1.3　Interpolation(插值)卷展栏

Steps(步数)：指定样条线上两个角点之间短直线的数量，取值范围为 0~100。

Optimize(优化)：若勾选该复选框，则程序会自动检查并减去多余的步数，以减小样条线的复杂度。

Adaptive(自适应)：若勾选该复选框，则程序会根据曲线的复杂程度自动设置步数。

实例 4-3　插值步数对曲线的影响。

创建两个圆，左边圆的插值步数为 3，右边圆的插值步数为 50。在“渲染”卷展栏中，将两个圆的厚度均设置为 10。

线框显示效果如图 4-4(a)所示，渲染效果如图 4-4(b)所示。

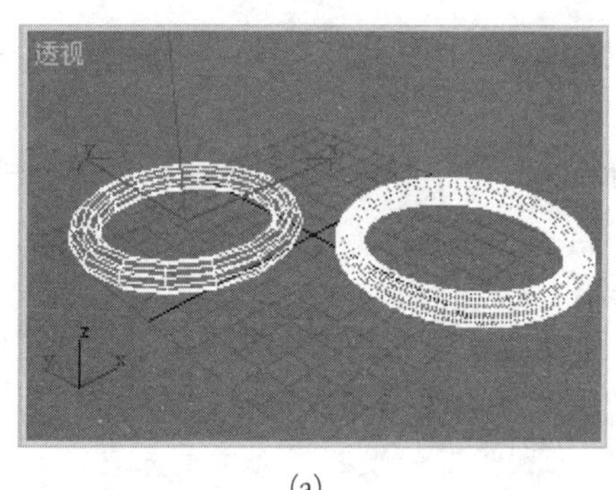

(a)

(b)

图 4-4　设置不同步数的圆

4.1.4　Keyboard Entry(键盘输入)卷展栏

利用“键盘输入”卷展栏可以定量地创建各种曲线。创建的曲线不同，要求输入的参数也不同。

Close(闭合)：单击该按钮，程序会自动在起点和终点之间加入一段曲线，从而形成一条闭合曲线。

Finish(完成)：单击该按钮，结束曲线的创建。

实例 4-4　用键盘输入的方法创建一个中式窗户。

选择“创建”命令面板下的“图形”子面板。

在“对象类型”卷展栏中单击“圆弧”按钮。

展开“插值”卷展栏，设置步数为 20。

展开“键盘输入”卷展栏。将圆心坐标 X、Y、Z 分别设为–40、–40、0，半径设为 40，圆弧从 90°到 360°。单击“创建”按钮，创建的圆弧如图 4-5(a)所示。

依次输入以下三组值，创建另外三段圆弧：

40、–40、0、40、180°、90°;

–40、40、0、40、0°、270°;

40、40、0、40、270°、180°。

在透视图中创建出梅花形图案。

用“键盘输入”卷展栏创建两个圆:半径分别为 20 和 40。

用“键盘输入”卷展栏创建一个矩形：长和宽均为 170。

画四条直线，连接两个圆和梅花形图案。创建的中式窗户图案如图 4-5(b)所示。

选定构成中式窗户的曲线，在“渲染”卷展栏中选择“矩形”选项，设置长度和宽度均为 6。用一个图像文件做背景。渲染后的效果如图 4-5(c)所示。

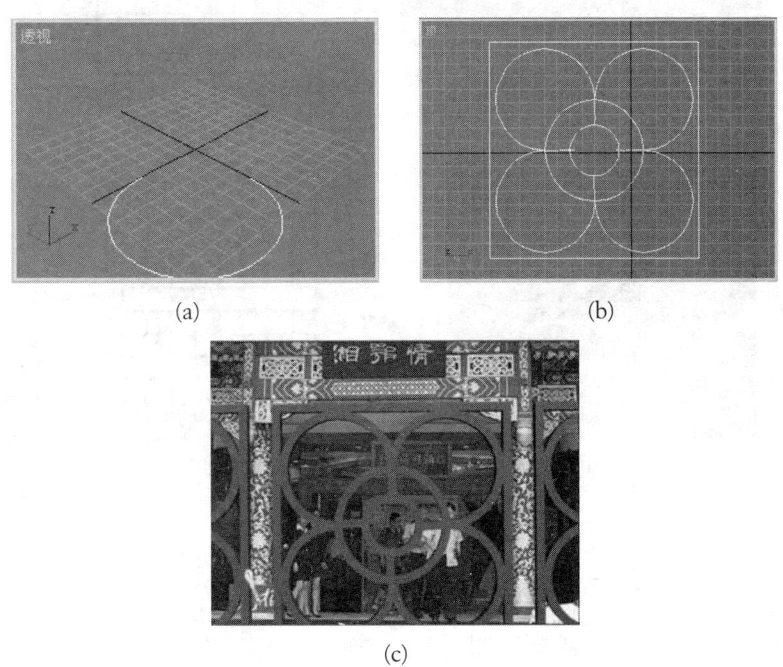

(a)　(b)

(c)

图 4-5　通过键盘输入创建一个中式窗户

4.2　创建样条线实例

4.2.1 创建 Line(直线)

使用 Line(直线)按钮可以创建直线段。

实例 4-5　制作象棋棋盘。

在顶视图中创建一个矩形做棋盘外框，长度为 270，宽度为 220。创建一条直线做楚河汉界分界线。在“渲染”卷展栏中选择“矩形”选项，长度设为 1，宽度设为 4。渲染结果如图 4-6(a)所示。

等距离画出横竖棋盘线，渲染长度设为 1，宽度设为 2。画出象心米字线，长度设为 1，宽度设为 1，如图 4-6(b)所示。

用扩展样条线中的角度画出卒位符并将它们组合成组，如图 4-6(c)所示。

复制卒位符到卒位和炮位上，就得到了半边棋盘。

将棋盘线、米字线和卒位符组合成组，复制一份并旋转 180° 就得到了整个棋盘。将整个棋盘组合成组，如图 4-6(d)所示。

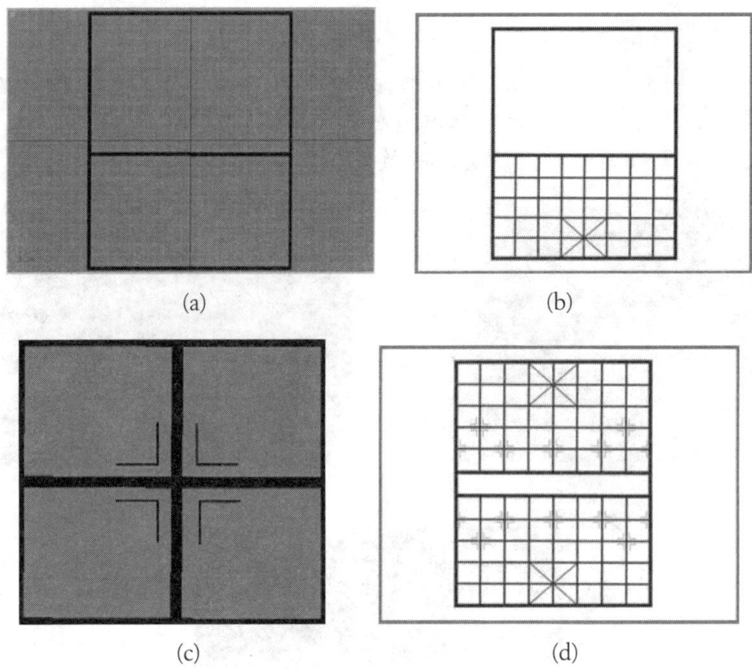

(a)　(b)

(c)　(d)

图 4-6　制作象棋棋盘

4.2.2　创建 Helix(螺旋线)

选择“创建”命令面板，选择“图形”子面板，单击“对象类型”卷展栏中的“螺旋线”按钮。设置参数，单击“键盘输入”卷展栏中的“创建”按钮，就能创建一条螺旋线。

实例 4-6　用螺旋线创建一根绳子。

选择“创建”命令面板中的“图形”子面板，单击“对象类型”卷展栏中的“螺旋线”按钮。

设置的参数和选择的选项如下。

在“渲染”卷展栏中，勾选“在视口中启用”复选框，设置厚度为 5。

在“键盘输入”卷展栏中设置半径 1 为 1，半径 2 为 1，高度为 50。

在“参数”卷展栏中，设置圈数为 10。创建一条螺旋线，如图 4-7(a)所示。

沿 Z 轴移动复制一条螺旋线，移动距离为半圈。得到的绳子如图 4-7(b)所示。

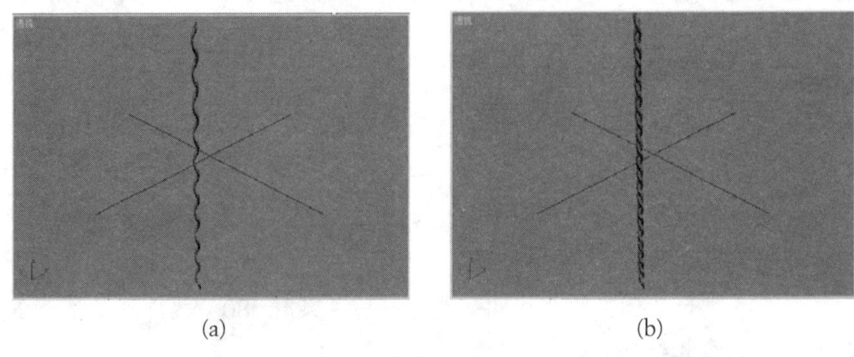

(a)　(b)

图 4-7　用螺旋线创建一根绳子

4.2.3　创建 Text(文本)

选择“创建”命令面板，选择“图形”子面板，单击“对象类型”卷展栏中的“文本”按钮，在文本框中输入文本，在任意视图中单击，就可以创建文本。

在“参数”卷展栏中可以设置文本的字体、大小、字间距、行间距等文本参数。

如果选择的字体前有@符号，那么创建出来的文本是直排的。如果选择的字体前无@符号，那么创建的文本是横排的。

实例 4-7　创建横排文本和直排文本，制作纪念碑。

创建一个四棱锥和一个长方体，通过布尔运算得到一个纪念碑底座，如图 4-8(a)所示。

创建一个长方体做碑，将碑立在底座上。分别给碑和底座用大理石文件贴图，如图 4-8(b)所示。

创建一条直排文本：人民英雄永垂不朽。创建一条横排文本：纪念碑。将直排文本设置为华文行楷，将横排文本设置为隶书。挤出这两个文本。选择“工具”菜单中的“法线对齐”命令，将直排文本与碑对齐，横排文本与底座对齐。适当旋转和移动文本，就做好了一个纪念碑。在透视图左侧创建一盏泛光灯照亮纪念碑。渲染输出结果如图 4-8(c)所示。

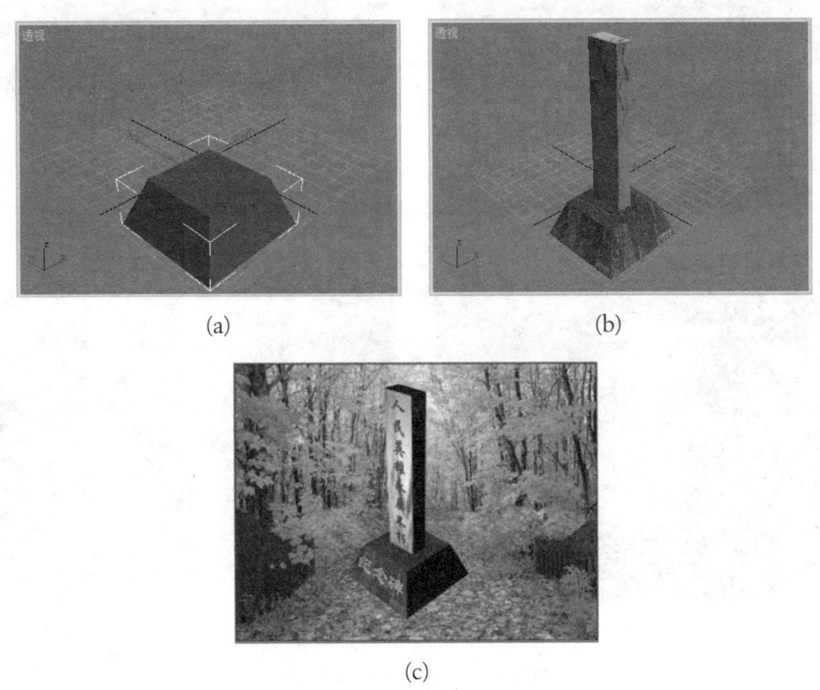

(a)　(b)

(c)

图 4-8　制作纪念碑

文本不仅可以贴在平面的对象表面，也可以贴在不是平面的对象表面。文本可以使用变形修改器变形。变形后的文本就可以贴到不是平面的对象表面上。

实例 4-8　给背景立柱贴对联。

选择一个有圆柱的图像做背景，如图 4-9(a)所示。

创建一个圆柱体，半径为 15。将圆柱体转换为 NURBS。

在前视图中创建一条直排文本：一人少一半。将文本挤出，挤出数量为 1。打开材质编辑器，单击“获取材质”按钮，设置一种建筑材质：模板选择用户定义，勾选“漫反射贴图”复选框，单击对应的“无”按钮，选择一个单色文件打开。单击漫反射颜色右侧的长条形按钮，勾选“粗糙漫反射纹理”复选框，漫反射颜色就设置成了指定的颜色。亮度设置成 10000。将材质指定给文本。

选择前视图，选定文本，选择变形曲面(WSM)修改器，单击“拾取曲面”按钮，单击圆柱体。单击“转到曲面”按钮，文本就会紧贴圆柱体。改变修改器参数，使文本刚好贴在圆柱上。移动圆柱体和文本，用它们遮挡背景上的立柱，如图 4-9(b)所示。

隐藏圆柱体，渲染输出前视图，如图 4-9(c)所示。

按同样步骤创建下联，并贴在另一侧立柱上。

创建一条横排文本贴在门楣上。

这副对联的上、下联各打一字。渲染前视图，整个场景如图 4-9(d)所示。

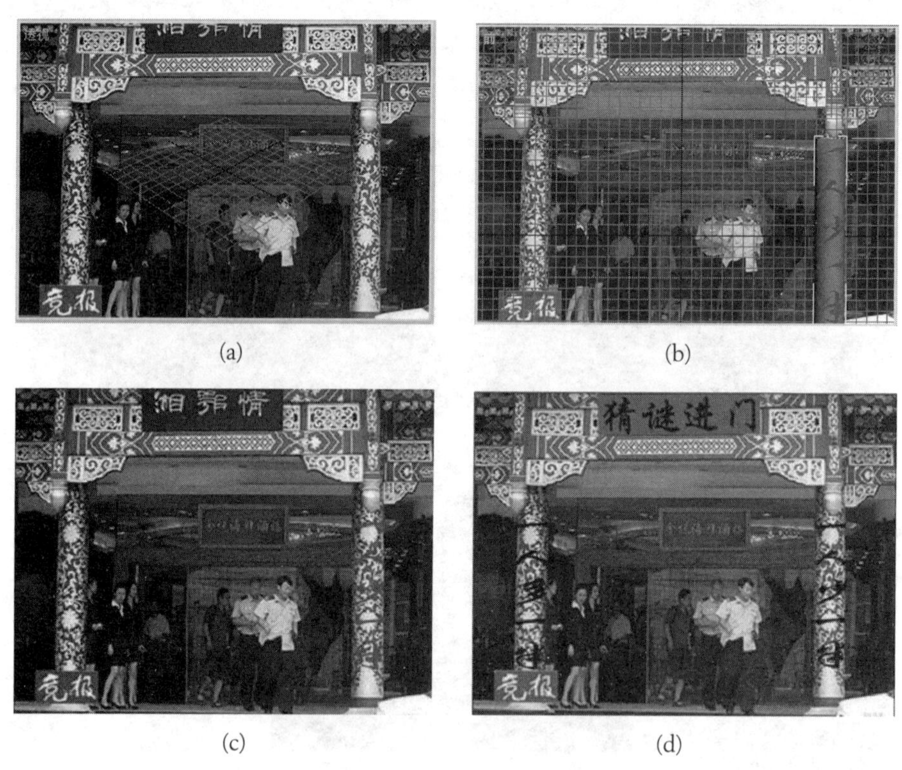

(a)　(b)　(c)　(d)

图 4-9　给背景立柱贴对联

4.2.4　创建 Circle(圆)和 Donut(圆环)

选择“创建”命令面板，选择“图形”子面板，再分别单击“对象类型”卷展栏中的“圆”按钮和“圆环”按钮，创建一个圆和一个圆环。如图 4-10(a)所示。左边样条线为圆，右边样条线为圆环。圆和圆环并不只是单圆与双圆的区别。将两个图形挤出，圆得到的是一个实心对象，圆环得到的是一个环状对象，如图 4-10(b)所示。

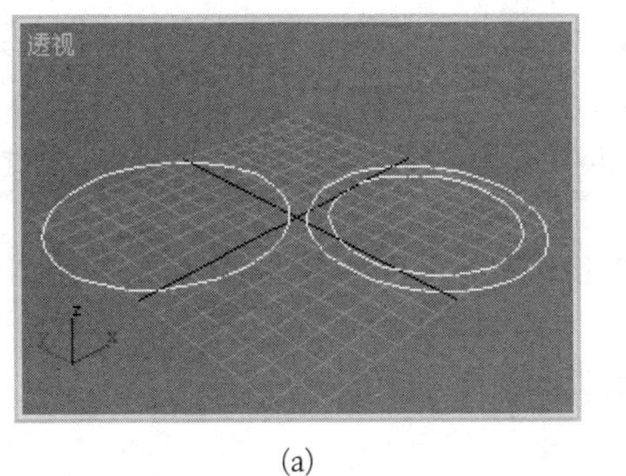

(a)

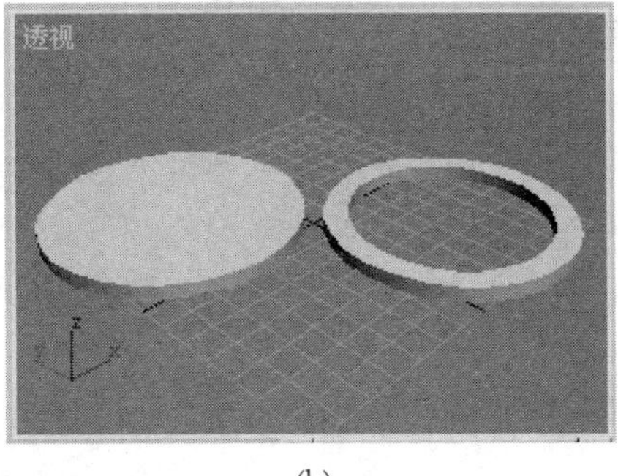

(b)

图 4-10　圆和圆环

实例 4-9　用样条线制作金币。

创建一个半径为 60、步数为 50 的圆。

创建一个半径 1 为 56、半径 2 为 60、步数为 50 的圆环做边框。

依次创建“马”“年”“金”“币”四个字，将四个字都缩小到原来的 35%，如图 4-11(a)所示。

选定圆、圆环和四个字，选择挤出选修器挤出，挤出数量为 3，如图 4-11(b)所示。

(a)　(b)

(c)　(d)

图 4-11　用样条线制作金币

选定圆环和四个字，将它们与圆对齐。

将四个字分别上、下、左、右移动 35 个单位。

将四个字和圆环沿 Z 轴移动 3 个单位。

给金币赋标准材质：自发光颜色设置为黄色偏红，柔化为 1。

创建一个平面对象，长度分段和宽度分段均设为 14。打开材质编辑器，自发光颜色设置为黄色偏红，柔化为 1，展开“贴图”卷展栏，勾选“凹凸”复选框，数量设置为 1000，用一幅有马的图片贴图。将材质指定给平面。

选定平面与圆对齐，适当调整 Z 轴方向上的高度，使“马”能凸出底面，但平面的其余部分没在底面下。

将全部对象组合成组。创建一盏泛光灯，移到适当位置照亮金币。复制另外几个金币，如图 4-11(c)所示。

设置图像背景。渲染输出金币。所得效果图如图 4-11(d)所示。

4.3　Extended Splines(扩展样条线)

选择“创建”命令面板，选择“图形”子面板，展开类型列表框，选择列表中的“扩展样条线”类型。扩展样条线的“对象类型”卷展栏如图 4-12 所示。

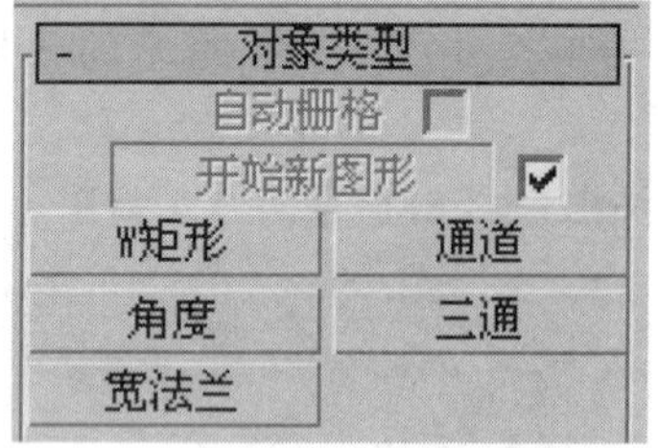

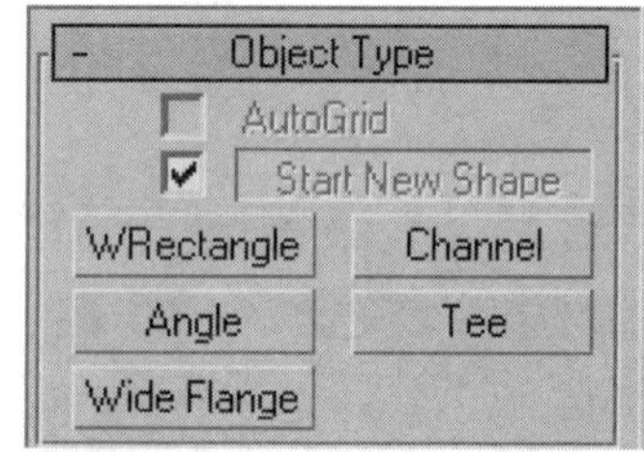

图 4-12　扩展样条线的“对象类型”卷展栏

在扩展样条线的对象类型列表中，单击不同的按钮，可以创建不同的扩展样条线。图 4-13(a)中创建了五种不同的扩展样条线。选择挤出修改器挤出后的效果如图 4-13(b)所示。

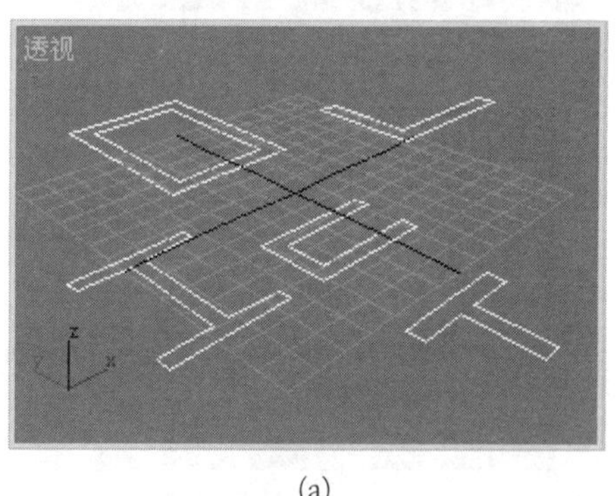

(a)

(b)

图 4-13　扩展样条线

实例 4-10　用扩展样条线制作一段钢轨。

钢轨的形状如图 4-14(a)所示。

在前视图中创建一个宽法兰，如图 4-14(b)所示。

将宽法兰转换成可编辑样条线，缩小工字上面一横的宽度，增加上面一横的高度，如图 4-14(c)所示。

选定上面一横的六个顶点和下面一横的中间两个顶点，圆角为 20°，所得图形如图 4-14(d)所示。

选定下面一横外侧的两个顶点，圆角为 360°，适当移动部分顶点，调整它们的斜率，所得图形如图 4-14(e)所示。

选择挤出修改器，挤出数量设为 1000，就得到一段钢轨，如图 4-14(f)所示。

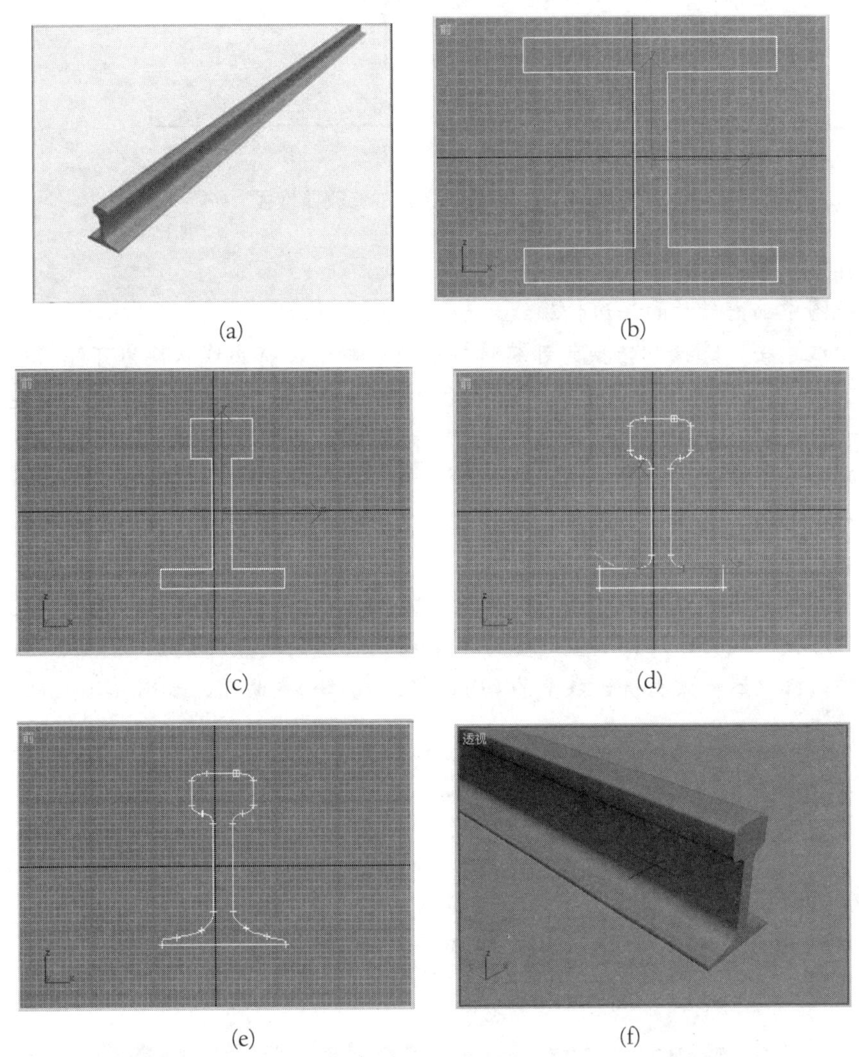

(a)　(b)　(c)　(d)　(e)　(f)

图 4-14　用扩展样条线制作一段钢轨

4.4　修改 Splines(样条线)

样条线中的 Line(线)可以直接进行子对象的修改，其他样条线必须转换为可编辑样条线，或者选择编辑样条线修改器才能进行子对象的修改。将指针对准要修改的样条线并右击，在快捷菜单中选择 Convert to(转换为)下的 Convert to Editable Spline(转换为可编辑样条线)命令，就会自动打开“修改”命令面板，在修改器堆栈中展开可编辑样条线，就可以修改样条线的子层级。修改 Line(线)的修改器堆栈如图 4-15(a)所示。修改其他样条线的修改器堆栈如图 4-15(b)所示。

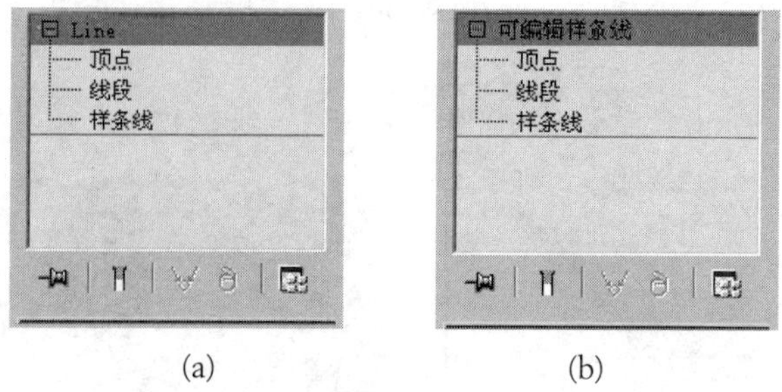

(a)　(b)

图 4-15　修改样条线的修改器堆栈

实例 4-11　制作竹叶。

在顶视图中画出竹叶的半边轮廓线。如图 4-16(a)所示。

对准曲线右击，选择“转换为可编辑样条线”命令，将曲线转换为可编辑样条线。展开修改器中的 Line，选择顶点子层级。移动曲线上的顶点，使曲线更接近竹叶轮廓，如图 4-16(b)所示。

镜像复制一条曲线，如图 4-16(c)所示。

选定一条曲线，选择“几何体”卷展栏中的“附加”按钮，将另外一条曲线附加成一个图形。

在修改器堆栈中选择顶点子层级，依次选定两条曲线的两对端点，选择“几何体”卷展栏中的“焊接”按钮，焊接阈值设置为 10，将两条线的端点焊接在一起。

选择挤出修改器，设置挤出数量为 0.01，将曲线挤出成曲面，如图 4-16(d)所示。

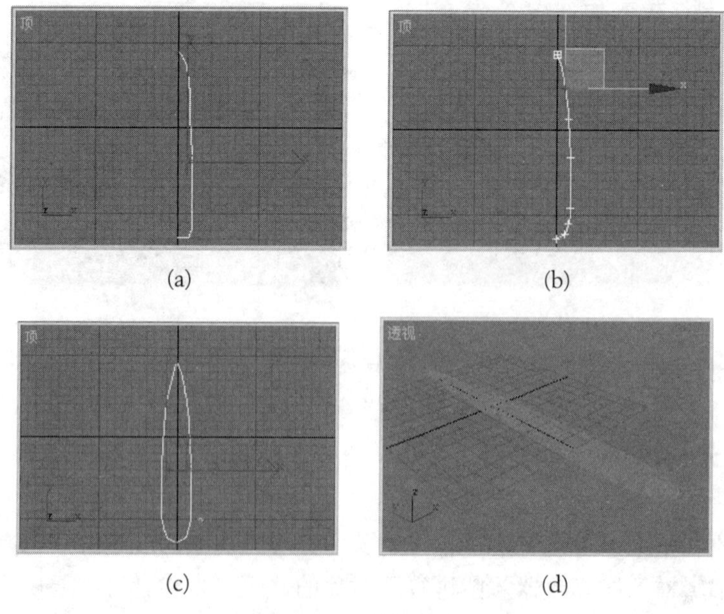

(a)　(b)

(c)　(d)

图 4-16　制作竹叶

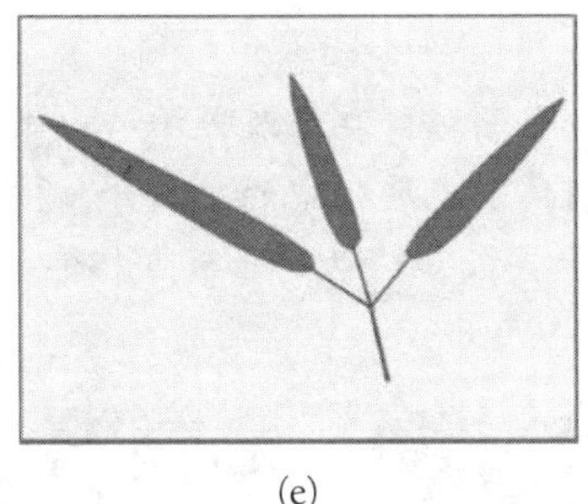

(e)

续图 4-16

画一条曲线做单叶叶柄，渲染厚度设置为 1。画一条曲线做复叶叶柄，渲染厚度设置为 1.3。创建一个油罐状物体做单叶和复叶之间的连接竹节。将叶片、叶柄和竹节组合成组，如图 4-16(e)所示。

Geometry(几何体)卷展栏如图 4-17 所示。这是一个在编辑样条线中使用最频繁的卷展栏。

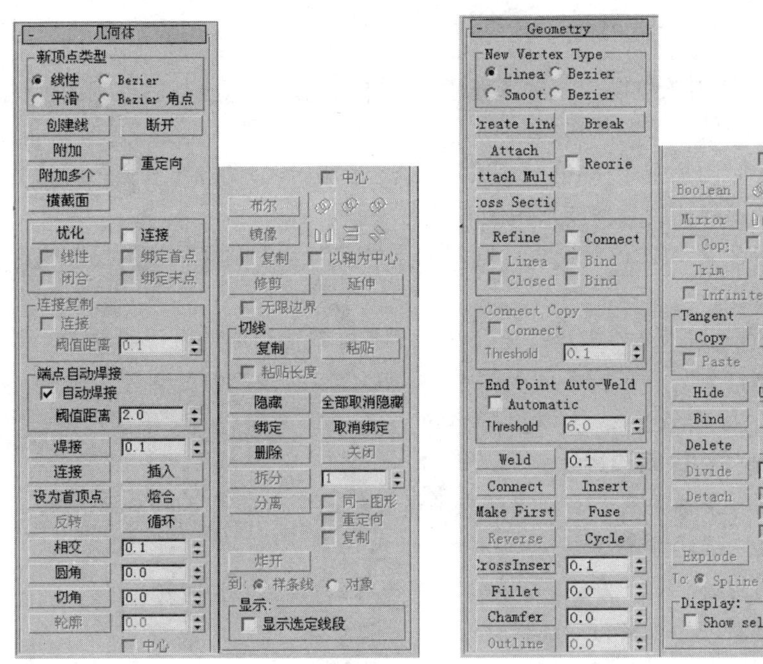

图 4-17　Geometry(几何体)卷展栏

Create Line(创建线)：单击该按钮，可以继续创建样条线，创建的线属于当前图形。

Break(断开)：选择顶点或线段才能激活该按钮。选择顶点子层级，选择要断开的节点，单击该按钮，就能断开这个节点。如果选择线段子层级，单击该按钮后，单击线段任意一处，就可以创建一个节点并断开这个节点。

实例 4-12　断开样条线。

创建一个矩形，如图 4-18(a)所示。

将指针对准它并右击，在快捷菜单中选择“转换为可编辑样条线”命令，将其转换成可编辑的样条线。

选定矩形，选择“修改”命令面板，在修改器堆栈中选择节点子层级。

选定一个节点，单击“几何体”卷展栏中的“断开”按钮。

在修改器堆栈中选择线段子层级，移动断开节点相邻的线段，就可看到节点已断开，如图 4-18(b)所示。

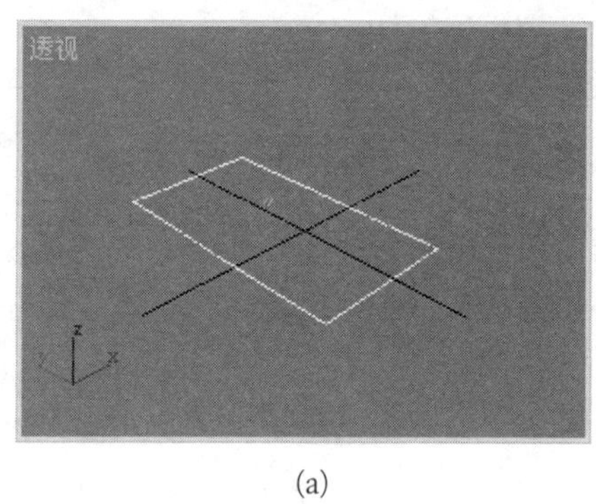

(a)

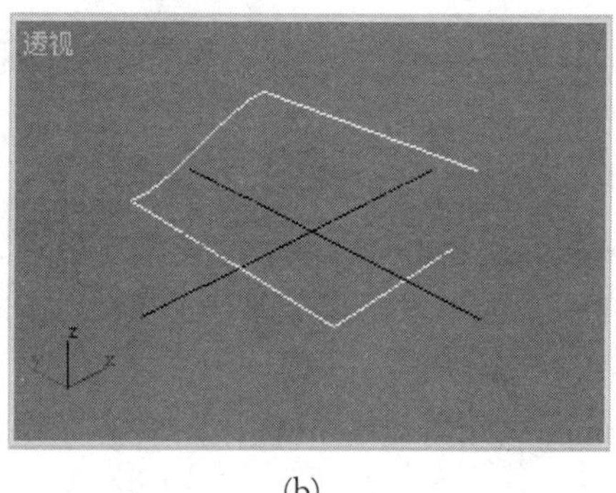

(b)

图 4-18　断开节点

Attach(附加)：单击该按钮后，单击任意一条样条线，可以将其附加到当前图形中去，使两个独立的对象变成一个图形对象。

Attach Multiple(附加多个)：单击该按钮后，会弹出一个“附加多个”对话框，通过该对话框，可以选择要附加到当前图形中的多个对象。

Reorie(重定向)：若勾选该复选框，则附加到当前对象上的样条线的局部坐标会与当前对象的局部坐标对齐。

Cross Section(横截面)：单击该按钮，在由多条样条线组成的图形对象中，单击任意一条样条线，拖动指针到另一条样条线上再单击，就会以两条样条线对象为基础，形成一个横截面对象(网状结构)。在放样中，这样得到的图形只能做横截面，不能做路径。

实例 4-13　制作蜘蛛网和蜘蛛。

在前视图中画一条样条线，曲线上的点尽量分布均匀，如图 4-19(a)所示。

将曲线转换成可编辑样条线。

将轴心点移到曲线左端，每隔 36°旋转复制一条曲线，如图 4-19(b)所示。

选定所有曲线，将其转换为可编辑样条线。

单击“附加”按钮，将 10 条曲线附加成一个图形。

选择“横截面”按钮，逐次单击各条曲线，就可以创建一个横截面图形，如图 4-19(c)所示。

选择“修改”命令面板，在修改器堆栈中选择顶点子层级，选择经线末端的点，顺着经线方向移动，做成固定蜘蛛网的蜘蛛丝，如图 4-19(d)所示。

给蜘蛛网赋标准材质，自发光颜色和漫反射颜色均设置为白色。

选择“修改”命令面板，在“渲染”卷展栏中勾选“在渲染中启用”和“在视口中启用”两个复选框，渲染输出的蜘蛛网如图 4-19(e)所示。

创建一只简易蜘蛛。

单击“自动关键帧”按钮，边移动蜘蛛边在 Z 轴方向缩放蜘蛛网，渲染输出动画。播放动画时截取的一幅画面如图 4-19(f)所示。

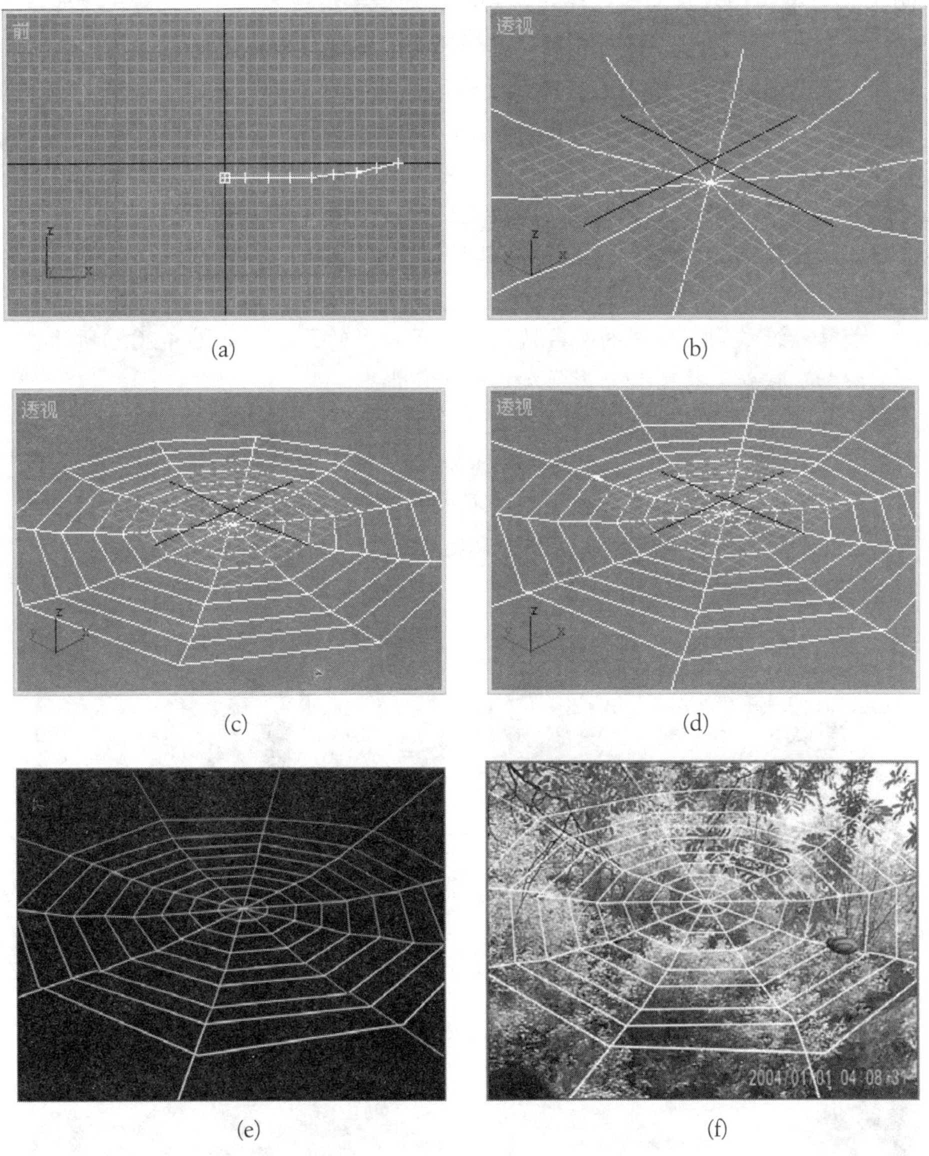

(a)　(b)　(c)　(d)　(e)　(f)

图 4-19　创建蜘蛛网和蜘蛛

Refine(优化)：只有在修改器堆栈中选择点或线段子对象，才能激活该按钮。单击该按钮后，单击当前样条线上任意一点，可以在单击处增加一个节点。

Automatic(自动焊接)：若勾选该复选框，则当将当前曲线的一个端点拖到另一个端点指定阈值范围内时，两个端点就自动焊接在一起。

Threshold(阈值距离)：两个节点焊接时，只要相互间距离不超过该值，就可焊接在一起。

Weld(焊接)：单击该按钮，可以将同一条样条线上、在指定阈值距离内选定的多个相邻节点焊接成一个节点，也可以将同一图形中两条不同样条线的端点焊接在一起。焊接在一起的节点不能再分开。

实例 4-14　通过焊接将曲线连接在一起——创建一根链条。

创建一个圆和一个矩形，将圆和矩形都转换为可编辑样条线。

选择圆，展开修改器堆栈，选择顶点子层级，选定圆的四个顶点，单击“几何体”卷展栏中的“断开”按钮，将四个点断开。

用同样操作断开矩形的四个顶点。

在修改器堆栈中选择线段子层级，将线段移开，如图 4-20(a)所示。

在修改器堆栈中选择线段子层级，分别删除圆和矩形中相对的一对边，效果如图 4-20(b)所示。

移动、旋转和缩放圆，使圆的两条边刚好置于矩形的两端，如图 4-20(c)所示。

单击“附加”按钮，将圆和矩形附加成一个图形。

在修改器堆栈中选择顶点子层级，选定四个角上的四对顶点，在“几何体”卷展栏中将焊接阈值设置为 10，单击“焊接”按钮，四对顶点都各自焊接到了一起。

选择“修改”命令面板，在“渲染”卷展栏中勾选“在渲染中启用”和“在视口中启用”两个复选框，设置厚度为 5，就得到一环链条。

复制 20 环，得到的链条如图 4-20(d)所示。

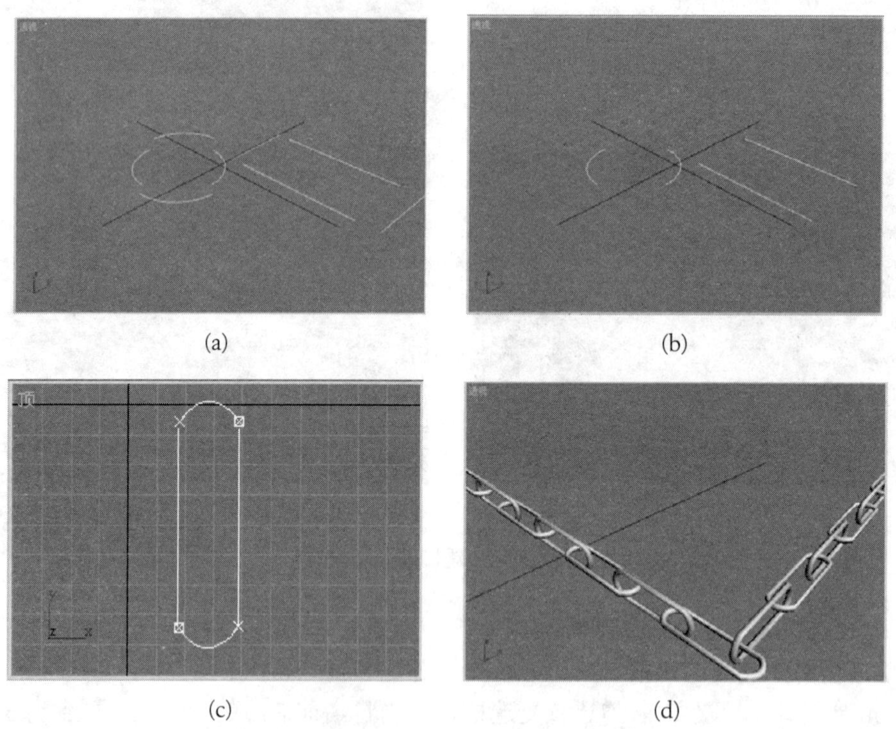

图 4-20　通过焊接将曲线连接在一起——创建一根链条

Insert(插入)：单击该按钮，单击曲线上任意一点，拖动指针，就能在曲线上插入一个点。连续单击并拖动指针能插入多个点，右击结束。

Connect(连接)：“插入”按钮左边的这个连接按钮，只有在选择节点次级对象时才能被激活。单击该按钮，将指针从不封闭样条线的一个始端点或末端点拖到同一图形中任意一条样条线的任意一个始端点或末端点，两个端点间就会有一条直线连接起来。

实例 4-15　制作折扇。

在顶视图中用样条线画一个三角形，腰长为 16 小格，底宽为 2 小格。在三角形顶点创建一个球体，沿 Z 轴放大做折扇的轴，如图 4-21(a)所示。

将三角形的两条边进行拆分，拆分数为 2。将底边进行拆分，拆分数为 1。删去连接顶点的线段，剩下的图形如图 4-21(b)所示。

在缺口处创建一条直线。拆分该直线，拆分数为 1。将直线与三角形剩余部分附加在一起，并焊接顶点，使两条样条线构成一条闭合曲线，如图 4-21(c)所示。

创建一个矩形做内扇骨。矩形的位置和大小如图 4-21(d)所示。

将制作的对象复制两份用于制作外扇骨，删除外扇骨梯形腰上的两个顶点，适当缩小梯形大底的宽度，效果如图 4-21(e)所示。

将大底的中点沿 Z 轴移动 5 个单位，将小底中点沿 Z 轴移动 2 个单位。选定两条样条线，选择挤出修改器，挤出数量为 0.1，就得到一片折扇，如图 4-21(f)所示。

选择“工具”菜单的阵列命令，复制 15 片折扇，移动的 Z 增量为 0.1，旋转的 Z 增量为–7，阵列维度为 1，数量为 15，得到的折扇扇面如图 4-21(g)所示。

选择两片外扇骨，设置挤出数量为 2。将两片外扇骨分别与扇面两侧对象对齐后，适当绕 Z 轴旋转，就得到一个完整的折扇，如图 4-21(h)所示。

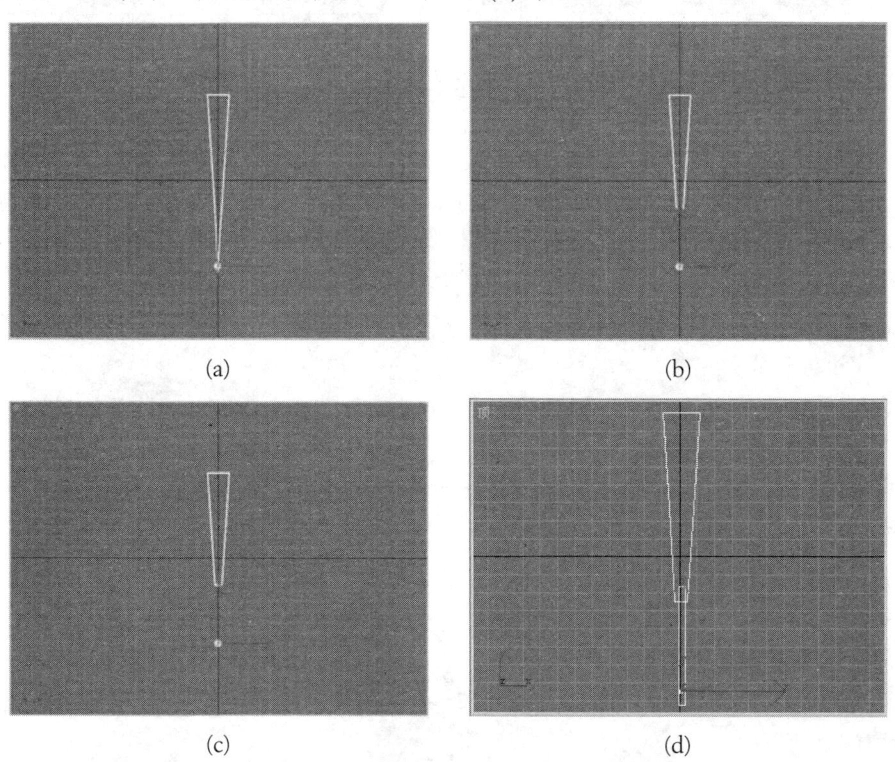

(a)　(b)

(c)　(d)

图 4-21　制作折扇

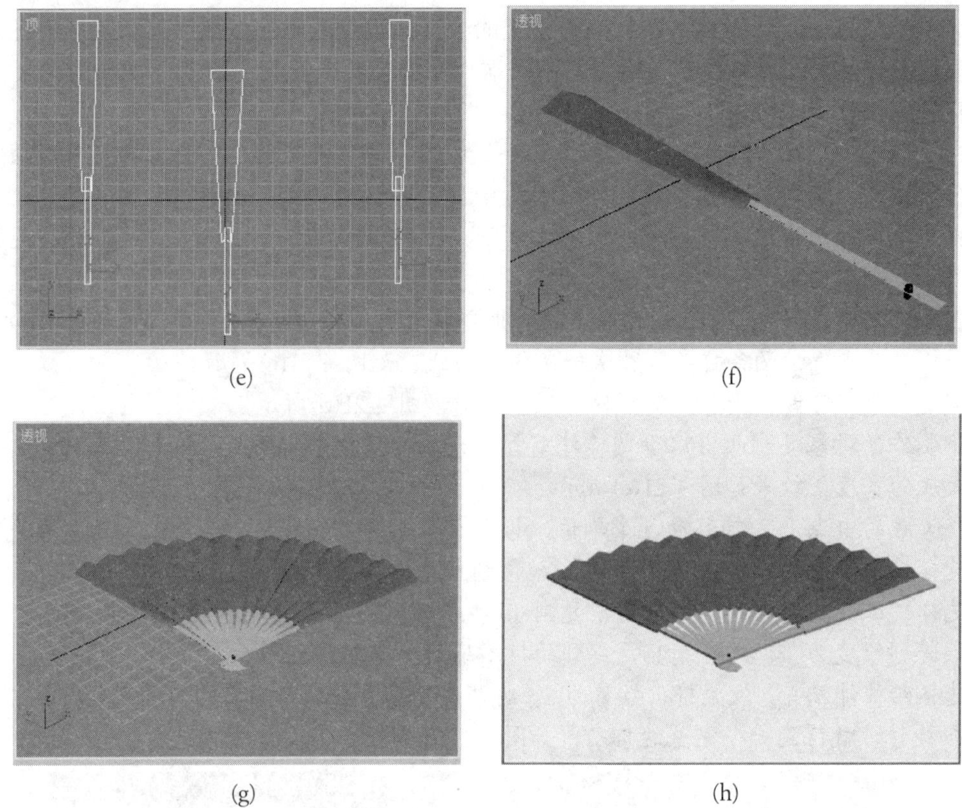

(e) (f)

(g) (h)

续图 4-21

Make First(设为首顶点)：在修改器堆栈中选择节点子层级，在闭合曲线上选择任意一个节点，在非闭合曲线上只能选择任意一个端点，单击该按钮，被选定的节点就会变为首节点。首节点标记为，非首节点标记为。当样条线做路径用时，首节点为路径的起始点，如路径动画中的路径、放样中的路径等。

Fuse(熔合)：单击该按钮，所有选定的节点会聚集到中间位置的一个节点处，通过移动这些节点，可以将它们分开。

Reverse(反转)：单击该按钮，选定曲线的方向就会反过来。当曲线作为运动路径时，运动对象的运动方向就会反过来。

实例 4-16 改变曲线方向使路径约束动画反向，通过设为首顶点来改变路径约束动画的起始点。

创建一个五角星形和一个球体，如图 4-22(a)所示。

对球体创建路径约束动画，这时球体被约束在五角星形上，如图 4-22(b)所示。播放动画，可以看到球体沿五角星形逆时针运动。

选定五角星形，将指针对准它并右击，选择“转换为可编辑样条线”命令，将其转换为可编辑样条线。

选择“修改”命令面板，单击“几何体”卷展栏中的“反转”按钮。播放动画，这时可以看到球体沿顺时针方向运动。

在修改器堆栈中选择顶点子层级，在五角星形上任意选择一个顶点，单击“设为首顶点”按钮，重新播放动画，可以看到球体运动的起始位置换到了指定的顶点。

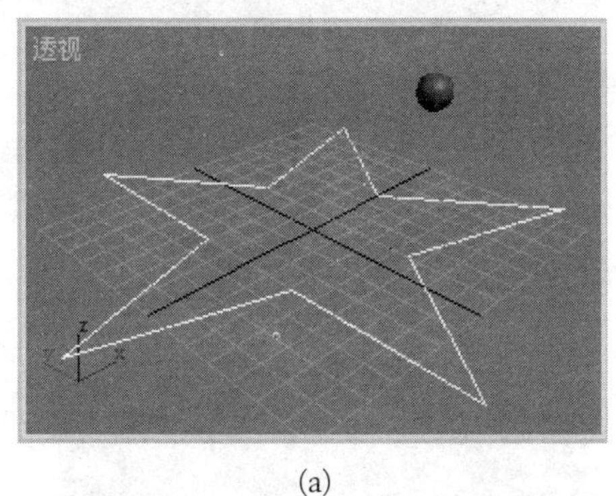

(a)

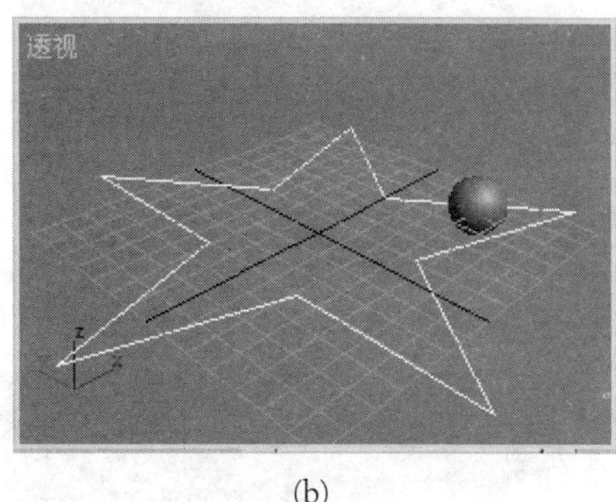

(b)

图 4-22　通过“反转”按钮与“设为首顶点”按钮改变曲线方向和起始点

Cycle(循环)：单击该按钮一次，曲线上选定的节点就会沿曲线方向向前移动一个节点。

CrossInsert(相交)：选择节点子对象，单击该按钮，在同一图形对象中的两条样条线离交叉处不超过指定阈值的范围内单击，两条样条线的交叉处都会增加一个节点。增加的两个节点并不相连。

Outline(轮廓)：选择样条线子对象，就会激活该按钮，单击该按钮，拖动样条线，或者在轮廓数码框中输入一个数值并按回车键，就会产生样条线的轮廓线。产生的轮廓线和源曲线属同一图形。

Boolean(布尔)运算：将一个图形对象中的两条样条线合成为一条样条线。如果两条样条线不属于同一图形，在进行布尔运算之前，要通过附加操作将两条样条线合并成一个图形。在修改器堆栈中选择样条线子层级，就会激活“布尔”按钮。选定其中的一条样条线，挑选一种运算方法，单击“布尔”按钮，单击另一条样条线，两条样条线就会合成为一条线。

Union(并集)运算：合并两条样条线，移去公共部分。

Subtraction(差集)运算：其结果为两条线之差。

Intersection(交集)运算：其结果为两条线的重叠部分。

实例 4-17　布尔运算。

不勾选“开始新图形”复选框，创建一个圆和一个矩形，这样创建的曲线属于同一图形，这个图形为可编辑样条线，如图 4-23(a)所示。

选择“修改”命令面板，在修改器堆栈中选择样条线子层级，选定其中一条曲线。

单击“几何体”卷展栏中的“布尔”按钮，选择右侧的并集运算，单击另一条曲线，效果如图 4-23(b)所示。

与上述操作类似，选择差集运算，效果如图 4-23(c)所示。

选择交集运算，效果如图 4-23(d)所示。

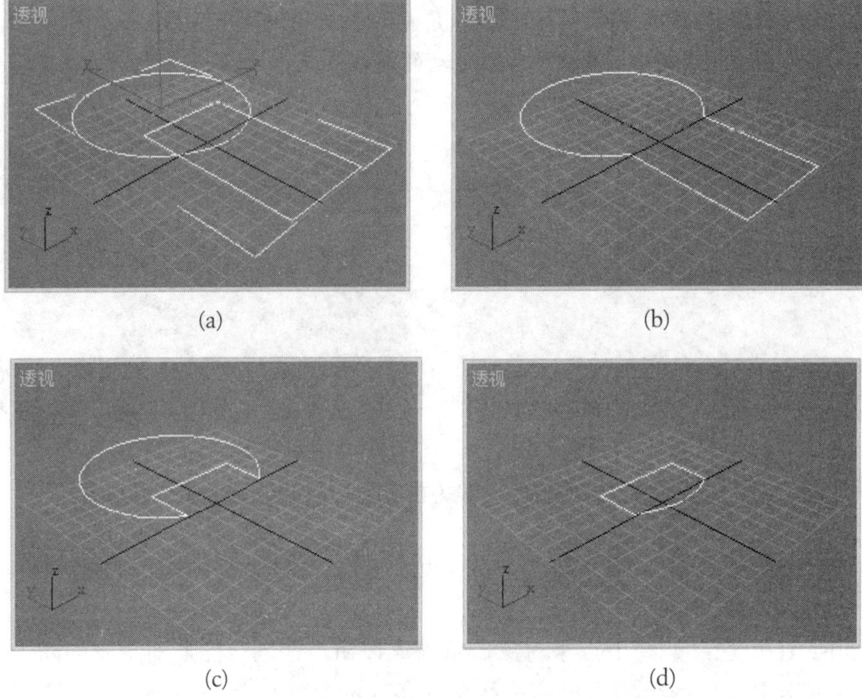

(a)　(b)　(c)　(d)

图 4-23　样条线的布尔运算

实例 4-18　制作一个圆形门框。

不勾选“开始新图形”复选框，创建一个圆和一个矩形，如图 4-24(a)所示。

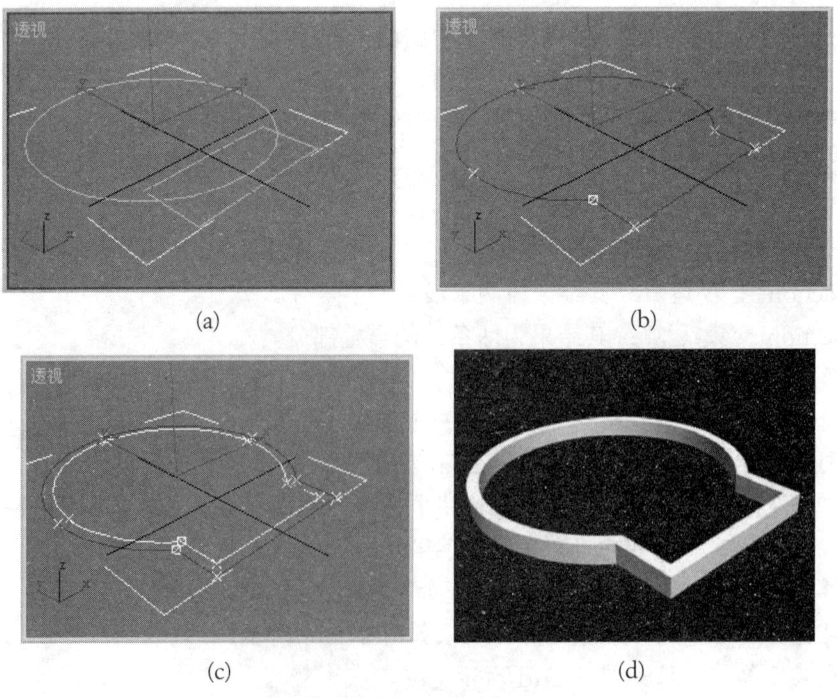

(a)　(b)　(c)　(d)

图 4-24　制作圆形门框

选择“修改”命令面板，在修改器堆栈中展开可编辑样条线，选择样条线子层级。

选定其中一条曲线。单击“几何体”卷展栏中的“布尔”按钮，选择右侧的并集运算，单击另一条曲线，效果如图 4-24(b)所示。

选择“修改”命令面板，在“几何体”卷展栏的“轮廓”数码框中输入 6，单击“轮廓”按钮，效果如图 4-24(c)所示。

选择挤出修改器，设置挤出数量为 10。渲染后的效果如图 4-24(d)所示。

Mirror(镜像)：在修改器堆栈中选择样条线子层级，选定要镜像的对象和要镜像的方向，单击“镜像”按钮，就能产生一个源对象的镜像对象。注意：要镜像的对象必须是可编辑样条线。与镜像有关的还有右侧三个镜像方向选择按钮和下方的两个复选框，如图 4-25 所示。

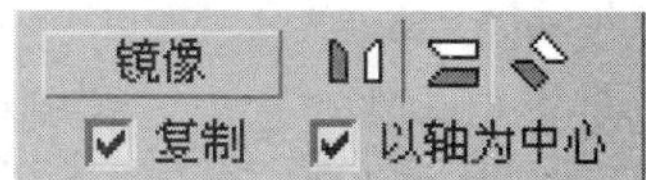

图 4-25　与镜像有关的按钮和复选框

Copy(复制)复选框：若在镜像前不勾选该复选框，则只镜像源对象，不复制源对象。

About(以轴为中心)复选框：若勾选该复选框，则镜像以轴心点为中心；若不勾选该复选框，则镜像以几何中心为中心。

实例 4-19　通过镜像创建一扇古式窗户。

创建一个矩形做窗框，矩形的长度和宽度均设置为 140。

在窗框的左上角区域内画窗户的窗格线，将所有窗格线转换成可编辑样条线，并将所有窗格线附加成一个图形，如图 4-26(a)所示。

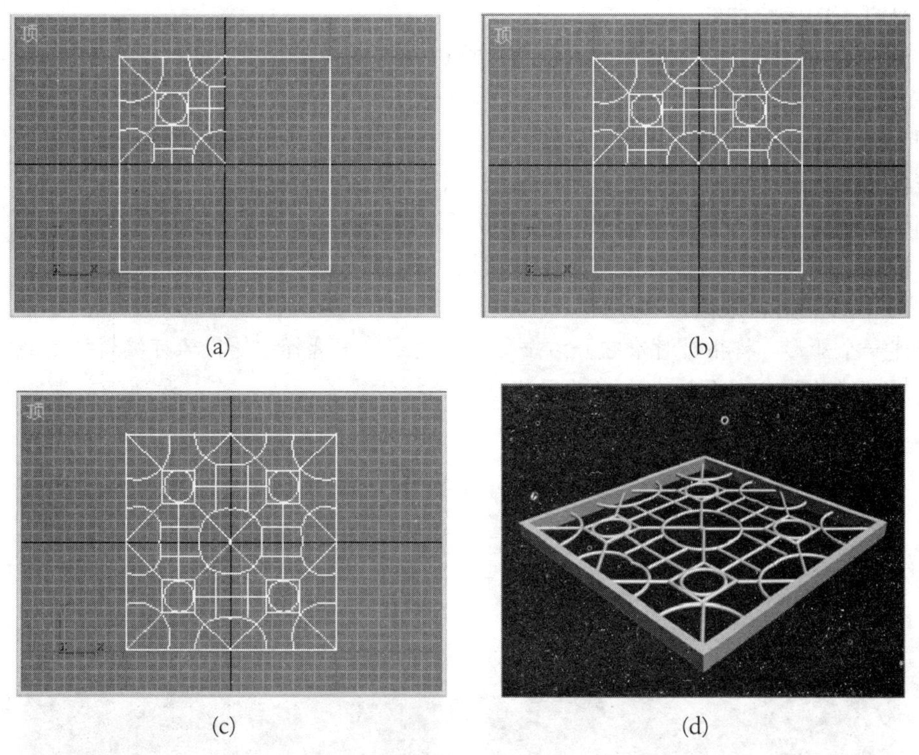

图 4-26　通过镜像创建一扇古式窗户

在修改器堆栈中选择 Line 的样条线子层级。

选定窗格图形，单击“修改”命令面板的“几何体”卷展栏中的“水平镜像”按钮，勾选“复制”和“以轴为中心”两个复选框，单击“镜像”按钮，可在水平方向镜像复制出一个图形，如图 4-26(b)所示。

选定窗户上半部分的图形，单击“垂直镜像”按钮，镜像复制出另一半窗格，如图 4-26(c)所示。

选定所有窗格线，在“渲染”卷展栏中勾选“在渲染中启用”复选框，选择径向选项，设置厚度为 3。

选定窗框，在“渲染”卷展栏中勾选“在渲染中启用”复选框，选择矩形选项，设置长度为 12，宽度为 6。渲染后的效果如图 4-26(d)所示。

Trim(修剪)：选择该按钮，单击样条线上的相交点，能剪除曲线上部分线段。

Extend(延伸)：选择该按钮，单击样条线上任意一个端点，会延长直线线段，直到与曲线相交。若不可能有交点，则不会延伸。

Copy(复制)：复制当前节点的切线手柄属性(如斜率)。

Paste(粘贴)：将复制的切线手柄属性粘贴到其他手柄上。

Hide(隐藏)：隐藏选定的子对象。

Unhide All(全部取消隐藏)：取消所有子对象的隐藏。

Bind(绑定)：拖动样条线的一个始端点或末端点，可以将其绑定到同一图形中任意一段线段的中点，绑定处增加一个节点，但绑定点并未连接在一起，因此，绑定而成的闭合曲线并不是真正的闭合曲线。

Unbind(取消绑定)：绑定节点被取消，端点恢复自由。

Delete(删除)：删除选定的子对象。

Close(关闭)：选择修改器堆栈中的样条线子层级，激活该按钮。单击该按钮，程序会自动在样条线的两个端点之间加入一条线段，使其变为闭合曲线。

Divide(拆分)：选择修改器堆栈中的线段子层级，就会激活该按钮。选定要拆分的线段，指定分段数，单击该按钮，就能对选定线段进行拆分。

实例 4-20　拆分线段。

创建一个矩形。将指针对准它并右击，在快捷菜单中选择“转换为可编辑样条线”命令。

选择“修改”命令面板，在修改器堆栈中选择线段子层级，可以看到矩形由四个节点、四段线段组成，如图 4-27(a)所示。

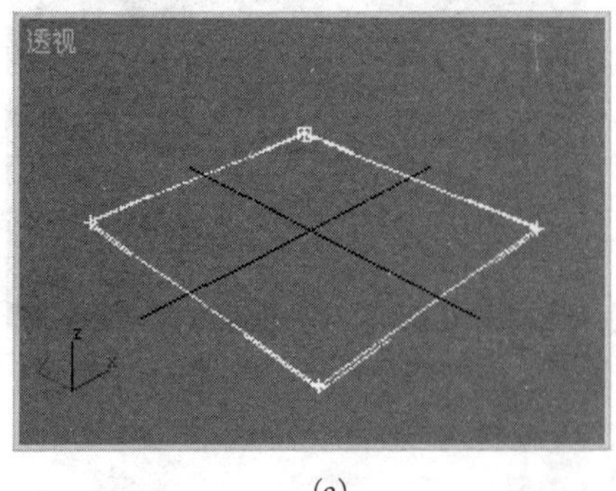

(a)

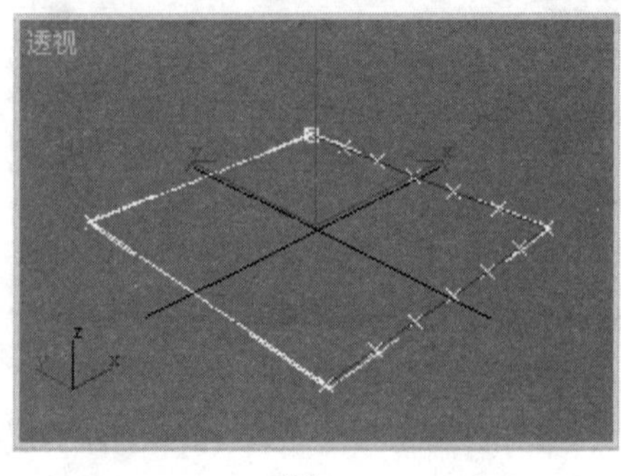

(b)

图 4-27　拆分线段

选择“修改”命令面板，在修改器堆栈中选择线段子层级，在矩形上选定要细分的两条边。

选择“几何体”卷展栏，在 Divide(拆分)对应数码框中输入 5，单击“拆分”按钮，可看到选定的线段都被分成 5 等份，如图 4-27(b)所示。

Detach(分离)：可将选定的线段从样条线中分离，也可将选定的样条线从图形中分离。“分离”按钮的右侧有三个复选框。线段分离后可以原地不动，也可重定向，还可分离选定线段的复制品。

实例 4-21　通过分离样条线创建拼字动画。

3ds max 中创建的一个文本，不管有多少个字符，都属于同一个图形对象。只有通过分离操作，才能将文本中的各个字符和一个字符中的各个笔画分开。本实例要创建的动画是先将“实话实说”四个汉字分开，经过一段动画，再将它们拼接起来。

创建“实话实说”四个汉字，并将其转换为可编辑样条线，如图 4-28(a)所示。

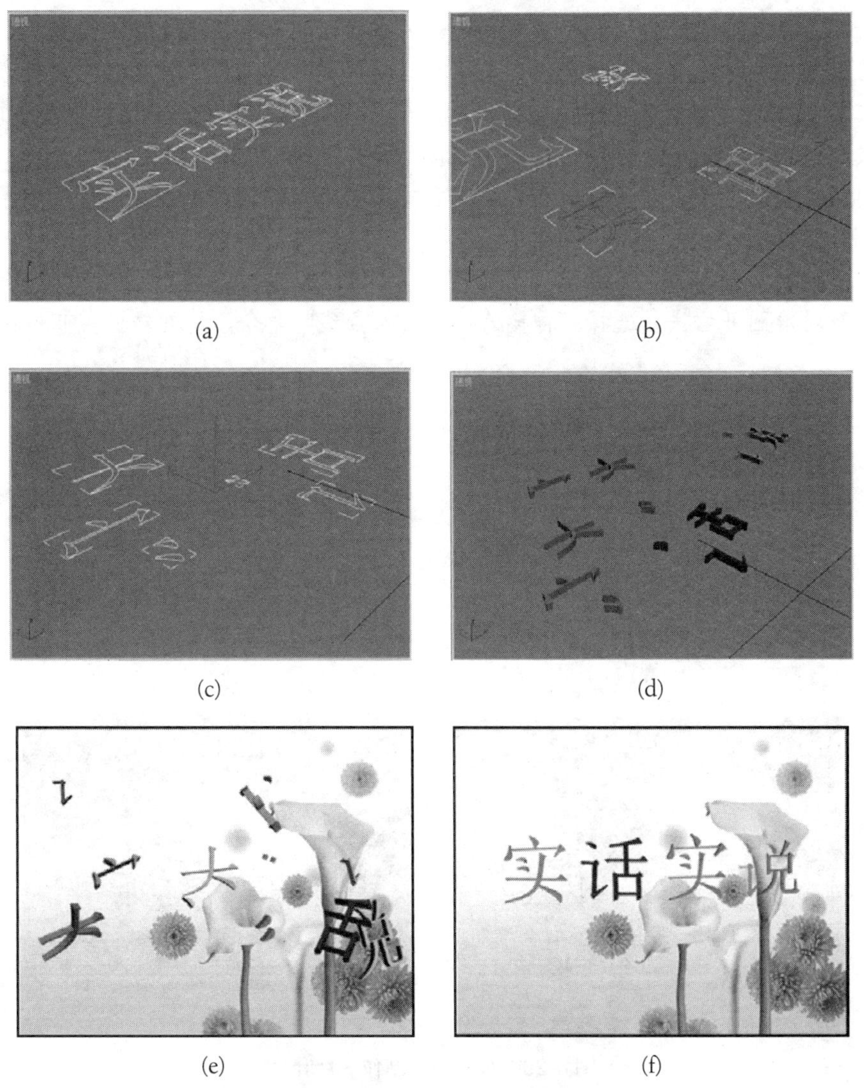

(a)　(b)

(c)　(d)

(e)　(f)

图 4-28　通过分离样条线创建拼字动画

在修改器堆栈中选择样条线子层级。选定所有汉字(选定汉字的笔画会变成红色)，单击“分离”按钮，就会将汉字分离开来。

选定单个汉字，在修改器堆栈中选择线段子层级。单击“分离”按钮，就会将这个字从文本中分离成一个独立的图形，如图 4-28(b)所示。

选定一个汉字，在修改器堆栈中选择线段子层级。单击“分离”按钮，就会将这个字的所有笔画分开。选定这个字的部分笔画，在修改器堆栈中选择线段子层级，单击“分离”按钮，就会将笔画分离成独立的图形，如图 4-28(c)所示。

选定各个笔画，在修改器堆栈中选择线段子层级，在“修改”命令面板的“几何体”卷展栏中勾选“自动焊接”复选框，设置阈值距离为 60。使用挤出修改器，将所有笔画挤出成立体对象，如图 4-28(d)所示。

单击“自动关键帧”按钮，创建笔画的移动、旋转和缩放动画。在动画的最后时间段，将笔画拼回原来的汉字。

由于删除了某些笔画，因此造成有的曲线不是封闭的，如图 4-28(e)所示。

在修改器堆栈中选择顶点子层级。勾选“自动焊接”复选框，将阈值距离设置为 50。单击主工具栏中的“移动”按钮，将未封闭处的一个顶点拖到另一个顶点，两个顶点就会自动焊接在一起，挤出成立体字，如图 4-28(f)所示。

Explode(炸开)：单击该按钮，可以将选定样条线的各线段炸开成独立的样条线。

实例 4-22　炸开圆，制作一片叶片。

创建一个圆，如图 4-29(a)所示。

将指针对准圆并右击，选择“转换为可编辑样条线”命令，将其转换成可编辑样条线。

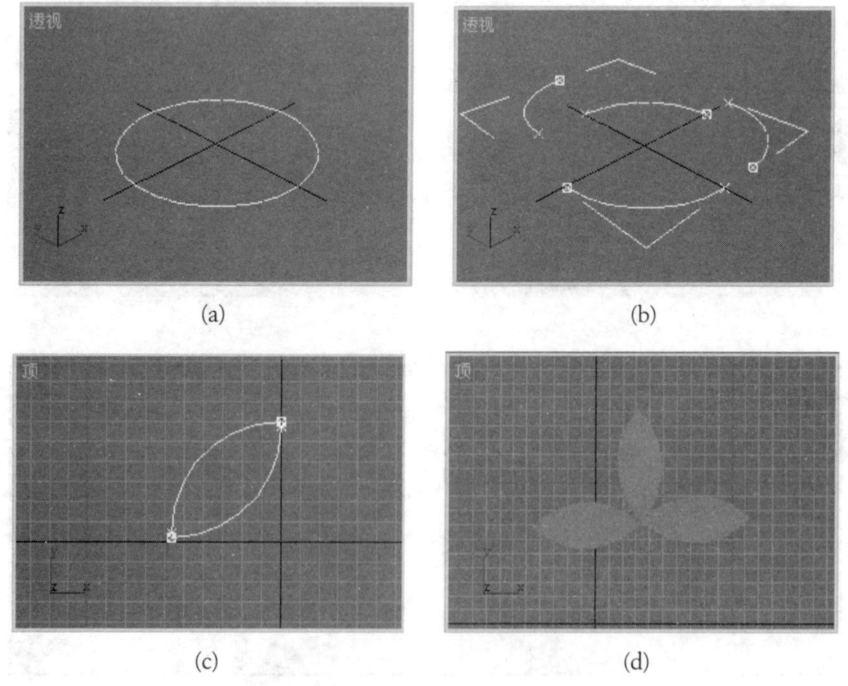

(a) (b) (c) (d)

图 4-29　炸开圆，制作一片叶片

选择“修改”命令面板，在修改器堆栈中展开可编辑样条线，选择样条线子层级。

选定圆，单击“几何体”卷展栏中的“炸开”按钮，将其炸开。将线段移开后的图形如图 4-29(b)所示。

将其中两条线段组成一个单叶片形，删除另外两条线段，效果如图 4-29(c)所示。

在修改器堆栈中选择顶点子层级，选择每端的两个顶点，单击“几何体”卷展栏中的“焊接”按钮，将每端顶点焊接在一起，就得到一片单叶。

复制两片单叶片，将一片绕 Z 轴旋转 90°，另外一片旋转–90°，重新排列后就得到一片复叶片。选择挤出修改器挤出 0.01，得到的叶片如图 4-29(d)所示。

可以通过曲线制作一个叶柄。

ID(设置材质 ID 号)：为选定的线段或样条线设置材质 ID 号。ID 号总数为 65535。

Select by ID(按材质 ID 号选择)：在该按钮对应的数码框中输入材质 ID 号，单击该按钮，就能选定该材质 ID 号对应的线段或样条线。

4.5　创建和修改 NURBS Curves(NURBS 曲线)

NURBS 曲线包括 Point Curve(点曲线)和 CV Curve(CV 曲线)。点曲线的可控点都在曲线上。选定点曲线，选择“修改”命令面板，在修改器堆栈中选择点子层级，就可以看到控制点，如图 4-30(a)所示。CV 曲线的可控点不在曲线上。选定 CV 曲线，选择“修改”命令面板，在修改器堆栈中选择曲线 CV 子层级，就会显示控制曲线和控制点，如图 4-30(b)所示，曲线是 CV 曲线中的曲线，折线是 CV 曲线中的控制线。

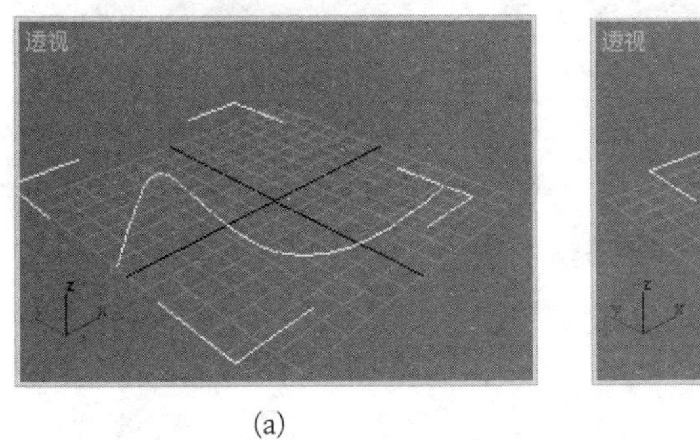

(a)

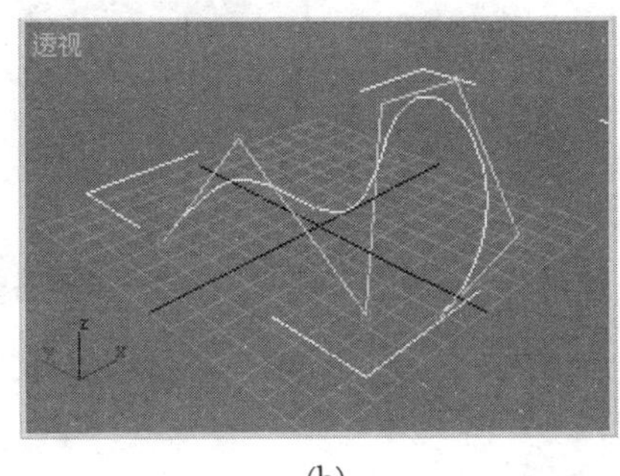

(b)

图 4-30　点曲线与 CV 曲线

4.5.1　创建 NURBS 曲线

选择“创建”命令面板下的 Shapes(图形)子面板，在图形列表框中选择 NURBS Curves(NURBS 曲线)，就会切换到 NURBS 曲线创建面板。在“对象类型”卷展栏中，只有点曲线和 CV 曲线两种选择。

Draw In All Viewports(在所有视口中绘制)复选框：该复选框在创建点曲线和创建 CV 曲线卷展栏中。若勾选该复选框(默认为勾选)，则可以在一个视图中创建一段曲线后，再转到另一个视图中继续创建，直至创建结束。这样做的好处是能方便地创建需要的三维 NURBS

曲线。

实例 4-23　勾选“在所有视口中绘制”复选框并创建一只蝌蚪。

蝌蚪的图片如图 4-31(a)所示。

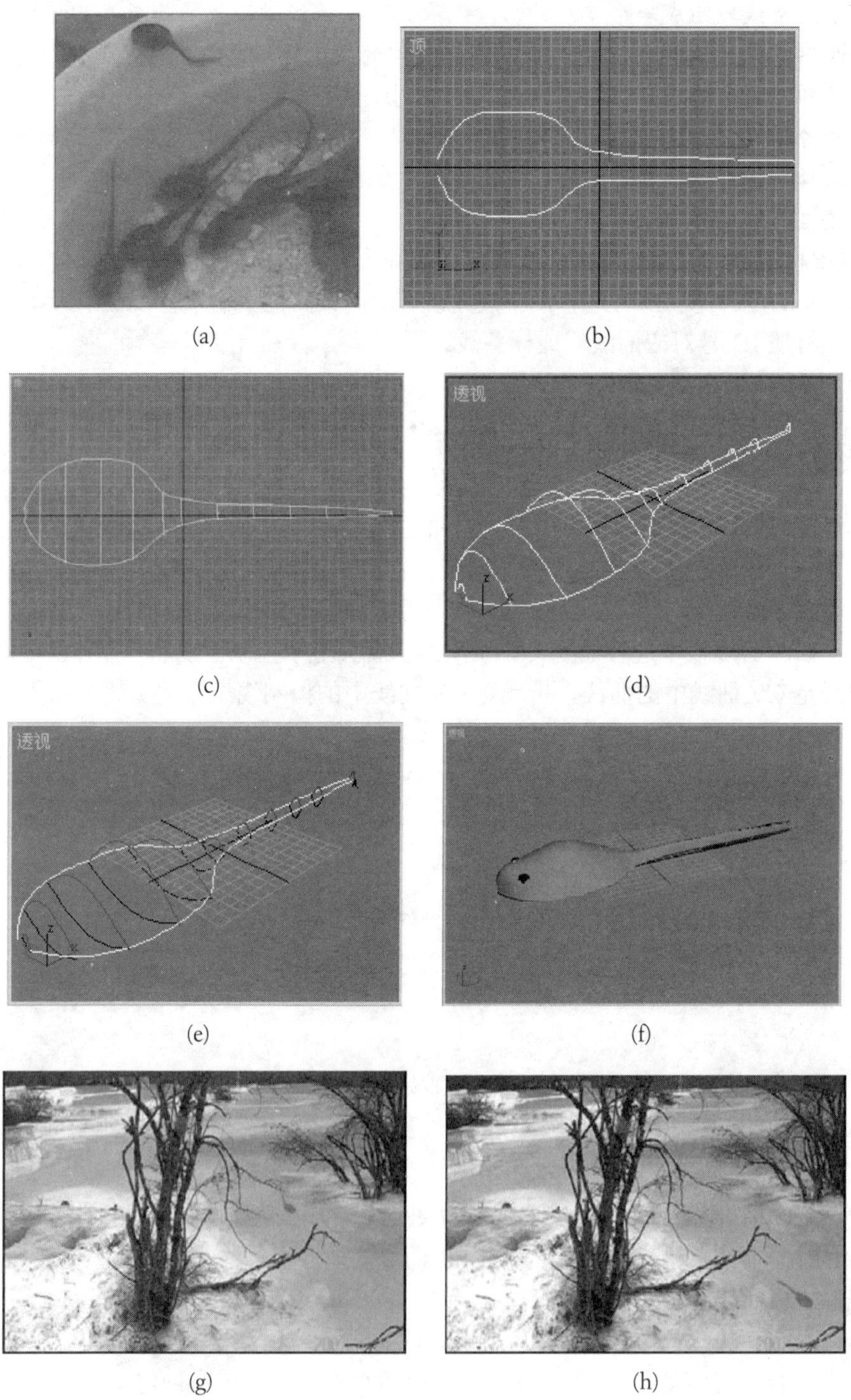

(a)　(b)　(c)　(d)　(e)　(f)　(g)　(h)

图 4-31　勾选“在所有视口中绘制”复选框并创建一只蝌蚪

单击类型卷展栏中的“点曲线”按钮，在“创建点曲线”卷展栏中勾选“在所有视口中绘制”复选框，在顶视图中画出蝌蚪的一条纵向轮廓线。选择“修改”命令面板，在 NURBS 创建工具箱中单击“创建镜像曲线”按钮，在“镜像”卷展栏中选择 Y 轴为镜像轴，将指针指向曲线后拖动产生一条镜像曲线，如图 4-31(b)所示。

在顶视图中以蝌蚪的一条轮廓线为起始位置画出一条蝌蚪横向轮廓线的起始点，在前视图中画出横向轮廓线的高度，再回到顶视图，并在蝌蚪另一条轮廓线上画出横向轮廓线的终止点。类似地画出其他横向轮廓线。顶视图中的效果如图 4-31(c)所示。透视图中的效果如图 4-31(d)所示。

复制一组横向轮廓线，并将高度适当缩小，效果如图 4-31(e)所示。

对轮廓线创建 UV 放样曲面。创建两个球体做蝌蚪的眼睛，效果如图 4-31(f)所示。

选择编辑网格修改器，在修改器堆栈中选择元素子层级，选择蝌蚪的眼睛，给眼睛赋标准材质，自发光颜色为黑色，漫反射颜色为黑色，不透明度为 30。选择蝌蚪的躯干，给躯干赋标准材质，自发光颜色为灰色，漫反射颜色为灰色，不透明度为 30。渲染后的效果如图 4-31(g)所示。

顺着蝌蚪躯干，从头部开始，创建 10 块左右的骨骼。选择蒙皮修改器给骨骼蒙皮。移动尾部骨骼，创建尾部摆动的动画，移动量为 0.1~0.3。将时间滑动块移到第 100 帧处，向前移动整个躯干。渲染输出动画，第 80 帧的画面如图 4-31(h)所示。

4.5.2　修改 NURBS 曲线

NURBS 曲线的子层级有 Curve CV(曲线 CV)、Point(点)、Curve(曲线)和 Import(导入)，如图 4-32 所示。

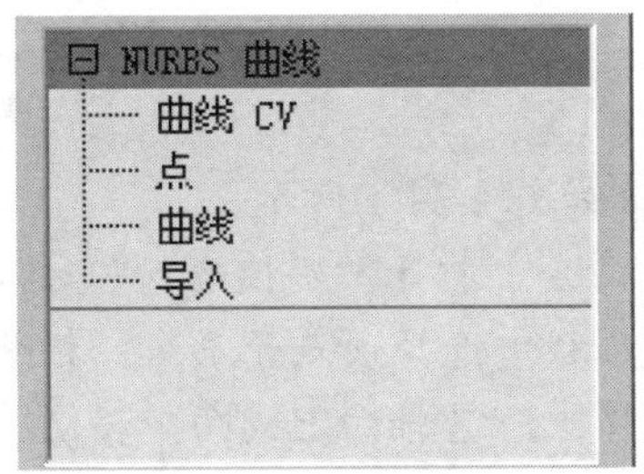

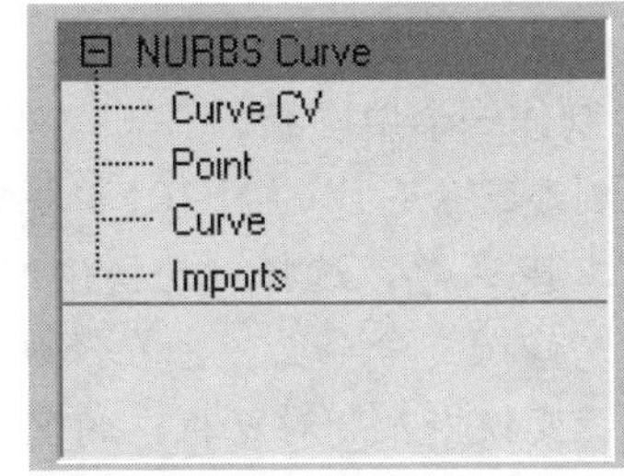

图 4-32　NURBS 曲线及其子层级

选定 NURBS 曲线，选择“修改”命令面板，就可以对选择曲线及其子对象进行修改。

修改 NURBS 曲线的卷展栏有 Rendering(渲染)、General(常规)、Curve Approximation(曲线近似)、Create Points(创建点)、Create Curves(创建曲线)、Create Surfaces(创建曲面)、Curve-Curve Intersection(曲线-曲线相交)，如图 4-33 所示。

Attach(附加)：将当前视图中的点、曲线、曲面对象附加到当前 NURBS 对象中，使其成为目标对象的附属对象。

Attach Multiple(附加多个)：单击该按钮，弹出 Attach Multiple(附加多个)对话框。在该对话框中可同时选择多个对象加入当前 NURBS 对象中，使其成为目标对象的附属对象。

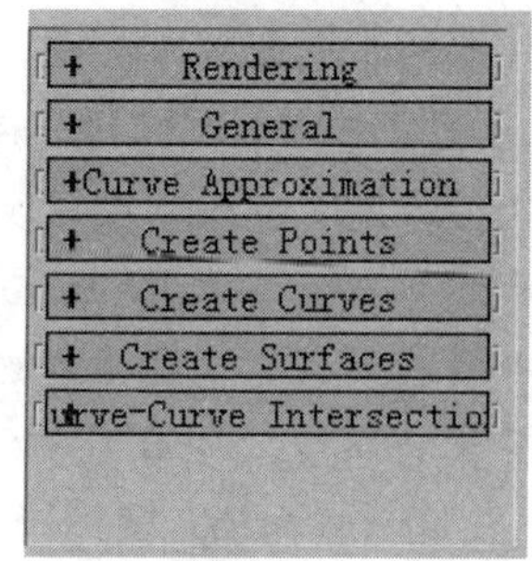

图 4-33 修改 NURBS 曲线的卷展栏

Import(导入)：将当前视图中的点、曲线、曲面对象导入当前 NURBS 对象中，使其成为目标对象的子对象。

Import Multiple(导入多个)：单击该按钮，弹出 Import Multiple(导入多个)对话框，在该对话框中可同时选择多个对象导入当前 NURBS 对象中，使其成为目标对象的子对象。

Reoric(重新定向)：若勾选该复选框，则附加或导入对象的局部坐标与目标对象的局部坐标对齐。

在显示选择区有以下三个复选项。

Lattice(晶格)：若不勾选该复选框，则不显示晶格。

Curves(曲线)：若不勾选该复选框，则不显示曲线。

Dependent(从属对象)：若不勾选该复选框，则不显示从属对象。

当前对象类型越多，显示选择区的选项也越多。

“常规”卷展栏中的一个绿色背景按钮为 NURBS Creation Toolbox(NURBS 创建工具箱)按钮。NURBS 创建工具箱可以用来创建 NURBS 点、曲线和曲面。它的功能与创建点、创建曲线和创建曲面三个卷展栏的功能相同。

实例 4-24 制作一个中国结。

在顶视图中创建三条封闭的 NURBS 曲线，如图 4-34(a)所示。

选择 Tools(工具)菜单，选择“变换输入”命令，打开“变换输入”对话框。单击“移动”按钮，选择“修改”命令面板，在修改器堆栈中选择顶点子层级。相继选择不同交叉点处的点，使用“变换输入”对话框中的 Z 偏移，沿 Z 轴向上或向下移动 1 个单位，使交叉点处出现编织效果，如图 4-34(b)所示。

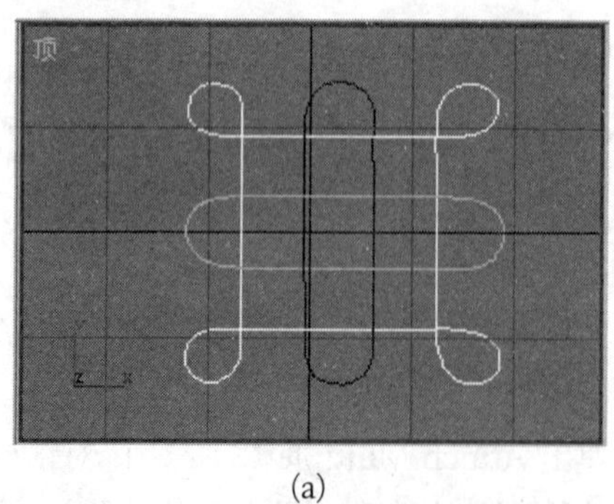

(a)

(b)

图 4-34 制作中国结

(c)

续图 4-34

打开“修改”命令面板，在“渲染”卷展栏中勾选“在渲染中启用”复选框。选择“矩形”选项，设置长度为 1，宽度为 20。三条曲线全设置成红色。渲染后的效果如图 4-34(c)所示。

4.5.3　NURBS Creation Toolbox(NURBS 创建工具箱)

选定一个 NURBS 对象，选择“修改”命令面板，这时会自动弹出 NURBS 创建工具箱。如果没有弹出 NURBS 创建工具箱，则可以单击“常规”卷展栏中的“NURBS 创建工具箱”按钮。“NURBS 创建工具箱”按钮是一个开关按钮。NURBS 创建工具箱如图 4-35 所示。

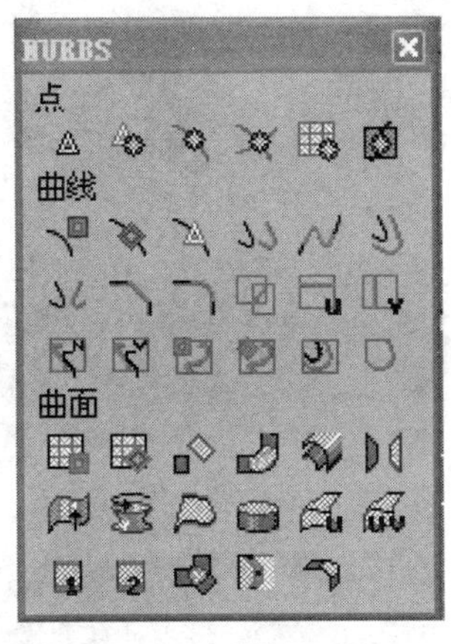

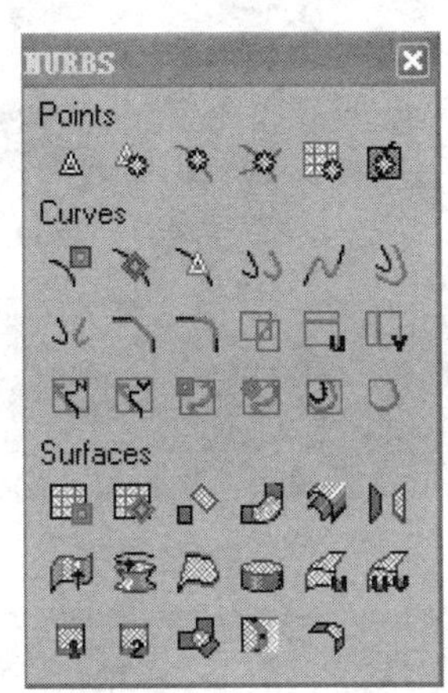

图 4-35　NURBS 创建工具箱

4.5.4　使用 NURBS 创建工具箱创建点和曲线

利用“创建点”按钮，可以创建独立的点，也可在曲线和曲面上创建点。

Create Point Curve(创建点曲线)：单击该按钮，拖动鼠标，可以创建点曲线。

Create CV Curve(创建 CV 曲线)：单击该按钮，拖动鼠标，可以创建 CV 曲线。

Create Fit Curve(创建拟合曲线)：在同一图形中创建一条或多条曲线。单击该按钮，对准一个角点单击，拖动鼠标到另一个角点单击，可以在两个角点之间创建一条曲线。

Create Transform Curve(创建变换曲线)：创建一条曲线。单击该按钮，在指针指向曲线后，按住左键不放，拖动指针，就能在目标位置复制一条曲线。

实例 4-25　创建变换曲线——制作高台滑板动画。

在顶视图中创建一条 NURBS 曲线，如图 4-36(a)所示。

复制一条曲线，修改后做路径约束动画中的路径，如图 4-36(b)所示。

将两条曲线绕 X 轴旋转 90°，透视图中的效果如图 4-36(c)所示。

展开“修改”命令面板，打开 NURBS 创建工具箱，单击“创建变换曲线”按钮，对原曲线创建一条变换曲线。

单击“创建混合曲面”按钮，从一条曲线拖到另一条曲线单击，右击结束，就创建了一个混合曲面，如图 4-36(d)所示。

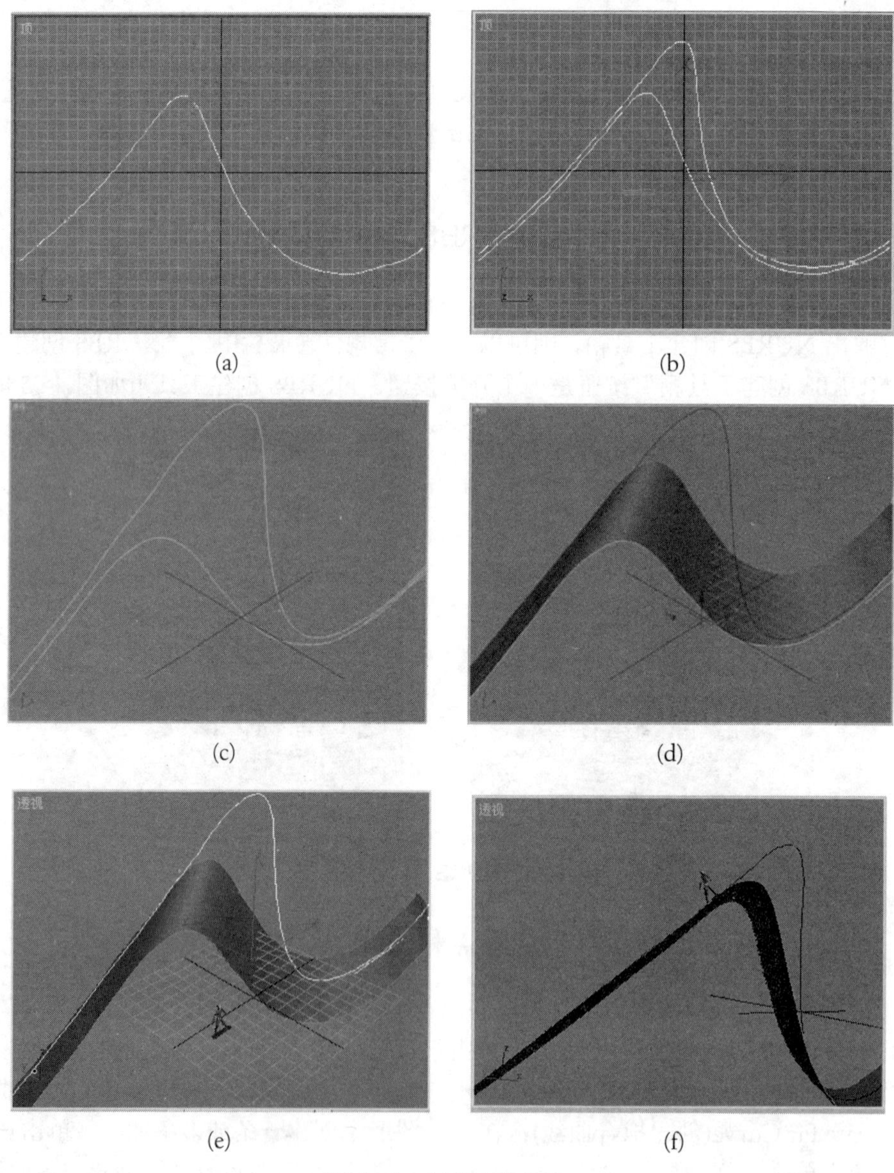

(a)　(b)　(c)　(d)　(e)　(f)

图 4-36　创建变换曲线

(g)

(h)

续图 4-36

创建一个人，创建一个切角长方体，将人链接到切角长方体上，切角长方体为父对象。移动人的手臂和腿，使人做出滑滑板的动作。

在顶视图中移动做路径的曲线，使路径处在曲面中央，并紧贴曲面，透视图中的效果如图 4-36(e)所示。

对切角长方体创建路径约束动画，勾选“跟随”复选框。播放动画，可以看到人在做跳台滑板运动。第 30 帧的画面如图 4-36(f)所示。

指定适当背景图像，渲染输出动画。第 20 帧的画面如图 4-36(g)所示，第 50 帧的画面如图 4-36(h)所示。

Create Blend Curve(创建混合曲线)：在一个图形中创建多条曲线。单击该按钮，对准一条曲线单击，拖动指针至另一条曲线后再单击，就能在两条曲线端点之间创建一条曲线。

Create Offset Curve(创建偏移曲线)：创建一条曲线。单击该按钮，当指针指向曲线后，按住左键不放拖动指针，就能创建一条曲线。

Create Mirror Curve(创建镜像曲线)：创建一条曲线。单击该按钮，在“修改”命令面板中选择镜像轴和偏移量，单击曲线上任意一点，就能镜像出一条指定的曲线。

Create Point Curve on Surface(创建曲面上的点曲线)：创建一个任意曲面。选择该按钮，在曲面上重复单击并拖动，就能沿曲面创建一条曲线。若创建的是一条封闭曲线，勾选“修改”命令面板中的“剪切”复选框，就可将封闭曲线内的曲面剪切掉。若同时勾选“剪切”复选框和“翻转剪切”复选框，则会剪切掉曲线外侧的曲面。

实例 4-26 创建曲面上的点曲线并剪切制作金鸡独立动画。

选择“几何体”子面板，展开类型列表，选择 NURBS 曲面，选择点曲面，在前视图中创建一个点曲面。选择一个玩杂技的图片给曲面贴图。选择“修改”命令面板，在 NURBS 创建工具箱中选择创建曲面上的点曲线按钮，沿人的边界画一条闭合曲线，如图 4-37(a)所示。

选定曲线，选择“修改”命令面板，展开修改器堆栈中的 NURBS 曲面，选择曲线子层级，在曲面上的“点曲线”卷展栏中勾选“修剪”复选框，就得到了人的图像，如图 4-37(b)所示。

用同样方法将人像中的背景残余部分修剪掉，就得到一个完全的人像，如图 4-37(c)所示。

(a)

(b)

(c)

图 4-37　创建曲面上的点曲线

在前视图中人的脚踝处和手腕处分别创建一个球体做定位用，如图 4-38(a)所示。

在透视图中创建一个圆环。将圆环的轴心点移到圆环内侧边缘处。选择“工具”菜单中的“对齐”命令，将圆环轴心点与脚踝处球体中心对齐。在左视图中创建一个圆环。将圆环的轴心点移到圆环内侧边缘处。选择“工具”菜单中的“对齐”命令，将圆环轴心点与手腕处球体中心对齐。效果如图 4-38(b)所示。

隐藏两个球体。对两个圆环分别创建旋转动画。

对前视图渲染输出动画。截取的一帧画面如图 4-38(c)所示。

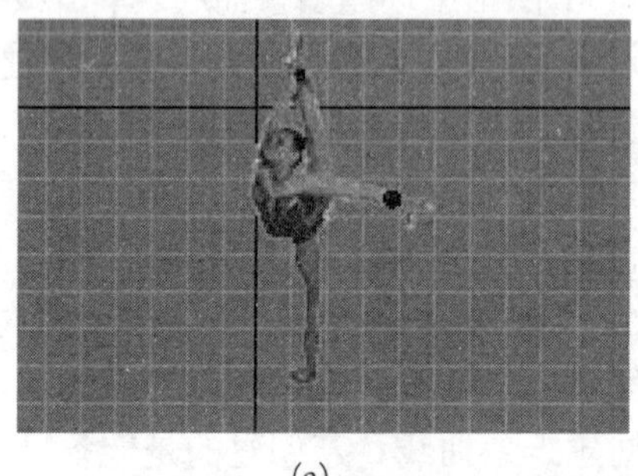
(a)

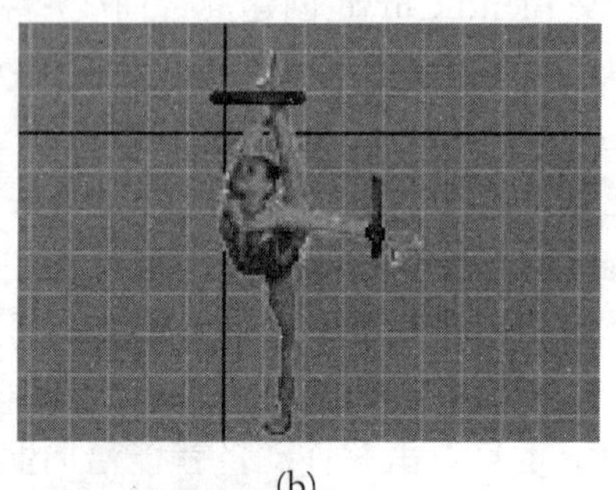
(b)

(c)

图 4-38　对修剪曲面创建动画

4.5.5 使用 NURBS 创建工具箱创建曲面

1. 创建车削曲面

Create Lathe Surface (创建车削曲面)：创建一条曲线，单击工具箱中“创建车削曲面”按钮，在命令面板中选择旋转方向，输入旋转角度后，单击曲线上任意一点就能创建一个旋转曲面。使用这种方法创建的旋转曲面是绕曲线边界盒的一侧边缘旋转得到的。选择的轴向不同，做旋转轴的边界盒的边也不同。

实例 4-27 使用“创建车削曲面”按钮创建旋转曲面——圆桌。

在左视图中创建一条圆桌的半边轮廓曲线，如图 4-39(a)所示。

选择“修改”命令面板，在 NURBS 创建工具箱中，单击 Create Lathe Surface (创建车削曲面)按钮，单击场景中的曲线就得到一个圆桌，如图 4-39(b)所示。

创建一个 NURBS 曲面，长度点数和宽度点数均设置为 14，给曲面指定一幅贴图，如图 4-39(c)所示。

将曲面创建成布料，将圆桌创建成刚体。渲染输出一帧的画面如图 4-39(d)所示。

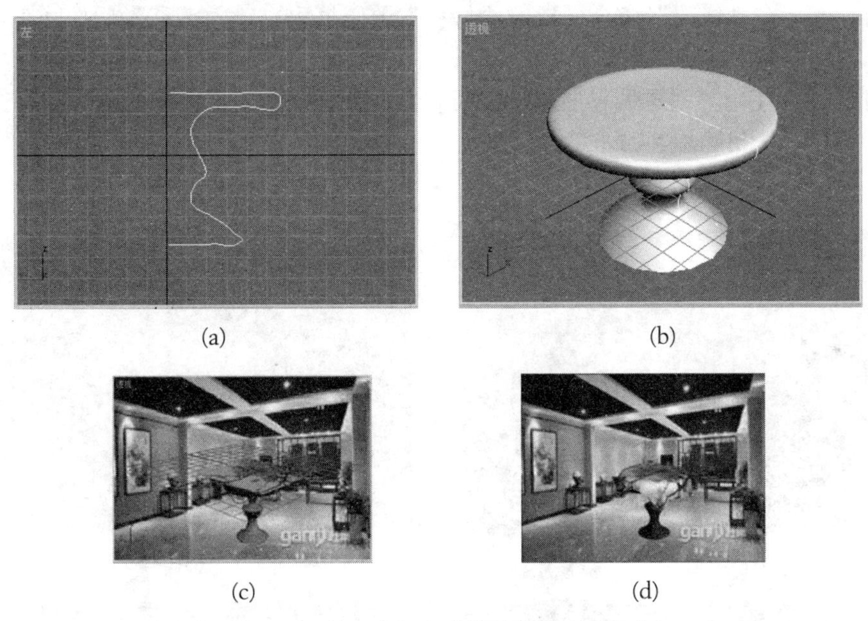

(a) (b)

(c) (d)

图 4-39 使用车削创建旋转曲面——圆桌

2. 创建变换曲面

Create Transform Surface(创建变换曲面)：单击该按钮，将指针指向场景中的曲面并拖动就能复制一个曲面，复制曲面和源曲面属于同一图形对象。

实例 4-28 创建变换曲面。

在左视图中创建一条 NURBS 曲线，选择“修改”命令面板，在 NURBS 创建工具箱中单击“创建旋转曲面”按钮，单击左视图中曲线，可以创建一个高脚酒杯，如图 4-40(a)所示。

选定高脚酒杯，单击 NURBS 创建工具箱中 Create Transform Surface(创建变换曲面)

按钮，将指针指向酒杯后拖动就可以复制一个酒杯，如图 4-40(b)所示。

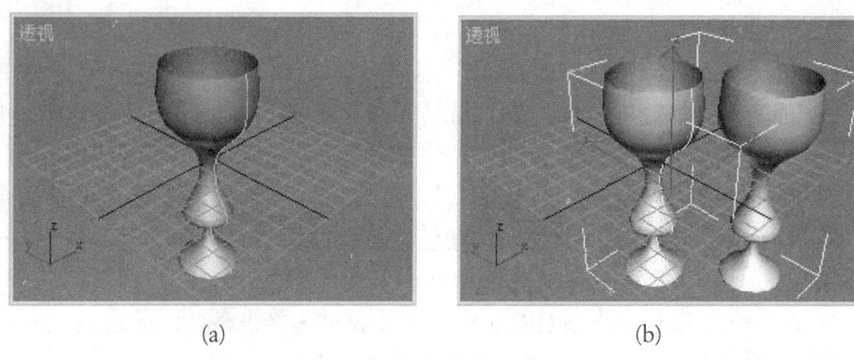

(a) (b)

图 4-40 创建变换曲面

3. 创建偏移曲面

Create Offset Surface(创建偏移曲面)：创建一个曲面，单击该按钮，将指针指向源曲面后拖动，或者在“修改”命令面板的“偏移”数码框内，输入偏移量后按回车键，就能创建一个偏移曲面。

实例 4-29 使用“创建偏移曲面”按钮制作一个壶壁厚度不为零的咖啡壶。

单击 NURBS 创建工具箱中“创建车削曲面”按钮，创建一个车削曲面，如图 4-41(a)所示。

(a) (b)

(c) (d)

图 4-41 创建咖啡壶

在 NURBS 创建工具箱中，单击 Create Offset Surface(创建偏移曲面)按钮，将指针指向旋转曲面后拖动，得到一个偏移曲面，偏移量设置为 1，在“修改”命令面板中勾选“封口”复选框，效果如图 4-41(b)所示。

选择编辑网格修改器，选择顶点子层级，拖动选定的顶点，做出壶嘴，如图 4-41(c)所示。

按照壶把的形状创建一条曲线，在“渲染”卷展栏中设置厚度为 5，制作一个壶把。

制作的咖啡壶如图 4-41(d)所示。

4. 创建挤出曲面

Create Extrude Surface (创建挤出曲面)：创建一条曲线。单击该按钮，在命令面板的“数量”数码框中输入拉伸的值或拖动指针拉伸，就能得到一个挤出曲面。

实例 4-30　使用“创建挤出曲面”按钮创建齿轮盘。

选择“创建”命令面板，选择“图形”子面板，单击图形列表框中的展开按钮，在列表中选择样条线。

在“对象类型”卷展栏中单击“星形”按钮，在“参数”卷展栏中设置点为 30，扭曲为 5，圆角半径 1 为 3，圆角半径 2 为 0。

在场景中拖动指针，产生一个有 30 个角的星形，如图 4-42(a)所示。

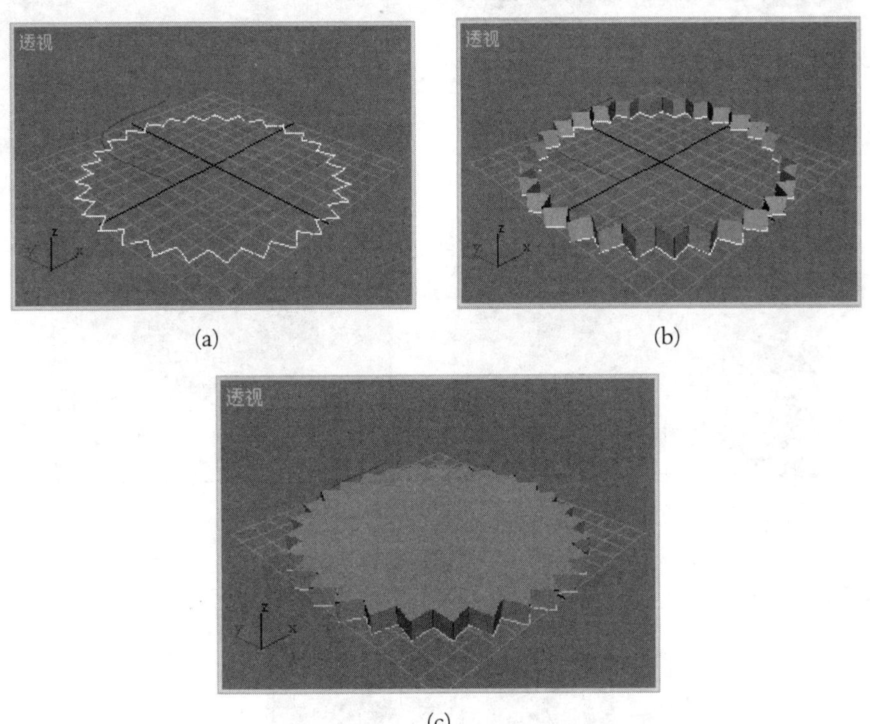

(a)　(b)　(c)

图 4-42　创建挤出曲面

将指针对准样条线并右击，选择“转换为 NURBS 曲线”命令，将其转换成 NURBS 曲线。

选定曲线，选择“修改”命令面板，在 NURBS 创建工具箱中单击 Create Extrude

Surface(创建挤出曲面)按钮，将指针指向曲线后拖动，得到一个拉伸曲面，如图 4-42(b)所示。

选定曲线，选择“修改”命令面板，在 NURBS 创建工具箱中单击Create Extrude Surface (创建挤出曲面)按钮，在“修改”命令面板的“挤出曲面”卷展栏中，勾选“封口”复选框，将指针指向曲线后拖动，得到一个封口挤出曲面，如图 4-42(c)所示。

5. 创建规则曲面

Create Ruled Surface(创建规则曲面)：创建两条曲线，但不一定在一个图形中。单击该按钮，从一条曲线拖到另一条曲线，就能在两条曲线之间创建一个曲面。

实例 4-31　使用“创建规则曲面”按钮创建一个大红灯笼。

在前视图创建一条 NURBS 曲线，如图 4-43(a)所示。

将轴心点移到两个端点的连线上。

使用旋转复制的方法将该曲线绕 Z 轴复制 10 条，每两条间夹角为 36°，得到一个灯笼骨架，如图 4-43(b)所示。

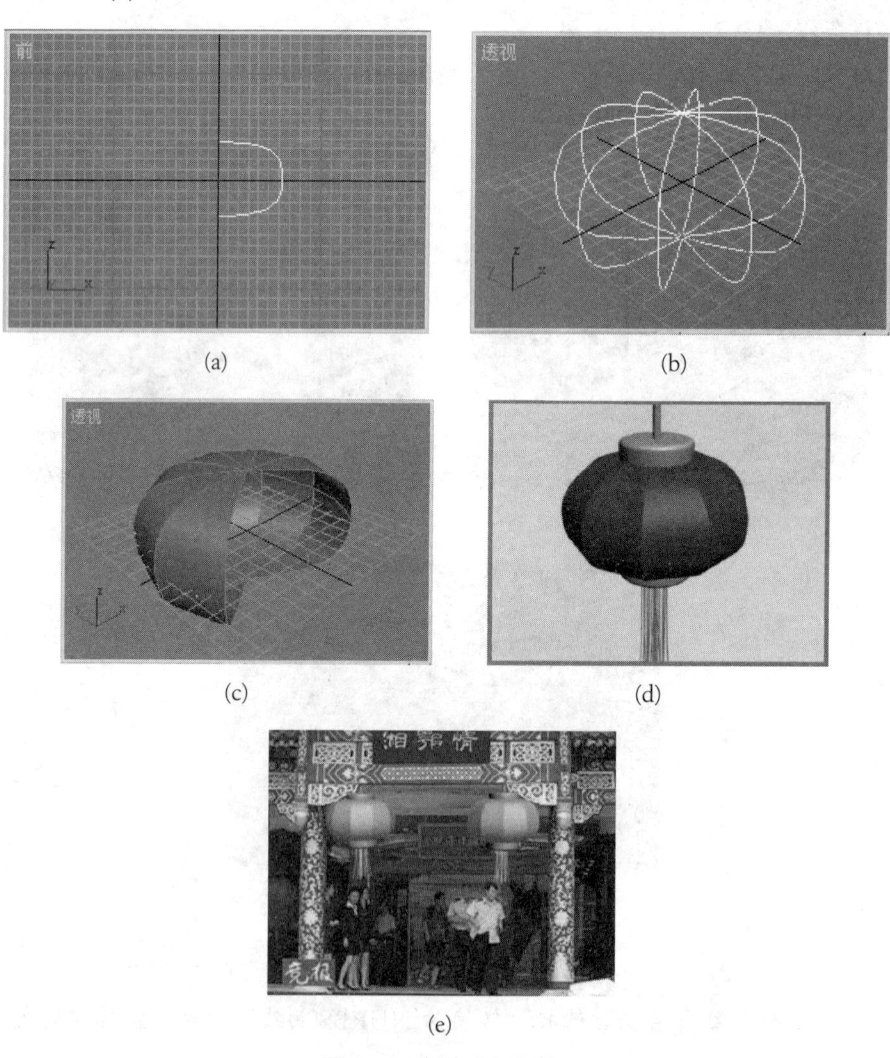

(a)　(b)　(c)　(d)　(e)

图 4-43　制作大红灯笼

将所有曲线转换为 NURBS 曲线，单击“创建规则曲面”按钮，依次从一条曲线拖到相邻曲线，就能创建一个大红灯笼，如图 4-43(c)所示。图中有意留有一个缺口。

创建两个切角圆柱体做灯笼的顶盖和底座，创建一个圆柱体做灯笼吊绳，创建多条曲线做灯笼穗子。对齐所有对象，就可得到一个完整的灯笼，如图 4-43(d)所示。

给大红灯笼赋标准材质。自发光颜色、漫反射颜色和高光反射颜色都设置为红色，不透明度设置为 80。复制一个灯笼，添加一个夜色背景，渲染后的效果如图 4-43(e)所示。

6. 创建封口曲面

Create Cap Surface (创建封口曲面)：创建一条闭合曲线(一定要闭合)。单击该按钮，单击闭合曲线，就能将闭合曲线转换成曲面。

实例 4-32　使用“创建封口曲面”按钮创建蝴蝶。

蝴蝶图像如图 4-44(a)所示。激活顶视图，选择“视图”菜单，选择“视口背景”命令，在“视口背景”对话框中单击“文件”按钮，选择蝴蝶图像文件做视口背景，纵横比选择“匹配位图”选项，单击“确定”按钮，就能给顶视图指定一个视口背景，如图 4-44(b)所示。

沿着蝴蝶翅膀边缘画封闭的 NURBS 曲线。

沿着翅膀内各颜色块边缘画封闭的 NURBS 曲线。

选定所有曲线，将它们转换为 NURBS 曲线。对视图和渲染输出设置强制双面。

先后选择各边缘曲线，单击 NURBS 创建工具箱中的“创建封口曲面”按钮，单击曲线，创建出相应曲面，如图 4-44(c)所示。

将各颜色块沿 Z 轴正向移动 0.01 个单位，渲染后的效果如图 4-44(d)所示。

选定构成半边翅膀的所有封口曲面，将它们创建成一个组。

将半边翅膀的轴心点移到翅膀内侧边缘处。

镜像复制已制作好的翅膀。

在左视图中画一条 NURBS 曲线，形状像蝴蝶躯干的半边轮廓，选择“修改”命令面板，单击 NURBS 创建工具箱中的“创建车削曲面”按钮，制作蝴蝶的躯体。

在“渲染”卷展栏中勾选“在渲染中启用”和“在视口中启用”两个复选框，画两条点曲线做蝴蝶的触须，径向厚度设置为 1。

将蝴蝶翅膀链接到躯体上。创建的蝴蝶如图 4-44(e)所示。

创建蝴蝶向前飞行的动画，复制一只蝴蝶。渲染输出的一幅画面如图 4-44(f)所示。

(a)

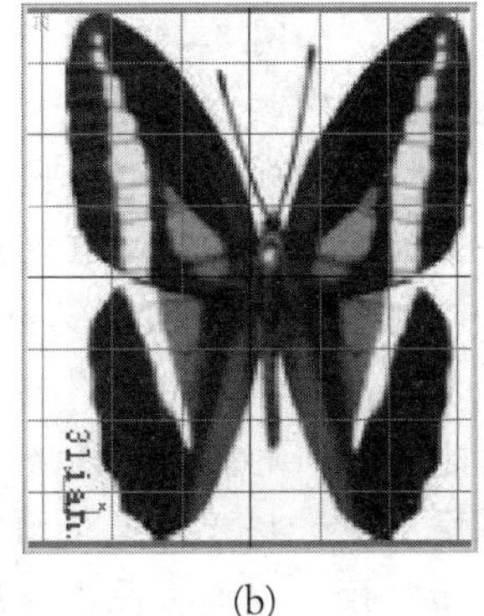

(b)

图 4-44　使用“创建封口曲面”按钮创建蝴蝶

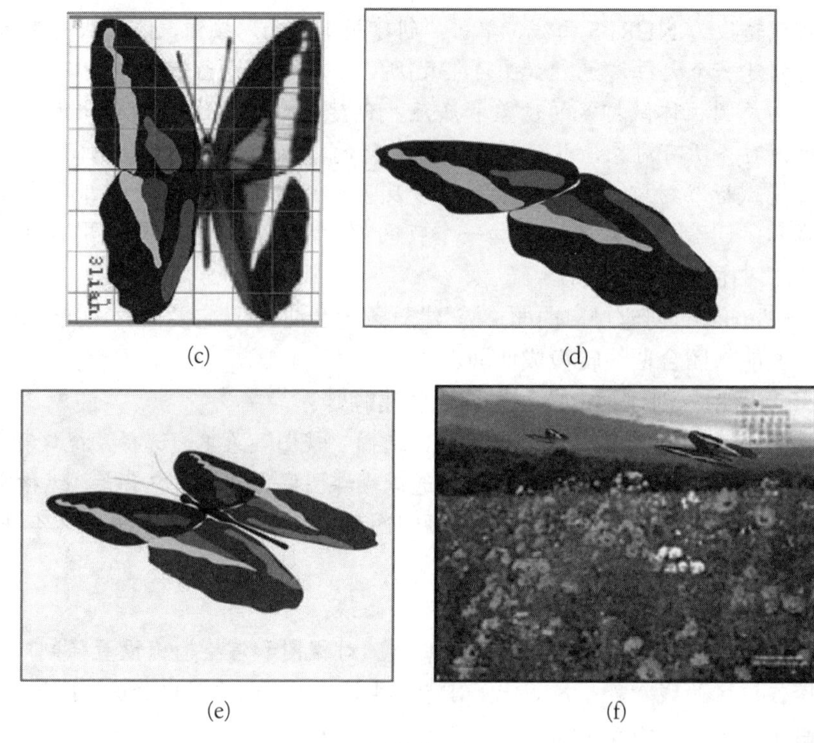

(c) (d)

(e) (f)

续图 4-44

7. 创建混合曲面

Create Blend Surface(创建混合曲面)按钮：创建两条曲线(可控曲线或点曲线)或曲面，并将其合成(如附加)一个对象。选择工具箱中的“创建混合曲面”按钮，由一条曲线或一个曲面拖到另一条曲线或另一个曲面，就能创建一个曲面。

实例 4-33 制作一个警察的大盖帽。

1. 制作帽盖

在透视图中创建一个圆，半径为 50，步数为 50。沿 Z 轴移动复制六个圆。将它们转换为 NURBS 曲线。隐藏其中的五个圆。

三个圆的 Z 坐标分别设置为 0、20 和 40。将最上面一个圆放大到 130%。使用附加操作把三个圆附加在一起，如图 4-45(a)所示。

选择“创建混合曲面”按钮，在三个圆之间创建混合曲面。选择“创建封口曲面”按钮，将最上面一个圆封口。创建的帽盖如图 4-45(b)所示。

取消另外三个圆的隐藏，勾选“在渲染中启用”和“在视口中启用”复选框，厚度设置为 1。分别对齐前三个圆。颜色设置为红色。将它们组合成组。装饰后的帽盖如图 4-45(c)所示。

在透视图中创建一个五角星，选择挤出修改器挤出，挤出数量为 2，颜色设为红色。

将五角星贴在帽圈上：将五角星与帽盖对齐。选定五角星，选择曲面变形(WSM)修改器，单击“拾取曲面”按钮，单击帽圈，选择“移动”按钮，适当移动五角星，让五角星刚好贴在帽圈上。绕 Z 轴旋转五角星，使五角星方向摆正。复制两个五角星，并适当缩小，贴在帽圈两侧。在帽盖上方和前方各创建一盏泛光灯。渲染输出如图 4-45(d)所示。

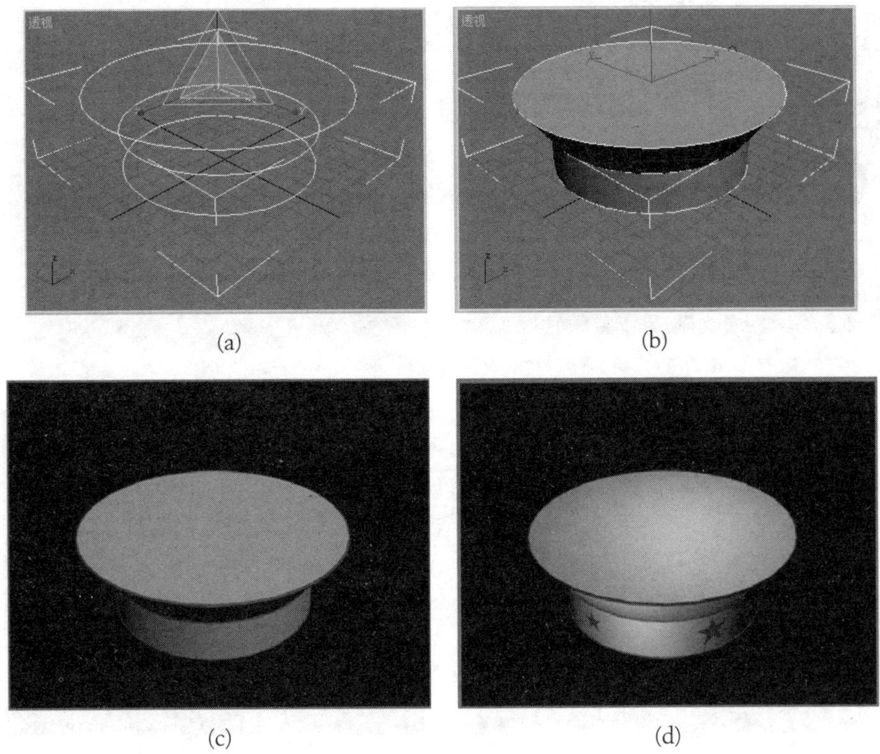

(a)　(b)

(c)　(d)

图 4-45　制作帽盖

2. 制作帽檐

创建一个圆，半径为 50，步数为 30。将它们转换为可编辑样条线。

断开相对的两个顶点。将半个圆翻转，使两个半圆朝向一致，如图 4-46(a)所示。

放大一个半圆，移动它的两个端点，使两个半圆的端点重合，如图 4-46(b)所示。

旋转外侧的半圆，使两个半圆有一个小的夹角。移动外侧半圆，使两个半圆的端点重合，如图 4-46(c)所示。

将曲线转换为 NURBS 曲线。选定外侧曲线，沿 Z 轴移动复制一条，在子对象克隆选项对话框中选择“独立复制”选项。效果如图 4-46(d)所示。

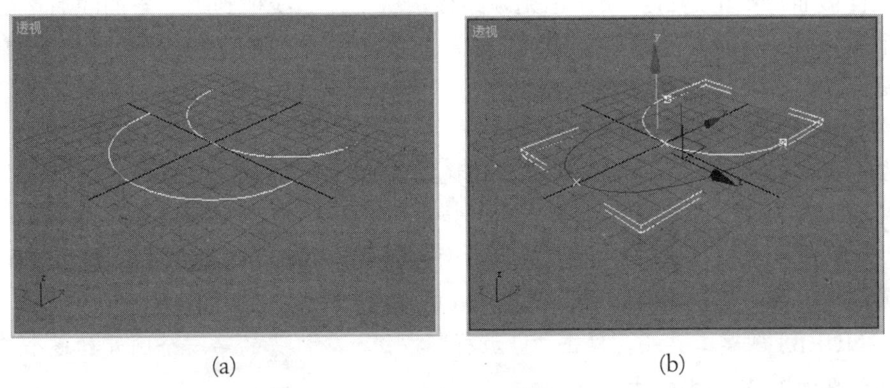

(a)　(b)

图 4-46　制作帽檐

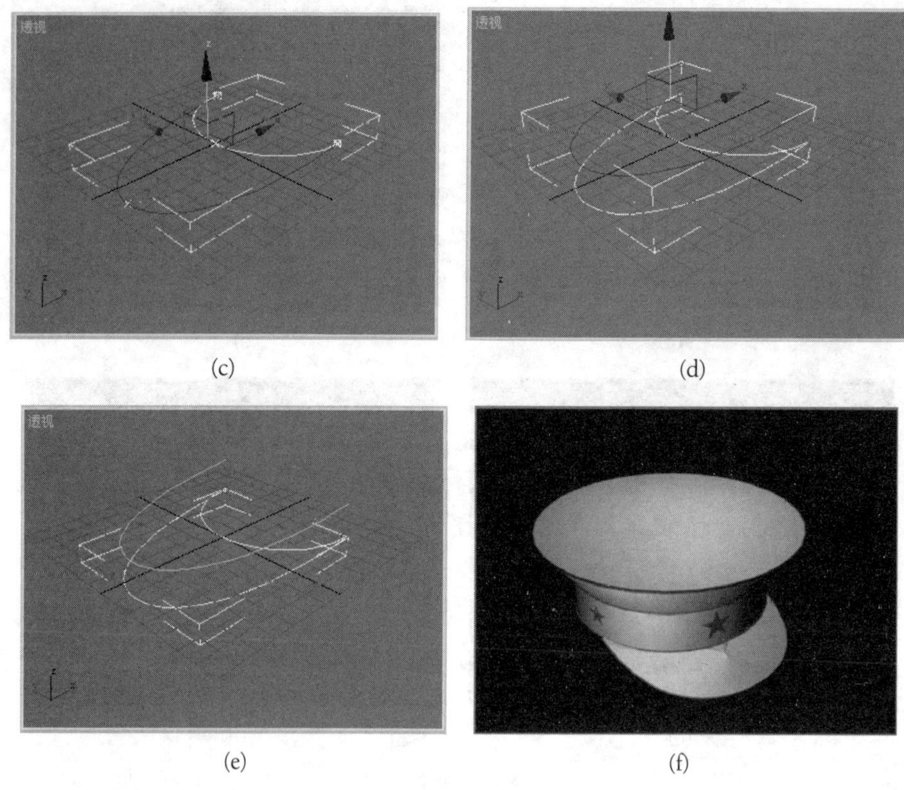

(c) (d) (e) (f)

续图 4-46

选定复制的子曲线对象，单击曲线公用卷展栏中的“分离”按钮，就会将复制的子曲线分离成独立的曲线，如图 4-46(e)所示。

将分离的曲线设置成渲染时启用和视口中启用，厚度设为 1，颜色设置成红色。将原曲线创建成混合曲面。将分离布线对齐帽檐边沿。

将帽檐与帽圈对齐。渲染输出的大盖帽如图 4-46(f)所示。

8. 创建 U 轴放样曲面

Create U Loft Surface (创建 U 轴放样曲面)：要使用该按钮，需先创建不少于两条曲线作为放样截面，不论是否封闭，也无须路径，从一条曲线拖到另一条曲线后单击，便会得到一个放样曲面。若要创建多个截面，则连续重复操作，就能得到横截面多变的曲面。

实例 4-34　用 U 轴放样创建一架飞机。

需要创建的飞机图像如图 4-47(a)所示。

在左视图中创建一个圆，并将这个圆转换成 NURBS 曲线。沿 X 轴向复制七个圆，其中三个置于机身头部，四个置于机身尾部，如图 4-47(b)所示。

调整机头和机尾处圆的大小和在 Z 轴方向的高低，将机尾末端的一个圆在 Z 轴方向缩小成椭圆，前视图中所看到的效果如图 4-47(c)所示。

打开 NURBS 创建工具箱，单击“U 放样”按钮，从机头的第一个圆开始逐个单击，得到的放样对象如图 4-47(d)所示。

在前视图中创建一个椭圆，沿 Y 轴方向复制三个，逐个缩小椭圆，效果如图 4-48(a)所示。

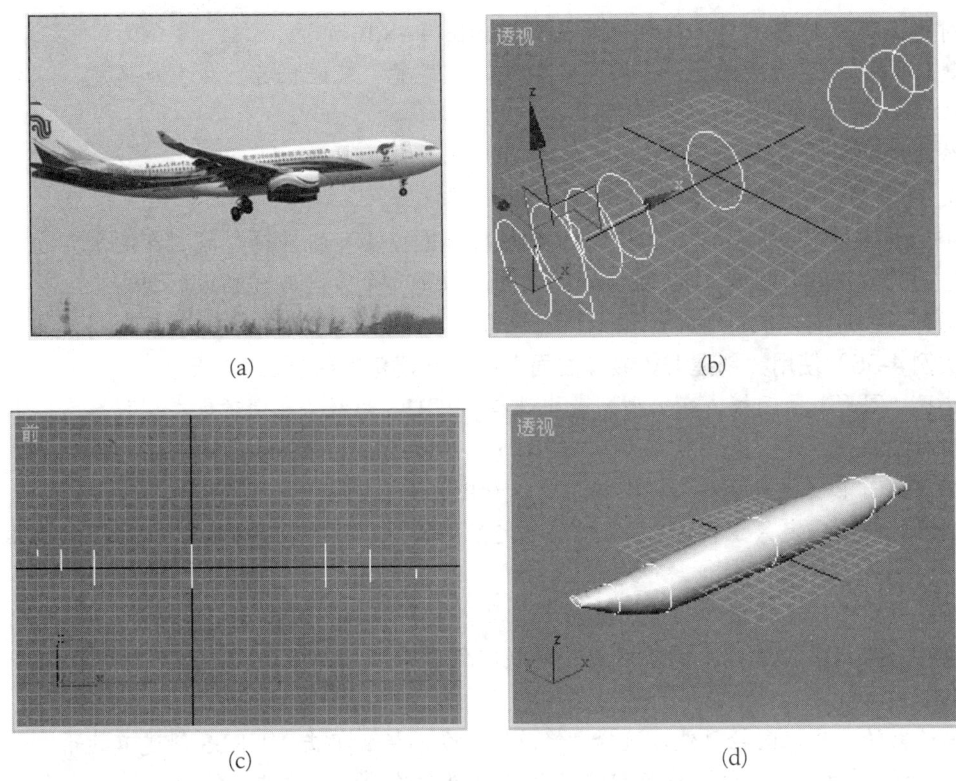

(a) (b) (c) (d)

图 4-47　使用 U 轴放样制作飞机 1

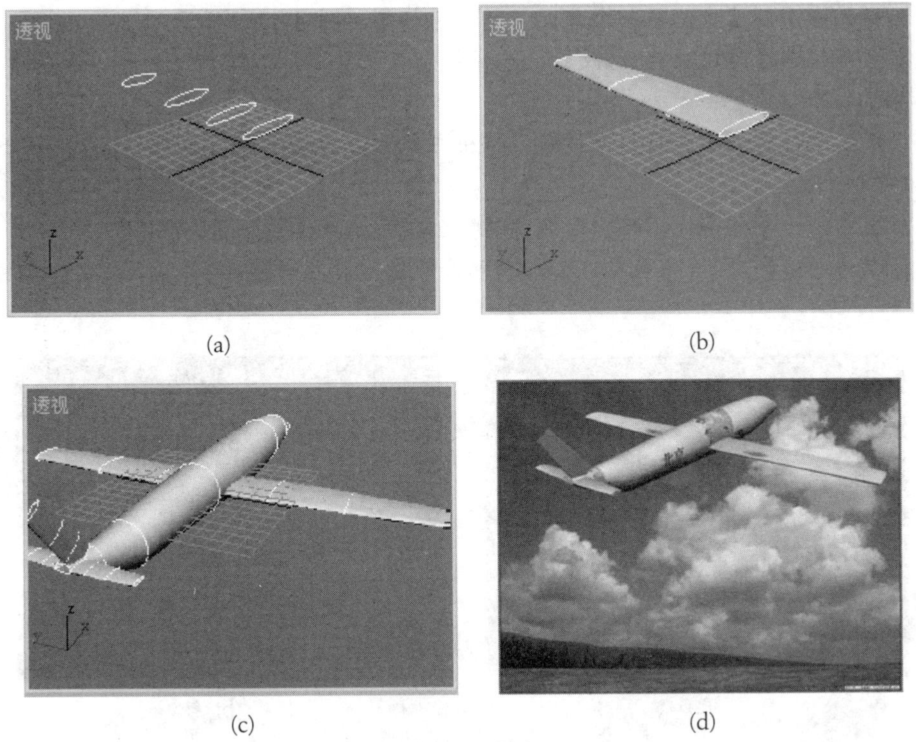

(a) (b) (c) (d)

图 4-48　使用 U 轴放样制作飞机 2

对椭圆进行 U 轴放样，得到一片机翼，如图 4-48(b)所示。

镜像复制出另一片机翼。将机翼复制三片做尾舵。装配机身、机翼和尾舵，就得到一架飞机，如图 4-48(c)所示。

给飞机贴图，渲染后的效果如图 4-48(d)所示。

9. 创建 UV 轴放样曲面

Create UV Loft Surface(创建 UV 轴放样曲面)：UV 轴放样是同时在两个方向放样。每个方向的放样，其操作与 U 轴放样的相同，只是一个方向放样结束后要右击一次，这时指针仍有虚线连着，放样并未结束，接着进行另一个方向的放样，右击结束放样。

实例 4-35 使用"创建 UV 放样曲面"按钮创建鱼的模型。

选择"图形"子面板，在类型列表中选择 NURBS 曲线。在"对象类型"卷展栏中单击"点曲线"按钮。

在前视图中创建鱼的两条纵向轮廓线，如图 4-49(a)所示。

利用前视图决定 X 坐标，利用顶视图决定 Y 坐标，创建鱼的一组横向轮廓线，如图 4-49(b)所示。

在左视图中，选择横向曲线，选择"工具"菜单中的"镜像复制"命令，在 Z 轴方向复制鱼的一组横向轮廓线。调整这组轮廓线，使每条线的端点与另一组线的端点重合，如图 4-49(c)所示。

选择鱼的一条纵向轮廓线，选择"修改"命令面板。单击 NURBS 创建工具箱中的"创建 UV 轴放样曲面"按钮。先后单击鱼的两条纵向轮廓线。右击一次后，依次单击鱼的各横向曲线，右击结束。这时就得到创建好的鱼的一个侧面，如图 4-49(d)所示。

用同样的方法创建鱼的另一个侧面，整个鱼模型如图 4-49(e)所示。

选定鱼身，选择 FFD444 修改器，选择控制点子层级，调整鱼嘴的大小和尾鳍厚度，如图 4-49(f)所示。

在顶视图中创建一个三角形做侧鳍。挤出三角形，数量设置为 1。镜像复制一个侧鳍，如图 4-49(g)所示。

在前视图画一条样条线，挤出后做背鳍。创建两个球体做眼睛。

选择编辑网格修改器，将鱼身、侧鳍、背鳍和眼睛附加在一起。制作的鱼模型如图 4-49(h)所示。

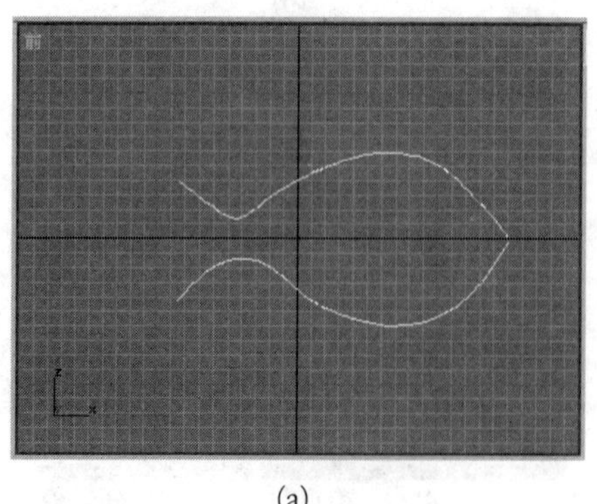

(a)

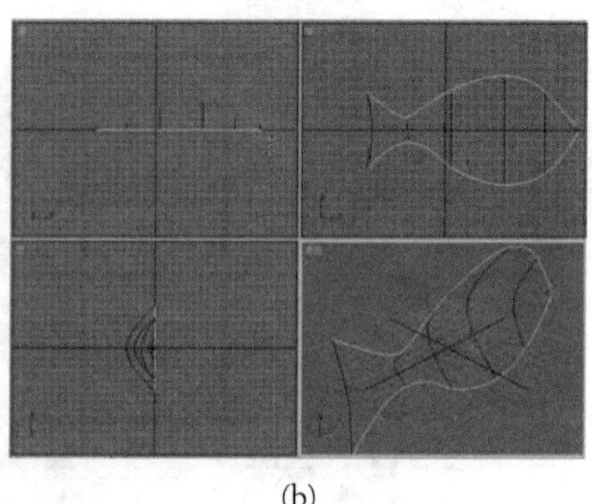

(b)

图 4-49 使用 UV 放样创建鱼模型

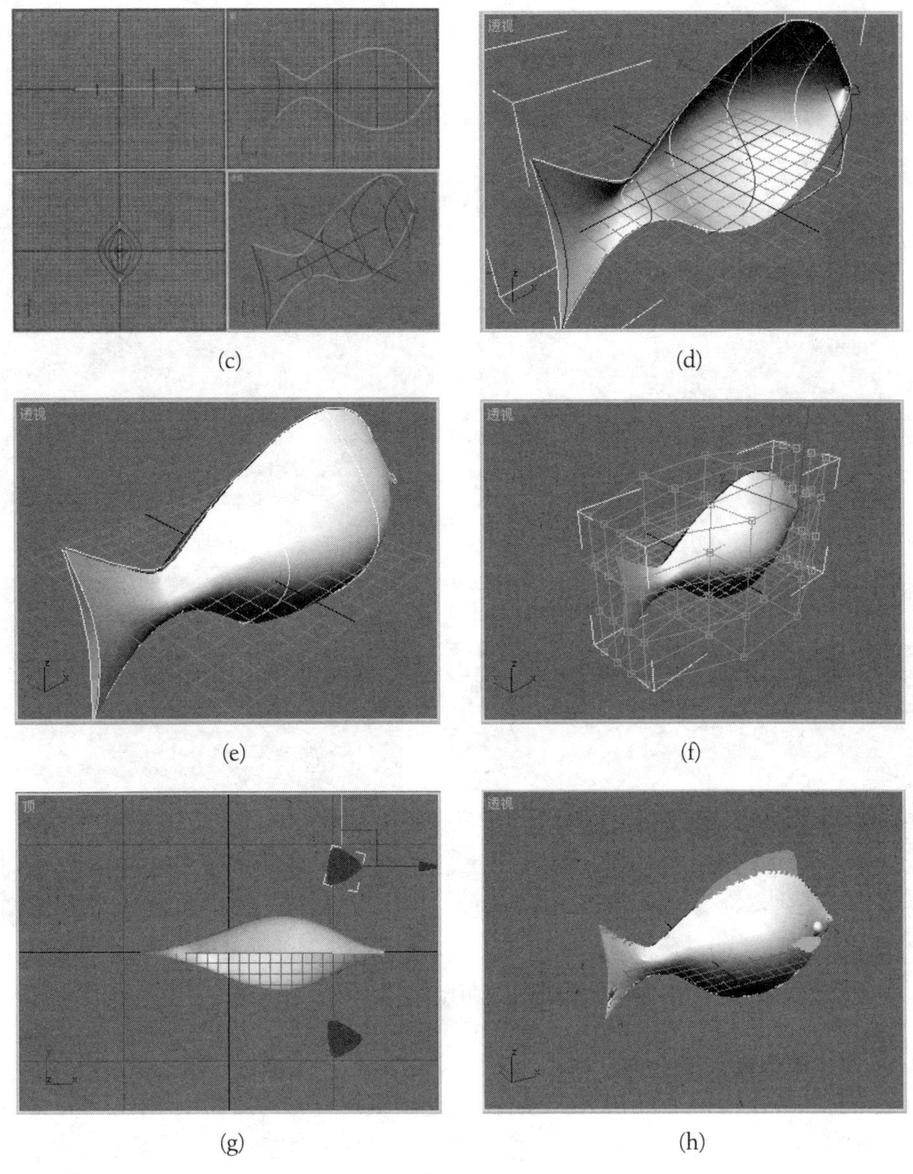

(c)　(d)　(e)　(f)　(g)　(h)

续图 4-49

实例 4-36　制作鱼的动画。

在修改器堆栈中展开编辑网格修改器，选择元素子层级，选择鱼身进行渐变坡度贴图。在“坐标”卷展栏中选择“VW 坐标”选项。渐变坡度参数如图 4-50(a)所示。

鱼的眼睛和鳍使用漫反射颜色贴图。眼睛的贴图图像颜色设为纯黑色，鳍的贴图图像颜色设为渐变色。

在顶视图中从头到尾创建七块骨骼。修改骨骼的大小，使骨骼大小接近于模型。选定鱼模型，选择蒙皮修改器，添加所有骨骼，如图 4-50(b)所示。

创建鱼游动的动画。

制作一个只有水面的文件做背景贴图，如图 4-50(c)所示。

创建一个平面，覆盖整个透视图。用这个水面文件做不透明度贴图和漫反射贴图，不透明度贴图的数量设为 30。

渲染输出动画。播放动画时的一幅画面如图 4-50(d)所示。

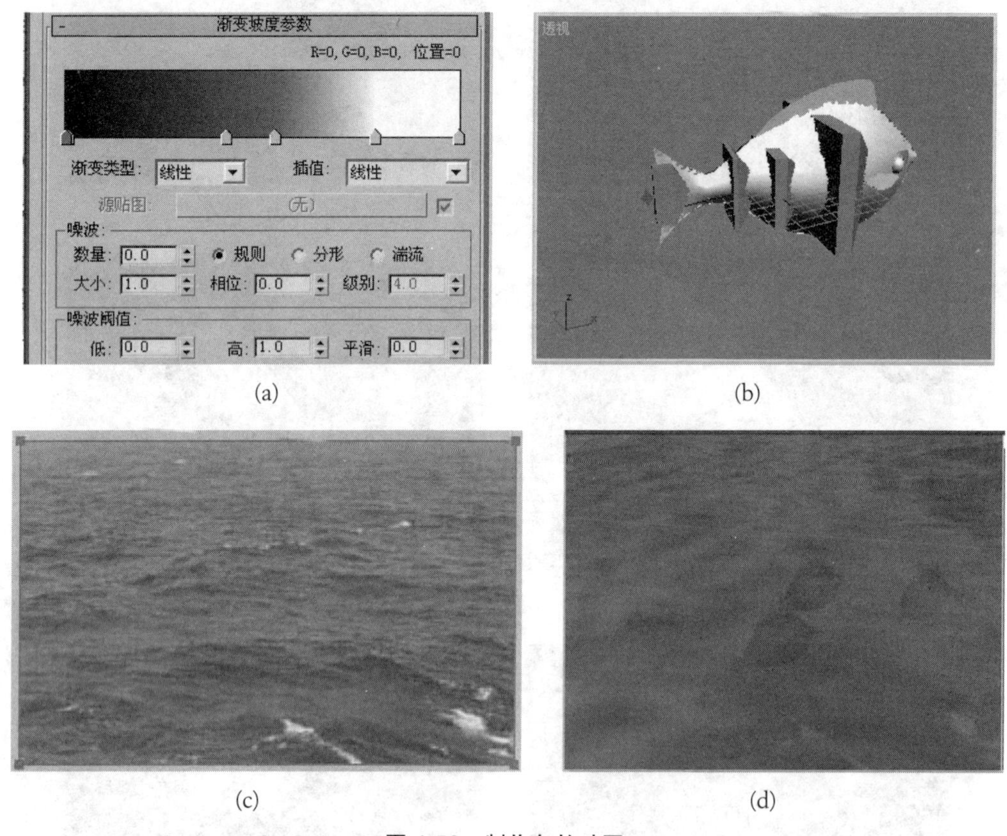

(a)　(b)

(c)　(d)

图 4-50　制作鱼的动画

10. 创建多重曲线剪切曲面

Create a Multicurve Trimmed Surface (创建多重曲线剪切曲面)：创建一个 NURBS 曲面。在 NURBS 创建工具箱中单击“创建曲面上的 CV 曲线”按钮或“创建曲面上的点曲线”按钮，在曲面上绘制封闭曲线。也可单击“创建 U 向等参曲线”按钮或“创建 V 向等参曲线”按钮，在曲面上绘制等参曲线。单击“创建多重曲线剪切曲面”按钮，当指针指向曲面时，曲面会变成蓝色。单击曲面上任意一点，拖动指针至曲线上后单击，就能将曲面按绘制的曲线进行剪切。若勾选命令面板中的“翻转剪切”复选框，则剪切所得曲面刚好相反。

实例 4-37　创建多重曲线剪切曲面——制作剪切图像动画。

选择“几何体”子面板，在类型列表中选择 NURBS 曲面，单击“点曲面”按钮，在顶视图中创建一个点曲面，长度点数和宽度点数均设为 20。

准备一个用于剪切的图像文件，如图 4-51(a)所示。使用该图像文件给曲面贴图。

选择“修改”命令面板，单击 NURBS 创建工具箱中的“创建曲面上的点曲线”按钮，沿图形边缘勾勒出一条轮廓线。在修改器堆栈中展开 NURBS 曲面，选择点子层级。单击“移动”按钮，移动轮廓线中不合要求的点。顶视图中用线框显示的效果如图 4-51(b)所示。顶视图用平滑加高光显示的效果如图 4-51(c)所示。

单击 NURBS 创建工具箱中的“创建多重曲线剪切曲面”按钮，从曲面拖到曲线上后单击，右击结束。勾选“翻转修剪”复选框，就可以得到如图 4-51(d)所示的剪切曲面。

图 4-51　创建多重曲线剪切曲面——制作剪切图像动画 1

渲染后的效果如图 4-52(a)所示。

选择“系统”子面板，单击“骨骼”按钮，在“骨骼参数”卷展栏中设置骨骼宽度为 1，高度为 30，锥度为 0，在顶视图中创建右侧翅膀的骨骼，如图 4-52(b)所示。

从第一、二两块骨骼的连接处开始创建左侧骨骼，如图 4-52(c)所示。

选择蒙皮修改器给骨骼蒙皮。

制作飞行动画。第 30 帧的画面如图 4-52(d)所示。

图 4-52　创建多重曲线剪切曲面——制作剪切图像动画 2

(c)

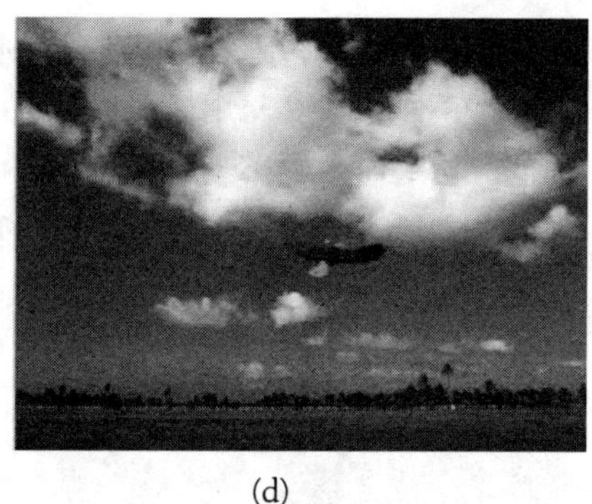

(d)

续图 4-52

思　考　题

1. 曲线有哪两类？如何创建曲线？

2. 为何在场景中能看到曲线，可是在渲染时却看不到？

3. 怎样才能使场景中的曲线变粗？

4. 怎样才能使渲染输出的曲线变粗？

5. 在 Creation Method(创建方法)卷展栏中，选择“角点”选项后创建的曲线和选择“平滑”选项后创建的曲线有何不同？

6. 采用 Bezier(贝济埃)和 Bezier Comer(贝济埃角点)两种方式对曲线的操作有何区别？

7. 要选择并移动曲线上一个节点，应如何操作？

8. 要在场景中用隶书创建“文本”两个字，应怎样操作？

9. 要断开圆的一个节点，应如何操作？

10. 怎样才能将两条样条线合成一个图形对象。

11. 要在曲线中插入三个节点，应如何操作？

12. 要创建一个星形的轮廓线，应如何操作？

13. 要对两条相交的闭合曲线进行布尔并集运算，应如何操作？

14. 如何镜像复制一条曲线？

15. 要将圆环中的 2 段线段细分成 10 段，应如何操作？

16. 要将矩形的每条边拆散，应如何操作？

17. NURBS 曲线中的 Point Curve(点曲线)和 CV Curve(CV 曲线)有何不同？各创建一条曲线进行比较。

18. 要求创建一条有 4 段线段的三维曲线，且必须 4 段线段在 4 个不同的视图中画出，应如何操作？

19. 如何才能创建 U 向和 V 向等参曲线？如何才能剪切一个曲面的左半边？如何才能剪切一个曲面的右半边？

20. 如何创建曲面上的点曲线？在曲面上创建一个呈 3 片花瓣状的点曲线，并剪下 3 片花瓣。

21. NURBS 创建工具箱中的“创建变换曲面”按钮有什么作用？
22. 怎样才能创建一个齿轮盘？
23. 怎样才能创建一个大红灯笼？
24. 怎样才能创建一个截面呈 D 形的弯管？

第 5 章　修改器与建模

利用“修改”命令面板可以修改原始对象的参数。如果要修改对象的子对象，则可以先将对象转换为可编辑对象，再编辑对象的子对象。

3ds max 9 还提供了一系列的修改器，有些修改器能进入对象的子层级进行编辑。当修改器从堆栈中删除时，修改器所进行的修改也全部被撤销。修改器是制作各种复杂对象的重要工具。

5.1　修改器堆栈及其管理

修改器堆栈结构如图 5-1 所示。在“修改”命令面板的名称与颜色选区的下面是修改器列表框。3ds max 9 提供了几十个修改器，单击列表框右侧的“展开”按钮，就会显示修改器列表。在列表中可以选择需要的修改器。

列表框的下方就是修改器堆栈。修改器堆栈用来保存创建的对象名称和曾经使用过的修改器及其修改记录。每一个创建的对象都有自己的修改器堆栈。通过堆栈，用户不仅可以一目了然地观察到曾经使用过的修改器，而且可以重新回到曾经使用过的任何一个修改器，继续以前的修改。修改器堆栈中记录的所有修改过程都可以创建成动画。

堆栈区的下方有一组按钮，用来对堆栈进行控制。

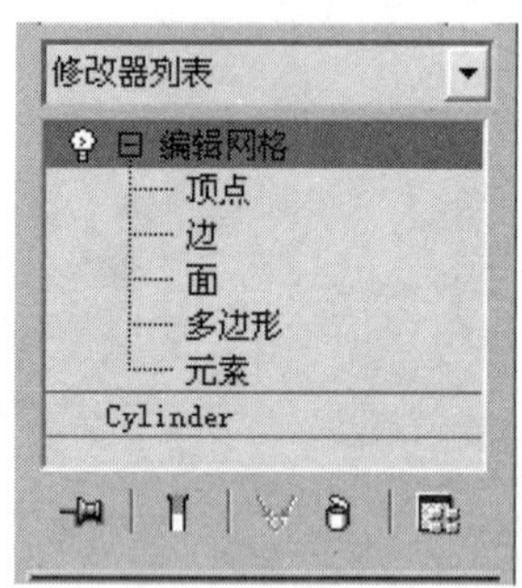

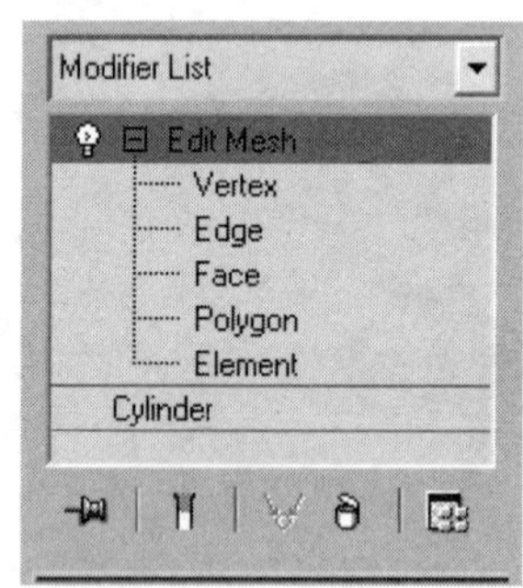

图 5-1　修改器堆栈结构

Pin Stack(锁定堆栈)：未选择该按钮时，“修改”命令面板中的堆栈与选定的对象是对应的。如果选择该按钮，则“修改”命令面板中的堆栈被锁定，即不再随选定对象的改变而改变。

Remove Modifier from the Stack(从堆栈中移除修改器)：单击该按钮，能移除当前选定的修改器。修改器移除后，所有与之相关的操作都被撤销。

5.2　对曲线的修改

5.2.1　Extrude(挤出)

利用挤出修改器可以将曲线挤出成曲面或几何体。

创建一条曲线，选择挤出修改器，其卷展栏如图 5-2 所示。

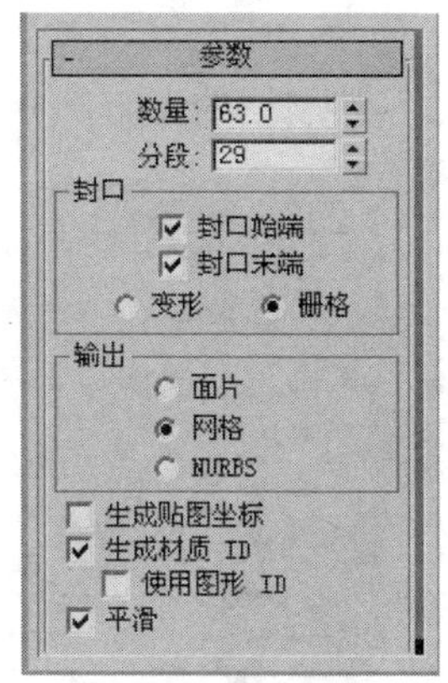

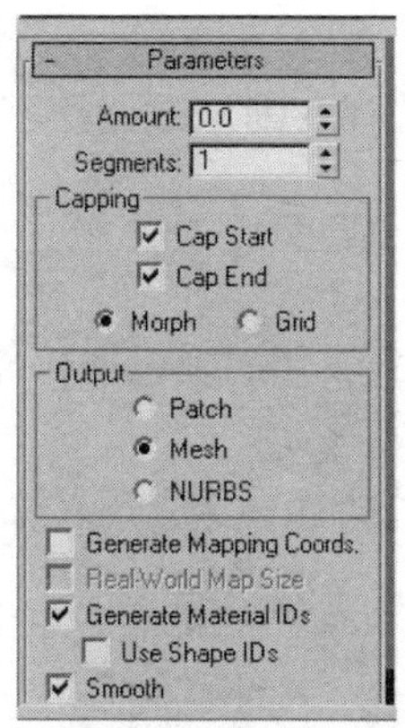

图 5-2　挤出修改器的“参数”卷展栏

其主要参数如下。

Amount(数量)：挤出的高度。

Segments(分段)：挤出方向的分段数。

Cap Start(封口始端)：若勾选该复选框，则封闭曲线挤出对象的下底部封口。

Cap End(封口末端)：若勾选该复选框，则封闭曲线挤出对象的上顶部封口。

对于未封闭曲线，封口始端和封口末端不起作用。要想未封闭曲线在挤出后也能封口，必须先将未封闭曲线变成封闭曲线。将未封闭曲线变成封闭曲线，可以使用“修改”命令面板的“几何体”卷展栏中的一些功能来实现。例如，较大的缺口可以通过插入线段实现，较小的缺口可以使用焊接或自动焊接实现，这时要注意设置足够大的阈值。

输入参数后，按回车键或单击面板空白处，就能得到目标对象。

实例 5-1　创建文字效果。

创建文字“柳暗花明”，如图 5-3(a)所示。复制一份，并通过适当旋转和移动，使两组字

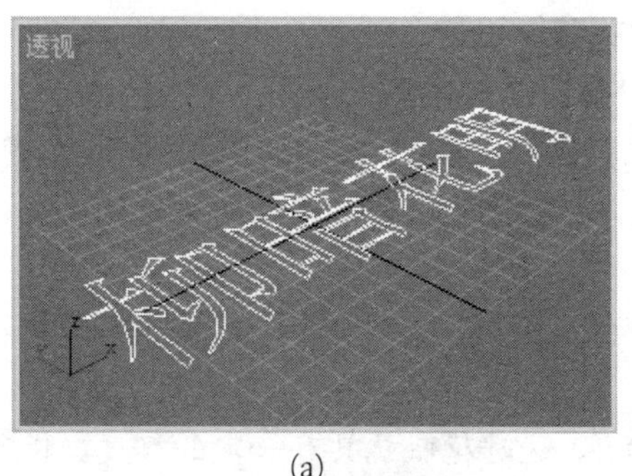

(a)

(b)

图 5-3　使用挤出修改器创建立体文字

底部重合且形成一定夹角。选择挤出修改器。将上面一组字数量选择为 10，颜色为黄色；下面一组字数量选择为 1，颜色为浅灰色。可以得到图 5-3(b)所示的立体文字和立体字阴影。

5.2.2 Lathe(车削)

利用车削修改器可以将曲线绕局部坐标系的某一轴旋转，并产生一个旋转曲面。注意：默认车削的旋转中心是轴心点，因此，为了得到所需的旋转曲面，一般在旋转前要先移动轴心点。

创建一条曲线，选择车削修改器，其“参数”卷展栏的上半部分如图 5-4 所示。

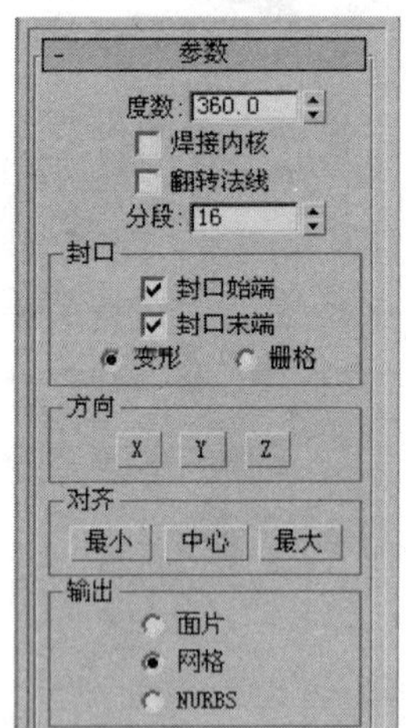

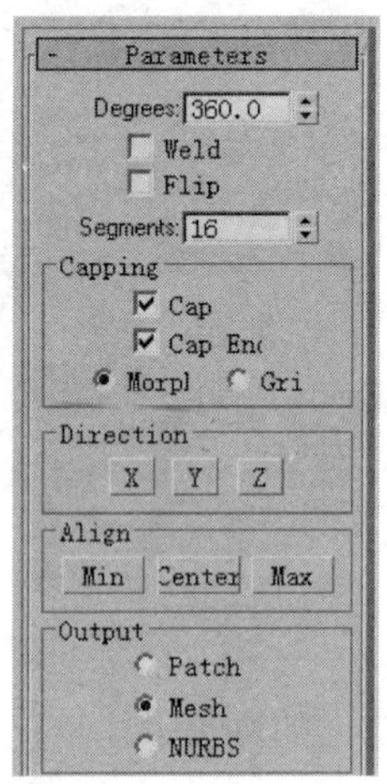

图 5-4 车削修改器“参数”卷展栏

其主要参数如下。

Degrees(度数)：沿指定轴车削的角度。

Segments(分段)：指定从旋转开始点到结束点之间的分段。分段越多，旋转体的表面越光滑。

“封口始端”和“封口末端”复选框的作用与挤出修改器的相同。

选择的旋转方向不同，所得结果也会不同。

对于同一条曲线，使用车削修改器与使用 NURBS 创建工具箱中的“创建车削曲面”按钮，创建出的结果不一定相同。

实例 5-2 使用车削修改器创建一个落地花瓶。

在前视图中创建落地花瓶的半边轮廓线，如图 5-5(a)所示。

选择“层次”命令面板，单击“仅影响轴”按钮，将轴心点移到边界盒的左侧边界上。

选择车削修改器，选择车削度数为 360°，分段数设为 50，车削所得结果如图 5-5(b)所示。

给落地花瓶指定一幅贴图。创建两盏泛光灯，一盏置于花瓶口上方，另一盏置于花瓶一侧。渲染后的效果如图 5-5(c)所示。

选择壳修改器，内部量和外部量均设置为 1，这时花瓶就具有一定的厚度。指定一个背景贴图，渲染后的效果如图 5-5(d)所示。

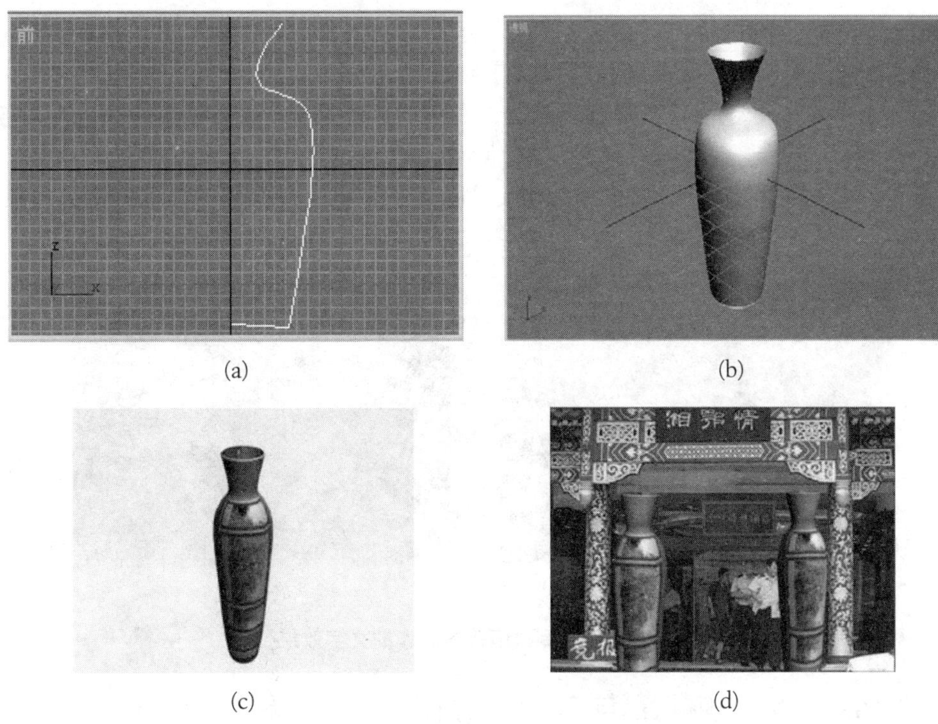

图 5-5　使用车削修改器创建落地花瓶

5.2.3　Bevel(倒角)

倒角修改器可以将二维图形创建成曲面或几何体。

创建一条曲线，选择倒角修改器，其 Parameters(参数)卷展栏和 Bevel Values(倒角值)卷展栏如图 5-6 所示。

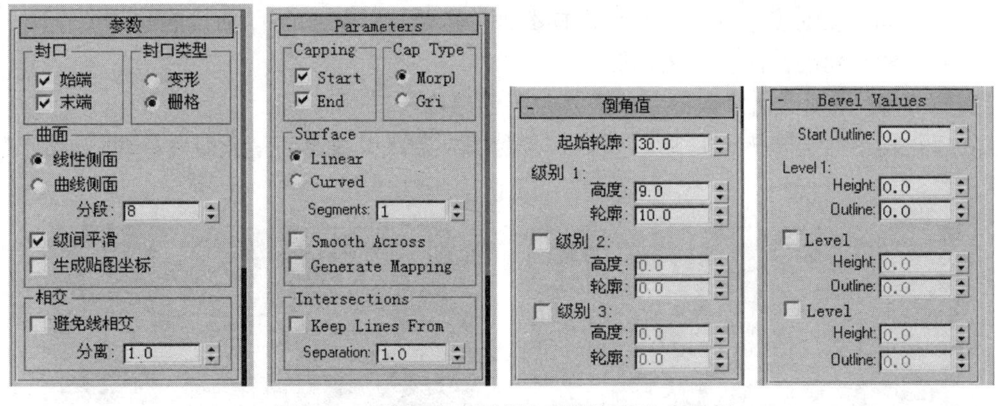

图 5-6　“参数”卷展栏和“倒角值”卷展栏

“参数”卷展栏的主要参数有始端封口、末端封口和级间平滑等。

“倒角值”卷展栏中的参数如下。

Start Outline(起始轮廓)：指定偏移原始图形的距离。若取负值，则偏移方向相反。

Height(高度)：指定相邻两层之间的距离。

Outline(轮廓)：指定后一层偏移前一层的距离。若取负值，则偏移方向相反。

实例 5-3　使用倒角修改器制作各种文字效果。

创建文本“海阔天空”，设置字体为隶书。选择倒角修改器，三级倒角的效果如图 5-7(a)所示。

创建文本“落花流水”，设置字体为华文彩云。选择倒角修改器，两级倒角的效果如图 5-7(b)所示。

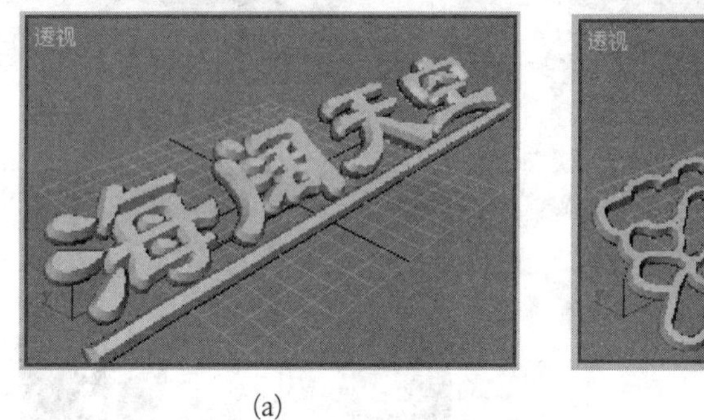

(a)

(b)

图 5-7　使用倒角修改器制作的文字效果

5.2.4　CrossSection(横截面)与 Surface(曲面)

将横截面修改器和曲面修改器结合起来，可以很方便地制作人和动物的表皮。

横截面修改器可以将属于同一图形中多条样条线上对应的点连接起来，使其成为网状结构。

不勾选“开始新图形”复选框，创建多条样条线。选择横截面修改器，单击样条线，各样条线的点与点之间就会用曲线连接起来，形成由曲线构成的网状图形。

选定得到的网状图形，选择曲面修改器，该网状图形就会自动变为曲面。

注意：如果要对多条封闭曲线使用横截面修改器，则各条封闭曲线的起点要在同一方位上，要不然创建的曲面会发生扭曲。

实例 5-4　用横截面修改器和曲面修改器创建裙子。

在顶视图中从 X 轴开始顺时针创建一条封闭样条线做裙子的横截面轮廓线，如图 5-8(a)所示。

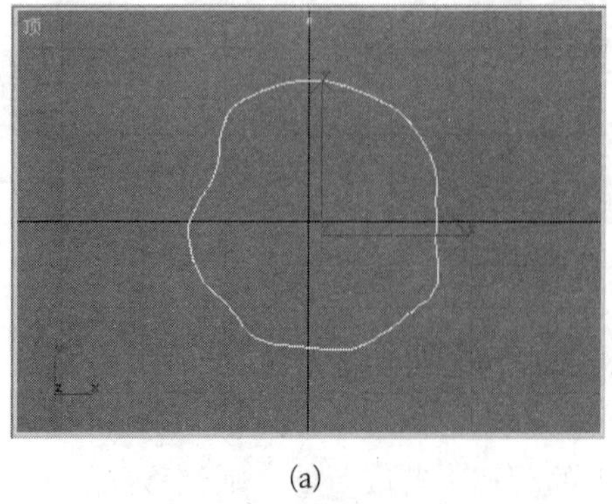

(a)

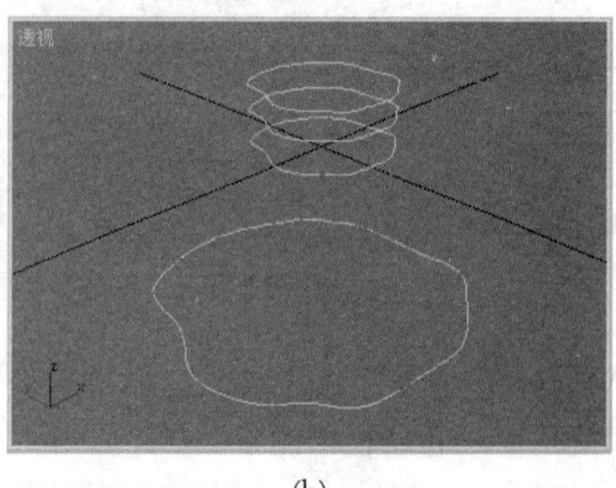

(b)

图 5-8　用横截面修改器和曲面修改器创建裙子

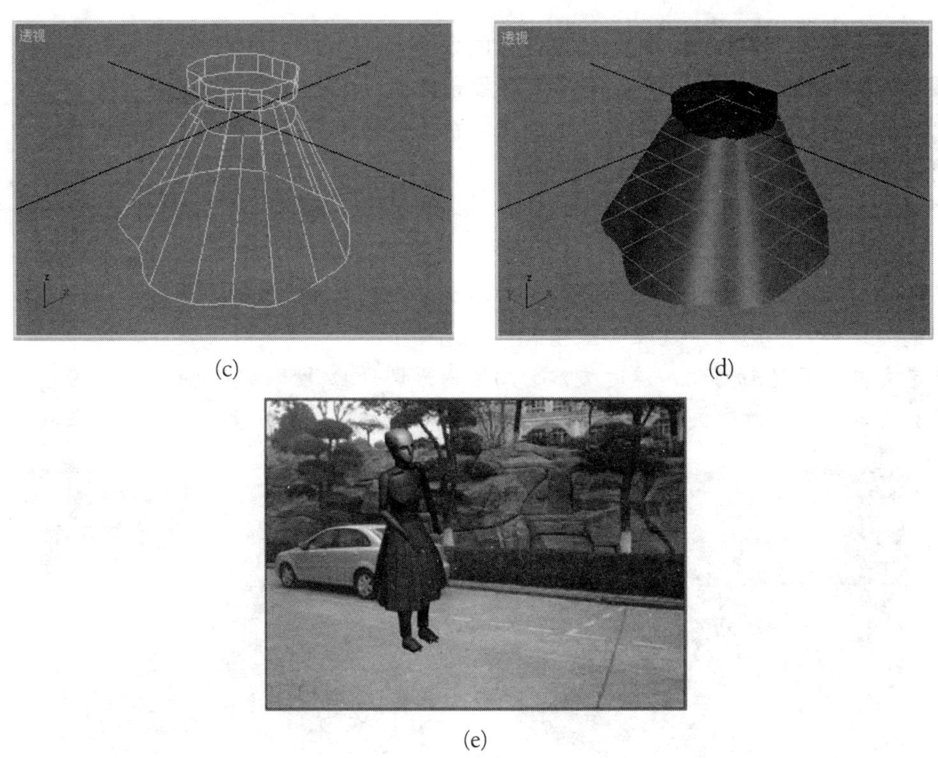

(c)　　(d)

(e)

续图 5-8

复制三条样条线。一条放大成裙摆下边缘轮廓线，两条小样条线之间的距离为裙腰高度。裙腰到下边缘轮廓线之间的高度为裙长，如图 5-8(b)所示。

将两条小曲线附加在一起做裙腰。将一条小样条线和一条大样条线附加在一起做裙摆。对两组曲线使用横截面修改器，就可以得到两个网状图形，如图 5-8(c)所示。

对两个网状图形使用曲面修改器就可以得到一条裙子的裙腰和裙摆，如图 5-8(d)所示。

复制一个裙摆做裙子的内衬，将内衬适当缩小，并创建成刚体，质量设置为 0。

将裙摆创建成布料，选定裙摆上边缘的点，并将这些点固定到视图。

创建一个二足角色对象，将裙子与二足角色对象的腰对齐。

从第 30 帧到第 100 帧渲染输出动画。第 80 帧的画面如图 5-8(e)所示。

5.2.5　Path Deform(路径变形)(WSM)

路径变形(WSM)修改器可以选用一条样条线或 NURBS 曲线作为路径，使得曲面对象或几何体对象按照曲线形状发生变形。作为路径的曲线可以是开放的，也可以是闭合的。

路径变形修改器的作用与路径变形(WSM)修改器的类似。

路径变形(WSM)修改器的主要参数如下。

Percent(百分比)：指定对象沿路径方向移动的距离。

Stretch(拉伸)：沿着路径方向缩放对象。

Rotation(旋转)：旋转变形对象。若取负值，则朝相反方向旋转。

Twist(扭曲)：沿路径方向扭曲变形对象。输入值为角度。

路径变形轴有三种选择。注意选择适当的变形轴。

实例 5-5　使用路径变形(WSM)修改器变形文本。

创建一个圆做路径。创建一个文本，将其挤出做变形对象，如图 5-9(a)所示。

将文本与圆对齐。

选定文本，选择路径变形(WSM)修改器，单击“拾取”路径，单击圆环，效果如图 5-9(b)所示。

旋转–90°，选择 X 轴为变形轴，其他参数为默认值，效果如图 5-9(c)所示。

勾选“翻转”复选框，效果如图 5-9(d)所示。

选定文本，沿 Z 轴移动，这时文本会向圆内或圆外拉开距离，效果如图 5-9(e)所示。

缩放文本，只会改变文本的大小，文本沿路径的分布并不发生改变，如图 5-9(f)所示。

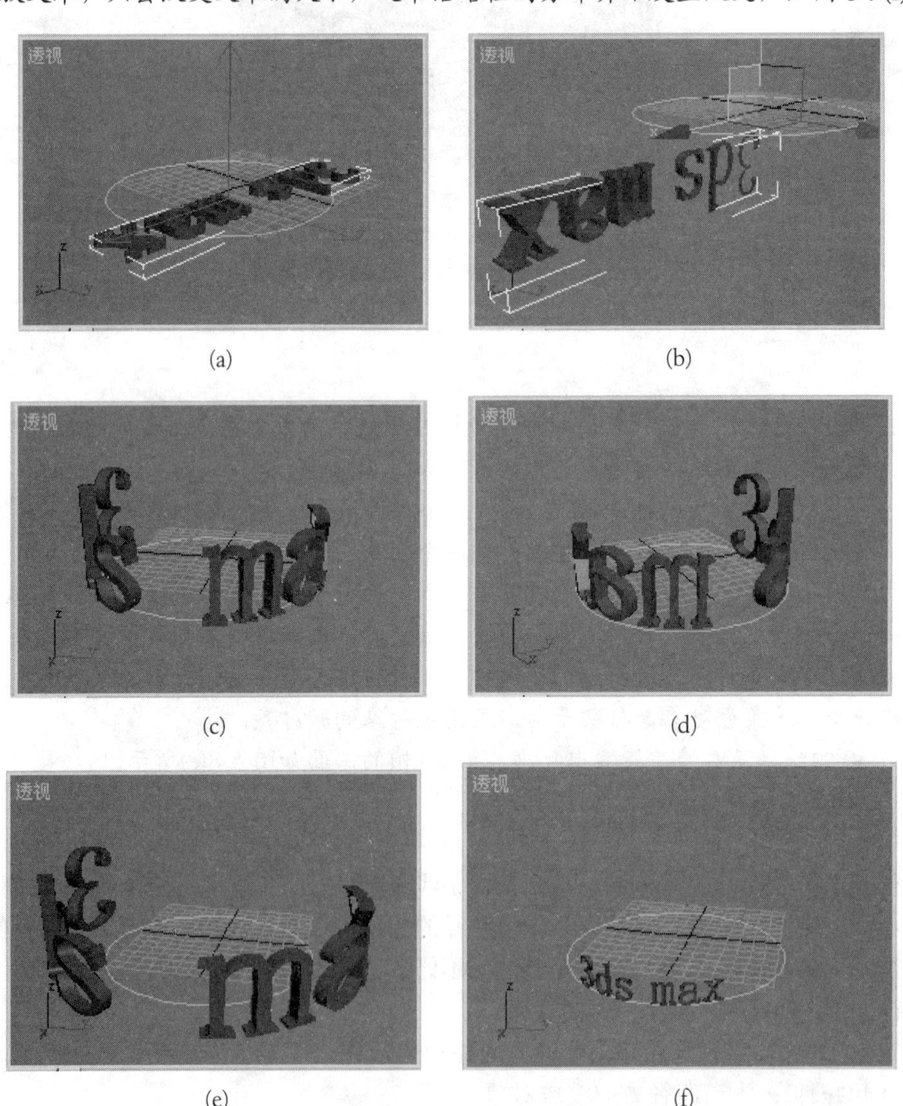

(a)　(b)　(c)　(d)　(e)　(f)

图 5-9　使用路径变形(WSM)修改器变形文本

5.3 对曲面的修改器

5.3.1 Surface Deform(曲面变形)(WSM)

曲面变形(WSM)修改器可以选择一个曲面做参照，使另一个曲面对象或几何体对象按照参照曲面的表面形状发生变形。参照曲面必须是 NURBS 曲面，如果不是，则要进行转换。

创建两个曲面：一个做参照曲面；另一个做变形对象。选定要变形的对象，选择曲面变形(WSM)修改器，单击“拾取曲面”按钮，单击参照曲面，调整参数至合适的值。

曲面变形(WSM)修改器的“参数”卷展栏的主要参数如下。

U Percent(U 向百分比)：指定对象沿曲面变形线框 U 轴方向移动的距离。

U Stretch(U 向拉伸)：沿着曲面变形线框 U 轴方向缩放对象。

V Percent(V 向百分比)：指定对象沿曲面变形线框 V 轴方向移动的距离。

V Stretch(V 向拉伸)：沿着曲面变形线框 V 轴方向缩放对象。

Rotation(旋转)：旋转变形对象。若取负值，则朝相反方向旋转。

Surface Deform Plane(曲面变形平面)：有三种选择，变形时要注意变形平面的选择。若勾选 Flip(翻转)复选框，则变形曲面翻转 180°。

曲面变形可以记录成动画。

实例 5-6 利用曲面变形(WSM)修改器创建文本绕球体表面旋转的动画。

创建一个球体和“新闻联播”四个字。

使用挤出修改器将文本挤出成立体字。

将球体转换为 NURBS 曲面。

使用 Tools(工具)菜单中的“对齐”命令，将文本和球体的几何中心对齐，如图 5-10(a)所示。

选定文本，选择曲面变形(WSM)修改器，单击“拾取曲面”按钮，单击球体，文本就被贴到球体表面。

将文本旋转 90°，适当调整其他参数，使文本的大小和所处位置刚好符合要求，如图 5-10(b)所示。

单击“自动关键帧”按钮，在第 0 帧时，设置 V 向百分比为 84。在第 100 帧时，设置 V 向百分比为–16。只要 V 向百分比的差值为 100，文本就能绕球体旋转一周。

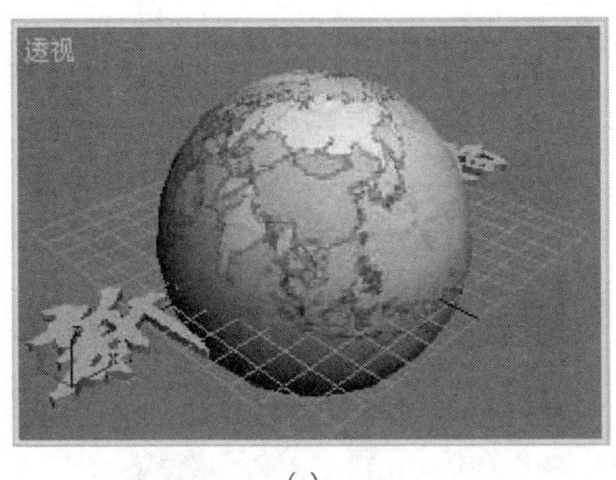

(a)

(b)

图 5-10 利用曲面变形(WSM)修改器创建文本绕球体表面旋转的动画

(c)

续图 5-10

渲染输出动画。在播放器中截取的一帧画面如图 5-10(c)所示。

逐步减小 V 向百分比的值，并将其记录成动画。播放时可以看到“新闻联播”四个字不停地绕球体旋转。

5.3.2 Surface Deform(曲面变形)

曲面变形修改器的作用与曲面变形(WSM)修改器的基本相同。曲面变形修改器也要求参考曲面必须为 NURBS 曲面。利用曲面变形修改器变形后，变形对象和参照对象不一定重合，因此需要进行参数调整。

实例 5-7 利用曲面变形修改器将文本贴于圆环上。

创建一个几何体中的圆环：主半径为 30，次半径为 12，分段数为 50，边数为 50。将圆环转换为 NURBS 曲面。创建一个文本，将文本挤出为立体字，挤出数量为 2。将文本与圆环轴心点对齐。效果如图 5-11(a)所示。

选定文本，选择曲面变形修改器，单击“拾取曲面”按钮，单击圆环，旋转设置为 90°，用缩放按钮适当缩放文本。U 向拉伸和 V 向拉伸均选择适当值，曲面变形平面选择 XY，使文本刚好紧贴圆环表面。效果如图 5-11(b)所示。

在前视图中创建一个高度为 0 的长方体，采用不透明贴图技术，让一个小孩趴在游泳圈上。效果如图 5-11(c)所示。

创建两个暴风雪粒子对象，速度为 10，发射停止为 50，寿命为 50，大小为 10，粒子类型为球体。消亡后繁殖，繁殖数为 1000。方向混乱度为 50。将它们链接在游泳圈后部喷水。喷射方向向后。给粒子对象赋标准材质，自发光颜色设置为白色。

选择一个水面图像做背景。创建小孩和游泳圈向前移动的动画。

从第 0 帧到第 100 帧渲染输出动画。可以看到小孩在喷射的作用下慢慢向前移动。其中一帧如图 5-11(d)所示。

(a)

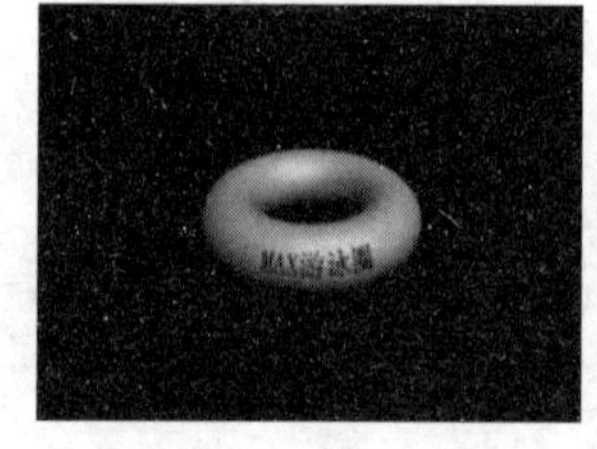

(b)

图 5-11 利用曲面变形修改器将文本贴于圆环表面

(c)

(d)

续图 5-11

5.3.3　Patch Deform(面片变形)与 Patch Deform(面片变形)(WSM)

面片变形修改器和面片变形(WSM)修改器的参照曲面一定要为面片对象，如圆柱体等。如果不是，则要使用 Turn To Patch(转换为面片)修改器进行转换，而不能使用右击对象弹出的快捷菜单中的“转换为”命令转换。若要取消转换，则只需删除转换为面片修改器即可。

实例 5-8　创建一顶太阳帽。

创建一个圆形管状体，边数设为 50。选择转化为面片修改器，将管状体转换为面片对象。创建一个文本，将文本挤出成立体字，如图 5-12(a)所示。

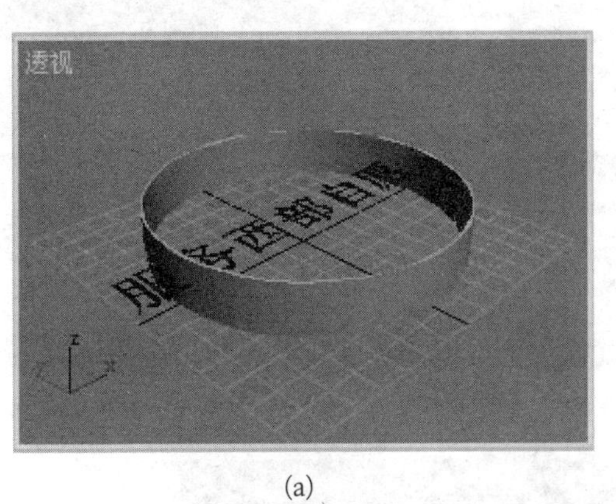

(a)

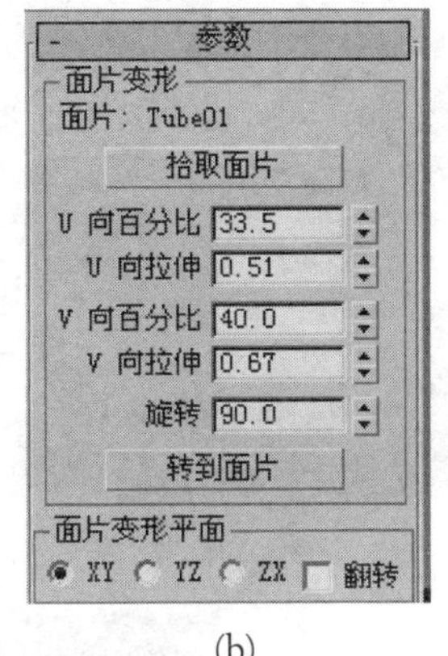

(b)

(c)

图 5-12　创建太阳帽

选定文本，将文本与管状体对齐。选择面片变形(WSM)修改器，单击“拾取面片”按钮，单击管状体，设置参数如图 5-12(b)所示。

不勾选“开始新图形”复选框，创建两个错开的圆，进行布尔相减运算，选择挤出修改器就可以创建帽檐。创建的太阳帽如图 5-12(c)所示。

可以使用“旋转”按钮来改变文本的方向。

5.3.4　Symmetry(对称)

对称修改器可以对称复制一个有切口的对象，只要设置的域值足够大，复制出的对象和源对象的切口就可以自动焊接在一起。在创建对称物体，如人、恐龙、鱼等复杂对象时，往往只需编辑对称物体的一半，编辑完成后，使用对称修改器复制出另一半，并自动将两半的切口焊接在一起。

实例 5-9　使用对称修改器复制有切口的球体并将切口焊接在一起。

创建一个球体。

打开编辑多边形修改器，在修改器堆栈中选择边子层级。单击编辑“几何体”卷展栏中的“切割”按钮，在顶视图中选定球体顶部一个圆形区域内的边，如图 5-13(a)所示，按 Delete 键将它们删除，就得到一个有圆形切口的球体，如图 5-13(b)所示。

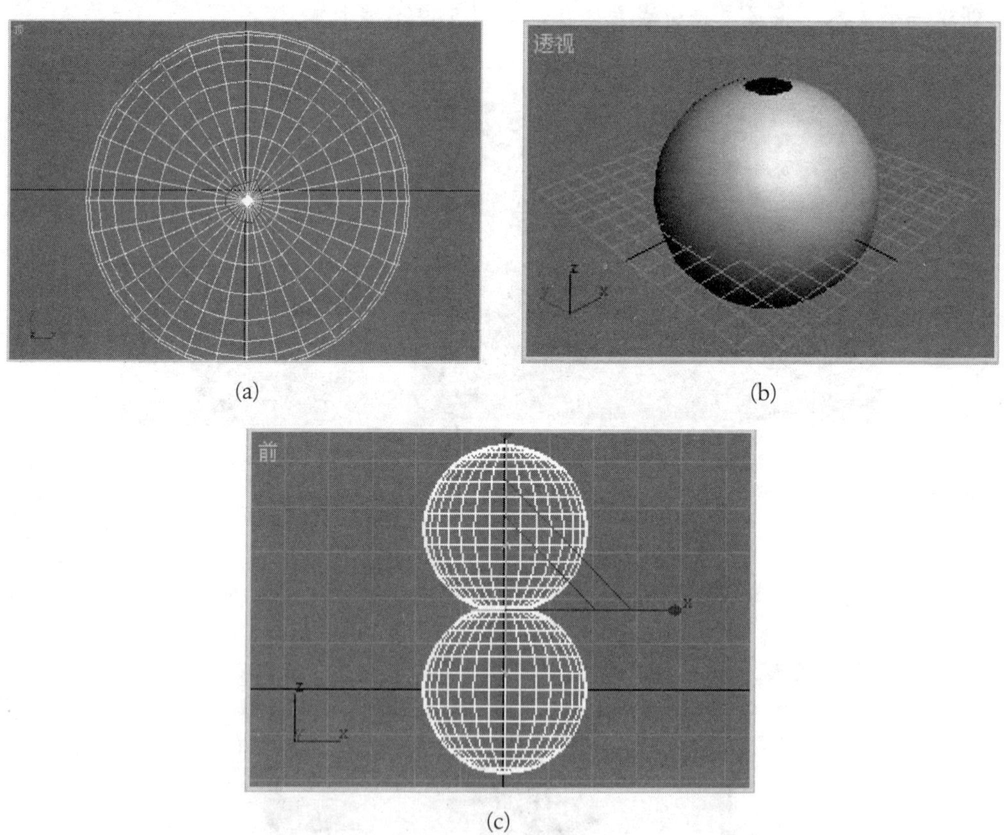

(a)　(b)　(c)

图 5-13 用对称修改器复制有切口的球体并焊接切口

选择“修改”命令面板，选择对称修改器。在“参数”卷展栏中选择镜像轴为 Z 轴。

在修改器堆栈中展开对称修改器，选择镜像子层级，单击“移动”按钮，沿 Z 轴移动镜像面，使两个球体分开，而切口刚好重叠，如图 5-13(c)所示。

设置域值为 10，勾选“焊接缝”复选框，两个球体就在接口处焊接到了一起。

5.3.5　Edit Mesh(编辑网格)

编辑网格修改器用来对网格对象的子对象进行编辑，也可对网格对象的子对象进行变换操作。在创建复杂多变而又表面光滑的模型时，编辑网格是常用的方法之一。

将对象转换为 Editable Mesh(可编辑网格)后，相应“修改”命令面板的组成元素和作用与编辑网格修改器的组成元素和作用基本相同，主要区别在于：用编辑网格修改器施加的修改不能记录成动画，而用可编辑网格对象的“修改”命令面板施加的修改都能记录成动画。

使用编辑网格修改器可以通过删除修改器来删除修改操作，也可以返回到编辑网格修改器之前的各修改层级进行重新编辑，将对象转换为可编辑网格进行的修改不能做到这一点。

Edit Patch(编辑面片)修改器与编辑网格修改器有许多相似之处。

下面介绍编辑网格修改器的卷展栏。

Selection(选择)卷展栏，其参数如下。

Ignore Backfacing(忽略背面)：勾选该复选框，当选择面向一侧的子对象时，相反一侧的子对象不会被选上。

Edit Geometry(编辑几何体)卷展栏，其参数如下。

Create(创建)：可以创建除线段以外的子对象。

Attach(附加)：用于为当前选定的网格对象附加新的对象，附加后的对象自动转换成网格对象。

Detach(分离)：用于将选定的除线段以外的子对象分离成独立元素或复制品。

实例 5-10　使用可编辑网格对象的分离修改操作创建小鸡出壳的动画。

创建鸡蛋：创建一个球体，在一个轴向放大成椭球。椭球颜色设置为白色。

创建小鸡：创建一个椭球做小鸡的鸡身；创建一个球体做鸡头；创建两个小的黑色球体做鸡眼睛；创建一个四棱锥做鸡嘴；创建一个圆柱体，经编辑网格修改器编辑后做小鸡脚，将除脚以外的部分组合成组。小鸡和蛋如图 5-14(a)所示。

将小鸡脚的轴心点移到脚的上端。单击“链接”按钮，将小鸡脚链接到小鸡身上。

将整个小鸡藏入蛋中，如图 5-14(b)所示。

将指针对准椭球并右击，在快捷菜单中选择“转换为可编辑网格”命令，将椭球转换成可编辑网格对象。在修改器堆栈中展开可编辑网格，选择面子层级。框选椭球一端的部分面，单击“编辑几何体”卷展栏中的“分离”按钮，将这部分面分离。

单击“自动关键帧”按钮，将时间滑动块移到第 50 帧。选择“创建”命令面板，移动和旋转分离的部分。在第 50 帧后创建小鸡行走的动画。

在透视图中截取的第 50 帧画面如图 5-14(c)所示。在播放器中截取的第 70 帧画面如图 5-14(d)所示。

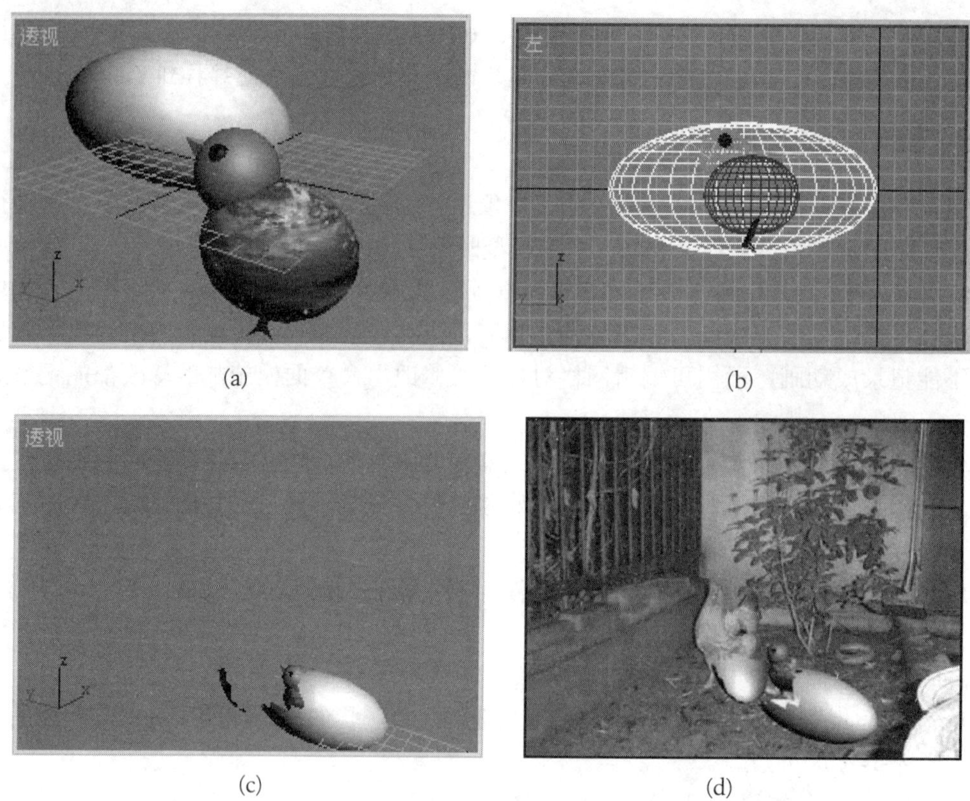

(a) (b) (c) (d)

图 5-14　使用可编辑网格对象的分离修改操作创建小鸡出壳的动画

Chamfer(倒角)：用于挤出并倒角被选定的子对象面或多边形。选定要倒角的子对象，单击该按钮，指向选定处，按住鼠标左键不放，拖动，确定挤出的高度，放开后，再按住左键不放，拖动，确定倒角的偏移量。

实例 5-11　利用倒角制作哑铃。

创建一个圆柱体。选择编辑网格修改器，选择面子层级，选定圆柱体的顶面，如图 5-15(a)所示。

单击“编辑几何体”卷展栏中的“倒角”按钮，指向选定面后向上拉伸要倒角的高度，放开后再次拉伸，就能创建倒角。重复这样的操作，就能制作哑铃，如图 5-15(b)所示。

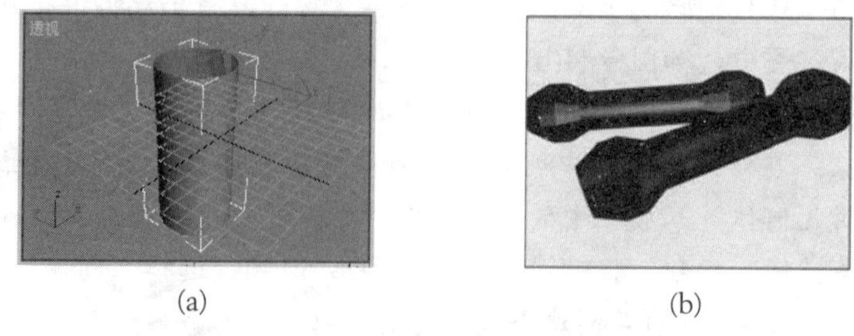

(a) (b)

图 5-15　利用倒角制作哑铃

Collapse(塌陷)：将当前选定的顶点塌陷为一个顶点。

5.3.6　Edit Poly(编辑多边形)

编辑多边形修改器可以用来对一个对象的各种子对象进行移除、焊接、连接、切角、挤出、创建、塌陷、分离、附加、切割、松弛等编辑操作，也可以对一个对象的子对象进行各种变换操作。因此，编辑多边形修改器特别适合用来制作各种动物及其他不规则的复杂对象。编辑多边形修改器不仅编辑功能强，而且操作简单、方便。

将对象转换为可编辑多边形后，相应“修改”命令面板的组成元素和作用与编辑多边形修改器的组成元素和作用基本相同，其主要区别在于：用编辑多边形修改器施加的修改必须在“编辑多边形模式”卷展栏中选定动画模式才能记录成动画，若选择模型模式，则不能记录成动画，而用可编辑多边形对象的“修改”命令面板施加的修改都能直接记录成动画。此外，使用编辑多边形修改器时，可以通过删除修改器来删除修改操作，也可以返回到编辑多边形修改器之前的各修改层级重新进行编辑，将对象转换为可编辑多边形进行的修改不能做到这一点。

1. “编辑顶点”卷展栏

在修改器堆栈中选择顶点子层级，就会显示“编辑顶点”卷展栏。

Remove(移除)：选定要移除的顶点，单击该按钮就能移除选定的顶点。

实例 5-12　移除顶点。

创建一个长方体，如图 5-16(a)所示。

选择编辑多边形修改器，在修改器堆栈中选择顶点子层级。选定长方体一条边上的两个顶点，单击“移除”按钮，选定的两个顶点就被移除，这时长方体的一个面变成三角形，如图 5-16(b)所示。

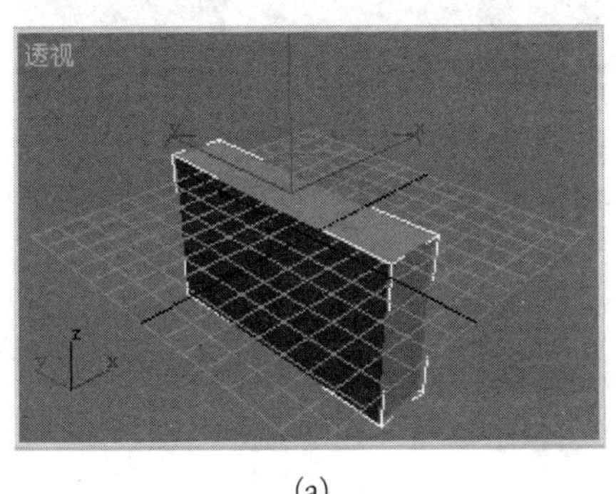

(a)

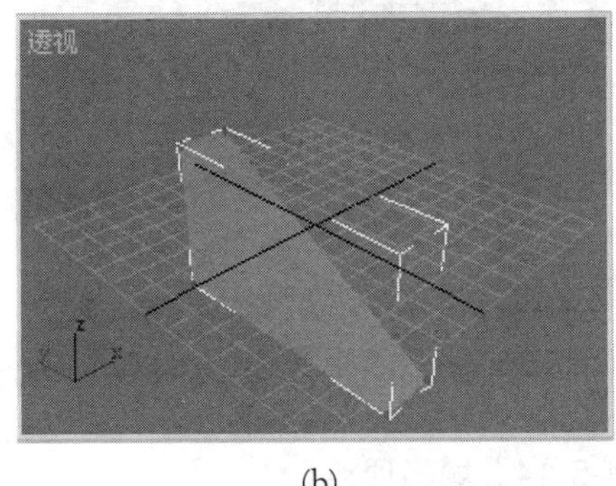

(b)

图 5-16　移除顶点

Extrude(挤出)：选定要挤出的顶点，单击“挤出”按钮旁边的“设置”按钮，就会打开 Extrude Vertices(挤出顶点)对话框，如图 5-17 所示。设定挤出值后单击“确定”按钮，就会将顶点挤出。

Weld(焊接)：选定要焊接的顶点，单击“焊接”按钮旁边的“焊接顶点设置”按钮，输入焊接的阈值，单击“确定”按钮，就能将阈值范围内选定的顶点焊接在一起。

Target Weld(目标焊接)：单击要焊接的第一个顶点，这时会有一条虚线连着指针，移到要焊接的另外一个顶点后单击，就能将两个顶点焊接在一起。

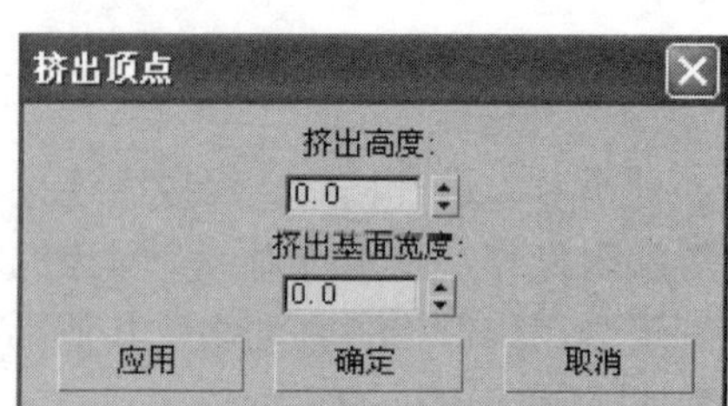

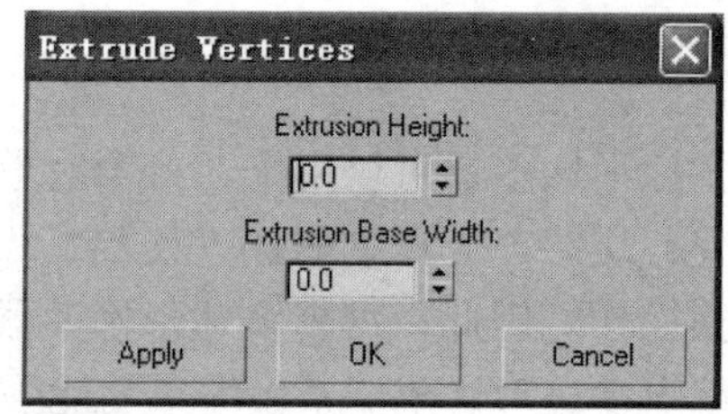

图 5-17　“挤出顶点”对话框

Chamfer(切角)：选定要切角的顶点，单击“切角”按钮旁边的“切角顶点设置”按钮，就会打开“切角顶点”对话框。设置切角量后，单击“确定”按钮，就会在该顶点处切开。边也可以进行切角操作。

实例 5-13　切角顶点。

创建一个长方体，如图 5-18(a)所示。

选择编辑多边形修改器，选择顶点子层级。

选定一个顶点，单击“切角”按钮旁边的“切角顶点设置”按钮，设置切角量为 30，单击“确定”按钮，就在该点处切开，如图 5-18(b)所示。

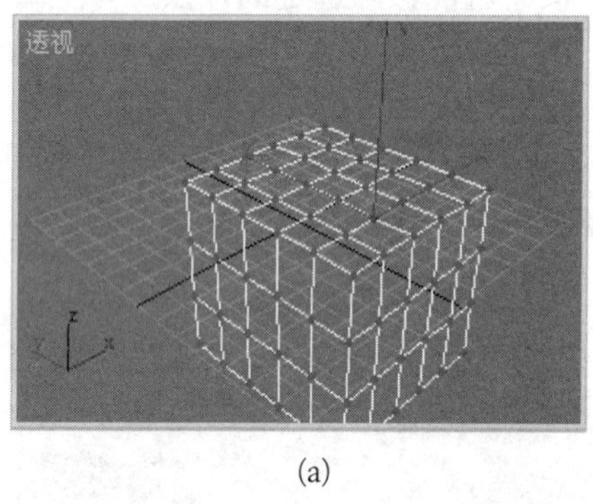

(a)

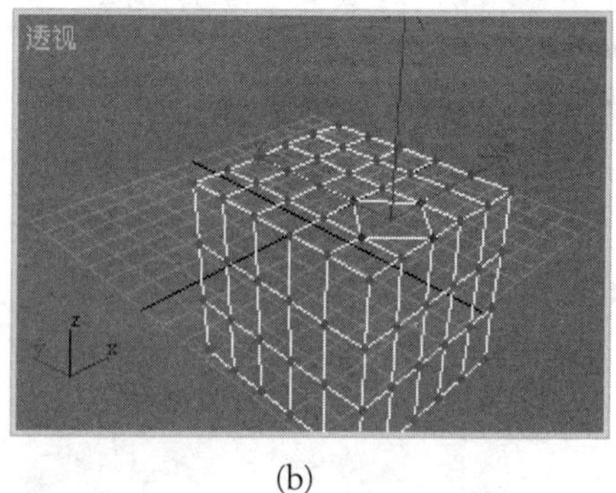

(b)

图 5-18　切角顶点

2. “编辑几何体”卷展栏

Collapse(塌陷)：选定要塌陷的顶点，单击“塌陷”按钮，就会将选定的顶点塌陷成一个顶点。其他子对象也可以塌陷成一个点。

实例 5-14　塌陷顶点。

创建一个长方体，如图 5-19(a)所示。

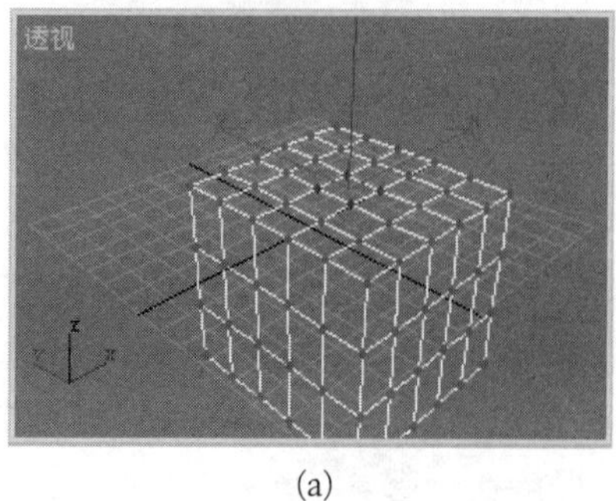

(a)

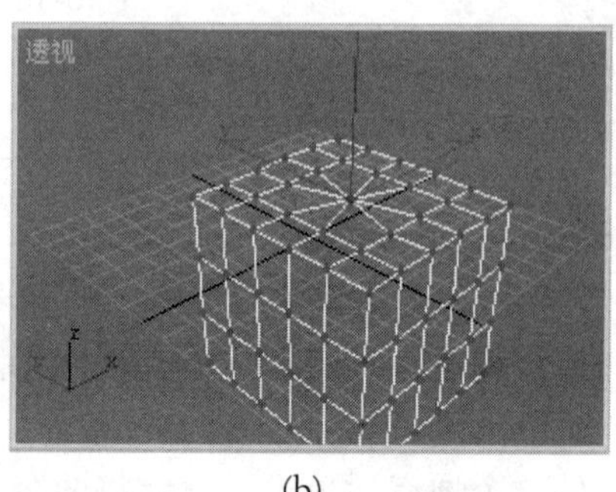

(b)

图 5-19　塌陷顶点

选择编辑多边形修改器，选择顶点子层级，选定相邻的四个顶点，单击“塌陷”按钮，四个顶点就塌陷成一个顶点，如图 5-19(b)所示。

Tessellate(细化)：选定要细化的顶点，单击“细化”按钮旁边的“细化设置”按钮，就会打开“细化选择”对话框，单击“确定”按钮，就能将一个顶点细化成多个顶点，并将各顶点之间用边连接起来。其他子对象也可以细化。

实例 5-15　细化顶点。

创建一个长方体，如图 5-20(a)所示。

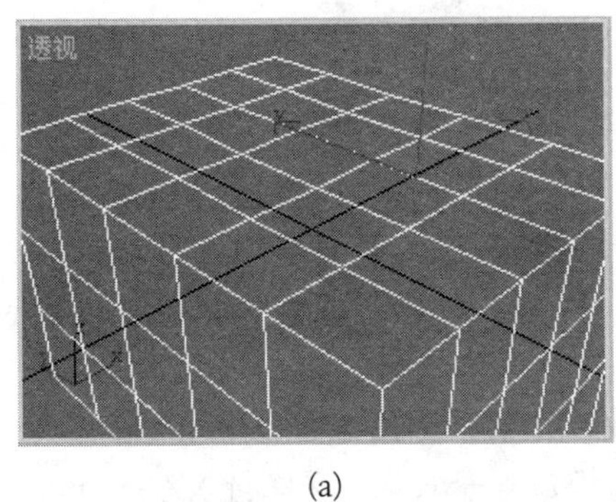

(a)

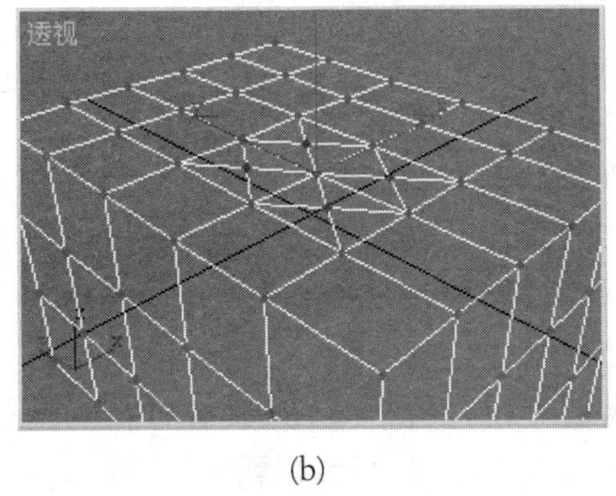

(b)

图 5-20 细化顶点

选择编辑多边形修改器，选择顶点子层级，选择要细化的点。

单击“细化”按钮旁边的“细化设置”按钮，单击“确定”按钮，就将一个顶点细化成多个顶点，这时也会将各个顶点之间用边连接，如图 5-20(b)所示。

实例 5-16　使用编辑多边形修改器制作恐龙。

制作恐龙的过程非常复杂、烦琐，具体操作步骤如下。

第一步：在视口中加入恐龙背景。

为了在制作恐龙时有一个图像做参考，激活前视图，单击“视图”菜单，选择“视口背景”命令，单击“文件”按钮，打开恐龙图像文件，选择“匹配位图”选项，单击“确定”按钮，就会在视口中显示恐龙背景，如图 5-21(a)所示。

第二步：制作恐龙的头。

在前视图中创建一个切角长方体做恐龙的头，切角长方体的长度分段设置为 8，宽度分段和高度分段均设置为 6。前视图中的效果如图 5-21(b)所示。

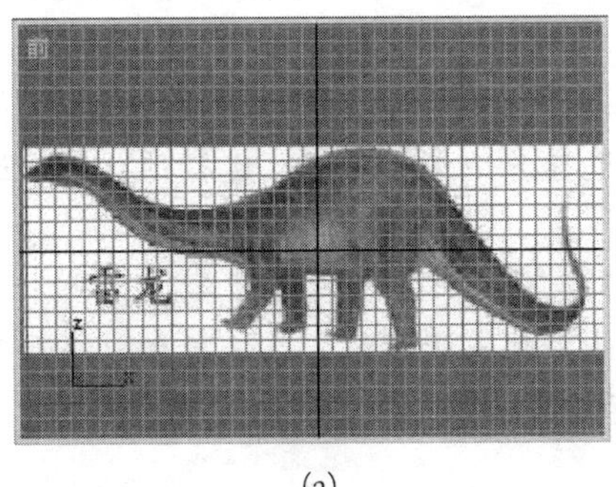

(a)

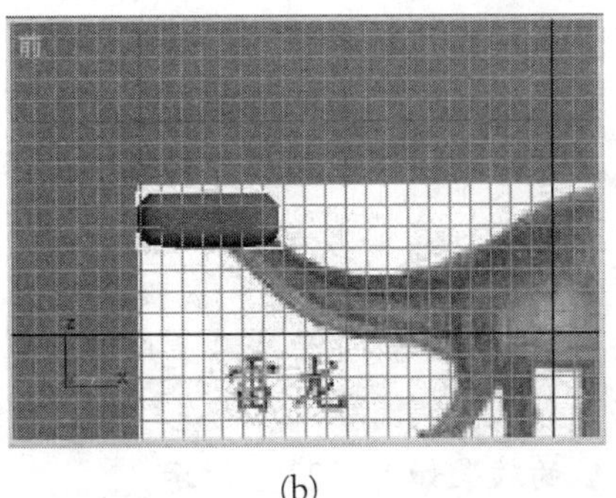

(b)

图 5-21　创建头部的切角长方体

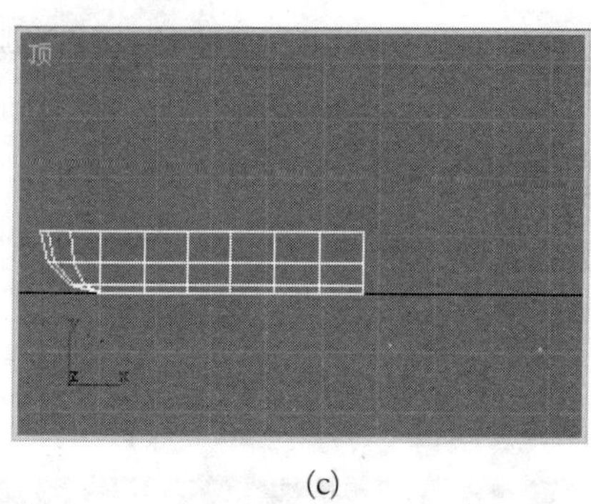

(c)

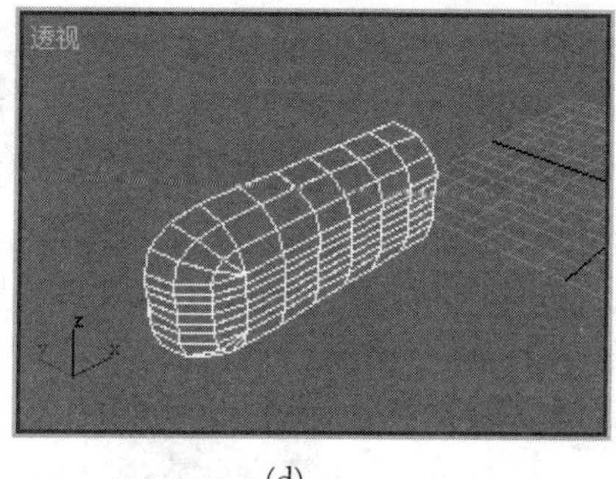

(d)

续图 5-21

展开修改器列表，选择编辑多边形修改器。

激活顶视图，在修改器堆栈中选择多边形子层级，选定并删除切角长方体的上半部分和右侧端面。剩余部分在顶视图中的显示效果如图 5-21(c)所示。在透视图中的显示效果如图 5-21(d)所示。

激活前视图，同时按 Alt 和 X 键使切角长方体透明，如图 5-22(a)所示。

展开修改器堆栈中的编辑多边形修改器，选择顶点子层级，在保持 XZ 平面切口不变的前提下移动顶点，使切角长方体与头部形状一致，如图 5-22(b)所示。

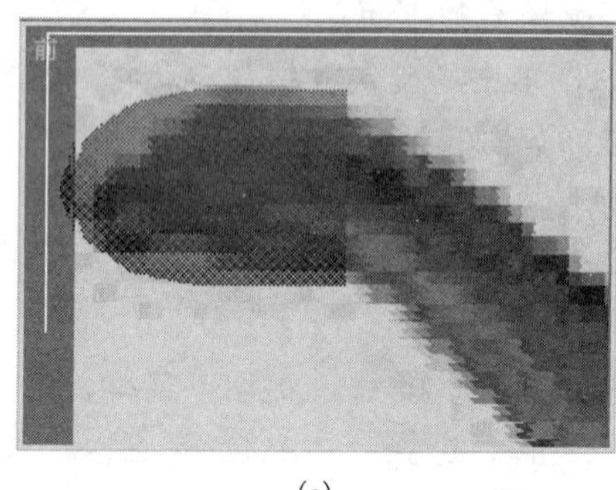

(a)

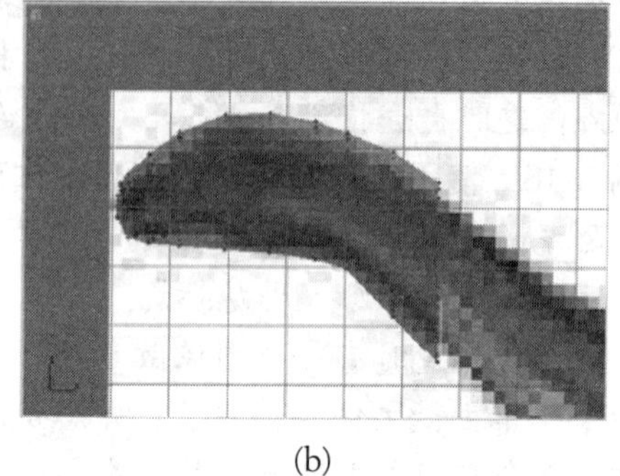

(b)

图 5-22　编辑头部

第三步：创建恐龙的颈部、躯干和尾部。

在左视图中创建一个圆柱体，高度分段为 50，端面分段为 1，边为 20。将圆柱体与颈部和躯干基本对齐，如图 5-23(a)所示。

展开修改器列表，选择编辑多边形修改器。

在修改器堆栈中展开编辑多边形修改器，选择多边形子层级。选择顶视图，选定圆柱体的上半部分，将选定部分删除。

选定圆柱体，同时按 Alt 和 X 键，使圆柱体透明，如图 5-23(b)所示。

在修改器堆栈中展开编辑多边形修改器，选择顶点子层级。在保持切口平面不变的情况下，移动顶点，使圆柱体与恐龙颈部、躯干和尾部相一致，如图 5-23(c)所示。

渲染后的效果如图 5-23(d)所示。

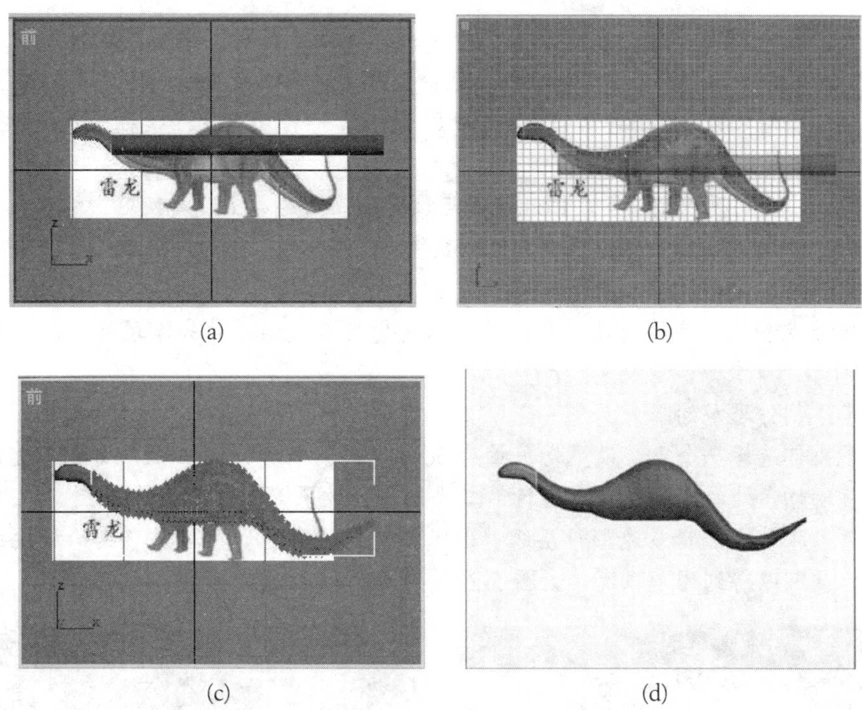

(a)　(b)

(c)　(d)

图 5-23　创建恐龙的颈部、躯干和尾部

在顶视图中对齐两个曲面的切口。选定其中一个曲面，打开“修改”命令面板，选择元素子层级，单击“附加”按钮，单击另一个曲面，就将两个曲面附加成为一个图形，如图 5-24(a)所示。

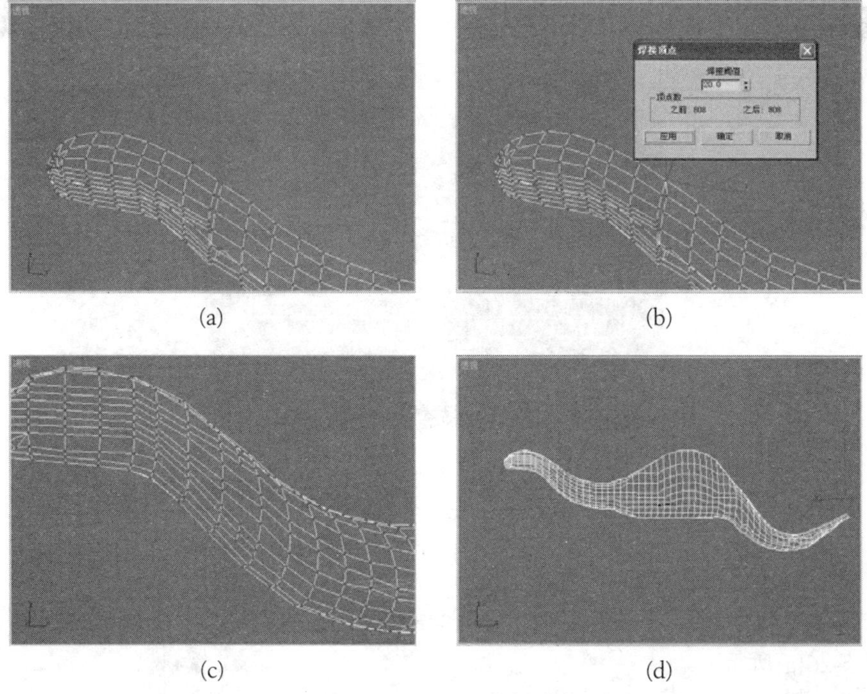

(a)　(b)

(c)　(d)

图 5-24　焊接接口

将两个曲面焊接在一起：在修改器堆栈中选择顶点子层级，单击“编辑顶点”卷展栏中“焊接”按钮右侧的“阈值设置”按钮，就会打开“焊接顶点”对话框，设置阈值为 20.0，选定要焊接的一对顶点，单击对话框中的“应用”按钮，一对顶点就焊接在一起，如图 5-24(b)所示。

由于两个曲面的顶点数不同，因此在顶点数少的曲面边界上，要使用“编辑几何体”卷展栏中的“细化”按钮，以细化边来增加顶点数量以满足需要。全部焊接后的曲面如图 5-24(c)所示。

通过移动点和边等操作整理曲面，使曲面变得光滑。恐龙的头、颈部、躯干和尾部如图 5-24(d)所示。

第四步：制作恐龙的眼窝。

在恐龙头部选择一个点，设置切角量为 50，单击“确定”按钮,效果如图 5-25(a)所示。

适当移动切角处的四个顶点，进行第二次切角，效果如图 5-25(b)所示。

在修改器堆栈中选择多边形子层级，选定眼窝处的多边形，单击“倒角”按钮，进行一次倒角，就可以得到恐龙眼窝，如图 5-25(c)所示。

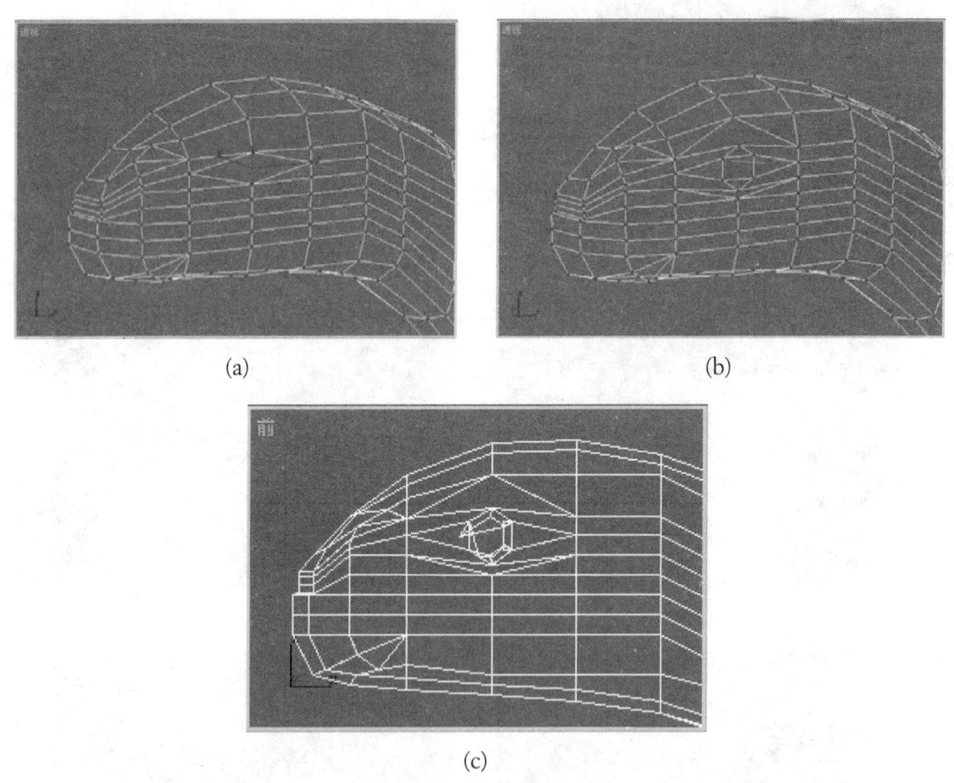

(a)　(b)

(c)

图 5-25　制作恐龙的眼窝

第五步：制作恐龙的口。

在修改器堆栈中选择顶点子层级，选择口部分界处的顶点，单击“塌陷”按钮，塌陷效果如图 5-26(a)所示。

向后移动塌陷后的点，就可以得到恐龙的口，如图 5-26(b)所示。

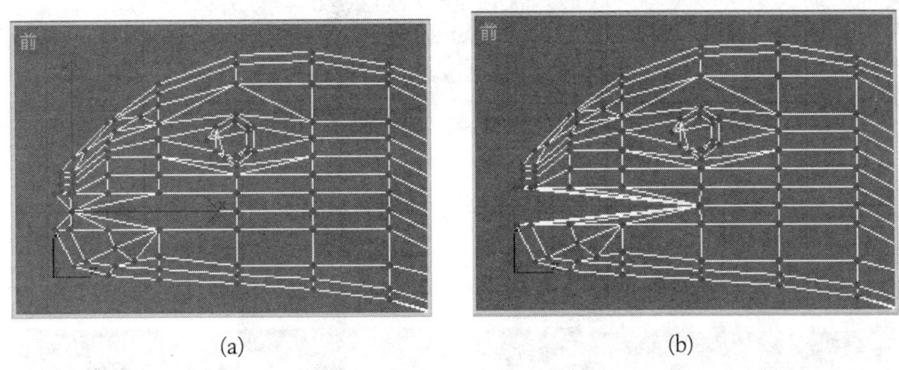

(a) (b)

图 5-26 制作恐龙的口

将半边恐龙制作好以后，再使用对称修改器，对称复制另一半并自动焊接在一起。

5.4 几何体的修改器

5.4.1 FFD(自由变形)

FFD 为 free form deformation 的缩写，意为自由变形。自由变形修改器可以通过控制点对选定对象进行变换操作。指定了自由变形修改器的对象周围会出现一个长方体框格(晶格)。框格的控制点数目和框格形状有 2×2×2、3×3×3、4×4×4、长方体、圆柱体等五种选择。FFD 的变换操作可以进行动画指定。

FFD 有如下几个子层级。

Control Stack(控制点)：在该子层级下变换控制点，对象会产生相应变化，并可为控制点的变换操作指定动画。

Lattice(框格)：在该子层级下，只能对整个框格进行移动、旋转和缩放，不能变换对象，但可为框格的变换指定动画。

Set Volume(设置体积)：在该子层级下，能对框格的任何部分进行移动、旋转和缩放。

FFD 的主要参数如下。

Lattice(框格)：只有勾选该复选框才显示框格。

Source Volume(源体积)：勾选该复选框，框格在变形对象时保持不变，仅对象发生变形。

Only in Volume(仅在体内)：选择该选项，自由变形只影响框格内的部分。

All Vertices(所有节点)：选择该选项，对象不论是否处在框格内，自由变形时都会产生影响。

Reset(重设)：单击该按钮，可以恢复框格和对象的原有形状。

Animate All(动画所有控制点)：单击该按钮，在轨迹视图中可以为三个方向的控制点加入动画指定。

Conform to Shape(适合形态)：在勾选了“外部点”复选框后，单击该按钮，就能使框格与几何体的外形保持一致。

实例 5-17　使用 FFD 修改器制作蛋。

鸡蛋两头的大小实际是不一样的，使用 FFD 修改器很容易实现这一点。

创建一个球体，单击“缩放”按钮，沿 Y 轴放大可以得到一个椭球体，如图 5-27(a)所示。

选择“修改”命令面板，选择 FFD 2×4×2 修改器，这时在椭球体周围就会出现一个 2×2×2 的长方体框格，如图 5-27(b)所示。

在修改器堆栈中展开 FFD 修改器，选择控制点子层级。选定一端的控制点，单击“缩放”按钮放大，椭球体就变得一头大、一头小，如图 5-27(c)所示。

设置球体颜色为白色或土色，渲染输出球体，即可得到一枚鸡蛋，如图 5-27(d)所示。

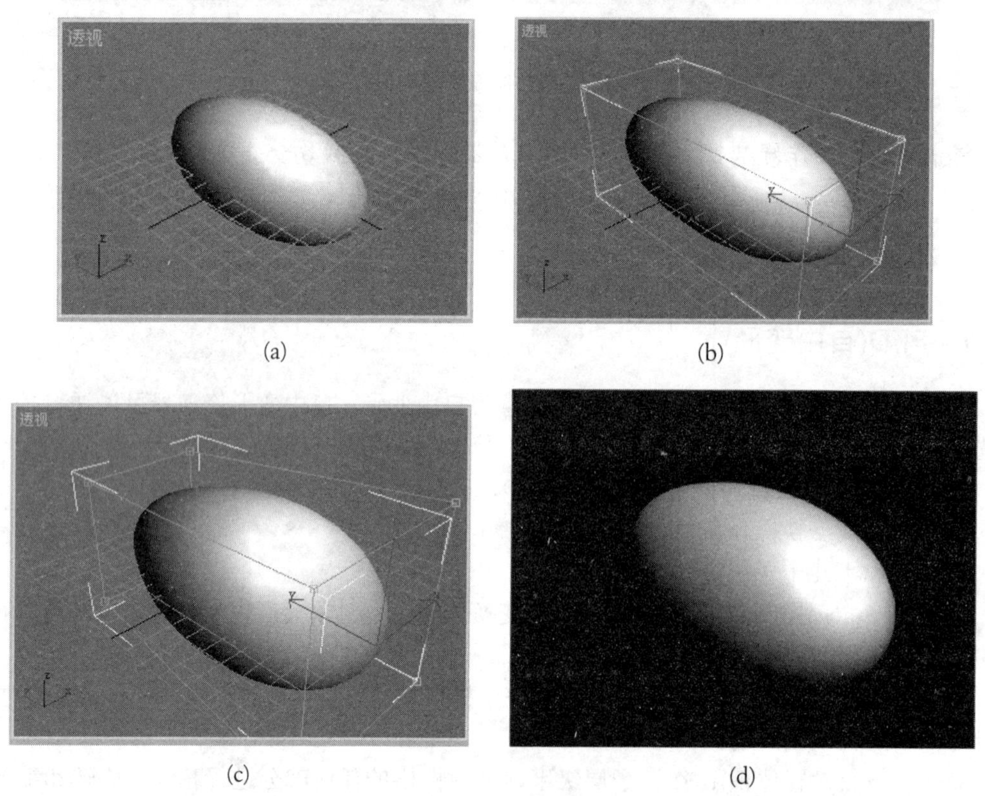

(a)　(b)　(c)　(d)

图 5-27　使用 FFD 修改器制作蛋

5.4.2　Lattice(晶格)

晶格修改器可以将几何体转换成晶格。晶格由连接杆和连接点组成。

其主要参数如下。

(1) Geometry(几何体)选区有以下几个参数。

Apply to Entire Object(应用于整个对象)：勾选该复选框，晶格修改器应用于整个对象，否则只应用于选定的子对象。

Joints Only from Vertices(仅来自节点的连接点)：选择该选项，则只显示由节点转换成的连接点。

Struts Only from Edges(仅来自边的连接杆)：选择该选项，则只显示由边转换成的连接杆。

Both(二者)：选择该单选项，则显示所有连接点和连接杆。

(2) Struts(连接杆)选区：可以指定连接杆的半径、长度方向的分段数、横截面的边和材质 ID 号。

(3) Joints(连接点)选区：可以指定连接点的面、半径、片段数、材质 ID 号、是否光滑等。

实例 5-18　创建乒乓球桌。

创建一个长方体做乒乓球桌面：长度为 80，宽度为 160，高度为–2。

创建一个矩形做边线：长度为 80，宽度为 160。将矩形转换为可编辑样条线，在“几何体”卷展栏中设置轮廓值为 4。选择挤出修改器，挤出数值为 0，将边框线沿 Z 轴移动 0.1。

与制作边线类似，创建一条样条线做中线。

将边线和中线沿 Z 轴移动 0.01。

创建一个长方体做乒乓球网：长度为 80，宽度为 0，高度为 20。长度分段为 20，宽度分段为 1，高度分段为 5。选择晶格修改器，支柱半径为 0.5，边数为 10，节点半径为 0.5。

创建两个圆柱体做球网固定架。

创建一个旋转体做球桌腿。

创建的乒乓球桌如图 5-28 所示。

图 5-28　创建乒乓球桌

5.4.3　Mesh Smooth(网格平滑)

网格平滑修改器通过沿面的边界在面的折角处添加新面片的方式，来光滑网格对象表面。

Subdivision Method(细分方法)卷展栏有如下参数。

细分方法列表框有三个选项：经典、四边形输出和 NURMS。

Classic(经典)：创建三角形或四边形面光滑对象。

Quad Output(四边形输出)：仅创建四边形面光滑对象。可以为边或面指定不同的张力，还可以通过光滑长度松弛节点。

NURMS：non-uniform rational mesh smooth 的缩写，可译为非均匀有理网格光滑。

Subdivision Amount(细分量)卷展栏有如下参数。

Iterations(迭代次数)：从已有节点插值来计算新面的值需迭代的次数。取值为 0～10 时，取值越大，计算时间越长，按 Esc 键可结束计算，恢复原有设置。

Smoothness(光滑度)：指定要进行光滑处理的拐角光滑度。若值为 0，则不加入新面进行光滑处理，若值为 1，则所有节点加入新面进行光滑处理。

实例 5-19　用网格平滑修改器创建一个茶叶筒和一块香皂。

创建一个圆柱体，高度分段设置为 10，端面分段设置为 10，边数设置为 30。选择网格平滑修改器进行平滑，选择经典细分方法；其他参数设为默认值。给圆柱体指定一幅贴图，渲染后的效果如图 5-29(a)所示。

由于平滑后的圆柱体不能使用曲面变形(WSM)修改器，因此要再创建一个圆柱体并转换成 NURBS 曲面后，才能使用曲面变形(WSM)修改器在表面贴上“西湖龙井”四个字。可以将贴字的圆柱体隐藏，仅显示变形后的文本。

创建一个圆，在“渲染”卷展栏中设置厚度为 2，置于平滑圆柱体筒盖接口处。渲染后的效果如图 5-29(b)所示。

创建一个长方体，长、宽、高的分段依次为 5、3、2。给长方体加上网格平滑修改器，全部参数设为默认值。

创建“香皂”两个字，挤出后与平滑长方体进行布尔相减运算。

最后渲染的效果如图 5-29(c)所示。

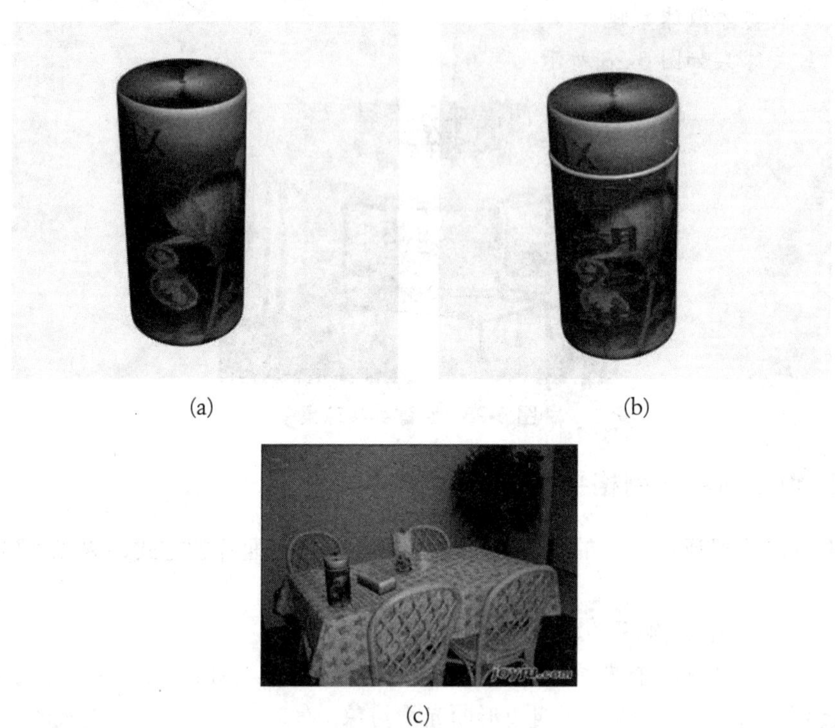

(a)　(b)

(c)

图 5-29　使用网格平滑修改器创建茶叶筒和香皂

5.4.4　Mirror(镜像)

镜像修改器用于创建选定对象的镜像对象。该修改器可以作用于对象，也可以作用于子对象，还可通过变换修改器线框指定镜像变换的动画。

其主要参数如下。

Offset(偏移)：指定镜像对象和源对象的距离。

Copy(复制)：勾选该复选框，则复制一个镜像对象，否则镜像变成拉伸。

实例 5-20　使用镜像修改器创建一个三嘴茶壶。

创建一个茶壶。

选择多边形修改器。

在修改器堆栈中选择多边形修改器，选择元素子层级。

选定茶壶嘴，选择镜像修改器，镜像轴选择为 Y 轴，偏移值设置为 10，勾选“复制”复选框，就会镜像出一个壶嘴，如图 5-30(a)所示。

从选择多边形修改器开始，重复上述操作一遍，只是偏移值设置为–10，其他操作不变，这时会在原壶嘴的 Y 轴负方向复制出一个壶嘴，如图 5-30(b)所示。

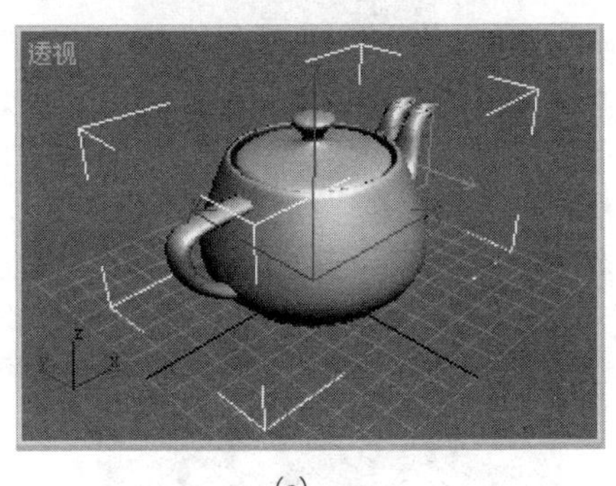

(a)

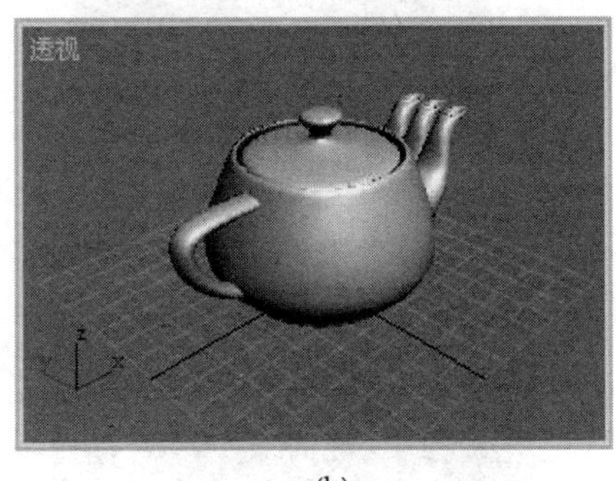

(b)

图 5-30　使用镜像修改器创建一个三嘴茶壶

5.4.5　Ripple(涟漪)

Ripple(涟漪)修改器可以用来模拟涟漪效果。

实例 5-21　制作海空飞机动画。

在前视图创建一个平面，长度分段和宽度分段均为 30，大小要能盖住整个视图。使用一个水面位图文件做贴图。

在前视图再创建一个平面，用一个有飞机的图像，采用不透明度贴图技术给平面贴图。如图 5-31(a)所示。

将贴有飞机的平面旋转一个小的角度，把这个平面藏在大平面后面。

打开“修改”命令面板，选择涟漪修改器，单击“自动关键帧”按钮。在第 0 帧，振幅 1 为 0，振幅 2 为 0。在第 35 帧时，振幅 1 为 1，振幅 2 为 0，波长为 50，相位为 10。移动贴有飞机的平面，使飞机露出机头。效果如图 5-31(b)所示。

在第 42 帧，振幅 1 改为 10。将贴有飞机的平面完全移出水面，轻微缩小飞机。效果如图 5-31(c)所示。

在第 100 帧，振幅 1 为 0，振幅 2 为 10，波长为 50，相位为 0。将贴有飞机的平面移到左上角，尺寸缩小到原来的一半。效果如图 5-31(d)所示。

创建一个暴风雪粒子对象：速度为 3，变化为 50；发射开始为 42；发射停止为 75；显示时限为 70；寿命为 50，变化为 50；粒子大小为 10，变化 20；粒子类型为球体。粒子繁殖选择消亡后繁殖，繁殖数为 1000。

给粒子赋标准材质：自发光颜色、漫反射颜色为白色，高光反射颜色为深灰色，不透明度为 50，高光级别为 100。

创建一个导向球空间扭曲对象，将导向球放在粒子对象上方，并且将导向球绑定到粒子对象上。

选择前视图，渲染输出动画。播放动画，可以看到飞机从海底钻出，水花四溅，飞机飞往远处。

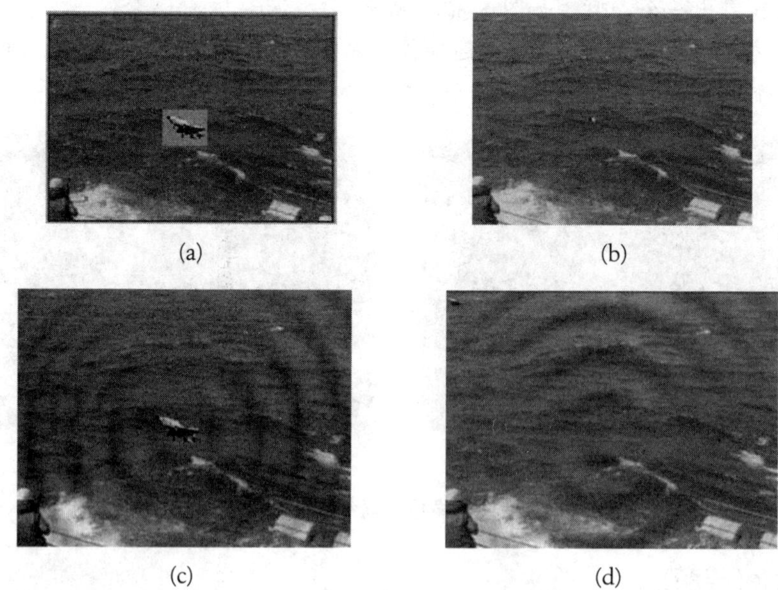

(a)　(b)　(c)　(d)

图 5-31　制作海空飞机动画

5.4.6　Squeeze(挤压)

挤压修改器能在轴向和径向两个方向挤压延展变形对象。

其主要参数如下。

Axial Bulge(轴向突出)选区有如下参数。

Amount(数量)：轴向突出的大小。

Curve(曲线)：膨胀曲线的曲率。

Radial Squeeze(径向挤压)选区有如下参数。

Amount(数量)：径向挤压的大小。径向挤压是在轴心点所在的横截面发生挤压，其他端面发生延展。

实例 5-22　创建一根竹子。

创建一个管状体，高度分段为 20，边为 30。

选择挤压修改器，设置径向挤压数量为 0.003，径向挤压曲线为 12，体积平衡偏移为 85，其他使用默认参数，效果如图 5-32(a)所示。

复制若干节竹子组成竹子主干。使用一幅竹子图像文件做环境贴图，渲染后的效果如图 5-32(b)所示。

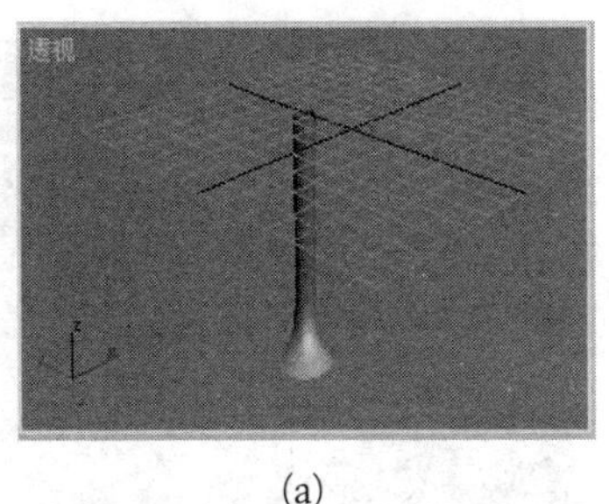

(a)

(b)

图 5-32　挤压对象

5.4.7　Stretch(拉伸)

拉伸修改器可以用于指定轴向伸缩对象。

其主要参数如下。

Stretch(拉伸)：指定轴向的缩放强度。为正时放大，为负时缩小。图 5-33(a)所示的为三个相同茶壶选择的拉伸值一样，从左至右依次选择 X、Y、Z 轴向拉伸的结果。

Amplify(放大)：在次轴向上缩放的倍数。图 5-33(b)中两个茶壶的拉伸值相同，但左侧茶壶放大倍数为 2，右侧茶壶放大倍数为 10。

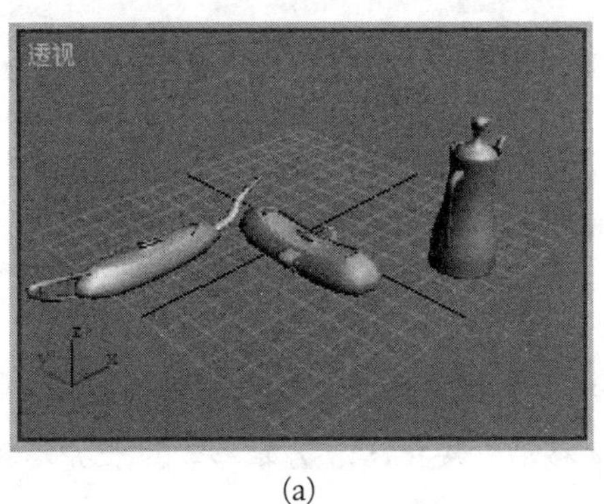

(a)

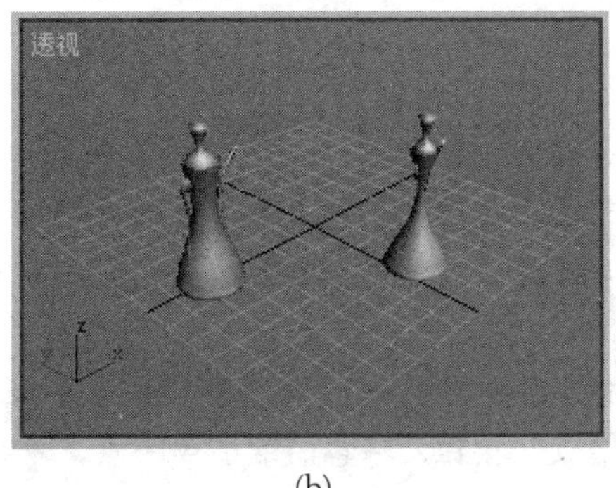

(b)

图 5-33　拉伸对象

5.4.8　Twist(扭曲)

扭曲修改器可以按照指定的扭曲轴向和角度扭曲对象。

其主要参数如下。

Angle(角度)：扭曲变形的角度。

Bias(偏向)：扭曲效果在对象表面向上或向下偏移的值。

Twist Axis(扭曲轴)：可以选定扭曲变形依据的轴向。

实例 5-23　创建木螺丝。

创建一个圆柱体，高度分段为 12，边为 30。

选择扭曲修改器，输入扭曲角度为 10000。创建出木螺丝的螺纹，如图 5-34(a)所示。

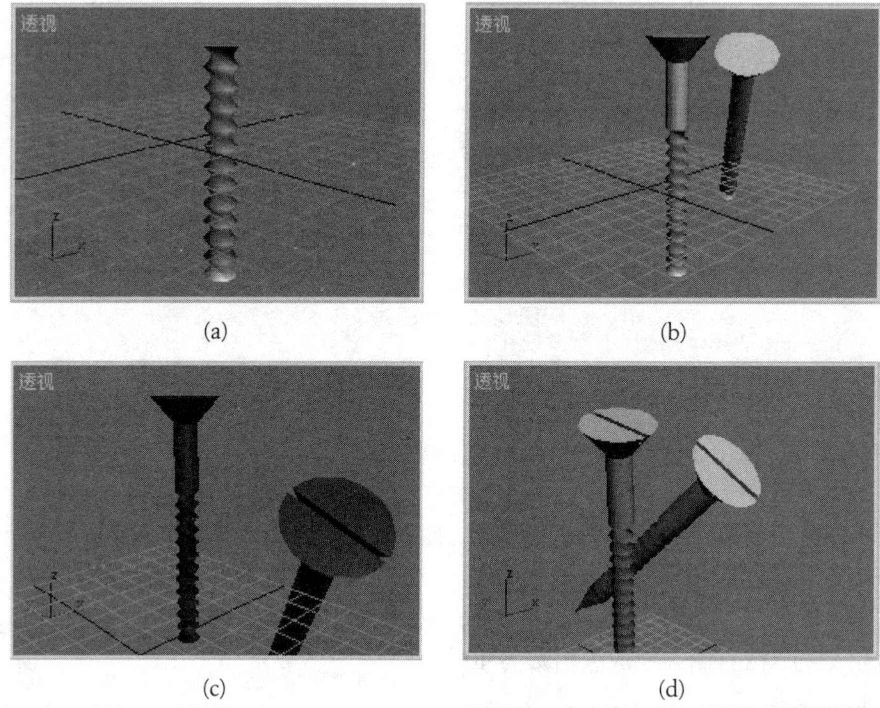

图 5-34　创建木螺丝

选择编辑网格修改器，选择面子层级，选定木螺丝上顶部的所有面，单击“倒角”按钮，进行两次倒角，创建出木螺丝的无螺纹部分和木螺丝头，如图 5-34(b)所示。

创建一个长方体，与螺丝头进行布尔相减运算，就能制作螺丝头的槽口，如图 5-34(c)所示。

选择编辑网格修改器，选择顶点子层级，选定木螺丝另一端末端一圈内的全部顶点，单击“缩放”按钮，将它们缩小成一点，单击“移动”按钮，沿 Z 轴移动拉长尖端的长度，就可以得到一个完整的木螺丝，如图 5-34(d)所示。

5.4.9　Shell(壳)

壳修改器可以为对象新增一些额外面，以使对象增加厚度。

其主要参数如下。

Inner Amount(内部量)：向内挤压的厚度。

Outer Amount(外部量)：向外挤压的厚度。

Bevel Edges(倒角边)：勾选该复选框，就可以为挤压过程指定一条倒角样条线。

Bevel Spline(倒角样条线)：单击该按钮，再单击已有的一条不闭合样条线，该曲线就被指定为挤压时倒角的轮廓线。

实例 5-24　壳修改器在创建酒杯中的应用。

在前视图中用样条线创建一条高脚酒杯的半边轮廓线，将轴心点移到边界盒的左边界上，如图 5-35(a)所示。

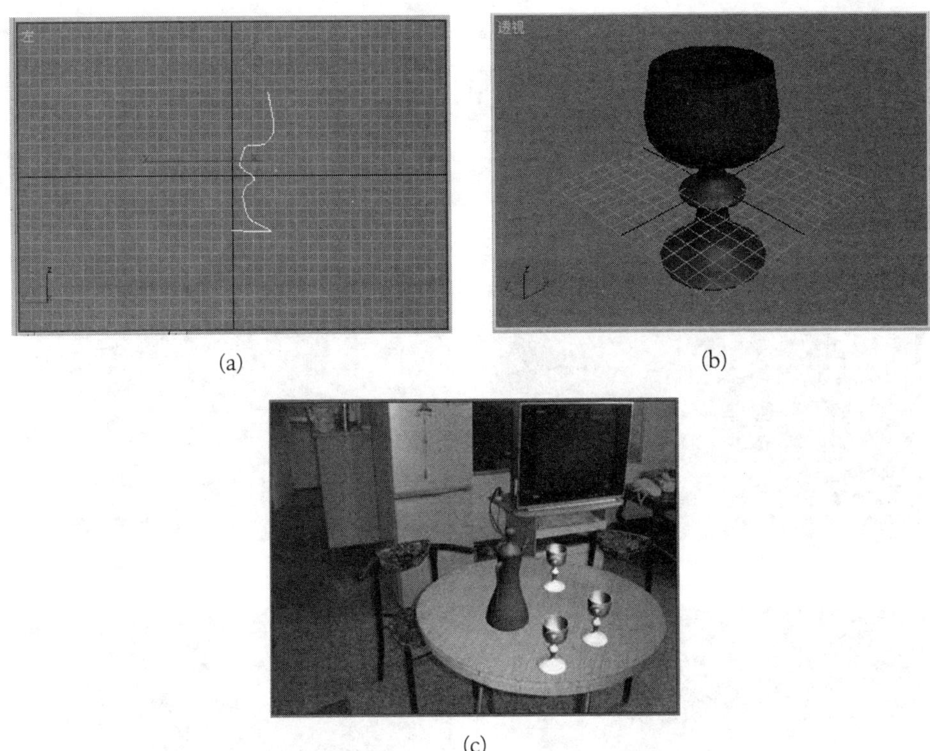

(a)　(b)　(c)

图 5-35　壳修改器在创建酒杯中的应用

选择车削修改器，单击曲线就可以得到一个厚度为 0 的高脚酒杯，如图 5-35(b)所示。

给酒杯赋标准材质，漫反射和高光反射均设置为咖啡色，高光级别设置为 500，不透明度设置为 60。

选择壳修改器，设置外部量为 2，就可以得到一个厚度不为零的酒杯。创建一个茶壶，选择拉伸修改器，将其拉伸成酒壶。指定一个背景贴图，渲染后的效果如图 5-35(c)所示。

5.4.10　Bend(弯曲)

弯曲修改器可以按照指定的方向和角度弯曲选定的对象。

其主要参数如下。

Angle(角度)：弯曲的角度。

Direction(方向)：垂直于弯曲轴平面内旋转的角度。

Bend Axis(弯曲轴)：实施弯曲的轴向。

实例 5-25　制作雨伞。

制作雨伞，包括制作伞盖和伞把。

制作伞盖的步骤如下。

在顶视图中创建一条与 X 轴平行的样条线，将轴心点移到曲线一端。

在修改器堆栈中展开 Line，选择线段子层级，单击“几何体”卷展栏中的“拆分”按钮，将线段拆分成 10 段，如图 5-36(a)所示。

选定样条线，选择弯曲修改器，弯曲角度为 50°，弯曲轴为 X 轴，如图 5-36(b)所示。

选择阵列复制，每两条曲线的夹角为 36°，绕 Z 轴旋转复制两条曲线。将两条样条线转换成 NURBS 曲线。打开 NURBS 创建工具箱，单击“创建规则曲面”按钮，在两条曲线之间创建规则曲面，就可以得到伞盖的一个扇面，如图 5-36(c)所示。

选定这个扇面，选择阵列复制，每两个扇面的夹角为 36°，绕 Z 轴旋转复制 9 个扇面，就可以得到伞盖，如图 5-36(d)所示。

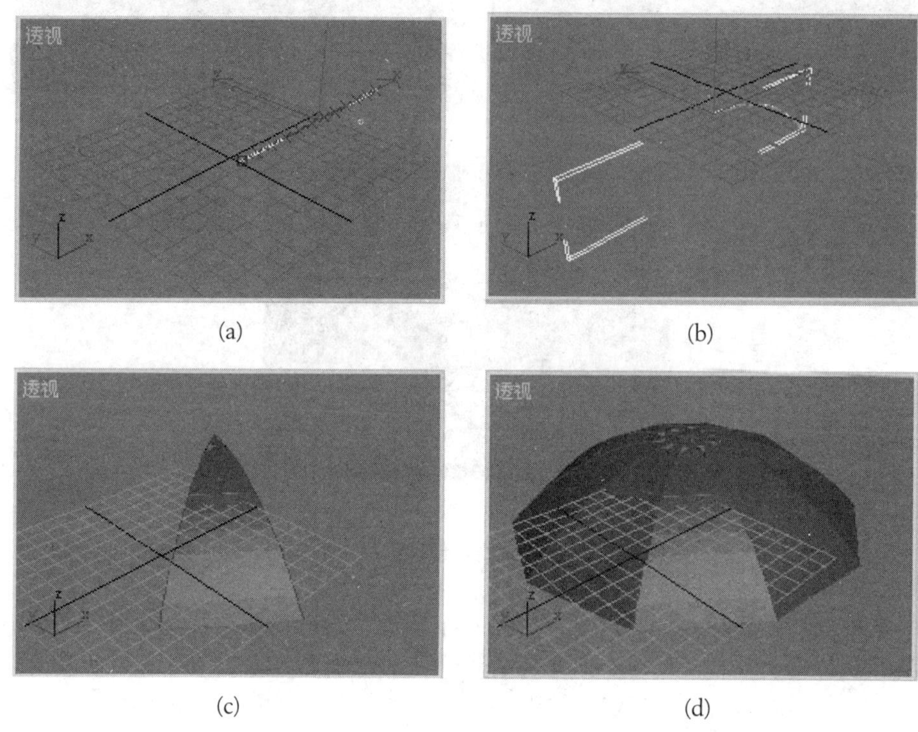

(a)　(b)
(c)　(d)

图 5-36　制作伞盖

制作伞把的步骤如下。

创建一个圆柱体，设置高度分段为 20，边为 30。选择编辑网格修改器，选择顶点子层级，选定圆柱体一个端面上的所有顶点，缩小成锥形，并沿 Z 轴正向拉长锥体。

选择图形子面板，创建一条 180°~360°、半径为 15 的弧线。在“渲染”卷展栏中勾选“可渲染”复选框和“在视口中显示”复选框，设置厚度为 5，如图 5-37(a)所示。

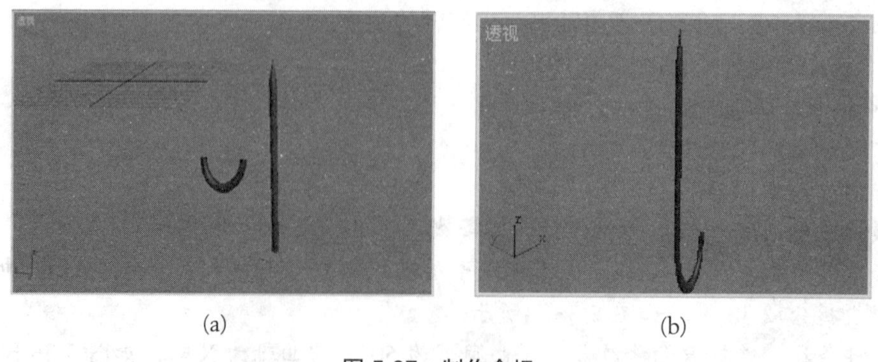

(a)　(b)

图 5-37　制作伞把

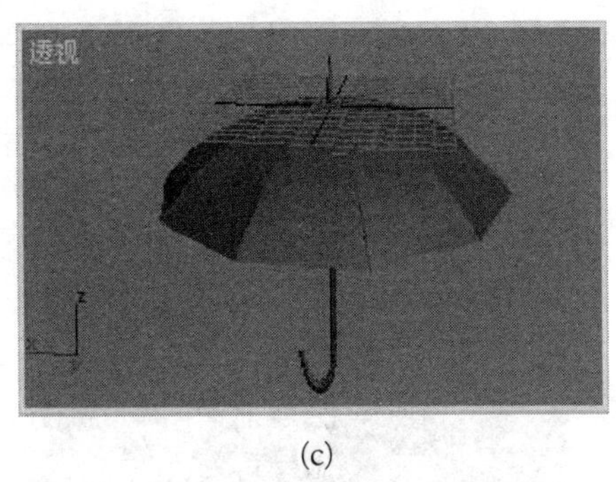

(c)

(d)

续图 5-37

将圆柱体与弧线对齐，就可以做成伞把，如图 5-37(b)所示。

将伞把与伞盖对齐，就可以做成一把伞，如图 5-37(c)所示。

给伞盖贴图，渲染后的效果如图 5-37(d)所示。

5.5　其他修改器

5.5.1　Skin(蒙皮)

蒙皮修改器可以应用于骨骼、样条线、变形网格对象、面片对象和 NURBS 对象等中。只要在对象内或对象旁放置了骨骼系统，当为该对象指定蒙皮修改器，且对象的节点都包含在蒙皮的封套中时，对象的节点就会随骨骼系统一起运动。

Parameters(参数)卷展栏的参数如下。

Edit Envelopes(编辑封套)：激活该按钮，就可以对封套进行编辑。封套有两层，内层为红色，外层为暗红色。拖动封套上的控制点，可以改变封套的大小。处于内层内的对象完全受骨骼的影响，这时对象表面为红色。内层到外层之间为衰减区，其影响力会越来越小；外层以外区域的对象完全不受骨骼的影响。

Add Bone(添加骨骼)：单击该按钮，弹出 Select Bone(选择骨骼)对话框，在该对话框中可以选择控制对象的骨骼。

Radius(半径)：单击封套上的控制点选择一个截面后，可以在该数码框中输入一个值来确定封套截面的大小。

实例 5-26　使用蒙皮修改器给骨骼蒙皮。

创建一个圆柱体，高度分段设为 6。创建四块骨骼，如图 5-38(a)所示。

将骨骼与圆柱体对齐，并将圆柱体缩放到与骨骼大小相当。

选定圆柱体，选择“修改”命令面板，展开修改器列表，在列表中选择蒙皮修改器。

单击“添加骨骼”按钮，弹出“选择骨骼”对话框，选择需要蒙皮的骨骼，这时选择的骨骼名称就会显示在“参数”卷展栏的骨骼列表框中。

激活“参数”卷展栏中的“编辑封套”按钮，这时圆柱体旁边就会出现一个网状的封套，如图 5-38(b)所示。

拖动封套上的控制柄来改变封套大小，使封套套住圆柱体的所有节点，如图 5-38(c)所示，这时圆柱体的节点都变成红色。

移动骨骼时，圆柱体会做相应的运动，如图 5-38(d)所示。

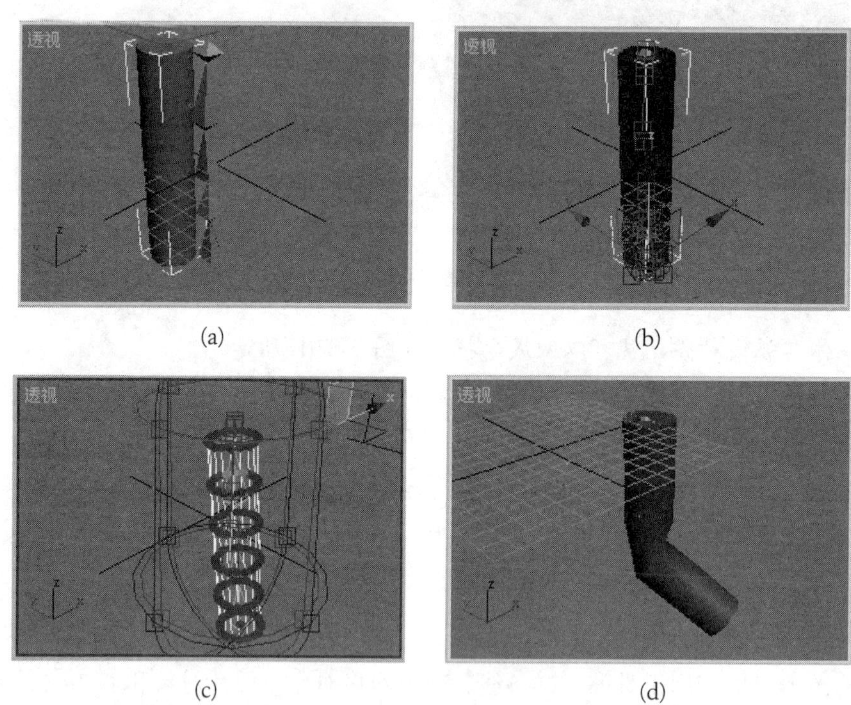

(a)　(b)

(c)　(d)

图 5-38　为圆柱体指定蒙皮修改器

实例 5-27　使用蒙皮修改器创建人行走的动画。

创建人体骨骼系统的步骤如下。

选择系统子面板，单击“骨骼”按钮，在骨骼参数卷展栏中设置骨骼对象的宽度和高度均为 8、锥化为 0。

在前视图中创建人的身躯和四肢的骨骼，每组骨骼都由四块组成，中间两块为长骨骼，两端的两块为短骨骼，如图 5-39(a)所示。

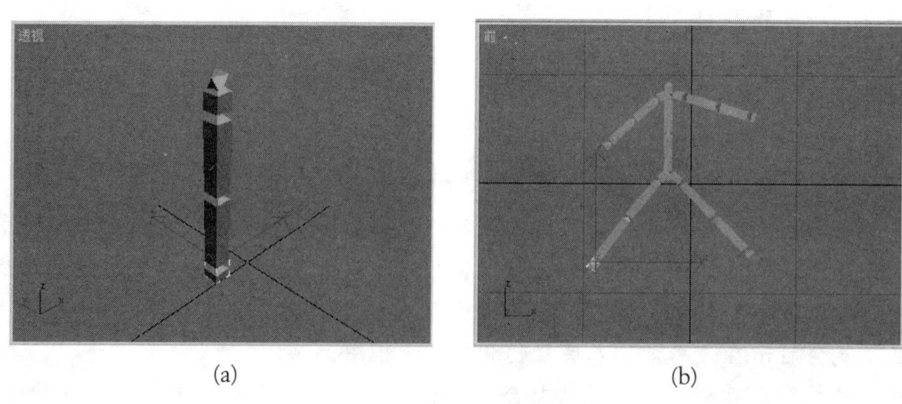

(a)　(b)

图 5-39　创建一个人的骨骼

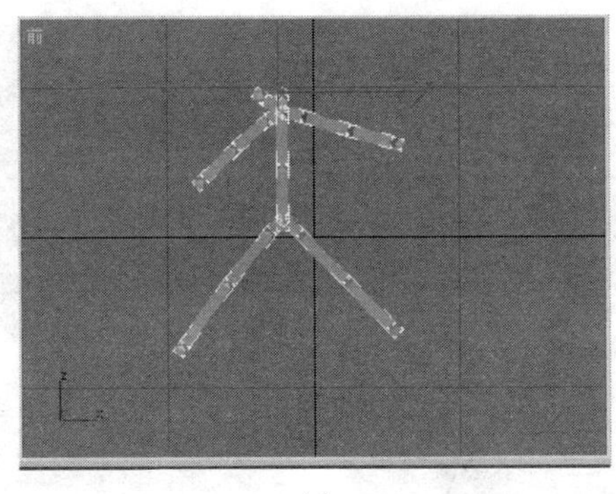

(c)

续图 5-39

上肢骨骼连在第一块和第二块之间，下肢骨骼连在第三块和第四块之间，如图 5-39(b)所示。

给头部创建两块短骨骼，连接在身躯的第一块和第二块之间，如图 5-39(c)所示。

创建人体模型的步骤如下。

给每块骨骼对应创建一个长方体。长骨骼对应的长方体的参数为：长为 10，宽为 50，高为 10。短骨骼对应的长方体的参数为：长、宽、高均为 10。效果如图 5-40(a)所示。

将宽为 50 的长方体复制 10 块，宽为 10 的长方体复制 5 块，如图 5-40(b)所示。

将宽为 50 的长方体与长骨骼的位置和方向对齐，对齐方式选择中心对齐；将宽为 10 的长方体与每组的第一块短骨骼对齐。

在头部创建一个 10 圈的螺旋线，将螺旋线与头部骨骼对齐，如图 5-40(c)所示。

将左肢长方体和右肢长方体设置成不同颜色，以便区分，如图 5-40(d)所示。

将所有长方体和螺旋线组合成组。

对组使用蒙皮修改器，添加所有骨骼，就得到一个可以行走的人。

创建行走动画：每隔 20 帧行走一步。第二步的姿势如图 5-40(e)所示。

渲染后的效果如图 5-40(f)所示。

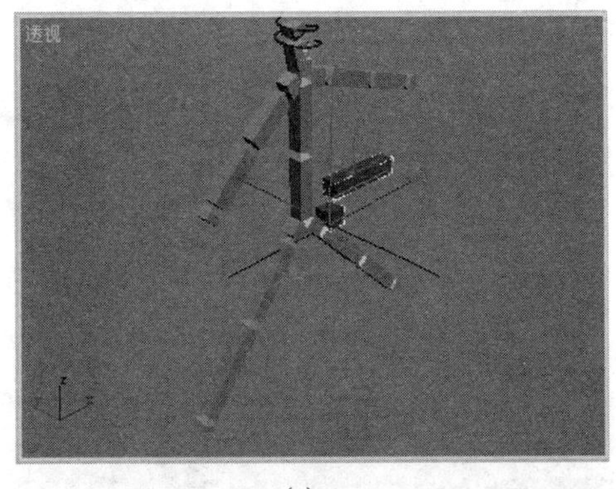

(a)

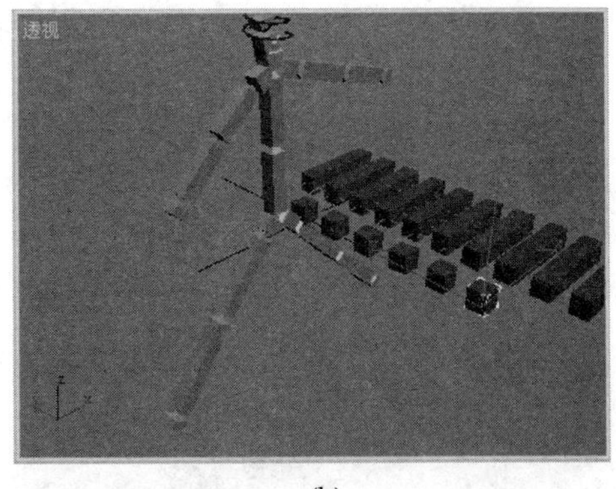

(b)

图 5-40　创建人体模型和动画

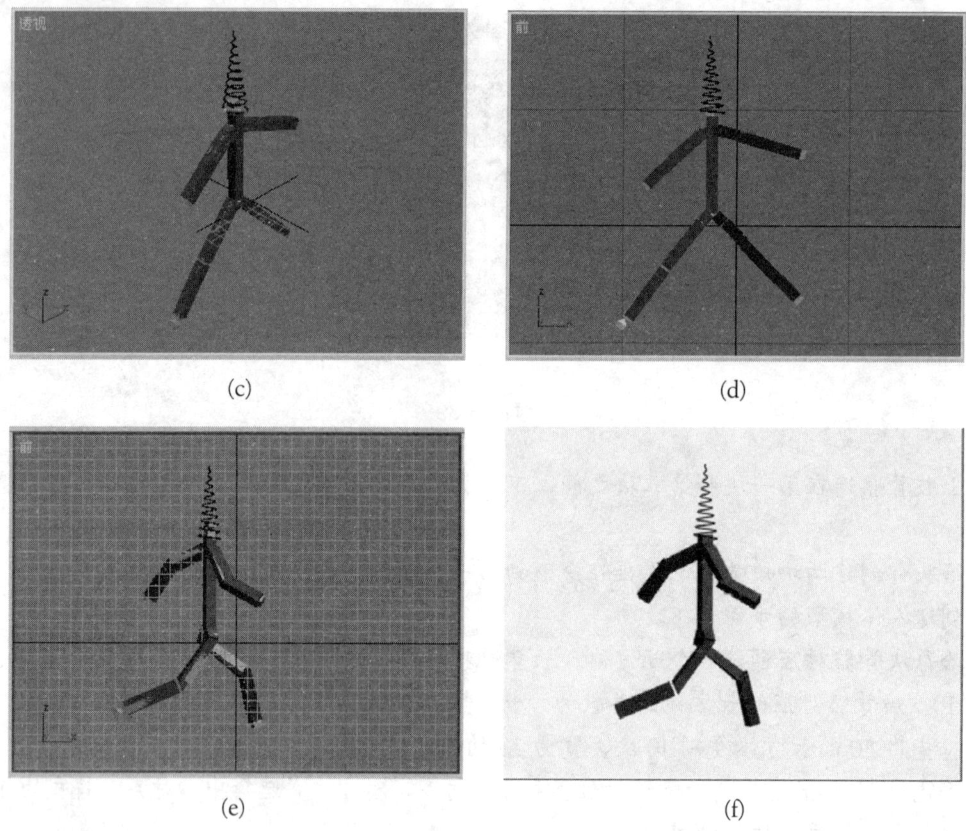

(c)　(d)

(e)　(f)

续图 5-40

5.5.2 Skin Morph(蒙皮变形)

蒙皮变形修改器往往与蒙皮修改器或相当于蒙皮的修改器一起使用。蒙皮变形修改器能用来编辑已使用蒙皮修改器后的蒙皮模型。如二足角色动画中，使用蒙皮变形修改器可以编辑四肢弯曲后肌肉的变化和弯曲部位表皮的变化。

实例 5-28　使用蒙皮变形修改器编辑二足角色右上臂弯曲时的表皮。

创建一个二足角色，将二足角色的右臂伸直，如图 5-41(a)所示。

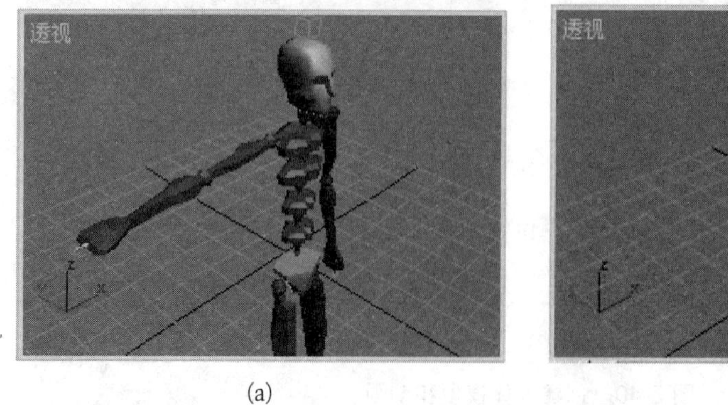

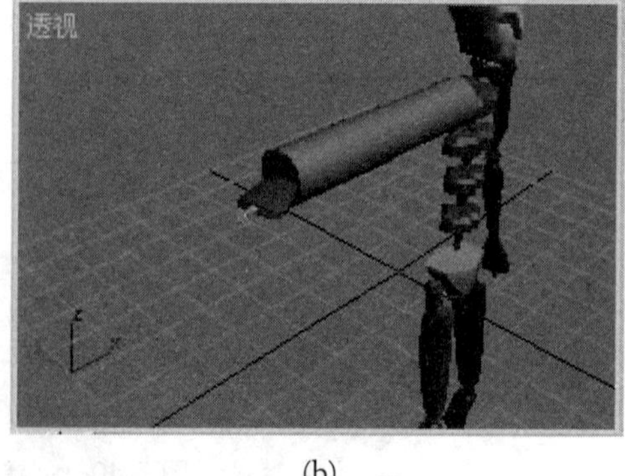

(a)　(b)

图 5-41　未使用蒙皮变形修改器时创建手臂弯曲的动画

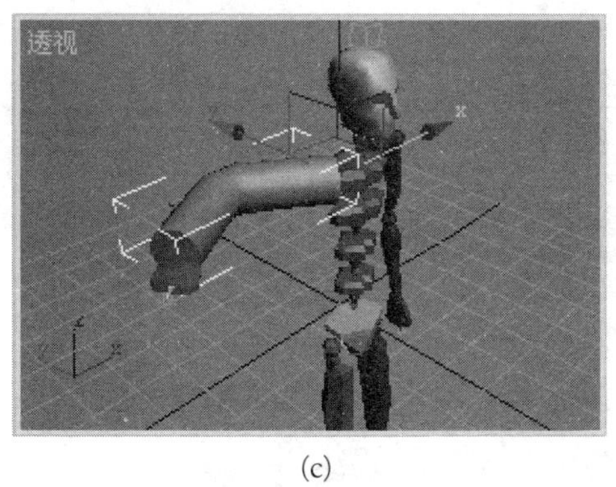

(c)

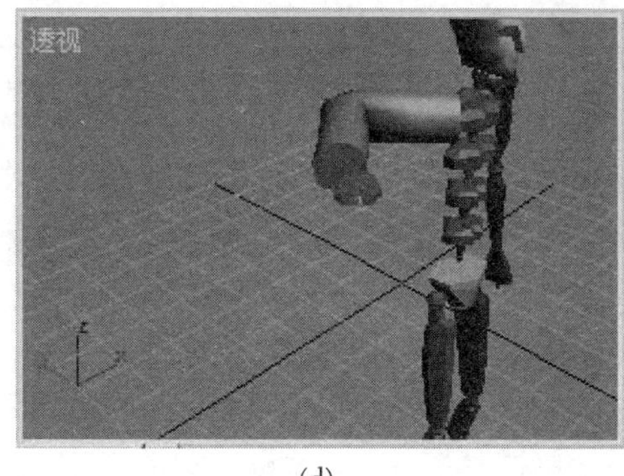

(d)

续图 5-41

创建一个圆柱体。将圆柱体与右上臂对齐。给圆柱体指定蒙皮修改器，如图 5-41(b)所示，添加右上臂的两块骨骼分别为 Bip01 R Forearm 和 Bip01 R UpperArm。

创建右上臂弯曲的动画：第 0 帧时手臂伸直，第 50 帧时手臂弯曲最大，第 100 帧时手臂伸直。播放动画可以看到手臂由伸直到弯曲，再由弯曲到伸直的过程。但在这个动画过程中，看不到手臂肌肉的任何变化。第 30 帧的手臂画面如图 5-41(c)所示，第 50 帧的手臂画面如图 5-41(d)所示。

选择蒙皮变形修改器，单击“参数”卷展栏中的“拾取骨骼”按钮，将 Bip01 R Forearm 和 Bip01 R UpperArm 两块骨骼添加到列表框中。

在修改器堆栈中展开蒙皮变形修改器，选择点子层级。在“参数”卷展栏中选择 Bip01 R UpperArm，如图 5-42(a)所示。

单击“局部属性”卷展栏中的“编辑”按钮，如图 5-42(b)所示。

单击“自动关键帧”按钮，将时间滑动块移到第 50 帧。选择右上臂上部分顶点，移动这些顶点可以产生肌肉凸起的效果，如图 5-42(c)所示。

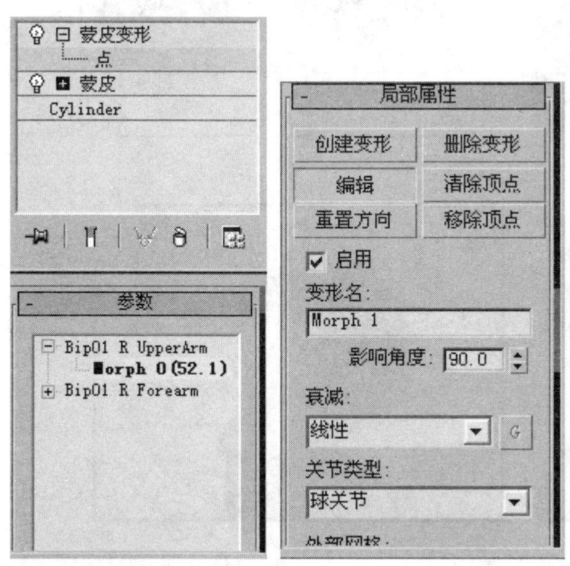

(a) (b)

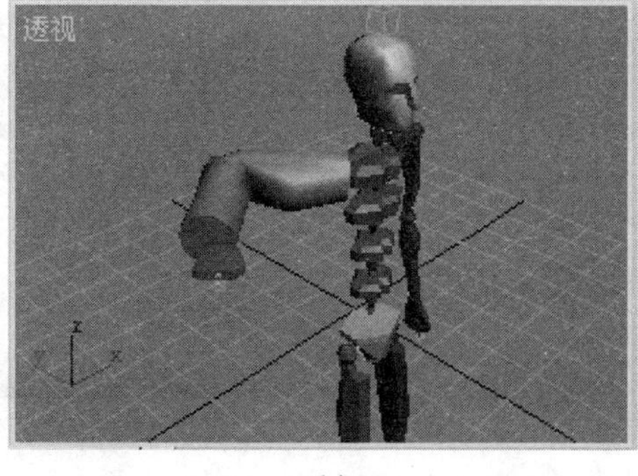

(c)

图 5-42 使用蒙皮变形修改器后创建手臂弯曲的动画

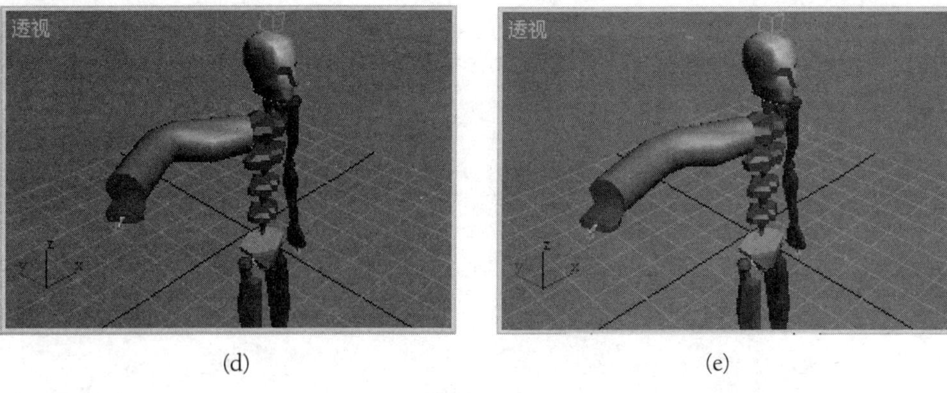

(d)　(e)

续图 5-42

播放动画，第 30 帧的手臂画面如图 5-42(d)所示，第 80 帧的手臂画面如图 5-42(e)所示。

5.5.3　Hair and Fur(WSM)(毛发和毛皮(WSM))

毛发和毛皮(WSM)修改器可以应用于各种几何体和各种曲面上，模拟出人的头发和汗毛、动物的毛皮、草地等。

实例 5-29　使用毛发和毛皮(WSM)修改器创建不同对象。

创建一个球体、一个面片栅格对象和一个 NURBS 曲面，如图 5-43(a)所示。

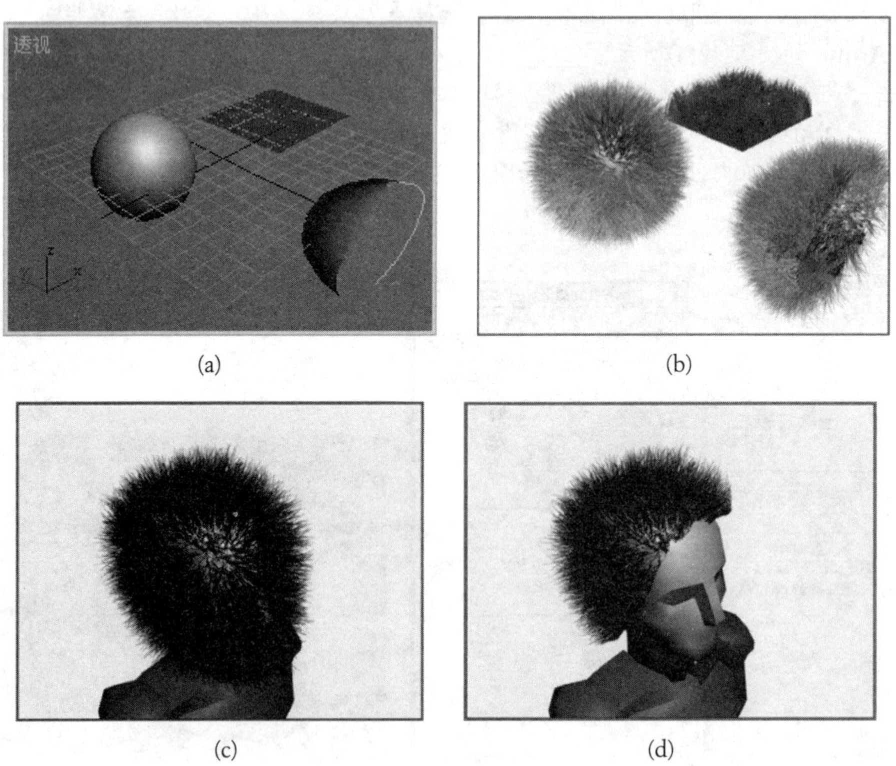

(a)　(b)

(c)　(d)

图 5-43　使用毛发和毛皮(WSM)修改器创建毛发

分别在这些对象上使用毛发和毛皮(WSM)修改器，渲染后的效果如图 5-43(b)所示。

创建一个二足角色对象。选定人的头部，对头部使用毛发和毛皮(WSM)修改器，将头发转换成网格，渲染后的效果如图 5-43(c)所示。

选定 Object01(创建了头发的头部)，在修改器堆栈中展开可编辑网格，选择顶点子层级。选定面部的头发，将其删除，渲染后的效果如图 5-43(d)所示。

思　考　题

1. 修改器堆栈在哪里，它有何用途？
2. 对修改器堆栈可以进行哪些操作？
3. Extrude(挤出)修改器有何作用？请将“挤出”两个字创建成立体字。
4. Lathe(旋转)修改器有何作用？请使用它创建一个脸盆。
5. Bevel(倒角)修改器有何作用？请将“倒角”两个字创建成有倒角的立体字。
6. Edit Spline(编辑样条线)修改器有何作用？创建一条任意的样条线，并使用该修改器进行修改。
7. Normalize Spline(规格化样条线)修改器有何作用？创建一条任意的曲线，并使用该修改器对其进行规格化。
8. PathDeform(路径变形)(WSM)修改器有何作用？请使用该修改器变形文字。
9. Surface Deform(曲面变形)(WSM)修改器有何作用？请使用该修改器变形文字。
10. Surface Deform(曲面变形)修改器有何作用？请使用该修改器变形文字。
11. Patch Deform(面片变形)和 Patch Deform(面片变形)(WSM)修改器有何作用？请使用这两个修改器变形文字。
12. Mesh Select(网格选择)修改器有何作用？
13. Delete Mesh(删除网格)修改器有何作用？请使用该修改器删除茶壶的壶嘴。
14. Edit Mesh(编辑网格)修改器是一个非常重要的修改器，它有哪些用途？
15. 自由变形修改器有何作用？请使用该修改器变形茶壶。
16. Mesh Smooth(网格平滑)修改器有何作用？创建一个长方体，并将其进行网格平滑。
17. Mirror(镜像)修改器有何作用？请使用该修改器将一个球体打碎。
18. Noise(噪波)修改器有何作用？
19. Slice(切片)修改器有何作用？
20. Spherify(球形化)修改器有何作用？
21. Wave(波浪)修改器和 Ripple(涟漪)修改器有何作用？
22. Push(推力)修改器有何作用？
23. Squeeze(挤压)修改器和 Extrude(挤出)修改器的作用有何不同？
24. Stretch(拉伸)修改器有何作用？请使用该修改器拉伸出不同形状的茶壶。
25. Taper (锥化)修改器有何作用？
26. Twist(扭曲)修改器有何作用？请使用该修改器创建一个螺丝。

27. Shell(壳)修改器有何作用？创建一个茶杯，利用该修改器增加茶杯厚度。
28. Bend(弯曲)修改器有何作用？请使用该修改器创建一支灯管。
29. Tessellate(细化)修改器有何作用？
30. Displace Mesh-WSM(贴图缩放器：WSM)修改器有何作用？

第 6 章　复合对象与建模

通过复合对象操作可将两个或两个以上的对象复合成一个复杂的对象。3ds max 9 提供了 12 种复合对象操作，分别为 Morph(变形)、Scatter(离散)、Conform(一致)、Connect(连接)、BlobMesh(液滴网格)、ShapeMerge(形体合并)、Boolean(布尔运算)、Terrain(地形)、Loft(放样)、Mesher(网格化)、ProBoolean 和 ProCutter。其中布尔运算和放样是常用的两种复合对象操作。

6.1　Scatter(离散)

离散复合对象操作用于将源对象按照指定的数量和分布区域散布到分布对象表面，常用来制作毛发、树木和草地等。

创建离散复合对象的操作步骤如下。

创建一个分布对象和一个源对象，它们可以是任意的几何体和曲面。

选定源对象，单击复合对象中的“离散”按钮。在“重复数”数码框中输入需要复制源对象的数目和选择其他需要的参数，单击“拾取分布对象”按钮，单击分布对象，源对象就会按指定的要求分布到分布对象上。

勾选“隐藏分布对象”复选框，分布对象就会被隐藏，看到的只有源对象。

实例 6-1　创建一棵小树。

用圆锥体创建树干和树枝，如图 6-1(a)所示。

创建分布对象：创建三个球体，并分别移到三根树枝上。选择网格选择修改器，在一个球体上任意选择一个面选择集。选择细化修改器，将选择集细化。选择编辑网格修改器，让球体发生一定变形，这样做是为了让源对象不均匀地分布到分布对象表面，如图 6-1(b)所示。

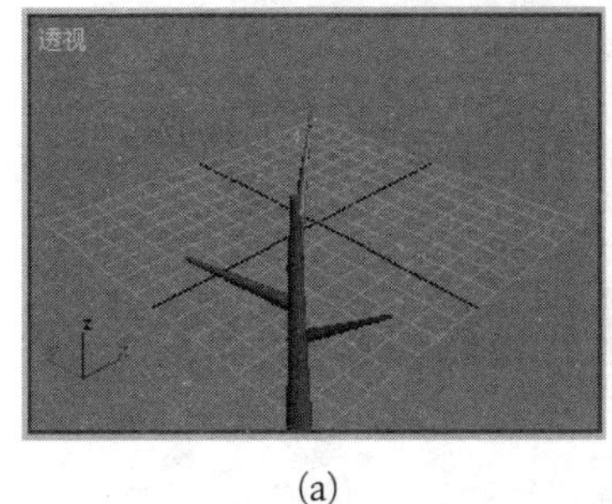

(a)

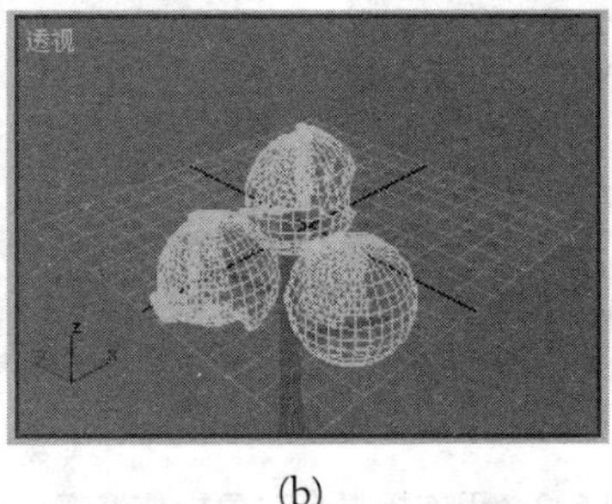

(b)

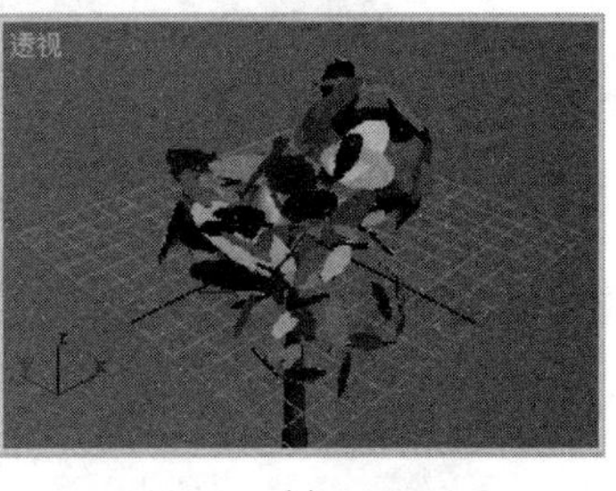

(c)

图 6-1　用离散复合对象操作创建小树

创建源对象：创建一个椭圆，选择挤出修改器，将其挤出成曲面，颜色选择为绿色，并将创建好的源对象复制三份。

选定源对象，单击复合对象的对象类型卷展栏的“离散”按钮，重复数选择为 40，单击创建好的分布对象。勾选“隐藏分布对象”复选框，删除分布对象的原始对象，得到图 6-1(c)所示的一棵小树。

6.2　Connect(连接)

如果两个或两个以上对象表面有切出的空洞，那么连接复合对象操作可以在两个对象的空洞之间用光滑曲面将其连接起来。

注意：连接操作不能很好地作用于 NURBS 对象。

连接两个对象的操作步骤如下。

创建两个对象。选择编辑网格修改器，将两个对象各切出一个洞。

选定其中一个对象，单击“对象类型”卷展栏中的“连接”按钮。

单击“拾取操作对象”按钮，单击另一个对象，在两个空洞之间就会有一个光滑曲面将其连接起来。

实例 6-2　用连接复合对象操作连接两个球体和一个圆环。

创建一个小球体、一个大球体和一个圆环，如图 6-2(a)所示。

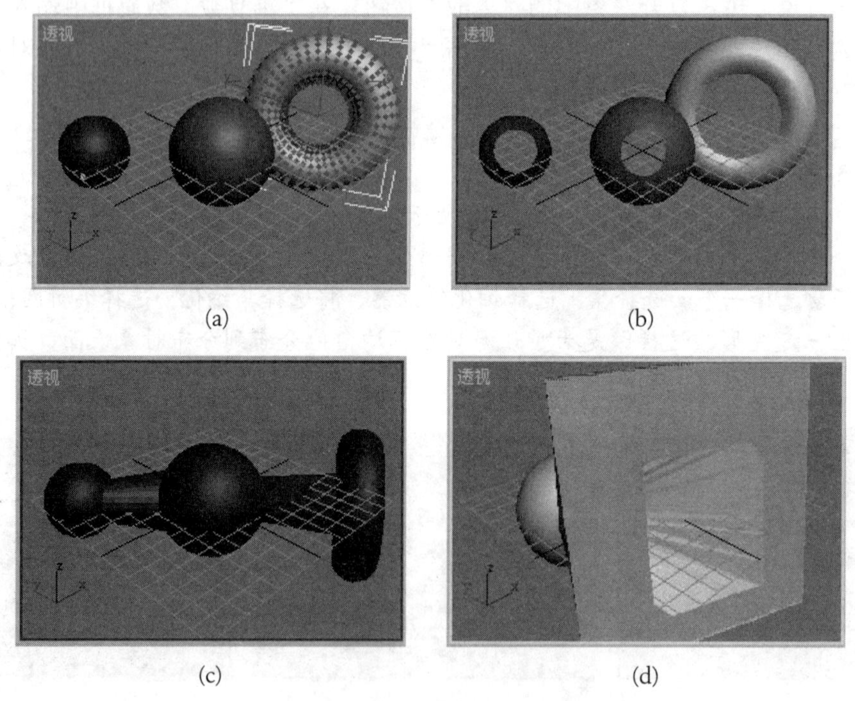

(a)　(b)　(c)　(d)

图 6-2　用连接复合对象操作连接对象

选择编辑网格修改器，将小球和圆环各切出一个圆洞，将大球切出两个对穿的圆洞，如图 6-2(b)所示。

对齐三个对象，在 Z 轴方向拉开一定距离，使切口正对切口。选定小球，单击“对象类型”卷展栏中的“连接”按钮，单击“拾取操作对象”按钮，单击大球，就可以将小球和大球连接起来。

选择两个球体的复合对象，单击“对象类型”卷展栏中的“连接”按钮，单击“拾取操作对象”按钮，单击圆环，就可以将两个球体和圆环连接到一起，如图 6-2(c)所示。

图 6-2(d)所示的是一个圆球和一个平面连接，球体切出的是圆洞，平面切出的是方洞。

6.3 ShapeMerge(形体合并)

6.3.1 功能与参数

形体合并用于将样条线投影合并到一个网格对象的表面，以产生弧面切割或合并的效果。该功能常用于创建对象表面的剪切、浮雕和雕刻等效果。

其主要参数和选项如下。

Pick Shape(拾取图形)：选定网格对象后，单击该按钮，在场景中选择要合并的图形，就能在网格对象中加入图形对象。也可以同时加入多个图形对象。

Delete Shape(删除图形)：单击该按钮，可以删除在操作列表中选定的形体合并图形。

Cookie Cutter(弧面切割)：勾选该选项，就会按照样条线在网格对象表面进行切割。

Merge(合并)：勾选该选项，可以将样条线合并到网格对象表面。继续使用面修改器或编辑网格修改器的挤出操作，可以编辑合并后的表面。但编辑网格修改器只对动画的第 0 帧有效。

Invert(反转)：在勾选“弧面切割”选项后，再勾选该复选框，其结果与仅用弧面切割的结果相反。

6.3.2 使用形体合并将图形和网格对象合并的操作步骤

创建一个网格对象和一条封闭样条线。

将网格对象与样条线对齐。

选定网格对象，选择“创建”命令面板中的“几何体”子面板。单击几何体列表框中的“展开”按钮，在列表中选择复合对象。单击“对象类型”卷展栏中的“形体合并”按钮，选择需要的参数，单击“拾取图形”按钮，在场景中选择样条线，就能将样条线合并到网格对象表面。

若要产生浮雕等效果，则需要使用面挤出修改器或编辑网格修改器进行挤出。

实例 6-3　使用形体合并创建浮雕。

创建一个球体。创建文本对象“OK”，选择字体为 Arial，如图 6-3(a)所示。

将球体与文本对象对齐，选定球体。

选择“创建”命令面板中的“几何体”子面板。单击几何体列表框中的展开按钮，在列表中选择复合对象。单击“对象类型”卷展栏中的“形体合并”按钮，在“拾取操作对象”卷展栏中选择“移动”选项，在“参数”卷展栏中选择“弧面切割”选项，单击“拾取图形”按钮，单击文本对象，这时球体表面会按照文本对象进行切割，如图 6-3(b)所示。

重复上述操作，在“参数”卷展栏中同时勾选“反转”复选框和“弧面切割”选项，这时所得的结果为沿球体表面切割出来的文本，如图 6-3(c)所示。

重复上述操作，在“参数”卷展栏中选择“合并”选项。选择“修改”命令面板，选择面挤出修改器，设置挤出值为 6，这时就可以得到有浮雕效果的球体，如图 6-3(d)所示。

重复上述操作，在“参数”卷展栏中选择“合并”选项。选择“修改”命令面板，选择面挤出修改器，设置挤出值为–6，这时就可以得到有雕刻效果的球体，如图 6-3(e)所示。

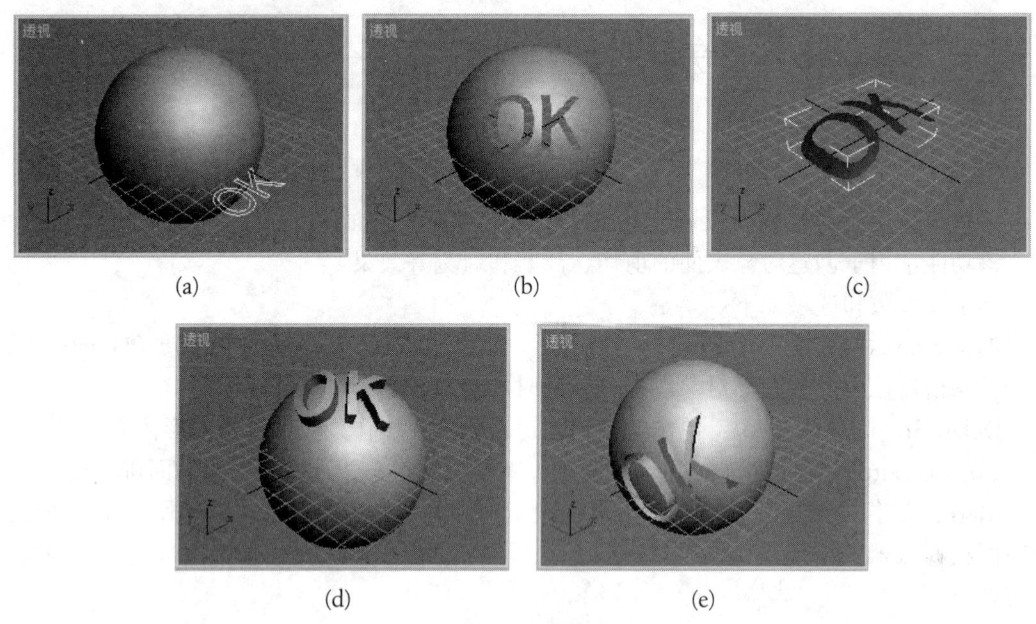

(a)　(b)　(c)

(d)　(e)

图 6-3　形体合并

6.4　Boolean(布尔运算)

6.4.1　功能与参数

布尔运算是一种可实现对象合成的逻辑计算方式。这种逻辑计算方式可以使对象之间进行并集、交集、差集和切割计算后合成在一起。

布尔运算复合对象操作中，将首先选定的对象称为 A 对象，单击“拾取操作对象 B”按钮后，再选择的对象称为 B 对象。

其主要参数和选项如下。

Pick Operand B(拾取操作对象 B)：选择好参数和选项后，单击该按钮，再单击 B 对象，就能对 A、B 两个对象进行布尔运算。

Union(并集)：将两个对象合并到一起，去掉两个对象的相交部分。

Intersection(交集)：取两个对象的相交部分。

Subtraction(差集)：取两个对象之差。差集分 A 减 B 和 B 减 A 两种。

Cut(切割)：用一个对象切割另一个对象，类似于 A 减 B 运算。但是差集运算会按照 B

的轮廓在切割处生成一个封闭的网格面，而切割运算则不会。

将一个球体和一个长方体进行并集运算，效果如图 6-4(a)所示。

将一个球体和一个长方体进行交集运算，效果如图 6-4(b)所示。

将球体减去长方体，效果如图 6-4(c)所示。

将球体与长方体进行切割运算，效果如图 6-4(d)所示。

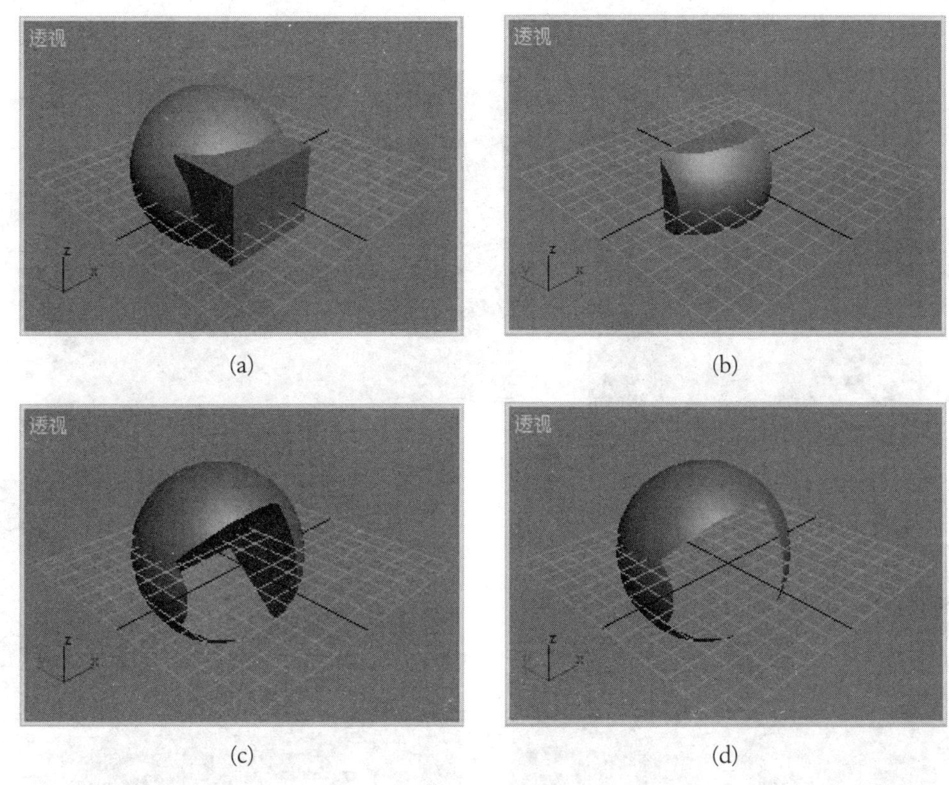

(a)　(b)　(c)　(d)

图 6-4　布尔运算

Result(结果)：若勾选该选项，则显示布尔运算的最终结果。

Operands(操作对象)：若勾选该选项，则只显示操作对象，而不显示最终结果。

Results+Hidden Ops(结果+隐藏的操作对象)：若勾选该选项，则在所有视图中显示最终结果，并将操作对象以网格方式显示。

6.4.2　布尔运算的操作步骤

创建两个对象。若是进行交集、差集和切割运算，则两个对象必须有相交部分。

选定其中一个对象，这个对象在布尔运算中称为 A 对象。

选择“创建”命令面板中的“几何体”子面板。单击“几何体类型”列表框中的展开按钮，在列表中选择复合对象。在“对象类型”卷展栏中选择“布尔运算”按钮，选择需要的运算和参数，单击“拾取操作对象 B”按钮，在场景中选择另一个对象。这个对象在布尔运算中称为 B 对象。

实例 6-4 制作跳子棋。

成品如图 6-5(a)所示。

1. 制作跳子棋盘

制作棋盘格：创建一个圆柱体，边数为 3，高度为 8，半径为 50；复制一个三角形并绕 Z 轴旋转 60°，对接好后将两个三角形附加在一起，就得到一个菱形，如图 6-5(b)所示。

创建一个球体，半径为 5。按照珠子眼的排列顺序复制球体，如图 6-5(c)所示。

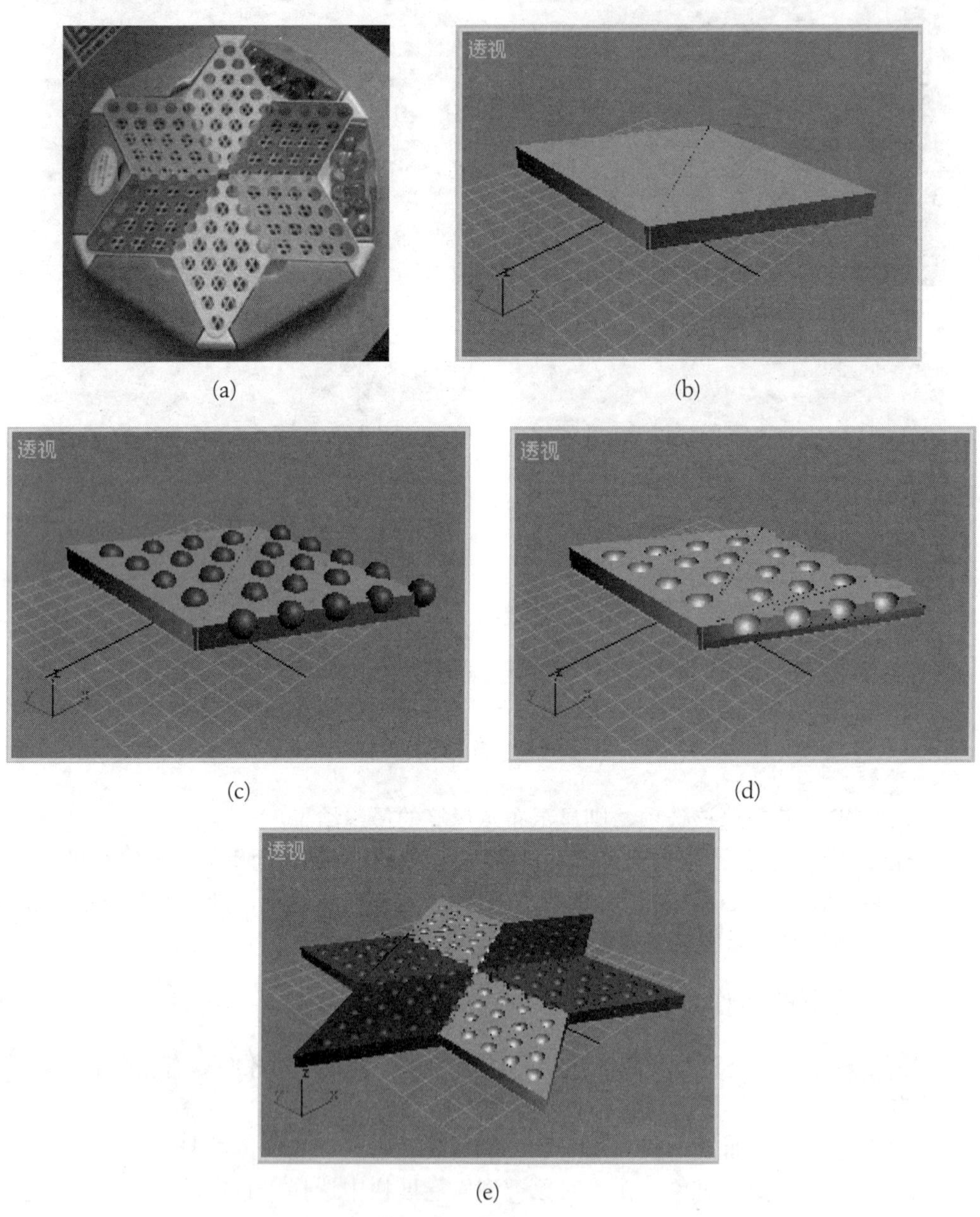

(a) (b) (c) (d) (e)

图 6-5 制作跳子棋盘的棋盘格

将一个球体转换为可编辑网格对象，单击用“附加多个”按钮，所有球体附加成一个整体。

选定球体，单击几何体列表框中的展开按钮，在列表中选择复合对象。单击“对象类型”卷展栏中的“布尔运算”按钮，选择“移动”单选项，选择 B 减 A，单击“拾取操作对象 B”按钮，在场景中选择菱形几何体，就能制作出菱形上的珠子眼，如图 6-5(d)所示。

将菱形的轴心点移到中心珠子眼内，旋转复制六个菱形，每两个相对菱形设置一种不同的颜色，所得棋盘格如图 6-5(e)所示。

2. 制作棋盘的附属部分

用样条线在顶视图中画一个三角形，如图 6-6(a)所示。

选择挤出修改器挤出，挤出数量为 8。选择平滑修改对挤出对象进行平滑，设置阈值为 100，效果如图 6-6(b)所示。

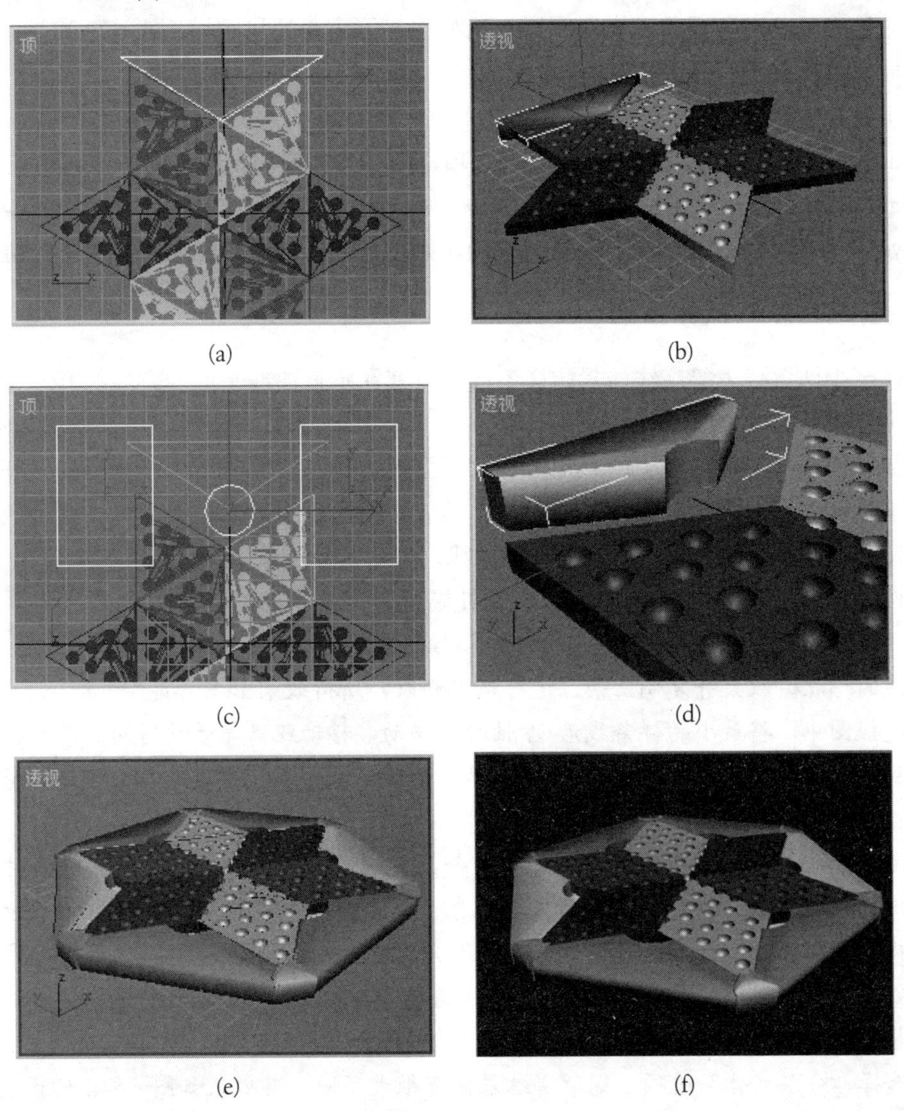

(a) (b) (c) (d) (e) (f)

图 6-6 制作跳子棋盘的附属部分

创建两个长方体和一个圆柱体，其在顶视图中的相对位置分布如图 6-6(c)所示，与三角形进行布尔相减运算后得一角的珠子盒，如图 6-6(d)所示。

将珠子盒的轴心点移到棋盘格中心，通过旋转复制得到六个珠子盒。复制一个珠子盒并缩小做两个珠子盒之间的填充。创建一个圆柱体做底盘，效果如图 6-6(e)所示。

渲染输出透视图，效果如图 6-6(f)所示。

6.5　Terrain(地形)

6.5.1　功能与参数

利用地形复合对象操作可实现利用一系列代表等高线的封闭样条线，创建类似地形的复杂曲面或类似梯田的分层几何体。

其主要参数如下。

Graded Surface(分级曲面)：若勾选该选项，则创建出来的是网格曲面。

Graded Solid(分级实体)：若勾选该选项，则创建出来的是有底面的网格几何体。

Layered Solid(分层实体)：若勾选该选项，则创建出来的是类似梯田的网格几何体。

6.5.2　创建地形的操作步骤

创建至少两条代表等高线的封闭样条线。将其在垂直曲线平面的方向拉开一定距离，选定最高或最低的一条曲线。

选择“创建”命令面板中的“几何体”子面板。单击对象类型列表框中的展开按钮，在列表中选择复合对象。单击“对象类型”卷展栏中的“地形”按钮，单击“拾取操作对象”按钮，在场景中依次选择邻近的一条曲线，直至最后一条。

实例 6-5　利用地形复合对象操作制作礼帽。

在顶视图中创建一条封闭样条线。选择“修改”命令面板，通过移动样条线上的点修改样条线的形状。放大并复制三条，进行适当修改，所得效果如图 6-7(a)所示。

在透视图中，将最小的样条线沿 Z 轴向上移动，移动距离等于礼帽的高度。将次小的样条线和最大的样条线同时沿 Z 轴向上移动，移动距离等于礼帽边沿向上翘起的高度，如图 6-7(b)所示。

选定最高的一条曲线，选择“创建”命令面板中的“几何体”子面板。单击对象类型列表框中的展开按钮，在列表中选择复合对象。单击“对象类型”卷展栏中的“地形”按钮，选择“分级曲面”选项，单击“拾取操作对象”按钮，在场景中依次单击次最小、次最大、最大的三条曲线。在“参数”卷展栏中选择“分级”选项，勾选“缝合边界”和“重复三角算法”两个复选框。创建的礼帽如图 6-7(c)所示。

若选择“分层实体”选项，则所得结果会有很大不同，其效果如图 6-7(d)所示。

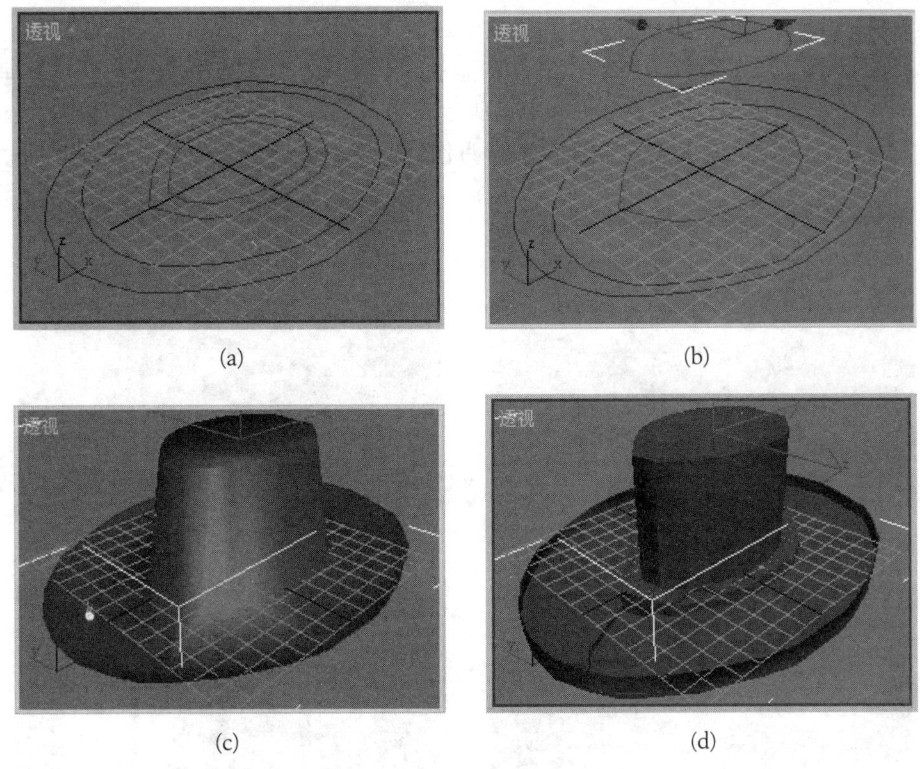

(a)　(b)　(c)　(d)

图 6-7　制作礼帽

6.6　Loft(放样)

6.6.1　功能与参数

放样是一种方便、有效的建模方法。放样复合对象操作要创建至少两条任意类型的曲线，放样路径需要一条曲线，放样截面可以指定一条曲线，也可以指定多条曲线。这些曲线可以是闭合的，也可以是开放的。通过修改放样的路径和截面曲线，可以修改放样对象的轮廓和横截面。

6.6.2　用放样创建相同截面复合对象的操作步骤

创建一条做放样路径用的曲线。创建一个做横截面用的图形，它可以是一条曲线，也可是由多条曲线构成的图形。选定路径曲线。

选择“创建”命令面板中的“几何体”子面板。单击对象类型列表框中的展开按钮，在列表中选择复合对象。单击“对象类型”卷展栏中的“放样”按钮，单击“获取图形”按钮，在场景中单击做截面用的图形，就可得到放样复合对象。

实例 6-6　用放样制作窗帘。

在前视图中创建一条直线和一条波浪线，如图 6-8(a)所示。

选定直线，选择复合对象中的放样。单击“获取图形”按钮，单击波浪线，就可以得到一扇窗帘，如图 6-8(b)所示。

选择“修改”命令面板，展开“变形”卷展栏，单击“缩放”按钮，减小变形曲线两个端点的高度，窗帘就会变窄，如图 6-8(c)所示。

复制一扇窗帘，适当变形后放置在窗户两侧。渲染输出的效果如图 6-8(d)所示。

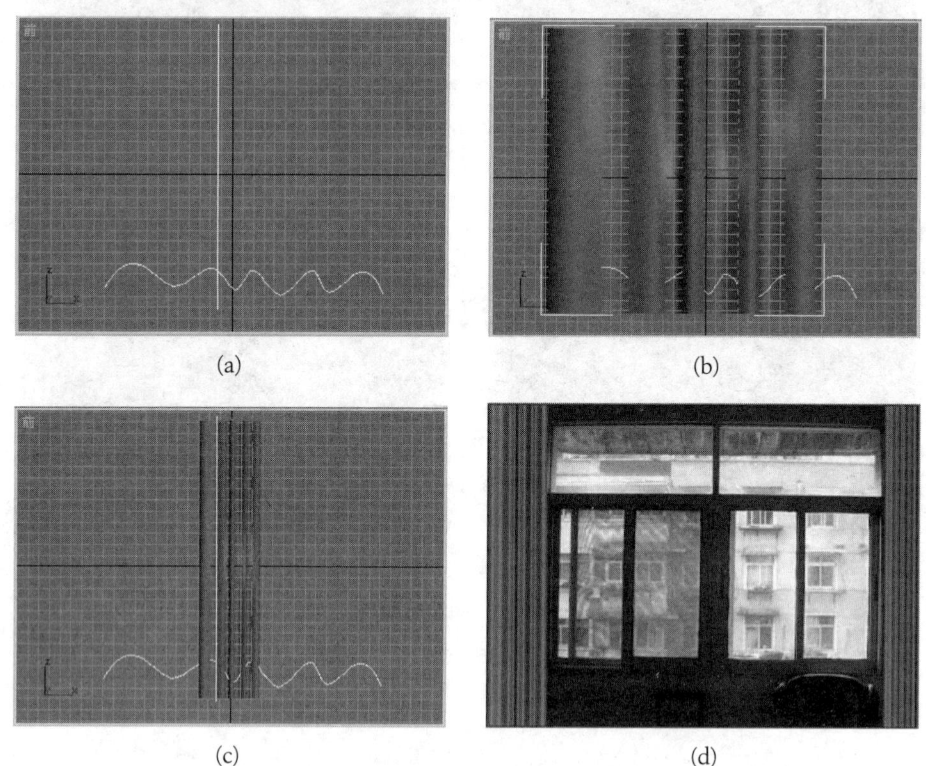

(a) (b) (c) (d)

图 6-8 用放样制作窗帘

6.6.3 用放样创建多截面复合对象的操作步骤

创建一条做放样路径用的曲线，创建多个做截面用的曲线。

选定做路径用的曲线。

选择“创建”命令面板中的“几何体”子面板。单击几何体列表框中的展开按钮，在列表中选择复合对象。单击“对象类型”卷展栏中的“放样”按钮，单击“获取图形”按钮，在场景中单击做截面用的第一条曲线，这时所得的放样对象具有相同的截面。

在“路径”数码框中，输入第二个截面的位置值，单击“获取图形”按钮，单击做第二个截面用的曲线，这时从设置位置开始直至最后就会变成第二个截面。重复上述操作，直至设置完最后一个截面。

实例 6-7 用放样创建方口花瓶。

在前视图中创建一条竖直方向的直线做放样路径。在顶视图中创建一个正方形做瓶口，一个小圆做瓶颈，大圆做瓶肚，次大圆做瓶底，如图 6-9(a)所示。

选定做路径的直线。单击“对象类型”卷展栏中的“放样”按钮，在“路径”数码框中输入 0，选择“百分比”单选项，单击“获取图形”按钮，在场景中单击做瓶口的正方形曲线。

在“路径”数码框中输入 15，选择“百分比”单选项，单击“获取图形”按钮，在场景中单击做瓶颈的小圆。

在“路径”数码框中输入 35，选择“百分比”单选项，单击“获取图形”按钮，在场景中单击做瓶肚的大圆。

在“路径”数码框中输入 100，选择“百分比”单选项，单击“获取图形”按钮，在场景中单击做瓶底的次大圆。操作完成后就制作出一个实心的花瓶，如图 6-9(b)所示。

复制一个实心花瓶，选择 FFD 修改器，适当变形一个花瓶。将两个花瓶进行布尔相减运算，就得到一个空心花瓶，如图 6-9(c)所示。

使用不透明度技术，将一枝花插在花瓶中。将花瓶放在背景桌子上。效果如图 6-9(d)所示。

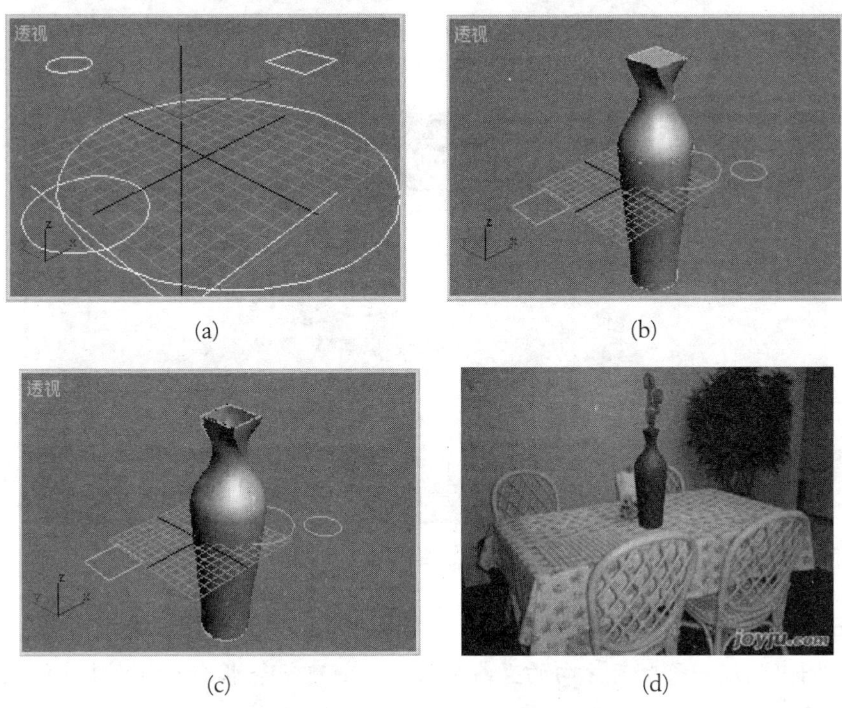

(a)　(b)　(c)　(d)

图 6-9　制作方口花瓶

6.6.4　修改放样复合对象

选择“修改”命令面板，可以对放样进行修改，也可在堆栈中展开放样，选择图形或路径次级结构对其进行修改，修改后的结果将影响放样复合对象。

使用“变形”卷展栏，还可对放样复合对象施加变形。

“修改”命令面板如图 6-10 所示。

单击“变形”卷展栏中的“缩放”按钮，弹出“缩放变形(X/Y)”对话框，如图 6-11 所示。在该对话框中可以在横截面图形局部坐标系的 X 和 Y 两个轴向上对放样复合对象进行缩放。

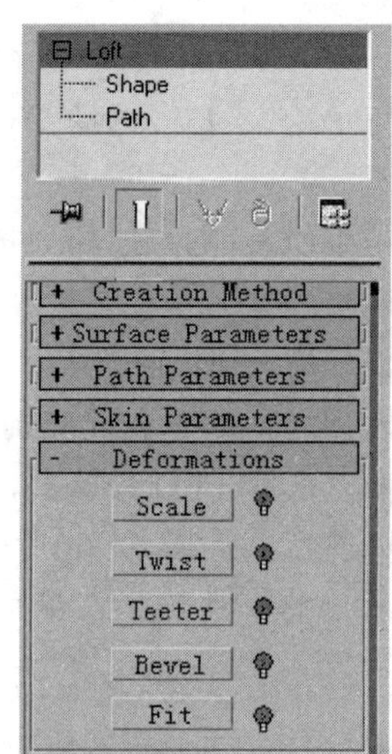

图 6-10 “修改”命令面板

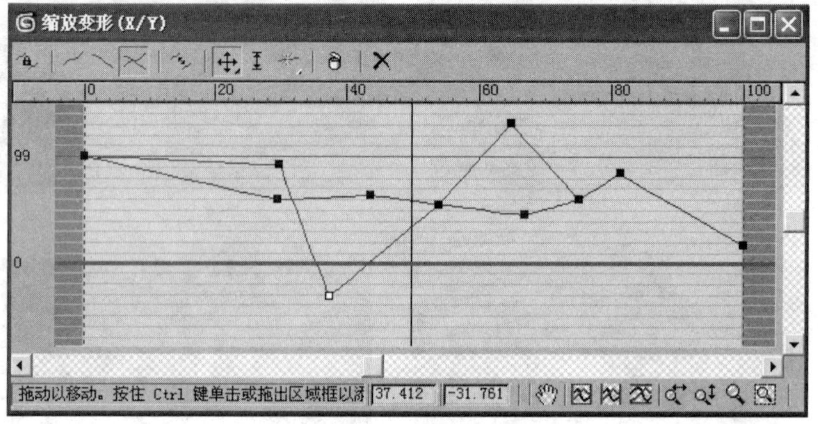

图 6-11 “缩放变形(X/Y)”对话框

实例 6-8 用放样变形制作收拢窗帘。

在前视图中创建一条竖直方向的直线做路径，创建一条水平方向的波浪线做截面，如图 6-12(a)所示。

选定直线。选择“创建”命令面板中的“几何体”子面板。单击几何体列表框中的展开按钮，在列表中选择复合对象。单击“对象类型”卷展栏中的“放样”按钮，单击“获取图形”按钮，在场景中单击做截面用的波浪线，就可以得到一个曲面。贴图并渲染后的效果如图 6-12(b)所示。

选择“修改”命令面板，单击“变形”卷展栏中的“缩放”按钮，弹出“缩放变形”对话框。单击“插入控制点”按钮，在变形曲线上插入几个光滑贝济埃点。

单击“移动控制点”按钮，调整控制点的上、下位置。调整好的变形曲线如图 6-12(c)所示。

创建一个环形曲面做扎窗帘的布带。渲染后的窗帘如图 6-12(d)所示。

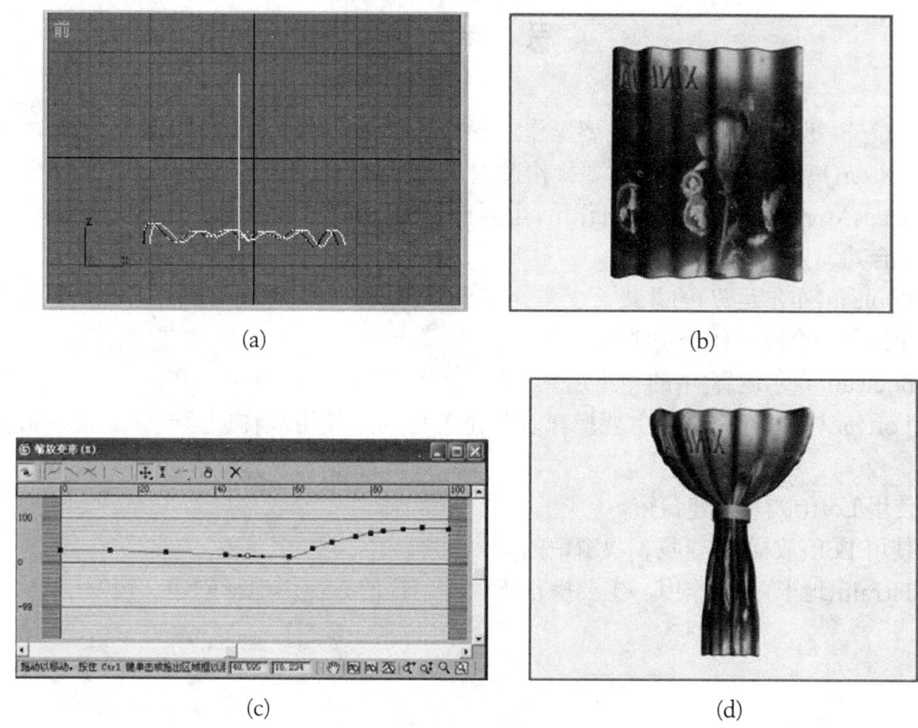

(a)　(b)　(c)　(d)

图 6-12　创建收拢到中间的窗帘

创建双扇窗帘的操作步骤如下。

选定窗帘。

在修改器堆栈中展开放样，选择图形子层级。选择窗帘上边沿处做截面用的曲线。

在“图形命令”卷展栏中选择“左对齐”。

镜像复制一扇窗帘，就得到对称的双扇窗帘，如图 6-13 所示。

图 6-13　向两侧收拢的窗帘

思 考 题

1. Morph(变形)有何作用，主要操作过程是怎样的？使用变形将鸭蛋变小鸭。

2. Scatter(离散)有何作用，主要操作过程是怎样的？使用离散创建一棵小树。

3. ShapeMerge(形体合并)有何作用,主要操作步骤是怎样的？将一个立体字与一个球体进行形体合并。

4. Boolean(布尔运算)的并集、交集、差集和切割各有何作用，操作步骤是怎样的？使用一个球体和一个圆柱体分别进行上述运算。

5. Boolean(布尔运算)中的差集运算和切割有何区别？

6. Loft(放样)有何作用，主要操作步骤是怎样的？使用放样创建一个有任意截面的柱体。

7. 使用 Loft(放样)创建窗帘。

8. 使用 Loft(放样)创建收、放窗帘的动画。

9. Terrain(地形)有何作用，主要操作步骤是怎样的？使用地形创建一顶帽子。

第 7 章　灯光与摄影机

灯光是一种特殊类型的对象。3ds max 9 的灯光可以模拟出自然界中各种各样光源的光照效果。在场景中适当设置灯光，对增强场景真实视觉感受和空间感受有着非常重要的作用。

摄影机的作用与真实摄影机的基本相同，它不仅能方便地从不同视角拍摄三维场景，而且可以产生很多特殊的效果。很多动画片的渲染输出就是在摄影机视图中完成的。

7.1　灯光概述

自然界的光源种类很多。不同种类的光源，产生的光照效果也不同。为了模拟自然界的各种光照效果，3ds max 9 提供了多种类型的灯光。3ds max 9 的灯光分为两类：Standard(标准)灯光和 Photometric(光度学)灯光。另外，3ds max 9 的灯光还可分为 Sunlight(太阳光)和 Daylight(日光)。

7.2　Standard(标准)灯光

标准灯光包括 Target Spot(目标聚光灯)、Free Spot(自由聚光灯)、Target Direct(目标平行光)、Free Direct(自由平行光)、Omni(泛光灯)、Skylight(天光)、Area Omnilight(区域泛光灯)、Area Spotlight(区域聚光灯)。

7.2.1　Target Spot(目标聚光灯)

目标聚光灯像探照灯一样，只能在一个锥形方向照射对象，并产生投射阴影。

单击“对象类型”卷展栏中的“目标聚光灯”按钮，在视图中拖动指针，就能创建一个目标聚光灯。

创建的目标聚光灯不一定会刚好照射到对象上，要使得灯光刚好照射到对象上，可以采用以下一些方法。

使用“变换工具”按钮，移动、旋转目标聚光灯和目标点。目标聚光灯和目标点可以分别单独移动，也可同时选定后一起移动或旋转。

更有效的方法是使用“工具”菜单中的“放置高光”命令：选定目标聚光灯，选择“工具”菜单中的“放置高光”命令，单击目标对象。这时目标点会自动移到目标对象上，而且默认目标对象也跟着一起移动。

使用“运动”命令面板：选定目标聚光灯，激活 Motion(运动)命令面板，选择 Parameters(参数)子面板，单击 Look At Parameters(注视参数)卷展栏中的 Pick Target(拾取目标)按钮，单击目标对象。这时目标点会移到新拾取的目标对象上，而默认目标对象依然留在原位置。当移动新拾取的目标对象时，目标聚光灯的注视点会跟着一起移动。实际上，在创建目标聚光灯时，目标聚光灯就被指定了 Look At(注视)动画控制器。注视动画的注视目标为默认注视目标对象 Spot01.Target，经过拾取目标操作后，注视目标就换成拾取的目标对象。

还可切换到灯光视图，使用视图控制区的“工具”按钮进行调整。

若要照射对象的不同侧面，则可以继续移动目标聚光灯，这时目标聚光灯会绕目标点旋转。

目标聚光灯的灯光投射到默认目标对象上的效果如图 7-1(a)所示。目标聚光灯的灯光投射到拾取目标对象上，默认目标对象留在原来位置，如图 7-1(b)所示。

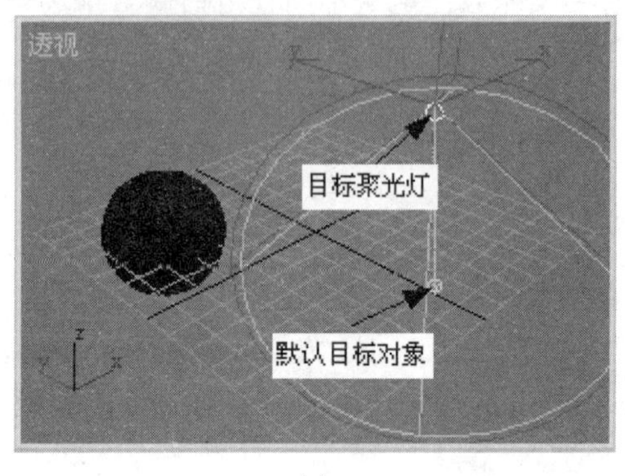

(a)

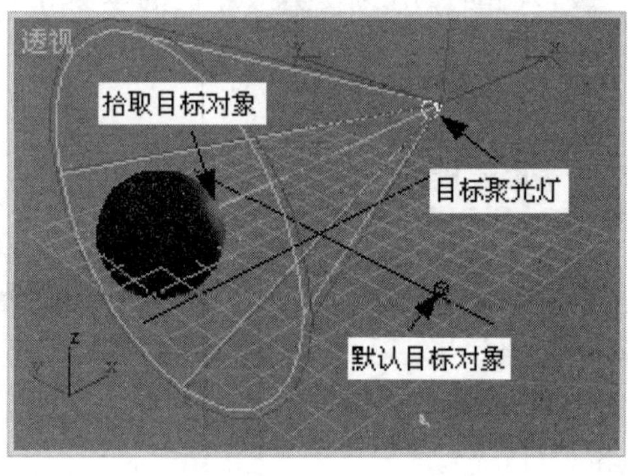

(b)

图 7-1　目标聚光灯

下面介绍目标聚光灯的参数。

1. General Parameters(常规参数)卷展栏

On(启用)：若在“灯光类型”选区勾选该复选框，则灯光起作用。若在“阴影”选区勾选该复选框，则投射阴影。注意：即使勾选了“启用”复选框，也只有在渲染后才能看到阴影，在视图中是看不到阴影的。

实例 7-1　创建光圈跟随。

创建一个高度为 0 的长方体做地面，将它放大到覆盖整个透视图。

创建一个人。创建 20 步的行走动画。在顶视图中旋转脚印，使它们构成一个三角形。截取的透视图如图 7-2(a)所示。

创建一盏目标聚光灯。将灯光对准人的头部，灯光颜色设置为红色，启用灯光阴影。将光源点移到脚印三角形中心位置。适当缩小目标聚光灯的照射范围。创建一盏泛光灯，倍增值设置为 0.5，泛光灯不启用阴影。移动泛光灯，使它自始至终都能照亮整个场景。渲染的第 0 帧效果如图 7-2(b)所示。

将灯光与头链接在一起。

用瓷砖图片给长方体贴图，贴图坐标的 U、V 平铺均设置为 8。渲染结果如图 7-2(c)所示。

渲染输出动画，可以看到一个圆形灯光始终跟随人的行走而移动。

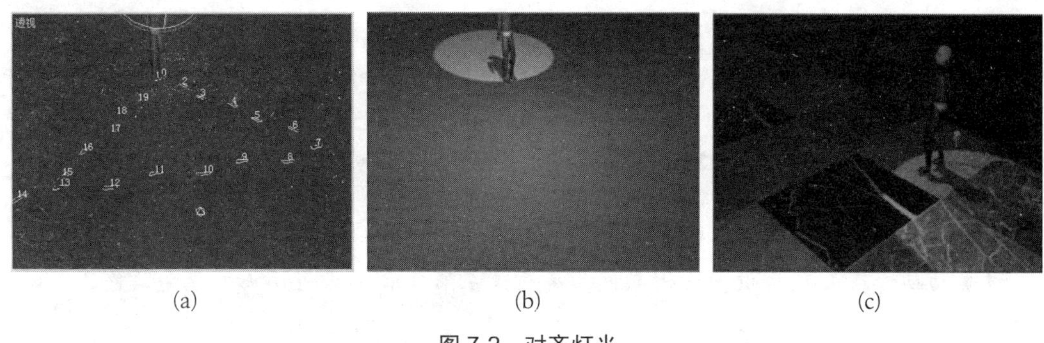

(a)　(b)　(c)

图 7-2　对齐灯光

灯光类型列表框：单击列表框中的展开按钮，在展开的列表中可以选择泛光灯、聚光灯或者平行光。

Targeted(目标)：若勾选该复选框，则显示目标对象。只有目标聚光灯和目标平行光才有该复选框。

Use Global Settings(使用全局设置)：若勾选该复选项，则阴影设置参数对场景中的所有灯光对象都起作用，否则，只对当前灯光对象起作用。

阴影方式列表框：单击“列表框”按钮，在列表中可以选择阴影、Adv. Ray Traced(高级光线跟踪)、mental ray Shadow Map(mental ray 阴影贴图)、Area Shadows(区域阴影)、Shadow Map(阴影贴图)或者 Ray Traced Shadows(光线跟踪阴影)。

Exclude(排除)：单击该按钮，弹出“排除/包含”对话框。在该对话框中可以指定场景中哪些对象不被该灯光照射。排除设置只在渲染时有效，这样做的好处是避免有的对象受光过量。

实例 7-2　使用“排除”按钮有选择性地照射对象。

创建一个长方体、一个球体和一个茶壶。创建一盏目标聚光灯。

选定目标聚光灯，选择“工具”菜单中的“放置高光”命令，单击球体下部，这时三个对象都被照射，如图 7-3(a)所示。

渲染输出的效果如图 7-3(b)所示。

选定目标聚光灯，单击 General Parameters(常规参数)卷展栏中的 Exclude(排除)按钮，在“排除/包含”对话框中选择 Sphere01，单击 >> 按钮，单击“确定”按钮，球体就被排除在目标聚光灯的照射之外。渲染效果如图 7-3(c)所示。

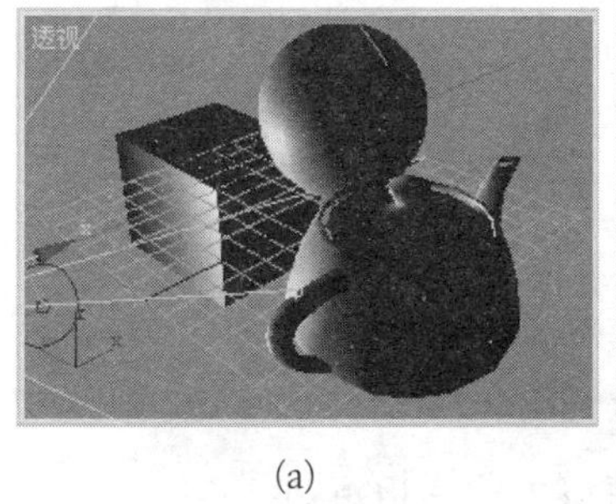

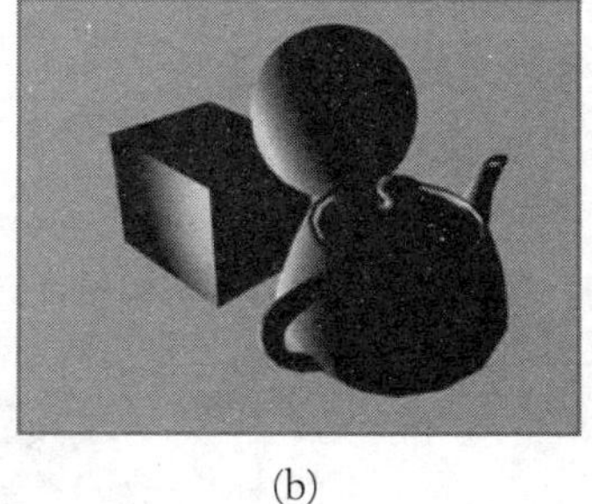

(a)　(b)　(c)

图 7-3 排除的作用

2. Shadow Parameters(阴影参数)卷展栏

Color(颜色)：单击“颜色样本”按钮，会弹出 Color Selector：Shadow Color(颜色选择器：阴影颜色)对话框，在该对话框中可以选定一种阴影颜色，制作阴影颜色变换动画。

实例 7-3　制作阴影颜色动画。

创建一个厚度为 0 的长方体做地面。在地面上创建一个长方体，用布尔运算打个洞。

创建一盏泛光灯，适当调整位置。

设置动画：在第 0 帧设置阴影颜色为黄色，在第 100 帧设置阴影颜色为蓝色。关闭动画设置。

第 0 帧画面如图 7-4(a)所示，阴影颜色为黄色。第 50 帧画面如图 7-4(b)所示，阴影颜色为灰色。第 100 帧画面如图 7-4(c)所示，阴影颜色为蓝色。

Dens(密度)：指定投射阴影的密度。值为 1 时，表示达到设定密度的最大值；值小于 1 时，表示密度随值的减小而减小；值大于 1 时，表示阴影变白，而且值越大，阴影也越白。可以制作阴影密度变换动画。

(a)

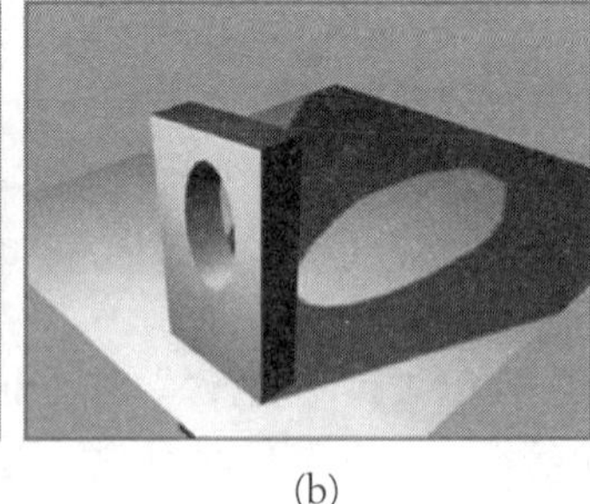
(b)

(c)

图 7-4　阴影颜色变换动画

实例 7-4　创建阴影密度变换动画。

创建“H”“Q”两个字母。选择“修改”命令面板，单击修改器列表框中的展开按钮，选择挤出修改器，设置挤出数量为 8，两个字母被挤出成立体字。将两个字母对齐，并将字母 Q 移到字母 H 之上。

创建一个长方体做地面。

创建一盏目标聚光灯，并对准两个字母。

选定目标聚光灯，在“常规参数”卷展栏的“阴影”选区勾选“启用”复选框。展开阴影类型列表框，选择“光线跟踪阴影”。

创建阴影密度变换动画：将时间滑动块置于第 0 帧，在“阴影参数”卷展栏中设置阴影密度为 0.2；将时间滑动块置于第 100 帧，设置阴影密度为 10。

第 0 帧的渲染效果如图 7-5(a)所示。

第 9 帧的阴影密度为 0.424，渲染效果如图 7-5(b)所示。

第 18 帧的阴影密度为 1.038，渲染效果如图 7-5(c)所示。

第 100 帧的渲染效果如图 7-5(d)所示。

Map(贴图)：若勾选该复选框，单击“贴图”按钮，就可为阴影指定贴图。

Light Affects Shadow Color(灯光影响阴影色)：若勾选该复选框，则可将灯光色彩和阴影色彩相互混合。

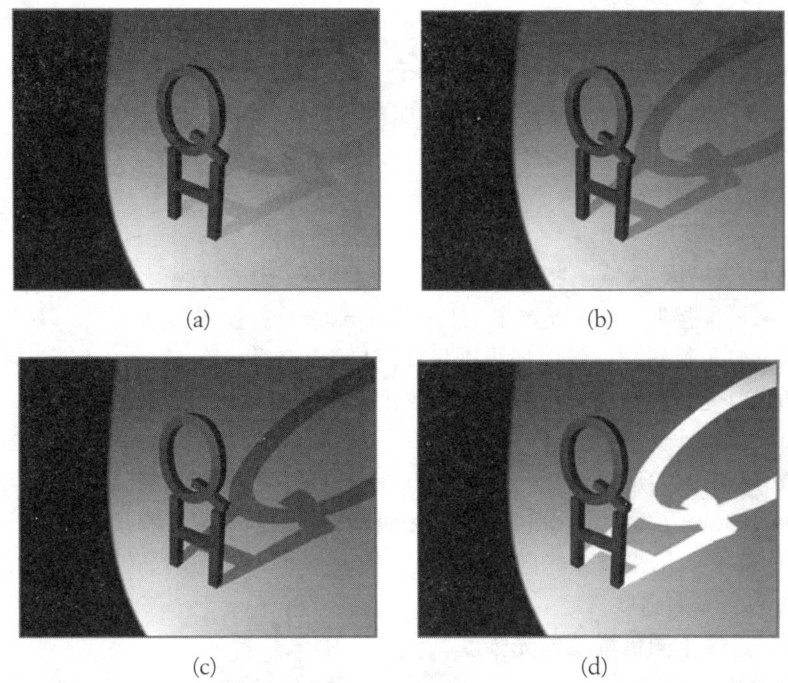

(a)　(b)

(c)　(d)

图 7-5　阴影密度变换动画

实例 7-5　创建阴影贴图。

创建一个长方体做墙壁。

创建一个茶壶和一盏目标聚光灯。

选定目标聚光灯，选择“工具”菜单，选择“放置高光”命令，单击茶壶，适当调整目标聚光灯的位置，使阴影刚好投射到墙壁上。

选定目标聚光灯，打开“修改”命令面板，在“常规参数”卷展栏的“阴影”选区勾选“启用”复选框。

在“强度/颜色/衰减”卷展栏中选择灯光颜色为红色。

在“阴影参数”卷展栏的“对象阴影”选区勾选 Map(贴图)复选框，单击右侧长条形按钮，指定一幅贴图。

渲染后的效果如图 7-6(a)所示。

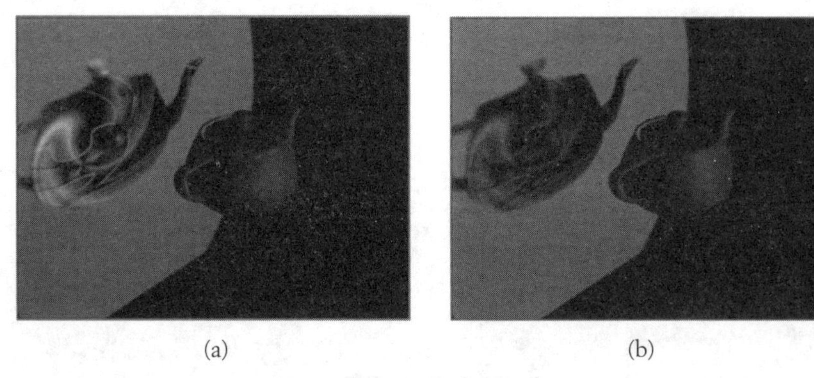

(a)　(b)

图 7-6　阴影贴图

在“阴影参数”卷展栏的“对象阴影”选区勾选 Light Affects Shadow Color(灯光影响阴影色)复选框，渲染后的效果如图 7-6(b)所示，这时在阴影上可以看到贴图效果。

3. Spotlight Parameters(聚光灯参数)卷展栏

Show Cone(显示光锥)：勾选该复选框，则显示表示灯光范围的光锥。光锥的聚光区颜色为浅蓝色，衰减区颜色为深蓝色。

Hotspot/Beam(聚光区/光束)：指定聚光区光锥的角度。在聚光区内，照度最强。

Falloff/Field(衰减区/区域)：指定衰减区光锥的角度。聚光灯照射不到衰减区以外的对象。对聚光区与衰减区的控制，也可通过主工具栏中的选择并操纵按钮实现。只要单击该按钮，将指针指向聚光灯的操纵框，这时操纵框呈红色显示，拖动指针就能改变聚光区或衰减区的大小。还可通过灯光视图中的“视图控制”按钮来控制聚光区和衰减区的大小。

Circle(圆)：勾选该选项，光锥为圆锥。

Rectangle(矩形)：勾选该选项，光锥为方锥。矩形两条边的比例可以改变。

4. Intensity/Color/Attenuation(强度/颜色/衰减)卷展栏

Multiplier(倍增)：用来调整光的强度。设置的正值越大，光的强度越大。设置为负值时，用于从场景中减去光的强度。

实例 7-6　选择不同倍增值的光强度。

创建一个长方体做墙壁。

创建一个球体和一盏目标聚光灯。

选定目标聚光灯，选择“工具”菜单，选择“放置高光”命令，单击球体，适当调整目标聚光灯的位置，使阴影刚好投射到墙壁上。

选定目标聚光灯，打开“修改”命令面板，在“常规参数”卷展栏的“阴影”选区勾选“启用”复选框。

在“强度/颜色/衰减”卷展栏中分别设置不同的 Multiplier(倍增)值。当倍增值为 0.5 时，灯光发暗，如图 7-7(a)所示；当倍增值为 1 时，灯光较强，物体能正常显示出自己的颜色，如图 7-7(b)所示；当倍增值为 2 时，灯光过强，被照射物体变成白色，如图 7-7(c)所示。

增设一盏目标聚光灯，对准球体的同一位置。两盏目标聚光灯的倍增值分别设置为 1.5 和−1.5，两盏目标聚光灯的灯光互相抵消，照射区变成黑色，如图 7-7(d)所示。

色彩样本：该按钮在倍增器右侧，单击“色彩样本”按钮，弹出 Color Selector：Light Color(颜色选择器：灯光颜色)对话框，在该对话框中可以选择灯光颜色。灯光颜色变换可以设置成动画。

(a)

(b)

图 7-7　倍增值对光强度的影响

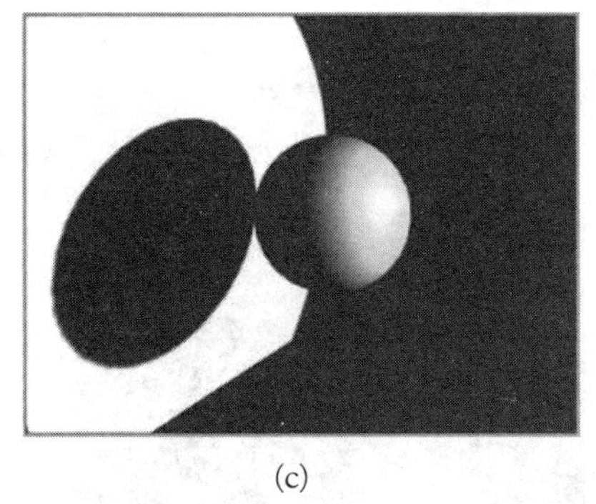
(c)

(d)

续图 7-7

实例 7-7 设置光的颜色。

创建一个长方体做墙壁。

创建一个茶壶和一盏目标聚光灯。

选定目标聚光灯，选择“工具”菜单，选择“放置高光”命令，单击球体，适当调整目标聚光灯的位置，使阴影刚好投射到墙壁上。

选定目标聚光灯，打开“修改”命令面板，在“常规参数”卷展栏的“阴影”选区勾选“启用”复选框。

在“强度/颜色/衰减”卷展栏中单击“色彩样本”按钮，在“颜色选择器：灯光颜色”对话框中选择红色，渲染后的效果如图 7-8 所示。

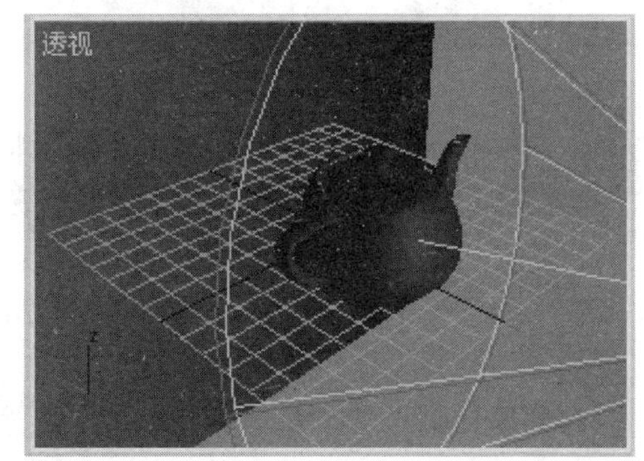

图 7-8 设置灯光颜色

在 Decay(衰减)选区，可以指定衰减类型和衰减开始点到光源的距离。

None(无)：灯光不衰减，即灯光不随距离的增加而减弱。

Inverse(倒数)：灯光从开始点起与距离成倒数关系衰减。

Inverse Square(与平方成反比)：灯光从开始点起与距离的平方成反比关系衰减。

Start(开始)：设置灯光开始衰减的位置。

Show(显示)：若勾选该复选框，则显示开始衰减线框。

Near Attenuation(近距衰减)与 Far Attenuation(远距衰减)的设置参数类似。

5. Shadow Map Params(阴影贴图参数)卷展栏

“阴影贴图参数”卷展栏只有在“常规参数”卷展栏的“阴影”列表中选择了“阴影贴图”选项后，才会显示出来。

Bias(偏移)：该值用来设定阴影偏离投射阴影对象的距离。该值越大，偏离就越远。

实例 7-8 偏移值对阴影的影响。

创建一个厚度为 0 的长方体做地面。在地面上方创建一个圆形管状体。在圆形管状体上方设置一盏目标聚光灯。

选定目标聚光灯，在“常规”参数卷展栏的“阴影”选区勾选“启用”复选框。展开阴影类型列表框，选择“阴影贴图”选项。

在 Shadow Map Params(阴影贴图参数)卷展栏中设置偏移值为 1，渲染后的效果如图 7-9(a)所示。

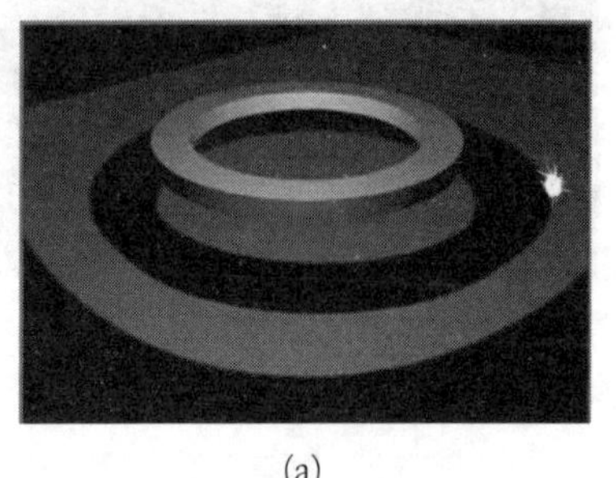

(a)

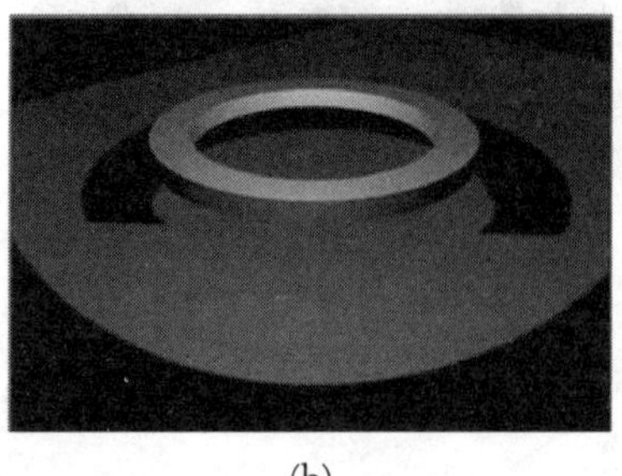

(b)

图 7-9　偏移值对阴影的影响

设置的偏移值为 20 时，渲染的效果如图 7-9(b)所示。

Size(大小)：该值用来设定贴图的大小。该值越大，阴影投射越精细。该值可用来模拟光源距物体的距离，距离越远，阴影越模糊。

实例 7-9　阴影贴图值大小对阴影的影响。

创建一个厚度为 0 的长方体做地面。

在地面上方创建一个五角星。五角星上方设置一盏目标聚光灯，且目标聚光灯对准五角星。

选定目标聚光灯，在“常规参数”卷展栏的“阴影”选区勾选“启用”复选框。展开阴影类型列表框，选择“阴影贴图”选项。

在“阴影贴图参数”卷展栏中设置 Size(大小)为 50，渲染后的效果如图 7-10(a)所示。

Size(大小)设置为 550 时的渲染效果如图 7-10(b)所示。

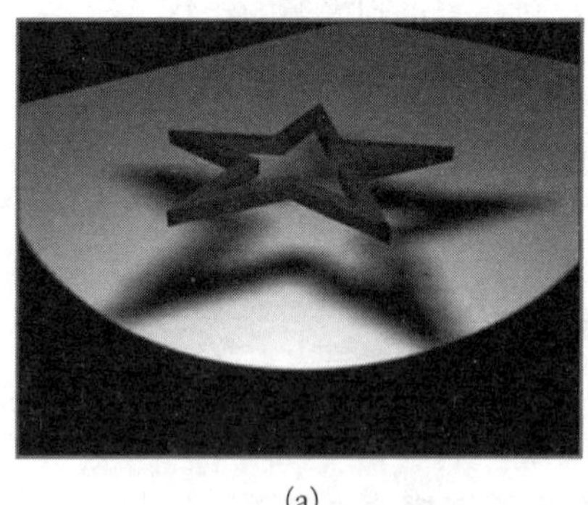

(a)

(b)

图 7-10　阴影贴图值大小对阴影的影响

Sample Range(采样范围)：指定阴影边缘平均采样范围的大小。采样范围越大，阴影的边缘越柔和。取值范围为 0.01～50。

实例 7-10　采样范围值对阴影边缘的影响。

创建一个厚度为 0 的长方体做地面。

在地面上方创建“QQ”两个立体字母。“QQ”上方设置一盏目标聚光灯，且目标聚光灯对准“QQ”。

选定目标聚光灯，选择“修改”命令面板，在“常规参数”卷展栏的“阴影”选区勾选“启用”复选框。展开阴影类型列表框，选择“阴影贴图”选项。

在“阴影贴图参数”卷展栏中设置 Sample Range(采样范围)值为 50，渲染后的效果如图 7-11(a)所示。

设置 Sample Range(采样范围)值为 5 时的渲染效果如图 7-11(b)所示。

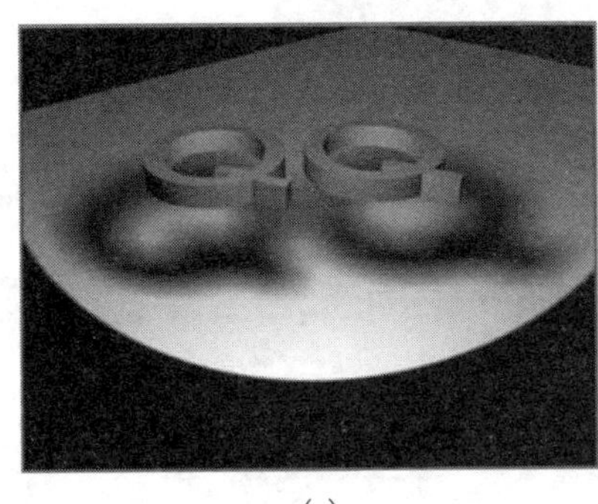

(a)

(b)

图 7-11　采样范围值对阴影边缘的影响

2-Sided Shadows(双面阴影)：若勾选该选项，则一个曲面的两面都可以投射阴影。

6. Atmospheres & Effects(大气和效果)卷展栏

Add(添加)：单击该按钮，弹出 Add Atmosphere or Effect(添加大气或效果)对话框，如图 7-12 所示。通过该对话框可指定大气或效果。

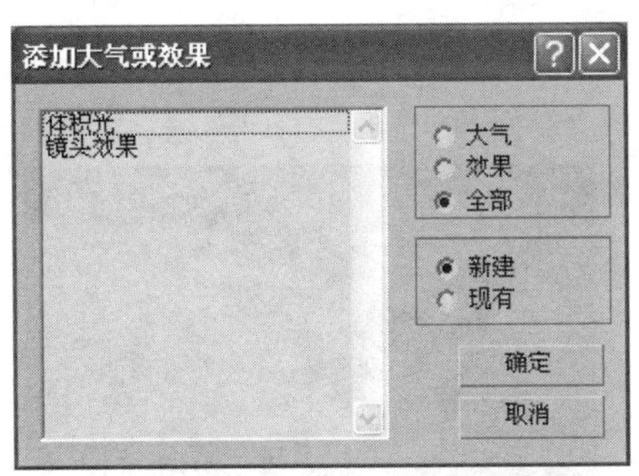

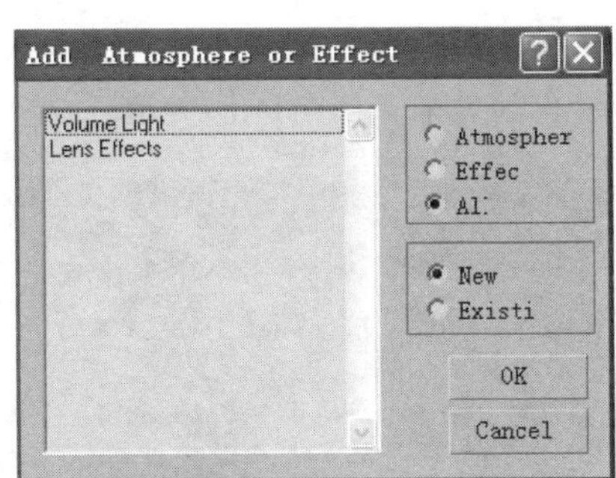

图 7-12　添加大气或效果卷展栏

实例 7-11　为灯光添加体积光效果。

创建一个厚度为 0 的长方体做地面。

在地面上方创建“QQ”两个立体字母。“QQ”上方设置一盏目标聚光灯，且目标聚光灯对准“QQ”。

选定目标聚光灯，选择“修改”命令面板，在“常规参数”卷展栏的“阴影”选区勾选“启用”复选框。展开阴影类型列表框，选择“光线跟踪阴影”。

在“大气和效果”卷展栏中单击“添加”按钮，在“添加大气或效果”对话框中选择体积光，单击“确定”按钮。

添加了体积光的渲染效果如图 7-13 所示。

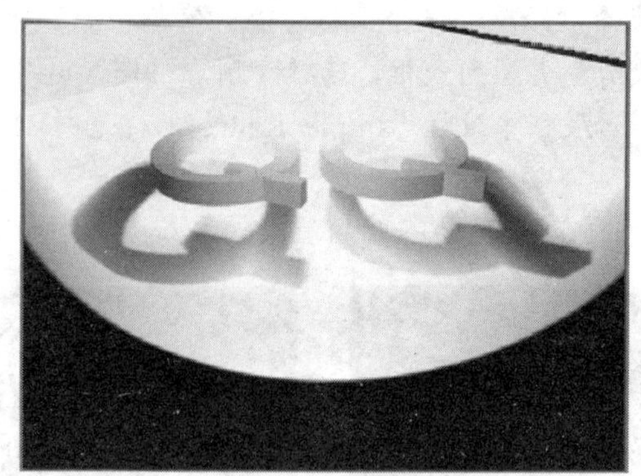

图 7-13　添加了体积光的渲染效果

Delete(删除)：删除已经设置的大气或效果。

Setup(设置)：单击该按钮，弹出“环境和效果”对话框，在该对话框中可以对已设置的大气和效果重新进行参数设置。

实例 7-12　用目标聚光灯创建一盏壁灯。

创建一个长方体做墙壁，使用布尔相减运算在墙上创建一个小壁橱。

在壁橱中放置一个酒壶和两个酒杯。

创建一盏泛光灯照亮墙壁，不启用阴影。

创建一盏目标聚光灯，启用阴影，倍增设置为 0.6，灯光颜色设置为浅绿色。调整聚光灯照射方向和照射范围，使之垂直向下照射，并且刚好照亮壁橱，如图 7-14(a)所示。如果在渲染时强制双面，则目标聚光灯的光源点就不要置于墙体内。

渲染输出的效果如图 7-14(b)所示。

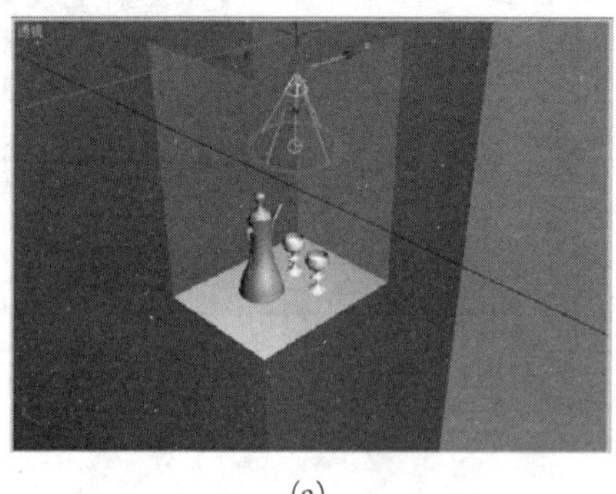

(a)

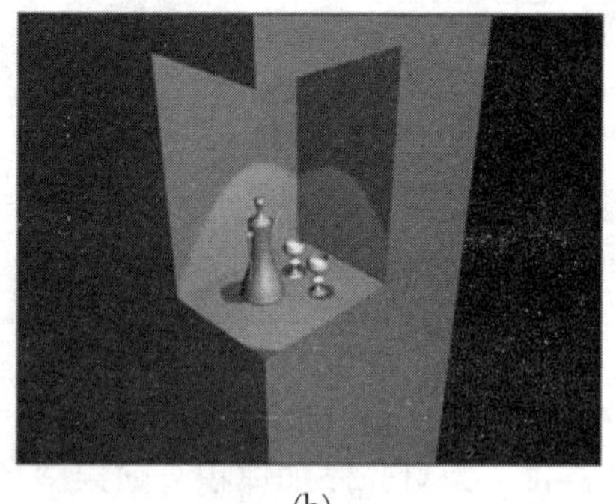

(b)

图 7-14　用目标聚光灯创建一盏壁灯

7.2.2　Free Spot(自由聚光灯)

自由聚光灯与目标聚光灯一样，只发出锥形的光束。所不同的是，自由聚光灯没有控制灯光方向的控制器。

自由聚光灯可以像一般几何体一样，整体自由地进行移动、旋转和缩放。照射方向的调整可以采用手动、使用“工具”菜单的“放置高光”命令或灯光视图的“视图控制”按钮等方法来实现。

实例 7-13　创建一个多彩旋转灯光。

创建一个室内场景：两面墙、地板、三个立柱、两个人。在墙上挂两幅画，给地面做棋盘格贴图。

创建一个球体做旋转灯球。动画制作完成后，隐藏球体。

室内中间设置一盏泛光灯用于照亮室内，不勾选阴影“启用”复选框。

创建一盏自由聚光灯。将自由聚光灯与旋转灯球轴心点对齐。

图 7-15　旋转灯光

将自由聚光灯绕 X 轴旋转 30°。复制两盏自由聚光灯(在“对象类型”选区要选择“复制”选项)，每两盏灯之间的夹角为 120°。三盏灯均启用阴影，阴影都为黑色。灯光颜色分别为红、绿、蓝。其他参数使用默认值。

将三盏自由聚光灯链接到旋转灯球上，整个场景如图 7-15 所示。

打开“自动关键帧”按钮，旋转灯球，创建旋转动画。渲染输出动画。

7.2.3　Omni(泛光灯)

泛光灯可以给场景提供各向均匀的灯光。它相当于放在一起的六盏分别向六个不同方向照射的聚光灯。泛光灯照射的区域比较大，参数易于调整，也可以投射阴影和控制衰减范围。

由于泛光灯在六个方向都可产生投影，因此泛光灯光线跟踪阴影的计算量比聚光灯的要大得多。因此，在场景中应尽量少为泛光灯指定光线跟踪阴影。

7.2.4　Skylight(天光)

天光常用于创建场景均匀的顶光照明效果。对天光可以设置天空色彩或指定贴图。天光的光线跟踪阴影的计算量比泛光灯的还要大。如果渲染速度过慢，则可以减小每次采样光线数，但这样会降低渲染质量。

标准的天光对象与 Photometric Daylight(光度学日光)对象不同，天光要与 Light Tracing(光线跟踪)高级灯光设置配合使用，可以模拟日光的作用效果。

天光的主要参数如下。

On(启用)：控制开/关灯光。

Multiplier(倍增)：倍增器类似于灯的调光器。值小于 1 时，减小灯的亮度；值大于 1 时，增加灯的亮度；值为负时，从场景中减去亮度。注意：该值过高会使对象的固有色在渲染时减淡褪色，一般使用默认值。

Use Scene Environment(使用场景环境)：若选择该选项，天空的色彩使用 Environment(环境)对话框中的背景色彩设置。该选项只有在激活 Light Tracing(光线跟踪)后才有效。

Sky Color(天空色彩)：若选择该选项，就可选择一种颜色做天空色彩。

Map(贴图)：若勾选该复选框，就可以单击下方按钮，指定天空色彩贴图，贴图可以控制天空色彩的分布。当比值小于 100%时，贴图会与天空色彩相混合。贴图设置只有在激活 Light Tracing(光线跟踪)后才有效。

Cast Shadows(投射阴影)：若勾选该复选框，则指定天光可以投射阴影。

Rays per Sample(每采样光线数)：设置每次采样时的光线数。该值越大，渲染输出的效果越好，但渲染的时间也会相应增加。

Ray Bias(光线偏移)：使阴影偏离对象的值。

实例 7-14　创建天光效果。

创建一个厚度为 0 的长方体做地面。

在地面上方创建一个茶壶，茶壶离开地面一定高度。

在茶壶的上方创建一个天光。

在“天光参数”卷展栏中选择：天空颜色为浅蓝色，每采样光线数为 10，勾选“投射阴影”复选框，其他参数为默认值。

渲染后的效果如图 7-16 所示。

图 7-16　设置了天光的场景

7.3　Photometric(光度学)灯光

光度学灯光包括 Target Point(目标点光源)、Free Point(自由点光源)、Target Linear(目标线光源)、Free Linear(自由线光源)、Target Area(目标面光源)、Free Area(自由面光源)、IES Sun(IES 太阳光)、IES Sky(IES 天光)、mr Sky(mr 天光)和 mr Sun(mr 太阳光)。其中，mr 是 mental ray 的缩写。

7.3.1 IES Sun(IES 太阳光)

IES 太阳光是依据实际自然规律设计的灯光对象，它可以用来模拟真实的太阳照射效果。

IES 太阳光的主要参数如下。

On(启用)：若勾选该复选框，则 IES 太阳光有效。在渲染模式下可以动态地观察灯光的开关效果。

Targeted(定向)：若勾选该复选框，则 IES 太阳光自动朝向 Daylight 系统所设定的方位；若不勾选该复选框，则可以手动调整太阳光的位置。

Intensity(强度)：该值为光源的强度。如果 IES 太阳光受 Daylight 系统的控制，则强度将由系统指定，不能手动调整。

颜色样本：单击强度右侧的“颜色样本”按钮，会弹出“Color Selector：rgb(颜色选择器：rgb)”对话框，在该对话框中可以选定一种太阳光颜色。

Color Amount(颜色量)：调整大气色彩与阴影色彩的混合量。

实例 7-15 创建 IES 太阳光的光照效果。

创建一个有两面墙的墙体，将一个双开门嵌入墙内，第 0 帧时门打开 30°，第 100 帧时门打开 80°。

创建一个长方体做地面。给地面指定棋盘格贴图，室内一个人朝门方向走去。

在室内设置一个泛光灯照亮室内，泛光灯不勾选“启用阴影”复选框。

创建一个 IES 太阳光，光源点在室外，目标点在室内。IES 太阳光的强度设置为 9000，勾选“启用阴影”复选框，并选择区域阴影中的长方形灯光。为了使得室内、室外光的强度有区别，应将太阳光排除室外地面。

图 7-17 IES 太阳光的光照效果

渲染输出透视图。从渲染结果可以看到有一束太阳光透过门缝射进室内。行走的人在室内地面上投下了阴影，如图 7-17 所示。

7.3.2 Free Linear(自由线光源)

自由线光源可以用来模拟发光体为线状的光源，产生荧光灯、高压钠灯、水银灯、白炽灯等的灯光效果。线光源的长度可以在“线光源参数”卷展栏中进行设置。

实例 7-16 使用自由线光源创建宣传橱窗中的灯光效果。

宣传橱窗的框架由长方体做成。橱窗顶是一个边数为 3 的圆柱体，橱窗背板是一个厚度为 0 的长方体。在橱窗中创建两条文本，粘贴五个福娃的图片，如图 7-18(a)所示。渲染透视图的效果如图 7-18(b)所示。

复制一块背板做橱窗玻璃，给橱窗玻璃赋标准材质，不透明度设置为 30。渲染透视图的效果如图 7-18(c)所示。

创建一盏泛光灯做环境光，照亮橱窗。泛光灯的倍增值设置为 0.5。在透视图中产生的效果如图 7-18(d)所示。

创建一个自由线光源，使其绕 Y 轴旋转 90°，自由线光源与橱窗顶平行。自由线光源的长度设置为 280(与宣传橱窗宽度相当)，强度设置为 12000 cd，颜色选择为荧光。将自由线光源置于橱窗顶下方。渲染输出透视图，从输出图像中可以看到橱窗上方一盏日光灯照亮橱窗的光照效果，如图 7-18(e)所示。

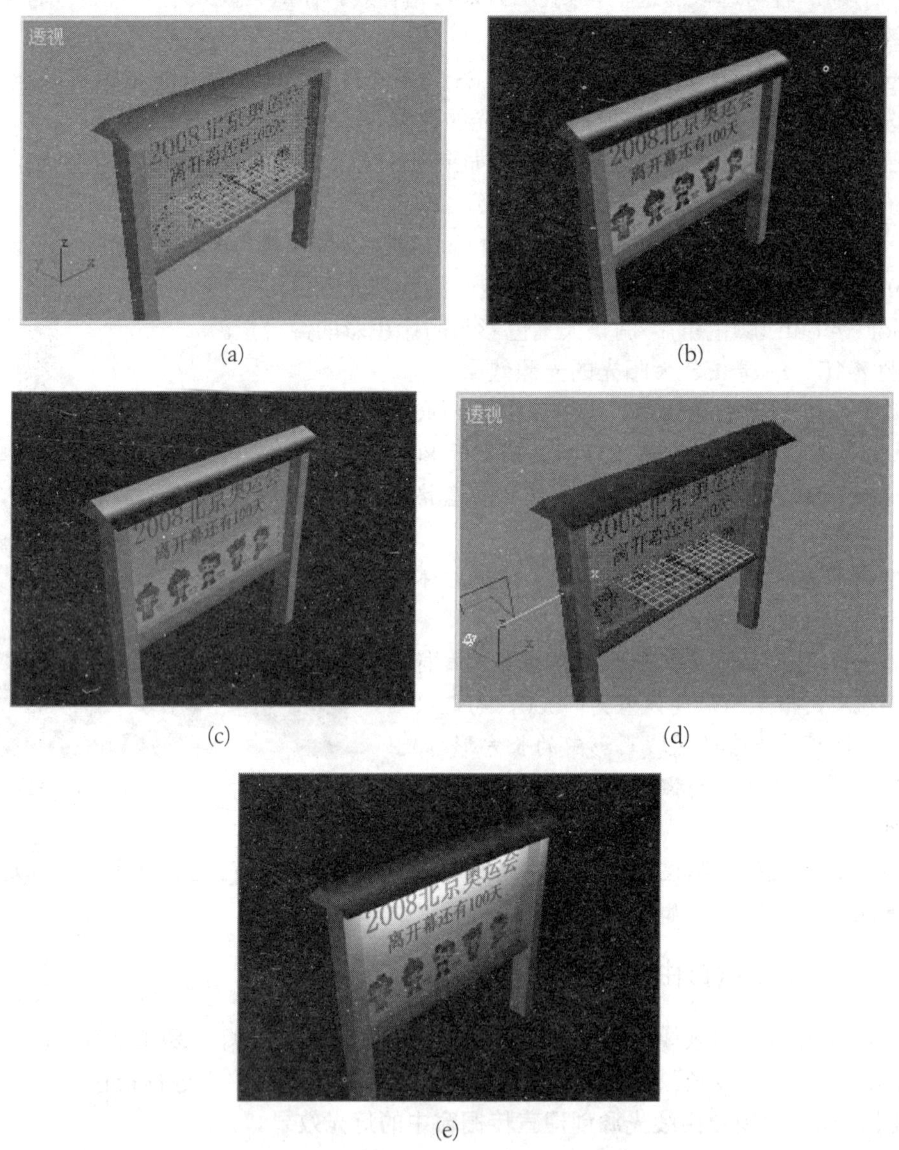

图 7-18　使用自由线光源创建宣传橱窗中的灯光效果

7.4　摄影机

如何由其他视图切换到摄影机视图、摄影机视图控制区中各按钮的作用等内容已在前面章节中进行了介绍，后续章节将介绍摄影机的具体应用。

7.4.1　TargetCamera(目标摄影机)

目标摄影机的图标中有一个目标点，使用“工具”菜单中的“对齐摄影机”命令，可以将目标点锁定在场景中的一个对象上。切换到摄影机视图后，不论该对象在动画中运动到什么位置，目标摄影机始终对准该对象。因此，目标摄影机适合拍摄视线跟踪动画。

实例 7-17　使用目标摄影机创建约束动画。

创建一个球体，球体半径设置为 30，在球体上贴一幅地图。创建一个圆，圆的直径是球体直径的 3 倍，如图 7-19(a)所示。

创建一个目标摄影机，选定摄影机的目标点，选择“工具”菜单中的“对齐”命令，将目标点与球体对齐。

选定目标摄影机，选择“运动”命令面板，创建路径约束动画。这时的顶视图如图 7-19(b)所示。

将透视图切换到摄影机视图。摄影机沿圆周运动的动画就变成用户看到的球体绕球心旋转的动画。

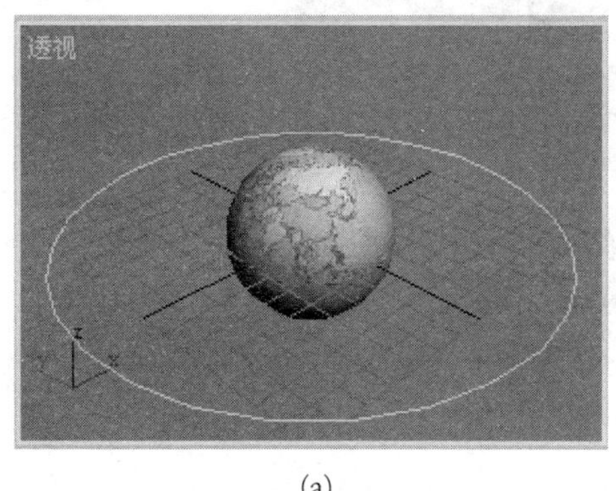

(a)

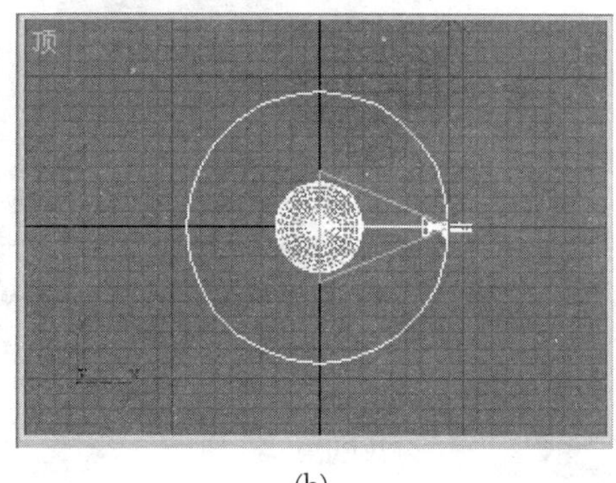

(b)

图 7-19　创建摄影机的约束动画

7.4.2　FreeCamera(自由摄影机)

自由摄影机不具有目标摄影机的特点，它适合于绑定到一个对象上拍摄该对象运动时沿途所对准的画面。

目标摄影机在喇叭口上有一个目标点，如图 7-20(a)所示。自由摄影机没有目标点的情况如图 7-20(b)所示。

7.4.3　将摄影机与对象对齐

要将摄影机与场景中的对象对齐，可以使用“工具”菜单中的“对齐摄影机”命令，也可以使用主工具栏中“对齐”按钮组的“对齐摄影机”按钮。操作步骤是：选定摄影机，选择工具栏中的“对齐摄影机”命令或主工具栏中的“对齐摄影机”按钮，单击要对齐的对象。

目标摄影机已对齐到球体，如图 7-21 所示。

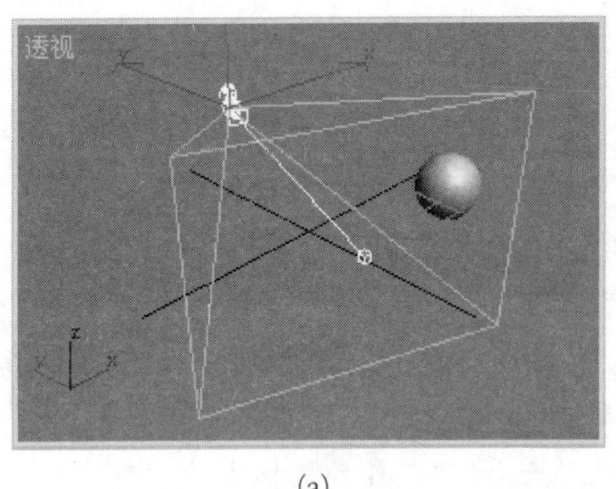

(a)

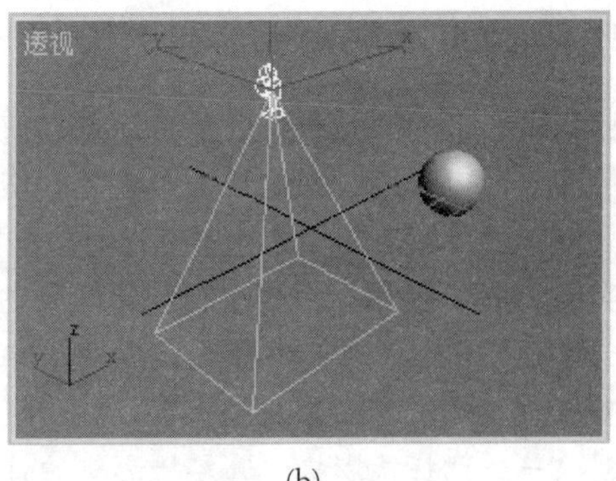

(b)

图 7-20　目标摄影机与自由摄影机

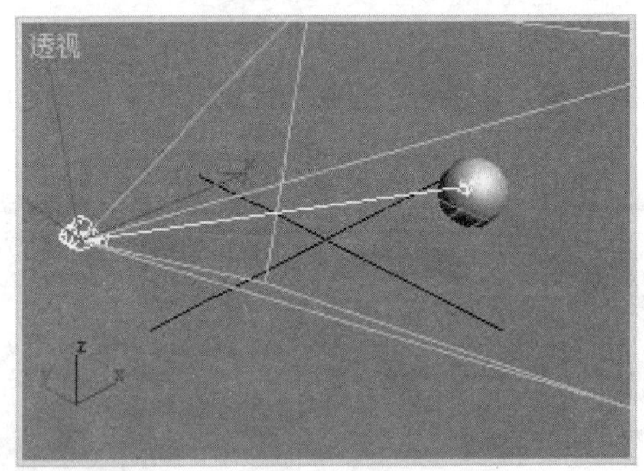

图 7-21　将摄影机对齐到球体

7.4.4　使用摄影机创建动画

3ds max 9 中的摄影机与已打开的真实摄影机一样，当摄影机运动或摄影机镜头前景物自身发生变化时，也能把景物的变化过程记录下来。重新播放这一变化过程，看到的就是摄影机所创建的动画。

摄影机的运动可以通过手工推拉、平移、环绕、摇动、侧滚等操作实现。也可将摄影机链接到虚拟对象或其他对象上和其他对象一起运动。将摄影机约束在曲线、曲面上，可以创建摄影机约束动画。

实例 7-18　用自由摄影机创建环视房内四周的动画。

创建一个有四面墙的房间。创建一个长为 250、宽为 350 的矩形，以这个矩形为平面图创建墙体。四面墙上分别有一个双开门、一个开着的窗户、一张照片和一幅画。四个墙角分别有一张圆桌、一个落地花瓶、一个人和一个盆景，如图 7-22(a)所示。

在顶视图中创建一个平面做地面，给地面贴上瓷砖。创建一个长方体做天花板，将整个房间上下盖严，如图 7-22(b)所示。

在透视图中创建一个自由摄影机，将摄影机绕 X 轴旋转 90°。

在 XY 平面内移动摄影机，使摄影机置于房间正中间。截取的顶视图如图 7-22(c)所示。

沿 Z 轴移动摄影机，使摄影机正好拍摄整个墙面。截取的前视图如图 7-22(d)所示。

在房间的正中间创建一盏泛光灯。

将指针对准透视图名称并右击，选择视图下的 Camera01 选项，将透视图切换到摄影机视图。将透视图切换到摄影机视图后，透视图中的摄影机就只能用视图控制区的按钮进行操纵，而其他视图中的摄影机依然可以用主工具栏的“变换”按钮进行操纵。

单击“自动关键帧”按钮，将时间滑动块置于第 80 帧，选择主工具栏中的“旋转”按钮，在顶视图中绕 Z 轴旋转摄影机，使摄影机环视墙壁一周。

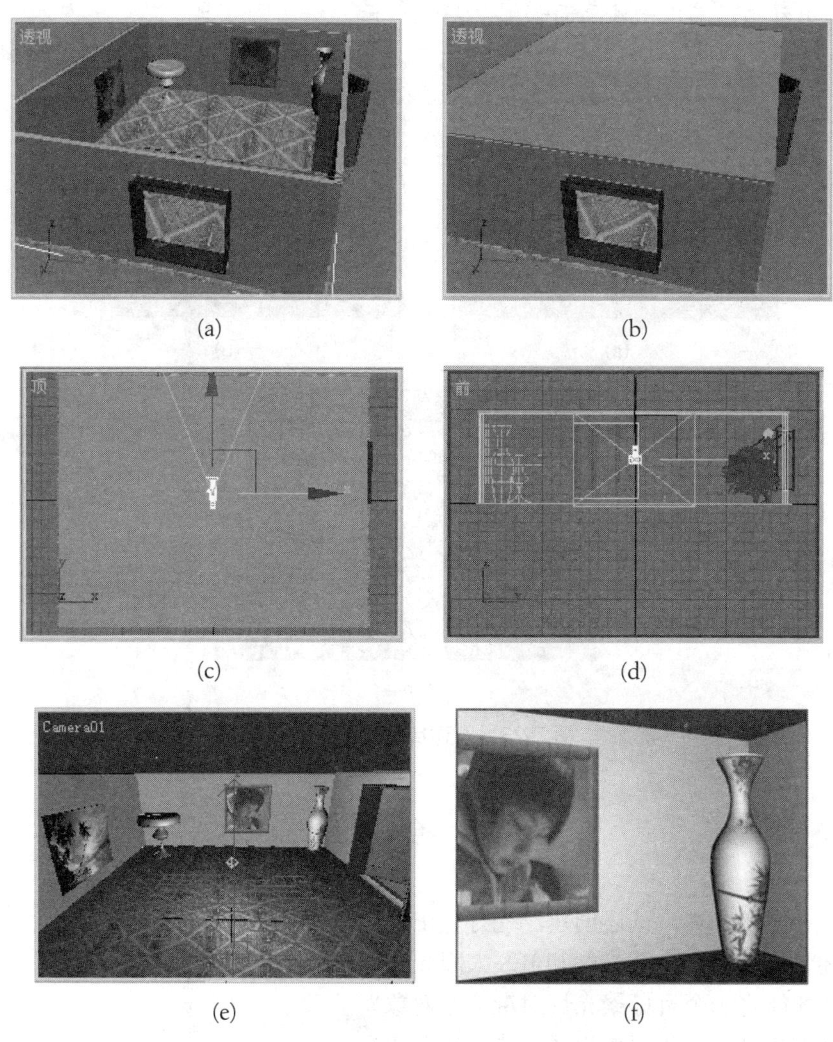

(a)　(b)　(c)　(d)　(e)　(f)

图 7-22　用自由摄影机创建环视房内四周的动画

将时间滑动块移到第 100 帧，在顶视图中转动摄影机，使摄影机朝向 X 轴正方向，在透视图中推拉、环游、侧滚摄影机，扩大摄影机视野，使视野达到最大，这时可以看到大半个房间，如图 7-22(e)所示。

渲染输出透视图的动画，拍摄到的一个墙角如图 7-22(f)所示。

实例 7-19　创建自由摄影机动画。

在前视图中创建一条直排文本，挤出成立体字，绕 Z 轴方向旋转–90°，使文本竖起来。

在透视图中创建一个自由摄影机，绕 X 轴旋转 90°，适当移动摄影机，使摄影机朝向文本，如图 7-23(a)所示。

将透视图切换成摄影机视图。平移摄影机，使在透视图中显示文本的第一个汉字，如图 7-23(b)所示。

单击“自动关键点”按钮，平移摄影机，使透视图中显示最后一个汉字。

播放动画，可以看到文本由下向上移动。

渲染输出动画，其中一帧画面如图 7-23(c)所示。

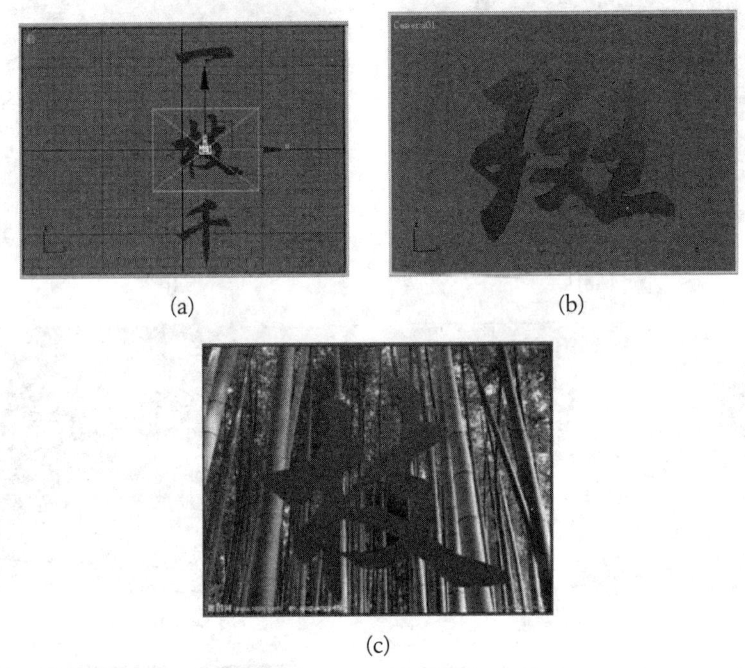

(a)　(b)

(c)

图 7-23　创建自由摄影机动画

思　考　题

1. 灯光分为哪几类，试述创建泛光灯、IES 太阳光和日光的操作步骤。
2. 试述目标聚光灯、泛光灯和 IES 太阳光各有何特点。
3. 如何才能将一个目标聚光灯对准一个对象？
4. 如何要求某个灯光只照射场景中的部分对象？
5. 在场景中能看到阴影吗？怎样才能看到阴影？
6. 阴影 Dens(密度)值的大小对阴影有何影响？
7. 能给阴影指定贴图吗？如何指定？
8. 阴影可以指定颜色吗？如何指定？
9. Multiplier(倍增)值的大小对光照效果有何影响？
10. 光可以设置颜色吗？如何设置？
11. Projector Map(投影贴图)和阴影 Map(贴图)有何区别？如何指定投影贴图？

12. “阴影贴图参数”卷展栏中的 Bias(偏移)和 Size(大小)两个参数对阴影各有何影响？
13. “阴影贴图参数”卷展栏中的 Sample Range(采样范围)参数对阴影有何影响？
14. 如何设置体积光效果？
15. 如何创建天光？天光有哪些参数？
16. 区域泛光灯和泛光灯有何区别？
17. 如何创建透过开着的窗户射进阳光的效果？
18. 高级照明与传统照明有何不同？
19. 如何使用 Light Tracer(光跟踪器)创建高级照明？
20. 如何使用 Radiosity(光能传递)创建高级照明？
21. 如何将摄影机对齐到场景中的对象？
22. 要切换到摄影机视图应如何操作？
23. 要切换到灯光视图应如何操作？

第 8 章　材质与贴图

基本对象、复合对象和通过修改编辑等手段获得的对象，即使在外形上与实际物体一样，看上去也依然缺乏真实感。其中一个重要原因就是，这些对象的表面视觉效果单调，而实物的表面视觉效果多姿多彩。怎样才能做到既外形相同，表面纹理色彩又一样呢？要解决这个问题，就要使用材质与贴图。

8.1　材质与贴图概述

为了模拟出自然界物体表面的视觉效果，3ds max 9 提供了 18 种材质和 5 大类贴图。材质的作用是为对象表面模拟颜色、透明度、反射与折射、粗糙程度等材质属性。刚创建的对象具有相同的默认材质，但自然界的物体所具有的材质是多种多样的，这样就要为不同对象重新赋不同的材质。贴图的作用是使用一些图像文件模拟自然界物体表面的各种纹理色彩。无论是赋材质还是贴图，都必须使用材质编辑器，选择材质和贴图则要使用材质/贴图浏览器。灵活运用各种材质和贴图，能够逼真地模拟出自然界中各种物体的表面属性。

8.2　Material Editor(材质编辑器)

单击主工具栏中的 Material Editor(材质编辑器)按钮，就会打开材质编辑器，如图 8-1

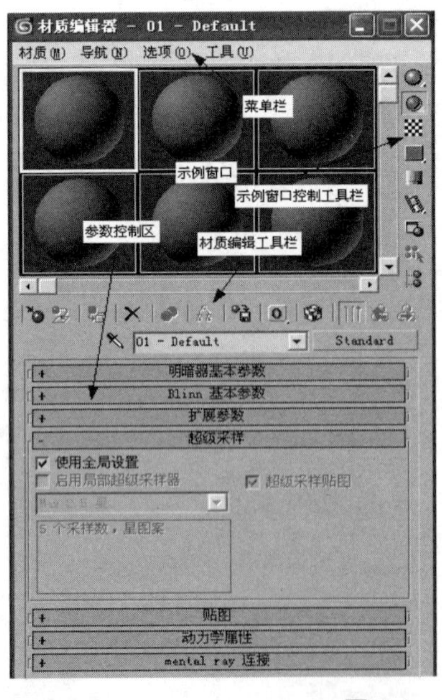

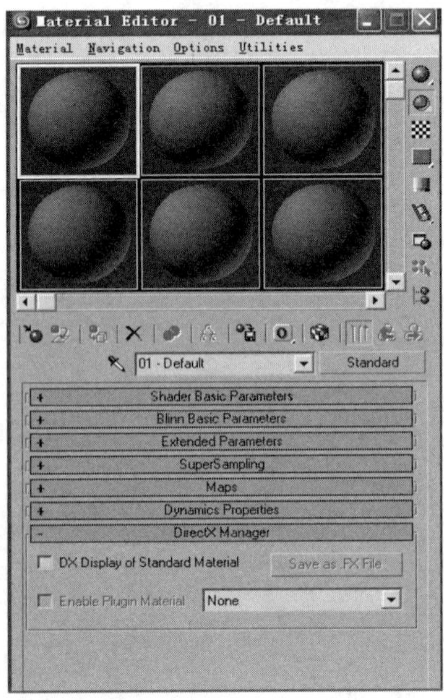

图 8-1　材质编辑器

所示。任何对象的材质都要通过材质编辑器来进行编辑。材质编辑器分为上、下两部分。上半部分为固定界面部分，其中的元素固定不变，这部分有四个功能区域，即示例窗口、材质编辑工具栏、示例窗口控制工具栏和菜单栏。下半部分是活动界面部分，由若干个参数卷展栏组成。所编辑的材质类型不同，卷展栏的个数和参数也可能不同。

8.2.1　示例窗口

示例窗口有 24 个示例对象，它能直观地显示材质编辑的过程与效果。

示例对象未被激活时，窗格周围会出现一个白色细线框，如图 8-2(a)所示。示例对象激活后，白色细线框变成白色粗线框，如图 8-2(b)所示。如果示例对象上的材质被指定到场景中的对象上，则窗格四角会出现白色小三角形，如图 8-2(c)所示，表明该示例窗格中的材质为同步材质。当编辑窗格中的材质时，对象上所赋材质会同步发生变化。已赋材质的对象未被选定时，白色小三角形变成白色三角线框，如图 8-2(d)所示。

拖动已赋材质的示例对象到另一示例对象上，可以复制材质。复制的材质为非同步材质。

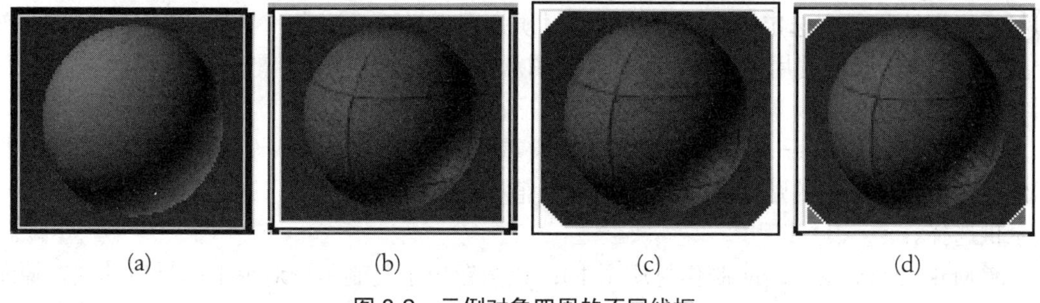

图 8-2　示例对象四周的不同线框

将指针对准示例对象并右击，弹出一个快捷菜单，如图 8-3 所示。通过快捷菜单，可以对示例对象进行 Drag/Copy(拖动/复制)、Drag/Rotate(拖动/旋转)、Render Map(渲染贴图)操作，以及改变示例窗口中当前示例对象的个数等。选择 Options(选项)命令会弹出“材质编辑器选项”对话框，在该对话框中可以进行顶光、背光、环境光等参数的设置。

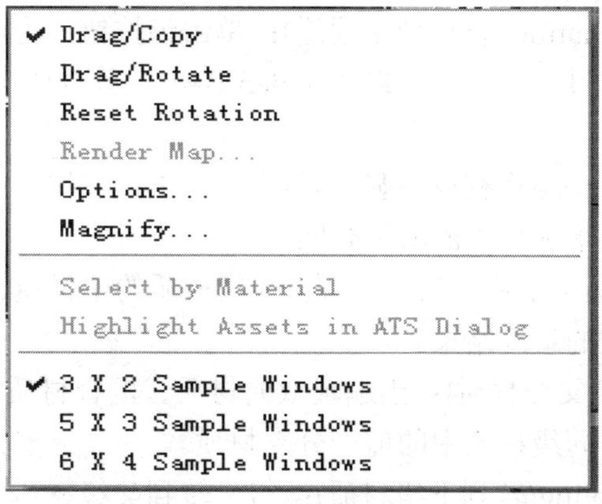

图 8-3　右单击示例对象弹出的快捷菜单

8.2.2　材质编辑工具栏

材质编辑工具栏用于为场景对象进行材质编辑操作。该工具栏在示例窗口下方，如图8-4所示。下面按顺序介绍材质编辑工具栏中各工具按钮的作用。

图 8-4　材质编辑工具栏

Get Material(获取材质)：单击该按钮，就能打开 Material/Map Browser(材质/贴图浏览器)。该浏览器用于选取材质和贴图。

Put Material to Scene(将材质重新赋给场景对象)：单击该按钮，将示例对象上的复制材质赋给场景中的对象。复制材质为非同步材质，经过编辑后，再重新赋给原来的对象，这时复制材质会变成同步材质。

Assign Material to Selection(将材质赋给选定对象)：单击该按钮，就会将示例对象上的材质指定给场景中选定的对象，这时该材质为同步材质。注意，当为材质的不同组成部分指定贴图时，只能使用该按钮，或者将贴图从示例对象上拖到场景对象上，而不能从“位图参数”卷展栏拖到场景对象上。

Reset Map/Material to Default Settings(重置贴图/材质为默认设置)：单击该按钮，将示例窗口中正在编辑的贴图/材质恢复为默认值。如果是同步材质，则单击该按钮后会给出提示供选择。

Make Material Copy(制作材质副本)：该按钮用于复制示例对象上的材质并放入原示例对象上，以便进行编辑，编辑好后再单击该按钮，将材质重新赋给场景对象，就能替换原有材质，并使复制材质变为同步材质。

Make Unique(使独立)：单击该按钮，可以将当前示例窗口中 Multi/Sub-Object(多级/子对象)材质的子材质转换成一种独立的材质，并为独立后的材质指定一个新名称。

Put to Library(存入材质库)：将当前编辑的材质保存到材质库中。保存到材质库中的材质可以通过材质/贴图浏览器访问。

Material Effects Channel(材质效果通道)：单击该按钮，为当前示例对象上的材质指定 G-buffer 效果通道，通过效果通道可以在 Video Post(视频合成)对话框中为该材质指定特殊的渲染效果。

Show Map in Viewport(在视图中显示贴图)：单击该按钮，在视图中已贴图的对象会显示贴图效果。这样做会增加场景的渲染时间。

Show End Result(显示最终结果)：当编辑多级材质的子材质、混合材质的分支材质时，单击该按钮，会显示材质的最终结果。

Get to Parents(转到父级材质)：当编辑双面材质、混合材质等材质时，单击该按钮，可以返回上一级材质或者同级材质中的前一分支材质。

Get Forward to Sibling(转到下级材质)：与“转到父级材质”按钮的作用相反，单击该按钮一次会转到下一级材质或同级材质中的后一分支材质。

Pick Material From Object(从对象拾取材质)：选定一个空白示例球，单击该按钮，这时指针会变成 ；单击已赋材质的对象，就能将该对象的材质复制到示例窗口的选定示例球上。

Material Type(材质类型)：单击该按钮，会弹出材质/贴图浏览器，在该浏览器中可以选择需要的材质。

8.2.3　Material/Map Browser(材质/贴图浏览器)

材质/贴图浏览器可以用来获取、浏览材质与贴图，如图 8-5 所示。

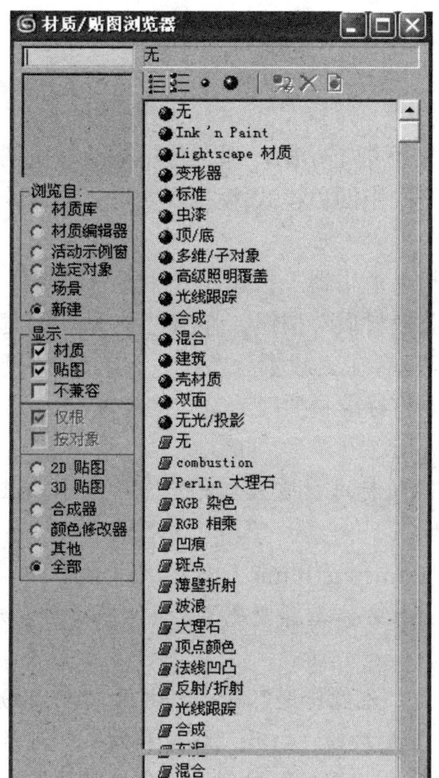

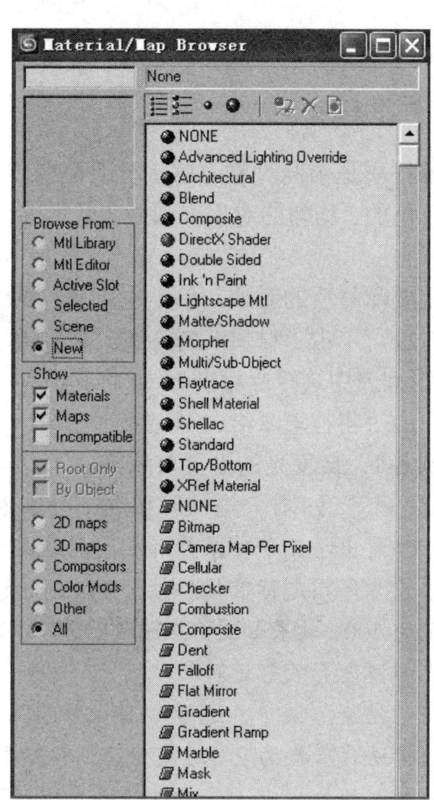

图 8-5　材质/贴图浏览器

在浏览器的列表框中显示有材质/贴图，有蓝色小球标志的为材质，有绿色平行四边形标志的为贴图。

列表框上方左边四个按钮用来决定是用文本还是用图标显示列表。

列表框上方右边三个按钮用来删除材质库中的材质或用材质库中的材质更新场景中的材质。

列表框左侧有三个选区：Browse From(浏览自)选区，有一组单选项，用来选择列表中的文件来源于何处；Show(显示)选区，有一组复选框，可以选择同时显示材质和贴图，也可以选择只显示材质或贴图；File(文件)选区，有一组单选项，可以用来打开、合并、保存材质/贴图文件，这个选区只有在 Browse From(浏览自)选区选择了 Mtl Library(材质库)等选项后才会显示。

8.3　材质

3ds max 9 提供了 18 种类型的材质：None(无)材质、Standard(标准)材质、Blend(混合)材质、Composite(合成)材质、Double Sided(双面)材质、Matte/Shadow(不可见/投影)材质、Morpher(变形)材质、Multi/Sub-Object(多维/子对象)材质、Raytrace(光线跟踪)材质、Shellac(胶合)材质、Top/Bottom(顶/底)材质、Advanced Lighting Override(高级灯光)材质、Shell(壳)材质、Lightscape Mtl 材质、Ink'n Paint(墨水手绘)材质、Architectural(建筑)材质、Xef Material 材质、DirectX Shader(DirectX 光影)材质。

8.3.1　标准材质

标准材质是示例对象的默认材质类型。如果不指定贴图，那么使用标准材质创建来的是一种单色的、均匀的对象表面效果。标准材质采用(四色模式)模拟真实世界的对象表面效果。

选定要赋材质的对象。单击主工具栏的“材质编辑器”按钮,打开材质编辑器。选定一个示例对象，单击“材质编辑”工具栏中的“获取材质”按钮，弹出材质/贴图浏览器。在材质/贴图列表中选择“标准”，并将其拖到示例对象上。设置好参数后，单击“材质编辑”工具栏中的“将材质赋给选择对象”按钮，就能将标准材质赋给选定的对象。

实例 8-1　自发光的设置与渲染。

创建一个长方体、一个圆柱体和一个球体，赋给标准材质且自发光选择为 0，如图 8-6(a)所示。可以看出，三个对象具有相同的表面特性。

重给长方体指定标准材质，在 Blinn Basic Parameters(Blinn 基础参数)卷展栏中，选择自发光强度为 100，效果如图 8-6(b)所示。可以看出长方体本身变亮了，虽然有了自发光特性，但自发光并不能影响邻近对象。

单击“渲染”菜单，选择“高级照明”中的“光能传递”命令，打开“渲染场景”对话框。选择迭代次数为 2，过滤为 2。单击“设置”按钮，打开“环境和效果”对话框，在“曝光控制”卷展栏中选择“对数曝光控制”。单击“开始”按钮，就会按照设置计算出光能传递的结果，单击“渲染”按钮，就可以看到自发光物体照亮了旁边的物体，如图 8-6(c)所示。

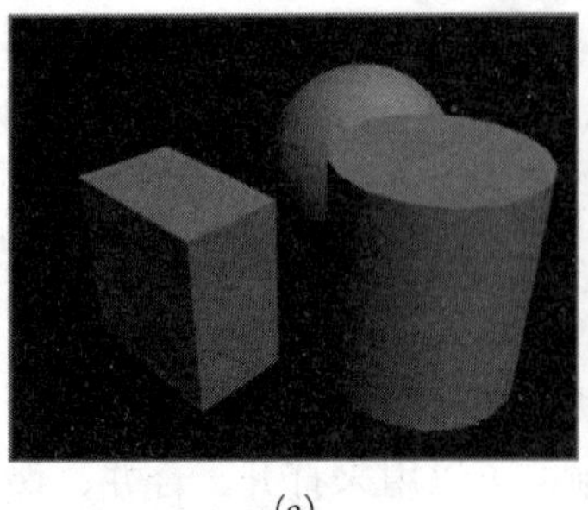
(a)

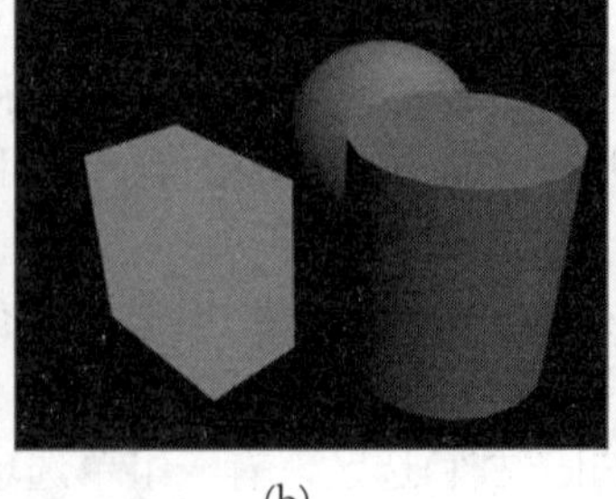
(b)

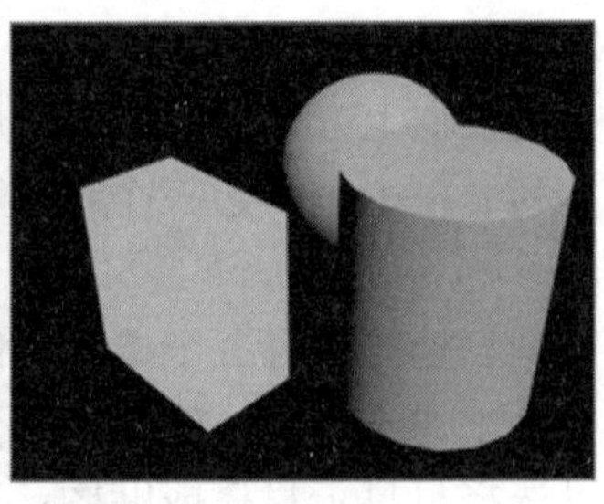
(c)

图 8-6　自发光的设置与渲染

实例 8-2 创建东方红太阳升动画。

制作东方红动画，用来模拟太阳刚从地平线出来，逐渐升起，太阳光由弱到强，由红到白的过程。

在前视图中同一竖直线上创建两个球体，半径均为 10。一个做太阳，放在地平线上，另一个做太阳的倒影，放在地平线下。两球紧贴在一起。

给渲染输出和前视图指定同一个背景文件，如图 8-7(a)所示。

选定做太阳的球体，给球体赋标准材质，设置自发光颜色、环境光、漫反射光、高光反射光颜色均为红色。不透明度为 80，光泽度为 100，柔化为 1。在“明暗基本参数”卷展栏中选择“双面”复选框。

选定做太阳倒影的球体，给球体赋标准材质，设置自发光颜色、环境光、漫反射光、高光反射光颜色均为红色，不透明度为 15。光泽度为 100，柔化为 1。在“明暗基本参数”卷展栏中选择“双面”复选框。效果如图 8-7(b)所示。

打开“时间配置”对话框，设置时间范围为 0~200 帧。

单击“自动关键帧”按钮，将时间滑动块移到第 200 帧处。在前视图中，选定做太阳的球体，沿 Y 轴正向移动 100 个单位。选定做太阳倒影的球体，沿 Y 轴负向移动 100 个单位。将两个球体的颜色均改为白色。

从第 0 帧到第 200 帧渲染输出前视图，这时可以看到太阳渐渐升起，颜色由红逐渐变白。第 150 帧效果如图 8-7(c)所示。

(a) (b)

(c)

图 8-7 制作东方红动画

制作太阳升动画，用来模拟太阳升到一定高度后，光线变得很白很强。

在前视图中同一竖直线上创建两个球体，一个做太阳，另一个做太阳的倒影。两个球体相距地平线有一定距离。效果如图 8-8(a)所示。

选定做太阳的球体，半径设置为 10。给球体赋标准材质，设置高光级别为 999，光泽度为 0，柔化为 0。环境光颜色为白色，漫反射光颜色为红色，高光反射光颜色为浅灰色，自发光颜色为白色。不透明度为 0。可以看出这时太阳发出的光很强。

选定做太阳倒影的球体，半径设置为 13。给球体赋标准材质，设置高光级别为 999，光泽度为 0，柔化为 0。环境光颜色为黄色，漫反射光颜色为红色，高光反射光颜色为深灰色，不透明度为 0。可以看出倒影虽然光很强，但轮廓模糊。

单击“自动关键帧”按钮，将时间滑动块移到第 100 帧处，选定做太阳的球体，在前视图中沿 Y 轴正向移动 50 个单位。选定做太阳倒影的球体，沿 Y 轴负向移动 50 个单位。

渲染输出前视图，第 0 帧效果如图 8-8(b)所示。

(a)

(b)

图 8-8 制作太阳升动画

8.3.2 Blend(混合)材质

混合材质用于将两种材质的像素色彩混合在一起。两种材质所占比例可以改变，也可以记录成动画。可为混合材质指定遮罩，遮罩文件中纯黑的部分完全显示材质 1，纯白的部分完全显示材质 2。

实例 8-3 用混合材质制作有反射、有贴图的对象表面。

创建一个长为 200、宽为 200、高为 0 的长方体。

打开材质编辑器，在材质/贴图浏览器中选择“合成材质”选项。

设置材质 1：单击“获取材质”按钮，选择混合材质，在“混合基本参数”卷展栏中，单击“材质 1”按钮，展开“贴图”卷展栏，选择“反射”复选框，在“材质/贴图”卷展栏中双击“平面镜”选项。

单击“转到父级”按钮两次，单击“材质 2”按钮，展开“贴图”卷展栏，选择“漫反射颜色”复选框，在“材质/贴图”卷展栏中双击“位图”选项，选择一个用于贴图的文件，如图 8-9(a)所示。

单击“转到父级”按钮两次，设置混合量为 50。

在前视图中创建一个高度为 0 的长方体，采用不透明度贴图技术，将一个小孩贴在长方体上。

渲染输出效果图，可以看到一个小孩趴在地上。地面呈现她的倒影，如图 8-9(b)所示。

如果渲染输出看不到反射效果，则需要在“平面镜参数”卷展栏中勾选“应用于带 ID 的面”复选框。

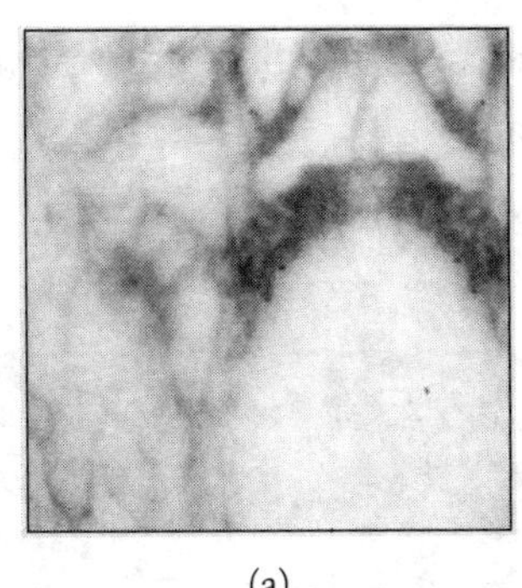

(a)

(b)

图 8-9　使用混合材质制作有反射、有贴图的对象表面

实例 8-4　用混合材质制作鹰变飞机的动画。

用一个有天空的图像文件做背景贴图。

在透视图中创建一个长为 70、宽为 50、高为 0 的长方体。将长方体移到透视图左下角。

通过 Photoshop 编辑一张鹰的图片和一张飞机的图片，鹰的外形要与飞机的接近，如图 8-10(a)所示。

将这两张彩色图片处理成两张黑白剪影图片。鹰和飞机部分为白色，其余部分为黑色，如图 8-10(b)所示。

打开材质/贴图浏览器，双击“混合材质”选项。

在“混合基本参数”卷展栏中单击“材质 1”按钮，展开“贴图”卷展栏，勾选“不透明度”复选框，单击对应的 None(无)按钮，双击“位图”选项，打开鹰的黑白剪影文件。单击“转到父级”按钮，勾选“漫反射颜色”复选框，单击对应的长条形按钮，在材质/贴图浏览器的贴图列表中双击“位图”选项，选择鹰的彩色位图文件并打开。

单击“编辑材质”工具栏中的“返回父级”按钮两次，就会返回“混合基本参数”卷展栏。单击“材质 2”按钮，展开“贴图”卷展栏，勾选“不透明度”复选框，单击对应的“无”按钮，双击“位图”选项，打开飞机的黑白剪影文件。单击“转到父级”按钮，勾选“漫反射颜色”复选框，单击对应的长条形按钮，在材质/贴图浏览器的贴图列表中双击“位图”选项，选择飞机的彩色位图文件并打开。

制作鹰变飞机的动画过程如下。

单击“时间配置”按钮，打开“时间配置”对话框，设置结束时间为第 300 帧。

单击“自动关键帧”按钮，将时间滑动块放在第 0 帧处，在“混合基本参数”卷展栏中设置混合量为 0。

将时间滑动块移到第 180 帧处，把长方体移到透视图右上角的白云处，设置混合量为 1。将指针对准“缩放”按钮并右击，设置偏移量为 70。

将时间滑动块移到第 200 帧处，将指针对准移动按钮并右击，设置 X 偏移为 1。设置混合量为 100。将指针对准“缩放”按钮并右击，设置偏移量为 99。

将时间滑动块移到第 300 帧处，把长方体移到透视图左上角视图以外的地方。将指针对准“缩放”按钮并右击，设置偏移量为 80。

渲染输出动画，渲染范围为 0~300 帧。

播放动画，可以看到一只鹰从天空的左下方飞向右上方，在白云深处渐渐变成一架飞机，随后飞机向天空左上方飞去，消失在遥远的天际。

天空中的鹰如图 8-10(c)所示。

变成的飞机如图 8-10(d)所示。

(a)

(b)

(c)　(d)

图 8-10　制作鹰变飞机动画

8.3.3　Composite(合成)材质

合成材质与混合材质的编辑思想基本相同，它可在 1 种基本材质的基础上，最多与另外 9 种材质合成，以形成一种综合材质效果。这 10 种材质所占比例可以指定。合成材质也可根据不同关键帧合成比例的不同制作动画。

双击材质/贴图浏览器材质列表中的“合成”，材质编辑器的活动部分就会变成如图 8-11

所示的内容。

Base Material(基础材质)：单击该按钮，可以指定基础材质。

Mat.1 至 Mat.9(材质 1 至材质 9)：单击任意一个按钮，可以指定合成材质中的子级材质。最多能指定 9 种子级材质。每种子级材质左边有一个复选框，只有勾选了的材质才能在合成中起作用。

Composite Type(合成类型)有三种选择。

A：采用 Additive Colors(加色)合成方式。

S：采用 Subtractive Colors(减色)合成方式。

M：采用 Mix 合成方式，利用右侧数码框中指定的值，控制各子级材质在合成材质中所占的比例。

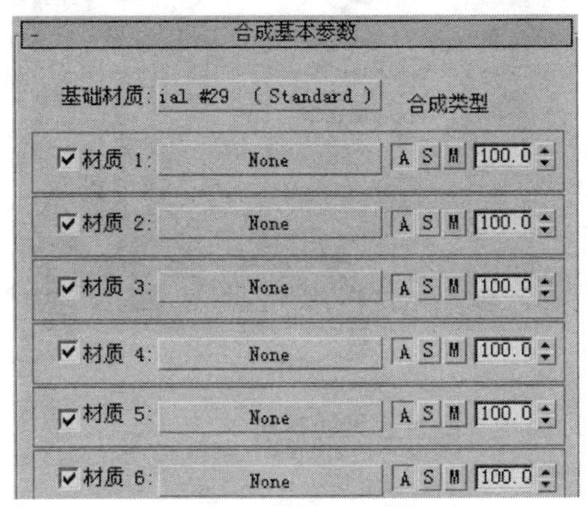

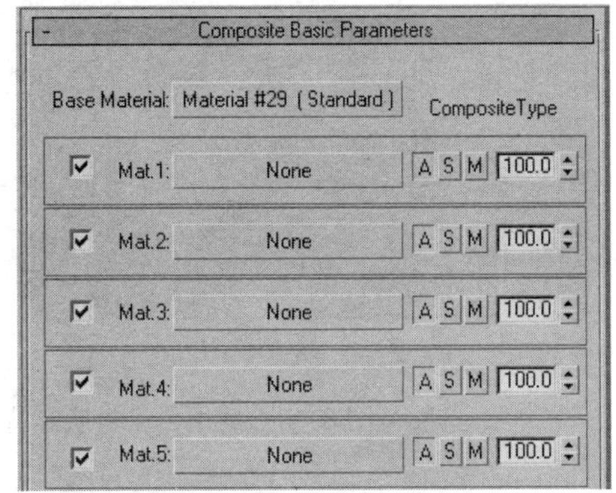

图 8-11　“合成基本参数”卷展栏

实例 8-5　使用合成材质给背景地面赋有反射效果的材质。

选择一个房间图像做背景，如图 8-12(a)所示。

沿房间地面边沿画一条封闭的样条线。选择挤出修改器挤出，挤出数量为 0。

打开材质编辑器，在材质/贴图浏览器中选择“合成材质”选项。设置材质 1 的合成量为 100。设置材质 2 的合成量为 50。

设置材质 1：单击“材质 1”按钮，双击材质/贴图浏览器中的“建筑材质”，在“模板”选项卡中选择“镜像”选项。

单击“转到父级”按钮两次，单击“材质 2”按钮，在材质/贴图浏览器中双击“标准材质”，展开“贴图”卷展栏，选择“漫反射颜色”复选框，打开要贴图用的位图文件，在“坐标”卷展栏中，设置 U 坐标和 V 坐标均为 4。

将合成材质指定给地面。效果如图 8-12(b)所示。

在前视图中创建一个平面，选择一个有老鼠的图像，使用不透明度贴图技术给平面贴图。

在老鼠前创建一个酒壶。效果如图 8-12(c)所示。

渲染输出透视图，可以看到地面贴了指定的瓷砖，老鼠和酒壶都经地面反射产生了倒影。效果如图 8-12(d)所示。

(a)　(b)

(c)　(d)

图 8-12　使用合成材质给背景地面赋有反射效果的材质

8.3.4　Double-Sided(双面)材质

双面材质可以给一个曲面的两个面指定不同的材质，而且正面材质还可以设置透明效果，这样，从正面也可隐约看到背面的材质。

双击材质/贴图浏览器材质列表中的“双面材质”，材质编辑器的活动部分就会变成如图 8-13 所示的内容。

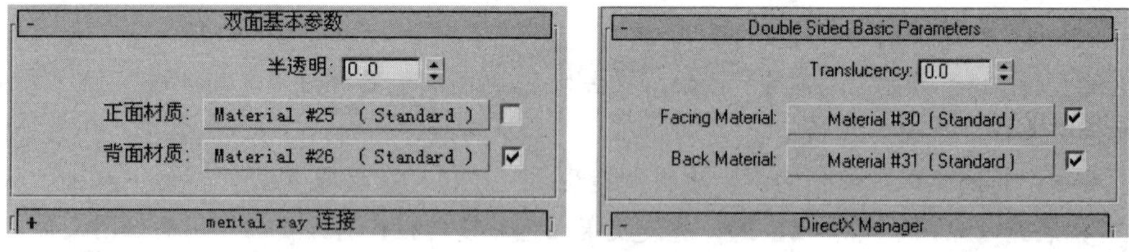

图 8-13　“双面基本参数”卷展栏

实例 8-6　用双面材质制作扑克牌。

创建一个长为 150、宽为 100、高为 0 的长方体。

打开材质编辑器，单击“获取材质”按钮，双击材质/贴图浏览器中的“双面材质”。

在“双面基本参数”卷展栏中单击“正面材质”按钮，展开“贴图”卷展栏，勾选“漫反射颜色”复选框，单击对应的“无”按钮，双击材质/贴图浏览器中的“位图”选项，打开一个扑克牌的正面图像文件。

单击“转到父级”按钮两次，单击“双面基本参数”卷展栏中的“背面材质”按钮，展开“贴图”卷展栏，勾选“漫反射颜色”复选框，单击对应的“无”按钮，双击材质/贴图浏览器中的“位图”选项，打开一张扑克牌的背面图像文件。

单击“将材质指定给选定对象”按钮，长方体的两面就贴上了不同的位图。

复制一张扑克牌，绕 X 轴旋转 180°，将两张牌错开一定距离和角度，渲染输出，就得到一张正面朝上和一张反面朝上的扑克牌，如图 8-14 所示。

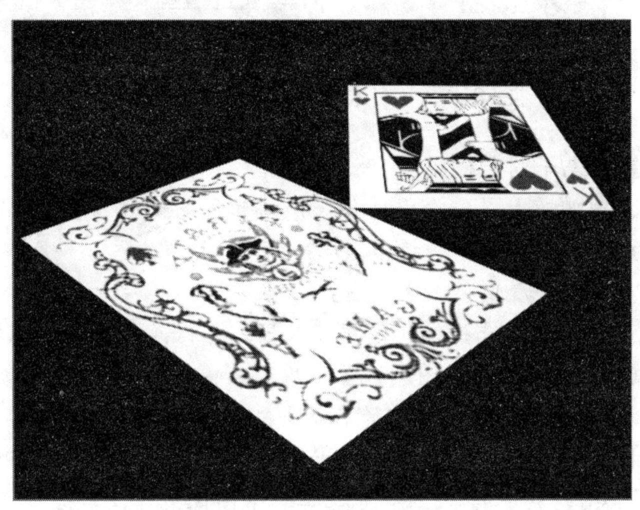

图 8-14　用双面材质制作扑克牌

8.3.5　Multi/Sub-Object(多维/子对象)材质

多维/子对象材质可将多个子材质分布在一个对象的不同子对象选择集上，这样就可得到一个对象的表面由多种不同材质组合而成的特殊效果。

双击材质/贴图浏览器材质列表中的“多维/子对象”，材质编辑器的活动部分会显示图 8-15 所示内容。

Set Number(设置数量)：单击该按钮，可以指定多维/子对象材质中包含子材质的个数。这个值显示在按钮左侧的数码框中。

Add(添加)：单击一次该按钮，会在多维/子对象材质中增加一个空子材质。

Delete(删除)：删除在列表中选定的子材质。

ID：单击该按钮，会按照 ID 号由小到大的顺序重排 ID 号。“ID”按钮下方数码框中的值为 ID 号。材质 ID 号是对象与材质之间的对应编号。只要将材质 ID 号指定给对象，就能将这种材质指定给对象。

Name(名称)：单击该按钮，就会按照升序重排材质名称。“名称”按钮下方文本框中的文本是由用户输入的材质名称。

On/Off(启用/禁止)：勾选下方的复选框，对应的子材质才能在多维/子对象材质中起作用，否则不起作用。

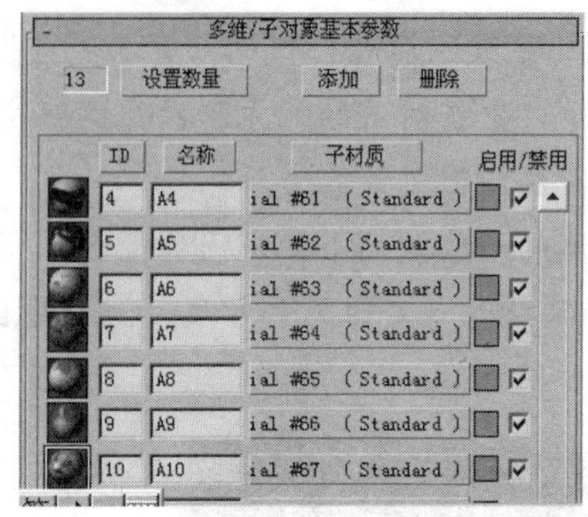

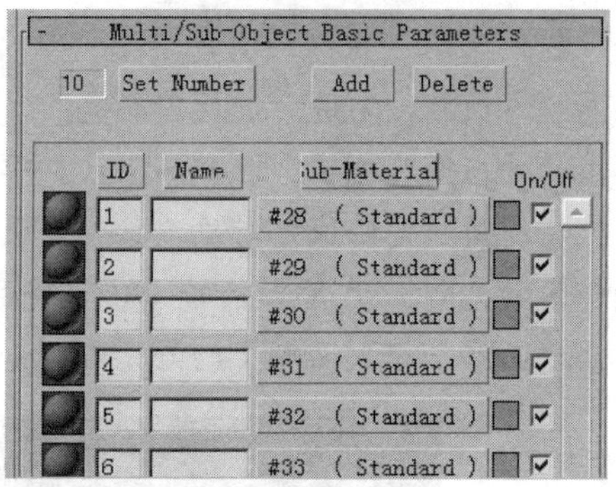

图 8-15　“多维/子对象参数”卷展栏

实例 8-7　创建多维/子对象材质。

创建一只小鸡。小鸡鸡身是一个椭球体。用编辑网格修改器拉出两个翅膀。头和两只眼睛都是用球体做成的。嘴是一个四棱锥。

选定鸡身，给鸡身指定漫反射颜色贴图。

选择“修改”命令面板，选择编辑网格修改器，在修改器堆栈中选择面子层级。在鸡身上选择一些三角面。双击材质/贴图浏览器材质列表中的“多维/子对象”，在“多维/子对象基本参数”卷展栏中，ID 号为 1 对应的名称文本框内输入一个名称，单击对应的“子材质”按钮，在“位图”卷展栏中勾选“漫反射颜色”复选框，单击对应的长条形按钮，双击材质/贴图浏览器贴图列表中的“位图”，选择一个图像文件，单击“打开”按钮。将“位图参数”卷展栏中“位图”按钮上的文件拖到视图中选定的三角形子对象上，该子对象就被指定了选定的贴图。

两次单击“材质编辑”工具栏中的“返回父级”按钮，返回“多维/子对象基本参数”卷展栏。

重复上述操作(每次都要将贴图拖到选定的子对象上)，为鸡翅膀和鸡头指定多维/子对象材质，就得到如图 8-16(a)所示的结果。

用 Photoshop 制作一个有母鸡的背景文件，将小鸡复制一个，并重新贴图。渲染后的效果如图 8-16(b)所示。

(a)

(b)

图 8-16　创建多维/子对象材质

8.3.6　Architectural(建筑)材质

使用建筑材质可以模拟出玻璃、金属、石材、纺织品等各种建筑材质效果。

实例 8-8　创建一个发光的灯泡。

创建一个灯泡：灯泡的玻璃泡部分由球体通过编辑网格修改器编辑而成。灯头由圆柱体通过扭曲修改器扭曲 800°而成，如图 8-17(a)所示。

(a)　(b)　(c)　(d)

图 8-17　创建发光的灯泡

选定玻璃泡，打开材质编辑器，单击“获取材质”按钮，双击材质/贴图浏览器列表中的“建筑材质”，在模板列表中选择“用户定义”选项。

在“物理性质”卷展栏中设置亮度为 10000，单击“材质编辑”工具栏中的“将材质赋给选择对象”按钮，渲染输出的效果如图 8-17(b)所示，这时可以看到玻璃泡在发光。

创建的灯泡本身已具有发光的视觉效果，但是使用默认扫描线渲染器渲染输出时，它并不能像真正的灯泡一样照亮场景中的其他对象。选择任何高级照明渲染器渲染，灯泡就可以照亮场景中的其他物体。

选择高级照明中的光能传递渲染器，设置优化迭代次数为 2，选择对数曝光控制，渲染输出的效果如图 8-17(c)所示，这时可以看到旁边的茶壶已被照亮。

图 8-17(d)所示走廊中三盏半球顶灯也是用上述方法制作的。

8.3.7　Raytrace(光线跟踪)材质

光线跟踪材质能自动对场景光线进行跟踪计算，模拟出逼真的反射和折射效果。这种材质还支持雾、颜色密度、半透明和荧光等效果。

光线跟踪材质与标准材质中的光线跟踪贴图使用相同的光线跟踪器，并共享通用的参数设置。

双击材质/贴图浏览器材质列表中的“光线跟踪”，材质编辑器的活动部分就会显示 Raytrace Basic Parameters (光线跟踪基本参数)卷展栏和 Extended Parameters(扩展参数)卷展栏。

1. “光线跟踪基本参数”卷展栏

Environment(环境)：这里指定的环境贴图会替代环境编辑器中指定的通用环境贴图。

Bump(凹凸)：类似于标准材质中的凹凸贴图。

2. “扩展参数”卷展栏

Translucency(半透明)：用于创建半透明效果。半透明色是一种无方向性的漫反射色。

Fluorescence(荧光)：可以产生荧光效果。荧光色不受场景中灯光环境的影响。增加荧光色的饱和度可以加大荧光效果。可以为动画角色的皮肤和眼睛设置轻微的荧光效果。

Fluor Bias(荧光偏移)：当偏移量设定为 0.5 时，荧光就像对象的过渡色一样。偏移量高于 0.5 时，会增加荧光的效果。

Density(密度)：用于控制透明材质，对不透明材质，密度不起作用。可以设置 Color(颜色)和 Fog(雾)的密度。

实例 8-9　创建半透明塑料管。

创建一条螺旋线，半径 1 和半径 2 均为 60，高度为 50，圈数为 2。在前视图创建一个圆环样条线做截面，圆环的半径 1 为 5，半径 2 为 7，如图 8-18(a)所示。

选定螺旋线，选择复合对象中的放样，单击“获取图形”按钮，单击圆环，就可得到一条塑料管，如图 8-18(b)所示。

打开材质编辑器，单击“获取材质”按钮，双击材质/贴图浏览器中的“光线跟踪材质”，在“光线跟踪基本参数”卷展栏中设置漫反射颜色为浅黄色，发光度为浅蓝色，透明度为浅绿色。

在“扩展参数”卷展栏中设置附加光为浅黄色，半透明为浅绿色，荧光为淡红色。渲染输出的背景色设置为黑色。

设置输出背景色为黑色，勾选“强制双面”复选框，渲染输出场景，就得到一条半透明的塑胶管，如图 8-18(c)所示。

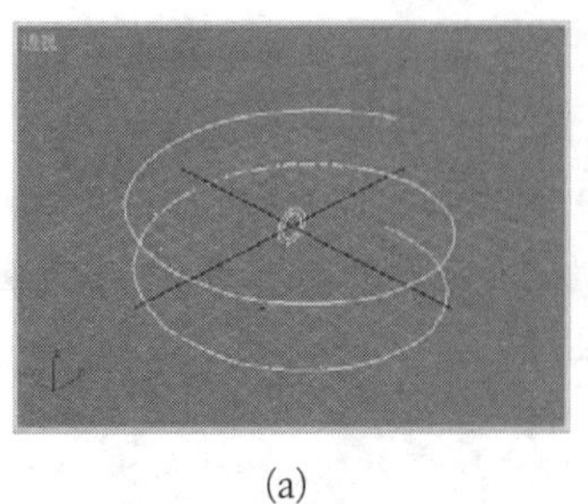

(a)

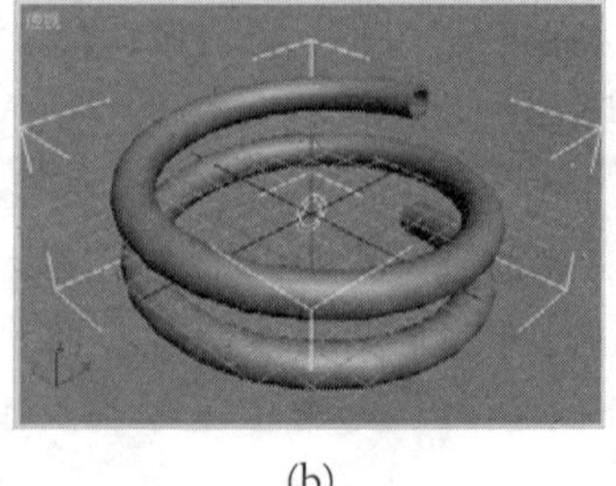

(b)

(c)

图 8-18　半透明塑料管

8.3.8　Matte/Shadow(不可见/投影)材质

具有不可见/投影材质的对象如同隐形物体一样，不遮挡背景图像，在渲染时也不会被看见，但却可以遮挡场景中的其他对象，在其他对象上投下阴影，也可以接受其他对象投射来的阴影，因此，常用来将简单场景与复杂背景图像相结合，创建自然融合的特殊视觉效果。

要将场景和背景图像结合成一个自然的整体，操作过程如下。

创建好场景。必须创建灯光和一个接受投射阴影的对象，并开启阴影。

给接受投射阴影的对象指定不可见/投影材质。这时渲染，就看不到接受投射阴影的对象，但可以看到阴影。

选择 Rendering(渲染)菜单下的 Environment(环境)命令，打开“环境和效果”对话框，单击环境贴图的长条形按钮，指定环境贴图文件。这时进行渲染，场景、阴影、背景就融为一体了。

实例 8-10　使用不可见/投影材质制作一只在荷花上歇脚的蜻蜓。

创建一只蜻蜓。

创建一个长方体。在蜻蜓上方创建一盏泛光灯，勾选“启用”复选框。渲染输出后可以在长方体上看到蜻蜓的阴影，如图 8-19(a)所示。

选定长方体，双击材质/贴图浏览器材质列表中的“不可见/投影材质”，使用默认参数，单击“将材质赋给选择对象”按钮，长方体就被指定了不可见/投影材质。渲染后只能看到

(a)　(b)　(c)　(d)

图 8-19　使用不可见/投射材质制作一只在荷花上歇脚的蜻蜓

蜻蜓和阴影，看不到长方体了，如图 8-19(b)所示。

选择“渲染”菜单，选择“环境”命令，打开“环境和效果”对话框，单击环境贴图的长条形按钮，指定一个环境贴图文件。本例中使用的环境贴图文件如图 8-19(c)所示。渲染输出的效果如图 8-19(d)所示。

8.4 贴图

8.4.1 贴图概述

3ds max 9 提供五种类型的贴图。

2D maps(二维贴图)：二维贴图类型是指使用现有的图像文件格式。这些图像文件可以由摄像设备获取，也可以由其他图像处理程序创建。图像文件可以通过贴图直接投影到对象表面，也可以作为环境贴图创建场景背景。

3D maps(三维贴图)：是指通过各种参数的控制由计算机自动随机生成的贴图。这种贴图类型不需要指定贴图坐标，而且贴图不仅仅局限于对象表面，对象可以从内到外都进行贴图指定。

Compositors(合成器)：用于合成其他色彩与贴图。

Color Modifiers(颜色修改器)：用于改变对象表面材质像素的颜色。

Other(其他)：主要用于一些具有反射、折射效果的贴图。

贴图坐标是指对象表面用于指定如何进行贴图操作的坐标系统。创建对象时，如果在“参数”卷展栏中勾选了“生成贴图坐标”复选框，则对象会被自动指定为默认的贴图坐标。3ds max 9 还提供了几种贴图坐标修改器，使用这些修改器，可以方便地将对象与贴图部位对齐，还可为不同次级对象选择集指定不同贴图坐标和材质 ID 号。

1. Coordinates(坐标)卷展栏

“坐标”卷展栏可以用来设置贴图坐标和视图坐标的相对位置、方向、贴图平铺个数等参数。

Offset(偏移)：该值用来调整贴图在对象表面 UV 坐标方向的位置。

Tiling(平铺)：该值决定了贴图在 UV 坐标方向重复平铺的次数。

Mirror(镜像)：若勾选该复选框，则在 UV 方向会呈现互为镜像的两个贴图。

Tile(平铺)：只有勾选了该复选框，“平铺”数码框的指定才有效。

Rotate(旋转)：单击该按钮，打开“旋转贴图坐标”对话框，拖动指针，就会旋转贴图坐标。这时数码框中会显示旋转的角度，也可直接在数码框中输入旋转的角度。

Blur(模糊)：该值决定了贴图的模糊程度。

实例 8-11 修改贴图坐标参数，创建望远镜动画。

遮罩贴图利用遮罩图像的不同亮度控制贴图图像的显隐。本实例可以利用这个特点制作一个用望远镜观察远处景物的效果图。

在贴图之前先要准备一个做遮罩的图像文件和一个做位图贴图的图像文件，这两个图像文件必须尺寸大小完全一致。

在前视图坐标原点创建一个半径为 40 的圆，选择挤出修改器挤出，挤出数量设置为 0，颜色设置为黑色，在水平方向复制一个挤出的圆，使两个对象有部分重叠。渲染背景色设置为白色。渲染输出，做成一个遮罩图像文件，如图 8-20(a)所示。

将一幅位图文件做背景贴图，渲染输出，这样可以保证这个位图文件与遮罩文件尺寸大小一致。位图文件如图 8-20(b)所示。

在前视图中创建一个高度为 0 的长方体，大小要能覆盖整个前视图。

打开材质编辑器，展开“贴图”卷展栏，勾选“漫反射颜色”复选框，单击对应的“无”按钮，双击“遮罩”选项，在“遮罩参数”卷展栏中单击“遮罩”按钮，打开遮罩图像文件。

单击“转到父级”按钮，单击“遮罩参数”卷展栏中的“贴图”按钮，打开制作的位图文件。勾选“反转遮罩”复选框。

设置时间标尺的结束帧为第 200 帧，单击“自动关键帧”按钮。

将时间滑动块放在第 0 帧处，单击“遮罩”卷展栏中的“遮罩”按钮，在“坐标”卷展栏中设置 U 偏移为–0.17，V 偏移为 0.2，渲染输出后的图像如图 8-20(c)所示。

将时间滑动块移到第 70 帧的位置，设置 U 偏移为 0.34，设置 V 偏移为 0.3，渲染输出后的图像如图 8-20(d)所示。

将时间滑动块移到第 140 帧的位置，设置 U 偏移为 0.32，设置 V 偏移为–0.32，渲染输出后的图像如图 8-20(e)所示。

将时间滑动块移到第 200 帧的位置，设置 U 偏移为–0.17，设置 V 偏移为 0.2。

设置渲染输出时间范围为 0~200 帧，渲染输出动画。播放动画文件，可以看到望远镜在三点连线上移动的动画。

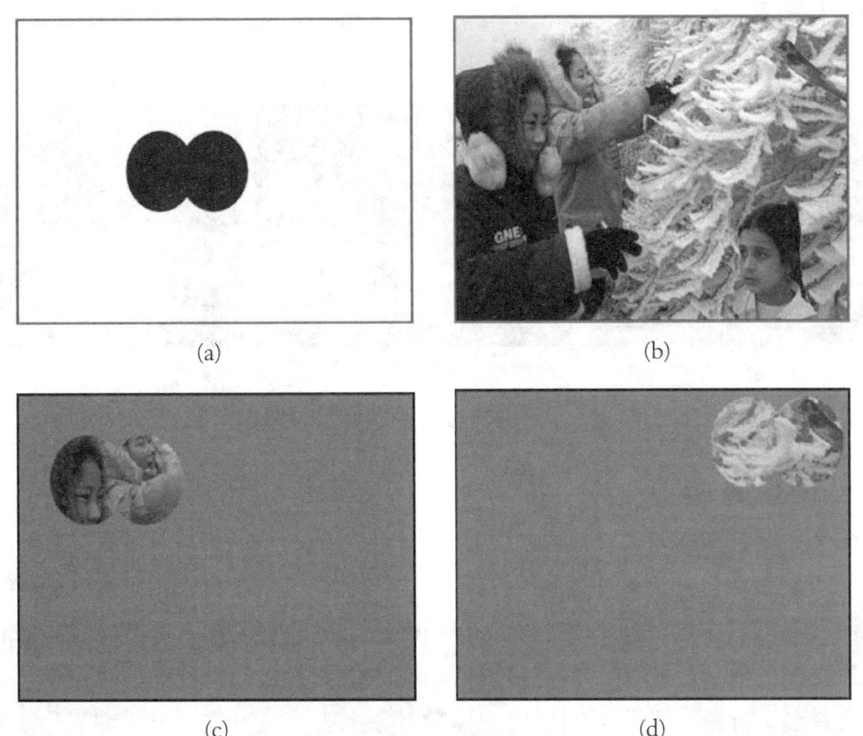

(a)　(b)

(c)　(d)

图 8-20　望远镜动画

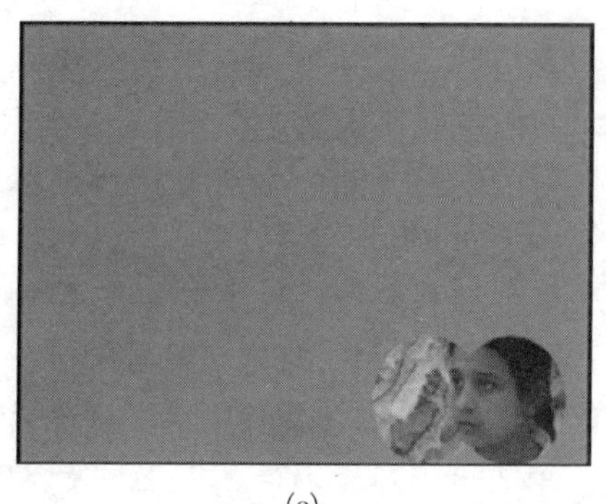

(e)

续图 8-20

2. “Blinn 基本参数差”卷展栏

“Blinn 基本参数差”卷展栏可以用来设置自发光、不透明度等贴图参数。

实例 8-12 使用自发光制作皇宫纯金酒具。

创建一个茶壶，将它拉伸成酒壶。用车削创建一个果盘和四个酒杯，如图 8-21(a)所示。

打开材质编辑器，选择一个示例对象。在“Blinn 基本参数”卷展栏中勾选“自发光”复选框，设置自发光颜色为黄色偏红，柔化为 1。

展开“贴图”卷展栏，勾选“凹凸”复选框，数量在 100 至 500 之间选择。单击对应的长条形按钮，选择如图 8-21(b)所示位图文件进行贴图。单击“材质编辑”工具栏中的“将材质赋给选择对象”按钮。渲染输出茶壶，可以看出茶壶既有贴图效果，又有发光效果，如图 8-21(c)所示。

(a) (b) (c)

图 8-21 使用自发光制作皇宫金壶

3. Maps(贴图)卷展栏

“贴图”卷展栏如图 8-22 所示。它可以用来为材质的不同组成部分指定贴图。例如，可以单击“扩展参数”卷展栏中过滤色右侧的“快速贴图”按钮来指定过滤色贴图；也可单击“贴图”卷展栏中过滤色右侧的长条按钮来指定过滤色贴图。所有特定区域的贴图都可以通过“贴图”卷展栏指定。指定贴图后，在“位图参数”卷展栏的“位图”按钮上会显示贴图文件名。注意，要将贴图指定到场景对象上去，可单击“材质编辑”工具栏中的“将材质赋给选择对象”按钮或将示例对象上的贴图拖到场景对象上。

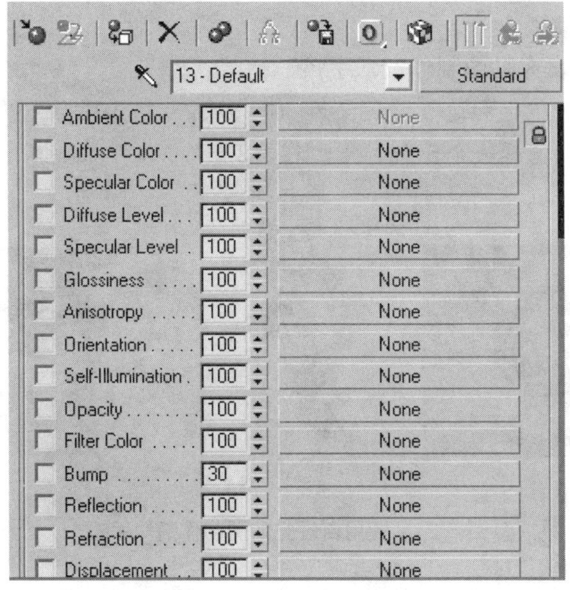

图 8-22　“贴图”卷展栏

8.4.2　“贴图”卷展栏详述

1. Diffuse Color(漫反射颜色)贴图

勾选“漫反射颜色”复选框后指定的贴图，可对占表面绝大部分的过渡区产生影响，这是最常用的贴图区域。

实例 8-13　进行漫反射颜色贴图。

创建一个高度为 0 的正方体，如图 8-23(a)所示。

勾选“贴图”卷展栏中的“漫反射颜色”复选框，单击右侧对应的长条形按钮。在材质/贴图浏览器的列表框中双击“位图”选项，指定一个贴图文件。单击“材质编辑”工具栏中的“将材质赋给指定对象”按钮，渲染后的效果如图 8-23(b)所示。

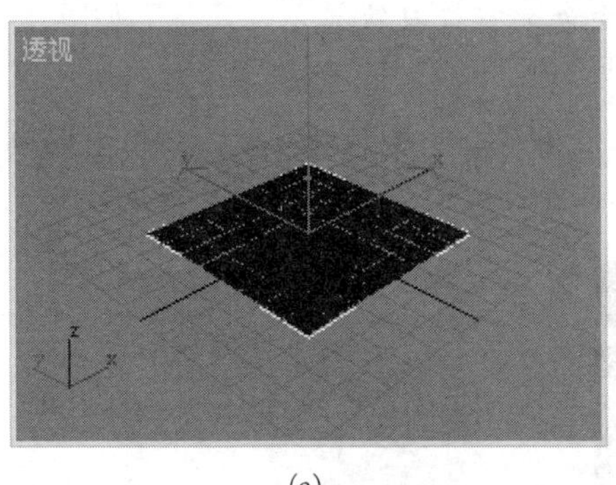

(a)

(b)

图 8-23　漫反射颜色贴图

2. Self-Illumination(自发光)贴图

自发光贴图会对自发光的发光特性产生影响。黑色像素完全消除自发光效果，白色像素完全不消除自发光效果。

实例 8-14 用自发光贴图制作翡翠手镯。

创建一个圆环，分段数和边数均设置为 50，如图 8-24(a)所示。

打开材质编辑器，选择一个示例对象。在“Blinn 基本参数”卷展栏中，设置漫反射颜色为浅绿色。

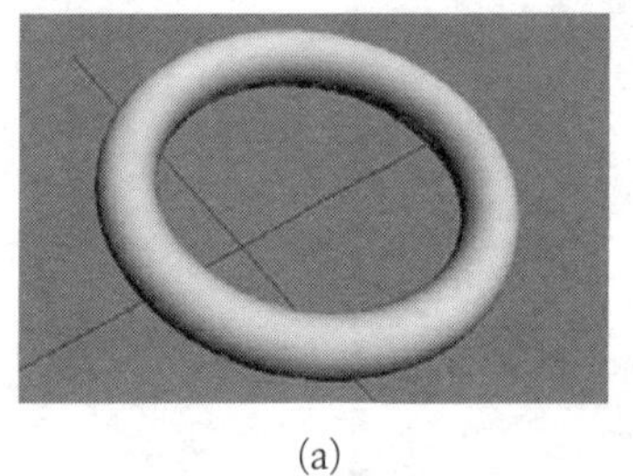
(a)

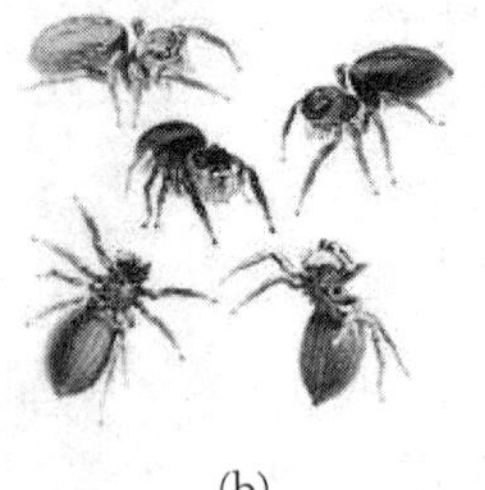
(b)

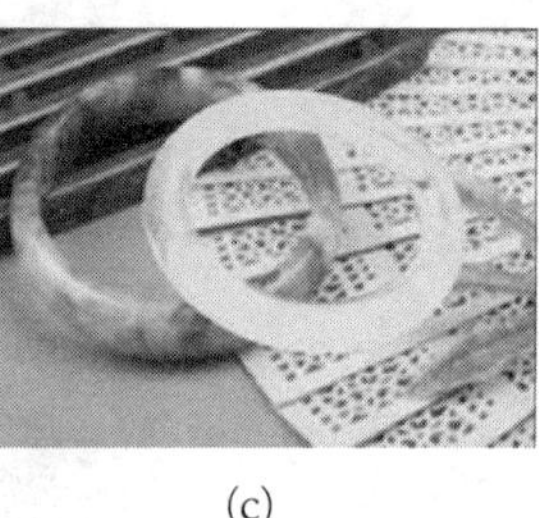
(c)

图 8-24 使用自发光贴图制作翡翠手镯

展开“贴图”卷展栏，勾选“自发光”复选框，单击对应的长条形按钮，选择如图 8-24(b)所示的位图文件进行贴图。单击“材质编辑”工具栏中的“将材质赋给选择对象”按钮。渲染输出圆环，可以看出圆环既有贴图效果，又有发光效果，如图 8-24(c)所示。

3. Opacity Mapping(不透明度贴图)

不透明度贴图会影响材质的透明特性。贴图的黑色像素完全不影响材质的透明特性，白色像素会使材质变得完全不透明。

使用不透明贴图，可以将图像文件中的单个人、物取出置于场景中，并使其与场景融为一体。

实例 8-15 制作童话小屋。

选择一张具有童话色彩的图片做背景，如图 8-25(a)所示。

在背景图片上裁剪下一个窗户，如图 8-25(b)所示。

将窗户图片处理成黑白剪影文件，窗口为白色，窗口以外部分为黑色，如图 8-25(c)所示。

在前视图中创建一个高度为 0 的长方体。使用不透明度贴图技术，将窗户贴到长方体上并置于山墙山头上，如图 8-25(d)所示。

(a)

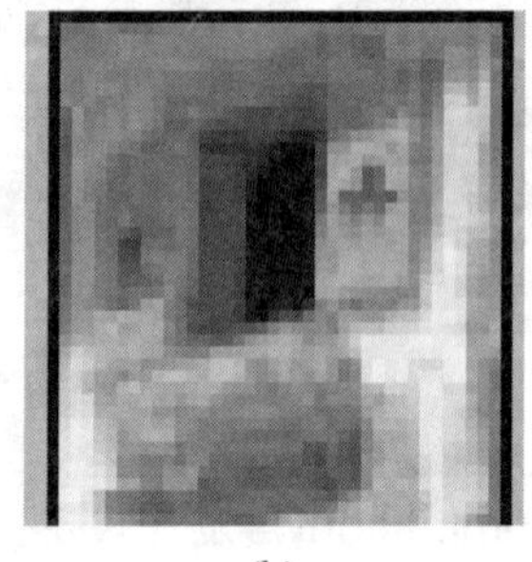
(b)

图 8-25 制作小屋

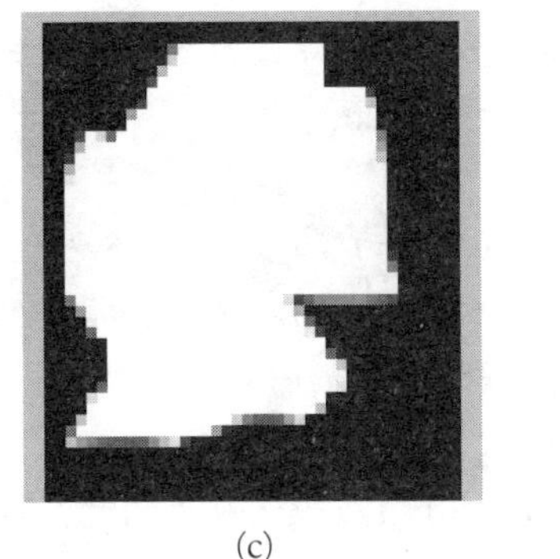
(c)

(d)

续图 8-25

选择一张老鼠图片，如图 8-26(a)所示。

将老鼠图片处理成黑白剪影文件，老鼠为白色，其他部分为黑色，如图 8-26(b)所示。

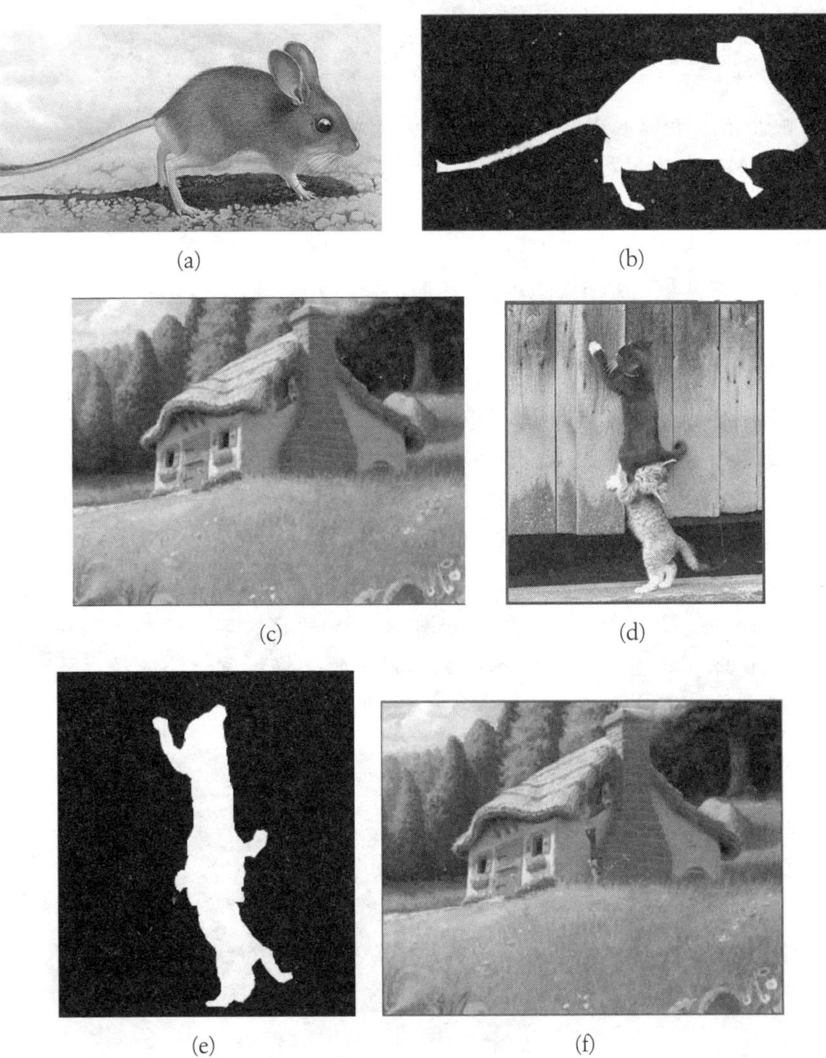
(a) (b) (c) (d) (e) (f)

图 8-26　猫捉老鼠

在左视图中创建一个高度为 0 的长方体。使用不透明度贴图技术，将老鼠贴到长方体上并置于山墙窗口内，并让老鼠前半身露出窗口，如图 8-26(c)所示。

选择一张猫的图片，如图 8-26(d)所示。

将猫图片处理成黑白剪影文件，猫为白色，其他部分为黑色，如图 8-26(e)所示。

在左视图中创建一个高度为 0 的长方体，使用不透明度贴图技术，将猫贴在长方体上并置于山墙墙根处，使上面一只猫的头离老鼠有一段距离，如图 8-26(f)所示。

创建一个泛光灯照亮猫和老鼠。

单击“自动关键帧”按钮，将时间滑动块移到第 20 帧。微量放大猫的高度。将时间滑动块移到第 23 帧，使老鼠向后退少许距离。

将时间滑动块移到第 25 帧，放大猫的高度，使猫的头快要接触到老鼠。将时间滑动块移到第 28 帧，使老鼠后退到屋内。

将时间滑动块移到第 40 帧，微量缩小猫的高度。将时间滑动块移到第 43 帧，少许移动老鼠。

将时间滑动块移到第 45 帧，缩小猫的高度，使猫还原。将时间滑动块移到第 48 帧，将老鼠的前半身移出窗口。

从第 60 帧开始，类似地重复上述操作，做成动画。

渲染输出动画，可以看到两只猫合作捉老鼠的情境。

4. Bump Mapping(凹凸贴图)

贴图会影响材质表面的凹凸效果。贴图中高亮度区产生凸起，低亮度区产生凹陷。

勾选“凹凸”复选框，单击对应的长条形按钮，在材质/贴图浏览器的贴图列表中双击 Normal Bump(法线凹凸)或直接双击位图，单击 Additional Bump(附加凹凸)对应的长条形按钮，打开材质/贴图浏览器，双击贴图列表中的位图，选定一个贴图文件，单击“打开”按钮，就会将贴图文件指定给示例对象。单击“材质编辑”工具栏中的“将材质赋给选择对象”按钮，将贴图指定给对象。

实例 8-16 凹凸贴图对材质效果的影响。

创建一个茶壶。

打开材质编辑器，展开“贴图”卷展栏，勾选“凹凸”复选框，选择数量为 500，单击对应的“无”按钮，选择一个图像文件，如图 8-27(a)所示。单击“打开”按钮，就会将贴图文件指定给示例球。单击“材质编辑”工具栏中的“将材质赋给选择对象”按钮，将贴图指定给茶壶对象，就会产生一种浮雕效果，如图 8-27(b)所示。

(a)

(b)

图 8-27 凹凸贴图对材质效果的影响

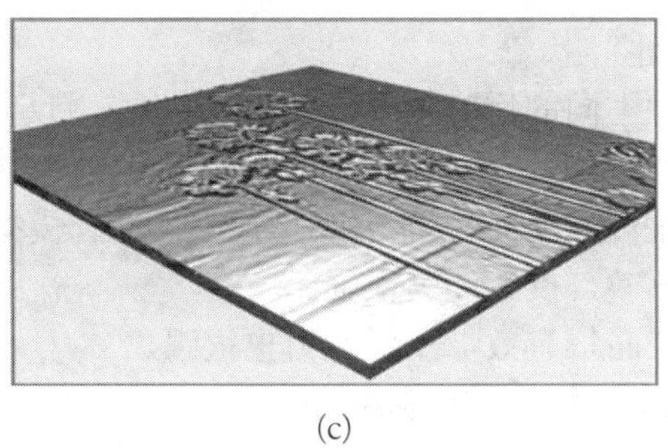

(c)

续图 8-27

选择一个背景亮度高于图像亮度的文件进行凹凸贴图，就可以得到一种雕刻效果，如图 8-27(c)所示。

类似凹凸贴图的效果也可以借助 Photoshop 实现，而且可以得到多种多样的效果。制作过程如下。

选择一幅图像，如图 8-28(a)所示。

选择浮雕效果滤镜进行处理，所得图像如图 8-28(b)所示。

改变浮雕效果滤镜的参数，并使用“调整”中的“曲线”命令做进一步处理，得到的图像如图 8-28(c)所示。

使用漫反射颜色贴图，可以得到浮雕效果和雕刻效果，如图 8-28(d)所示。

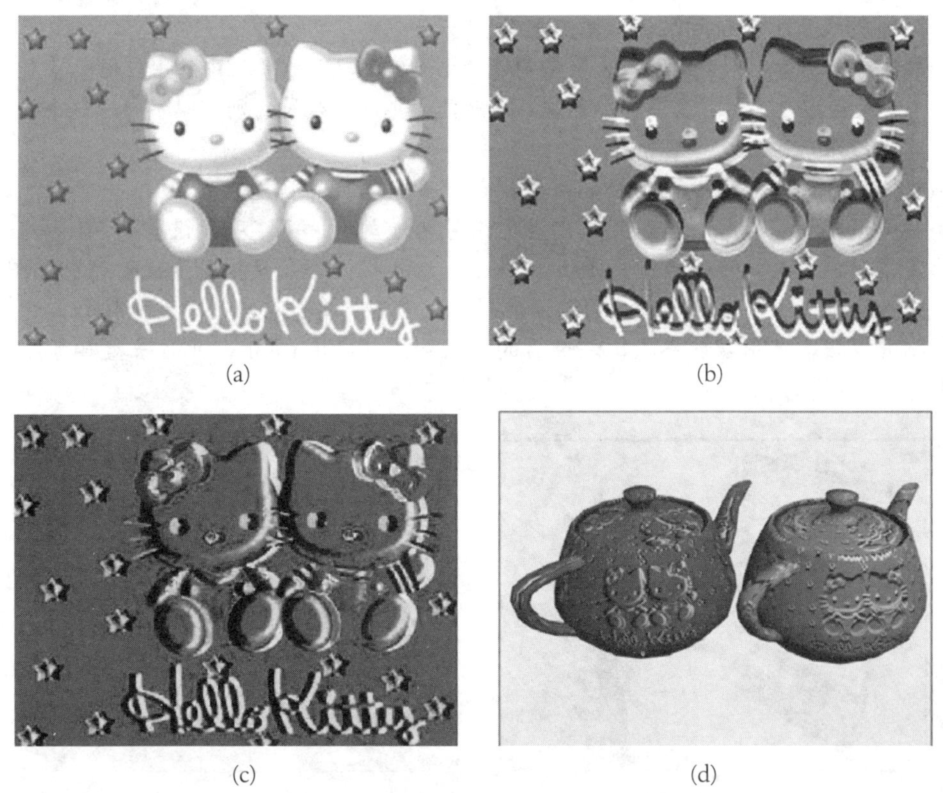

(a)　(b)

(c)　(d)

图 8-28　使用 Photoshop 制作的效果

5. Reflection(反射)贴图

反射贴图可以创建三种不同的反射效果：Reflect/Refract(反射/折射)、Flat Mirror(平面镜)和 Raytrace(光线跟踪)。

反射/折射贴图只对曲面有效，反射能力不是很强，适合模拟金属表面等的反射效果。

平面镜贴图只对平面有效，反射能力很强。

光线跟踪贴图对任意表面均有效，反射能力也很强。

实例 8-17　创建平面镜贴图和光线跟踪贴图。

平面镜贴图适用于对象的面，也适用于对象的子面。

制作一面镜子：

在前视图中创建一个矩形做镜框，轮廓后挤出，轮廓值为 3，挤出值为 4。

在前视图中创建一个长方体做镜子，大小与镜框匹配，高度为 1。打开材质编辑器，展开“贴图”卷展栏，勾选“反射”复选框，单击对应的“无”按钮，双击材质/贴图浏览器中的“平面镜贴图”，单击，将材质指定给选定对象，长方体就变成了镜子。

在左视图中创建一个边数为 3 的圆柱体做底座。

创建一个人站在镜子前，就能看到镜子反射的影像，如图 8-29(a)所示。

创建一个高度为 2 的圆柱体。打开“修改”命令面板，选择编辑网格修改器，在圆柱体顶部选择部分次级面，为这些次级面指定平面镜贴图。在“平面镜参数”卷展栏中不要勾选“应用于带 ID 的面”复选框，单击“材质编辑”工具栏中的“将材质赋给选择集”按钮，为选择的次级面选择集指定平面镜贴图。在圆柱体顶部放置一个已贴图的球体，就可看到已贴图次级面的反射效果，如图 8-29(b)所示。

如果渲染后仍看不到反射效果，则需勾选“平面镜参数”卷展栏中的“应用于带 ID 的面”复选框，渲染后才能有反射效果。如果渲染后就能看到反射效果，则可以不勾选这个复选框。

创建光线跟踪贴图的过程如下。

画双线，创建一个厚度不为 0 的果盘，创建一个高脚酒杯。

给高脚酒杯指定标准材质，漫反射颜色设置为浅黄色，不透明度设置为 70。

选定果盘，打开材质编辑器，展开“贴图”卷展栏，给果盘指定漫反射颜色贴图。

单击“转到父级”按钮一次，勾选“反射”复选框，单击对应的“无”按钮，选择“光线跟踪”并双击，使用默认参数，渲染后的效果如图 8-29(c)所示，此时果盘具有很强的反射效果。

(a)

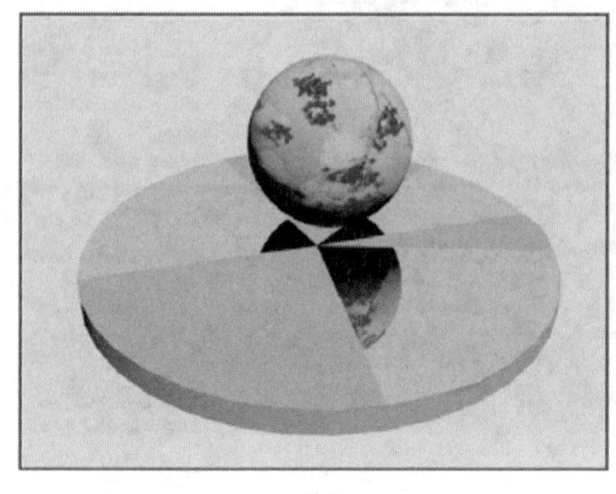

(b)

图 8-29　平面镜与光线跟踪贴图

(c)

续图 8-29

8.4.3　二维贴图

二维贴图包括 Bitmap(位图)、Checker(棋盘格)、Gradient(渐变)、Gradient Ramp(渐变坡度)、Swirl(旋涡)、Tiles(平铺)和 Combustion(燃烧)贴图。

1. Tiles(平铺)贴图

平铺贴图可以设置瓷砖图案、纹理颜色或贴图、砖缝颜色或贴图、粗糙度等。

选定一个示例对象，在材质编辑器的“贴图”卷展栏中勾选“漫反射颜色”复选框，单击对应的长条形按钮，双击材质/贴图浏览器的“瓷砖”，设置参数后，单击“材质编辑”工具栏中的“将材质赋给选择对象”按钮，就可以将瓷砖贴图指定给选定的对象。

实例 8-18　用平铺贴图给墙体贴瓷砖。

在顶视图中创建一条样条线，如图 8-30(a)所示。

通过键盘输入，创建一个有两面墙的墙体，如图 8-30(b)所示。

打开材质编辑器，展开“贴图”卷展栏。在“贴图”卷展栏中勾选“漫反射颜色”复选框，单击对应的长条形按钮，双击材质/贴图浏览器贴图列表中的“平铺”选项。

在“标准控制”卷展栏中选择预设类型为堆栈砌合。

展开“高级控制”卷展栏，单击平铺设置的“无”按钮，在材质/贴图列表中双击“位图”选项，打开一个瓷砖图像文件。

在材质编辑器的工具列表中选择采样类型按钮为长方体。

在“坐标”卷展栏中设置 U 向平铺为 4，V 向平铺为 4。调整“坐标”卷展栏中的 U、V 坐标值，使瓷砖的上、下边缘与墙体边缘对齐。

单击“转到父级”按钮一次。

在“高级控制”卷展栏中设置水平数为 4，垂直数为 4，砖缝颜色为黑色，砖缝的水平间距为 0.3，垂直间距为 0.5。

调整“坐标”卷展栏中的 U、V 坐标值，使砖缝与瓷砖图像的边缘对齐。

渲染输出的效果如图 8-30(c)所示。

创建一个高度为 0 的长方体，选择平铺贴图中的“英式砌合”，平铺设置中的纹理选择一个大理石图像贴图。渲染输出的效果如图 8-30(d)所示。

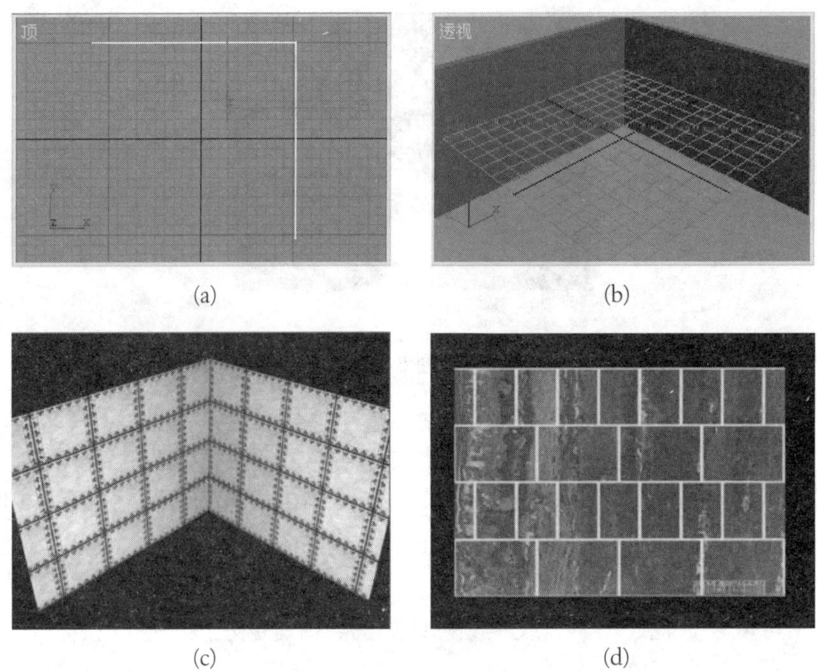

(a)　(b)

(c)　(d)

图 8-30　使用平铺贴图给墙体贴瓷砖

2. Checker(棋盘格)贴图

默认的棋盘格贴图图案类似于国际象棋黑白相间正方形构成的棋盘，如图 8-31 所示。可以为黑白两种不同棋盘格指定不同的颜色或贴图。

图 8-31　棋盘格贴图

实例 8-19　创建棋盘格贴图。

创建一个高度为 0 的长方体。

在材质编辑器的“贴图”卷展栏中勾选“漫反射颜色”复选框，单击对应的长条形按钮。在材质/贴图浏览器中选择“2D 贴图”选项，双击“棋盘格贴图”。

在材质编辑器的“坐标”卷展栏中，设置 U 向平铺、V 向平铺均为 4。

在“棋盘格参数”卷展栏中单击贴图的第一个按钮，为棋盘格指定一个贴图文件。渲染后的效果如图 8-32(a)所示。

单击“返回父级”按钮，在“棋盘格参数”卷展栏中单击贴图的第二个按钮，为棋盘格指定另一个贴图文件。渲染后的效果如图 8-32(b)所示。

(a)

(b)

图 8-32　创建棋盘格贴图

3. Gradient(渐变)贴图

渐变贴图可以创建三种颜色构成的渐变色，程序会在两种颜色之间插入过渡颜色。也可用贴图代替单一的颜色。

Color 2 Position(颜色 2 位置)：控制中间颜色的偏移位置。

Linear(线性)：勾选该选项，颜色分布成条状，并顺着直线逐渐变化。

Radial(径向)：勾选该选项，颜色分布成环状，并顺着半径方向逐渐变化。

实例 8-20　创建渐变贴图——太阳。

创建一个高度为 0 的长方体。

勾选材质编辑器“贴图”卷展栏中的“漫反射颜色”复选框，单击对应的长条形按钮，双击材质/贴图浏览器材质列表中的“渐变”选项。

创建太阳：对颜色 1 指定贴图，贴图文件如图 8-33(a)所示；将颜色 2 设为黄色；将颜色 3 设为大红色。渐变类型选择“径向”选项，颜色 2 位置设为 0.1。

渲染后的效果如图 8-33(b)所示。

(a)

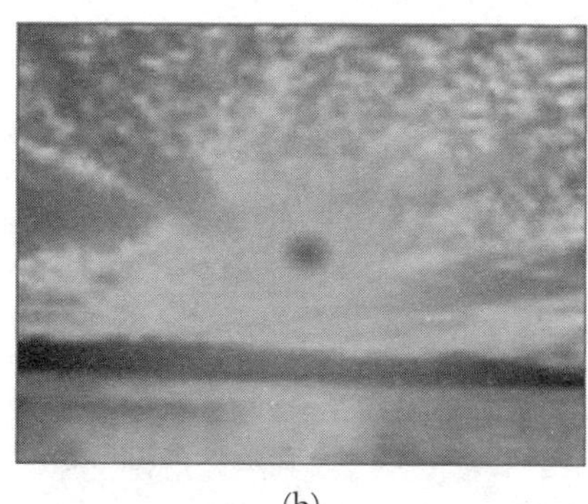
(b)

图 8-33　渐变色贴图

4. Gradient Ramp(渐变坡度)贴图

渐变坡度贴图与渐变贴图一样，也产生颜色渐变的视觉效果，但该类贴图允许指定更多的元素颜色，控制参数也更多，且大多数参数的修改都可以设置成动画。

“渐变坡度参数”卷展栏如图 8-34 所示。

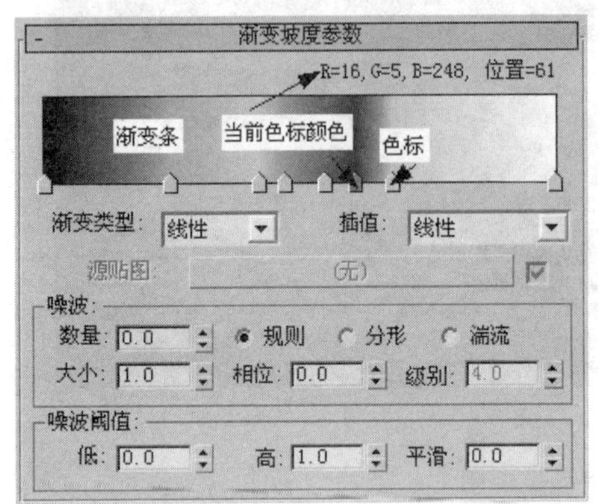

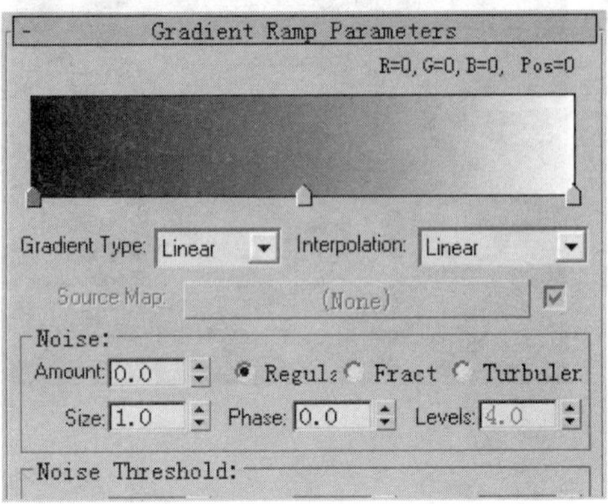

图 8-34　“渐变坡度参数”卷展栏

渐变条显示的是当前设置的颜色和渐变效果。渐变条下边缘默认有三个色标。单击渐变条，在相应位置会增加一个色标，最多能设置 100 个色标。绿色色标为当前色标。左右拖动色标，对应颜色会随之移动。右击色标，弹出如图 8-35 所示的快捷菜单。

Edit Properties(编辑属性)：选择该命令，弹出 Flag Properties(标志属性)窗口，在该窗口中可以设置纹理贴图、当前颜色等。

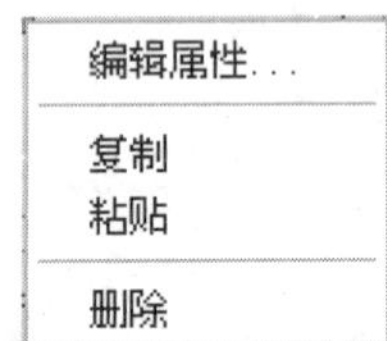

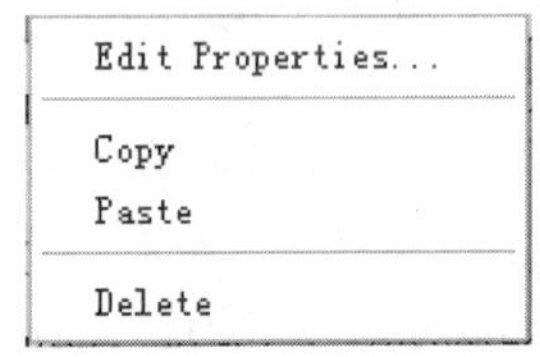

图 8-35　色标的快捷菜单

色标的复制、粘贴、删除也是通过这个菜单完成的。

在渐变条中右击，弹出如图 8-36 所示的快捷菜单，在该菜单中可以重置渐变条为默认状态，加载渐变色设置文件、位图文件等。

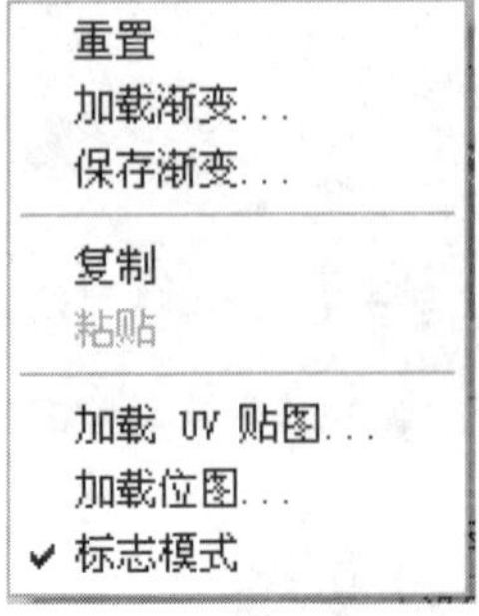

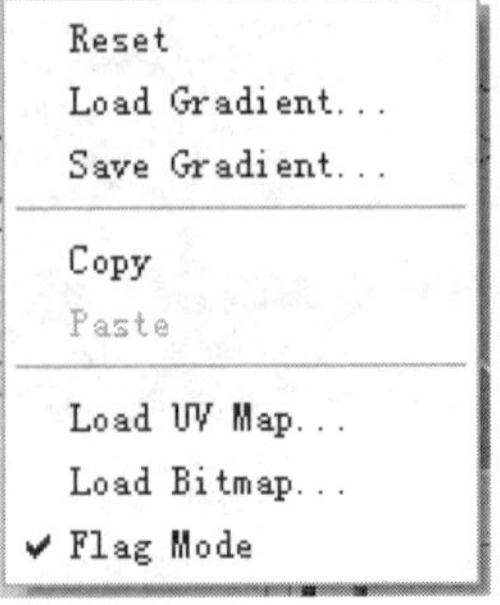

图 8-36　渐变条的快捷菜单

实例 8-21　使用渐变坡度贴图制作荷花颜色。

创建一个球体，沿 Z 轴放大成椭球。用大小不等的两个椭球做布尔相减运算，得到一片荷花瓣。

选择编辑网格修改器，选择顶点子层级，沿 Z 轴移动荷花瓣两端的点，使之更接近荷花瓣的形状，如图 8-37(a)所示。

打开材质编辑器，勾选“漫反射颜色”复选框，在材质/贴图浏览器中双击“渐变坡度贴图”。在渐变条中设置 4 个色标。色标参数如下：

R=250，G=0，B=100，位置=0;

R=250，G=4，B=241，位置=50;

R=254，G=228，B=253，位置=90;

R=255，G=255，B=255，位置=100。

渐变类型选择径向。

在“坐标”卷展栏中设置 V 偏移为 0.25。

将材质指定给荷花瓣，渲染输出的效果如图 8-37(b)所示。

将荷花瓣的轴心点移到下端部。

绕 X 轴旋转 27°和 40°后，各阵列复制 10 片。将外层几片任意旋转适当角度，使荷花瓣变得不完全规则，如图 8-37(c)所示。

用圆锥体做莲蓬，用球体做莲子，用圆柱体做莲蓬杆，选择弯曲修改器弯曲 60°，组合起来就可得到一枝荷花，如图 8-37(d)所示。

(a)　(b)

(c)　(d)

图 8-37　使用渐变坡度贴图制作荷花颜色

8.4.4　三维贴图

三维贴图是在三维空间中进行的贴图，贴图不仅仅局限在对象的表面，对象从内到外都进行了贴图。三维贴图虽然种类很多，但创建过程大同小异。一般贴图的操作步骤是：在材质编辑器的“贴图”卷展栏中勾选“漫反射颜色”复选框，单击对应的长条形按钮，在材质/贴图浏览器中双击 3D 贴图列表中的一种贴图，单击材质编辑器中的“将材质赋给选择对象”按钮。

1. 木材贴图与细胞贴图

木材贴图可以用来制作木材的材质效果。细胞贴图可以用来制作水磨石地板等的材质效果。

实例 8-22　木材贴图与细胞贴图。

使用木材贴图制作木料：在材质编辑器的“贴图”卷展栏中勾选“漫反射颜色”复选框，单击对应的长条形按钮，在材质/贴图浏览器中双击 3D 贴图列表中的“木材”选项，选择颗粒密度为 30，单击材质编辑器中的“将材质赋给选择对象”按钮。渲染后的木材贴图如图 8-38(a)所示。

类似地可以进行其他各种 3D 贴图。

使用细胞贴图制作水磨石地板：创建一个平面，在材质/贴图浏览器中选择“细胞贴图”，在“细胞参数”卷展栏的“细胞特性”选区选择“碎片”选项，大小设置为 5，渲染输出的效果如图 8-38(b)所示。

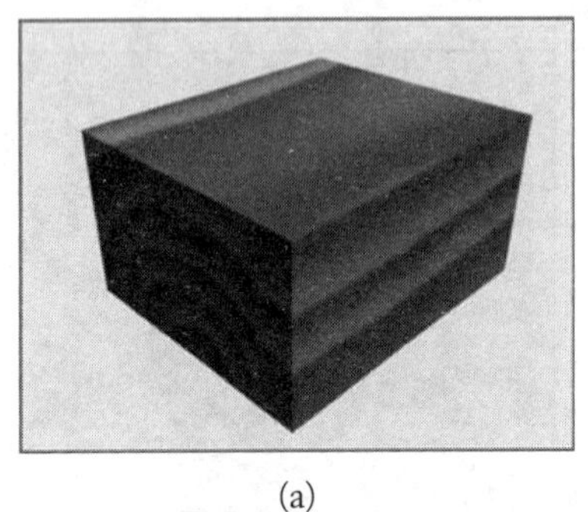

(a)

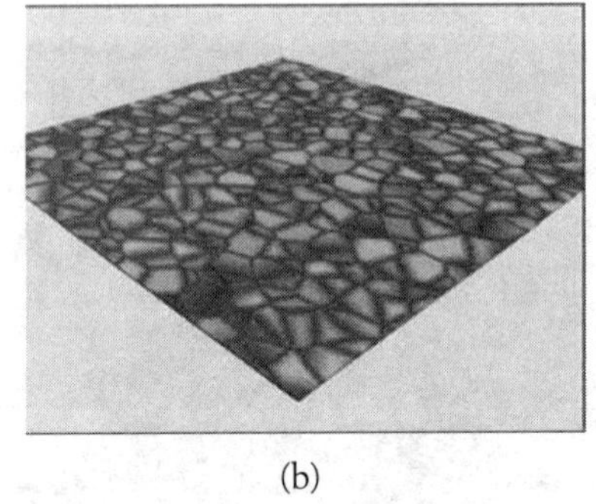

(b)

图 8-38　木材贴图与细胞贴图

2. 粒子年龄贴图

粒子年龄贴图能够按照粒子生存期内的三个不同时段，指定三种不同的颜色或贴图。

实例 8-23　使用粒子年龄贴图创建火箭发射动画。

制作火箭。

创建一个半径为 10、高为 35 的圆柱体。

沿 Z 轴负方向移动，复制四个圆柱体。将第二个圆柱体和第四个圆柱体的高改为 15，颜色设置为红色。将第五个圆柱体的高改为 60。

使用编辑网格修改器将第一个圆柱体的上端做锥尖。

移动圆柱体，使五个圆柱体首尾相连，如图 8-39(a)所示。

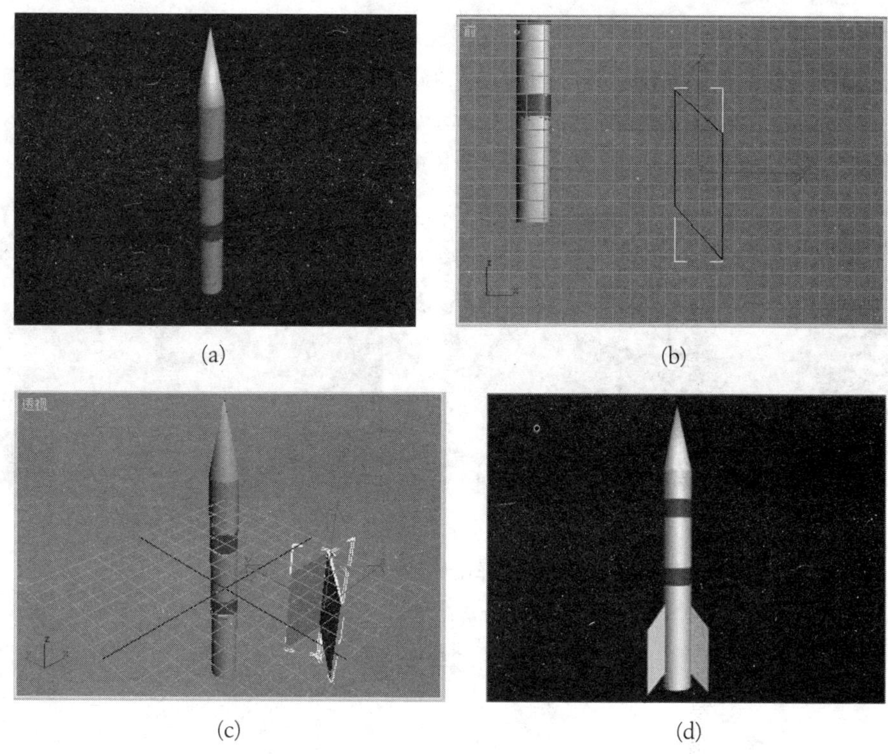

(a)　(b)

(c)　(d)

图 8-39 制作火箭

在前视图中创建一个平行四边形，如图 8-39(b)所示。

将平行四边形挤出成薄板，挤出数量设置为 2。

将轴心点移到薄板左边界上。

绕 Z 轴旋转复制两片薄板，每两片之间的夹角为 120°，如图 8-39(c)所示。

将尾舵与箭身对齐，并将它们组合成组就做成了火箭，如图 8-39(d)所示。

然后，创建一个超级喷射粒子对象。参数选择是：轴偏离 0°，扩散 5°，发射停止、显示时限和寿命均为 100，粒子大小为 10，粒子类型为标准粒子中的恒定，粒子繁殖选择消亡后繁殖，繁殖数目设置为 1000。将粒子对象置于火箭尾部，并将粒子对象与火箭组合成组，如图 8-40(a)所示。

接着给粒子对象赋标准材质。

打开材质编辑器，单击“获取材质”按钮，选择标准材质。

展开“贴图”卷展栏，勾选“漫反射颜色”复选框，单击对应的长条形按钮，在材质/贴图浏览器中选择粒子年龄贴图。火箭喷射出来的气体会随喷出时间长短的不同而呈现不同颜色。粒子年龄贴图正好能满足这一要求。

单击“粒子年龄参数”卷展栏中的“颜色#1 颜色样本”按钮，将颜色设置为白色。年龄#1 为 10%。

单击“粒子年龄参数”卷展栏中的“颜色#2 颜色样本”按钮，将颜色设置为红色。年龄#2 为 20%。

单击“粒子年龄参数”卷展栏中的“颜色#3 颜色样本”按钮，将颜色设置为深灰色。

年龄#3 为 30%。

单击“自动关键帧”按钮，将时间滑动块移到第 100 帧处，通过移动创建发射火箭的动画。可以看到火箭尾部喷出的火焰由白变红，再变成灰色。

渲染输出动画，截取的第 60 帧画面如图 8-40(b)所示。

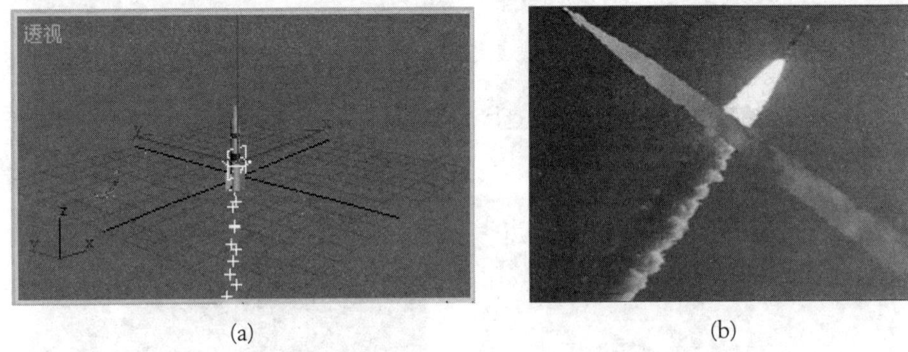

(a)　(b)

图 8-40　使用粒子年龄贴图创建火箭发射动画

思　考　题

1. 如何打开材质编辑器？
2. 如何打开材质/贴图浏览器？
3. Get Material(获取材质)按钮在材质编辑器的什么位置？它有何作用？
4. Assign Material to Selection(将材质赋给选定对象)按钮在材质编辑器的什么位置？它有何作用？
5. Show Map in Viewport(在视图中显示贴图)按钮在材质编辑器的什么位置？它有何作用？
6. Get to Parents(转到父级材质)按钮在材质编辑器的什么位置？它有何作用？
7. 怎样给一个对象赋自发光材质？怎样才能用赋了自发光材质的对象照亮别的对象？
8. Blinn Basic Parameters(Blinn 基础参数)卷展栏中的 Opacity(不透明度)参数有何作用？
9. Extended Parameters(扩展参数)卷展栏中的“相加”“相减”选项有何作用？
10. Opacity Mapping(不透明度贴图)的操作步骤是怎样的？
11. 怎样进行 Bump Mapping(凹凸贴图)？
12. Reflection(反射)贴图有哪三种？各有何特点？
13. 如何进行 Displacement(置换)贴图？
14. 给一个圆柱体指定 Multi/Sub-Object(多维/子对象)材质。
15. 如何创建一个发光的灯泡?如何才能照亮周围的对象?
16. 如何使用光线跟踪材质创建半透明塑料管？
17. Matte/Shadow(不可见/投影)材质有何作用？
18. 如何改变贴图的重复次数和旋转贴图的方向？

19. 如何剪切与放置贴图的图像？
20. 如何创建棋盘格贴图？如何指定纹理？
21. 如何创建 Gradient(渐变色)贴图？
22. 如何创建 Swirl(旋涡)贴图？
23. 如何进行三维贴图？
24. 遮罩贴图有何作用？
25. 如何创建平面镜反射贴图？

第 9 章　后 期 制 作

本章主要介绍特效制作、视频合成、场景和动画的合并，并简略介绍 Photoshop 在后期处理中的应用。

9.1　用 Environment(环境)选项卡制作环境效果

打开“渲染”菜单，选择“环境”命令，打开“环境和效果”对话框，如图 9-1 所示。使用“环境”选项卡可以指定输出背景，设置曝光控制，制作大气效果。

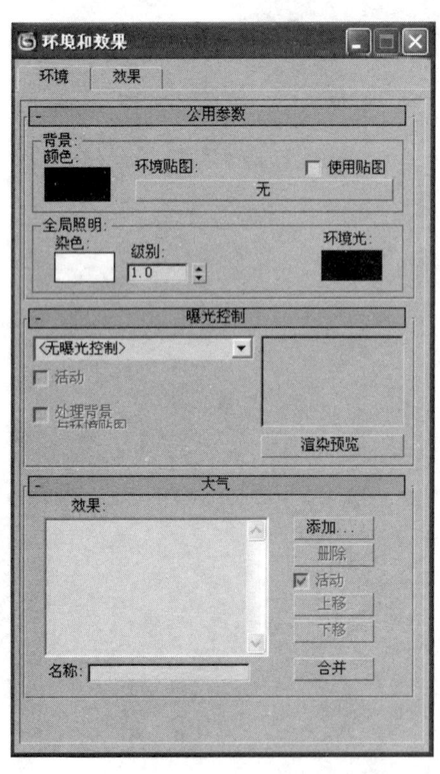

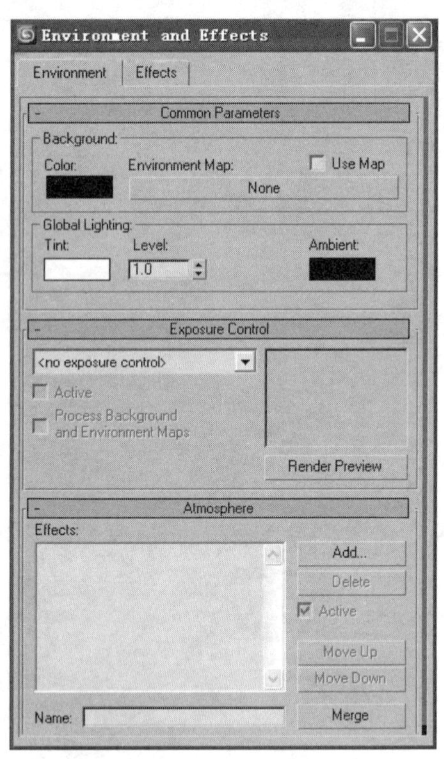

图 9-1　“环境和效果”对话框

1. 制作 Fire(火)效果

下面通过一个实例，说明制作火效果的过程。

实例 9-1　创建有火的火盆。

创建一个火盆。火盆与创建火焰无关。

打开“创建”命令面板的辅助对象子面板，单击对象类型列表框中的展开按钮，选择“大气装置”，选择“球体 Gizmo”，勾选“半球”复选框。

在透视图中拖动产生一个半球线框。线框大小决定火焰大小，因此要根据需要适当调整线框大小和形状，如图 9-2(a)所示。

选定辅助对象，选择“修改”命令面板，在“大气和效果”卷展栏中单击“添加”按钮，这时会弹出“添加大气”对话框，选择“火效果”，单击“确定”按钮。渲染场景就能看到创建的火焰。如果火焰达不到需要的效果，则可以使用“火效果参数”卷展栏，设置适当参数后再渲染。本例选择了“火苗”选项，效果如图 9-2(b)所示。

这盆火显然缺乏真实感，火烧得那么旺，火盆的内沿却是黑的。本例在盆底中央放了一盏泛光灯，泛光灯可以照亮火盆内沿，这样看上去就逼真些，如图 9-2(c)所示。

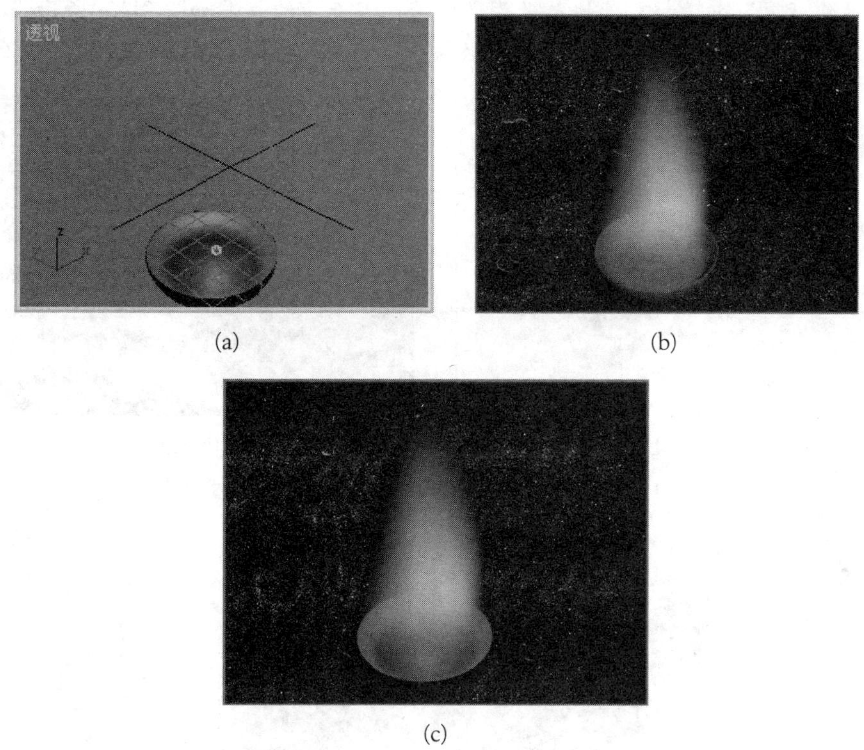

(a)　(b)

(c)

图 9-2　创建有火的火盆

2. 制作 Fog(雾)效果

雾效果用来模拟自然界中的雾、烟、蒸汽。标准雾按对象与摄影机之间的距离变化逐渐遮盖淡化对象。层雾按离地平面的高度变化逐渐遮盖淡化对象。

实例 9-2　使用雾制作远处飞机的视觉效果。

一架飞机的创建过程如下。

创建一个油罐对象做机身。将油罐对象转换为可编辑网格对象。移动油罐对象一端的顶点，做出机头。

创建一个油罐对象。将油罐对象移到机身前部，做出飞机机舱。

使用放样和布尔运算创建一片机翼。镜像复制得到另一片机翼。

复制一片机翼，旋转 90°并移到机身尾部做成尾舵。

将各部件附加成一个整体。选择平滑修改器平滑对象。给飞机指定一幅贴图。创建的飞机如图 9-3(a)所示。

复制两架飞机。选择一幅位图文件做环境贴图。渲染后的效果如图 9-3(b)所示。

选择“渲染”菜单，选择“环境”命令，打开“环境和效果”对话框，选择“环境”选项卡。

单击“添加”按钮，打开“添加大气效果”对话框，选择“雾”。

将一幅有云彩的图像文件指定为环境颜色贴图，并勾选“使用贴图”复选框。在“雾参数”卷展栏中选择“标准”选项，勾选“指数”复选框，近距值设为 0，远距值设为 100，不勾选“雾化背景”复选框，其他参数为默认值，渲染后的效果如图 9-3(c)所示。从图中可以看出，雾可以用来模拟远距观察物体的效果，距离越远，物体也越模糊。

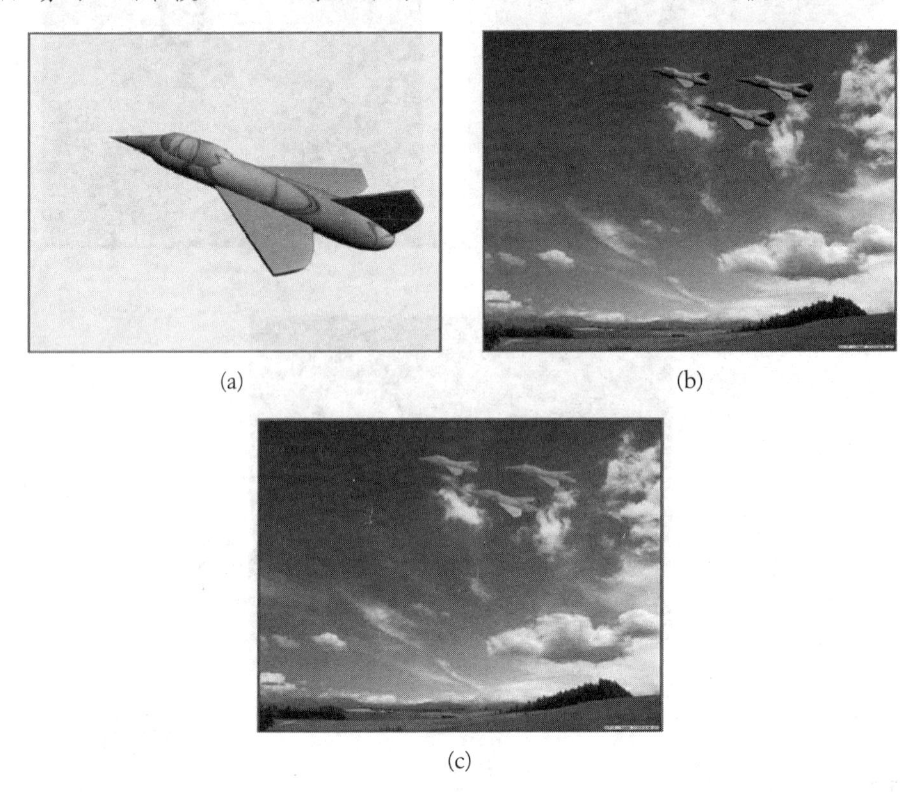

(a)　(b)　(c)

图 9-3　创建雾

3. 制作 Volume Fog(体积雾)效果

体积雾能产生一种雾团效果，常用来模拟呼出的热气、云团等。

创建局部范围的体积雾与创建火焰的操作步骤基本相同。在整个场景中创建体积雾，需要使用“大气”卷展栏中的“添加”按钮，指定体积雾。

实例 9-3　创建体积雾。

使用 NURBS 曲面，通过修改创建一个高山顶。

打开“创建”命令面板的辅助对象子面板，单击辅助对象列表框中的展开按钮，选择“大气装置”，选择“球体 Gizmo”。

在透视图中拖动产生一个球体线框。线框大小决定体积雾的大小，因此要根据需要适当调整线框大小和形状。

在不同位置创建四个这样的线框，如图 9-4(a)所示。

选定辅助对象，选择“修改”命令面板，在“大气和效果”卷展栏中单击“添加”按钮，这时会弹出“添加大气”对话框，选择“体积雾”，单击“确定”按钮。对每个线框都指定体积雾。渲染场景就能看到创建的体积雾，如图 9-4(b)所示，看上去似云雾缭绕。

使用 Photoshop 移入一个山头，处理后的图像更具有真实感，如图 9-4(c)所示。

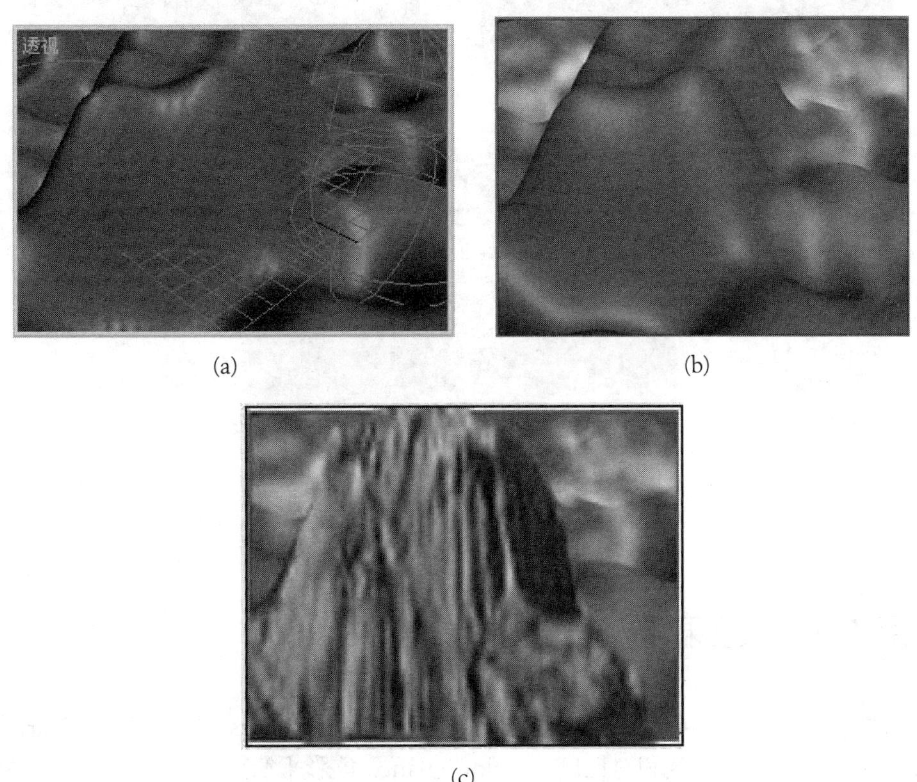

(a)　(b)

(c)

图 9-4　体积雾

4. 制作 Volume Light(体积光)效果

体积光用于模拟真实世界中光线穿过质量不好的大气时，或者早晚光线昏暗时的视觉效果。

实例 9-4　创建体积光——晨练。

创建两个练习拳击的人，创建一盏泛光灯，如图 9-5(a)所示。

指定一幅背景贴图。渲染后的效果如图 9-5(b)所示。

选择“渲染”菜单，选择“环境”命令，打开“环境和效果”对话框，选择“环境”选项卡。

单击“添加”按钮，打开“添加大气效果”对话框，选择“体积光”。

单击“拾取灯光”按钮，单击场景中的泛光灯。

勾选“指数”复选框，设置密度为 2，雾颜色选择为浅灰色。

渲染后的效果如图 9-5(c)所示，看上去似清晨，似黄昏，似阴天。

(a) (b) (c)

图 9-5 体积光——晨练

9.2 用 Effects(效果)选项卡制作场景特效

通过“效果”选项卡可以为场景添加以下效果：Lens Effects(镜头效果)、Blur(模糊)、Brightness and Contrast(亮度和对比度)、Color Balance(色彩平衡)、Depth of Field(景深)、File Output(文件输出)、Film Grain(胶片颗粒)、Motion Blur(运动模糊)。

9.2.1 Lens Effects(镜头效果)

镜头效果包括 Ring(光环)、Glow(发光)、Streak(条纹)等特殊效果。

1. Ring(光环)特效

实例 9-5 模拟光环效果。

创建一只鹰、一盏泛光灯，给场景指定一幅背景贴图，如图 9-6(a)所示。

渲染后的效果如图 9-6(b)所示。

选择“效果”选项卡，单击“效果”卷展栏中的“添加”按钮，在弹出的“添加效果”对话框中选择“镜头效果”。

选定效果列表框中的“镜头效果”，在“镜头效果”参数卷展栏中选择“光环”，单击“右移”按钮，将其添加到已选择效果列表框中。

激活“拾取灯光”按钮，单击场景中的泛光灯。

调整参数，渲染后的效果如图 9-6(c)所示。

还可在场景中创建一台摄影机，将摄影机对准鹰，并切换到摄影机视图。使用“摄影机视图控制”按钮，可以模拟真实摄影机的各项功能。

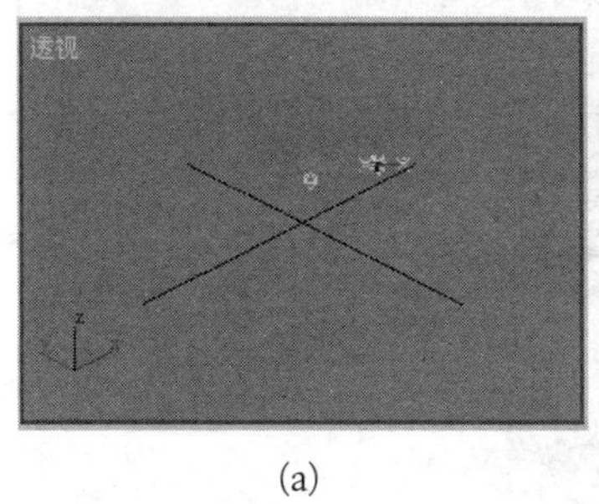

(a)

(b)

(c)

图 9-6　模拟光环特效

2. Glow(发光)特效

创建发光特效的步骤如下。

创建一盏泛光灯，给场景指定一幅背景贴图。

选择“效果”选项卡，单击“效果”卷展栏中的“添加”按钮，在弹出的“添加效果”对话框中选择“镜头效果”。

选定效果列表框中的“镜头效果”，在“镜头效果参数”卷展栏中选择 Glow(发光)，单击“右移”按钮，将其添加到已选择效果列表框中。

激活“拾取灯光”按钮，单击场景中的泛光灯，就能创建一个发光体。

实例 9-6　创建太阳升起的动画。

指定一幅环境贴图，如图 9-7(a)所示。

创建两盏泛光灯，一盏用来创建太阳，另一盏用来创建太阳的倒影。

选择“效果”选项卡，单击“效果”卷展栏中的“添加”按钮，在弹出的“添加效果”对话框中选择“镜头效果”。

选定效果列表框中的“镜头效果”，在“镜头效果参数”卷展栏中选择“发光”，单击“右移”按钮，将其添加到已选择效果列表框中。

激活“拾取灯光”按钮，单击场景中做太阳用的泛光灯。

在“光晕元素”卷展栏中，单击“衰减曲线”按钮，在“径向衰减”对话框中编辑衰减曲线，编辑效果如图 9-7(b)所示。这样得到的太阳轮廓就更清晰一些。

通过同样的操作创建一个太阳的倒影。发光完全使用默认参数。

渲染后的太阳和太阳倒影如图 9-7(c)所示。从渲染效果可以看出，太阳倒影比太阳要模糊些。

在竖直方向移动太阳和倒影，创建日出动画。为了使太阳升起更具真实感，可以使用不透明度贴图，将树移至太阳前面，让太阳从树后升起。

3. 其他特效

同时模拟 Glow(发光)与 Star(星形)特效,效果如图 9-8(a)所示。

模拟 Streak(条纹)特效,效果如图 9-8(b)所示。

模拟 Auto Secondary(自动二级光斑)特效,效果如图 9-8(c)所示。

模拟 Ray(射线)特效,效果如图 9-8(d)所示。

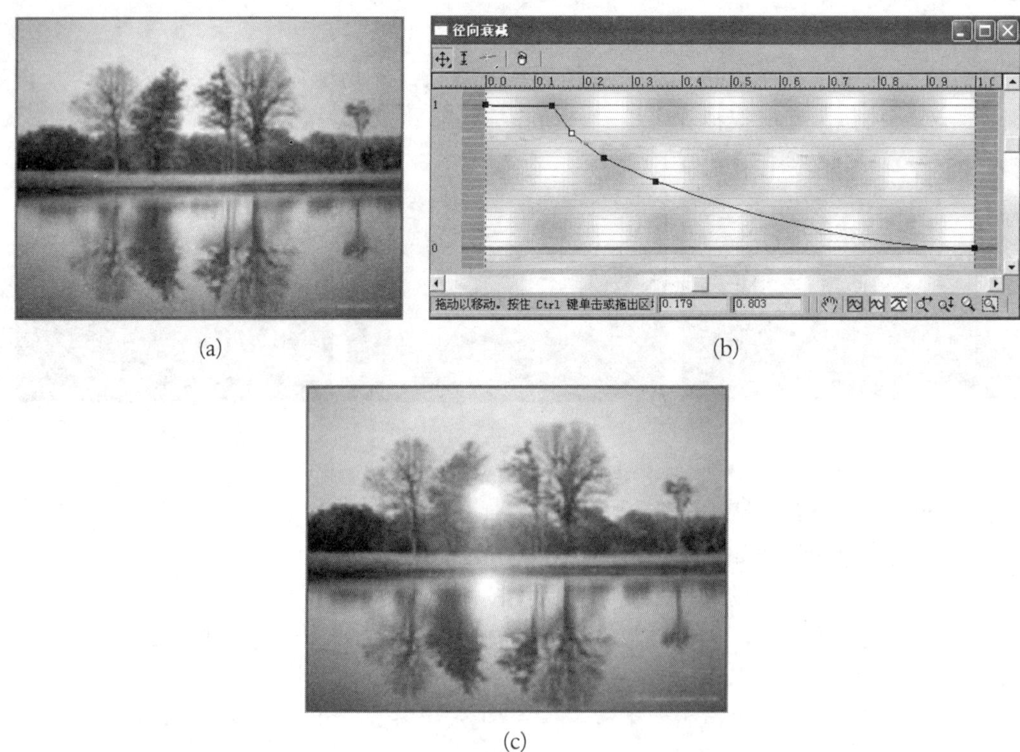

(a)　(b)

(c)

图 9-7　模拟发光特效

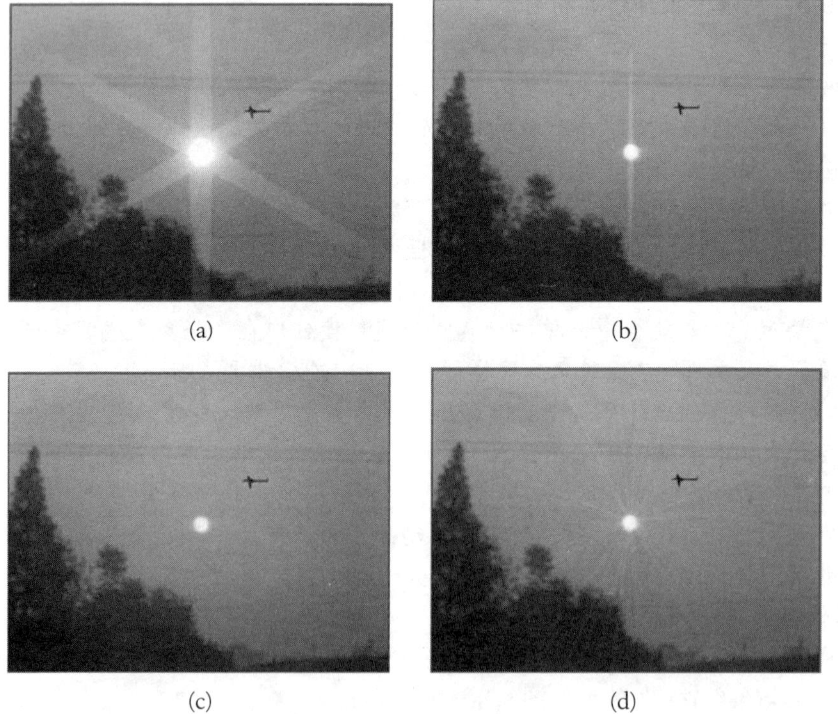

(a)　(b)

(c)　(d)

图 9-8　模拟各种特效

9.2.2　Depth of Field(景深)效果

真实摄影机只能清晰对焦有限的空间范围，对焦范围之外的景物，距离越远，越模糊。景深效果就是用来模拟真实摄影机的这一特点的。

Pick Cam.(拾取摄影机)：单击该按钮，再单击要进行景深模拟的摄影机，就可以拾取该摄影机。

Pick Node(拾取焦点)：单击该按钮，再单击要对准的焦点对象，渲染时该对象处于最清晰位置。

实例 9-7　模拟景深特效。

创建三架飞机，飞机置于远处。创建一个扛着火箭筒的人，置于近处。创建一台目标摄影机，如图 9-9(a)所示。

指定一幅背景贴图。还未创建景深效果时渲染的效果如图 9-9(b)所示。

选择“效果”选项卡，单击“效果”卷展栏中的“添加”按钮，在弹出的“添加效果”对话框中选择“景深效果”。

激活“拾取摄影机”按钮，单击场景中的摄影机。

单击“拾取焦点”按钮，单击扛火箭筒者。

渲染后的效果如图 9-9(c)所示。从图中可以看到近处扛火箭筒的人是清晰的，飞机越远越模糊。

(a)

(b)

(c)

图 9-9　模拟景深效果

9.3　Merge(合并)场景

“合并”命令可以将其他 MAX 文件的全部或部分对象合并到当前场景中来。

打开 File(文件)菜单，选择 Merge(合并)命令，弹出 Merge File(合并文件)对话框，指定要合并的 3ds max 文件，单击“打开”按钮，弹出 Merge(合并)对话框，在该对话框中，可以指定要合并的对象，单击“确定”按钮，就能将其合并到当前视图中来。

实例 9-8　合并场景。

打开一个 MAX 文件。在这个文件中创建一个算盘，指定背景文件，如图 9-10(a)所示。

打开“文件”菜单，选择“合并”命令，打开“合并文件”对话框，选定一个 MAX 文件，单击“打开”按钮，弹出合并列表框，如图 9-10(b)所示。在列表框中选择要合并的对象，单击“确定”按钮，弹出“重复名称”对话框，如图 9-10(c)所示。单击“合并”或其

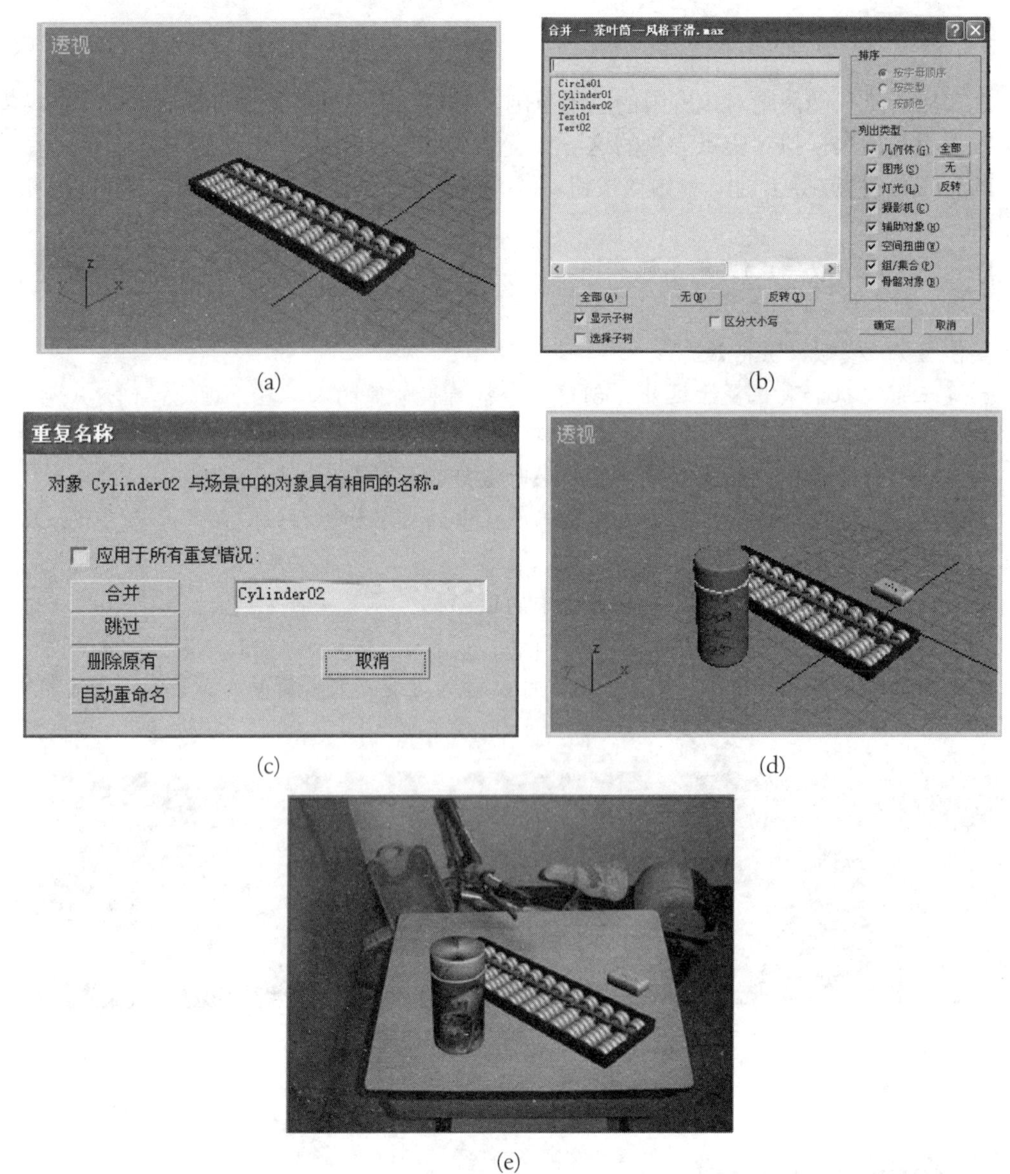

(a)　(b)　(c)　(d)　(e)

图 9-10　合并场景

他按钮，就能将选定对象合并到当前场景中。

合并后的场景如图 9-10(d)所示。渲染后的效果如图 9-10(e)所示。

环境特效不能使用该菜单命令合并，只能在“环境”对话框中使用合并操作。

9.4　Advanced Lighting(高级照明)

传统的渲染引擎只考虑计算直接光照效果，而未考虑反射光线对整个场景的影响。这样渲染出的场景与自然界的实际场景在光照效果上会存在较大差别。实际上，自然界中，光源发出的光线照射到物体上后会经过多次反射。因此，一个物体所接收的光线，除了直接来自于光源外，还有一部分来自于周围物体的反射。而且，反射光还会带上反射表面的颜色，这就是色彩溢出。

要想模拟出自然界的实际场景，可以在场景中添加辅助光源和自发光物体。但对于没有这方面专业知识的人来说，这不是一件想做好就一定能做好的事情。

从 3ds max 6 开始，就增加了 GI(全局光照)系统。Advanced Lighting(高级照明)是它的主要功能模块。高级照明为不同级别的用户提供了两套全局光照方案：Light Tracer(光跟踪器)和 Radiosity(光能传递)。使用全局光照系统，只要创建必要的简单灯光对象，就可以渲染出接近自然界实际场景的效果，自发光物体也就变成真正的光源，可以照亮场景中的其他对象。

9.4.1　Light Tracer(光跟踪器)

光跟踪器采用光线跟踪技术对场景内的光照点进行采样计算，以获得环境反光的数值，以此模拟出逼真的环境光照效果。采用光跟踪器，不用设置太多参数，对场景中对象的类型没什么要求，可以使用标准光源，也可以使用光度学光源。

选择“渲染”菜单，选择 Advanced Lighting(高级照明)中的 Light Tracer(光跟踪器)命令，弹出 Render Scene:Default Scanline(渲染场景：默认扫描线渲染器)对话框，如图 9-11 所示，选择“高级照明”选项卡。

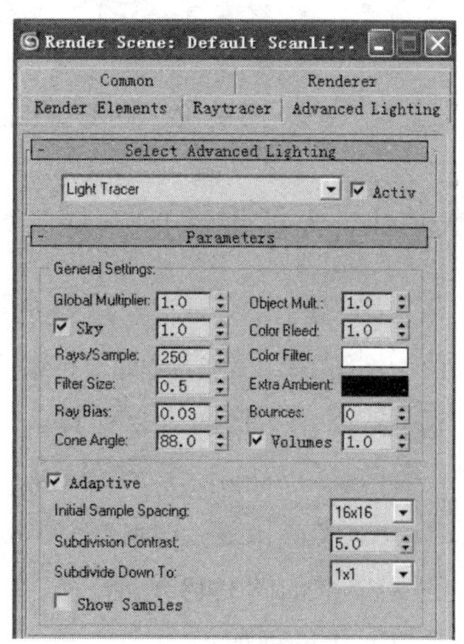

图 9-11　光跟踪器系统的“渲染场景：默认扫描线渲染器”对话框

其主要参数如下。

Global Multiplier(全局倍增)：该值决定光跟踪器全局光照系统对对象表面的影响程度，值越大，影响越明显。

Object Multiplier(对象倍增)：该值决定在光跟踪器全局光照系统下，场景对象之间的环境色彩反射强度。

实例 9-9　使用光跟踪器全局光照系统的光照效果。

创建一个长方体做地面，在地面上放置一个长方体，一个球体放在一个托架上。每个对象都已贴图。创建一盏泛光灯。

使用扫描线渲染器的渲染效果如图 9-12(a)所示。

使用光跟踪器并选择如下参数。

全局倍增为 2，对象倍增为 1.5，光线/采样数为 100，过滤器大小为 0.85，反弹为 2，颜色溢出为 1.5，颜色过滤器为黄色。其他参数为默认值。渲染后的效果如图 9-12(b)所示。从图中可以明显看出阴影已不再是黑色，这是光反射的结果。从图中还可以看出，使用光线跟踪渲染器的渲染效果要比扫描线渲染器的渲染效果好得多。

(a)

(b)

图 9-12　使用光跟踪器全局光照系统的光照效果

9.4.2　Radiosity(光能传递)

光能传递全局光照系统与光跟踪器全局光照系统不同，它不是根据采样点进行光照计算的，而是使用对象的三角结构面为计算的基本单位。为了获得精确的输出结果，大块的表面被分割成小的三角结构面进行计算。光能传递可以在场景中重现自然光下的光照效果。

选择“渲染”菜单，单击 Advanced Lighting(高级照明)选项卡，在选择高级照明列表框中，选择 Radiosity(光能传递)选项，弹出 Render Scene:Default Scanline...(渲染场景：默认扫描线渲染器)对话框，如图 9-13 所示。

光能传递的创建过程如下。

创建场景，设置光度学光源。

为场景中的每个对象指定材质。

选择“渲染”菜单，选择“光能传递”。

单击“对数曝光控制”的 Setup(设置)按钮，弹出“环境和效果”对话框，如图 9-14 所示。在 Exposure Control(曝光控制)卷展栏中选择 Logarithmic Exposure Control(对数曝光控制)。

设置光能传递参数，单击 Start(开始)按钮，待计算结束后，就可进行渲染输出。

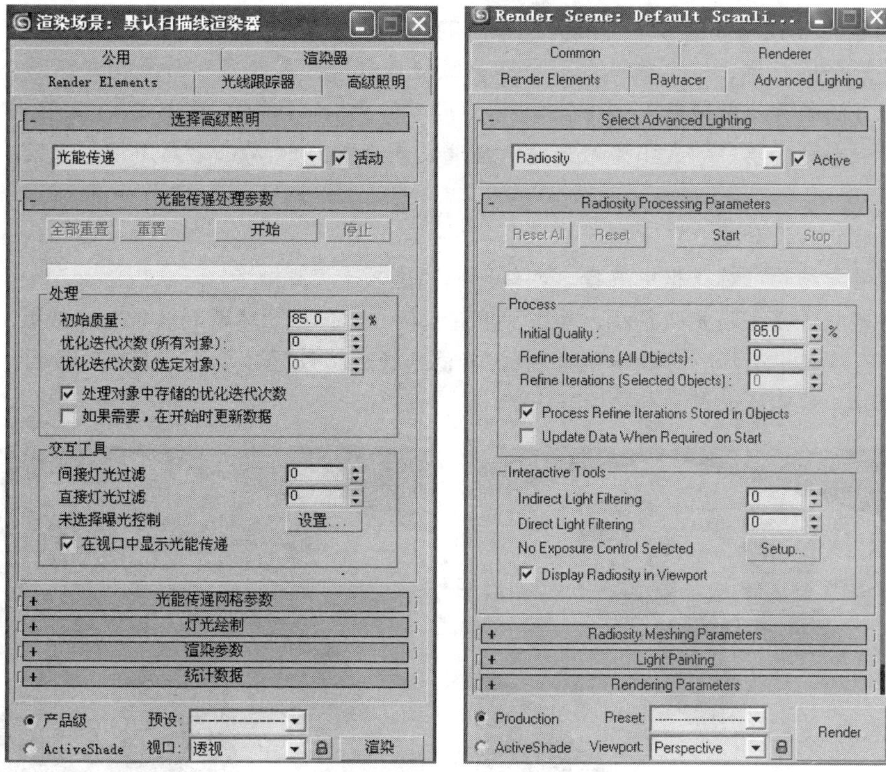

图 9-13 光能传递系统的“渲染场景：默认扫描线渲染器”对话框

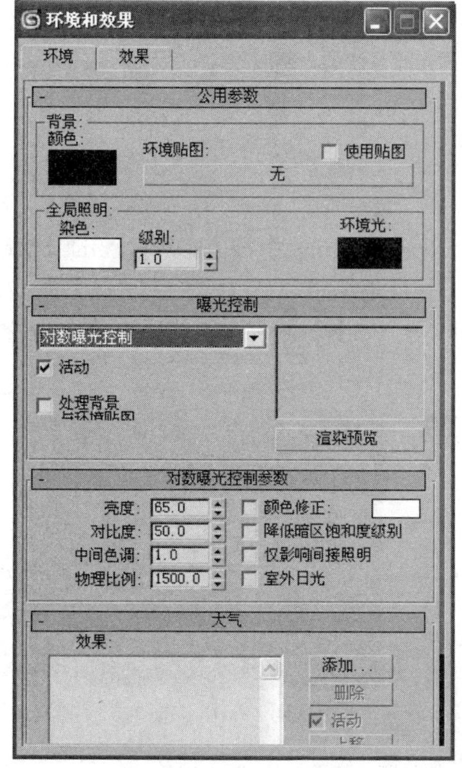

图 9-14 “环境和效果”对话框

实例 9-10　使用光能传递全局光照系统的光照效果。

创建一个圆柱体、一个球体和一个茶壶做渲染对象，并给每个对象指定贴图。创建一个厚度为 0 的长方体做地面。

创建一个光度学中的太阳光做光源，强度设置为 6000。勾选“启用”复选框，并选择区域阴影。

渲染后的效果如图 9-15(a)所示。

在“渲染场景”对话框中选择“高级照明”选项卡。

使用光能传递全局光照系统，单击“重置”按钮，弹出“环境和效果”对话框，在“曝光控制”卷展栏中选择“对数曝光控制”，其他选择默认设置，单击“开始”按钮，进行光能传递计算。渲染后的效果如图 9-15(b)所示。

(a)

(b)

图 9-15　使用光能传递全局光照系统的光照效果

9.5　Import(导入)文件

“文件”菜单中的 Import(导入)文件命令可以从 3ds max 中导入 DWG、3DS、XML 等类型的文件。导入的文件通常都能使用 3ds max 进行再编辑。

用 CAD 制作的 DWG 文件如图 9-16(a)所示。导入 3ds max 后在透视图中的显示效果如图 9-16(b)所示。

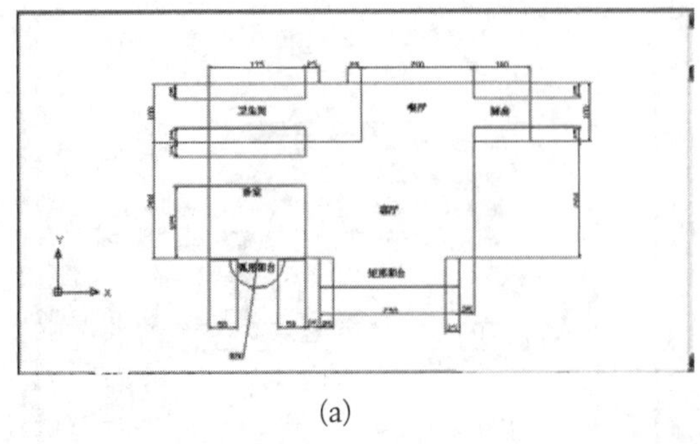

(a)

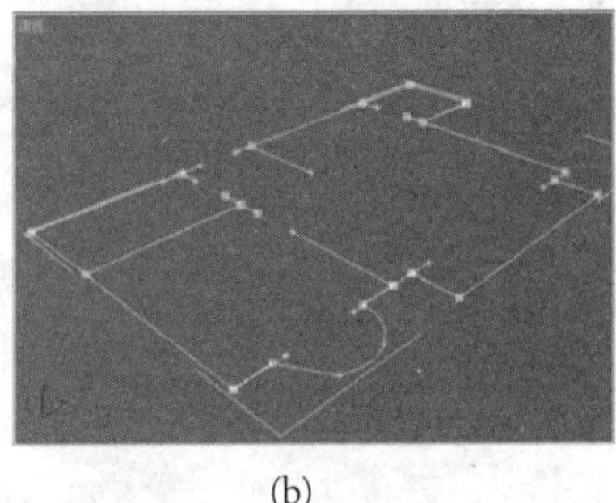

(b)

图 9-16　导入文件

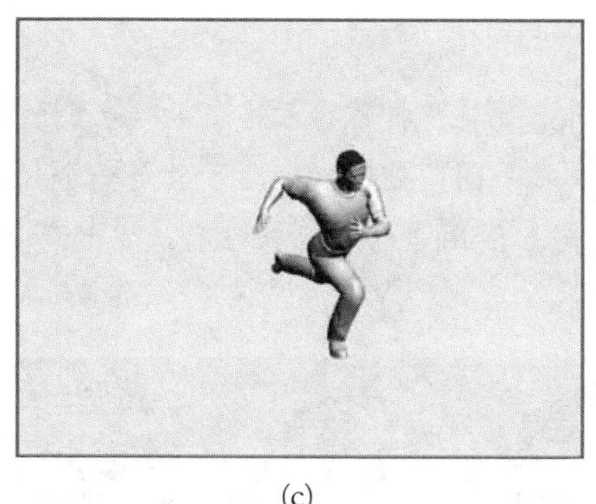

(c)

(d)

续图 9-16

用 Poser 创建一个男人，导出成 3DS 文件，如图 9-16(c)所示。

将 Poser 人物导入 3ds max 9 中，指定一个背景文件，渲染后的效果如图 9-16(d)所示。

9.6 使用 Photoshop 进行图像处理

Photoshop 是一款功能强大的图像处理软件，在 3ds max 中常用它来处理贴图文件和对效果图进行后期处理。

实例 9-11 用 Photoshop 制作效果图倒影。

打开 Photoshop，打开一幅用 3ds max 制作的建筑效果图，如图 9-17(a)所示。

新建一个空白文件，将建筑效果图复制到新建窗口中。垂直翻转建筑效果图，再次移入新建窗口做倒影，使两个图像的底边对齐，如图 9-17(b)所示。

选定做倒影的图像，选择“滤镜”菜单，选择“模糊”下的“高斯模糊”命令，适当调整半径大小，就得到建筑效果图的倒影，如图 9-17(c)所示。

(a)

(b)

(c)

图 9-17 用 Photoshop 制作效果图倒影

实例 9-12 用 Photoshop 将图像移入场景中。

在 3ds max 的后期处理中，可以使用 Photoshop 的拖曳操作将人物、花草等置于场景中。图 9-18(a)所示的是使用 3ds max 创建的一幅效果图，图 9-18(b)所示的是一个位图文件。使用 Photoshop 的磁性套索工具将荷花选定，使用“移动”按钮将选定的荷花拖入效果图中，所得效果如图 9-18(c)所示。

(a) (b)

(c)

图 9-18 使用 Photoshop 对 3ds max 效果图进行后期处理

9.7 制作多媒体文件

多媒体文件是指在一个文件中,同时具有文本、图形、图像、动画、视频、声音等多种媒体的文件。制作多媒体文件需要使用多媒体编辑软件。多媒体文件可以在时间轴上编辑，也可以在流程线上编辑，还可以在空间中编辑。常用的多媒体软件有会声会影、Premiere、Authorware、Dreamweaver 等。

1. 会声会影

会声会影的界面如图 9-19 所示。

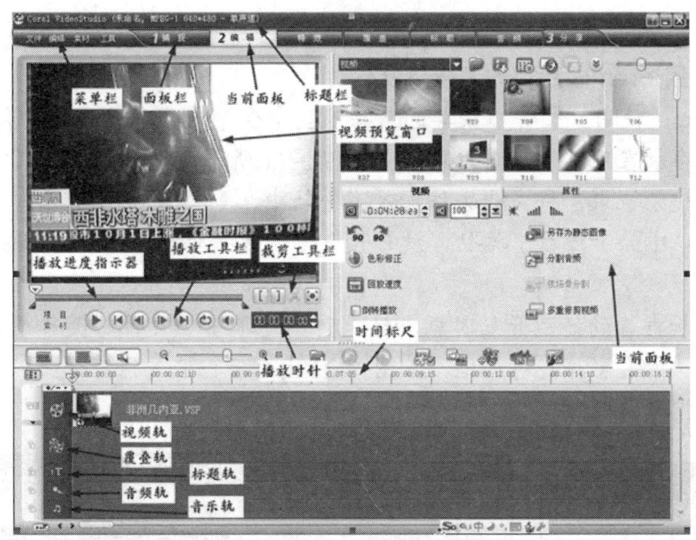

图 9-19　会声会影的界面

用会声会影可以将动画、图像、标题、声音等，按照时间顺序编辑在一个文件中。编辑窗口如图 9-20 所示。

图 9-20　将动画、图像、标题、声音编辑在一个文件中的编辑窗口

实例 9-13　用会声会影制作多媒体文件。

打开会声会影。单击“文件”菜单，单击“将媒体文件插入到时间轴”下的“插入视频”命令，把动画文件插入视频轨中。

单击“将媒体文件插入到时间轴”下的“插入音频”命令，把动画文件插入声音轨或音频轨中。

裁剪动画和声音到需要的长度，如图 9-21 所示。

编辑好的文件可以保存为 VSP 文件或导出成其他格式的文件。

图 9-21　用会声会影制作多媒体文件

2. Premiere

Premiere 是一个较早开发出来的多媒体编辑软件。它也是在时间轴上编辑多媒体文件的。用 Premiere 编辑多媒体的操作简便，能输出成 AVI 格式的文件。这是它的长处。但其

功能较简单。

实例 9-14 用 Premiere 制作多媒体文件。

打开 Premiere，使用“文件”菜单的“导入”命令导入两个动画文件和一个声音文件。导入的文件临时存放在项目管理窗口中，如图 9-22(a)所示。

将动画拖入视频轨中，将声音文件拖入声音轨中，如图 9-22(b)所示。

单击预览窗口中的“播放”按钮，就可预览多媒体文件的效果。预览窗口如图 9-22(c)所示。

调整好动画和声音的播放开始时刻和结束时刻，单击“文件”菜单中的“输出影片”命令，就会打开“输出影片”对话框，如图 9-22(d)所示。输入保存的文件名，就可以把多媒体文件保存到指定的地方。

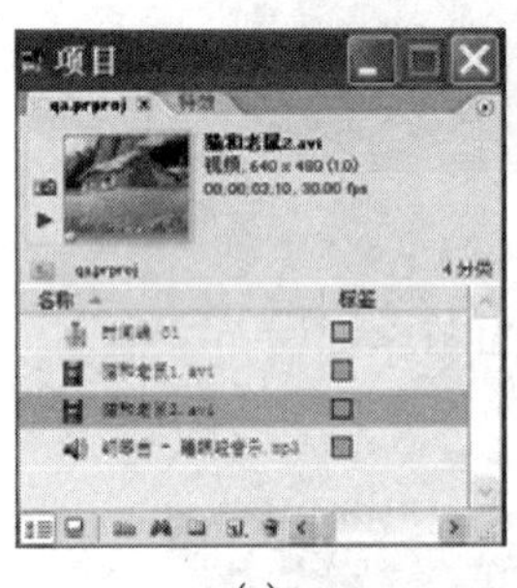

(a)

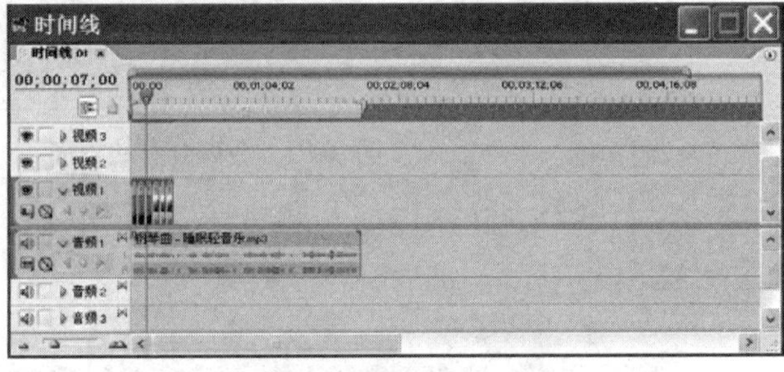

(b)

(c)

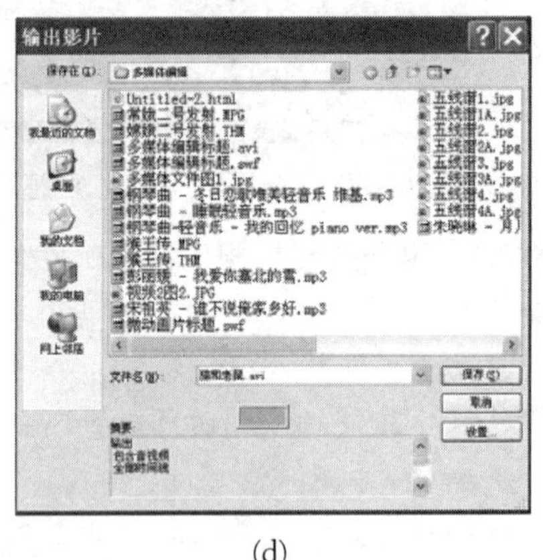

(d)

图 9-22 用 Premiere 制作多媒体文件

3. Authorware

Authorware 是按照流程线的执行顺序编辑多媒体文件的。Authorware 采用图标编程方式，这种方式编程直观、简单，它的界面如图 9-23 所示。

实例 9-15 用 Authorware 制作多媒体文件。

本实例是一个微型动画片——火烧赤壁。其制作过程大致如下。

使用 3ds max 和 Flash 制作出所需的动画片段。

使用 Authorware 编程，将动画片段和片头、片尾连接起来，如图 9-24(a)所示。

编辑声音文件，并将声音文件置于程序中。

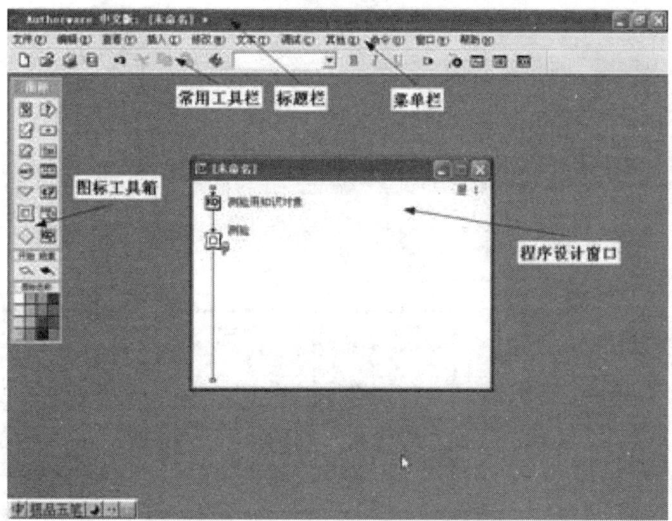

图 9-23　Authorware 的界面

图 9-24(b)是用 Flash 制作的动画中的一幅画面。图 9-24(c)是用 3ds max 制作的动画中的一幅画面。

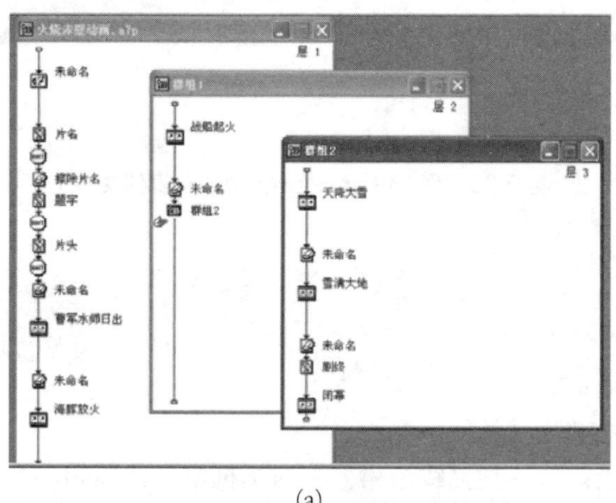

(a)

(b)

(c)

图 9-24　用 Authorware 制作多媒体文件

4. Dreamweaver

Dreamweaver 是一个网页界面布局软件。它的多媒体文件是在空间范围内编辑的。图 9-25 所示的就是一个用 Dreamweaver 制作的网页界面。

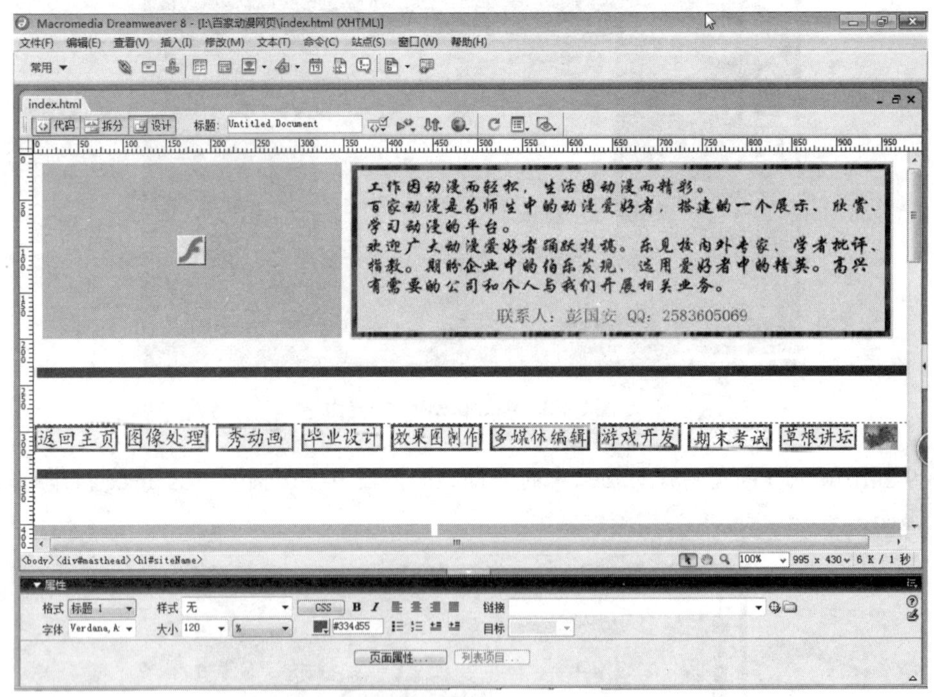

图 9-25　用 Dreamweaver 制作多媒体文件

思　考　题

1. 如何快速渲染场景？
2. 如何渲染场景中部分区域？
3. 说明“渲染场景：默认扫描线渲染器”对话框中各选项和参数的作用。
4. 如何选择渲染的背景颜色？
5. 如何指定渲染的背景贴图？如何才能渲染输出背景贴图？
6. 如何创建以下大气效果：Fire(火焰)、Fog(雾)、Volume Fog(体积雾)和 Volume(体积光)？
7. 如何创建光环特效？
8. 如何创建景深特效？
9. Video Post(视频合成)有什么作用？如何合成场景和图像文件？
10. 如何合并场景文件？
11. 如何合并动画？

第 2 篇

3ds max 动画

3ds max 9 具有很强的动画制作功能。为了模拟自然界各种各样的运动，如机械的、生物的，3ds max 9 提供了一系列灵活多变的动画制作方法。这些动画制作方法在本篇中都有系统介绍。

本篇主要内容包括：关键帧动画、约束动画与控制器动画、reactor 对象与动画、粒子系统与动画、空间扭曲与动画、二足角色与动画。最后介绍了几个实例的制作过程。

第 10 章　关键帧动画

创建效果图和创建三维动画是 3ds max 9 的两大功能。

只要用户创建一些关键帧，两个关键帧之间的帧就可由计算机计算得到，并从头到尾依次播放这些帧，在视觉上就是具有动画效果的动画。3ds max 9 不仅可以通过动画控制区和轨迹视图-曲线编辑器创建动画，也可以通过曲线转换为轨迹曲线创建动画。对象的位移、旋转、缩放可以创建出动画，参数的修改也可以创建出动画。这就是本章所要介绍的内容。

10.1　使用动画控制区创建动画

10.1.1　动画控制区

动画控制区位于主界面下方。

时间标尺用来显示运动的时间或帧数。

时间滑动块可以通过拖动指针或通过“移动”按钮来移动，在滑动块上显示运动的当前帧或当前时间，以及总帧或总时间。

彩色小方块为关键帧标记。通过动画控制区和轨迹视图创建的动画，其关键帧是由用户创建的，两个关键帧之间的过渡帧是计算机通过差补计算出来的。

迷你曲线编辑器也称为轨迹视图-曲线编辑器，是创建和修改动画的重要工具。

单击 Time Configuration(时间配置)按钮，弹出“时间配置”对话框，如图 10-1 所示。

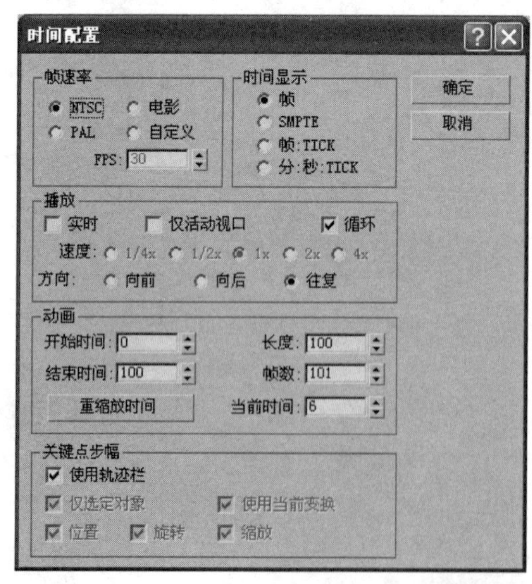

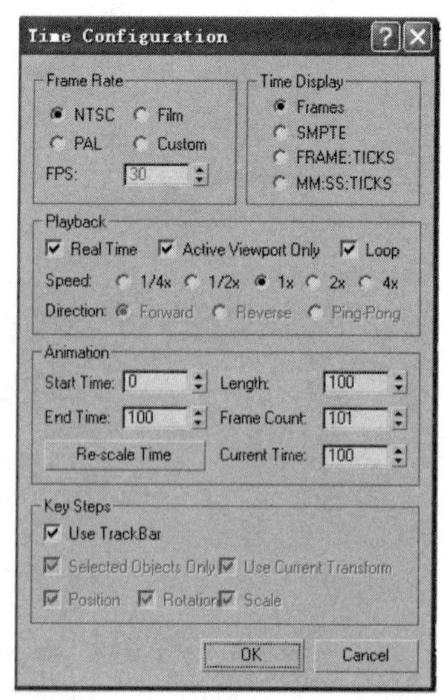

图 10-1　“时间配置”对话框

Key Mode(转换关键帧模式)：该按钮具有转换移动时间滑动块按钮的功能，右击也会弹出“时间配置”对话框。

(1) Frame Rate(帧速率)选区用来选择播放动画的帧速率。

NTSC：美国和日本使用的电视视频制式，帧速率为 30 帧/秒。

PAL：中国和欧洲使用的电视视频制式，帧速率为 25 帧/秒。

Film(电影)：电影播放的视频制式，帧速率为 24 帧/秒。

Custom(自定义)：在 FPS 数码框中由用户输入播放的帧速率。

(2) Time Display(时间显示)选区用来选择时间标尺的刻度单位。

Frames(帧)：以帧为刻度单位。

SMPTE：以“分：秒：帧”的方式显示时间。

FRAME:TICKS(帧：TICK)：TICK 是系统时钟振荡的单位时间。1 秒钟等于 4800 TICKs。对于 NTSC 制式，1 帧等于 160 TICKs。对于 PAL 制式，1 帧等于 192 TICKs。

MM:SS:TICKS(分：秒：TICK)：以“分：秒：滴答”的方式显示时间。

(3) Playback(播放)选区用来选择播放的方式和速度。

Real Time(实时)：在动画播放过程中，保持设定的速率，当达不到速率要求时，自动跳帧播放。

Active Viewport Only(仅活动视口)：仅在当前激活视图中播放动画。

Loop(循环)：循环播放当前动画。

Speed(速度)：指定播放的速度。

Direction(方向)：指定重复播放的方向。实时播放时该选择项不起作用。可以选择重复播放的方向有以下几种。

Forward(向前)：总是从起始点到终止点重复播放动画。

Reverse(向后)：总是从终止点到起始点重复播放动画。

Ping-Pong(往复)：从前向后，再从后向前循环播放动画。

(4) Animation(动画)选区用来选择动画播放的开始时间、结束时间和动画长度。

Start Time(开始时间)：指定时间标尺的起始时间。

End Time(结束时间)：指定时间标尺的结束时间。

Length(长度)：从起始到终止的时间。

Frame Count(帧数)：从起始帧到终止帧的总帧数。

实例 10-1　创建一面钟。

创建钟的边框和底盘如下。

在顶视图中创建一个半径为 80 的圆。

在前视图中创建一个光滑的三角形，如图 10-2(a)所示。

以圆做路径，以三角形为图形进行放样，在修改器堆栈中选择图形子层级，缩放放样对象的横截面到适当大小。在“蒙皮参数”卷展栏中设置图形步数为 10，路径步数为 100，得到钟的边框，如图 10-2(b)所示。

创建一个半径为 75 的圆，选择挤出修改器挤出，做钟的底盘，挤出数量为 0，颜色设为白色，钟的底盘如图 10-2(c)所示。

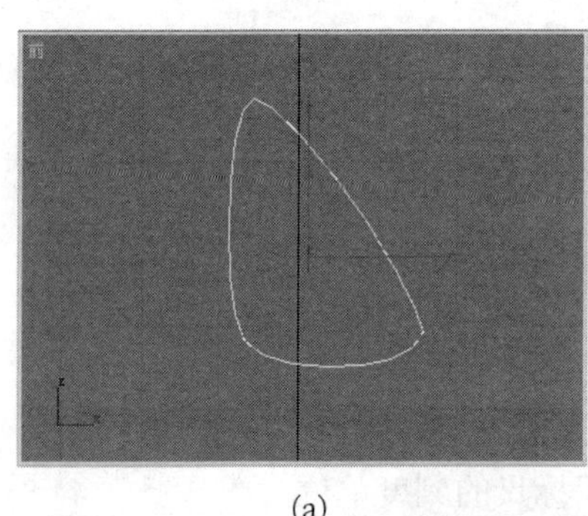

(a)

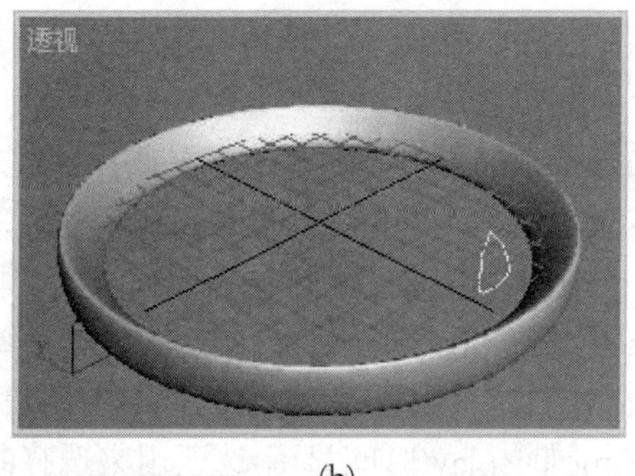

(b)

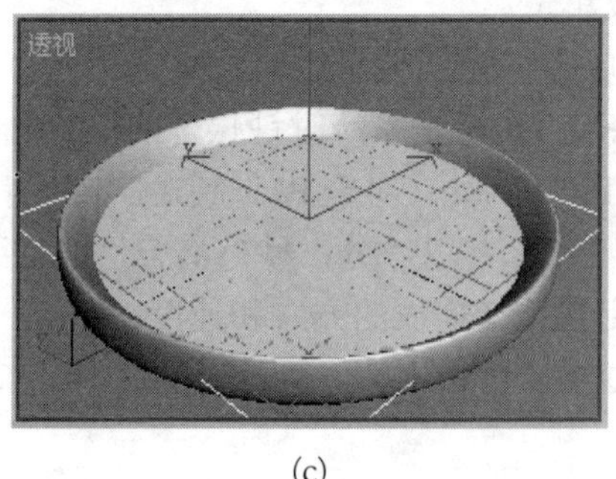

(c)

图 10-2　创建钟的边框和底盘

创建钟刻度的操作如下。

创建一个半径为 70 的圆，创建一个半径为 2 的球体。选择“工具”菜单中的“间隔工具”命令，沿圆复制 59 个球体做钟的秒刻度。

创建一个长为 10、宽为 5、高为 2 的长方体。复制三个这样的长方体，通过对齐操作分别对齐 0 点、3 点、6 点和 9 点位置来做成四个特殊刻度。钟的刻度如图 10-3(a)所示。

创建指针的操作如下。

创建一个长为 50、宽为 2、高为 0.5 的长方体做指针。

复制两个长方体，其中一个的长改为 55，宽改为 1.5，并用其做分指针。另外一个的长改为 60，宽改为 1，并用其做秒指针，如图 10-3(b)所示。

将三个长方体的轴心点都移到接近一端端点的位置。

将三个长方体都与表盘中间的球体对齐，分指针沿 Z 轴上移 0.5，秒指针沿 Z 轴上移 1。

后期处理如下。

给边框和底盘赋材质，制作商标和文本“MADE IN CHINA”。

除指针外，将其他部件组合成一个组。制作的壁钟如图 10-3(c)所示。

制作指针旋转动画如下。

打开“时间配置”对话框，设置帧速率为 1，结束时间为 100。

单击“自动关键帧”按钮，将时间滑动块移到第 100 帧处。将秒指针绕 Z 轴旋转 600°，将分指针绕 Z 轴旋转 8°。

渲染输出动画，时间范围选择第 10 帧到第 60 帧。

单击视图控制区的“弧形旋转”按钮，旋转透视图，使钟竖起来，如图 10-3(d)所示。

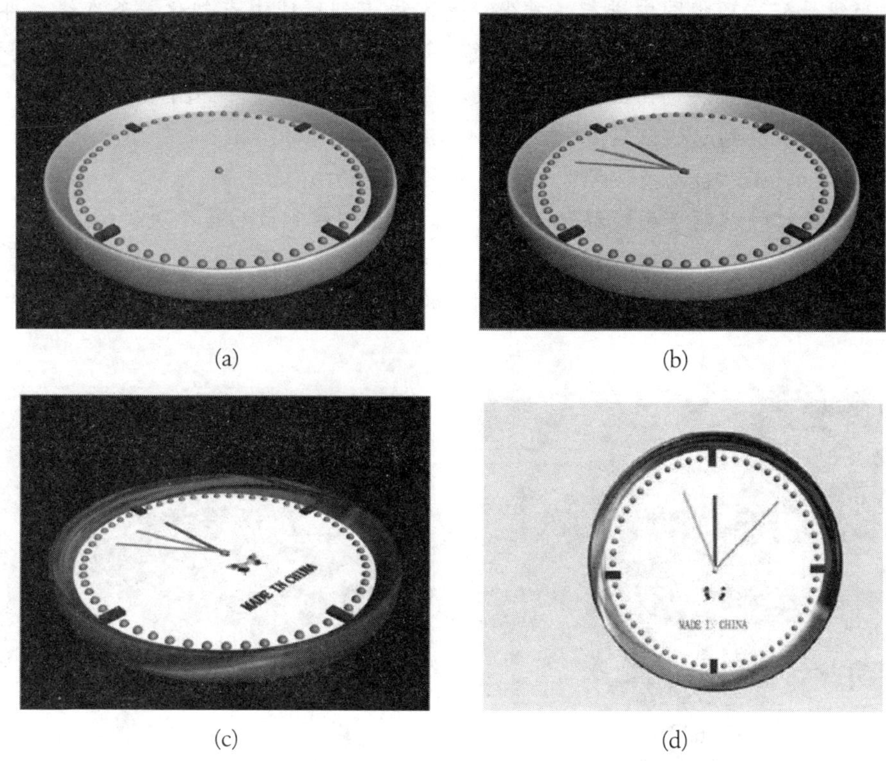

(a)　(b)　(c)　(d)

图 10-3　创建钟的刻度和指针

10.1.2　创建关键帧动画

1. 激活“自动关键点”按钮创建动画

将时间滑动块移到起始位置。

选定要创建动画的对象，单击“自动关键点”按钮，开始创建动画。

移动关键帧和变换对象交替进行，直至创建完最后一个关键帧。移动、旋转、缩放三种变换可以单独设置成动画，也可同时设置成动画。

单击“播放”按钮，就可看到创建的动画。

2. 激活“设置关键点”按钮创建动画

将时间滑动块移到起始位置。

选定要创建动画的对象，单击“设置关键点”按钮，开始录制动画。

移动关键帧和变换对象交替进行，每次移动关键帧和变换对象之后，要单击一次“锁定”按钮，直至创建完最后一个关键帧。

单击“播放”按钮，就可看到创建的动画。

实例 10-2　创建一个投篮动画，要求篮球的运动轨迹是抛物线，且必须投中。

要满足这个条件，仅凭直觉手工移动是很费时的，而且很难达到满意的效果。

为了练习，下面介绍一种比较费时的方法。实际解决这个问题还有更简便的方法。

创建一个篮板和一个篮球，如图 10-4(a)所示。

创建一条抛物线，这条抛物线一端在篮圈中点，一端在篮球中点。

创建曲线最好在顶视图中进行。首先从篮圈中点到篮球中点创建一条直线，再将直线通过细分修改操作细分成 10 段。选择“修改”命令面板，在修改器堆栈中选择节点子层级，在透视图中始终沿 Z 轴移动曲线上的点，使之成为一条抛物线，如图 10-4(b)所示。

将时间滑动块移到起始位置。

选定篮球，单击“自动关键帧”按钮，开始创建动画。

移动一次关键帧就顺着曲线移动一次篮球，直至创建完最后一个关键帧。

单击“播放”按钮，就可看到篮球沿着抛物线被投进篮圈中。

红线是篮球运动的轨迹曲线，白线是创建的曲线，两条曲线基本重合，如图 10-4(c)所示。

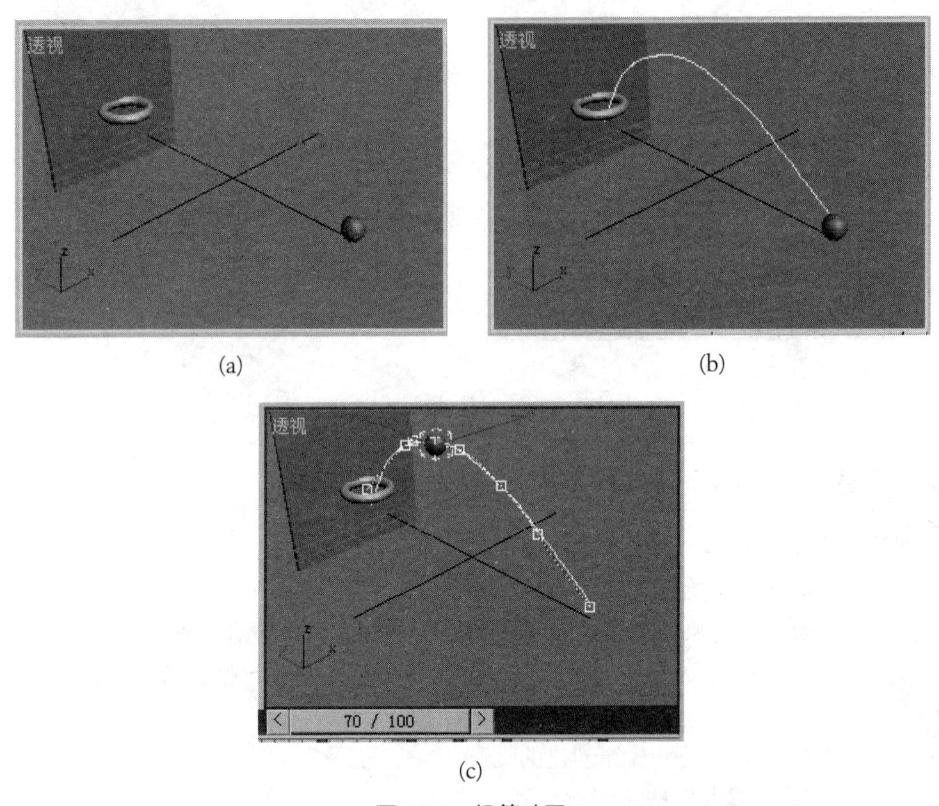

(a) (b)

(c)

图 10-4 投篮动画

10.1.3 删除动画

一个对象的动画可以全部删除，也可以有选择地删除一部分。

1. 删除关键点

删除关键点，就可以删除相应的动画。

选定要删除动画的对象，这时可以在时间轴上看到创建的关键点。将指针对准关键点并右击，弹出快捷菜单，如图 10-5 所示。在删除关键点列表中选择要删除的选项，就可以有选择地删除部分关键点的部分动画。

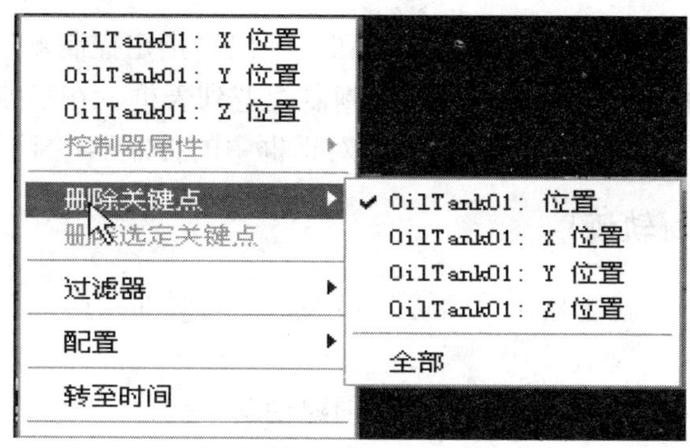

图 10-5　删除关键点的快捷菜单

2. 删除选定对象的动画

选定要删除动画的对象，选择“动画”菜单，选择 Delete Selected Animation(删除选定动画)命令，就可以删除所选对象的所有动画。

10.2　Motion(运动)命令面板

“运动”命令面板用于指定动画控制器和控制选定对象的动画过程。该面板有“参数”和“轨迹”两个选项按钮。

10.2.1　Parameters(参数)

打开“运动”命令面板，单击“参数”按钮，就会显示“指定控制器”卷展栏和参数设置卷展栏，如图 10-6 所示。

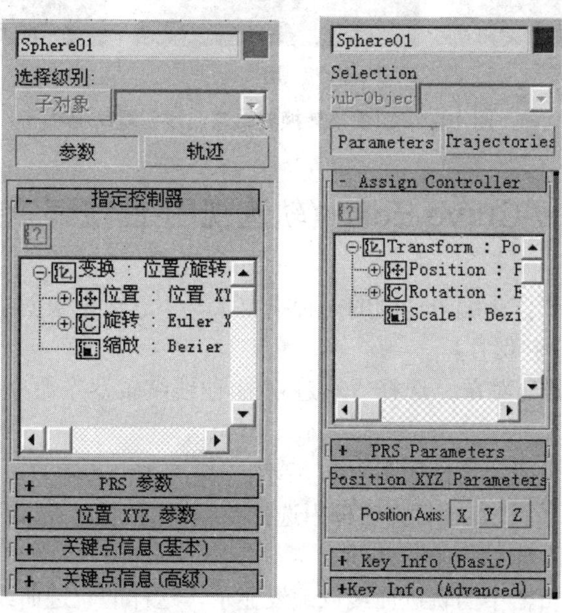

图 10-6　单击“参数”按钮后的“运动”命令面板

单击[?]Assign Controller(指定控制器)按钮，弹出“指定控制器”对话框，该对话框用来选择动画控制器。在该按钮下方有一个控制器类型列表框，在控制器类型列表中选择一种控制器，选择的类型不同，“指定控制器”对话框中的控制器也不同。

10.2.2　Trajectories(轨迹)

单击“轨迹”按钮，就会显示“轨迹”卷展栏，同时在视图中会显示选定对象的位移轨迹曲线。

实例 10-3　通过将曲线转换为轨迹曲线创建动画。

在透视图中创建两个平面，采用不透明度贴图技术，分别贴上一只鹰和一只老鼠的图片，设置输出背景和视口背景，如图 10-7(a)所示。

选定有鹰的平面，打开“运动”命令面板，单击“转化自”按钮，单击曲线，这时曲线就转化成了运动轨迹。

选定有鹰的平面，单击“自动关键点”按钮，逐步移动时间滑动块，旋转平面，使鹰始终保持朝前飞行的姿态。当鹰到达老鼠所在位置时，逐帧移动老鼠，保持老鼠和鹰的移动路径一致。

渲染输出动画，可以看到一只鹰在天上盘旋，俯冲下来后，叼着一只老鼠飞走了。

还没有叼到老鼠时的效果图如图 10-7(b)所示。

叼到老鼠后的效果图如图 10-7(c)所示。

(a)

(b)

(c)

图 10-7　由曲线转换成轨迹曲线创建动画

10.3　Track View-Curve Editor(轨迹视图-曲线编辑器)

轨迹视图-曲线编辑器是编辑动画的一种重要工具，它可用来创建和编辑动画。轨迹视图的信息与动画文件一起保存。

单击“图表编辑器”菜单，选择“轨迹视图-曲线编辑器”命令，就能打开轨迹视图-曲线编辑器。

轨迹视图-曲线编辑器的结构如图 10-8 所示。

要编辑轨迹曲线，首先在项目列表框中选择要编辑的项目。选定了的项目颜色呈黄色。单击⊕可以展开子项目列表。

轨迹视图-曲线编辑器中的轨迹曲线以虚线显示，这样的轨迹曲线是不能进行编辑的，因为还没有选择待编辑项目，如图 10-9(a)所示。

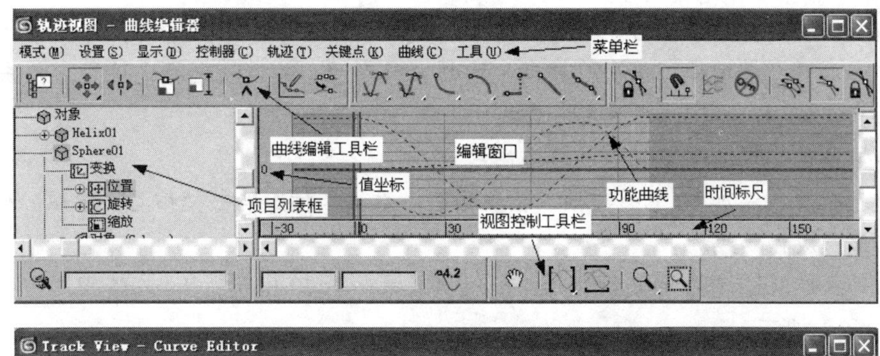

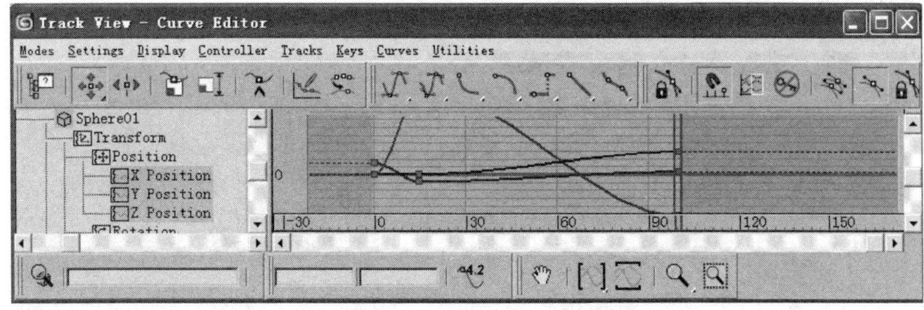

图 10-8　轨迹视图-曲线编辑器

轨迹视图-曲线编辑器中的轨迹曲线以实线显示，且曲线上有关键帧标记，这样的轨迹曲线才能进行编辑。在这个曲线编辑器中选择编辑的对象是 Sphere01，要编辑的项目是 X 和 Y 两个轴向的位移动画曲线，如图 10-9(b)所示。

实例 10-4　用轨迹视图-曲线编辑器编辑投篮动画。

使用移动变换输入浮动窗口得到篮圈的坐标是(39，162，–13)，篮球的坐标是(69，–42，–95)。

在轨迹视图-曲线编辑器中可以一个轴一个轴地编辑动画，因此让编辑变得简单。根据要求，X 轴向和 Y 轴向的运动轨迹都应是直线，而 Z 轴向的运动轨迹应是抛物线。编辑直线只要确定起始和终止两个关键帧即可，编辑抛物线则需多设置几个关键帧。

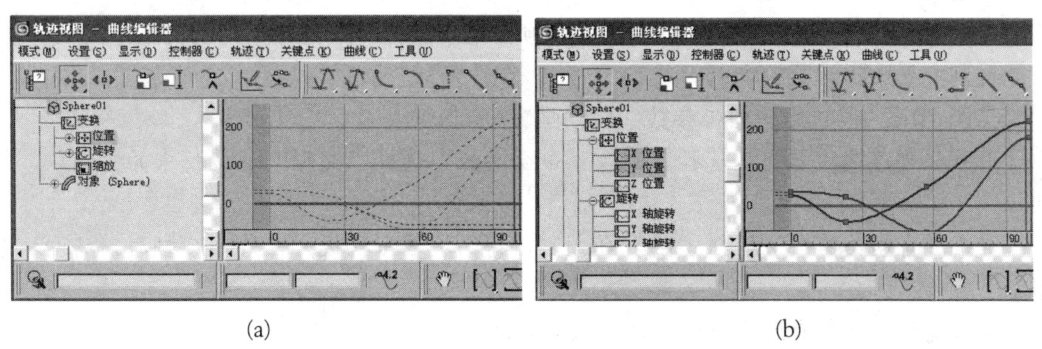

(a)　　(b)

图 10-9　不同的轨迹曲线

X 轴向起始帧为 69，终止帧为 39，是直线。Y 轴向起始帧为–42，终止帧为 162，是直线。Z 轴向起始帧为–95，终止帧为–13，是抛物线，设置 10 个关键帧。

打开轨迹视图-曲线编辑器。在项目列表框中选择 Sphere01，在变换→位置下选择 X 位置。单击曲线编辑工具栏中的“添加关键帧”按钮，在 X 轴向轨迹曲线的第 0 帧和第 100 帧处单击添加两个关键帧。单击“移动”按钮，移动两个关键帧到指定位置。单击将切线设置为直线按钮，将轨迹曲线变成直线。

按类似操作过程编辑 Y 轴向的轨迹曲线。

选择 Z 位置，添加 10 个关键帧，左端稍密，右端稍稀。单击“移动”按钮，移动关键帧，使曲线变成抛物线。

投篮动画在轨迹视图-曲线编辑器中的编辑效果如图 10-10(a)所示，在透视图中的轨迹曲线如图 10-10(b)所示。

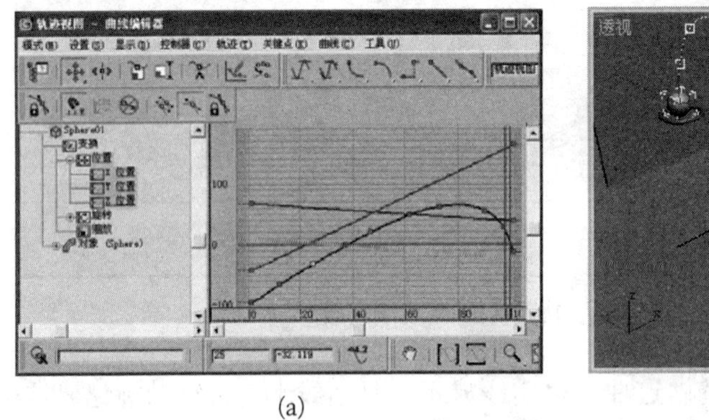

(a)

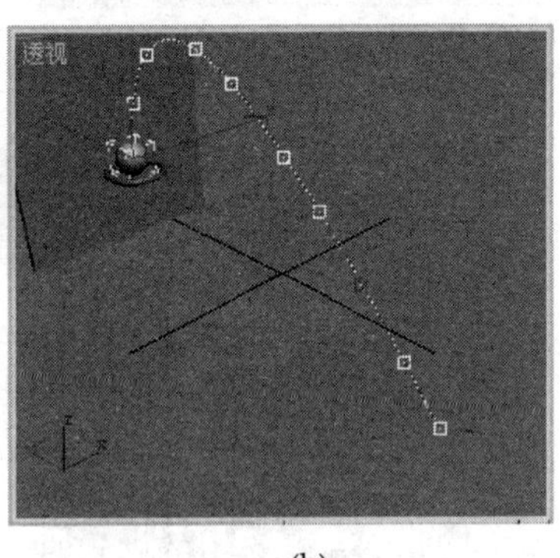

(b)

图 10-10　投篮动画的轨迹曲线

10.4　通过修改参数创建动画

10.4.1　通过变形放样对象创建动画

创建放样对象后，选择“修改”命令面板，展开“变形”卷展栏。“变形”卷展栏中的每个按钮均可变形放样对象。

单击“自动关键帧”按钮，在两个不同帧分别对放样对象进行不同的变形。播放动画，就能看到变形放样对象的动画。

实例 10-5　通过修改放样参数创建动画。

用放样创建两块幕布。选择“修改”命令面板，选择“变形”卷展栏中的“缩放”按钮。

单击“自动关键帧”按钮，在第 0 帧时，将两块幕布收拢；在第 100 帧时，将两块幕布完全展开。

播放动画，可以看到幕布徐徐合拢的动画效果。

第 0 帧画面如图 10-11(a)所示，第 40 帧画面如图 10-11(b)所示。

10.4.2　通过修改火参数创建动画

火的相位、火焰大小和火焰细节等参数的变化都可以记录成动画。

(a)

(b)

图 10-11　通过修改放样参数创建动画

实例 10-6　制作燃烧的蜡烛。

制作蜡烛和火焰如下。

通过 NURBS 曲线的车削操作制作蜡烛的烛身，用圆柱体做烛柄，用圆锥体做烛芯。制作的蜡烛如图 10-12(a)所示。

选择辅助对象子面板，选择“大气装置”中的“球体 Gizmo”，创建一个半球 Gizmo，如图 10-12(b)所示。

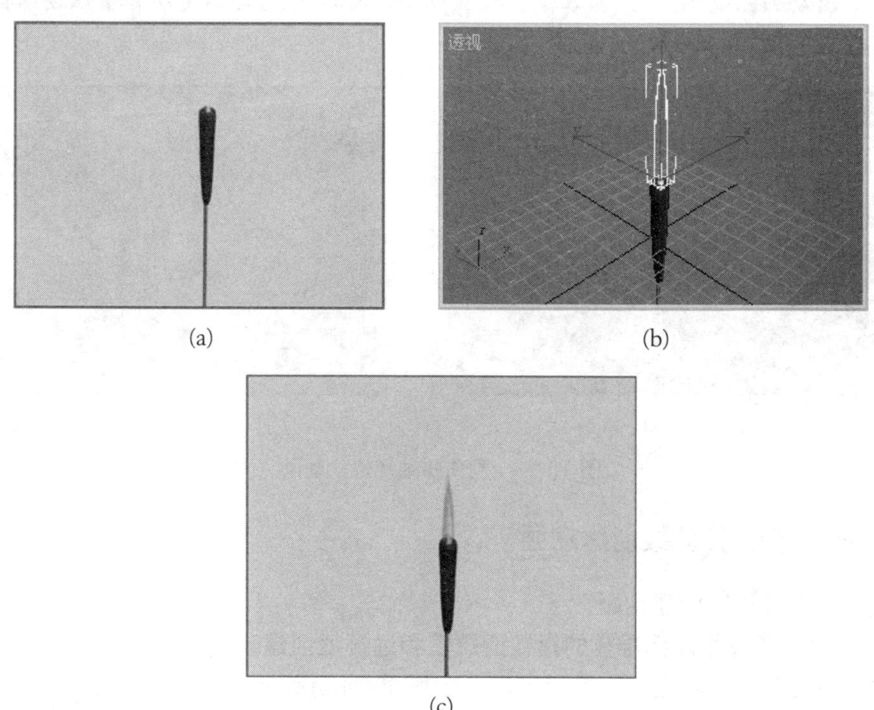

(a)　(b)

(c)

图 10-12　制作蜡烛和火焰

选定半球 Gizmo，选择“修改”命令面板，单击“大气和效果”卷展栏中的“添加”按钮，选择“火效果”，并添加到大气和效果列表中。

选择列表中的“火效果”，单击“设置”按钮，在“火效果参数”卷展栏中设置内部颜色为白色，外部颜色为红色，火焰类型选择火苗，密度设置为 85。创建的蜡烛火焰如图 10-12(c)所示。

制作蜡烛燃烧的动画如下。

首先制作火焰动画。

单击“自动关键帧”按钮，将时间滑动块放在第 0 帧处，火焰大小设置为 8，火焰细节设置为 2，规则性设置为 0.5，采样数设置为 20，相位设置为 0，漂移设置为 0。

将时间滑动块放在第 250 帧处，设置火焰大小为 3，火焰细节为 10，规则性为 0.3，采样数为 2，相位为 90，漂移为 120。

然后制作蜡烛动画。

设置时间轴的结束时间为第 300 帧。

将时间滑动块放在第 250 帧处，将蜡烛缩到最短，将半球 Gizmo、烛芯和烛身同时移到烛柄上端部。

将时间滑动块放在第 251 帧处，稍微缩小半球 Gizmo。

将时间滑动块放在第 300 帧处，将半球 Gizmo 缩到最小。第 250 帧时的蜡烛和半球 Gizmo 如图 10-13(a)所示。

第 250 帧时的火焰如图 10-13(b)所示。

渲染输出动画，范围为 0~300 帧。播放动画，可以看到火焰变动和蜡烛逐渐被烧完，火焰逐渐熄灭的动画。

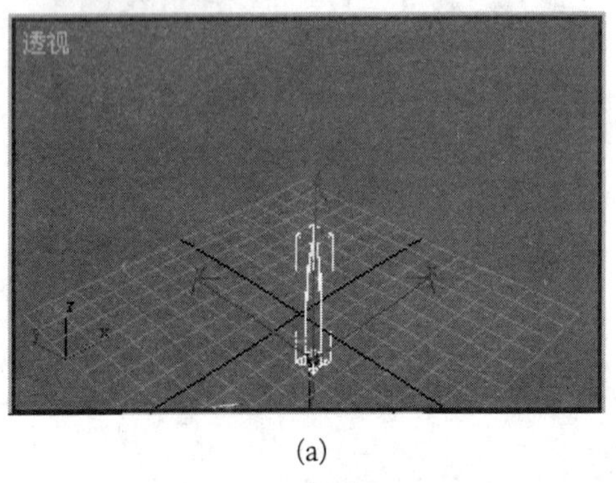

(a)

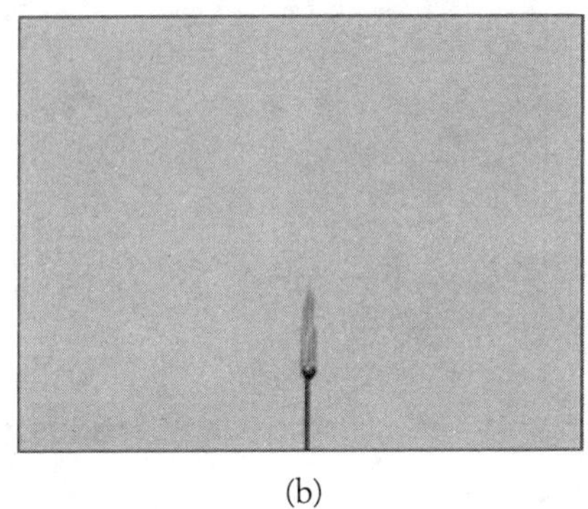

(b)

图 10-13　制作蜡烛燃烧的动画

10.4.3　通过修改雾参数创建动画

修改雾的参数可以创建动画。

实例 10-7　通过修改标准雾的指数近端值和远端值创建动画。

创建三架飞机，并指定一幅背景贴图，如图 10-14(a)所示。

选择“渲染”菜单，单击“环境”命令，创建雾效果，指定一幅环境颜色贴图，设置类型为标准，近端值设为 0，远端值设为 70，不勾选“雾化背景”复选框，其他使用默认参数，效果如图 10-14(b)所示。

单击“自动关键帧”按钮，将时间滑动块移到第 100 帧处，近端值设为 0，远端值设为 95。将飞机向 X、Y 轴正向移动，同时缩小飞机，效果如图 10-14(c)所示。

渲染输出动画。播放动画，可以看到飞机越飞越远，轮廓越来越模糊。

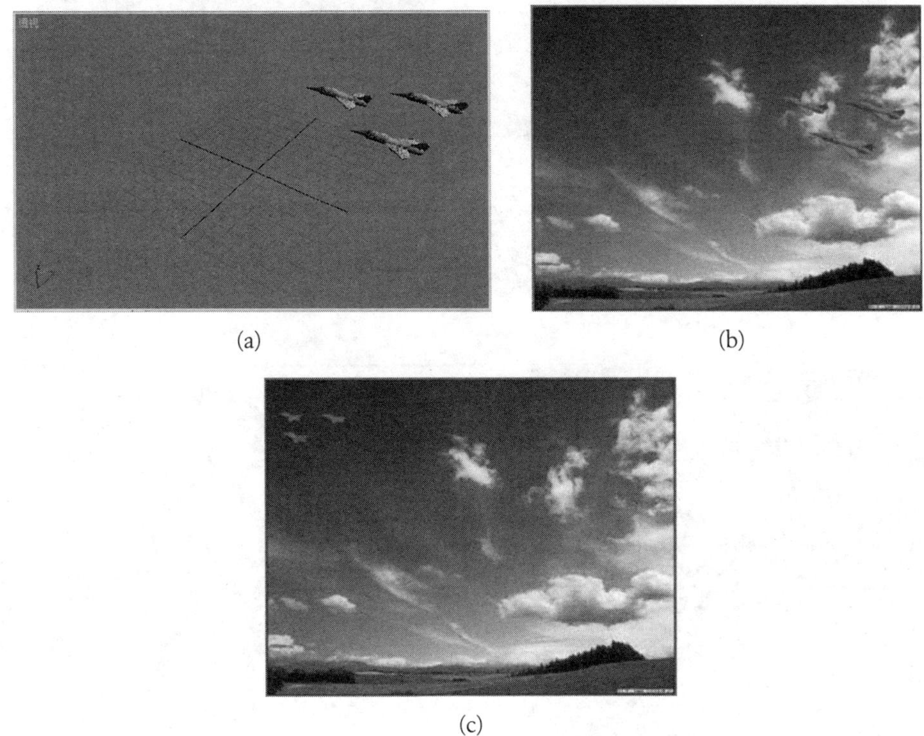

图 10-14　通过修改标准雾的指数近端值和远端值创建动画

10.4.4　通过修改曲线变形(WSM)修改器参数创建动画

通过修改曲线变形(WSM)修改器参数也可以创建动画。

实例 10-8　通过路径变形来书写汉字。

选择“创建”命令面板中的图形子面板。单击样条线中的“线”按钮。选择“创建方法”卷展栏中的平滑选项。在顶视图中书写汉字，如图 10-15(a)所示。

创建一个高为 2、半径为 6、高度分段为 200 的圆柱体。

给圆柱体赋标准材质：自发光颜色、漫反射颜色和高光反射颜色均设置为黑色。高光级别设置为 999。

选定圆柱体，选择“修改”命令面板，选择路径变形(WSM)修改器。单击“拾取路径”按钮，单击汉字样条线，这时圆柱体会自动对齐到样条线的首笔起点。单击“转到路径”按钮，效果如图 10-15(b)所示。

增大拉伸值，这时圆柱体的拉伸就会沿样条线延展。拉伸值为 50 时的效果如图 10-15(c)所示。

单击“自动关键帧”按钮。在第 0 帧时，拉伸值设置为 0。在第 100 帧时，拉伸值大小的设置以字写完为准。

渲染输出动画。

播放动画，可以看到运笔写字过程。第 100 帧的画面如图 10-15(d)所示。

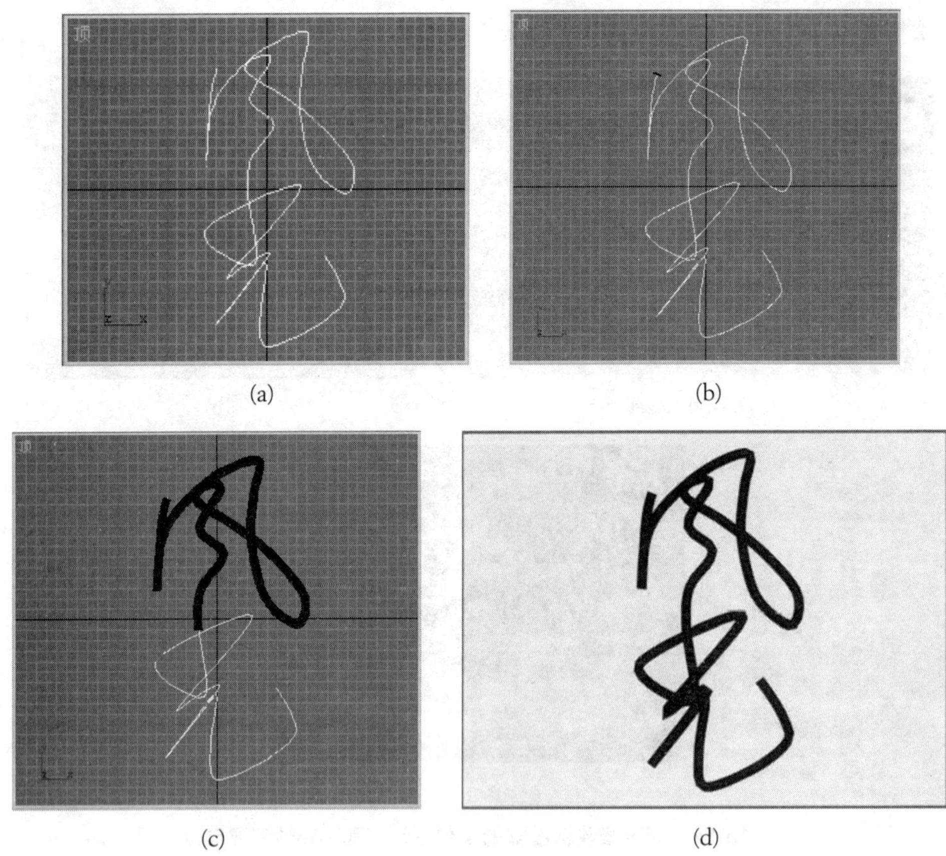

(a) (b)

(c) (d)

图 10-15 通过修改曲线变形(WSM)修改器参数创建写字动画

思 考 题

1. 说明图 10-16 中各按钮的作用。

图 10-16 思考题 1

2. 如何使用“自动关键帧”按钮创建动画？
3. 如何使用“设置关键帧”按钮创建动画？
4. 如何使用 Track View-Curve Editor(轨迹视图-曲线编辑器)创建和修改动画？
5. 叙述 Track View-Curve Editor(轨迹视图-曲线编辑器)对话框中各按钮的作用。
6. 如何才能看到运动轨迹？
7. 如何将曲线转换为轨迹曲线？
8. “运动”命令面板有何作用？
9. 如何删除关键帧？

10. 如何扩大时间标尺的时间范围？
11. 如何在时间标尺上显示时间而不是帧？
12. 如何修改轨迹曲线？
13. 复制已创建动画的对象，动画是否也会被复制？

第 11 章　约束动画与控制器动画

约束动画是一个对象受另一个对象约束的动画。控制器动画是受一个控制器控制的动画。实际上，约束动画也由一个相应的控制器控制，只是约束动画有明显的约束对象，而控制器动画没有明显的约束对象。

11.1　Path Constraint(路径约束)动画

路径约束动画是将一个对象的移动约束在一条曲线上或者约束在多条曲线的平均位置上而形成的。路径可以是各种类型的曲线。

为路径指定了约束对象之后，路径本身也可设置动画。

其主要参数如下。

Add Path(添加路径)：单击该按钮，可以为对象添加一条约束路径。

Weight(权重)：该值决定约束对象对被约束对象影响力的大小。

%Along Path(%沿路径)：指定对应第 0 帧时对象在约束路径上的位置。

Follow(跟随)：若勾选该复选框，则对象的局部坐标系总是对齐路径的切线方向。

Bank(倾斜)：若勾选该复选框，则允许按指定倾斜量沿路径轴向倾斜。

Allow Upside Down(允许翻转)：若勾选该复选框，则允许对象沿路径轴各倾斜一个角度。

Relative(相对)：若勾选该复选框，则对象会偏离原来位置做约束运动。

实例 11-1　创建有两条约束路径的路径约束动画——在公路上行驶的坦克车队。

在顶视图中创建一条首尾靠得很近的 NURBS 曲线，并缩放复制一条，如图 11-1(a)所示。

选定已创建的两条曲线，在透视图中沿 Z 轴移动复制一组，并将复制得到的两条曲线附加在一起。单击 NURBS 创建工具箱的“混合曲面”按钮，在这两条曲线之间创建一个混合曲面做公路。对曲面设置强制双面，截取的透视图如图 11-1(b)所示。

制作一辆简易坦克：创建一个切角长方体做坦克车身，长为 15，宽为 30，高为 8，圆角为 3。创建一个油罐状物体做炮塔，创建一个管状体做炮管，并将坦克各部件组合成组。把坦克的轴心点移到坦克底部。在公路旁创建几棵树，如图 11-1(c)所示。

选定坦克。选择 Motion(运动)命令面板，展开 Assign Controller(指定控制器)卷展栏，在变换列表中选择 Position(位置)选项。

单击 Assign Controller(指定控制器)按钮，弹出 Assign Position Controller(指定位置控制器)对话框，选择 Path Constraint(路径约束)选项，单击“确定”按钮。

在 Path Parameters(路径参数)卷展栏中单击 Add Path(添加路径)按钮，接连单击两条曲线，两条曲线的权重均设置为 50。

勾选“跟随”复选框。

播放动画，可以看到坦克沿马路中间行驶。

复制两辆坦克组成一个坦克车队。播放动画，可以看到三辆坦克构成的车队在马路上行驶，如图 11-1(d)所示。

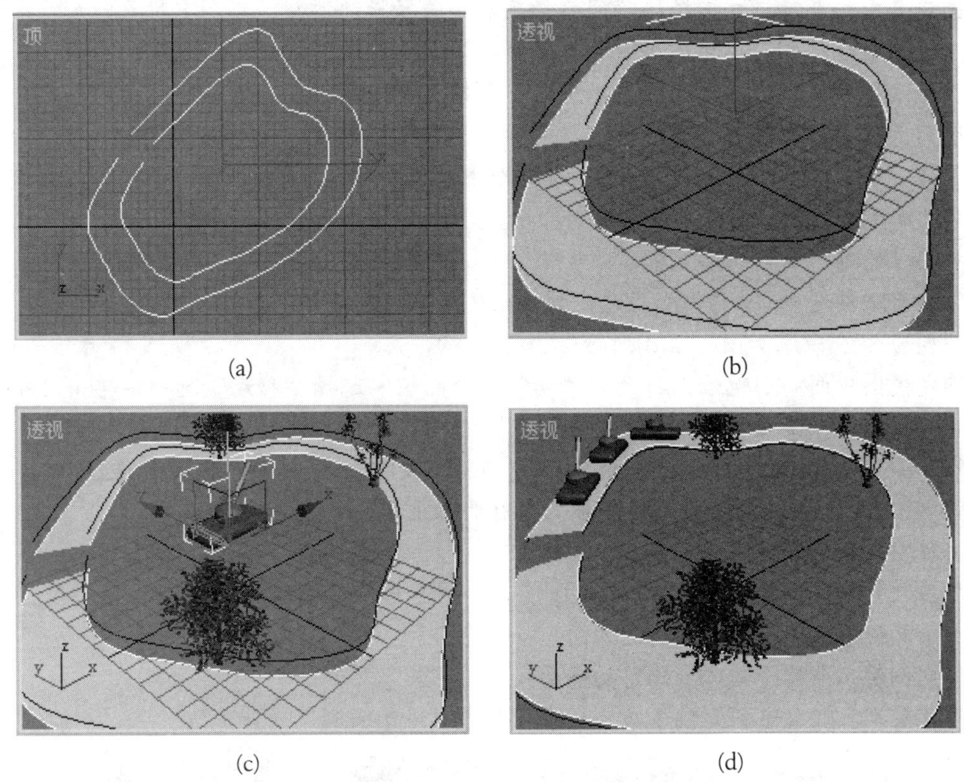

(a)　(b)

(c)　(d)

图 11-1　有两条约束路径的路径约束动画

11.2　Surface Constraint(曲面约束)动画

曲面约束控制器可以将一个对象的移动约束在一个目标对象的表面上。目标对象必须具有参数化的表面。能作为目标对象的对象类型有球体、锥体、圆柱体、圆环、放样对象、NURBS 曲面。

其主要参数如下。

Pick Surface(拾取曲面)：单击该按钮，再单击目标对象，可以指定一个约束曲面。

U Position(U 位置)：指定被约束对象在约束表面 U 方向的位置。

V Position(V 位置)：指定被约束对象在约束表面 V 方向的位置。

Flip(翻转)：若勾选该复选框，则对象局部坐标的 Z 轴方向翻转 180°。

为被约束对象指定曲面约束控制器后，被约束对象的轴心点紧贴目标对象表面，如果轴心点不在对象底部，则对象的下部就会被没入目标对象内。为了不没入目标对象内，可打开“层次”命令面板，单击“调整轴”卷展栏中的“仅影响轴”按钮，单击主工具栏中的“移动”按钮，可将轴心点移到对象底部。

实例 11-2　创建曲面约束动画——找伙伴。

创建一只小鸭子：用一个椭球体做身子，一个球体做头，两个球体做眼睛，两个切角长方体做嘴。

选定其中一个对象，选择编辑网格修改器，选择附加按钮，将所有对象附加在一起，如图 11-2(a)所示。

在修改器堆栈中展开编辑网格修改器，选择元素子层级，选定不同元素贴图，就做成了一个彩色鸭子，如图 11-2(b)所示。

选择一个有水面的图像做背景。创建一个 NURBS 曲面。选择视图控制区的按钮调整视图，使曲面完全覆盖水面，如图 11-2(c)所示。

将鸭子的轴心点移到鸭子底部。复制三个小鸭子放在左侧，用它们做移动动画。

给曲面赋标准材质，自发光颜色设置成：RGB 三原色中红色为 0，绿色为 15，蓝色为 5。不透明度为 80。效果如图 11-2(d)所示。

选定视图中间的小鸭子，打开“运动”命令面板，选择“移动”选项，单击“指定控制器”按钮，选择曲面约束，单击“确定”。

在 Surface Controller Parameters(曲面控制器参数)卷展栏中单击 Pick Surface(拾取曲面)按钮，单击 NURBS 曲面，小鸭子就被约束在曲面上了。

将时间轴长度设置为 200 帧。

单击“自动关键点”按钮，每隔 40 帧设置一组 U 位置和 V 位置的值，同时绕 Z 轴旋转小鸭子，使小鸭子始终朝向前进方向。在第 200 帧，小鸭子回到鸭群中。

给左侧两只小鸭子创建小幅移动动画。

播放动画，可以看到小鸭子四处找伙伴，最后终于回到了伙伴身边。

(a)　(b)

(c)　(d)

图 11-2　曲面约束动画

11.3　Look-At Constraint(注视约束)动画

注视约束控制器可以使一个对象的朝向始终对准目标对象，被约束对象再不能独立旋转。

一个对象可以有多个目标对象，多个对象也可共一个目标对象。

其主要参数如下。

Add Look At Target(添加注视目标)：单击该按钮，再单击目标对象，就能为被约束对象指定新的注视目标。一个被约束对象可以有多个注视目标对象。

Weight(权重)：指定目标对象的权重。一个目标对象的权重决定了这个目标影响力的大小。

Viewline Length(视线长度)：指定从被约束对象到目标对象的注视连线(一条虚线)长度。若不想看到注视连线，可将其设置为 0。

Set Orientation(设置方向)：单击该按钮，可以采用手动方式调整被约束对象的朝向。调整结束后再单击该按钮退出调整。

Reset Orientation(重置方向)：恢复被约束对象原来的朝向。

实例 11-3　高射炮打飞机。

创建一架飞机和一门高射炮，如图 11-3(a)所示。

选定高射炮。

选择 Motion(运动)命令面板，展开 Assign Controller(指定控制器)卷展栏，选择 Euler XYZ(旋转)选项。

单击“指定控制器”按钮，弹出 Assign Euler Controller(指定旋转控制器)对话框，选择 Look At Constraint(注视约束)选项，单击“确定”按钮。

单击 Add Look At Target(添加注视目标)按钮，单击飞机。

播放动画，可以看到高射炮随着飞机的移动而旋转，并始终朝向飞机，如图 11-3(b)所示。

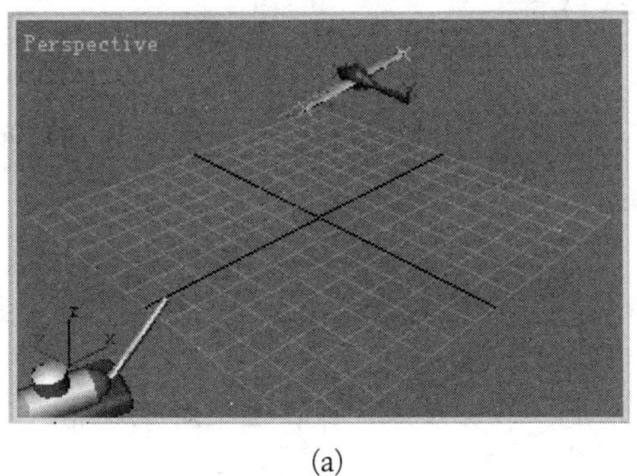

(a)

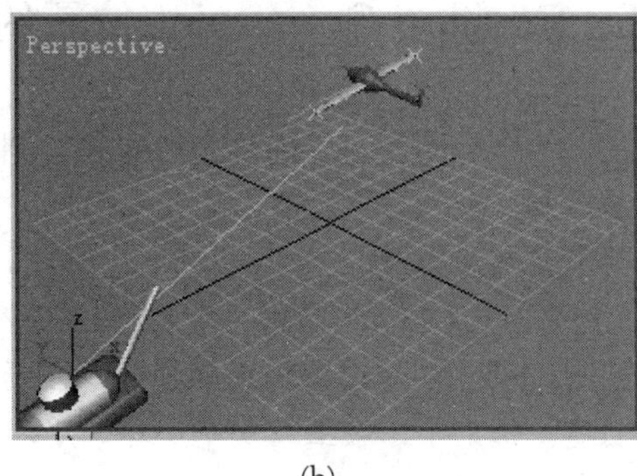

(b)

图 11-3　注视约束动画

11.4　Orientation Constraint(方向约束)动画

方向约束控制器可以使用目标对象控制一个或多个对象的方向，即被控制对象随目标对象的旋转而旋转。若多个目标对象控制一个对象，则目标对象的影响力大小由权重来确定。

其主要参数如下。

Add Orientation(添加方向目标)：单击该按钮，可以为对象添加目标对象。

实例 11-4　方向约束动画——会转动的眼球。

创建一个球体做头。两只眼睛是在两个白色椭球中嵌上两个黑色球体并组合成组而成的。茶壶为控制眼球旋转的目标对象，如图 11-4(a)所示。

选定一只眼睛。

选择 Animation(动画)菜单，将指针指向 Constraints(约束)下的 Orientation Constraint(方向约束)并单击，当指针移入视图中时，指针与茶壶之间会有一条虚线相连，单击茶壶，茶壶就成为眼球的控制目标对象。

用类似操作为另一只眼球指定方向约束控制器。

旋转茶壶，两只眼球就会随着转动，如图 11-4(b)所示。

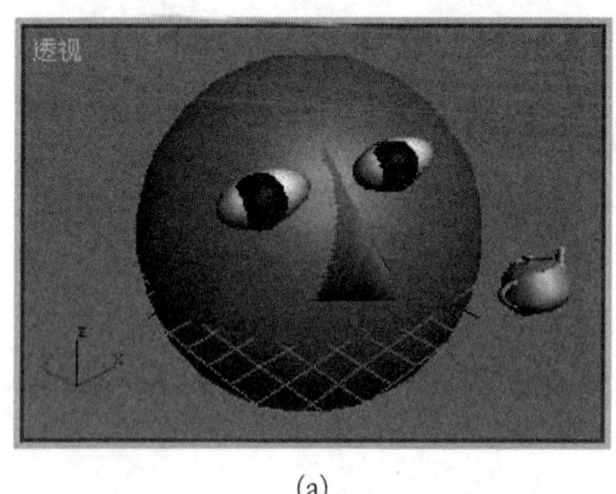

(a)

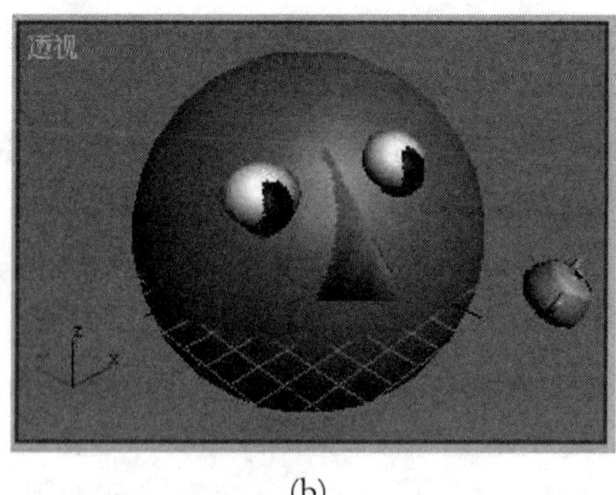

(b)

图 11-4　方向约束动画

11.5　Position Constraint(位置约束)动画

位置约束控制器可以用一个对象去控制另一个对象的空间位置。一个对象也可以被多个对象控制，控制对象影响力的大小由权重决定。利用权重的变化可以创建动画。

其主要参数如下。

Add Position Target(添加位置目标)：单击该按钮，可以为对象添加位置约束目标对象。

实例 11-5　创建位置约束动画——在桌上弹跳的小球。

创建一张桌子，桌上放一个小球，小球上方放一个长方体，并将三个对象对齐，如图 11-5(a)所示。

为小球指定位置控制对象。

选定小球。

选择 Animation(动画)菜单，将指针指向 Constraints(约束)下的 Position Constraint(位置约束)并单击，当指针移入视图中时，指针与球体之间会有一条虚线相连。单击桌子，桌子就成为小球的控制对象。

选定小球。

选择“动画”菜单，将指针指向 Constraints(约束)下的 Position Constraint(位置约束)并单击，当指针移入视图中时，指针与球体之间会有一条虚线相连，单击长方体，长方体就成为小球的控制对象。

创建弹跳动画。

单击“自动关键帧”按钮，开始记录动画。

选择第 0、20、40、60、80、100、120 帧为关键帧。

对应这些帧，长方体的权重为 0、100、0、80、0、60、0。

对应这些帧，桌子的权重为 100、0、100、20、100、40、100。

隐藏长方体。

播放动画，可以看到小球在桌上弹跳，且弹跳高度逐渐减小。第 60 帧画面如图 11-5(b)所示。

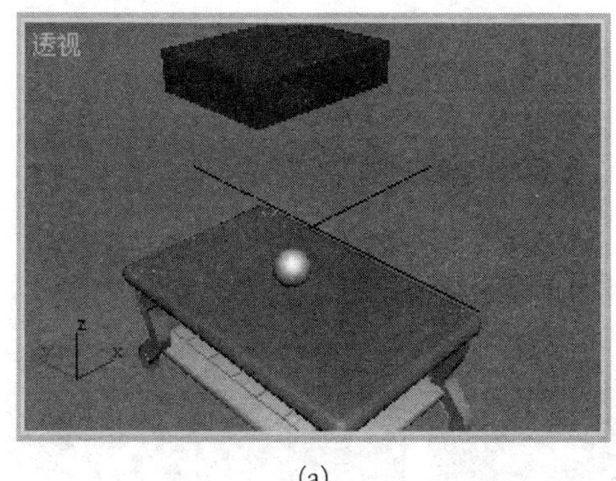

(a)

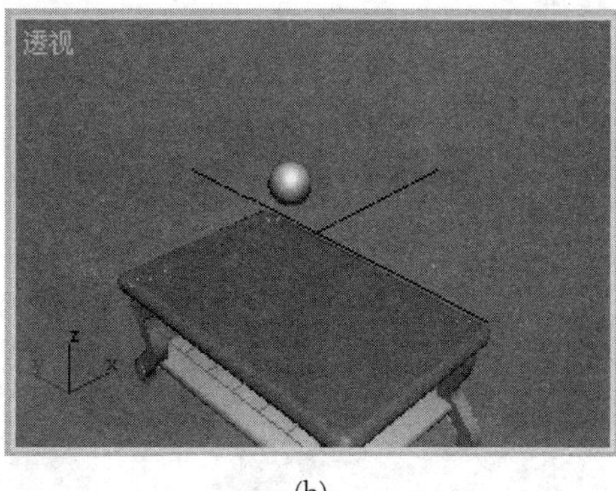

(b)

图 11-5　位置约束动画

11.6　Attachment Constraint(附着约束)动画

附着约束动画控制器用于将一个对象黏附在另一个对象的表面。附着约束对目标对象的类型没有特殊要求。

附着约束和曲面约束都能创建表面约束动画。它们的区别在于，附着约束动画的运动轨迹是由手工移动控制的；曲面约束动画的运动轨迹是通过设置参数控制的。

其主要参数如下。

Pick Object(拾取对象)：单击该按钮，单击目标对象，可以将选定对象黏附在目标对象表面。

Align to Surface(对齐到曲面)：勾选该复选框，被约束对象的局部坐标始终与目标对象表面对齐。如果被约束对象的轴心点不在对象的底部，则轴心点以下的部分就会没入目标对象内。如果不希望没入，则可选择“层次”命令面板，展开“调整轴”卷展栏，单击“仅影响轴”按钮，将轴心点移到对象底部。

Set Position(设置位置)：激活该按钮，能将被约束对象沿目标对象表面移动到任意位置。

移动不需要使用主工具栏中的“移动”按钮。这一功能可用来制作附着约束动画。

实例 11-6　创建附着约束动画——汽车在山地行驶。

创建一个 NURBS 曲面，并使用“修改”命令面板将其编辑得起伏不平。创建一辆汽车，如图 11-6(a)所示。注意，如果汽车的轴心点不在汽车底部，则一定要事先移到底部，不然，可能指定附着约束后，汽车全没入曲面下了。

创建附着约束。

选定汽车。

选择“动画”菜单，将指针指向“约束”下的“附着约束”并单击，当指针移入视图中时，指针与汽车之间会有一条虚线相连，单击曲面，附着约束就创建好了。

创建附着约束动画。

选定汽车，单击“设置位置”按钮。

移动一次时间滑动块，就移动一次汽车，直至设置完最后一个关键帧。关闭“设置位置”按钮。

播放动画，就能看到汽车沿山地行驶。

勾选“对齐到曲面”复选框，可以看到汽车与曲面已经对齐，如图 11-6(b)所示。

未勾选“对齐到曲面”复选框，可以看到汽车与曲面并不对齐，汽车的方向不受约束，如图 11-6(c)所示。

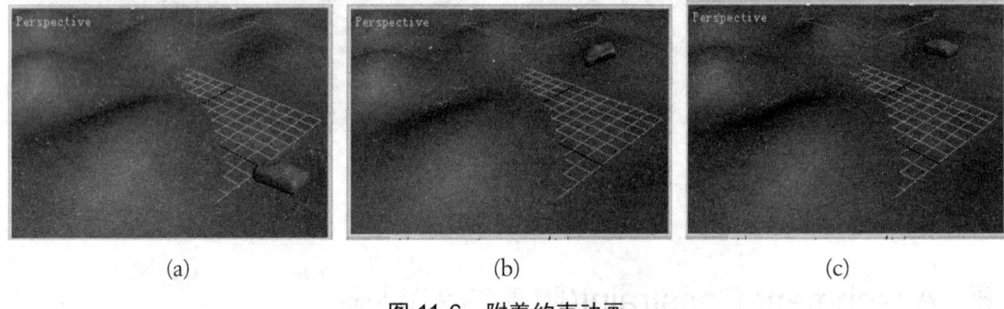

(a)　(b)　(c)

图 11-6　附着约束动画

11.7　Spring Controller(弹力控制器)

弹力控制器可以用于创建具有质量、拉力、张力和阻尼的运动系统，这样的系统更能准确地模拟真实世界。

实例 11-7　制作弹簧椅。

创建一张座椅：用长方体做坐板和靠背，在左视图中画出扶手曲线，如图 11-7(a)所示。

选定曲线，在修改器堆栈中选择样条线子层级，轮廓后挤出做扶手，轮廓值设为 3，挤出数量设为 5。将靠背和扶手链接到坐板上，如图 11-7(b)所示。

创建一个切角圆柱体做基座。选择几何体子面板，单击动力学对象中的“弹簧”按钮，创建一个 10 圈的弹簧。

将座椅、弹簧和基座对齐，如图 11-7(c)所示。

将弹簧、基座和座椅绑定到一起。

选定弹簧，选择“修改”命令面板，展开 Spring Parameters(弹簧参数)卷展栏，选择 Bound to Object Pivots(绑定到对象轴)选项。

单击 Pick Top Object(拾取顶部对象)按钮，单击坐板，弹簧被绑定到坐板轴心点上。

单击 Pick Bottom Object(拾取底部对象)按钮，单击圆柱体，弹簧被绑定到切角圆柱体轴心点上。

在前视图中创建一个平面，选择一张有坐姿人像的图像文件，采用不透明度贴图技术给平面贴图。或者在前视图中创建一个 NURBS 曲面。选择一张单人坐姿照片，给一个 NURBS 曲面贴图。选择“修改”命令面板，单击 NURBS 创建工具箱中创建曲面上的“点曲线”按钮，沿图像画出人的轮廓曲线(闭合)，单击“创建多重曲线剪切曲面”按钮，单击闭合曲线，勾选“翻转修剪”复选框，适当调整人的位置、方向和大小，让人坐到椅子上，如图 11-7(d)所示。

将人链接到椅子上。

创建动画。

选择座板。

选择 Motion(运动)命令面板，展开“指定控制器”卷展栏，选择 Position(位置)选项。

单击“指定控制器”按钮，弹出“指定位置控制器”对话框，选择 Spring(弹簧)选项，单击“确定”按钮，弹出“弹簧属性”对话框，质量设为 3000，其他使用默认参数。

单击“自动关键帧”按钮，开始录制动画。

将时间滑动块移到第 10 帧，向上拉伸弹簧到适当位置。

将时间滑动块移到第 20 帧，向下压缩弹簧到适当位置。

设置适当背景，渲染输出动画。播放动画，就会看到人坐在弹簧椅上上下振动，且振幅越来越小。其中一帧画面的效果如图 11-7(e)所示。

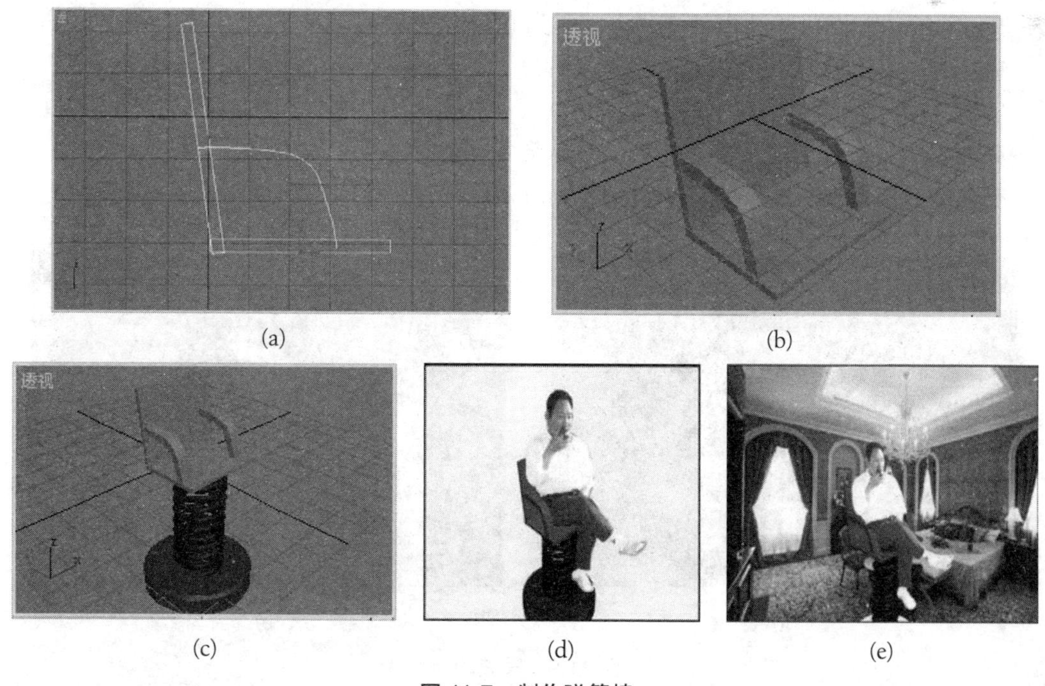

(a)　(b)　(c)　(d)　(e)

图 11-7　制作弹簧椅

11.8　Noise Controller(噪波控制器)

噪波控制器用于创建随机的位移、旋转、缩放运动，这样创建的运动只受参数影响，不设置关键帧。

在创建噪波动画时，会弹出“噪波控制器”对话框，如图 11-8 所示。

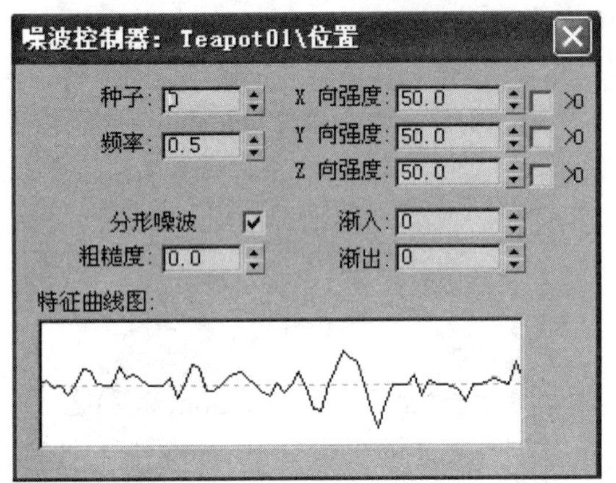

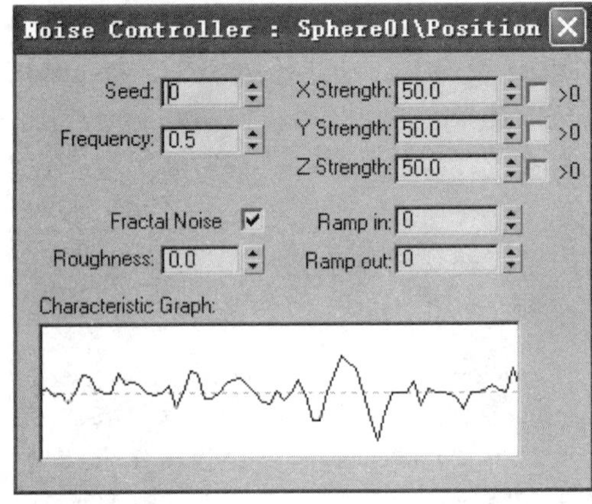

图 11-8　“噪波控制器”对话框

“噪波控制器”对话框中的参数如下。

Seed(种子)：输入的种子数不同，产生的噪波特征曲线也不同。

Strength(强度)：噪波的输出强度。

Ramp in(渐入)：噪波由初始状态逐渐变到最强所需时间。

Ramp out(渐出)：噪波由最强逐渐减弱到 0 所需时间。

Roughness(粗糙度)：噪波波形的粗糙程度。

实例 11-8　创建强地震下的茶壶。

强地震下茶壶的运动主要是随机位移和旋转运动。

创建一张茶几和一个茶壶，如图 11-9(a)所示。

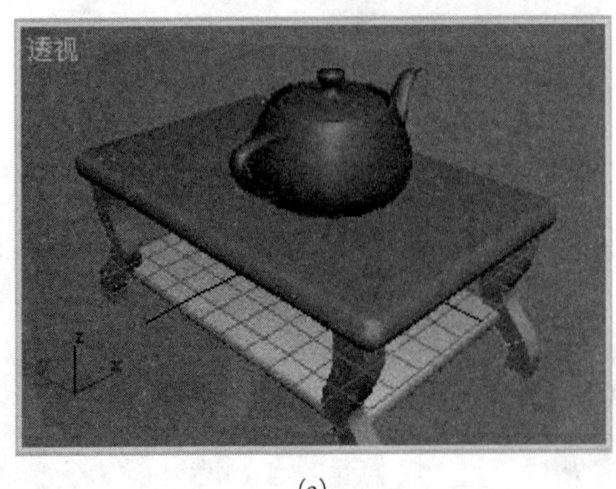

(a)

(b)

图 11-9　噪波动画

设置位置噪波。

选定茶壶。

选择 Motion(运动)命令面板，展开“指定控制器”卷展栏，选择“位置”选项。

单击“指定控制器”按钮，弹出“指定位置控制器”对话框，选择 Noise Position(噪波位置)选项，单击“确定”按钮，弹出“噪波控制器”对话框。

将种子设为 5。

用类似操作设置旋转噪波。

播放动画，可以看到茶壶的无规则位移和旋转运动。

第 36 帧画面如图 11-9(b)所示。

思　考　题

1. 如何创建路径约束动画？
2. 如何创建方向约束动画？
3. 如何创建弹力控制器动画？

第 12 章　reactor 对象与动画

reactor 可以用来创建各种具有动力学效果的对象和动画。可以为 reactor 对象指定真实的物理属性，如质量(Mass)、弹力(Elasticity)、摩擦力(Friction)等。Havok 公司先进的物理模拟技术完全按照真实世界的物理规律计算对象的运动状态，自动为场景中的对象提供动态环境下的动画效果，这样设计的动画不仅效果逼真，而且极大地减少了动画设计工作者设计动画的工作量。

reactor 支持所有 3ds max 9 标准功能，reactor 对象都以传统对象作为源对象，能在一个场景中同时编辑传统动画和 reactor 动力学动画。

reactor 对象可分为 Rigid Body Collection(刚体类对象)、Cloth Collection(布料类对象)、Soft Body Collection(柔体类对象)、Rope Collection(绳索类对象)和 Deforming Mesh Collection(变形网格类对象)等五类。

reactor 的辅助对象有 Spring(弹簧)、Plane(平面)、Linear Dashpot(直线缓冲器)、Angular Dashpot(角度缓冲器)、Motor(发动机)、Wind(风)、Toy Car(玩具汽车)、Fracture(破碎)和 Water(水)。

reactor 的约束器有 Constraint Solver(约束解算)、Rag Doll Constraint、Hinge Constraint(枢轴约束器)、Point-Point Constraint(点对点约束器)、Prismatic Constraint(棱约束器)、Car-Wheel Constraint(车轮约束器)、Point-Path Constraint(点对轨迹约束器)。

12.1　Create Rigid Body Collection(创建刚体类对象)

刚体类对象是在相互作用过程中其形状、大小都不会发生改变的对象，用来模拟自然界中实际的刚体效果。

刚体类对象的源对象可以是简单几何体，也可以是组对象和复合体。

指定了质量、弹力、摩擦力等物理属性的刚体，生成的动画具有自然界真实物体相同的运动效果。

创建刚体类对象的操作步骤如下。

选定刚体类对象的源对象，单击 reactor 工具栏中的“创建刚体类对象”按钮。

打开 Utilities(工具)命令面板，单击 Utilities(工具)卷展栏中的 reactor 按钮，展开 Properties(属性)卷展栏。在 Physical Properties(物理属性)选区设置质量、弹力、摩擦力等属性。

选择 reactor 菜单，选择 Preview Animation 命令或按键盘上的 P 键，就会打开预览窗口，选择 Simulation 中的 Play 命令就能预览动画。

选择 reactor 菜单，选择 Create Animation 命令，就会为 reactor 动画创建关键帧。单击“播放”按钮，就能在视图中播放动画。

Mass(质量)：刚体类对象的质量。质量只能取大于或等于 0 的值。若质量为 0，则刚体类对象绝对不动。

Elasticity(弹力)：该值决定具有一定运动速度的两个对象在碰撞时的弹性效果。两个相互碰撞的对象的弹力参数共同构成相互之间的弹性系数。

Friction(摩擦力)：两个相互接触对象的摩擦力参数共同构成相互之间的摩擦系数。

Inactive(不激活)：若勾选该复选框，则刚体类对象在动画模拟中处于不激活状态。

Disable All Collisions(取消所有碰撞)：若勾选该复选框，则选定对象不会与场景中任何刚体类对象发生碰撞，而是直接穿越所遇到的对象。

Unyielding(坚硬)：若勾选该复选框，则该对象只创建非 reactor 动画，而不能创建 reactor 动画。

实例 12-1　制作茶壶掉在桌子上的动画。

选择一个有桌子、椅子的图片做背景。在桌子上创建一个长方体。少许旋转长方体，使长方体略向椅子侧倾斜。在椅子处创建一个长方体。在桌面上方创建一个球体，将球体与桌面上长方体对齐，沿 Z 轴向上移动球体，使球体与桌面上长方体拉开一定距离。效果如图 12-1(a)所示。

选定长方体和球体，单击 reactor 工具栏中的“创建刚体类对象”按钮，将长方体和球体都创建成刚体。

选定长方体，打开 Utilities(工具)命令面板，单击 Utilities(工具)卷展栏中的“reactor”按钮，展开 Properties(属性)卷展栏。在 Physical Properties(物理属性)选区设置 Mass(质量)为 0，Elasticity(弹力)为 1。

选定球体，设置质量为 1，弹力为 1。

选择 reactor 菜单，选择 Preview Animation 命令或按键盘上的 P 键，就会打开预览窗口，选择 Simulation 中的 Play 命令就可以看到球体的跳动。

创建一个茶壶，将茶壶链接在球体上。球体是父物体。效果如图 12-1(b)所示。

将茶壶与球体对齐。隐藏长方体和球体。

选择 reactor 菜单，选择 Create Animation 命令，就会为 reactor 动画创建关键帧。单击“播放”按钮，就能看到球体在地面上跳动。

选择“平移视图”按钮，平移透视图，使茶壶碰着家具的某个位置。

渲染输出动画，可以看到茶壶掉在桌子上，弹起后，撞上椅子，再撞到墙上落下。动画中的一帧画面如图 12-1(c)所示。

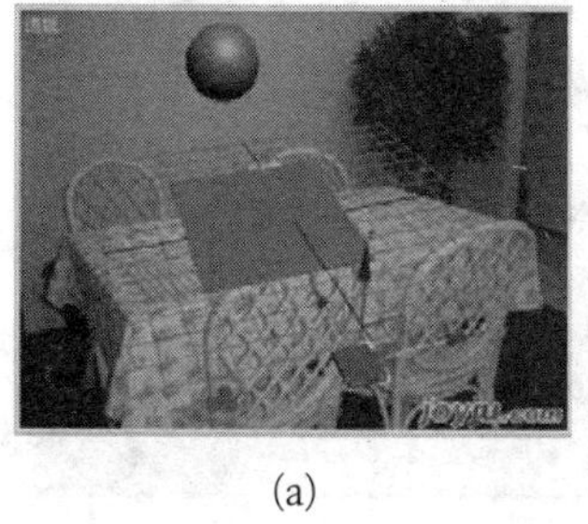

(a)

(b)

(c)

图 12-1　创建茶壶掉在桌子上的动画

12.2　Create Cloth Collection(创建布料类对象)

reactor 中的布料类对象可用于模拟各种布料用品、纸张及薄金属片等。

布料类对象的源对象可以是曲面，也可以是几何体。

创建布料类对象的操作步骤如下。

创建布料类对象的源对象。

选定布料类对象源对象，选择 reactor 菜单，指向 Apply Modifier 下的 Cloth Modifier 命令后单击，就给布料类对象加上布料修改器。

单击 reactor 工具栏中的“创建布料类对象”按钮，布料类对象的源对象就被创建成布料类对象。

选择 reactor 菜单，选择 Preview Animation 命令或按键盘上的 P 键，就会打开预览窗口，选择 Simulation 中的 Play 命令就能预览动画。

选择 reactor 菜单，选择 Create Animation 命令，就能为 reactor 动画创建关键帧。单击“播放”按钮，就能在视图中播放动画。

实例 12-2　创建布料类对象——床罩。

制作双人床靠背：在前视图中创建一个椭圆，对椭圆轮廓一次，轮廓值设为 4。在椭圆中创建两个大小相同的圆。将所有对象挤出，挤出数量为 5。效果如图 12-2(a)所示。

在椭圆的两端创建两个立柱，立柱由圆柱体和球体组成。将所有对象组合成组。制作的双人床靠背如图 12-2(b)所示。

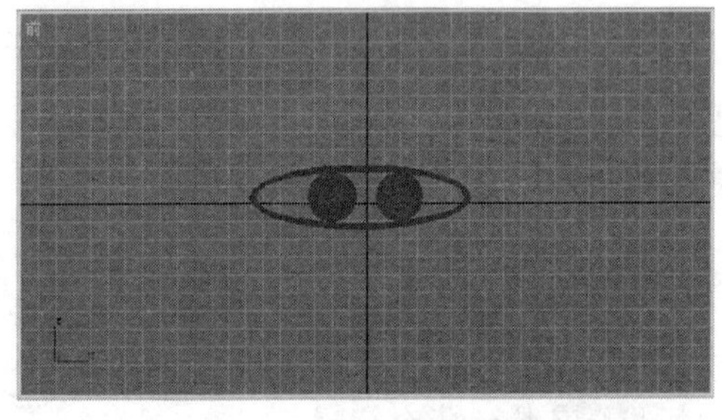

(a)

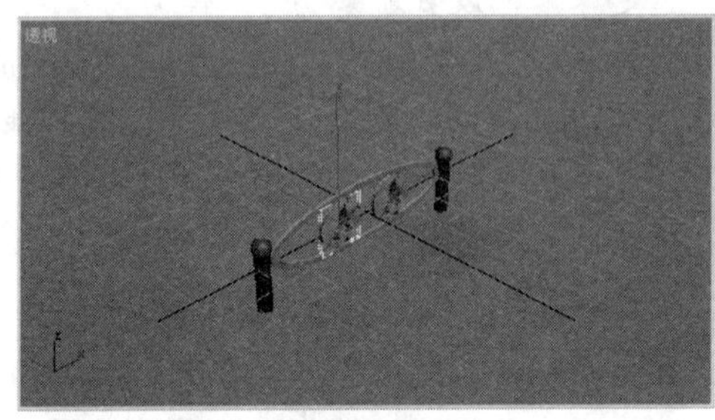
(b)

(c)

(d)

图 12-2　创建布料类对象——床罩

在透视图中创建一个长方体做床架。创建一个切角长方体做席梦思。效果如图 12-2(c)所示。

将所有对象创建成刚体，刚体质量设为 0。

创建一个足够大的长方体做地面，长方体高度设为 1。将长方体创建成刚体，把长方体移到床的下方。隐藏长方体。

创建一个平面做床罩，平面的长度分段和宽度分段均设为 14。

单击 reactor 菜单，指向 Apply Modifier(应用修改器)下的 Cloth Modifier(布料修改器)命令后单击，给布料类对象加上布料修改器。

单击 reactor 工具栏中的Create Cloth Collection(创建布料类对象)按钮，平面就被创建成了布料。

单击 reactor 菜单，单击 Create Animation 命令，将 reactor 动画创建成帧动画。渲染输出其中的一帧，效果图如图 12-2(d)所示。

12.3　Create Soft Body Collection(创建柔体类对象)

柔体类对象用来模拟又湿又软的对象，如果冻、浆糊等。

创建柔体类对象的操作步骤如下。

选定要创建柔体类对象的源对象，选择 reactor 菜单，将指针指向 Apply Modifier(应用修改器)下的 Soft Body Modifier(柔体修改器)命令后单击，可给柔体类对象加上柔体修改器，在“修改”命令面板中指定或修改参数。

单击 reactor 工具栏中的“创建柔体类对象”按钮，源对象就被创建成柔体对象。

实例 12-3　创建果冻。

使用默认参数创建一个圆柱体，做果冻的源对象，创建一个长方体做桌面的源对象，将圆柱体沿 Z 轴略向上提高一点。

选择圆柱体，选择 reactor 菜单，将指针指向 Apply Modifier(应用修改器)下的 Soft Body Modifier(柔体修改器)命令后单击，可给柔体类对象加上柔体修改器。选择默认参数。

单击 reactor 工具栏中的“创建柔体类对象”按钮，将圆柱体创建成柔体类对象，如图 12-3(a)所示。

选定长方体，单击 reactor 工具栏中的“创建刚体类对象”按钮，将其创建为刚体，选择质量为 0。

选择 reactor 菜单，选择 Preview Animation 命令或按键盘上的 P 键，效果如图 12-3(b)所示。

图 12-3(c)所示的是一个已创建成刚体的小球砸在柔体类对象上的画面。

12.4　Create Rope Collection(创建绳索类对象)

任何样条线都可作为绳索类对象的源对象。

创建绳索类对象的操作步骤如下。

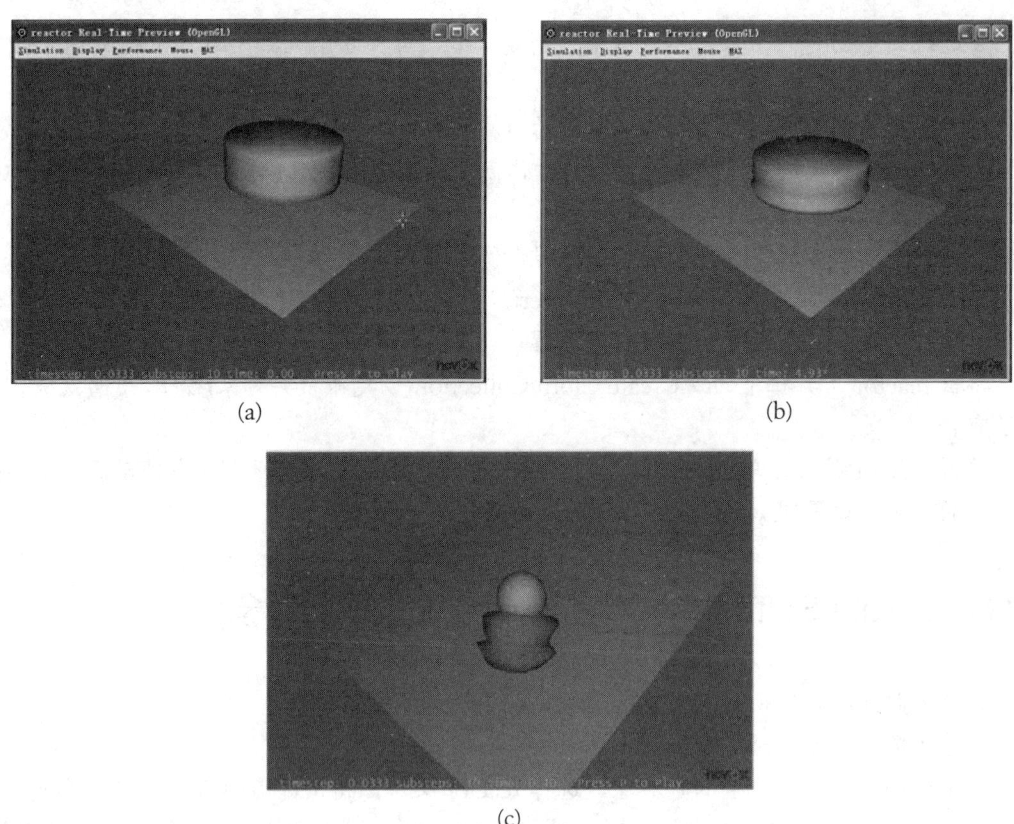

图 12-3　果冻

选定要创建绳索类对象的源对象，选择 reactor 菜单，将指针指向 Apply Modifier(应用修改器)下的 Rope Modifier(绳索修改器)命令后单击，可给绳索类对象加上绳索修改器，在“修改”命令面板中指定或修改参数。

单击 reactor 工具栏中的“创建绳索类对象”按钮。

像柔体类对象一样，绳索类对象也可以选择顶点加以固定。

实例 12-4　创建两端固定的绳索类对象——蹦极。

创建一条样条线做绳索类对象的源对象。将样条线转换成可编辑样条线后，细分该样条线成 10 段。展开“渲染”卷展栏，勾选“在渲染中启用”复选框，将样条线的厚度(粗细)设置为 2。

创建一个球体做刚体类对象的源对象。选定球体，单击 reactor 工具栏中的“创建刚体类对象”按钮，设置质量为 1。球体就被创建成刚体类对象，如图 12-4(a)所示。

选定样条线。选择 reactor 菜单，指向 Apply Modifier(应用修改器)下的 Rope Modifier(绳索修改器)命令后单击，可给绳索类对象加上绳索修改器。

单击 reactor 工具栏中的“创建绳索类对象”按钮，样条线就被创建成绳索类对象。

选定绳索类对象，在修改器堆栈中选择 reactor Rope 的 Vertex(节点)子层级。

选择曲线上端节点，单击 Fix Vertices(固定顶点)按钮，绳索顶端就被固定在视图中。

选定绳索类对象，在修改器堆栈中选择 reactor Rope 的 Vertex(节点)子层级。

选择曲线下端节点，单击 Attach To Rigid Body(固定到刚体上)按钮，这时在“修改”命令面板中会增加 Attach To RigidBody 卷展栏。单击“无”按钮，单击做固定物的球体，球体被固定到绳索的末端。将球体与绳索末端对齐。

选择 reactor 菜单，选择 Preview Animation 命令或按键盘上的 P 键，就可看到绳子的晃动。图 12-4(b)所示的是预览时截取的一幅画面。

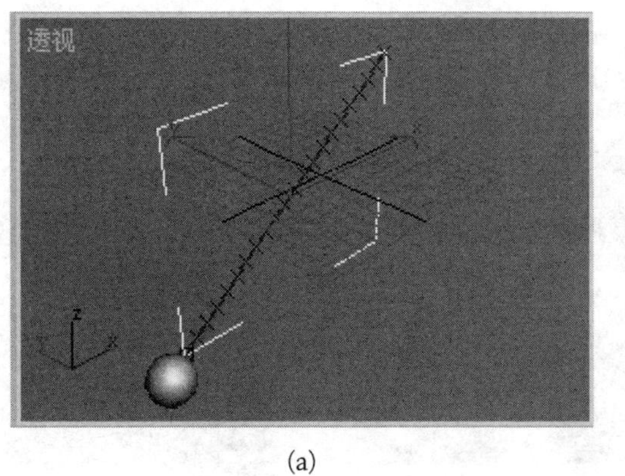

(a)

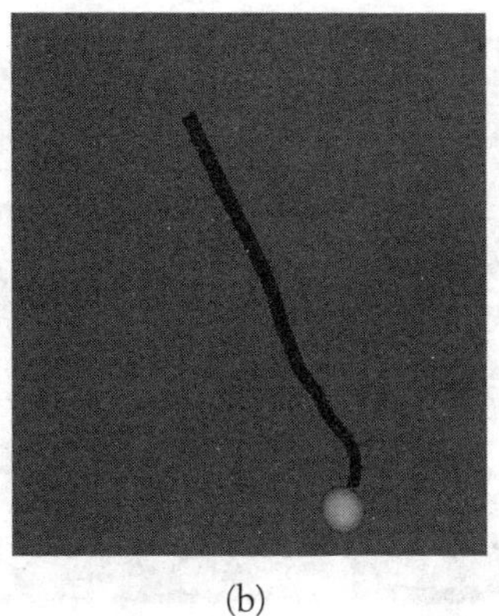

(b)

图 12-4　两端固定的绳子

创建一个二足角色对象。将人链接到球体上并与球体对齐，如图 12-5(a)所示。

隐藏球体。

选择 reactor 菜单，选择 Create Animation 命令创建关键帧。

在 Preview & Animation 卷展栏中，设置 End Frame 为第 300 帧。渲染输出动画，第 30 帧的画面如图 12-5(b)所示。

(a)

(b)

图 12-5　创建蹦极动画

12.5　Create Deforming Mesh Collection(创建变形网格类对象)

变形网格类对象的源对象可以是任何网格对象。对变形网格类对象也可以设置质量、弹力和摩擦力，但这些参数对物体间的相互作用没有影响。

创建变形网格类对象的操作步骤如下。

选择变形网格类对象的源对象，单击 reactor 工具栏中的“创建变形网格类对象”按钮。

实例 12-5　创建变形网格类对象——小球沿斜坡滚动。

选择一个有斜坡的位图文件做背景，如图 12-6(a)所示。

(a)

(b)

图 12-6　创建变形网格类对象——小球沿斜坡滚动

创建一个 NURBS 曲面，长度点数和宽度点数均设为 10。沿 Z 轴移动曲面上的点，使曲面变得与背景斜坡贴近。单击 reactor 工具栏中的“变形网格类对象”按钮，NURBS 曲面就成为变形网格类对象。

创建一个球体，将球体创建成刚体，质量设置为 5，如图 12-6(b)所示。

隐藏 NURBS 曲面。

选择 reactor 菜单，选择 Create Animation 命令可将 reactor 动画创建成普通动画。播放动画，就可看到球体沿斜坡滚动。

12.6　Create Plane(创建平面)

创建 reactor 平面的操作步骤如下。

单击 reactor 工具栏中的“创建平面”按钮，在视图中单击就能创建一个 reactor 平面。单击“创建刚体类对象”按钮，可将 reactor 平面指定为刚体。

选择辅助对象子面板，单击辅助对象列表框中的展开按钮，在列表中选择 reactor，单击 Plane(平面)按钮，在视图中单击，也能创建 reactor 平面。单击“创建刚体类对象”按钮，可将 reactor 平面指定为刚体。

reactor 平面是一种辅助对象，在视图中只能看到一个图标，在预览中也无显示。在动画中，它是一个固定的面积无限大的刚体。它的正面能阻止对象的下落，反面能被对象穿透。像其他刚体一样，也可对其设置弹力和摩擦力。由于在动画中它总是固定不动，因此设置的质量和 Unyielding 属性已无意义。

实例 12-6 创建 reactor 平面制作蹦床动画。

选择一张展现室内空间的图像做背景，如图 12-7(a)所示。

创建一个标准基本体中的平面做蹦床。长度分段和宽度分段均设置为 14。选择视图控制区中的“控制”按钮，调整透视图，使平面与地面平行。

创建一个矩形做蹦床边框，其大小与平面大小相同。轮廓后挤出，轮廓值和挤出数量均为 4。

选择晶格修改器将平面修改成网格状，如图 12-7(b)所示。设置支柱半径为 1，边数为 10，节点半径为 2。

创建一个 reactor 平面。单击“创建刚体类对象”按钮，reactor 平面就被创建为刚体。弹力设置为 1.0。将 reactor 平面移到几何体平面下方。

创建一个球体，将球体创建成刚体，质量设置为 1，弹力设置为 1。

创建一个人，将人链接到球体上。让人与球体对齐，如图 12-7(c)所示。

隐藏球体。

选定几何体平面，选择 FFD4 × 4 × 4 修改器。在修改器堆栈中选择控制点子层级。选择中间的 4 个点。

单击“自动关键点”按钮，移动时间滑动块，当人下降到几何体平面时，沿 Z 轴负方向移动控制点，使平面凹陷下去，同时移动人的小腿，使腿弯曲。当人向上离开平面时，沿 Z 轴正方向移动控制点，使平面向上突起下去，同时移动人的小腿，使腿伸直。重复这些操作，直到最后一帧为止。

(a)

(b)

(c)

图 12-7 蹦床

选择 reactor 菜单，选择 Preview Animation 命令或按键盘上的 P 键，就可看到小球下落到 reactor 平面时就被反弹回来。

选择 reactor 菜单，选择 Create Animation 命令，可为 reactor 动画指定关键帧。

渲染输出创建的动画。

12.7 Create Spring(创建弹簧)

Create Spring 按钮可以用来创建弹簧。reactor 弹簧也是一种辅助对象，它能模拟真实的弹簧效果，但在视图和预览中都不可见。只有在弹簧的一端绑定一个固定的对象，在另一端绑定一个可运动的对象，通过可运动对象的运动才能感觉到弹簧的存在。

其主要参数如下。

Stiffness(刚性)：该值越大，在相同力的作用下变形越小。

Rest Length(拉伸长度)：弹簧达到平衡后的拉伸长度。

Damping(衰减)：振幅衰减的速度，该值越大，衰减越快，即越容易达到平衡。

Act on Extension：若勾选该复选框，则在指定拉伸范围内振荡。

Disabled(失效)：若勾选该复选框，则弹簧失去作用。

实例 12-7 创建气压计。

创建一个长方体、一个小球和一根圆形管状体。给管状体赋标准材质，自发光颜色和漫反射颜色设置为浅黄色，不透明度设置为 50。将长方体、小球和管状体沿 Z 轴对齐，长方体放在管状体顶端，球体放在管状体中间。隐藏长方体。

选定长方体和球体，单击 reactor 工具栏中的“创建弹簧”按钮，这时在两个对象之间就可指定一个连接弹簧。

选定长方体和球体，单击 reactor 工具栏中的“创建刚体类对象”按钮，设置长方体的质量为 0，球体质量为 1。

隐藏长方体。

在 Preview & Animation 卷展栏中，设置 End Frame 为第 200 帧，将时间轴的长度改为 200。

选择 reactor 菜单，选择 Create Animation 命令，创建动画。单击“播放”按钮，可以看到小球在管状体内上、下振动的动画，就像气压计中悬浮在玻璃管中小球的跳动。

渲染输出动画，时间范围设置成 0~200。其中一帧的画面如图 12-8 所示。

图 12-8 气压计的制作

12.8 Create Linear Dashpot(创建直线缓冲器)

Create Linear Dashpot 按钮可以在两个刚体之间创建一个直线连接的辅助对象，就像在两个刚体之间拴上一根直绳一样。

其主要参数如下。

Strength(力量)：直线缓冲器施加给目标对象力量的大小。此值要根据外力的大小来设置，不宜过大，也不宜过小。

Damping(衰减)：在模拟动画中运动衰减的速度，该值越大，衰减越快。

创建直线缓冲器的操作步骤如下。

选定两个几何对象，单击 reactor 工具栏中的“创建刚体类对象”按钮，为两个刚体设置参数。

选定两个刚体对象，单击 reactor 工具栏中的 Linear Dashpot(直线缓冲器)按钮，为直线缓冲器指定参数。

实例 12-8 使用直线缓冲器创建一条蜈蚣。

创建一个切角长方体和两条样条线，通过复合运算，得到蜈蚣的一节身体，如图 12-9(a)所示。

复制 15 节组成蜈蚣的躯干。给躯干贴图，贴图文件以红色为主。

创建一个切角长方体做蜈蚣的头。给头贴图，贴图文件以黑色为主。

创建一个切角长方体做蜈蚣的尾部。使用编辑网格修改器，拉出尾部的两个触角。给尾部贴图，贴图文件以黑色为主。

创建两个球体做蜈蚣的眼睛。创建一个六角星，挤出后与眼睛进行布尔并集运算。六角星形的两个角为蜈蚣头部的钳子。为眼睛和钳子指定建筑材质，亮度设为 1000，如图 12-9(b)所示。

将所有对象创建为刚体，质量均设置为 1。头的摩擦力设置为 0，其他刚体的摩擦力设为 0.1。

选定所有对象，单击 reactor 工具栏中的“直线缓冲器”按钮，在所有刚体之间建立直线缓冲器。

创建一个 reactor 平面，并且旋转平面，使其朝蜈蚣右前方小角度倾斜。

指定一幅背景贴图。

渲染输出动画。由于蜈蚣的动作较慢，一共渲染了 700 帧。

播放动画，可以看到蜈蚣慢慢朝右前方蠕动。第 40 帧画面如图 12-9(c)所示。

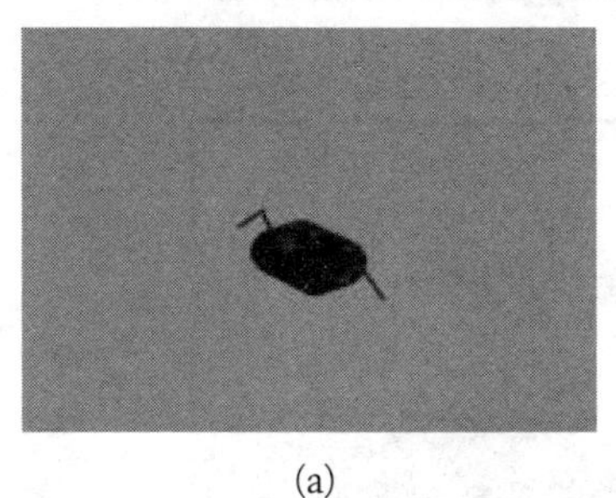

(a)

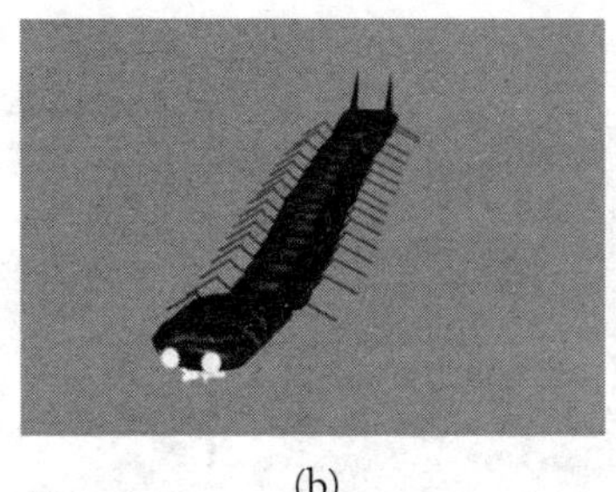

(b)

(c)

图 12-9 使用直线缓冲器创建蜈蚣

12.9 Create Motor(创建发动机)

Create Motor(创建发动机)按钮可以用来创建发动机。发动机是一种具有动力的辅助装置，它能模拟真实的发动机效果来带动对象旋转。

Ang Speed(转速)：旋转速度。

Gain：发动机的马力大小。

Rotation Axis(旋转轴)：指定旋转的轴向。

实例 12-9　创建发动机——在桥上行驶的拖拉机。

创建一个圆柱体做车轮。用布尔运算在圆柱体上打三个洞，以便于看到旋转效果。复制一个车轮。创建一个长方体做车轴。将两个车轮和长方体对齐。用布尔运算将两个车轮和长方体相并在一起成为车轮组，如图 12-10(a)所示。

复制一组车轮并适当缩小，做车前轮。

创建一个长方体做地面。单击 reactor 工具栏中的“创建刚体类对象”按钮，将其创建成刚体，质量设置为 0，如图 12-10(b)所示。

创建拖拉机底盘。底盘由一个长方体和一个方向盘组成。底盘上站立一个人。

选定车轮，单击 reactor 工具栏中的“创建刚体类对象”按钮，指定车轮的质量为 5。

选定车轮，单击 reactor 工具栏中的“发动机”按钮，使用默认参数，车轮就被创建成发动机，如图 12-10(c)所示。

隐藏做地面的长方体。指定一幅背景贴图。调整车轮方向，使车轮正好在桥面上滚动。

按车轮滚动的速度和方向创建人和平板的动画，使之与车轮协调一致。渲染输出动画。播放动画时，可以看到拖拉机沿桥面向前行驶。图 12-10(d)所示的是从动画中截取的一幅画面。

(a)　(b)　(c)　(d)

图 12-10　创建发动机——在桥上行驶的拖拉机

12.10　Create Wind(创建风)

Create Wind(风)按钮可以用来模拟自然界的风效果，它对刚体类对象、柔体类对象、布料类对象和绳索类对象都能产生作用。

实例 12-10 将五星红旗插在钓鱼岛上。

1. 制作旗杆

创建一个圆柱体，半径为 2，高度为 150。创建两个圆锥体，半径 1 为 4，半径 2 为 0，高度为 10。将三个对象对齐。选择编辑网格修改器，将三个对象附加在一起。效果如图 12-11(a)所示。

2. 制作旗帜

在前视图创建一个平面，长 62，宽 90，长度分段数和宽度分段均为 14，选择一个五星红旗图片给平面贴图。效果如图 12-11(b)所示。

选定平面，单击 reactor 菜单，指向 Apply Modifier(应用修改器)下的 Cloth Modifier(布料修改器)命令后单击，给平面加上布料修改器。

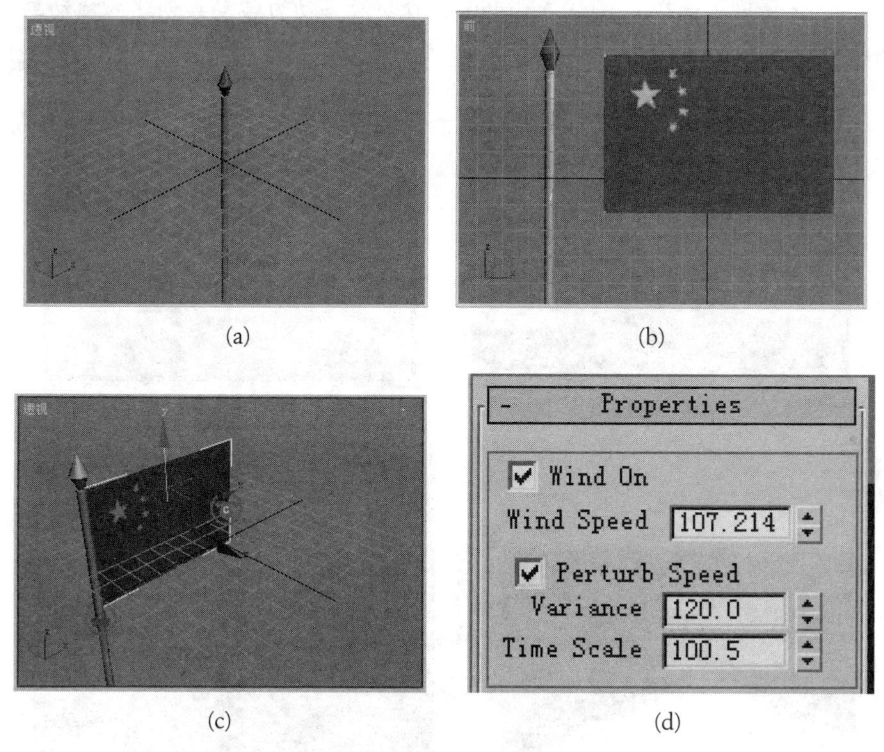

(a) (b) (c) (d)

图 12-11 制作飘扬的五星红旗

单击 reactor 工具栏中的Create Cloth Collection(创建布料类对象)按钮将平面创建成布料。

选定旗杆，单击 reactor 工具栏中的Create Rigid Body Collection(创建刚体类对象)按钮，将其创建成刚体，质量设置为 0。

选定平面，单击“修改”命令面板，在修改器堆栈中展开 reactor Cloth(reactor 布料)，选择 Vertex(节点)子层级，选定平面左侧一列的所有节点，单击 Attach To Rigid Body(固定到刚体)按钮。在列表框中选定 Attach To Rigid Body，在 Attach To RigidBody 卷展栏中，单击 none 按钮，单击旗杆。旗帜的边缘就被固定到了旗杆上。效果如图 11-12(c)所示。

将平面的左边对齐旗杆。

单击 reactor 工具栏中的 Wind(风)按钮，单击平面。将风的图标移到红旗的左侧，将风绕 Z 轴旋转 50°。风的参数设置如图 12-11(d)所示。

单击 reactor 菜单，选择 Create Animation 命令，将动力学动画创建成帧动画。渲染输出的一帧画面如图 12-11(d)所示。

3. 将五星红旗插在钓鱼岛山顶

渲染输出场景，可以看出旗杆的底部贴在背景的山顶位置，这对场景的真实效果产生了不利影响。效果如图 12-12(a)所示。

使用 Photoshop 在钓鱼岛山顶裁剪一小块空间，如图 12-12(b)所示。

将裁剪图像处理成黑白剪影文件，山顶为白色，背景为黑色，如图 12-12(c)所示。

创建一个平面，使用不透明度贴图技术给平面贴图。

单击 reactor 菜单，选择 Create Animation 命令，将动力学动画创建成帧动画。渲染输出的一帧画面如图 12-12(d)所示。

(a)　(b)　(c)　(d)

图 12-12　将五星红旗插在钓鱼岛山顶

12.11　Create Toy Car(创建玩具汽车)

Create Toy Car(玩具汽车)按钮可以用来模拟汽车的运动效果。创建的汽车至少要有一个底盘和一个车轮。

实例 12-11　创建 Toy Car(玩具汽车)。

创建一个汽车模型，它由一个车身和四个车轮组成。

选定底盘和四个车轮，单击 reactor 工具栏中的“创建刚体类对象”按钮，将其创建成刚体，并给每个车轮设置质量为 1，设置车身质量为 5。

单击 reactor 工具栏中的“创建玩具汽车”按钮，在场景中单击，产生一个 Toy Car 图标。

在 Toy Car Properties(玩具汽车参数)卷展栏中，单击 Chassis(底盘)右侧的长条形按钮，再单击作为底盘的车身。

单击“Add(添加)”按钮，在对话框中选择四个车轮对象。

旋转 Toy Car 图标中汽车的方向，使其朝着汽车前进的方向。

勾选 Spin Wheels(旋转车轮)复选框，设置 Ang Speed(角速度)为 20，Gain(增量)为 12。

创建一个 reactor 平面，并沿 Z 轴下移一段距离，作为汽车行驶的地面。

创建的玩具汽车和地面如图 12-13(a)所示。

选择 reactor 菜单，选择 Preview Animation 命令或按键盘上的 P 键，这时可看到汽车的运动。

图 12-13(b)所示的是渲染后截取的一帧画面。

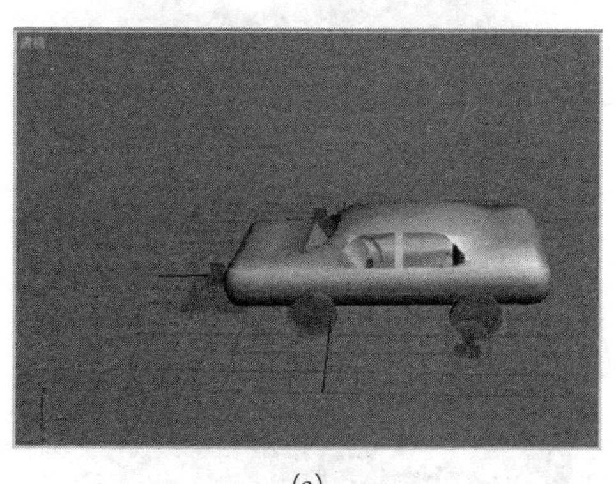

(a)

(b)

图 12-13　创建 Toy Car

12.12　Create Water(创建水)

在视图中拖动Create Water(创建水)按钮，可以创建一个水对象，用于模拟自然界的水效果。

实例 11-12　创建人落水的动画。

在渲染中和视口中指定同一个有水面的位图文件做背景。效果如图 12-14(a)所示。

单击 reactor 工具栏中的“创建水”按钮，在透视图中拖动，创建 Water(水)对象。大小要足以盖住水面，Wave Speed(波速)设置为 50，Max Ripple(最大涟漪)设置为 50，其他使用默认参数。

选择几何体子面板，单击“平面”按钮，创建一个平面，大小与水对象的相同。平面的长、宽分段均设置为 14。给平面赋标准材质，不透明度设置为 80，自发光颜色设置得和背景水面颜色一致，本实例中红色值为 0，绿色值为 15，蓝色值为 5。

将平面绑定到水对象上。

选择弧形旋转等视图控制区按钮调整视图，使水对象和平面完全覆盖在背景水面上。效果如图 12-14(b)所示。

创建一个球体。将球体创建成刚体，质量设置为 10 左右，使球体掉到水里后能上浮出水面。

创建一个人，移动人的手、脚，做成人落水的姿势。将人链接到球体上，并与球体对齐。效果如图 12-14(c)所示。

选定球体，展开 Preview & Animation(预览与动画)卷展栏，将 End Frame(结束帧)改为第 150 帧。

选择 reactor 菜单，选择 Create Animation 命令，创建关键帧。

单击“时间配置”按钮，设置结束时间为 150。

渲染输出动画，渲染范围设置成 0~150。其中一帧的画面如图 12-14(d)所示。

(a)　(b)　(c)　(d)

图 12-14　创建人落水的动画

思　考　题

1. 如何创建刚体类对象？
2. 如何创建布料类对象？
3. 如何创建绳索类对象？
4. 如何创建风？

第 13 章　粒子系统与动画

粒子系统是一种特殊的参数化对象，可以用来模拟水花、雨景、雪景、云雾、满树花果、成群动物等的效果。

选择“创建”命令面板，单击“几何体”按钮，单击几何体列表框中的展开按钮，在列表中选择 Particle Systems(粒子系统)，就会切换到“创建粒子系统”命令面板。选择一种粒子类型，在视图中拖动就能创建粒子系统。

创建粒子系统后，单击“播放”按钮，粒子系统就会按照设置的参数发射粒子。

粒子系统包括 PF Source、Spray(喷射)、Snow(雪)、Blizzard(暴风雪)、PCloud(粒子云)、PArray(粒子阵列)和 Super Spray(超级喷射)等七种。

13.1　Spray(喷射)

Spray(喷射)粒子系统的粒子从开始直到动画播放结束，是连续喷射的。这种粒子系统适合模拟下雨、喷泉等效果。

实例 13-1　用喷射粒子系统对象创建下雨。

在顶视图中创建一个喷射粒子系统对象，大小要能覆盖整个顶视图，X、Y、Z 坐标分别设置为 0、0、75。视口计数和渲染计数均设置为 1000。粒子参数如图 13-1(a)所示。

给粒子对象赋标准材质。在“Blinn 基本参数”卷展栏中勾选“自发光颜色”复选框，设置自发光颜色为白色，不透明度设置为 50。渲染后的效果如图 13-1(b)所示。

在顶视图中创建空间扭曲对象风，风的图标大小也要求能覆盖整个顶视图。将风绕 X 轴旋转 140°，风的强度设置为 5，湍流设置为 10。将喷射粒子对象绑定到风上，渲染后的效果如图 13-1(c)所示。这时可以看到在风的作用下，雨的下落路径被吹斜了。

制作闪电：沿着闪电画两条曲线，在交叉处不连接。

创建两个高为 0.1(不要为负值)、半径为 1、高度分段为 200 的圆柱体。

给圆柱体赋建筑材质,亮度设置为 100000。

选定圆柱体，选择“修改”命令面板，选择路径变形(WSM)修改器。单击“拾取路径”按钮，单击做闪电的第一条样条线，这时圆柱体会自动对齐到样条线的起点，单击“转到路径”按钮。

单击“自动关键帧”按钮。在第 30 帧时，拉伸值设置为 0.1。在第 34 帧时，拉伸值大小的设置以圆柱体达到曲线整个长度为准。在第 38 帧时，拉伸值增大 1 个单位。在第 39 帧时，拉伸值设置为 0。

对第二条样条线创建类似动画。

播放动画，除了看到刮风、下雨以外，还会看到闪电。

使用 Photoshop 将图像中闪电涂抹掉做输出背景。

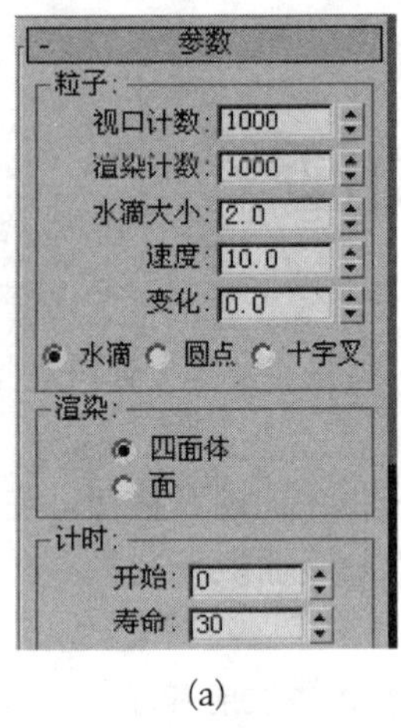

(a)

(b)

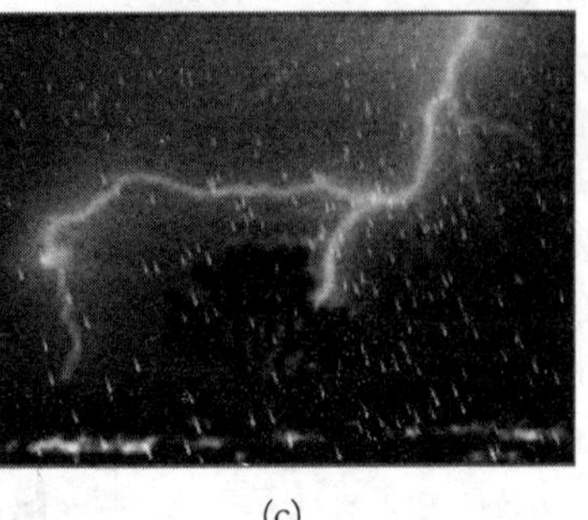

(c)

图 13-1　用喷射粒子系统对象创建下雨

13.2　Snow(雪)

Snow(雪)也是一种连续发射的粒子系统，其功能、参数设置和操作与 Spray(喷射)粒子系统的差不多。

实例 13-2　天上掉馅饼。

准备一个馅饼图像文件，如图 13-2(a)所示。

使用 Photoshop 垂直翻转馅饼。制作一个翻转了的黑白剪影文件，如图 13-2(b)所示。

创建一个雪粒子对象，图标大小要能覆盖整个项视图。雪花大小设置为 5，“渲染”选项选择“面”。将其沿 Z 轴移动 70 个单位。

采用不透明技术给粒子对象贴图，贴图文件为翻转了的馅饼文件和相应的黑白剪影文件。

创建一个平面对象，采用不透明技术给平面贴图，贴图文件为未翻转馅饼文件和相应的黑白剪影文件。复制几个平面，缩小到原来的 10%。

单击“自动关键帧”按钮，每隔几帧放大几个馅饼，将这些馅饼排列在地面上。

渲染输出动画，可以看到天上不断掉馅饼，地上的馅饼越积越多。其中一帧画面如图 13-2(c)所示。

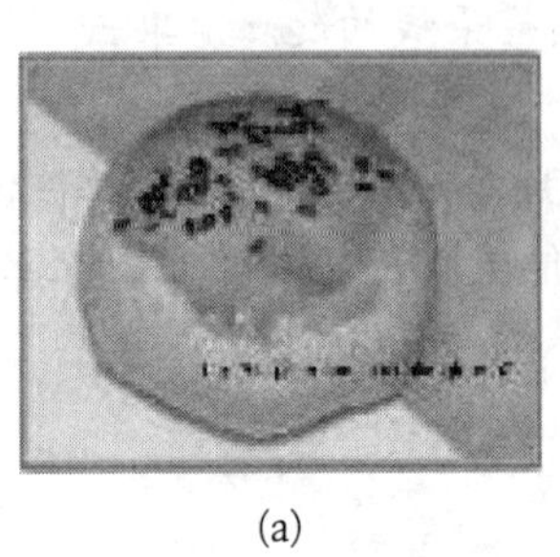

(a)

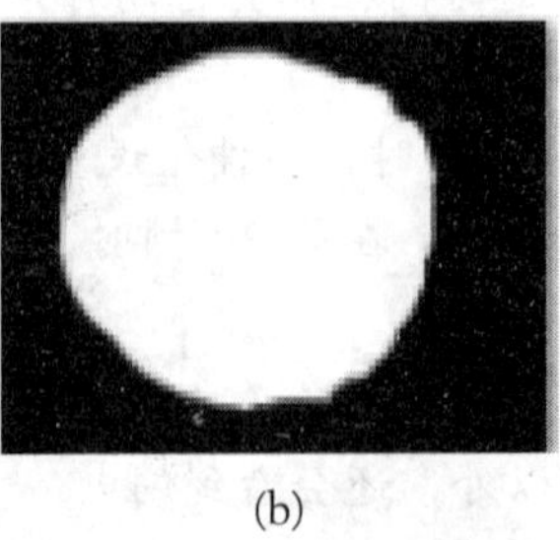

(b)

(c)

图 13-2　天上掉馅饼

13.3 Blizzard(暴风雪)

Blizzard(暴风雪)粒子系统有比较多的参数供用户选择，用它可以创建出更接近真实情况的雪景、雨景等效果。

实例13-3 创建下雪动画。

创建一个暴风雪粒子系统对象。

在“基本参数”卷展栏中设置显示图标长度为400，宽度为500；设置显示图标的X、Y、Z坐标分别为0、0、50。

在“粒子生成”卷展栏中设置速度为2，速度变化为50，翻滚为0.5，翻滚速率为50；设置发射开始为0，发射停止为200，显示时限为200，寿命为100，寿命变化为5；设置粒子大小为5，大小变化为5。

在“粒子类型”卷展栏中设置粒子类型为球体。

打开材质编辑器，给粒子对象赋标准材质。

在“明暗器基本参数”卷展栏中勾选“线框”复选框和“双面”复选框。

在“Blinn基本参数”卷展栏中设置自发光颜色为白色，不透明度为10。设置环境光和高光反射颜色为白色，漫反射颜色为黑色，高光级别为100。

打开“时间配置”对话框，设置结束时间为200。

创建一个空间扭曲对象风：在“参数”卷展栏中设置风的强度为0.01，风的湍流为0.5，频率为10。图标大小为100。X、Y、Z坐标均设置为0。将风绕X轴旋转70°，将风空间扭曲绑定到粒子对象上。

用一个雪景位图文件做背景，如图13-3(a)所示。

渲染输出，范围设置为50~200。截取的第200帧画面如图13-3(b)所示。

(a)

(b)

图13-3 创建下雪动画

13.4 PCloud(粒子云)

PCloud(粒子云)可以由用户指定粒子在空间的分布造型，选择可渲染的三维对象做粒子发射器，它可以用来创建云团、烟雾、鸟群、羊群等的效果。

实例 13-4 创建冒烟的烟头。

用创建车削曲面制作一个烟灰缸。

制作一截点燃的烟头：创建两个相同的圆柱体，分别做香烟和过滤嘴。创建一个球体做烟头。选择编辑网格修改器，适当变形球体。给球体赋标准材质，自发光颜色设置为红色，漫反射颜色设置为红色。创建一个茶壶做参考对象，如图 13-4(a)所示。

创建一个粒子云对象。

设置粒子云参数：粒子类型设置为恒定。在“粒子生成”卷展栏中，粒子大小设置为 20，粒子运动速度为 3，速度变化为 5，发射停止为 100，显示时限为 100，寿命为 100。在“粒子繁殖”卷展栏中，粒子繁殖选择消亡后繁殖，繁殖数为 1000，方向混乱度为 50，寿命为 100。在“气泡运动”卷展栏中，幅度设置为 100，幅度变化为 50，周期为 100000，周期变化为 50，相位为 20，相位变化为 50。粒子云发射器发射粒子的场景如图 13-4(b)所示。

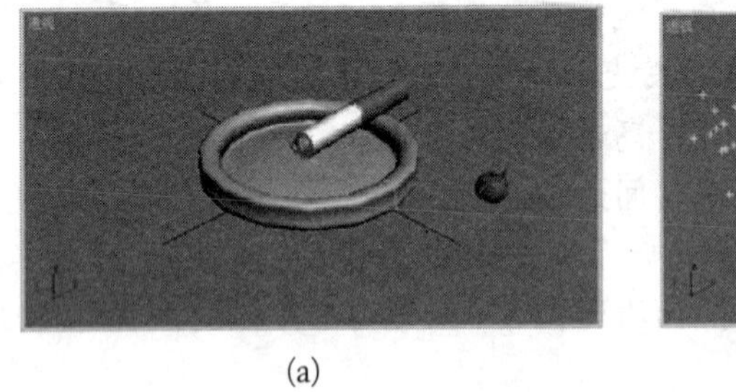

(a)

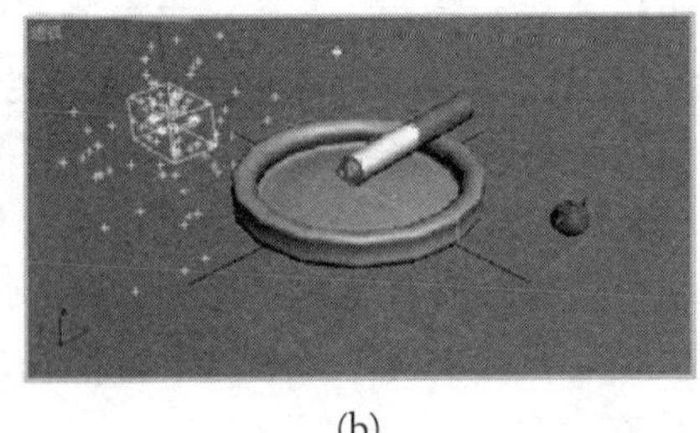

(b)

图 13-4 粒子云发射器和场景

选定粒子云对象，选择 Object-Based Emitter(基于对象的发射器)选项，单击“拾取”按钮，单击红色小球，这时小球就成为粒子发射器。小球发射的粒子如图 13-5(a)所示。

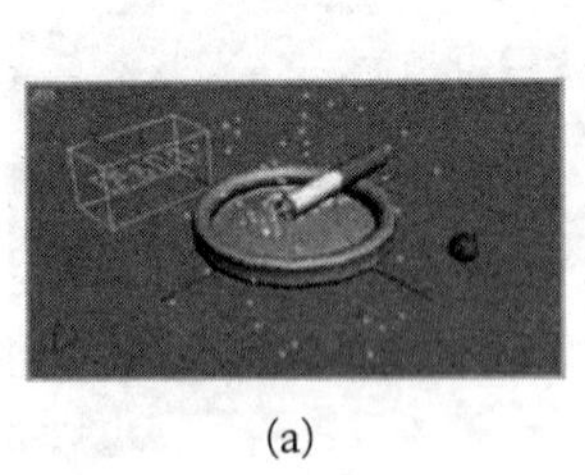

(a)

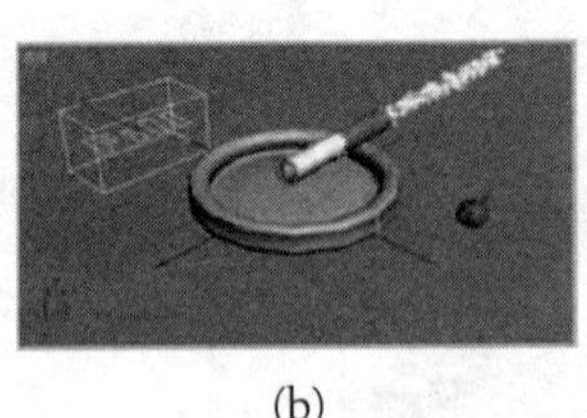

(b)

(c)

图 13-5 将烟头创建成粒子发射器

在 Particle Generation(粒子生成)卷展栏中选择参考对象选项，这时“拾取对象”按钮被激活，单击“拾取对象”按钮，单击做参考对象的茶壶，这时可以看到粒子的发射方向与球体局部坐标轴的 Z 轴方向保持一致，如图 13-5(b)所示。

给粒子赋标准材质，在“Blinn 基本参数”卷展栏中，漫反射颜色和高光反射颜色均设置为灰色,不透明度为 10。

单击“自动关键帧”按钮，每隔 20 帧旋转一次做控制对象的茶壶。

隐藏茶壶。

渲染输出动画，其中一帧的画面如图 13-5(c)所示。

13.5　PArray(粒子阵列)

PArray(粒子阵列)可将场景中三维对象作为发射器向外发射粒子。该粒子系统可以很方便地模拟物体的爆炸。

实例 13-5　使用粒子阵列对象创建倒酒动画。

创建一个茶壶，选择拉伸修改器，设置拉伸为 1，放大为 1.5，就将茶壶拉伸成酒壶。

创建一个酒杯和一个圆桌，圆桌上蒙有桌布，如图 13-6(a)所示。

创建一个 PArray(粒子阵列)对象。粒子大小为 5，速度为 2，散度为 5，粒子发射开始为 0，发射停止为 100，寿命为 10，粒子类型为标准粒子中的恒定，消亡后繁殖，繁殖数量为 1000。

给粒子赋标准材质，不透明度为 30，漫反射颜色为浅绿色。

在 Basic Parameters(基本参数)卷展栏中，选择 At All Vertices(在所有的顶点)，并勾选 Use Selected SubObject(使用选定子对象)复选框。

选定酒壶，选择编辑网格修改器，选择顶点子层级，选定壶嘴尖上一点做粒子发射点。

选择粒子阵列对象，单击 Basic Parameters(基本参数)卷展栏中的 Pick Object(拾取对象)按钮，单击酒壶，酒壶就成为粒子发射器。

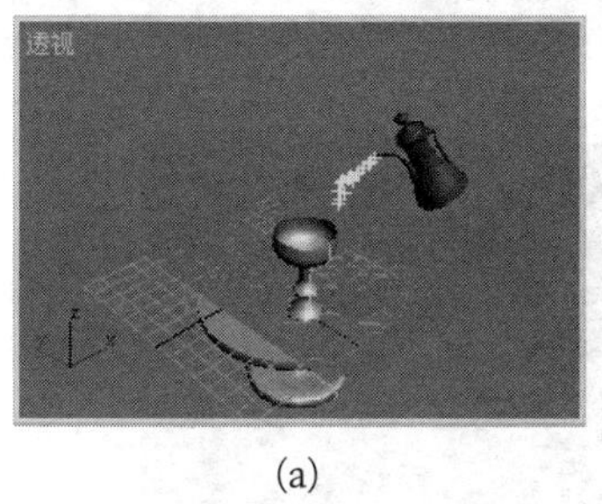

(a)

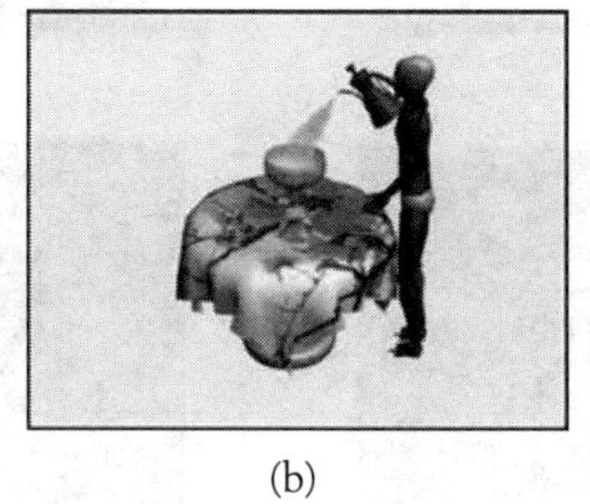

(b)

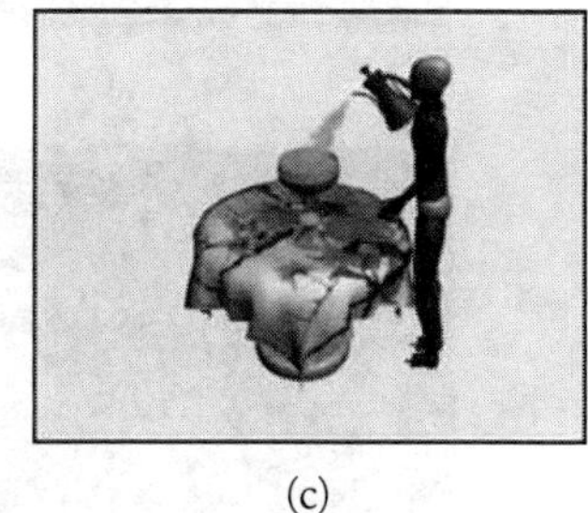

(c)

图 13-6　倒酒

调整酒壶的位置和角度，使酒刚好倒在酒杯中，如图 13-6(b)所示。

创建一个半球体做酒杯中的酒。将半球体设置成浅绿色，并加上噪波修改器，创建 Z 轴方向的噪波动画。对半球体创建沿 Z 轴放大的动画。

从第 30 帧到第 100 帧渲染输出动画。播放动画，可以看到酒壶中不断有酒倒出，酒杯中的酒不断涨高并伴有酒面的波动。第 90 帧的画面如图 13-6(c)所示。

13.6　Super Spray(超级喷射)

Super Spray(超级喷射)的发射源是一个点，并且是一个发射方向性很强的粒子流，适合于模拟焰火、飞机发动机和火箭喷射的火焰等效果。

实例 13-6　潜泳

选择一张有水面的图像做背景，如图 13-7(a)所示。

创建一个人游泳的动画。人的头部赋标准材质，不透明度设置为 60，漫反射颜色设置为黑色。骨盆赋标准材质，不透明度设置为 50，漫反射颜色设置为蓝色。身体的其余部分赋标准材质，不透明度设置为 30，漫反射颜色设置为白色。效果如图 13-7(b)所示。

创建一个超级喷射粒子对象。

粒子对象参数设置如下：发射开始设置为 40，发射结束设置为 60，大小设置为 5，速度设置为 5，显示时限设置为 70，寿命设置为 5。轴偏离中的扩散设置为 30。粒子类型为球体。

给粒子对象赋光线跟踪材质，透明度设置为 96，漫反射颜色设置为浅绿色，将超级喷射粒子对象链接到人的头上并与头对齐，如图 13-7(c)所示。

播放动画，可以看到潜泳的人吐出气泡，

渲染输出动画。呼气的画面如图 13-7(d)所示。

(a)　(b)　(c)　(d)

图 13-7　潜泳

思　考　题

1. 粒子系统有何作用？
2. 如何创建喷射粒子系统对象？
3. 怎样用粒子系统对象模拟烟雾？
4. 怎样用粒子系统对象模拟一群飞鸟？

第 14 章　空间扭曲与动画

空间扭曲是一种不可渲染对象。它可以使绑定在一起的对象受各种力的作用，创建出更接近于真实的动画；也可以使绑定在一起的对象发生变形，创建出多种变形动画；还可以控制被绑定对象的运动方向，实现某些修改器的编辑修改操作等。

空间扭曲共有 Forces(力)、Deflectors(导向器)、Geometric/Deformable(几何/可变形)、Modifier-Based(基于修改器)、Particles & Dynamics(粒子和动力学)、reactor 等六类。

14.1　概述

在“对象类型”卷展栏中选定一个空间扭曲按钮，在视图中拖动指针就可产生一个空间扭曲对象。每个空间扭曲对象都有一个对应的支持对象类型卷展栏，在卷展栏中显示有该空间扭曲所支持的对象类型。

空间扭曲可以进行移动、旋转、缩放等操作。空间扭曲不仅可以作用于对象，还可以作用于整个场景。

多个对象可以同时绑定到一个空间扭曲上，空间扭曲将作用于每一个对象。多个空间扭曲也可以同时作用于一个对象，空间扭曲按加入的先后顺序依次排列在修改器堆栈中。

空间扭曲的参数变化可以用来创建动画，空间扭曲与对象之间的位置和角度变化也可用来创建动画。

创建空间扭曲的一般步骤如下：选择“创建”命令面板；选择≋Space Warps(空间扭曲)子面板；单击空间扭曲列表框中的“展开”按钮，在列表中选择一种空间扭曲类型；在对象类型卷展栏中选择一个空间扭曲按钮；在场景中拖动指针就能创建一个空间扭曲对象。

将对象绑定到空间扭曲的一般操作步骤如下：创建一个空间扭曲对象，创建一个能被该空间扭曲作用的对象；选定空间扭曲对象；单击主工具栏中的Bind to Space Warp(绑定到空间扭曲)按钮；按住鼠标左键，从被绑定对象拖到空间扭曲对象。

14.2　Forces(力)空间扭曲

Forces(力)空间扭曲分为 Push(推力)、Motor(马达)、Vortex(旋涡)、Drag(阻力)、PBomb(粒子爆炸)、Path Follow(路径跟随)、Displace(置换)、Gravity(重力)和 Wind(风)等九种。

14.2.1　Vortex(旋涡)

Vortex(旋涡)空间扭曲可用来模拟旋涡的产生效果，这种空间扭曲只能作用于粒子系统。

实例 14-1　创建 Vortex(旋涡)——被击中的战舰。

创建一个旋涡空间扭曲对象，绕 X 轴旋转 180°。参数设置如图 14-1(a)所示。

创建一个超级喷射粒子对象，轴偏离为 50，扩散为 30，平面偏离为 80，扩散为 10，发射停止设置为 100，粒子类型选择标准粒子中的恒定，大小设置为 15，选择消亡后繁殖，繁殖数设置为 1000。

给粒子赋光线跟踪材质，透明度设置为 20，漫反射颜色设置为深灰色。

将粒子对象绑定到旋涡空间扭曲对象上，调整空间扭曲对象的位置，使空间扭曲对象与粒子对象的相对位置如图 14-1(b)所示。

渲染输出动画，可以看到滚滚浓烟从战舰顶部冒出，如图 14-1(c)所示。

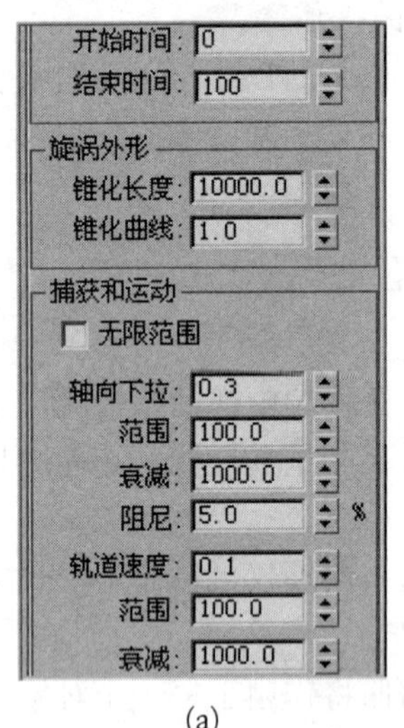

(a)

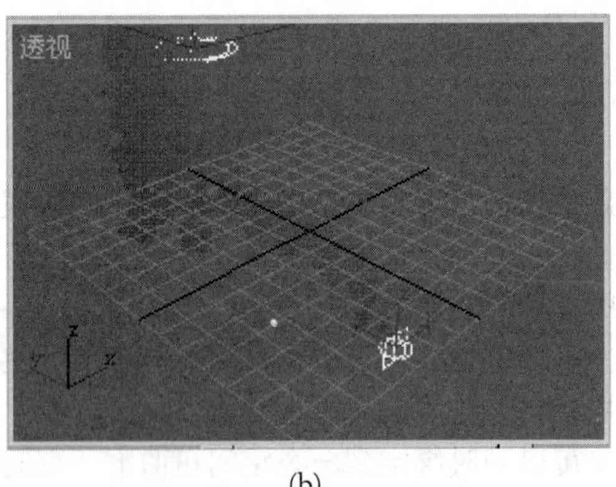

(b)

(c)

图 14-1　创建 Vortex(旋涡)——被击中的战舰

14.2.2　Path Follow(路径跟随)

路径跟随空间扭曲可以使粒子沿曲线给定的路径运动。

Basic Parameters(基本参数)卷展栏中的部分内容如下。

Pick Shape Object (拾取图形对象)：单击该按钮后，单击场景中一条曲线，可以将该曲线指定为粒子运动的路径。不论什么曲线均可做路径。

Stream Taper(粒子流锥化)：粒子运动过程中，逐渐偏离路径的程度。

实例 14-2　创建路径跟随空间扭曲——抽水机抽水。

创建一个圆形管状体做抽水机的出水管，创建一条 NURBS 曲线做路径，如图 14-2(a)所示。

创建一个暴风雪粒子对象。粒子大小选择为 15，粒子类型选择恒定。第 0 帧开始发射，第 100 帧结束，寿命为 15，显示时限为 100，速度为 10。粒子繁殖选择消亡后繁殖，繁殖数为 1000。

给粒子赋标准材质，自发光颜色、漫反射颜色和高光反射颜色均设为白色，不透明度为 35，高光级别为 100。

创建一个路径跟随空间扭曲对象。

选定路径跟随空间扭曲对象，单击主工具栏中的“绑定到空间扭曲”按钮，从粒子对象拖到空间扭曲对象后放开，粒子对象就被绑定到空间扭曲上了。

选定路径跟随空间扭曲对象，选择“修改”命令面板，单击“拾取图形对象”按钮，单击曲线。

渲染输出动画，渲染范围为 30～100。播放动画，可以看到水源源不断地从抽水机出水口喷出。第 50 帧的画面如图 14-2(b)所示。

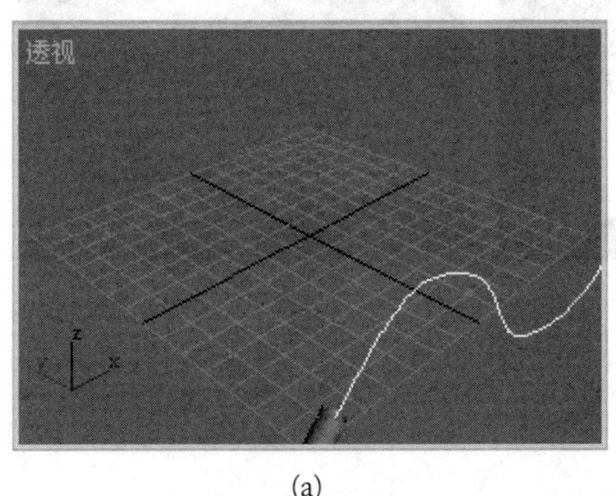

(a)

(b)

图 14-2　创建路径跟随空间扭曲——抽水机抽水

14.2.3　Displace(置换)

Displace(置换)空间扭曲可以按照贴图图像灰度值挤出对象表面，灰度值不同，挤出的程度也不同。

置换空间扭曲可以作用于任何可变形对象，也可作用于粒子系统。它与置换修改器类似，能作用于与其绑定在一起的所有对象。

置换空间扭曲的效果和空间扭曲对象与被绑定对象的相对位置和方向有关，也与被绑定对象表面的节点数有关。

创建置换空间扭曲效果的操作步骤如下。

(1) 创建一个被绑定对象。

(2) 创建一个置换空间扭曲对象。

(3) 选定空间扭曲对象，单击主工具栏中的“绑定到空间扭曲”按钮，按住鼠标左键，从被绑定对象拖到空间扭曲对象。

(4) 选定空间扭曲对象，打开“修改”命令面板，单击“位图”或“贴图”按钮，指定一个位图或贴图文件。选择不为 0 的强度值，根据需要选择其他参数值。

(5) 调整扭曲对象的位置和方向，直到满意为止。

实例 14-3　使用置换空间扭曲创建浮雕效果。

创建一个长度、宽度分段均为 40，高度分段为 10 的长方体。

创建一个置换空间扭曲对象（视图中显示一个白色线框），如图 14-3(a)所示。

选定空间扭曲对象，单击主工具栏中的“绑定到空间扭曲”按钮，按住鼠标左键，从被绑定对象拖到空间扭曲对象。

选定空间扭曲对象，选择“修改”命令面板，单击“参数”卷展栏中“位图”的“无”按钮，为置换指定图 14-3(b)所示的位图文件。设置强度值为 5，其他均为默认参数。

渲染后的效果如图 14-3(c)所示。

只要变换置换对象或长方体，浮雕就会变换，而且可以将变换记录成动画。

(a)　(b)　(c)

图 14-3　使用置换空间扭曲创建浮雕效果

14.2.4　Gravity(重力)

Gravity(重力)空间扭曲可以模拟出重力对物体的影响效果，它能作用于粒子系统，也能作用于动力学对象。

Strength(强度)：该值越大，重力产生的影响也越大。强度可为负值，这时的作用是反方向的；强度为 0，则不起作用。

实例 14-4　创建粒子在重力空间扭曲作用下的抛物线运动——消防车。

创建一个超级喷射粒子对象，粒子速度为 18，粒子大小为 8，粒子类型为恒定，粒子分布扩散为 5，发射停止为 100，显示时限为 100，寿命为 60，粒子繁殖选择消亡后繁殖，繁殖数为 1000。将粒子对象绕 X 轴旋转 35°。给粒子赋标准材质，不透明度设置为 10，漫反射颜色和自发光颜色均设置为白色。

创建一个重力空间扭曲，强度为 0.16。

创建一辆消防车，用一个管状体做喷射头，将管状体旋转 35°。消防车指示灯由一个透明灯罩和一个长方体组成。给长方体赋标准材质，不透明度设置为 100，自发光颜色和漫反射颜色均设置为红色，高光级别设置为 999。

将粒子发射器置于管状体端口处。

所得场景如图 14-4(a)所示。

单击主工具栏中的“绑定到空间扭曲对象”按钮，将粒子对象绑定到重力空间扭曲上，如图 14-4(b)所示。

给做指示灯的长方体创建旋转动画。

渲染输出动画。播放动画，可以看到消防车的指示灯在不停地旋转，喷射出的水柱在重力作用下做抛物线运动，如图 14-4(c)所示。

(a) (b)

(c)

图 14-4 粒子在重力空间扭曲作用下做抛物线运动——消防车

14.2.5 Wind(风)

Wind(风)空间扭曲可以模拟出自然界的风作用于粒子系统和动力学对象的效果。风必须和被作用对象绑定到一起才能起作用。

Strength(强度)：风空间扭曲作用效果的大小。

Turbulence(湍流)：在风空间扭曲的作用下产生的紊乱度。

实例 14-5 风空间扭曲对飞机尾气的影响。

创建一架飞机。

创建一个超级喷射粒子对象。设置粒子大小为 15，粒子类型为标准粒子中的恒定，设置粒子颜色为白色，设置发射停止、显示时限和寿命均为 100，设置粒子分布扩散为 5，设置平面偏离扩散为 5，粒子繁殖选择碰撞后繁殖，设置繁殖数目为 1500。将粒子系统置于飞机尾部，并把粒子系统与飞机组合成组。移动飞机，创建动画，如图 14-5(a)所示。渲染输出的效果如图 14-5(b)所示。

创建一个风空间扭曲对象。将粒子对象绑定到风上，如图 14-5(c)所示。渲染输出的效果如图 14-5(d)所示。从图中可以看出，在风空间扭曲的作用下，飞机喷出的尾气被吹歪了。

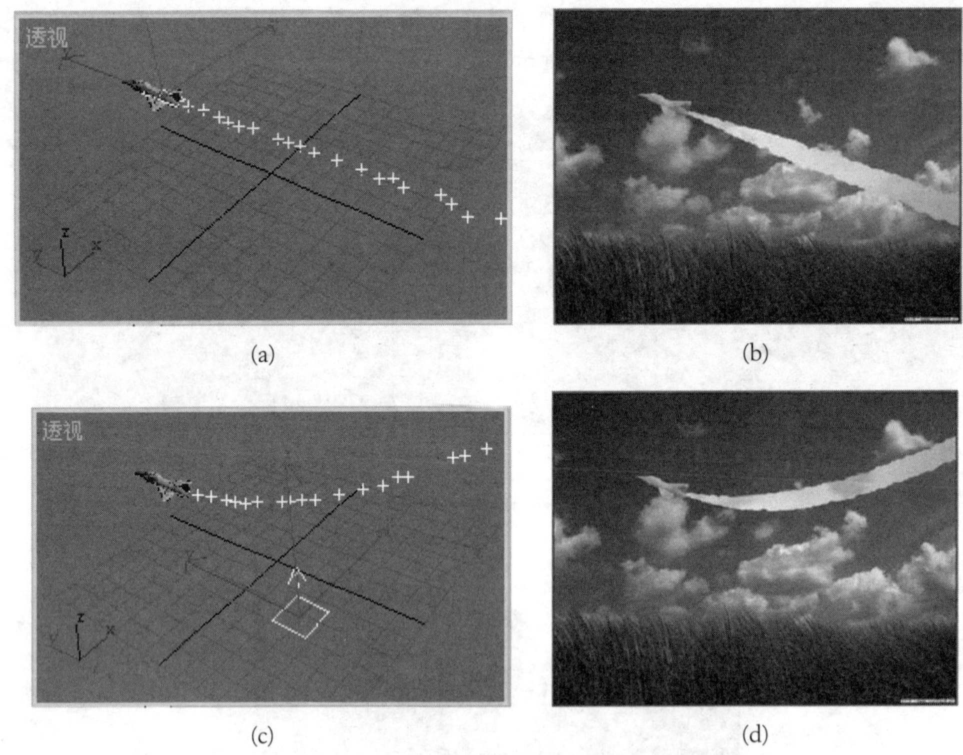

(a)　(b)　(c)　(d)

图 14-5　风空间扭曲对飞机尾气的影响

14.3　Deflectors(导向器)空间扭曲

Deflectors(导向器)用于控制粒子系统和动力学对象的运动方向。选择“创建”命令面板，选择空间扭曲子面板，单击空间扭曲列表框中的展开按钮，在列表中选择 Deflectors(导向器)选项就会打开导向器的命令面板。

Deflectors(导向器)包括 PDynaFlect(动力学导向板)、SDynaFlect(动力学导向球)、POmniFlect(泛方向导向板)、SOmniFlect(泛方向导向球)、UDynaFlect(通用动力学导向器)、UOmniFlect(通用泛方向导向器)、SOmniFlect(导向球)、UDeflector(通用导向器)和 Deflector(导向板)等九种。

不论何种导向器，都必须将被导向的对象绑定到导向器上才能起导向作用。

14.3.1　导向板导向器

导向板导向器包括动力学导向板、泛方向导向板和导向板。这三种导向器都以导向板来控制粒子系统中粒子的运动方向，操作步骤也基本相同，只是动力学导向板可以使粒子系统以动力学方式作用于对象。

实例 14-6　创建洗澡动画。

创建一个喷射粒子对象。视口计数和渲染计数均设置为 5000，水滴大小设置为 3，速度设置为 10，变化设置为 2，寿命设置为 80。

给喷射粒子对象赋标准材质，不透明度设置为 50，自发光颜色设置为灰色，漫反射颜色设置为白色，如图 14-6(a)所示。

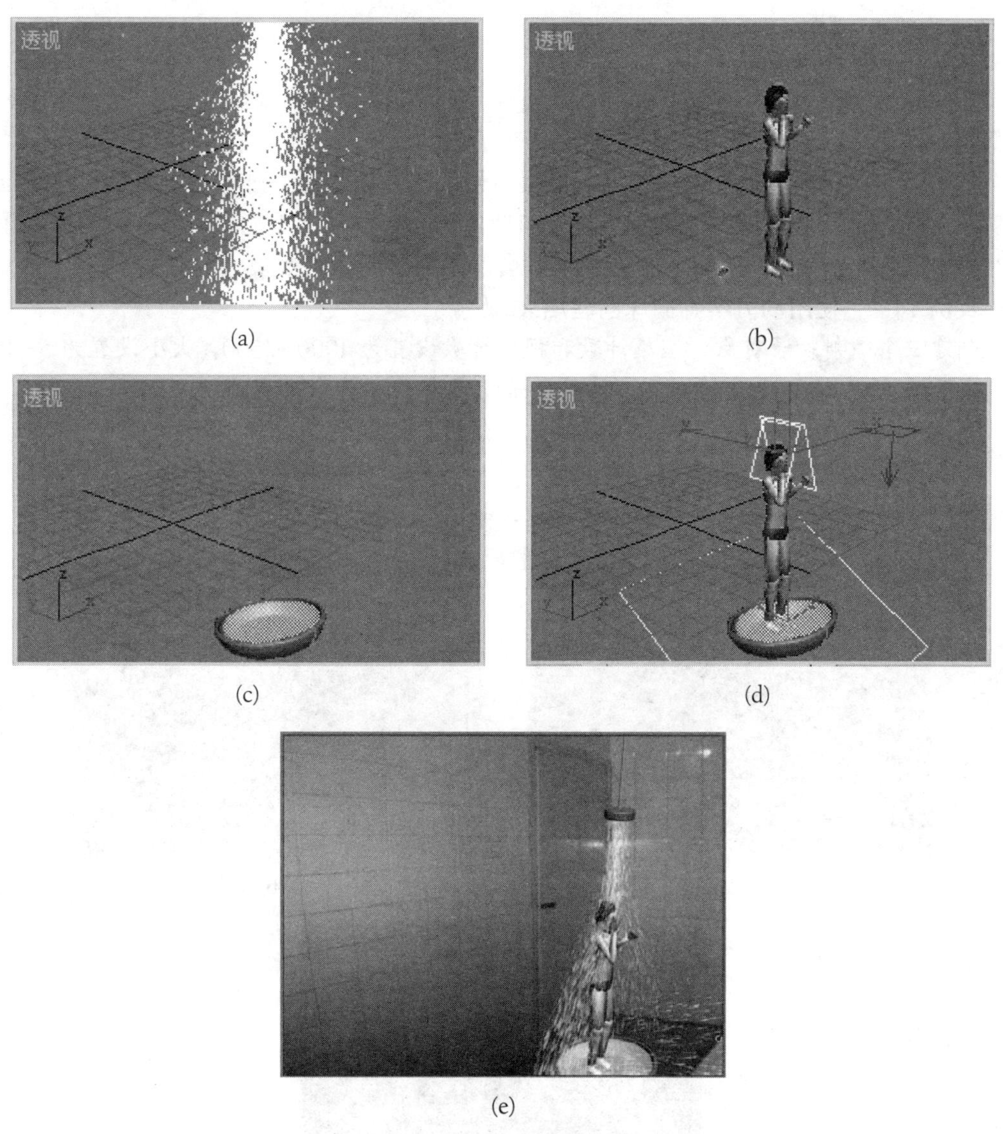

(a)　(b)　(c)　(d)　(e)

图 14-6　创建洗澡动画

创建一个二足角色对象。二足角色对象的三角裤设置为蓝色，头发用一个黑色半球做成，其他部位设置为肉色。移动手臂，做成洗澡姿势，如图 14-6(b)所示。

创建一个洗澡盆。在洗澡盆内创建一个切角圆柱体，并给切角圆柱体赋标准材质，调整漫反射颜色、不透明度和自发光颜色来制成澡盆中的水，如图 14-6(c)所示。

创建三个导向板，两个置于头和肩的部位，另一个放置在脚盆底部。调节导向板的角度和参数，出现适当角度和数量的反射粒子，如图 14-6(d)所示。

创建一个重力空间扭曲对象。将三个导向板和重力空间扭曲对象都绑定到粒子对象上。

创建一个切角圆柱体做淋浴头。

渲染输出动画。播放动画，可以看到水淋到头上和肩上后会向周围溅开。落到洗澡盆中的水也会溅出来。第 90 帧的画面如图 14-6(e)所示。

14.3.2　导向球导向器

导向球导向器包括动力学导向球、泛方向导向球和导向球。这三种导向器的作用和操作都基本相同。

导向球导向器都是以导向球的球面做反射器的，导向球内、外侧均具有反射作用。如果粒子系统包含在导向球内，则粒子被导向球内侧反射，粒子不能射出球外。如果粒子系统在导向球外，则粒子被导向球外侧反射，会产生粒子四溅的效果。

实例 14-7　使用动力学导向球创建焰火。

创建三个喷射粒子对象。渲染计数和视口计数设置为 1000~1500，大小设置为 5~15，速度设置为 5~10，变化设置为 10，计时开始设置为 50，寿命设置为 50~60。

创建三个动力学导向球空间扭曲对象，均使用默认参数。

单击主工具栏中的“绑定到空间扭曲对象”按钮，分别将三个粒子对象绑定到三个动力学导向球上。粒子对象置于导向球正上方，如图 14-7(a)所示。

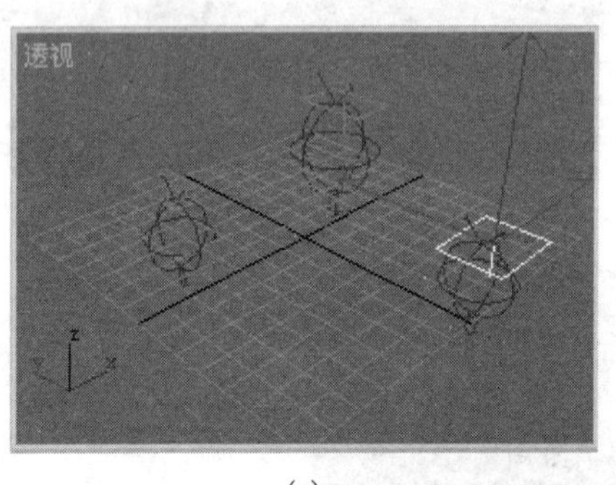

(a)

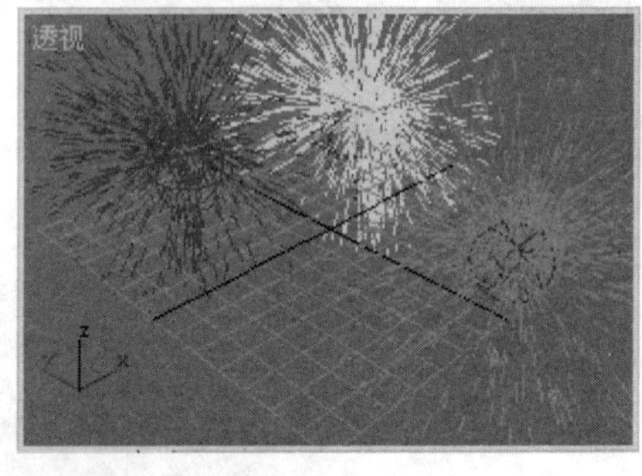

(b)

(c)

图 14-7　使用动力学导向球创建焰火

给每个粒子对象赋标准材质。三个粒子对象的自发光颜色和漫反射颜色分别设置为红、绿、黄，高光级别设置为 900，如图 14-7(b)所示。

创建一个重力空间扭曲对象，使用默认参数。将三个粒子对象都绑定到同一个重力空间扭曲对象上。

指定一个背景贴图。渲染输出动画，范围为 50~100。最后一帧的画面如图 14-7(c)所示。

14.3.3　通用导向器

通用导向器包括通用动力学导向器、通用泛方向导向器和通用导向器。这三种导向器的作用和操作都相似，都可以指定一个可渲染场景对象做导向器。

操作步骤如下。

(1) 创建一个通用动力学导向器，选择适当参数。

(2) 创建一个粒子系统，选择适当参数。

(3) 创建一个可渲染场景对象。

(4) 选定通用动力学导向器，单击主工具栏中的“绑定到空间扭曲对象”按钮。

(5) 选定通用动力学导向器，单击参数卷展栏中的“拾取对象”按钮，单击场景中一个可渲染场景对象，就能将该对象创建成导向器。

实例 14-8　使用通用动力学导向器创建喷泉。

创建一个喷射粒子对象。渲染计数设置为 10000，大小设置为 8。将其旋转 180°，使粒子朝上喷射。

创建一个圆锥体，锥尖朝下。

创建一个圆形管状体。

将喷射粒子对象、圆锥体、圆形管状体三者的中心沿 Z 轴对齐。

创建一个通用动力学导向器，使用默认参数。

单击主工具栏中的“绑定到空间扭曲对象”按钮，按住鼠标左键不放，从导向器拖到粒子对象放开。

选定导向器，单击“属性”卷展栏中的“拾取对象”按钮，单击圆锥体。渲染后的效果如图 14-8(a)所示。

给粒子对象赋标准材质，不透明度设置为 50，漫反射颜色设置为白色，自发光颜色设置为白色。

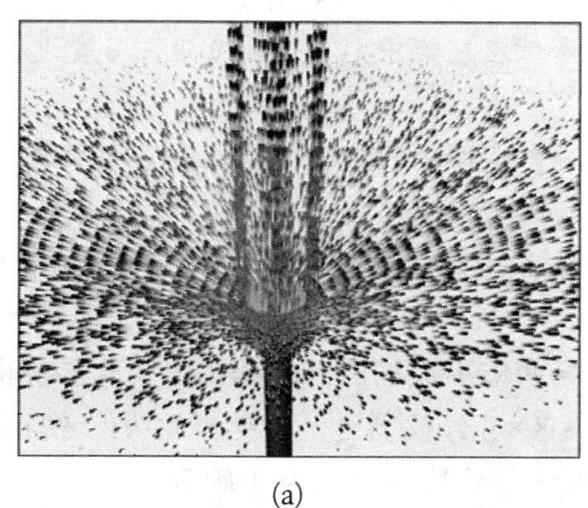

(a)

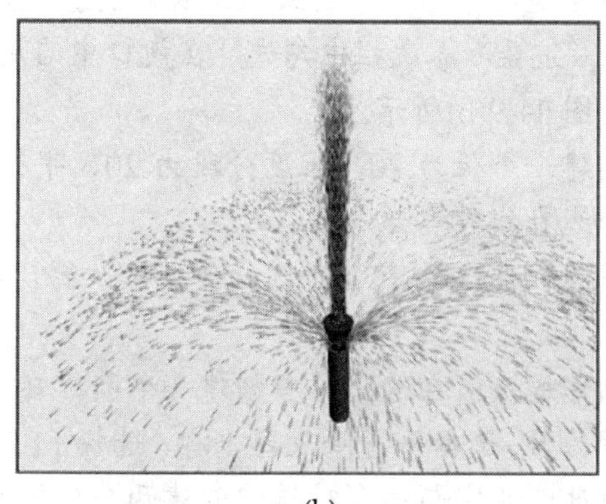

(b)

图 14-8　使用通用动力学导向器创建喷泉

(c)

续图 14-8

创建一个重力空间扭曲对象，强度设置为 0.4。

单击主工具栏中的“绑定到空间扭曲对象”按钮，按住鼠标左键不放，从粒子对象拖到重力空间扭曲对象。渲染后的效果如图 14-8(b)所示。

加入背景贴图，渲染后的效果如图 14-8(c)所示。

14.4　Geometric/Deformable(几何/可变形)空间扭曲

Geometric/Deformable(几何/可变形)空间扭曲用于控制三维对象的形态。

选择“创建”命令面板，选择空间扭曲子面板，单击列表框中的展开按钮，在列表中选择“几何/可变形”，这时就会打开相应的命令面板。

几何/可变形空间扭曲包括 FFD(长方体)、FFD(圆柱体)、Wave(波浪)、Ripple(涟漪)、Displace(置换)、Conform(一致)和 Bomb(爆炸)。

几何/可变形中各空间扭曲与相应修改器的功能相似。

Wave(波浪)空间扭曲可以使一切可变形对象按照空间扭曲发生变形。

实例 14-9　使用波浪空间扭曲创建蛇的运动。

首先要创建蛇。

在左视图中画一条曲线做蛇身，将直线段折分成 50 小段，如图 14-9(a)所示。

在“渲染”卷展栏中勾选“在视口中启用”和“在渲染中启用”复选框，厚度设置为 8，效果如图 14-9(b)所示。

创建一个长为 20、长度分段为 20、半径为 4、高度分段为 3 的圆柱体，并将圆柱体对接在曲线直线段端部。

对圆柱体选择 FFD（圆柱体）修改器，把圆柱体修改成锥形做蛇的尾巴，如图 14-9(c)所示。

制作蛇头：在透视图中创建一个圆，在 X 轴向缩小成椭圆；选择挤出修改器挤出，挤出数量为 8；选择平滑修改器平滑，选择 FFD 3 × 3 × 3 修改器进一步变形蛇头；适当调整大小和角度，将它与蛇身对接；创建两个球体做眼睛。效果如图 14-9(d)所示。

选择编辑网格修改器，将所有部分附加在一起。

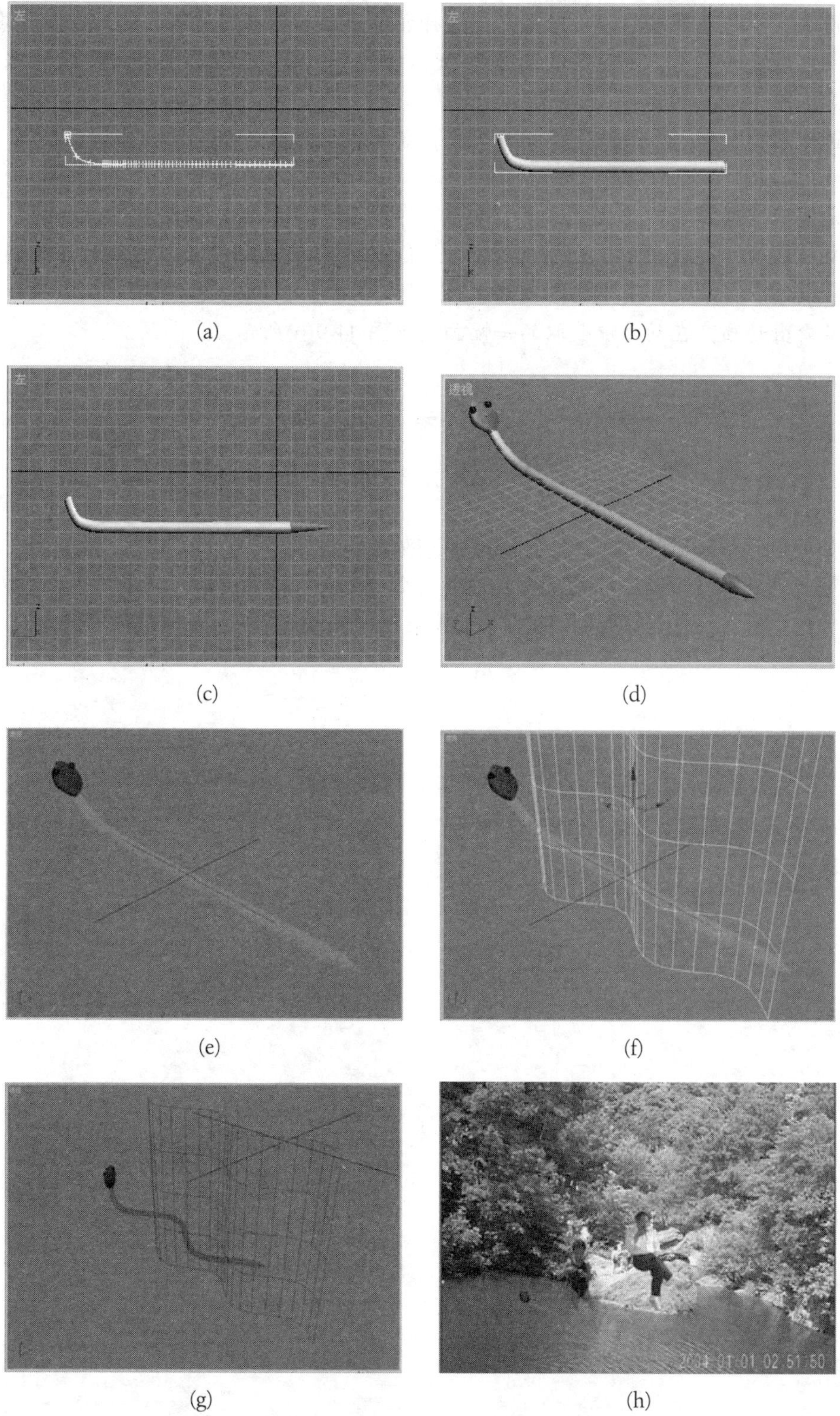

图 14-9　使用波浪空间扭曲创建蛇的运动

在修改器堆栈展开编辑网格修改器，选择元素子层级，选择蛇身，给蛇身赋标准材质，自发光颜色设置为黑色，不透明度设置为 30。给蛇头、眼睛贴图，蛇头为红色，眼睛为黑色，效果如图 14-9(e)所示。

在透视图中创建一个波浪空间扭曲对象，使用默认参数，将空间扭曲对象绕 Y 轴旋转 90°，如图 14-9(f)所示。

选定波浪空间扭曲，单击主工具栏中的“绑定到空间扭曲对象”按钮，将蛇拖到空间扭曲对象后放开，蛇就被绑定到空间扭曲上。注意调整波浪的波长，使得蛇产生的波浪数不要过多或过少。效果如图 14-9(g)所示。

渲染输出动画。在动画中截取的一幅画面如图 14-9(h)所示。

思　考　题

1. 空间扭曲有何作用？
2. 如何创建 Motor(马达)空间扭曲的旋转效果？
3. 如何创建 Gravity(重力)空间扭曲的重力效果？
4. 如何创建 Wind(风)空间扭曲的风吹效果？

第 15 章　二足角色与动画

Biped 是已经创建好的二足角色。适当选择参数，可以创建具有各种外形的二足角色和其他对象。

使用二足角色的足迹模式创建人的各种动画，既快捷又准确，可大大减少动画制作人员的工作量。

使用 Bones(骨骼)也可以创建角色动画，这时需要创建角色模型和骨骼系统，并将模型链接到骨骼系统上，虽然这个过程很费时，但是使用骨骼可以创建灵活多变的角色对象，特别是创建各种机械运动系统。

15.1　创建二足角色

选择 Create(创建)命令面板，选择 System(系统)子面板，单击 Biped(二足角色)按钮，设置参数后，在场景中拖动指针就能创建一个二足角色。

实例 15-1　创建一个冲浪动画。

创建一个球体，选择 FFD 修改器，将球体修改成一个冲浪板，如图 15-1(a)所示。

创建一个二足角色对象，适当移动和旋转人体手脚和腰，使人呈冲浪姿势，如图 15-1(b)所示。

选定二足角色，单击主工具栏中的“选择并链接”按钮，从二足角色拖到冲浪板。

单击“自动关键帧”按钮，移动和旋转冲浪板，做成冲浪动画。

(a)

(b)

图 15-1　冲浪动画

15.2　足迹动画

足迹是二足角色的重要工具，利用它可以很容易创建和编辑关键帧，并创建各种复杂的足迹动画。

15.2.1 使用足迹模式创建足迹

选定一个二足角色，选择“运动”命令面板，展开 Biped 卷展栏，单击 Footstep Mode(足迹模式)按钮，这时会自动增加 Footstep Creation(足迹创建)和 Footstep Operations(足迹操作)两个卷展栏。

在 Footstep Creation(足迹创建)卷展栏中有三个可以创建足迹的按钮。

Create Footsteps(append)(创建足迹：添加)：该按钮只有在已创建足迹后才会激活，单击该按钮，在场景中单击，可以添加足迹，添加的足迹接着原有足迹进行编号。

Create Footsteps(insert at current)(创建足迹：在当前帧)：单击该按钮，在场景中单击，可以为当前帧创建足迹。

Create Multiple(创建多个足迹)：单击该按钮，会根据所选二足角色的运动步伐，弹出对应对话框。通过该对话框可以自动创建指定数量的足迹。

创建的足迹方向是二足角色运动的方向。创建的足迹位置是二足角色脚着地的位置。足迹方向可以通过旋转改变，足迹位置可以移动。

足迹在激活之前是不能产生动画的。

15.2.2 创建足迹动画

足迹动画有 Walk(行走)、Run(奔跑)和 Jump(跳跃)三种方式。在创建足迹之前，要先选定一种足迹。创建好足迹后，单击 Footstep Operations(足迹操作)卷展栏中的 Create Keys for Inactive Footstep(为非活动足迹创建关键帧)按钮，就会为创建的足迹自动指定关键帧。单击“播放”按钮，就可播放足迹动画。

注意：如果要改变行走方向或步幅长度，就要旋转或移动足迹，移动和旋转足迹可以在为非活动足迹指定关键帧之前进行。如果已经为非活动足迹创建关键帧，则要先单击“足迹模式”按钮，才能改变足迹的方向和步幅长度。

实例 15-2 创建行走动画——上楼梯。

创建一个 L 形楼梯。

创建一个二足角色。旋转二足角色，使其正对楼梯，如图 15-2(a)所示。

选定二足角色。

选择“运动”命令面板，在 Biped 卷展栏中选择足迹模式。在“足迹创建”卷展栏中选择行走步伐方式，单击“创建多个足迹”按钮，打开“创建多个足迹”对话框，输入足迹数为 14，单击“确定”按钮，就可创建 14 个足迹，如图 15-2(b)所示。

单击“足迹操作”卷展栏中的“为非活动足迹创建关键帧”按钮，单击“播放”按钮，就能看到二足角色的行走动画。

为了便于移动足迹，要冻结整个楼梯。

选定二足角色，选择“运动”命令面板，在 Biped 卷展栏中选择足迹模式，将足迹按照顺序移到各级楼梯上。注意足迹方向要指向上楼的正方向，如图 15-2(c)所示。

渲染输出动画。播放动画，就能看到二足角色上楼的过程。第 150 帧的输出画面如图 15-2(d)所示。

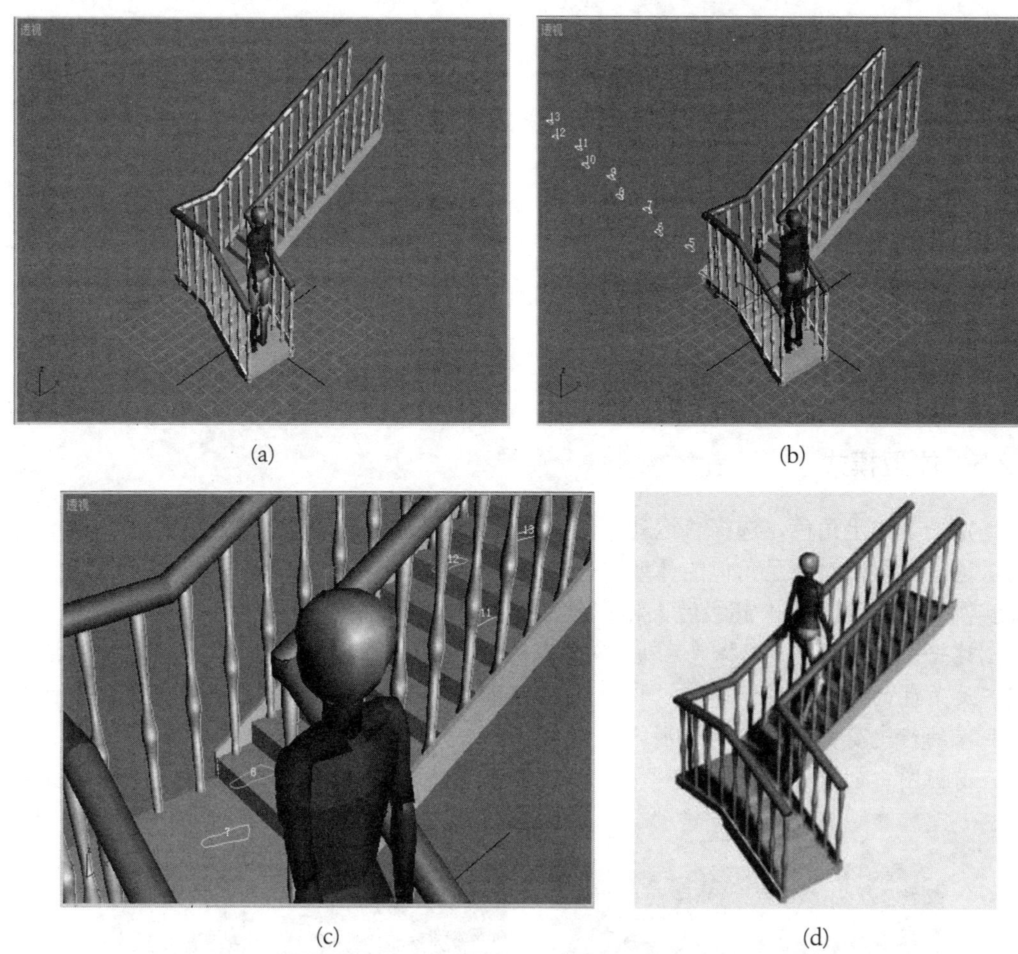

图 15-2　上楼梯

实例 15-3　创建奔跑动画。

创建一个二足角色。

选择“运动”命令面板，在 Biped 卷展栏中选择足迹模式。

在“足迹创建”卷展栏中选择 Run(奔跑)步伐方式，单击“创建多个足迹”按钮，设置足迹数为 10，其他为默认设置，单击“确定”按钮。

单击 Footstep Operations(足迹操作)卷展栏中的“为非活动足迹创建关键帧”按钮，单击“播放”按钮，就能看到二足角色奔跑。

这样创建的奔跑，看上去姿势不太优美，两腿拉开的距离太短，手的摆动幅度也太小，使用手动方法可以进行修改，其操作步骤如下。

选择“创建”命令面板。

单击“自动关键帧”按钮，将时间滑动块移到要修改姿势的关键帧，移动手和腿，改变原有姿势。图 15-3(a)所示的是修改姿势后的画面。

给场景加上一个背景，渲染后的效果如图 15-3(b)所示。

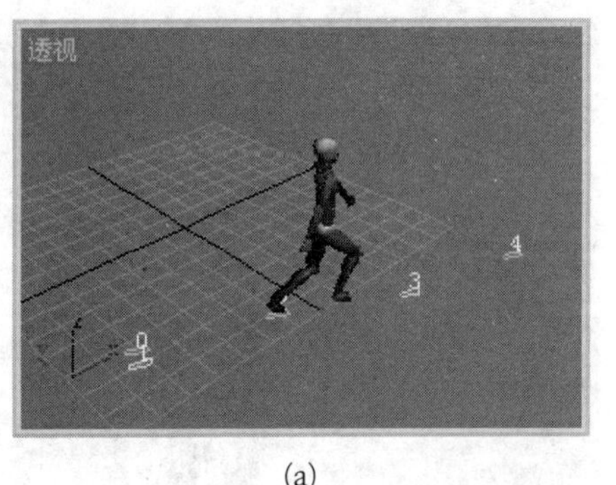

(a)

(b)

图 15-3　创建奔跑

15.2.3　体型模式

选定一个二足角色，选择“运动”命令面板，单击 Biped 卷展栏中的“体型模式”按钮，这时就可以对二足角色的体型进行修改。

实例 15-4　创建一个超级巨人和一个恐龙的骨骼。

创建一个二足角色，选择“运动”命令面板，单击 Biped 卷展栏中的“体型模式”按钮，选定二足角色的腿、手臂和颈部，单击“缩放”按钮，沿 Z 轴放大，就得到一个超级巨人。超级巨人的行走姿势如图 15-4(a)所示。

在前视图中创建一个平面，给平面贴一幅有恐龙的图像。创建一个二足角色，如图 15-4(b)所示。

(a)　(b)

(c)

图 15-4　创建一个超级巨人和一个恐龙的骨骼

选定二足角色，选择“运动”命令面板，单击 Biped 卷展栏中的“体型模式”按钮，展开“结构”卷展栏，设置颈部链接为 10，尾部链接为 15。通过旋转和缩放操作，将二足角色变形成恐龙骨骼，如图 15-4(c)所示。

15.3　创建二足角色复杂动画

使用足迹模式创建动画时，如果不加入身体各部位的动画，那么运动既单调又呆板。如何加入身体各部位的运动，如何创建更复杂的二足角色动画？下面就来介绍这方面的内容。

实例 15-5　通过设置步幅长创建大踏步行走。

大踏步行走要求跨的步子大，两手摆动幅度也大。

创建一个二足角色。

选择“运动”命令面板。

在 Biped 卷展栏中选择足迹模式。

单击“创建多个足迹”按钮，设置足迹数为 10，实际步幅长度为 30，单击“确定”按钮，这样就能迈出大步。

单击“为非活动足迹创建关键帧”按钮，激活所有关键帧。

单击“自动关键帧”按钮，二足角色每走一步，就设置一次手的摆动。

单击“播放”按钮，就能看到二足角色大踏步行走。

图 15-5(a)和图 15-5(b)所示的是截取的相邻两步的画面。

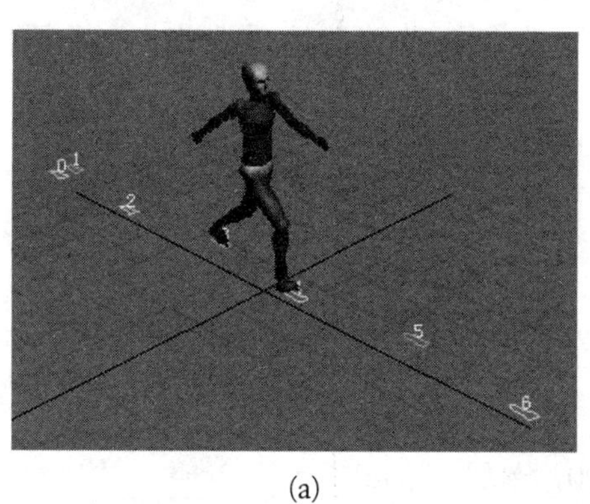

(a)

(b)

图 15-5　大踏步行走

实例 15-6　创建倒退行走的动画。

在足迹动画中，人的行走方向和步幅完全由足迹控制。因此，只要将每个足迹旋转一定的角度，就可以实现倒退。

创建一个圆桌。

创建一个二足角色。选择“运动”命令面板，创建 15 步足迹。旋转和移动足迹，使足迹环绕圆桌。旋转每一个足迹，使行走倒退，如图 15-6(a)所示。

渲染输出动画，其中的一帧如图 15-6(b)所示。

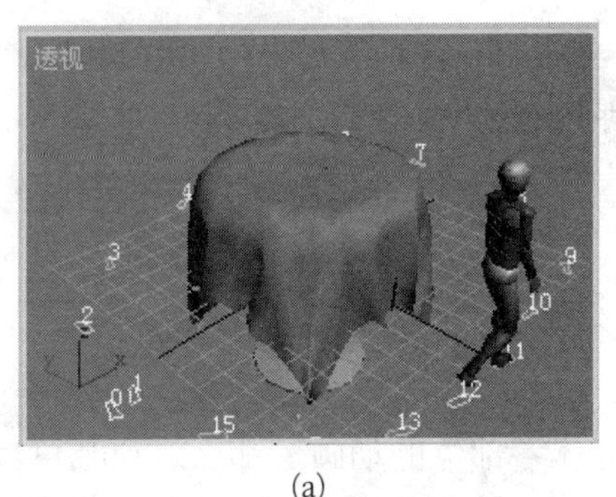

(a)

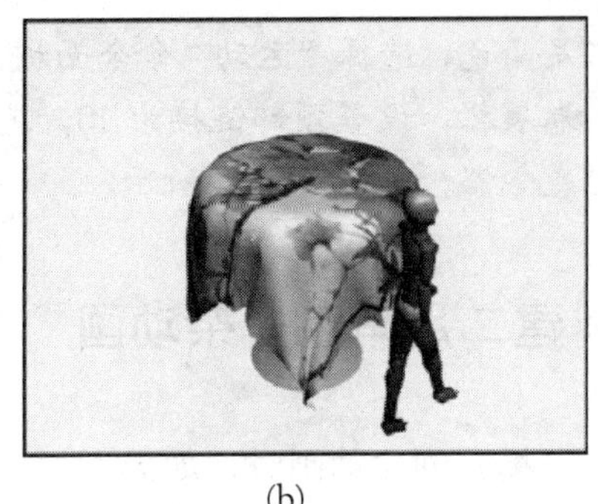

(b)

图 15-6　创建行走动画——绕圆桌倒退

15.4　Bones(骨骼)

Bones(骨骼)是由骨头单元和关节链接而成的骨架层级结构。

骨骼常用于蒙皮角色的控制，以创建各种复杂动画。

15.4.1　创建 Bones(骨骼)

选择 Create(创建)命令面板，选择 System(系统)子面板，单击“对象类型”卷展栏中的 Bones(骨骼)按钮，在视图中重复单击并拖动指针，就能产生一个骨骼对象，右击结束。这样创建的骨骼系统，属正向运动学系统。

创建结束后会自动生成一个小骨头单元，它可用于设置 IK 链。

IK Chain Assignment(IK 链指定)卷展栏中有如下参数。

Assign To Children(指定给子对象)：将选定的 IK 解算器(又称控制器)指定到除根骨头以外的骨头单元上。

Assign To Root(指定给根)：将选定的 IK 解算器指定给整个骨骼对象。

Bone Parameters(骨骼参数)卷展栏中有如下参数。

Width(宽度)：骨头的宽度。

Height(高度)：骨头的高度。

Taper(锥化)：骨头的锥化程度。

实例 15-7　创建不同大小的骨骼。

创建骨骼的宽度和高度均为 20，锥化为 100，如图 15-7(a)所示。

创建骨骼的宽度为 1 和高度为 20，锥化为 50，如图 15-7(b)所示。

创建骨骼的宽度和高度均为 10，锥化为 0，如图 15-7(c)所示。

Side Fins(侧鳍)：给骨头加入侧鳍。勾选“侧鳍”复选框，且设置侧鳍为默认值，效果如图 15-8(a)所示。

Size(大小)：鳍的高度。

Start Taper(始端锥化)：侧鳍开始端锥化的程度。勾选“侧鳍”复选框，并设置始端锥化，大小为 50，锥化为 90，效果如图 15-8(b)所示。

End Taper(末端锥化)：侧鳍结束端锥化的程度。勾选“侧鳍”复选框，并设置末端锥化，大小为 50，锥化为 90，效果如图 15-8(c)所示。

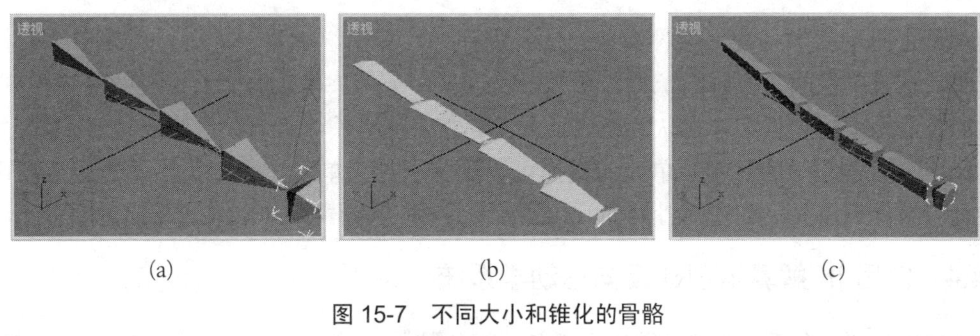

(a)　(b)　(c)

图 15-7　不同大小和锥化的骨骼

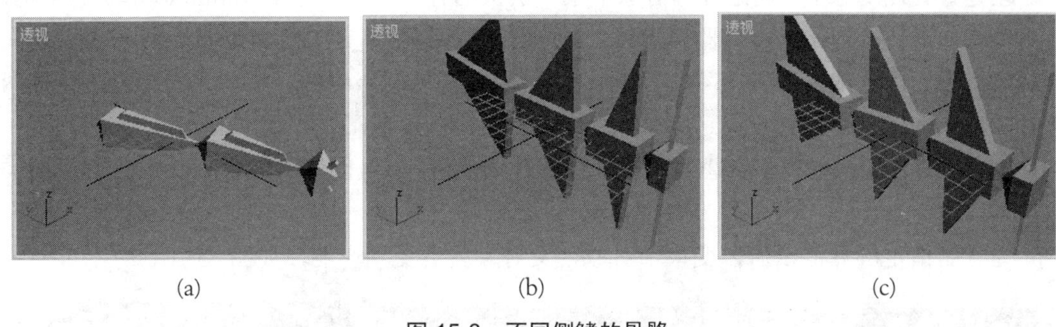

(a)　(b)　(c)

图 15-8　不同侧鳍的骨骼

Front Fin(前鳍)：给骨头加入前鳍，大小为 50，效果如图 15-9(a)所示。

Back Fin(后鳍)：给骨头加入后鳍，大小为 50，效果如图 15-9(b)所示。

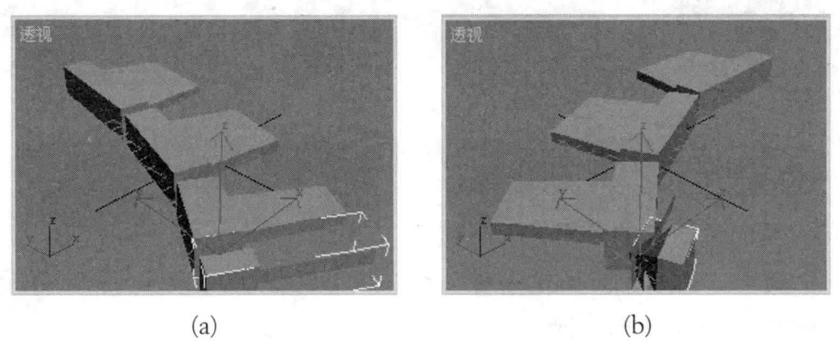

(a)　(b)

图 15-9　骨头的前鳍和后鳍

15.4.2　创建骨骼分支

将指针指向已有骨骼中的某一骨头单元后，单击并拖动指针，就能从该骨头单元末端轴心点处产生一个分支，如图 15-10 所示。

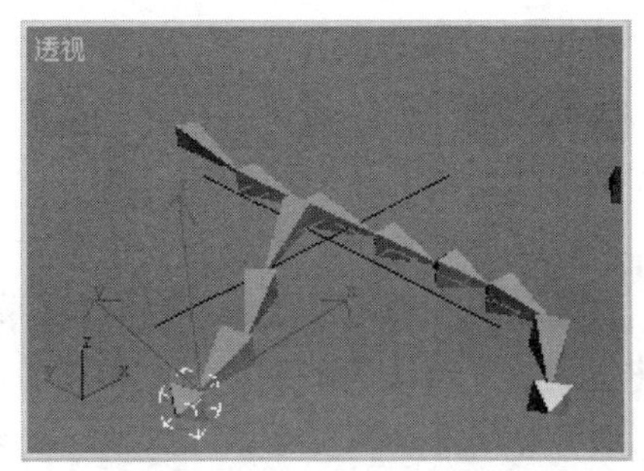

图 15-10　创建骨骼分支

15.4.3　正向运动学和反向运动学

在创建角色动画时，可以使用 Forward Kinematics(正向运动学)(简称 FK)和 Inverse Kinematics(反向运动学)(简称 IK)两种操作方式。

对于正向运动学系统，子骨头单元从父骨头单元那里继承位置、旋转和缩放等变换属性，即父骨头单元的变换影响子骨头单元，反过来，子骨头单元的变换不影响父骨头单元。创建的骨骼无须用户指定，默认为正向运动学系统。

反向运动学系统的父骨头单元的变换可以影响子骨头单元，子骨头单元的变换也可以影响父层级骨头单元。创建的骨骼必须由用户指定 IK 解算器，才能成为反向运动学系统。

15.4.4　使用 IK 解算器创建反向运动学系统

创建好骨骼对象后，选定骨骼对象中某一层级的骨头单元，选择 Animation(动画)菜单，将指针指向 IK Solvers(IK 解算器)下的 HI Solver(HI 解算器)，这时指针和选定骨头单元之间会产生一根虚线连线，如图 15-11(a)所示。拖至更低骨头层级中的骨头单元并单击，在这两个骨头单元之间就可创建反向运动学系统，如图 15-11(b)所示。

创建 HD Solver(HD 解算器)和 IK 肢体解算器的操作，与创建 HI Solver(HI 解算器)的类似。

为骨骼指定解算器以后，变换子对象，父对象就会受到影响，如图 15-11(c)所示。

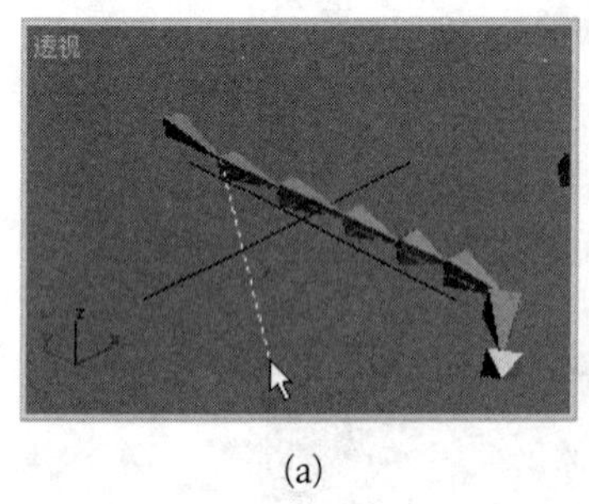

(a)

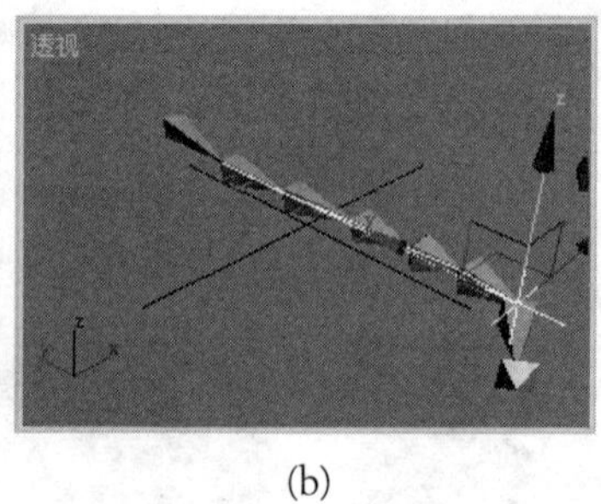

(b)

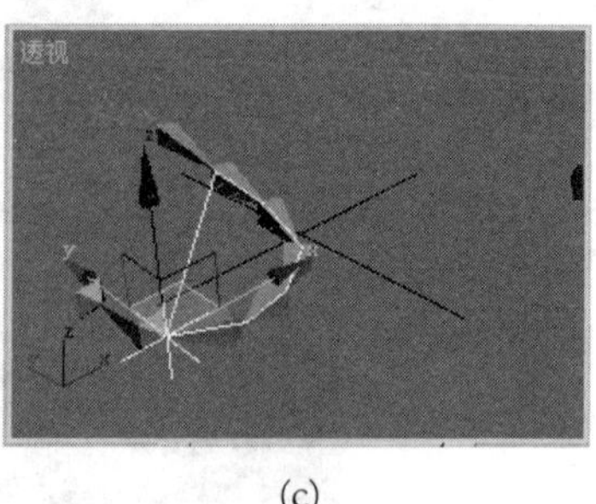

(c)

图 15-11　为骨骼指定解算器

实例 15-8　反向运动学的应用——机械手。

创建一个机械手：长方体为固定手臂，由三块骨头组成的骨骼为活动手臂，手掌上放有一个茶壶，如图 15-12(a)所示。

选定骨骼的根骨头，单击主工具栏中的“选择并链接”按钮，由根骨头拖到长方体放开，骨骼就与长方体建立了链接，长方体为父对象。

选定手掌，单击主工具栏中的“选择并链接”按钮，由手掌拖到骨骼的小骨头放开，骨骼就与手掌建立了链接，骨骼为父对象。

选定根骨头，选择“动画”菜单，将指针指向 IK 解算器下的 HI 解算器后单击，整个骨骼就被创建成反向运动学系统。

将时间滑动块置于第 0 帧，单击“自动关键帧”按钮。

将时间滑动块置于第 80 帧，移动机械手活动臂的最后一块骨头，使活动臂抬起，这时整个活动臂及铁铲都会一起做相应的运动，如图 15-12(b)所示。

将时间滑动块置于第 100 帧，旋转手掌，茶壶被倒出并下落，如图 15-12(c)所示。

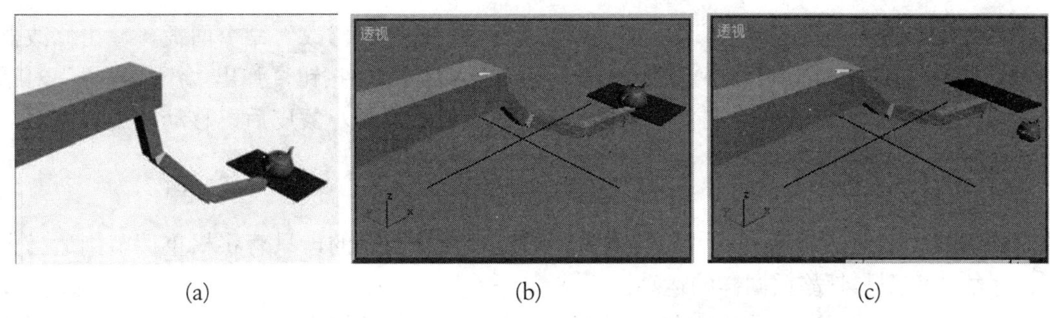

(a)　　(b)　　(c)

图 15-12　反向运动学的应用——创建机械手

15.4.5　渲染骨骼

选定要渲染的骨骼对象或骨头单元，对其右击，弹出快捷菜单，选择 Properties(属性)命令，在 General(通用)标签中勾选 Render(可渲染)复选框，单击“确定”按钮。

渲染整个骨骼对象后的效果如图 15-13(a)所示。

渲染其中两个骨头单元的效果如图 15-13(b)所示。

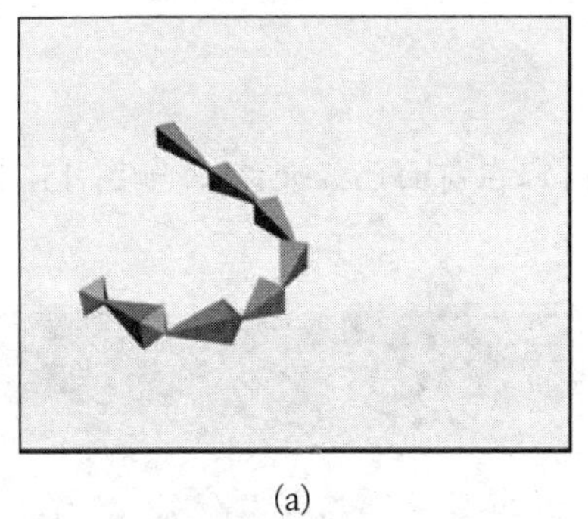

(a)

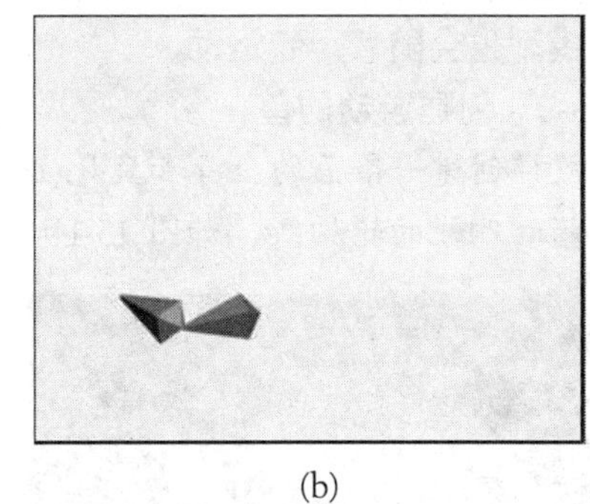

(b)

图 15-13　渲染骨骼

15.4.6　制作角色动画

要制作角色动画，需要制作角色的模型和角色的骨骼，将骨骼和模型链接在一起，骨骼运动时，模型就会跟着一起运动。模型和骨骼的链接方式分为直接链接(又称刚性链接)方式和蒙皮链接方式两种。

1.直接链接(刚性链接)

创建好模型及与模型相仿的骨骼系统，选定模型中的一个对象，单击主工具栏中的“选择并链接”按钮，将指针指向模型对象后，再拖向对应骨头单击。逐一重复上述操作，将整个模型中的对象与对应骨头链接起来。

与骨骼进行直接链接的模型可以是采用任意方法创建的对象，如基本几何体、放样对象、布尔运算对象、封闭曲面等。

若创建反向运动学系统的角色动画，则还要对骨骼系统指定 IK 解算器。

2. 骨骼蒙皮

使用封闭曲面创建模型，并创建对应的骨骼系统。

将骨骼装进模型的对应封闭曲面中，选定模型，选择“修改”命令面板，单击修改器列表框的展开按钮，选择 Skin(蒙皮)修改器，单击 Add(添加)按钮，弹出“添加对象”对话框，选择所有骨骼，单击“选择”按钮，就可完成蒙皮操作。蒙皮后，移动或旋转骨骼，模型会发生相应的运动。

3. 调节权重

骨骼蒙皮以后，骨骼对模型的影响力是通过权重来控制的，只有将权重调节到适当大小，才能让模型与骨骼做同样的运动。

控制影响力的封套范围框由红色框和棕色框组成。红色框内为完全控制区，棕色框内为控制衰减区，从红色框到棕色框，影响力逐渐衰减至零，棕色框以外完全不受影响。

选定表皮，选择“修改”命令面板，单击“编辑表皮”按钮，在面板内的骨骼框中选定要编辑的骨骼(选定后呈蓝色显示)，这时骨骼外会出现体现影响力的封套。指向封套的适当位置后，指针会变成空心十字形。这时拖动鼠标就能改变封套的大小，也可拖动封套上的控制点来改变封套大小。

4. 创建角色动画

创建好模型和骨骼后，通过蒙皮修改器，可以将模型和骨骼结合成一个整体。移动或旋转骨骼，模型也会随着一起运动。

实例 15-9　创建游动的鱼。

用 UV 放样创建一条鱼的鱼身和鱼尾(这个内容在前面已经介绍)，如图 15-14(a)所示。

画出背鳍和侧鳍的轮廓线，如图 15-14(b)所示。

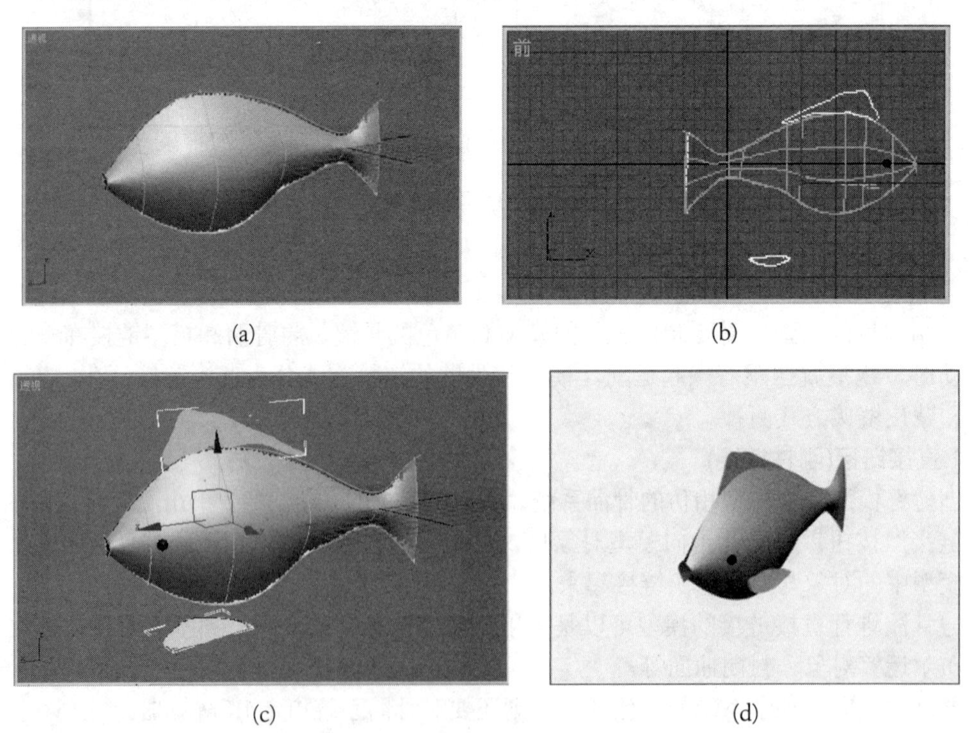

(a)　(b)　(c)　(d)

图 15-14　创建鱼的模型

选择挤出修改器，将背鳍和侧鳍挤出 5 个单位，如图 15- 14(c)所示。

创建两个黑色球体做鱼的眼睛。

调整鱼的背鳍、侧鳍和眼睛，得到鱼的模型，如图 15-14(d)所示。

将指针对准鱼身并右击，在快捷菜单中选择“转换为可编辑网格”命令，将鱼身转换成可编辑网格对象。

选择顶点子层级，将鱼尾编辑成燕尾形。

将鱼身、背鳍、侧鳍附加成一个对象。

选定鱼身和鱼眼睛，将其组合成组。

对鱼的面子层级进行贴图。渲染后的效果如图 15-15(a)所示。

创建骨骼。调整骨骼大小，使之刚好与鱼体模型一致，如图 15-15(b)所示。

选定鱼体模型，选择蒙皮修改器，单击“添加”按钮，将所有骨骼添加到列表中。本实例中共创建了六块骨骼，只要移动第五块骨骼。左、右移动第五块骨骼，就可以看到鱼尾的摆动。鱼尾摆动的一帧画面如图 15-15(c)所示。

指定一幅有水面的背景贴图。

给鱼指定雾效果，雾的颜色与背景贴图的颜色相近，不勾选“雾化背景”复选框，这样能产生鱼处在水下的视觉效果，而背景又与真实背景相同，如图 15-15(d)所示。

创建鱼游动的动画。播放动画，可以看到鱼在水下游动。

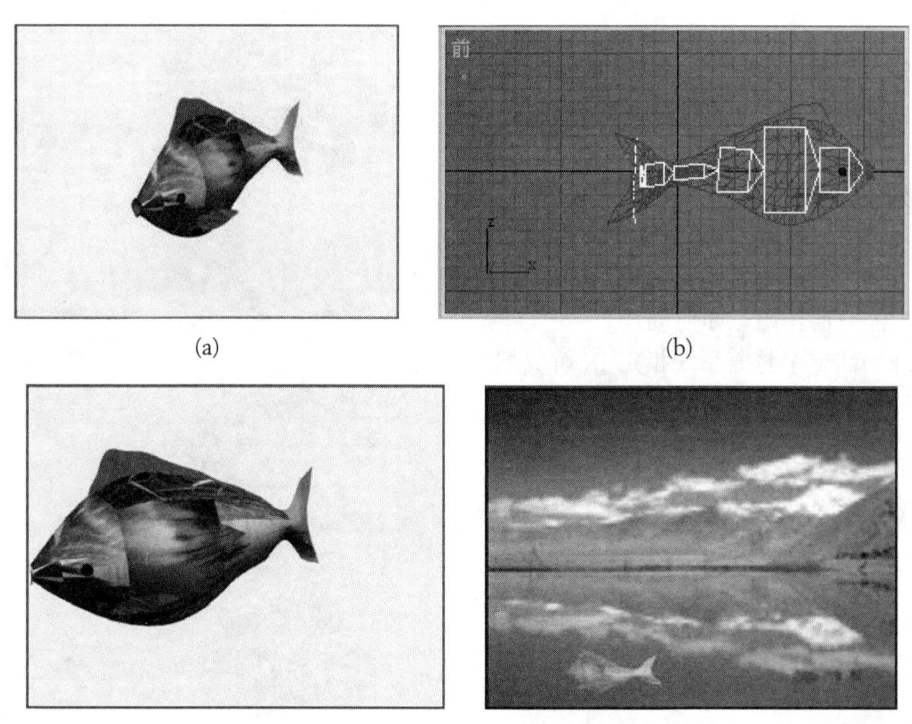

(a)　(b)

(c)　(d)

图 15-15　创建鱼游动的动画

将整条鱼复制两条，这时动画也被一起复制。

选定复制的鱼，选择“动画”菜单，选择“删除选定动画”命令，就会删除复制鱼的动画。

重新给复制的鱼创建动画。

渲染输出动画。图 15-16(a)所示的是第 50 帧渲染输出的画面。

播放动画，可以看到三条鱼在水下嬉戏游动。图 15-16(b)所示的是播放时截取的一幅画面。

(a)

(b)

图 15-16　复制鱼和动画

思　考　题

1. 如何创建出二足角色的五个手指？
2. 如何创建出二足角色的尾巴？
3. 如何添加足迹？
4. 如何自动创建多个足迹？
5. 足迹可以移动和旋转吗？如何操作？
6. 如何才能改变行走角色动画中的步幅长度？
7. 骨骼有何作用？如何创建？
8. 如何给一个骨骼系统指定 IK 解算器？
9. 如何创建在分支的骨骼系统？
10. 骨骼可以渲染吗？如何才能渲染？

第 16 章　3ds max 实训

本章集中介绍了 16 个实例。这些实例有的较复杂，需要的制作时间较长，适合在实训或课程设计中完成。考虑到在实训或课程设计前已学过相关的基本知识，因此，实训中的实例只对难度较大的内容作详细介绍。在后期处理中，涉及其他多媒体软件的内容也未作说明，要了解这部分内容，可以参考彭国安主编的《多媒体应用技术》一书(武汉大学出版社，2011 年版)。

实训 1　象棋残局博弈——在露天体育场下棋

江湖八大象棋残局之一：火烧连营，如图 16-1 所示。

本实训要求制作一个大棋盘，制作 16 颗棋子，创建两个下棋的人。棋盘放在露天体育场中，由穿着红、黑衣服的两个人推着棋子在棋盘中下棋。

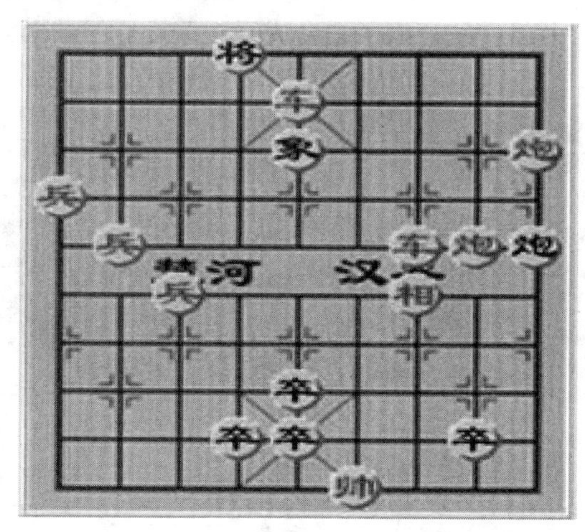

图 16-1　象棋残局：火烧连营

1. 制作棋盘

棋盘是使用样条线制作出来的，有横线、竖线、斜线、圆等。样条线在“渲染”卷展栏中的设置如图 16-2(a)所示。边框的宽度设为 2，其他横线、竖线的宽度设为 1，斜线、圆和半圆的宽度设为 0.5。在两阵之间有“楚河”和“汉界”四个字。将所有样条线和文字组成一个组。为了使棋盘更醒目，可给棋盘赋标准材质，自发光颜色设置为白色。背景是一个大体育场。制作的棋盘如图 16-2(b)所示。

2. 制作棋子

创建一个球体和两个长方体，使用布尔运算将球体的上、下均切去一部分，所得效果如图 16-3(a)所示。

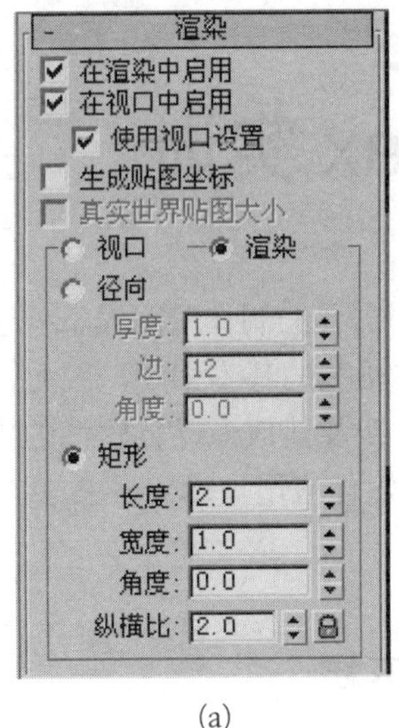

(a)

(b)

图 16-2　制作棋盘

创建棋子上的文字和圆环，将文字和圆环附加成一个图形，如图 16-3(b)所示。

选择挤出修改器，挤出成立体字，挤出数量为 3，如图 16-3(c)所示，文字分红、黑两色。

将文字与棋子对齐，并将文字与棋子组合成组，渲染后的效果如图 16-3(d)所示。

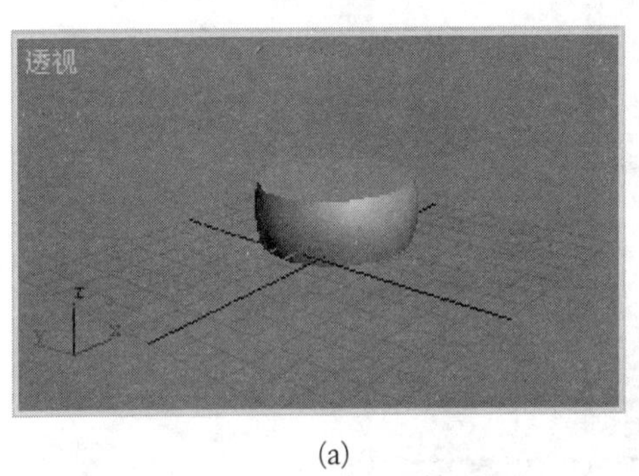

(a)

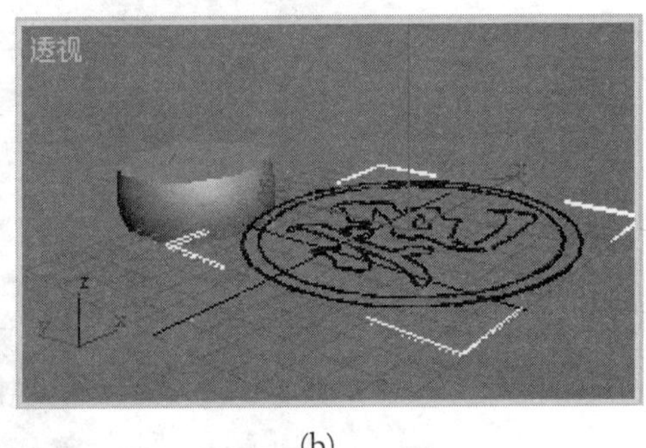

(b)

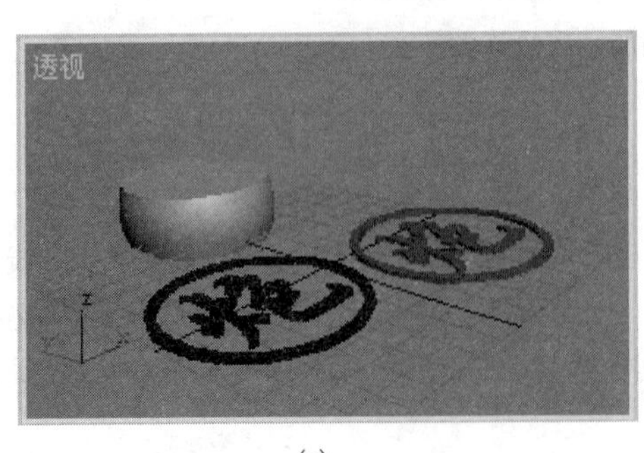

(c)

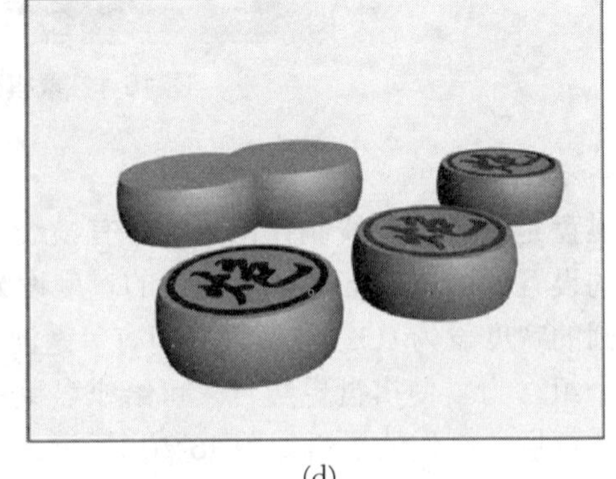

(d)

图 16-3　制作棋子

3. 制作下棋的人

制作下棋的人包括制作人和帽子。

帽子由四个圆锥体和一个球体构成，如图 16-4(a)所示。将四个圆锥体与球体对齐并组合成组。为了区分红、黑两方，两个人的帽子使用了不同颜色。

创建两个人，两个人的上身分别设置为红、黑两色。将帽子与头对齐，并将帽子链接到头上，头是父对象。渲染后的效果如图 16-4(b)所示。

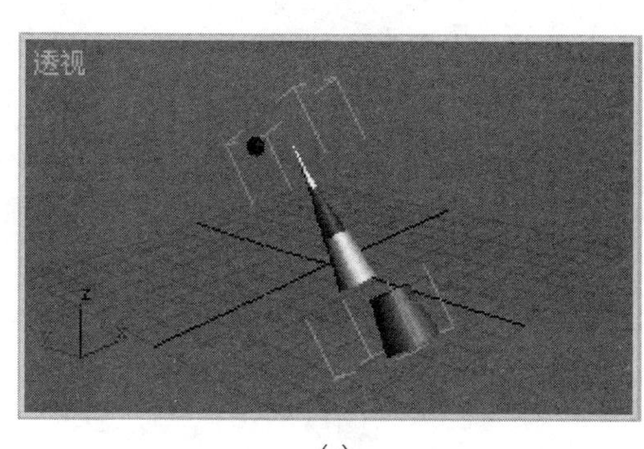

(a)

(b)

图 16-4　创建下棋的人

4. 创建下棋动画

将创建的棋子摆成残局，如图 16-5 所示。

图 16-5　棋子残局

整个动画按以下弈棋过程制作。

(1) 车三进四，象 5 退 7。

(2) 炮一平三，象 7 进 5。

(3) 炮二进四，卒 5 进 1。

(4) 帅四平五，炮 9 平 5。

(5) 帅五平四，炮 5 退 3。

(6) 炮三进二，将 4 进 1。

(7) 炮三退一，炮 5 退 1。
(8) 相三退五，卒 4 平 5。
(9) 炮二退一，将 4 进 1。
(10) 炮三退一，将 4 退 1。
(11) 相五进三，炮 5 平 7。
(12) 炮三进一，将 4 进 1。
(13) 兵九平八，象 5 进 7。
(14) 相三退一，象 7 退 9。
(15) 炮三平九，炮 7 平 6。
(16) 炮九退七，炮 6 进 8。
(17) 炮九进一，卒 8 平 7。
(18) 炮九平四，将 4 平 5。
(19) 炮二退八，卒 7 平 8。
(20) 炮二平一，将 5 平 6。
(21) 炮四平九，卒 8 平 7。
(22) 炮九平四，卒 7 平 8。
(23) 炮四平九，炮 6 退 2。
(24) 炮九退一，炮 6 进 2。
(25) 炮九进一，卒 8 平 7。
(26) 炮九平四。

棋子是由人推着移动的，图 16-6(a)所示的是下完卒 5 进 1 时显示的画面。每 50 帧下一步棋。51 步棋共制作了 51 个动画文件。51 个动画文件的链接采用了两个不同的 Authorware 程序。图 16-6(b)所示的程序为顺序结构。运行程序时，下棋从第一步到最后一步，按顺序自动完成。图 16-6(c)所示的为具有文本输入交互的分支结构程序，用户想走哪一步就走哪一步，只要输入顺序号后按回车键就行。

(a)

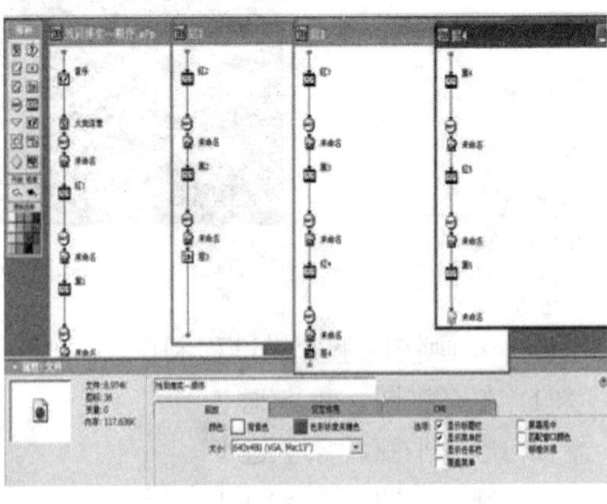

(b)

图 16-6 创建下棋动画

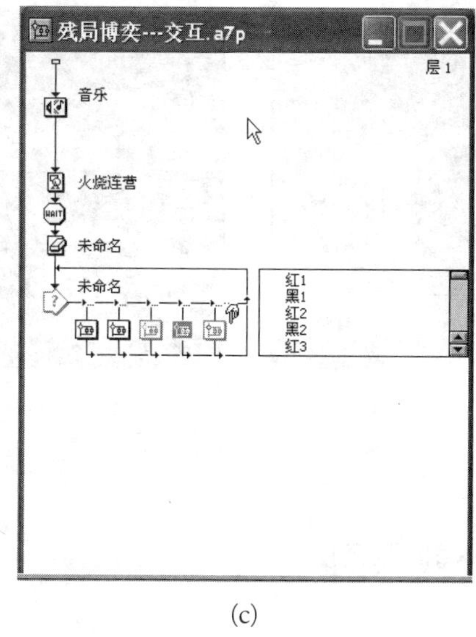

(c)

续图 16-6

实训 2　飞机表演动画

创建一架飞机。

创建一个超级喷射粒子对象。参数设置：轴偏离为 12°，扩散为 3°，发射停止、显示时限和寿命均为 100，粒子大小为 10，粒子类型为标准粒子中的恒定，粒子繁殖选择消亡后繁殖，繁殖数目为 1000。将粒子系统置于飞机尾部，并把粒子系统与飞机组合成组，如图 16-7(a)所示。

复制三个包含飞机的组。给每个组指定不同的漫反射颜色贴图。将四架飞机按尺寸定位在坐标轴上。从顶视图所看到的效果如图 16-7(b)所示。

单击“自动关键帧”按钮，通过移动和旋转飞机创建动画。在移动和旋转飞机时，要注意保持动作的对称性。渲染透视图，输出动画。

图 16-7(c)所示的是在动画中截取的第 70 帧的画面，图 16-7(d)所示的是在动画中截取的第 110 帧的画面。

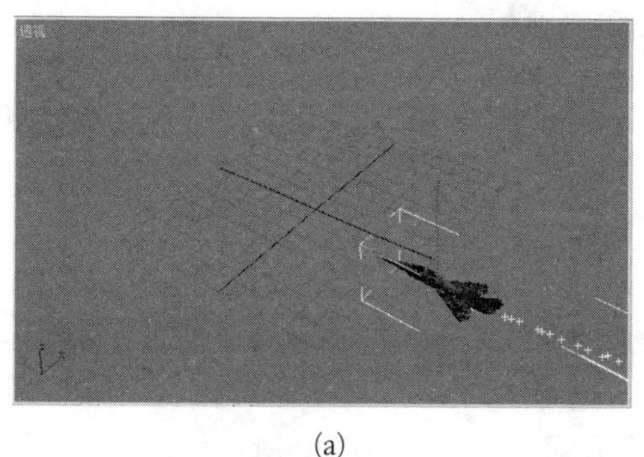

(a)

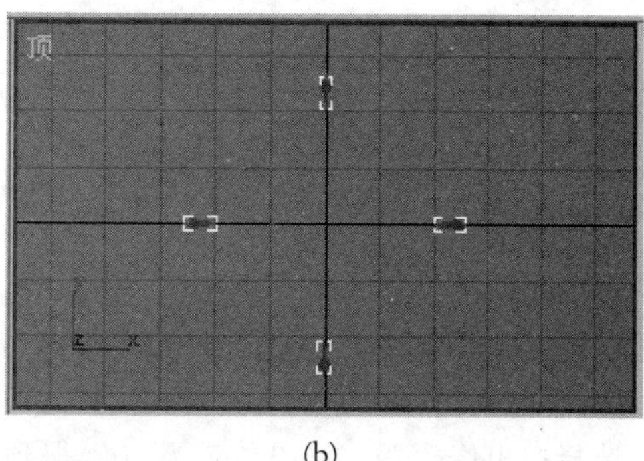

(b)

图 16-7　飞机表演动画

(c)

(d)

续图 16-7

实训 3 制作楼房室外效果图

1. 制作墙体

本实例将制作一栋楼房的正面效果图，如图 16-8 所示。根据楼房窗户的不同，将墙体分成五部分。五部分墙体中的墙体 2、墙体 4、墙体 5 具有相同的窗户和窗户布局，因此，只要制作墙体 2，墙体 4 和墙体 5 可以通过复制得到。

图 16-8 楼房墙体的划分

为了减少制作墙体的工作量，每部分墙体只要制作一个窗户，其余部分可以通过复制得到。

制作墙体 1。

在前视图中创建一个长为 210、宽为 32、高为 2 的长方体，如图 16-9(a)所示。

创建三条样条线，如图 16-9(b)所示。带圆弧的曲线是由正方形和圆通过布尔并集运算得到的。

选择挤出修改器，挤出数量为 10，得到三个几何体，如图 16-9(c)所示。

通过布尔相减运算可以得到未嵌窗户的墙体，如图 16-9(d)所示。

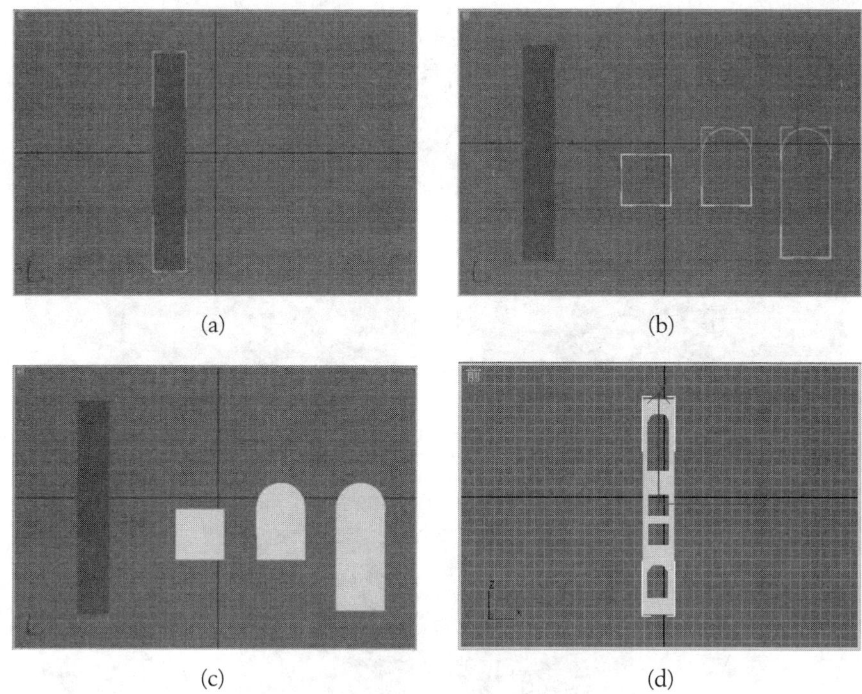

(a)　　(b)

(c)　　(d)

图 16-9　制作未嵌窗户的墙体

创建窗户窗根。

在墙体的窗户处画样条线做窗棂，如图 16-10(a)所示。

将所有窗棂附加成一个图形。选择“修改”命令面板，在“渲染”卷展栏中，勾选“在渲染中启用”和“在视口中启用”复选框，设置曲线为矩形，长和宽均为 0.5，如图 16-10(b)所示。其他窗户窗棂的制作方法与此相同。

(a)　　(b)

图 16-10　制作窗棂

制作窗户玻璃。

为了能够看到玻璃的效果，先在场景中临时指定一幅背景贴图。透过窗户能清楚地看到背景的景物，如图 16-11(a)所示。

创建一块大小与墙体相同的长方体置于墙体背面，如图 16-11(b)所示，这时可以看到窗户完全不透明。

给长方体赋标准材质，不透明度设置为 40，漫反射颜色设置为浅绿色，渲染后的效果如图 16-11(c)所示。这时透过窗户观看后面的景物，与透过玻璃看后面的景物具有相同的效果。

(a)

(b)

(c)

图 16-11 制作窗户玻璃

将墙体和玻璃组合成组。复制墙体和玻璃，将所有对象组合成组，就可得到整扇墙面，如图 16-12(a)所示。

创建长方体做窗户隔板，如图 16-12(b)所示。

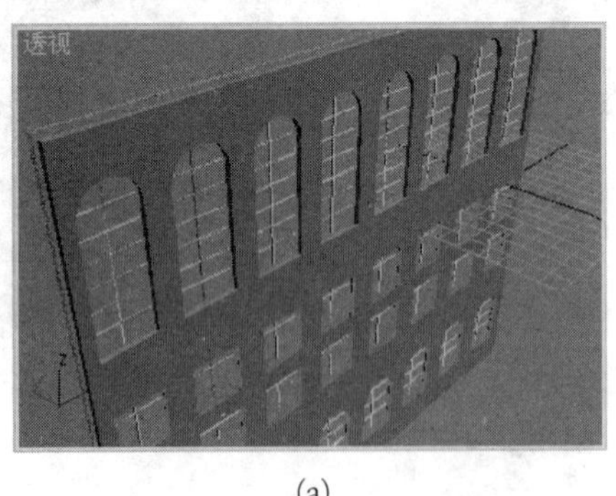

(a)

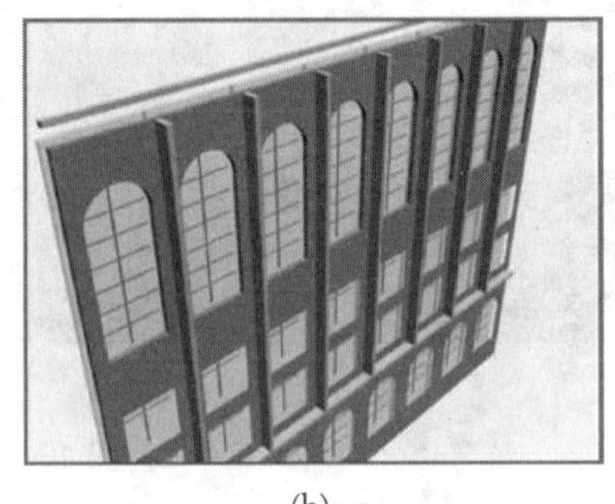

(b)

图 16-12 创建窗户隔板

创建外窗楣。

创建一个圆形管状体，使用布尔运算切去一半，就可得到一个半圆管。将半圆管移到窗户上方，复制 7 个，就可得到上部 8 个窗户的窗楣。再复制 8 个半圆管做一楼窗户的外窗楣，效果如图 16-13(a)所示。

将墙体与长方体进行布尔运算后得一楼墙体，如图 16-13(b)所示，并将一楼墙体设置为红色。

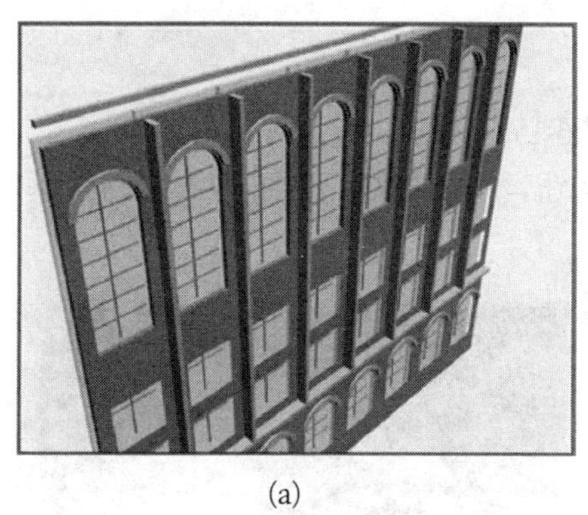

(a)

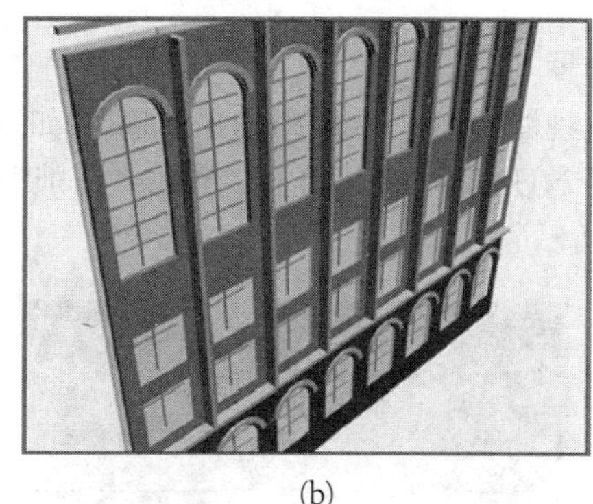

(b)

图 16-13　制作窗户玻璃和一楼墙体

其他墙体的制作过程与墙体 1 的制作过程基本相同。

2. 制作罗马柱

大楼大门前和一楼墙体旁的罗马柱由柱体、上端图案和下端基座三部分组成。

制作柱体。

创建一个大圆，圆心坐标 X、Y、Z 均为 0，半径为 100。创建一个小圆，圆心坐标 X、Y、Z 对应为 100、0、0，半径为 10，如图 16-14(a)所示。

将小圆的轴心点移到大圆圆心处，如图 16-14(b)所示。

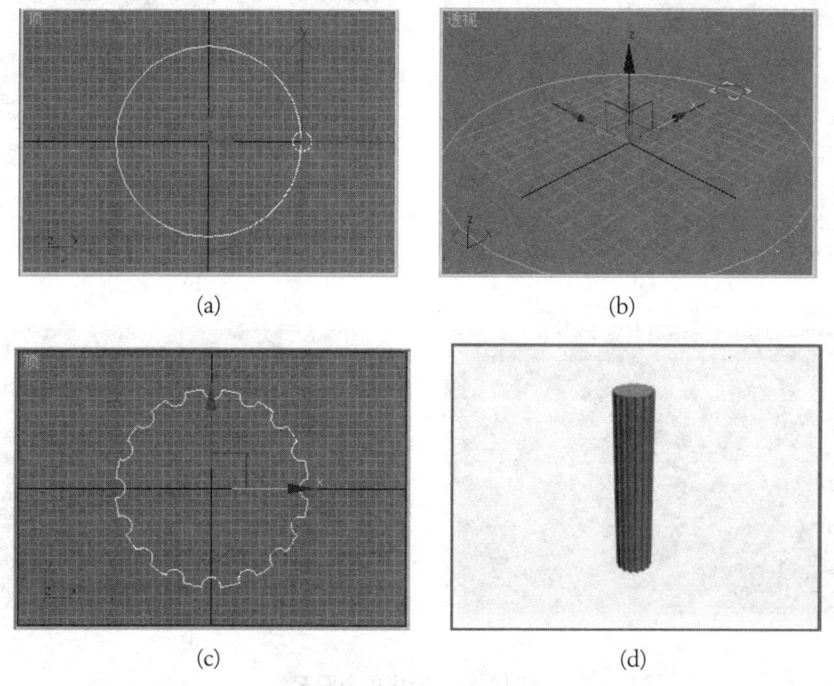

(a)　(b)

(c)　(d)

图 16-14　制作罗马柱柱体

旋转复制 15 个小圆，将所有圆附加成一个图形，使用布尔相减运算，得到图 16-14(c)所示的图形。

选择挤出修改器，设置挤出数量为 1000，挤出后就可得到罗马柱的柱体，如图 16 14(d)所示。

制作罗马柱基座。

在左视图中创建一条 NURBS 曲线，如图 16-15(a)所示。

打开 NURBS 创建工具箱，单击“车削”按钮，单击曲线，就可得到罗马柱基座，如图 16-15(b)所示。

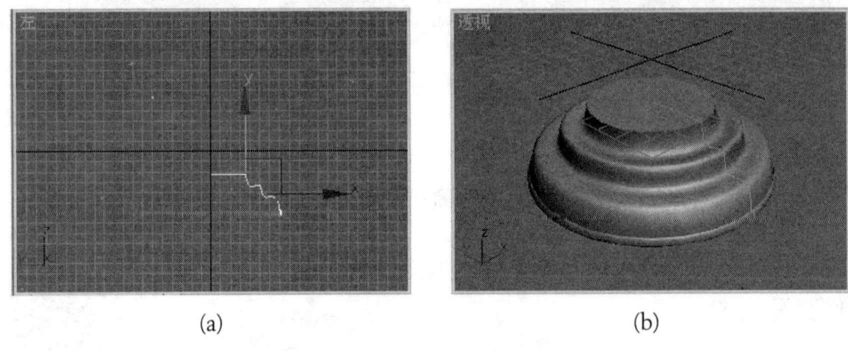

(a) (b)

图 16-15 创建罗马柱基座

制作罗马柱上端图案。

在顶视图中创建一条 NURBS 曲线，如图 16-16(a)所示。

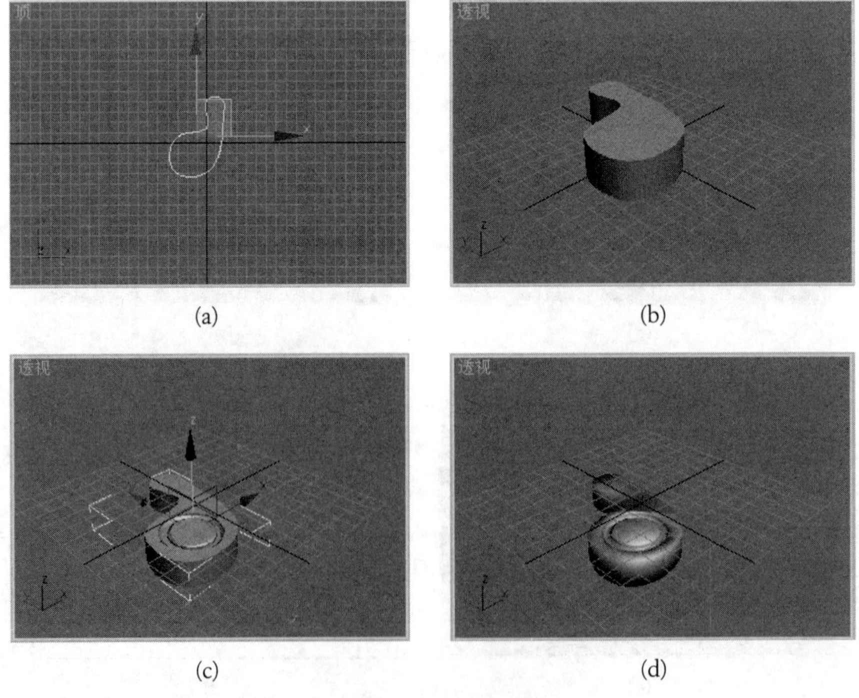

(a) (b)

(c) (d)

图 16-16 制作单个图案

选择挤出修改器，设置挤出数量为 20，挤出后的效果如图 16-16(b)所示。

创建两个切角圆柱体，分别与挤出对象进行布尔相减运算和布尔并集运算，效果如图 16-16(c)所示。

镜像复制一个，将两个对象进行布尔并集运算，得到一个对称对象。选择平滑修改器，勾选“自动平滑”和“禁止间接平滑”复选框，设置阈值为 180，效果如图 16-16(d)所示。

将单个图案绕 X 轴旋转 90°，并将轴心点沿 X 轴移动一段距离，如图 16-17(a)所示。

将单个图案旋转复制 13 个，效果如图 16-17(b)所示。

将图案做成两层，如图 16-17(c)所示。

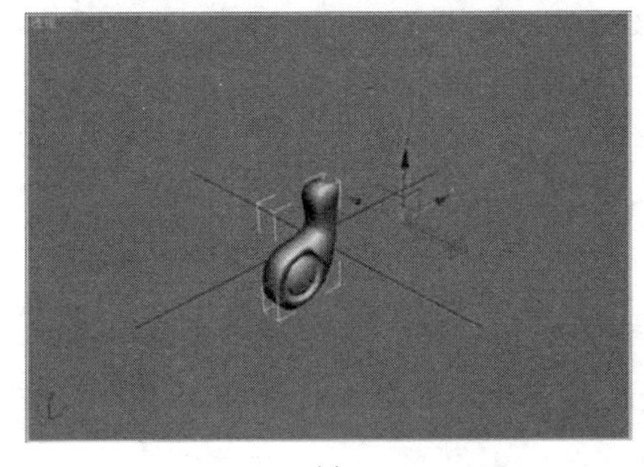

(a)

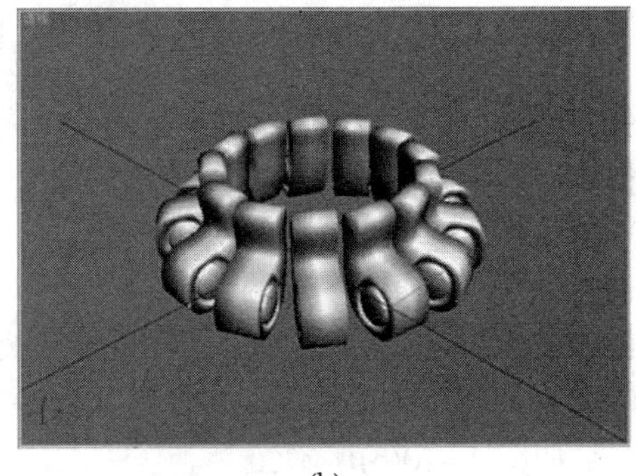

(b)

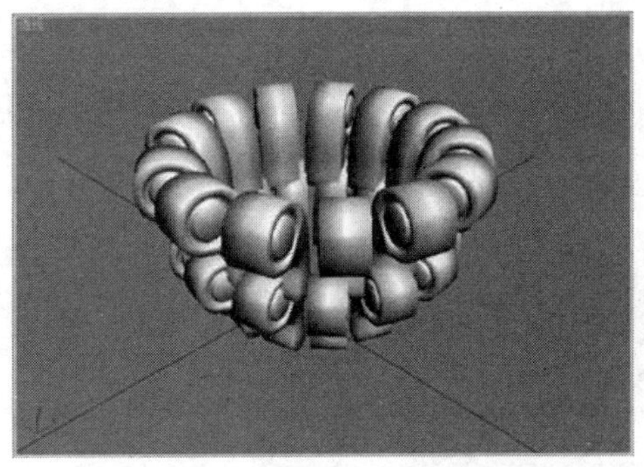

(c)

图 16-17 制作上端图案

将上端图案、柱体和基座对齐并组合成组，就可得到一根罗马柱。

给罗马柱赋建筑材质：模板选择用户定义，漫反射颜色贴图选择大理石，颜色 1 选择细胞贴图，颜色 2 选择斑点贴图。

渲染后的效果如图 16-18 所示。

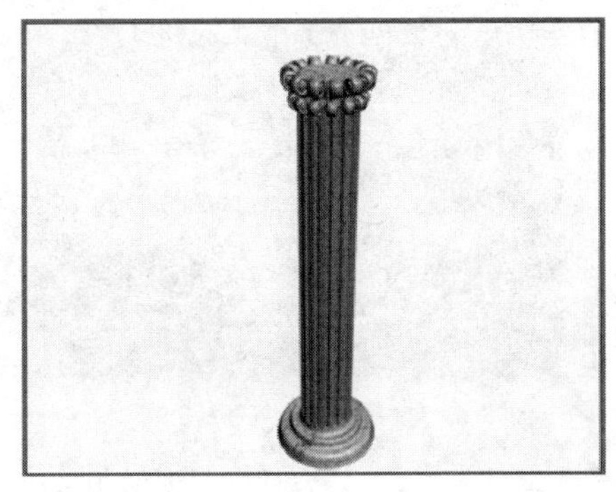

图 16-18 罗马柱

3. 创建屋顶装饰

创建一个三角形对象，如图 16-19(a)所示。通过与圆柱体和长方体的布尔相减运算，得到如图 16-19(b)所示的结果。

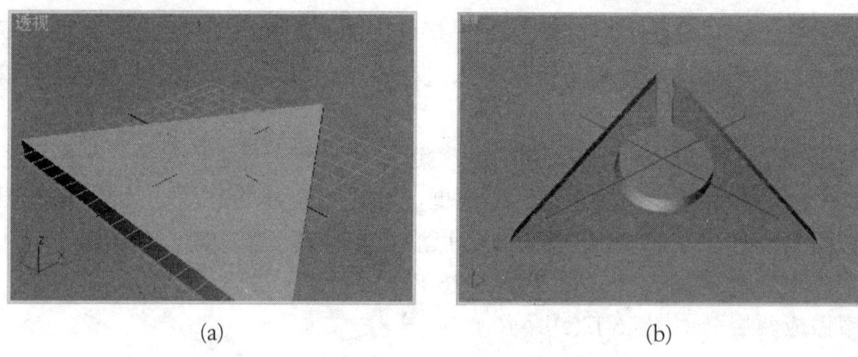

(a)　(b)

图 16-19　创建屋顶装饰

4. 创建大门前台阶顶及文本

创建一个圆柱体和三个长方体，用圆柱体和三个长方体进行布尔运算得台阶顶，如图 16-20(a)所示。

创建一个圆。

创建文本：信息工程学院。选择挤出修改器，设置挤出数量为 5，将文本挤出成立体字。

将文本与圆对齐。选定文本，选择路径变形(WSM)修改器，单击“拾取路径”按钮，设置参数如图 16-20(b)所示。

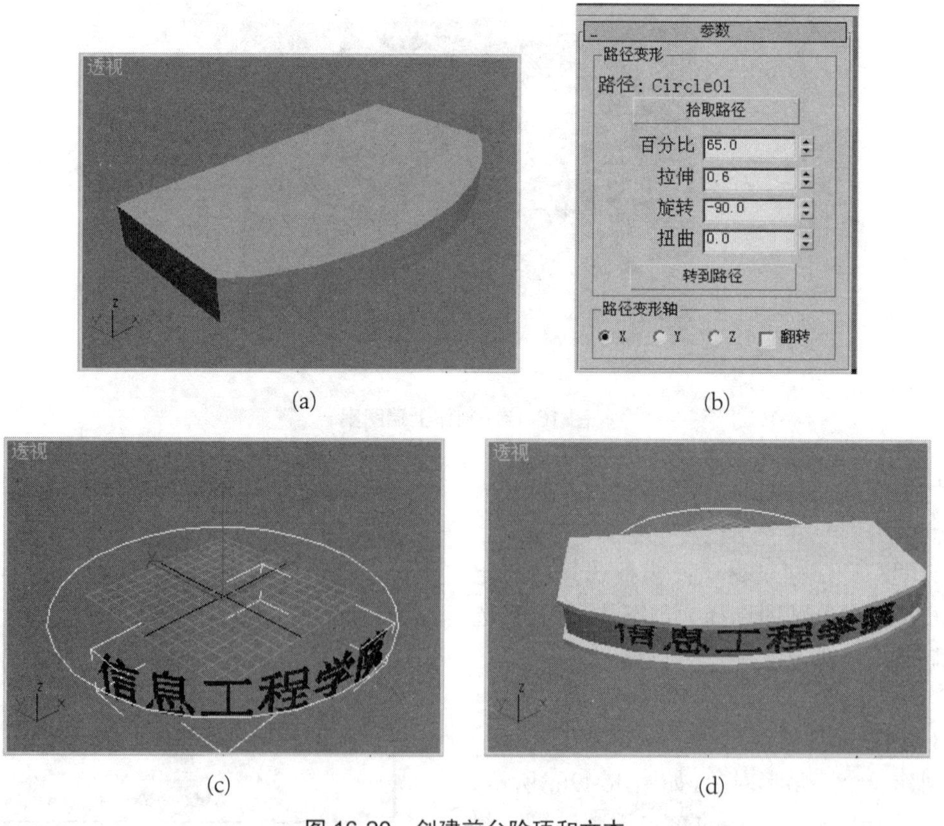

(a)　(b)

(c)　(d)

图 16-20　创建前台阶顶和文本

单击“转到路径”按钮，这时文本会按照曲线变形，如图 16-20(c)所示。

调整台阶顶的位置与角度，使之与文本对齐。

复制两块台阶顶做台阶顶的上、下边缘。创建的台阶顶和文本如图 16-20(d)所示。

大楼其他组成部分的创建比较简单，这里不再介绍。将创建的各组成部分合并起来，大楼就创建好了。

5. 创建灯光

在大楼右上方创建一个 IES 太阳光。太阳光强度为 8000，选择光线跟踪阴影。

6. 使用 Photoshop 进行后期处理

使用一个有云的位图文件做背景。使用 Photoshop 将人、汽车、树、花坛等景物拖入场景中。

实训 4　制作室内效果图

这个实例将创建由一间客厅、一间餐厅、一间卧室、一个卫生间、一个厨房、一个矩形阳台和一个弧形阳台组成的一整套生活用房。实际房间布局如图 16-21 所示。长度单位为米。房间高度为 3.2 米。客厅与室外、客厅与卫生间、客厅与卧室、厨房与餐厅之间均为单开简易门。客厅与矩形阳台之间有一个滑动塑钢玻璃门和一个固定塑钢玻璃窗。客厅与餐厅之间有中式门窗和艺术品橱窗。卧室与弧形阳台之间有一个双开玻璃门和一个固定玻璃窗。厨房和卫生间的外墙上各有一扇窗户。

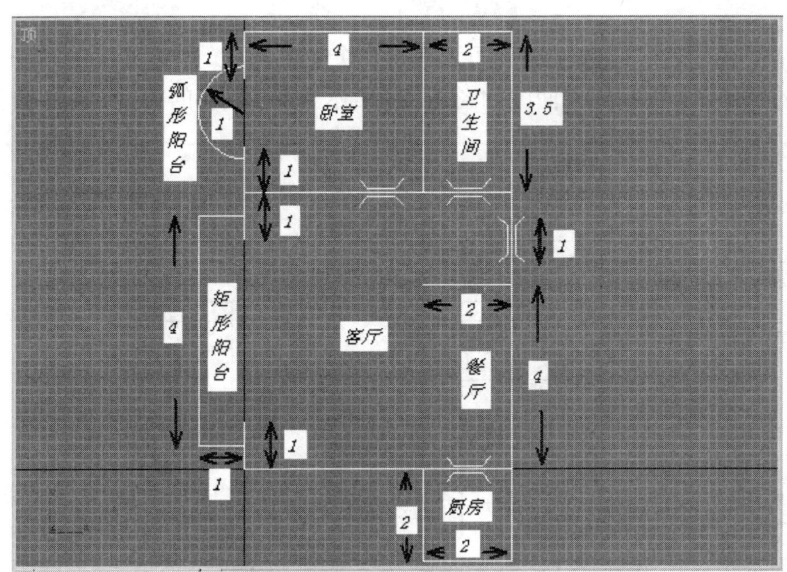

图 16-21　全套房房间布局图

1. 创建平面图

全套房的平面图可以使用 CAD 创建，然后导入 3ds max 中。导入 3ds max 中的图形属于可编辑样条线。对导入图形中的样条线进行轮廓操作，选择挤出修改器，挤出轮廓后的样条线就可做成墙体。如果图形比较复杂而不能直接进行轮廓操作，则需要先断开一些点后再进行轮廓操作。

1) 使用 CAD 创建平面图

打开 CAD，选择“格式”菜单，选择“单位”命令，就会打开如图 16-22 所示的“图形单位”对话框，在长度选区设置类型为小数，精度为 0，在插入比例选区设置用于缩放插入内容的单位为毫米。

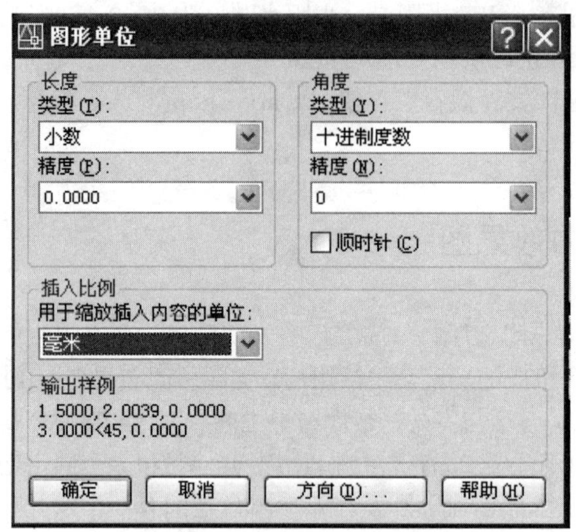

图 16-22　“图形单位”对话框

绘制有一间客厅、一间餐厅、一间卧室、一个卫生间、一个厨房、一个矩形阳台和一个弧形阳台的平面图。绘制的平面图如图 16-23 所示。保存制作的文件，文件类型选择.dwg。

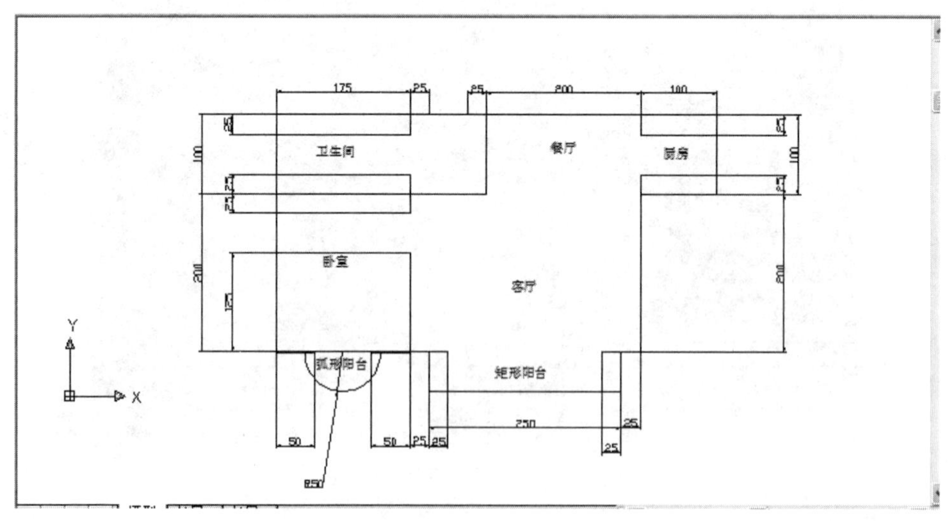

图 16-23　用 CAD 绘制的平面图

2) 导入.dwg 文件

打开 3ds max，选择“文件”菜单，选择“导入”命令，打开如图 16-24 所示的“选择要导入的文件”对话框，文件类型选择为.dwg，选定要打开的平面图文件，单击“打开”按钮，将指定的文件导入 3ds max 中。

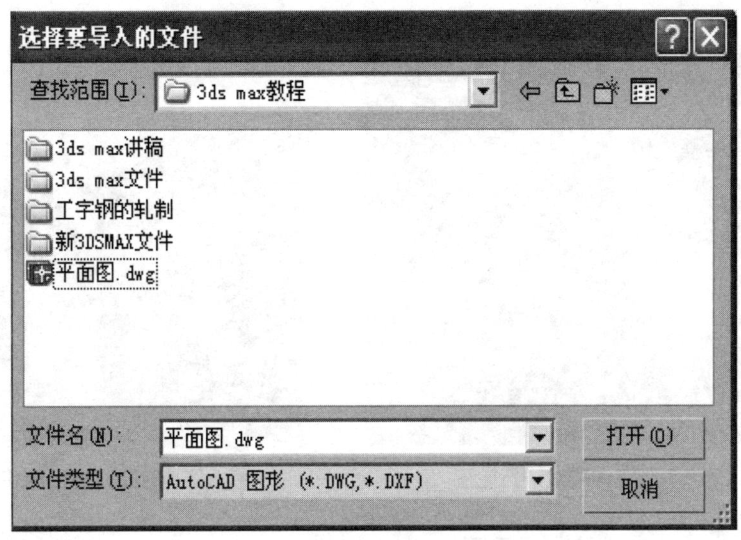

图 16-24　“选择要导入的文件”对话框

3) 重新编辑导入的图形

导入 3ds max 中的 CAD 图形属于可编辑样条线，样条线的各种编辑工具一般都可以用来编辑导入的图形。

本实例中的图形比较复杂，不能直接进行轮廓操作，通过键盘输入创建墙体时，也不能直接拾取，因此要先断开各连接点，使一条样条线只包含一条线段。

刚导入时的顶点分布如图 16-25(a)所示。断开所有交叉点后的图形如图 16-25(b)所示。

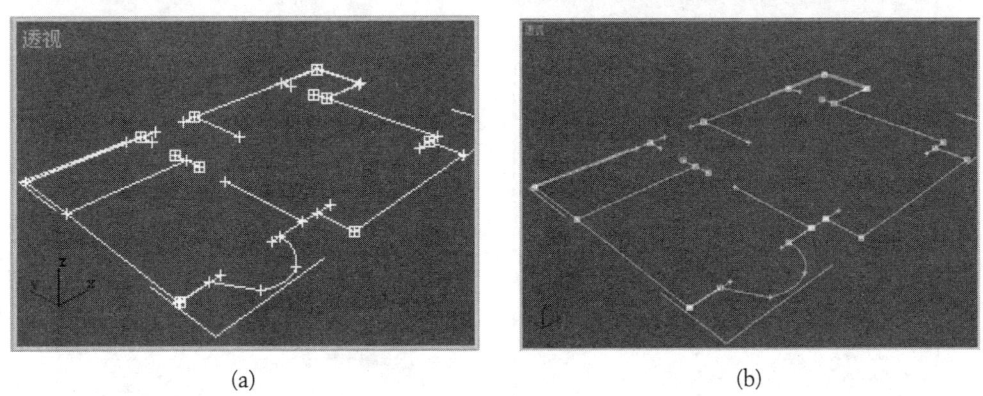

(a)　(b)

图 16-25　断开交叉点

4) 轮廓样条线

选定平面图，选择“修改”命令面板，展开修改器堆栈，选择样条线子层级，选定一条样条线，在“几何体”卷展栏中设置轮廓值为 5，单击“轮廓”按钮，创建样条线的一条轮廓线。对所有样条线进行轮廓。轮廓后所得图形如图 16-26 所示。

5) 挤出成墙体

选定所有样条线，选择挤出修改器，设置挤出值为 160，就可得到所有墙体，如图 16-27 所示。

图 16-26　对所有样条线进行轮廓

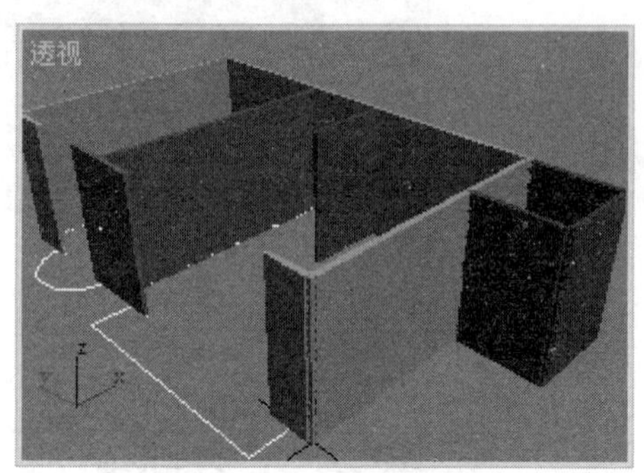

图 16-27　挤出成墙体

2. 直接在 3ds max 中绘制平面图

选择“自定义”菜单，选择“单位设置”命令，打开如图 16-28(a)所示的“单位设置”对话框。在显示单位比例选区选择“公制”选项，单位选择毫米。

单击“系统单位设置”按钮，打开如图 16-28(b)所示的“系统单位设置”对话框。将系统单位比例设置成 1 个单位=1.0 毫米。

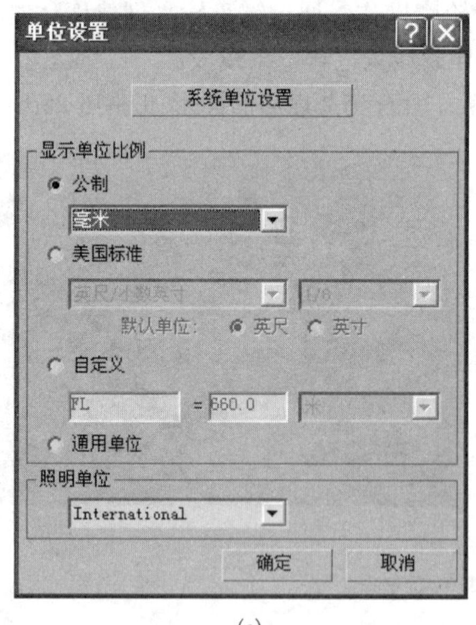

(a)

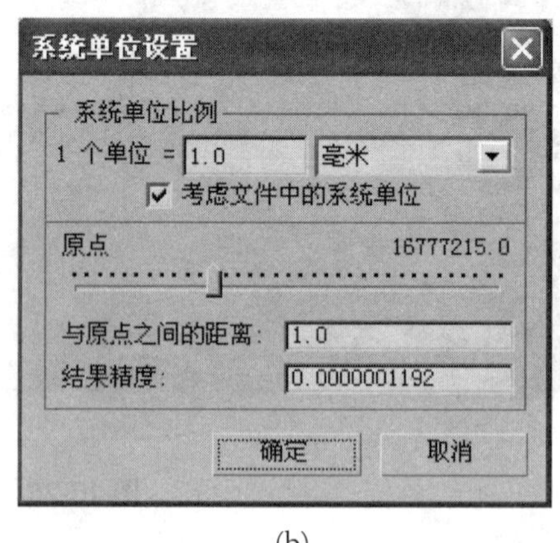

(b)

图 16-28　设置单位比例

选择图形子面板，单击“对象类型”卷展栏中的“线”按钮。在“创建方法”卷展栏中选择“角点”选项。

展开“键盘输入”卷展栏，按照实际房间大小将以米为单位的值乘以 50 作为创建线段端点的值。

在 Z 为 0 的平面内创建第一条曲线的(X，Y)坐标依次为(0，50)、(0，0)、(300，0)、(300，475)，(0，475)、(0，425)，每输入一组值就单击一下“添加点”按钮。

创建第二条曲线的(X，Y)坐标依次为(0，250)、(0，350)。

创建第三条曲线的(X，Y)坐标依次为(0，300)、(300，300)。

创建第四条曲线的(X，Y)坐标依次为(200，300)、(200，475)。

创建第五条曲线的(X，Y)坐标依次为(300，200)、(200，200)。

创建第六条曲线的(X，Y)坐标依次为(200，0)、(200，−100)、(300，−100)、(300，0)。

创建矩形阳台曲线的(X，Y)坐标依次为(0，25)、(−50，25)、(−50，275)、(0，275)。将矩形阳台曲线命名为矩形阳台轮廓线。

创建弧形阳台曲线的(X，Y)坐标为(0，377.5)，半径为 50，范围为 90°~270°。将弧形阳台曲线命名为弧形阳台轮廓线。

用 3ds max 创建的平面图如图 16-29 所示。

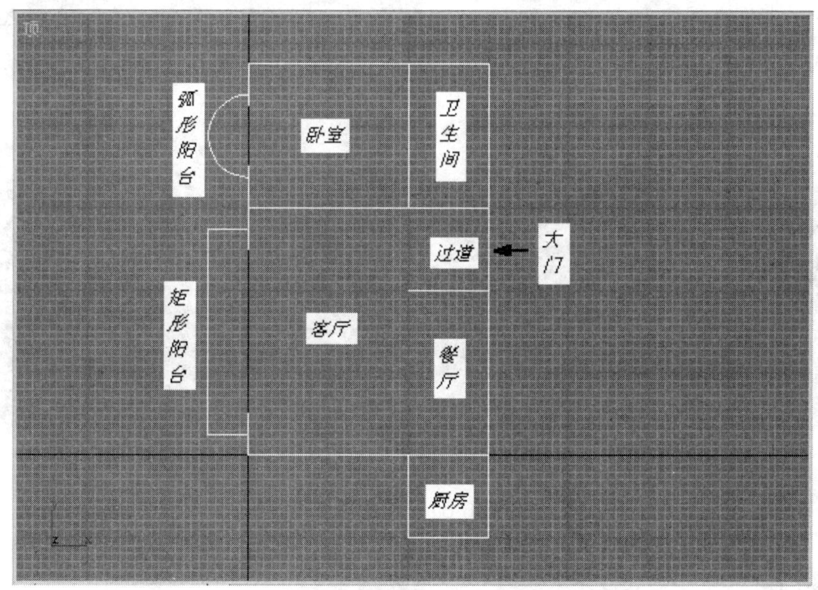

图 16-29　用 3ds max 创建的平面图

3. 创建墙体和地板

1) 创建地板和天花板

实际地板和天花板厚为 0.1 米。

选择图形子面板，单击“线”按钮，在“创建方法”卷展栏中选择“平滑”选项，按照平面图的外轮廓画一条封闭的曲线，如图 16-30(a)所示，将其命名为地板轮廓线。选择挤出修改器，设置挤出数量为 5，就可得到房间的地板，如图 16-30(b)所示，将其命名为地板。沿 Z 轴移动复制一块地板，移动距离设置为 160，就可得到房间的天花板，将复制得到的对象命名为天花板。

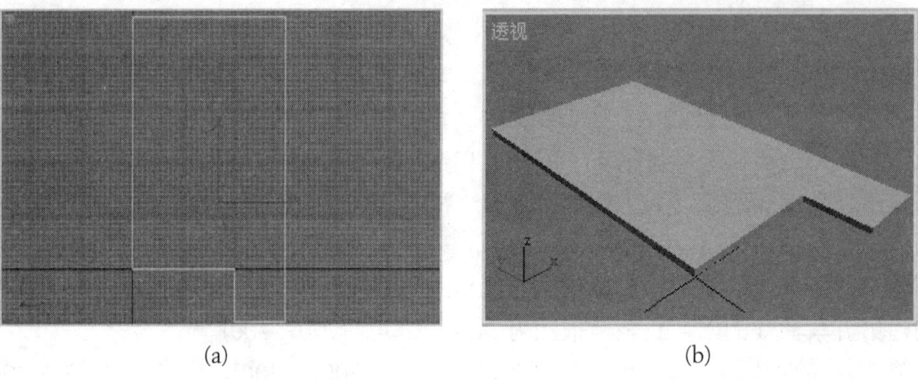

(a)　　(b)

图 16-30　创建地板

2) 创建墙体

实际墙体厚为 0.12 米，高为 3.2 米。

隐藏地板和天花板。选择几何体子面板，在类型列表中选择 AEC 扩展，单击“墙”按钮，在“参数”卷展栏中设置宽度为 6，高度为 160，单击“拾取样条线”按钮，单击各墙壁的样条线就可创建出各块墙体，如图 16-31(a)所示。取消所有隐藏，创建的全套房房间外形如图 16-31(b)所示。

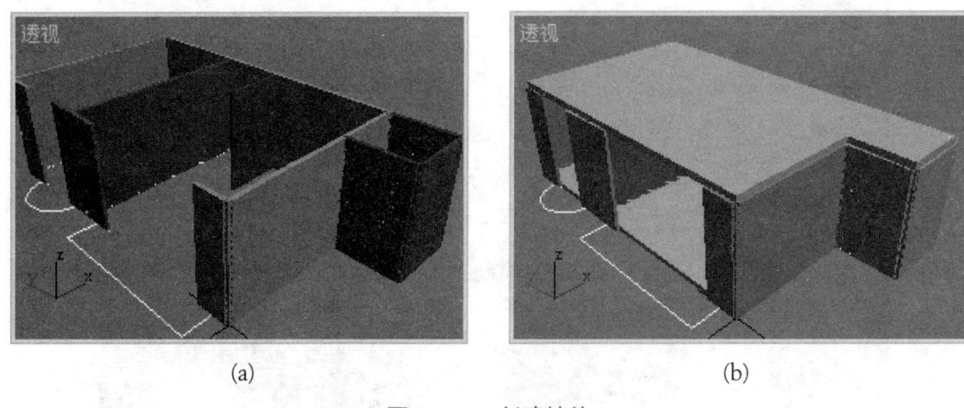

(a)　　(b)

图 16-31　创建墙体

4. 创建门窗

1) 创建简易门

实际简易门高为 2.2 米，宽为 1 米，深为 0.1 米。

选择几何体子面板，在类型列表中选择门，单击“类型”卷展栏中的“枢轴门”按钮，创建一个枢轴门，门和门框的参数设置如图 16-32(a)所示。页扇参数设置如图 16-32(b)所示。其他参数为默认值。创建的门如图 16-32(c)所示。

复制三个门，单击“链接”按钮，将门链接到不同墙上。移动门并嵌入墙中。已嵌入门的墙体如图 16-32(d)所示。在顶视图中观察到的门和墙如图 16-32(e)所示。

2) 创建中式门窗

客厅和餐厅是使用一个中式的门窗和一个艺术品橱窗分隔开的。实际中式门窗宽为 2 米，高为 3.2 米。艺术品橱窗也是宽为 2 米，高为 3.2 米。

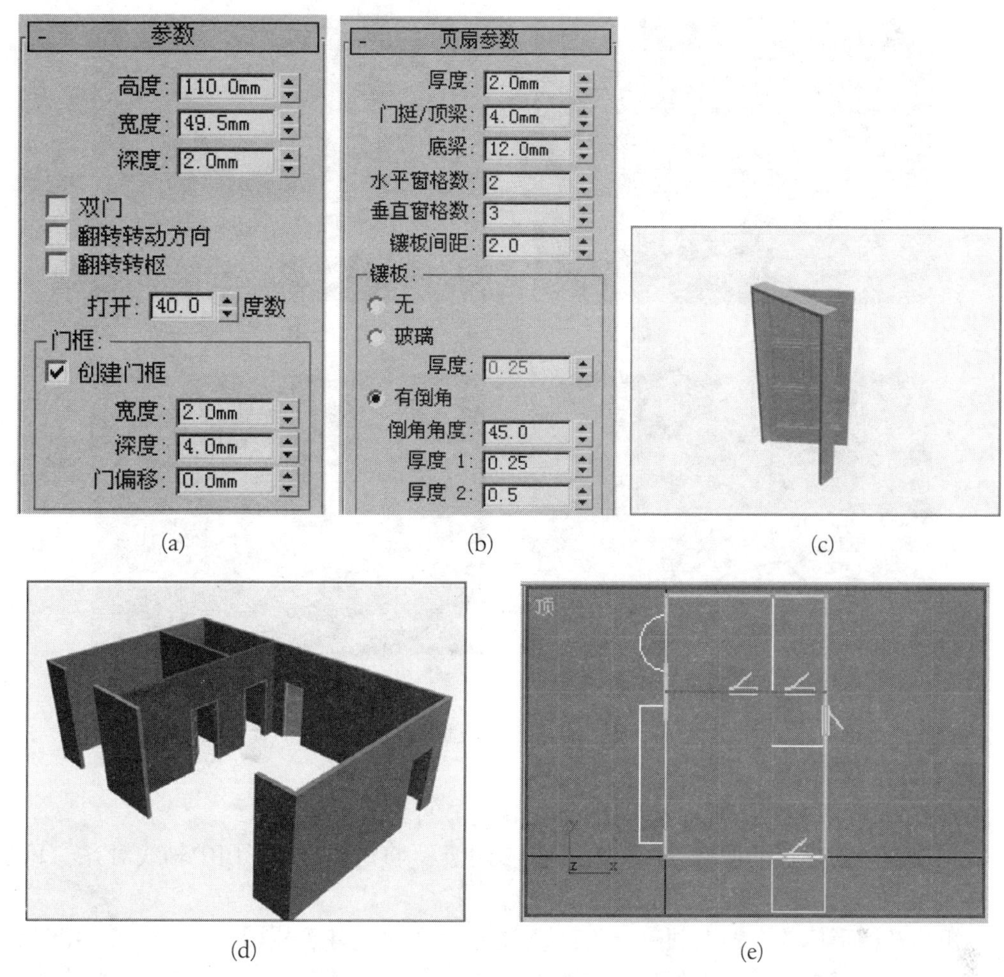

图 16-32　创建简易门

(1) 创建中式圆形门。

实际的圆形门高为 2.2 米，宽为 2 米，深为 0.3 米。

选择图形子面板，单击“圆”按钮，在左视图中创建一个圆，圆的半径为 50。

在左视图中创建一个矩形，长为 20，宽为 60。使圆和矩形的中轴线对齐，矩形的上部两角刚好在圆上，如图 16-33(a)所示。

将圆和矩形转换为可编辑样条线。选择“修改”命令面板，展开修改器堆栈中的可编辑样条线，选择样条线子层级，选定圆，单击“几何体”卷展栏中的“附加”按钮，单击矩形，就可将圆和矩形附加到一个图形中。

选定圆，单击“几何体”卷展栏中的“布尔并集”按钮，单击矩形，就可得到圆形门的轮廓线，如图 16-33(b)所示。

在修改器堆栈中选择样条线子层级，选定圆形门轮廓线，在“几何体”卷展栏中设置轮廓值为 3，单击“轮廓”按钮，就可得到一个双轮廓线图形，如图 16-33(c)所示。

选择挤出修改器，挤出数量设置为 15，分段数设置为 20，挤出后的圆形门如图 16-33(d)所示。将挤出对象命名为圆形门。

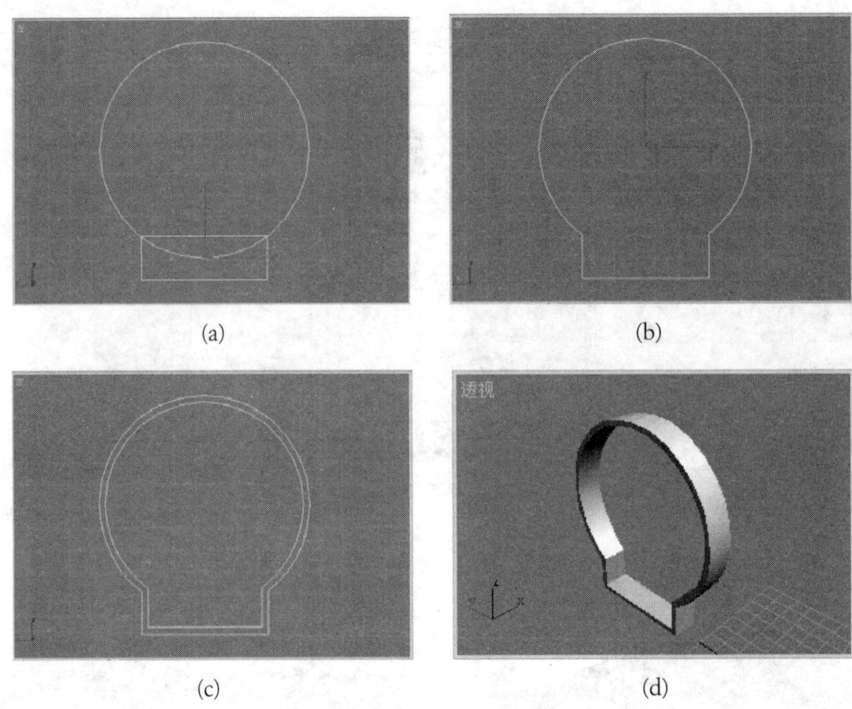

(a)　(b)　(c)　(d)

图 16-33　创建圆形门

(2) 创建中式窗户。

中式窗户实际高为 3.2 米，宽为 2.8 米，深为 0.04 米。

在左视图中创建一个长为 160、宽为 140 的矩形。将矩形与圆形门中轴线对齐，下边缘重叠，如图 16-34(a)所示。

在矩形和圆形门的中轴上创建一条直线。在左半部分创建窗棂图案，如图 16-34(b)所示。

选定窗棂图案，将所有曲线转换成可编辑样条线。选定其中一条样条线，单击“几何体”卷展栏中的“附加多个”按钮，将所有曲线附加成一个图形。

选定附加后的图形，选择“修改”命令面板，展开“渲染”卷展栏，勾选“在渲染中启用”和“在视口中启用”两个复选框，选择矩形选项，设置长度为 2，宽度为 2，曲线就变成横截面为 2×2 的长方体，如图 16-34(c)所示。

镜像复制出另外一半窗棂。

选定做边框的矩形，在“渲染”卷展栏中选定“矩形”选项，设置长度为 15，宽度为 2。将边框、窗棂和圆形门对齐并组合成组，组名改为中式门窗。渲染后的效果如图 16-34(d)所示。

(3) 创建艺术品橱窗。

实际的艺术品橱窗高为 3.2 米，宽为 1.2 米，深为 0.3 米。

在左视图中创建一个长为 160、宽为 60 的矩形。

在矩形中画隔板图案，如图 16-35(a)所示。

选定所有曲线，将其转换成可编辑样条线。将所有曲线附加成一个图形。选择“修改”命令面板，展开“渲染”卷展栏，勾选“在渲染中启用”和“在视口中启用”两个复选框，选择“矩形”选项，设置长度为 15，宽度为 2，曲线就变成横截面为 15×2 的长方体。制作的艺术品橱窗如图 16-35(b)所示。将制作的对象命名为艺术品橱窗。

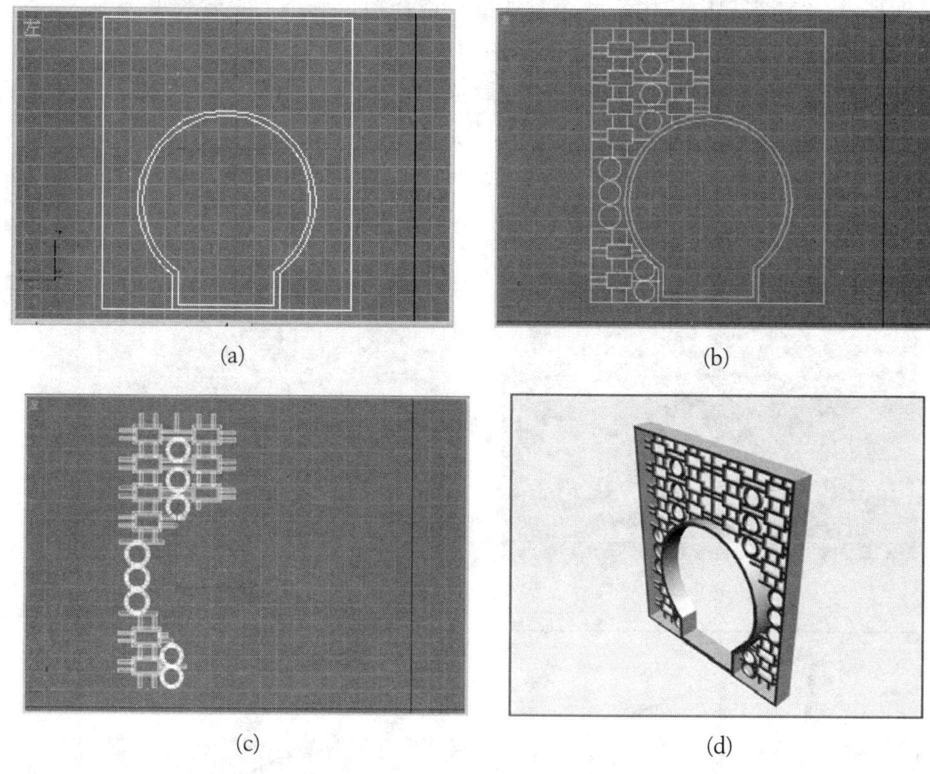

图 16-34 创建中式窗户

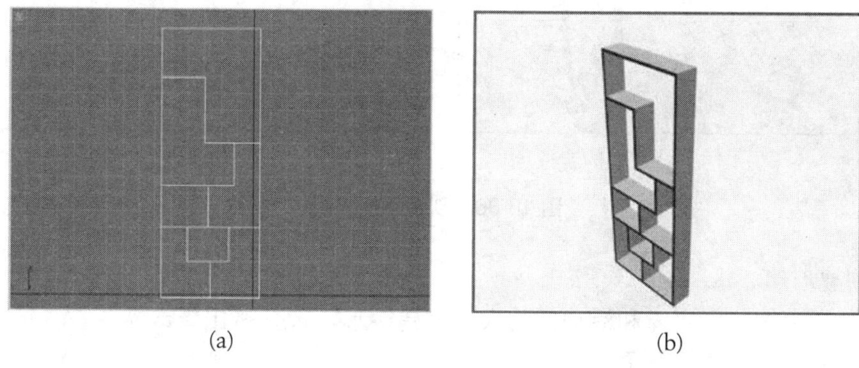

图 16-35 创建艺术品橱窗

3) 创建推拉门

客厅与矩形阳台之间有一道推拉门。实际推拉门的门框高为 3.2 米，宽为 4 米，深为 0.1 米。推拉门分为固定部分和推拉门两部分。

(1) 创建推拉门的门框和门。

在左视图中创建一个矩形做门框的轮廓线，矩形长为 160，宽为 200。

在左视图中创建一条曲线做门框横梁的曲线，曲线长为 200，如图 16-36(a)所示。

画出门的立柱曲线，如图 16-36(b)所示。

将所有曲线转换成可编辑样条线，并附加成一个图形。展开“渲染”卷展栏，勾选“在渲染中启用”和“在视口中启用”两个复选框，选择矩形选项，设置长度为 5，宽度为 2，曲线就变成横截面为 5×2 的长方体。固定的门窗框架如图 16-36(c)所示。

在左视图中创建一个矩形做活动门的轮廓线，矩形长为 100，宽为 60。展开“渲染”卷展栏，勾选“在渲染中启用”和“在视口中启用”两个复选框，选择“矩形”选项，设置长度为 2，宽度为 2。复制一扇门。两扇门在深度方向错开 2 个单位。门框和门如图 16-36(d)所示。

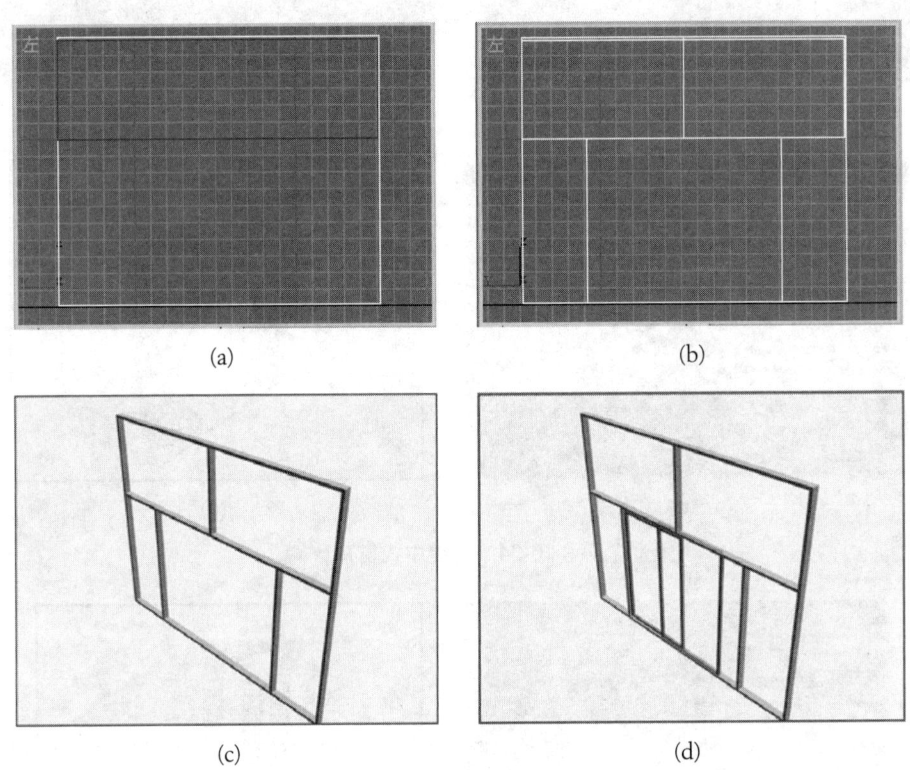

(a)　(b)　(c)　(d)

图 16-36　创建门框和门

(2) 创建玻璃。

在左视图中按照固定窗和活动门的大小创建矩形，选择挤出修改器，设置挤出数量为 0.1，就可得到做玻璃的原对象。

选定玻璃原对象，打开材质编辑器，单击“获取材质”按钮，双击材质/贴图浏览器中的建筑材质，在“模板”卷展栏的模板列表框中选择玻璃——清新。在“物理性质”卷展栏中设置漫反射颜色为浅绿色，透明度设置为 95。将材质指定给所有玻璃原对象。

将固定框架和固定部分玻璃组合成组。将门框和门玻璃组合成组。

在固定窗上已创建两块玻璃原对象和一块玻璃，如图 16-37(a)所示。

固定窗和活动门都已创建玻璃，如图 16-37(b)所示。

4) 创建双开门

卧室通向阳台处有一个双开门。实际的双开门高为 2 米，宽为 1.5 米，深为 0.1 米。

选择几何体子面板，在类型列表中选择门，单击“对象类型”卷展栏中的“枢轴门”按钮，在透视图中创建一个枢轴门。枢轴门高为 100，宽为 75，深为 2，勾选“双门”和“翻转转动方向”复选框，打开 40°。

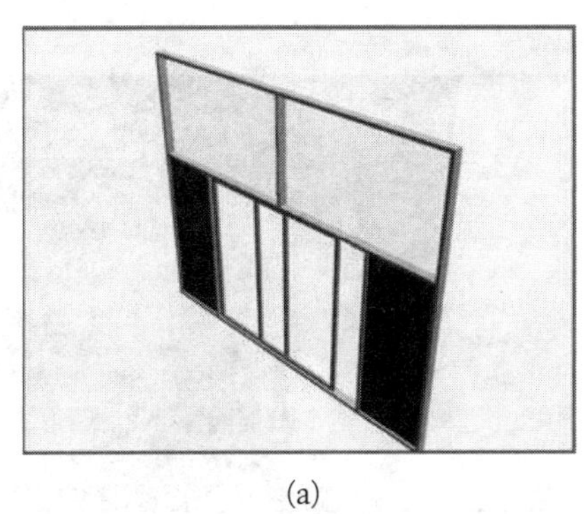
(a)

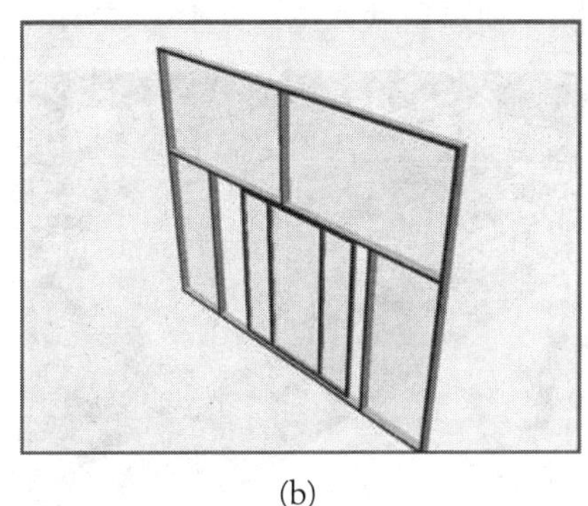
(b)

图 16-37　创建玻璃

在门上创建一个玻璃窗：在左视图中创建一个长为 60、宽为 75 的矩形。复制一个矩形，其中一个做框架，另一个做玻璃。

选定其中一个矩形，选择“修改”命令面板，展开“渲染”卷展栏，勾选“在渲染中启用”和“在视口中启用”两个复选框，选择“矩形”选项，设置长度为 5，宽度为 2，就可得到玻璃窗的框架。

选定另一个矩形，选择挤出修改器，挤出数量为 0.1，就可得到玻璃原对象。给玻璃原对象赋玻璃材质。

将玻璃与玻璃框对齐，并将它们组合成组。

5. 创建阳台

1) 创建矩形阳台

实际的矩形阳台长为 4 米，宽为 1 米。

在顶视图中创建一个长为 200、宽为 50 的矩形。选择挤出修改器，设置挤出数量为 10，就可得到矩形阳台的地板。

创建一根阳台栏杆：选择图形子面板，在类型列表中选择 NURBS 曲线，单击“点曲线”按钮，在左视图中创建一根栏杆的半边轮廓线，选择“修改”命令面板，单击“创建车削曲面”按钮，单击轮廓线，就可得到一根栏杆。

将阳台轮廓线沿 Z 轴上移 50，使用“工具”菜单中的“间隔”工具命令复制出 15 根栏杆。

选定矩形阳台的轮廓线，选择“修改”命令面板，展开“渲染”卷展栏，勾选“在渲染中启用”和“在视口中启用”两个复选框，选择“矩形”选项，设置长度为 5，宽度为 6，就可得到阳台栏杆扶手。创建的矩形阳台如图 16-38 所示。

2) 创建弧形阳台

选定弧形线，沿 Z 轴上移 50，复制出一条弧形线。

在原弧线两端点间创建一条线段，并将线段与弧线焊接起来构成封闭曲线。挤出封闭曲线就可得到弧形阳台地板。

沿路径复制 10 根栏杆，就制成弧形阳台，如图 16-39 所示。

6. 创建客厅陈设

1) 创建窗帘

客厅窗帘由纵向窗帘和横向窗楣组成。

实际的纵向窗帘高 3 米，左右各一扇。

图 16-38　创建矩形阳台

图 16-39　创建弧形阳台

选择前视图，打开图形子面板，单击“线”按钮，在“创建方法”卷展栏中选择“平滑”选项。展开“键盘输入”卷展栏，先后输入两点的(X，Y，Z)坐标分别为(0，0，0)和(0，150，0)，创建一条长为 150 的直线。

在顶视图中创建一条竖直方向的波浪线。

选定直线，选择几何体子面板，在类型列表中选择复合对象，单击“放样”按钮，单击“获取图形”按钮，单击波浪线就可创建一扇窗帘，如图 16-40(a)所示。

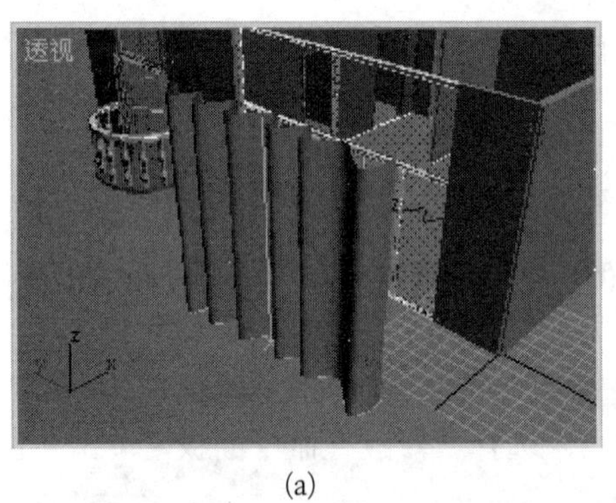

(a)

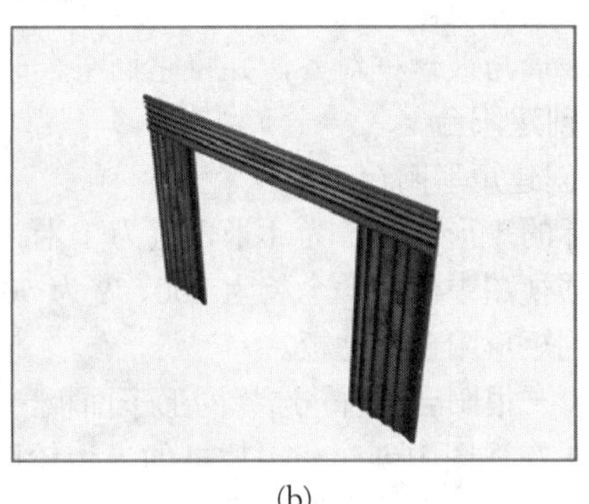

(b)

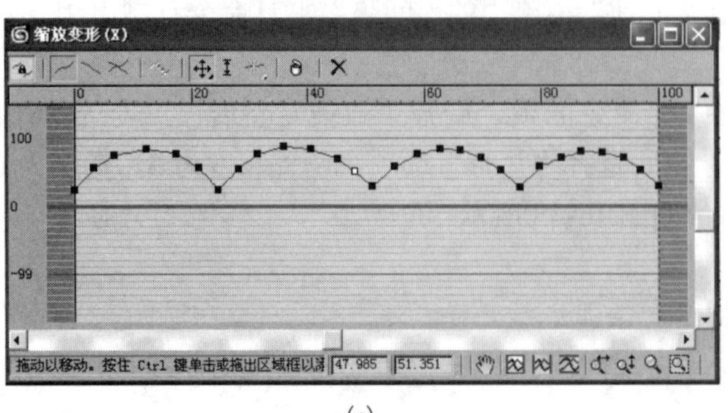

(c)

(d)

图 16-40　制作窗帘

选定窗帘，打开材质编辑器，单击“获取材质”按钮，在材质/贴图浏览器中双击“双面”选项，给正面材质和背面材质分别指定一个位图文件，单击“将材质指定给选定对象”按钮，就可制成有花纹的窗帘。

复制两扇窗帘，其中一扇旋转 90°做窗楣，如图 16-40(b)所示。

选定水平方向的窗帘，打开“修改”命令面板，展开修改器堆栈中的 Loft，选择图形子层级，在窗帘的上部边缘处选定做图形的波浪曲线，展开“变形”卷展栏，单击“缩放”按钮，打开缩放变形编辑框。在编辑框中将曲线编辑成具有四段弧线的形状，如图 16-40(c)所示。编辑好的窗帘如图 16-40(d)所示。

将窗帘和窗楣组合成组，并命名为厅窗帘。

2) 制作沙发

在透视图中创建一个切角长方体做沙发基座，圆角值设置为 1。复制一个切角长方体做坐垫，圆角值改为 3，如图 16-41(a)所示。

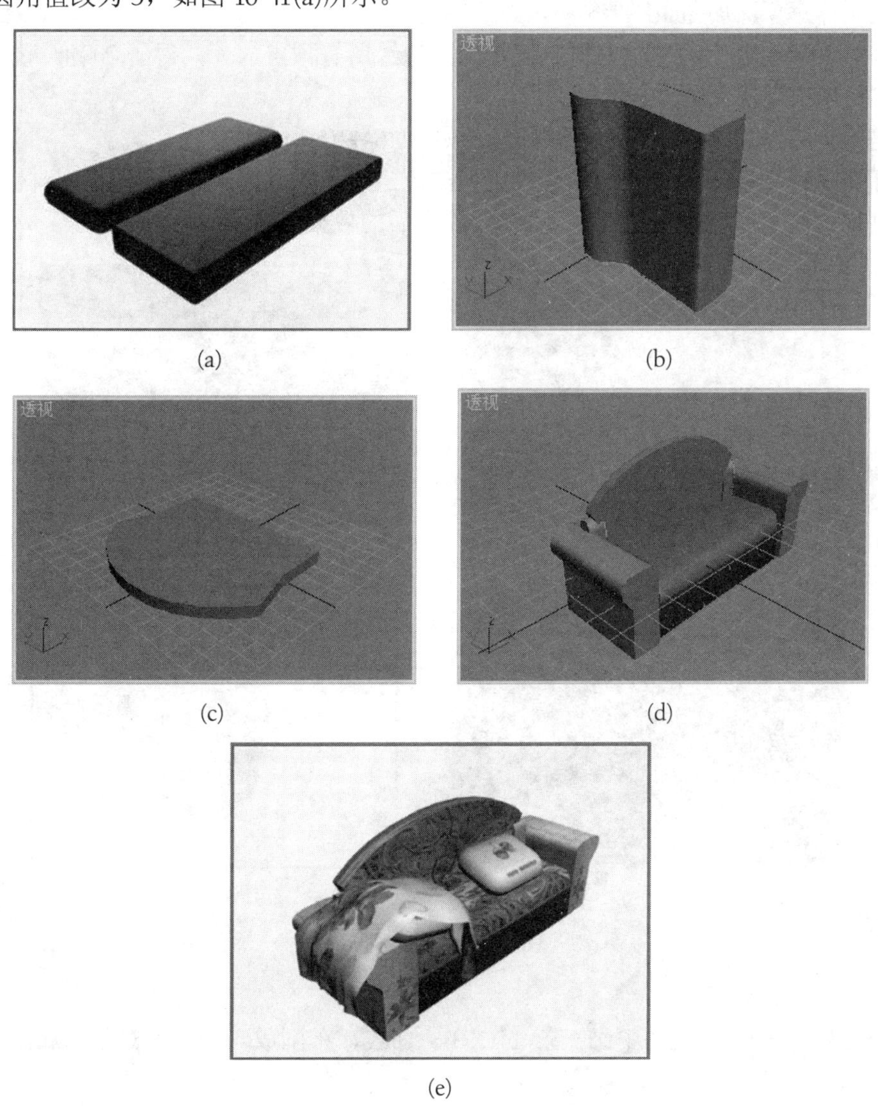

(a)　(b)

(c)　(d)

(e)

图 16-41　制作沙发

创建沙发扶手：在顶视图创建一条 NURBS 曲线，选择挤出修改器，挤出数量为 100，输出选择 NURBS 选项，效果如图 16-41(b)所示。

创建沙发靠背：创建一个圆柱体和四个长方体，用圆柱体与长方体进行布尔相减运算，就可得到沙发靠背，如图 16-41(c)所示。

将各部分组合起来，就可得到一个沙发，如图 16-41(d)所示。

创建一个平面，长、宽分段均设置为 14。将平面创建成布料。给每一部分指定一个位图文件做贴图。渲染第 70 帧的画面如图 16-41(e)所示。

3) 制作吊灯

制作灯罩如下。

在顶视图中创建一个五角星形曲线，如图 16-42(a)所示。

缩放复制一个星形，并将两个星形附加成一个图形。选择挤出修改器，将附加后的图形挤出成立体对象，如图 16-42(b)所示。

将挤出对象转换为可编辑网格。选择上部边缘所有顶点放大，得一个喇叭形对象。用同一星形挤出成灯罩顶盖。

创建一个球体并拉伸部分顶点做灯泡，如图 16-42(c)所示。

给灯泡赋标准材质，自发光颜色设置为白色。给灯罩赋建筑材质中的玻璃材质，漫反射颜色设置为浅蓝色，透明度设置为 100。渲染后的效果如图 16-42(d)所示。

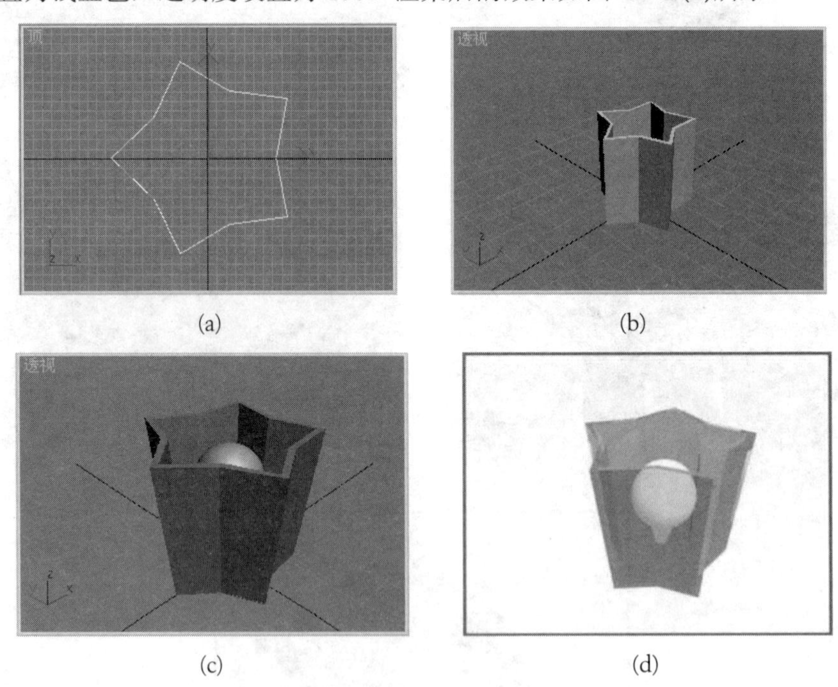

(a)　(b)　(c)　(d)

图 16-42　制作灯罩

制作吊灯过程如下。

制作灯架主轴:在左视图中画一条 NURBS 曲线，车削成一个三维对象，如图 16-43(a)所示。

在前视图中画一条 NURBS 曲线，设置渲染厚度为 3，制作成灯的支架。将灯架主轴、支架、灯罩对齐，如图 16-43(b)所示。

将灯罩和支架组合成组。旋转复制四个，整个吊灯如图 16-43(c)所示。

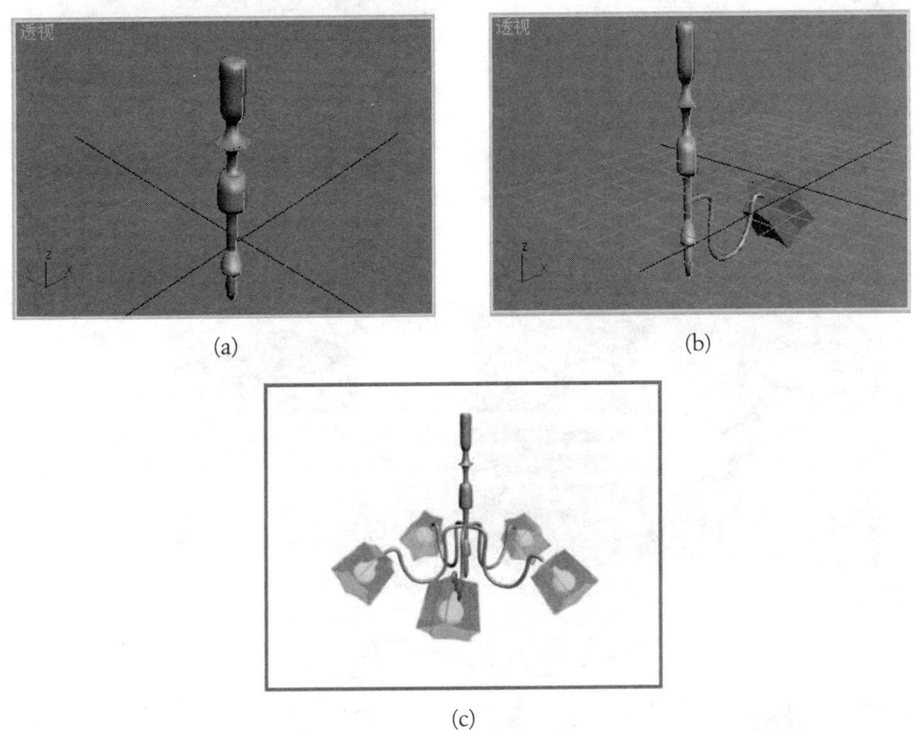

图 16-43　制作吊灯

4) 制作茶几

在前视图中画一条竖直方向的曲线，在透视图中画大小不同的两个正方形，如图 16-44(a)所示。

选定曲线，选择几何体子面板，选择复合对象，单击“对象类型”卷展栏中的“放样”按钮，单击“获取图形”按钮，单击大正方形，在“路径参数”卷展栏中设置路径为 100，单击“获取图形”按钮，单击小正方形，就可得到茶几的一条腿，如图 16-44(b)所示。

复制三条腿，创建一个切角长方体做茶几桌面，复制一块切角长方体做茶几隔板。将茶几腿、桌面和隔板的位置和方向调整好，就可制作出茶几，如图 16-44(c)所示。

渲染后的茶几如图 16-44(d)所示。

5) 制作电视机

在前视图中创建一个切角长方体和一个长方体，通过布尔相减运算得到一个电视机的框架，如图 16-45(a)所示。

在前视图中创建一个高度为 0 的长方体，给长方体贴一幅位图。将长方体与框架对齐，并将长方体与框架组合成组，就可得到电视机，如图 16-45(b)所示。

制作电视机柜。电视机柜是一个有四个抽屉的矮柜。创建一个切角长方体做电视机柜的台板，创建一个大长方体做柜身，创建一个小长方体做抽屉，如图 16-45(c)所示。

先将小长方体与大长方体做布尔相减运算，再将复制的小长方体移入抽屉所在位置。将台板移到柜身上，就可做成电视机柜的主体部分，如图 16-45(d)所示。

图 16-44　制作茶几

图 16-45　制作电视机及电视机柜的主体部分

制作电视机抽屉的扣手：在透视图中创建一个长方体，在前视图中创建一个圆柱体并复制一个，将它们的位置调整好后组合成组，给组命名为扣手。

选定扣手，给它赋标准材质，不透明度设置为 80，自发光设置为 50，漫反射颜色设置为蓝色。创建的扣手如图 16-46(a)所示。

将扣手与抽屉对齐。

复制一组柜体和抽屉。

将所有对象组合成组。

将制作的电视机和电视机柜分别命名为电视机和电视机柜。效果如图 16-46(b)所示。

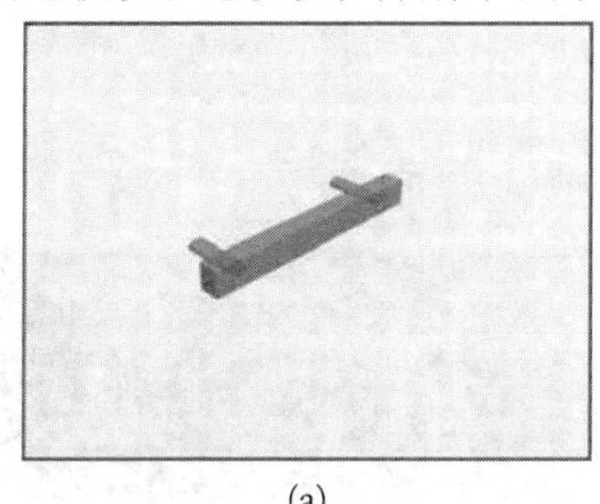

(a)

(b)

图 16-46 制作扣手

制作音箱如下。

创建一个切角长方体做音箱外壳。给外壳赋标准材质，不透明度设置为 60，漫反射颜色设置为黑色。

创建一个椭圆和一个圆，挤出后做喇叭，颜色设置为浅灰色。将圆和椭圆与外壳对齐后上、下移到合适位置，如图 16-47(a)所示。渲染后的效果如图 16-47(b)所示。

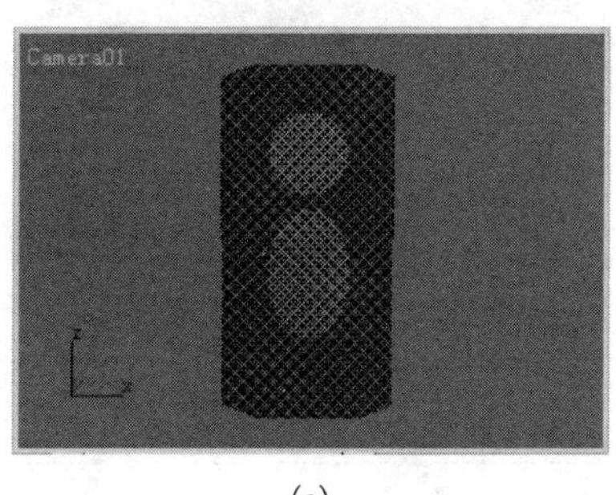

(a)

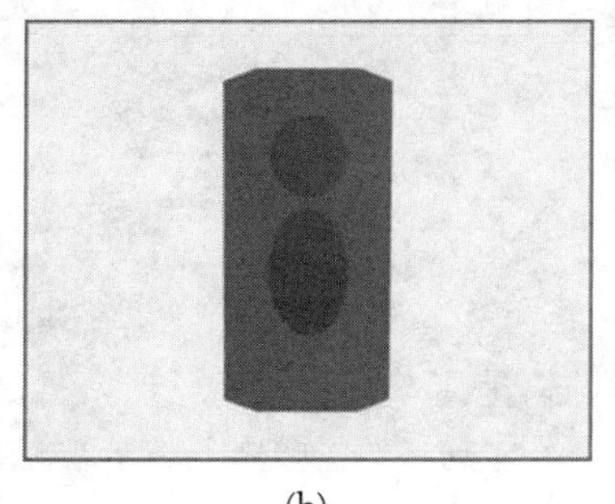

(b)

(c)

图 16-47 制作音箱

电视机和音箱的组合如图 16-47(c)所示。

7. 制作席梦思床

创建一个长方体做床基。创建一个切角长方体做席梦思。创建两个切角长方体并叠在一起做被子。创建一个切角长方体做枕头。给席梦思、枕头、被子贴图。创建长方体，中间嵌入一个切角长方体做靠背，如图 16-48(a)所示。

创建一个 NURBS 曲面做床罩。选择一个位图文件给曲面贴图，如图 16-48(b)所示。

将被子、枕头、席梦思、靠背创建成刚体，质量设为 0。将曲面创建成布料，如图 16-48(c)所示。

创建一个长方体做地面，将这个长方体创建成刚体，质量设置为 0，渲染时隐藏这个长方体。

渲染输出效果图。最后一帧的画面如图 16-48(d)所示。

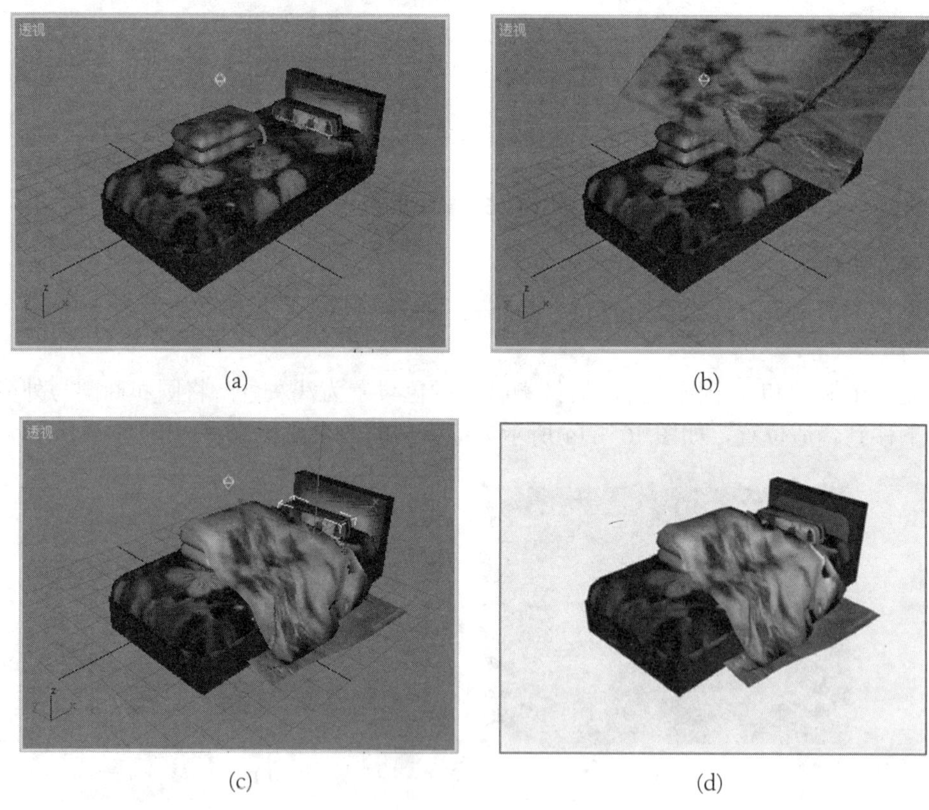

(a) (b) (c) (d)

图 16-48 制作席梦思床

8. 合并场景

将创建的对象合并到一个场景中。适当调整各对象的位置、方向和大小，就构成由客厅、卧室、餐厅、阳台组成的一整套房间。

9. 创建摄影机

在透视图中创建一个自由摄影机，将透视图切换为摄影机视图，使用摄影机输出各房间的效果图。

实训 5　掷骰子

这是个掷骰子的游戏。只要按一下任意键，就可以掷一次骰子。骰子出现的点数是随机的，可以比谁掷的点数多。

1. 制作骰子

创建一个切角长方体和 21 个球体。用切角长方体与球体进行布尔相减运算，就能做出一个骰子。做成的骰子如图 16-49 所示。

2. 制作掷骰子的人和桌子

为掷骰子的人 Biped 加一顶帽子。桌子由桌面、立柱、基座三部分组成，每部分都是切角长方体。地面是一块长方体，并指定棋盘格贴图。背景是窗帘。渲染后的效果如图 16-50 所示。

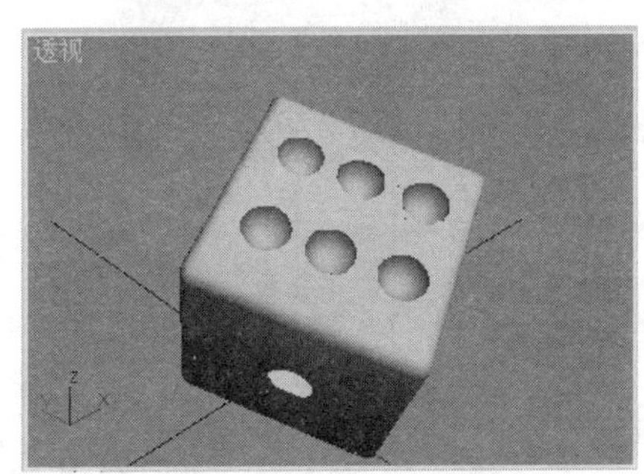

图 16-49　制作骰子

图 16-50　制作掷骰子的人和桌子

3. 制作掷骰子动画

将桌子和骰子创建成刚体。桌子的质量设置为 0，弹力设置为 1；骰子的质量设置为 1，弹力设置为 1。制作六个掷骰子动画，六个动画的最终画面分别是骰子的六种不同点数。每个动画都由 Biped 掷出，落到桌面上后有一定的移动和旋转。图 16-51(a)所示的是骰子掷出后第 20 帧的画面，图 16-51(b)所示的是骰子落到桌面最终停下后的画面。

(a)

(b)

图 16-51　制作掷骰子动画

4. 制作掷骰子游戏

使用 Authorware 编写程序。

主程序中的显示图标用来显示掷骰子游戏的游戏规则。等待图标不设置等待时间，只有单击或按回车键时才会擦除显示图标内容并继续执行程序。

判断图标的属性设置：在重复列表框中选择“直到单击鼠标或按任意键选项，在分支列表框中选择“随机分支路径”选项。

每个分支路径中有一个数字电影图标。六个分支数字电影图标中分别放六种不同的掷骰子动画。分支中的等待图标也不设置等待时间，只有单击或按回车键时才会擦除上次显示内容并重新掷一次骰子。

图 16-52 显示了掷骰子游戏的主程序、六个分支程序和判断图标的属性面板。

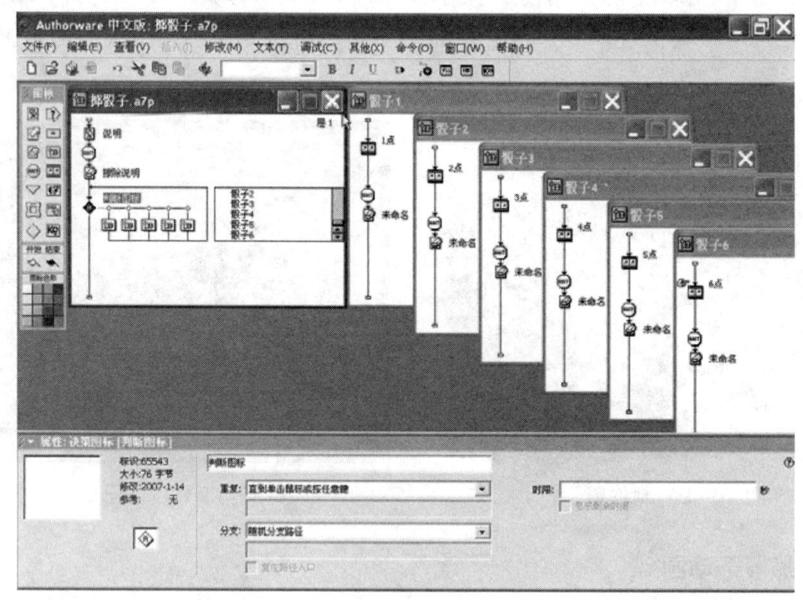

图 16-52　掷骰子游戏程序

实训 6　魔术表演

魔术表演的过程是:表演者用酒壶往酒杯中倒酒，可是一滴酒也没倒出来，证明酒壶是空的；表演者将酒壶摔碎，然后拼接起来，进一步证明酒壶是空的，当再次往酒杯中倒酒时，观众可以看到酒源源不断地从酒壶中流出来；最后居然还从酒杯中跳出三条活蹦乱跳的小鱼。

1. 制作道具

两个表演者是两个二足角色，衣服和帽子分别设置不同颜色。

酒壶是由茶壶拉伸后做成的。

高脚酒杯由 NURBS 曲线车削后得到。

从酒壶中流出来的酒是粒子阵列对象，主要参数如下：粒子大小为 8，粒子速度为 15，第 0 帧开始发射、第 100 帧结束发射，寿命为 1，粒子类型为标准中的恒定，消亡后繁殖，繁殖数为 3000。给粒子赋标准材质，不透明度设置为 70，漫反射颜色设置为深红色。酒杯中的酒是一个半球，进行适当变形，使它刚好与酒杯大小一致，颜色也为深红色。

鱼的制作在前面已有详细叙述。

表演场景渲染后的效果如图 16-53 所示。

2. 制作动画

整个魔术表演要制作以下五个动画文件。

第一个动画文件：倒酒，但酒壶是空的，图 16-54 所示的是截取第 50 帧的画面。

图 16-53　制作表演场景

图 16-54　往杯中倒酒但酒壶是空的

第二个动画文件：摔碎酒壶，图 16-55 所示的是截取第 30 帧的画面。

图 16-55　摔碎酒壶

第三个动画文件：拼接摔碎的酒壶。将摔碎酒壶拼接起来的动画与摔碎的动画相反，只要在“时间配置”对话框中选择“反向播放”选项，渲染输出的动画就是摔碎动画的反过程。

第四个动画文件：第二次倒酒，这次倒酒能看到酒从酒壶中流出，酒杯中的酒越涨越高。图 16-56(a)所示的是截取第 50 帧的画面，这时酒杯中的酒还不到半杯。图 16-56(b)所示的是截取第 80 帧的画面，这时酒杯中的酒已快倒满。

(a)

(b)

图 16-56　第二次往酒杯中倒酒

图 16-57　从酒杯中相继跳出来三条鱼

第五个动画文件：从酒杯中相继跳出来三条鱼。图 16-57 所示的是截取第 70 帧的画面。

3. 制作魔术表演文件

使用 Authorware 编写如下。

主程序中第一个图标是声音图标。计时执行方式为同时。

片头和片尾都有一个显示图标。片头之后的等待图标的等待时间为 5 秒。

五个动画文件使用了五个群组图标，这样可减小主程序长度。

魔术表演的 Authorware 程序如图 16-58 所示。图中给出了 Authorware 主程序、各群组图标分程序和一个数字电影图标的属性面板。播放 Authorware 程序，可以看到整个魔术表演的过程。

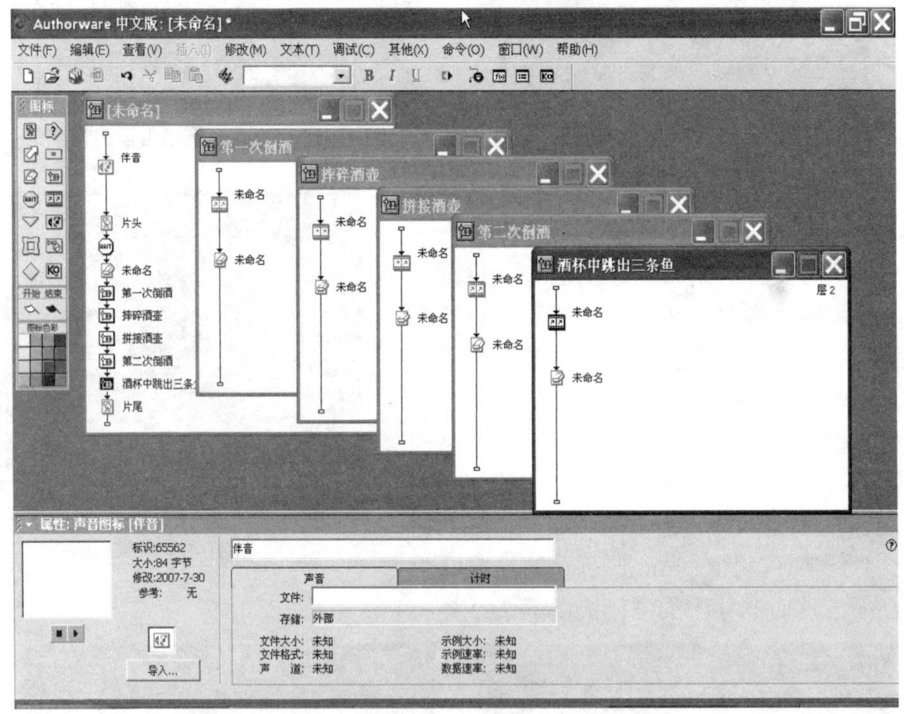

图 16-58　魔术表演的 Authorware 程序

实训 7　创建轧制钢轨的效果图和动画

轧制钢轨的效果图包括钢轨和轧辊两部分。

制作钢轨如下。

重型钢轨的断面图如图 16-59 所示。

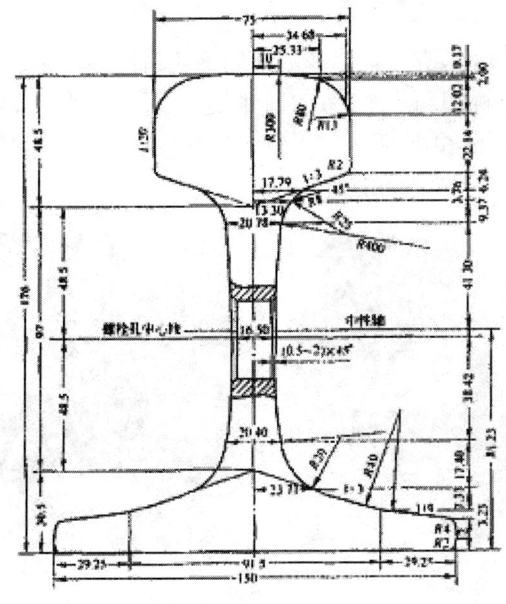

图 16-59　钢轨断面图

创建一个宽法兰，如图 16-60(a)所示。

根据钢轨断面图的尺寸将宽法兰修改成钢轨断面图，如图 16-60(b)所示。

创建一条直线，与钢轨断面图进行放样，就可得到钢轨，如图 16-60(c)所示。

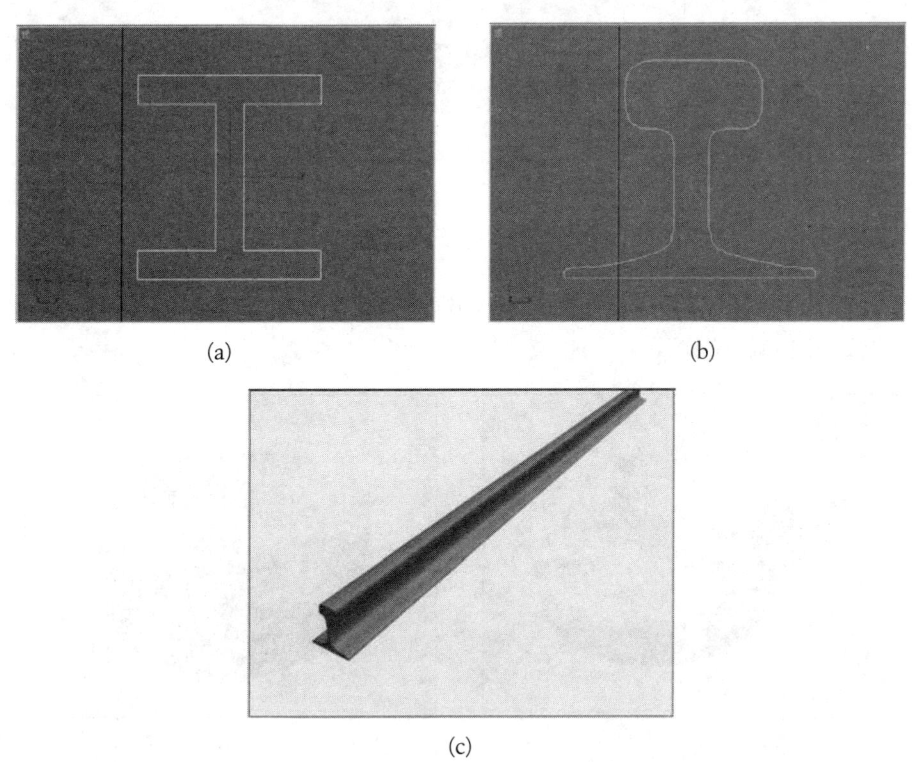

(a)　(b)

(c)

图 16-60　创建钢轨

制作轧辊如下。

轧制钢轨需要四个轧辊组成一组，其中轧制钢轨两侧的轧辊形状、大小相同。

选择样条线中的一个椭圆和一个圆，对椭圆进行适当修改，如图 16-61(a)所示。放样后得到一个环状对象，如图 16-61(b)所示。创建一个圆柱体，将圆柱体和环状对象进行布尔运算，就得到一个轧辊，如图 16-61(c)所示。

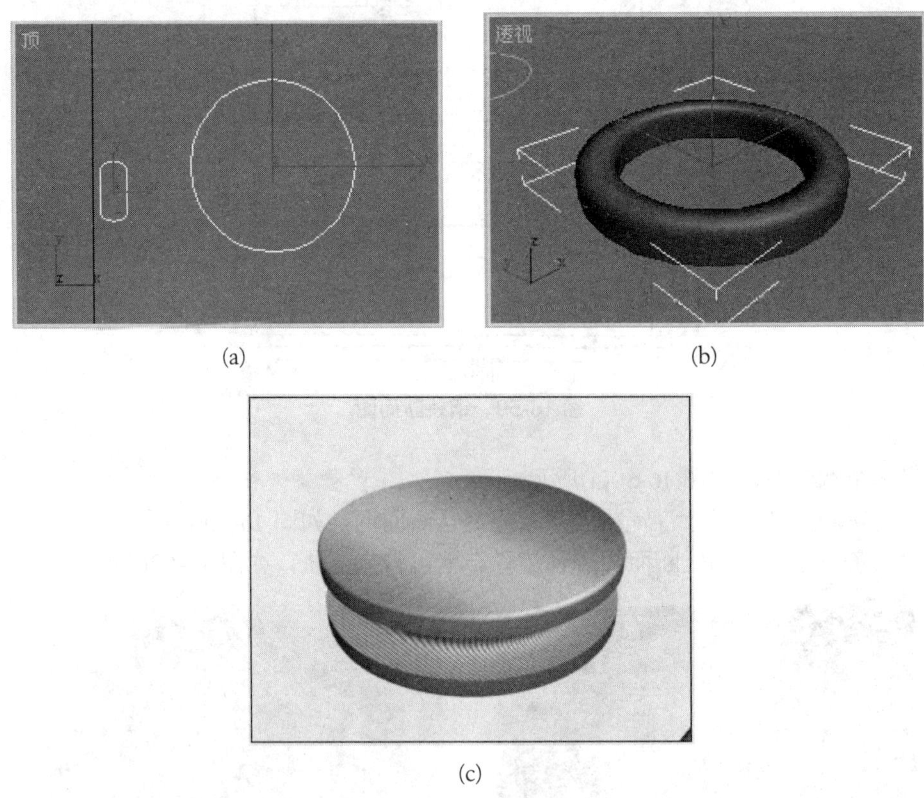

(a)　(b)　(c)

图 16-61　创建轧辊

使用切角圆柱体制作另外两种轧辊。轧制钢轨两侧的轧辊如图 16-62(a)所示。轧制钢轨底部的轧辊如图 16-62(b)所示。

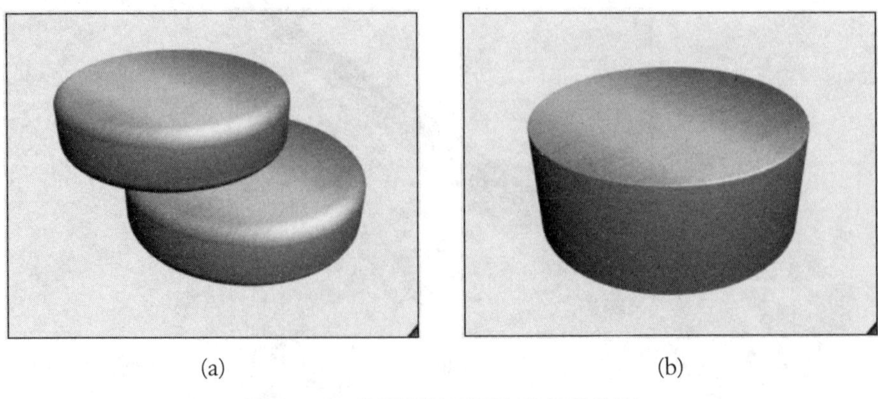

(a)　(b)

图 16-62　轧制钢轨两侧和底部的轧辊

将四个轧辊和钢轨组合在一起。为了便于创建动画，四个轧辊和钢轨的坐标系都与世界坐标系对齐。

在每个轧辊上创建一个箭头，用于指示轧辊旋转的方向，如图 16-63(a)所示。

用切角圆柱体创建轧辊的轴，如图 16-63(b)所示。

按照轧辊箭头所指方向旋转轧辊，创建动画。钢轨沿 X 轴向移动。渲染输出动画。图 16-63(c)所示的是播放动画时截取的一幅画面。

(a)

(b)

(c)

图 16-63　创建轧制动画

一根钢轨要经过三组轧辊轧制，如图 16-64 所示。

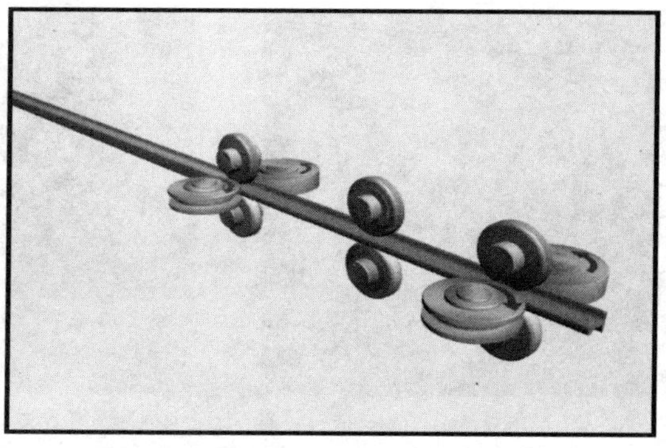

图 16-64　三组轧辊同时轧制钢轨

实训 8　制作龙喷水动画

选择一个有龙的图像做渲染背景。有龙的图像如图 16-65(a)所示。

在龙的头部截取一块图像，如图 16-65(b)所示。制作一个黑白剪影文件，如图 16-65(c)所示。

在前视图中创建一个平面，使用不透明度贴图技术给平面贴图。调整平面的大小和位置，让平面刚好嵌在背景的相应位置。

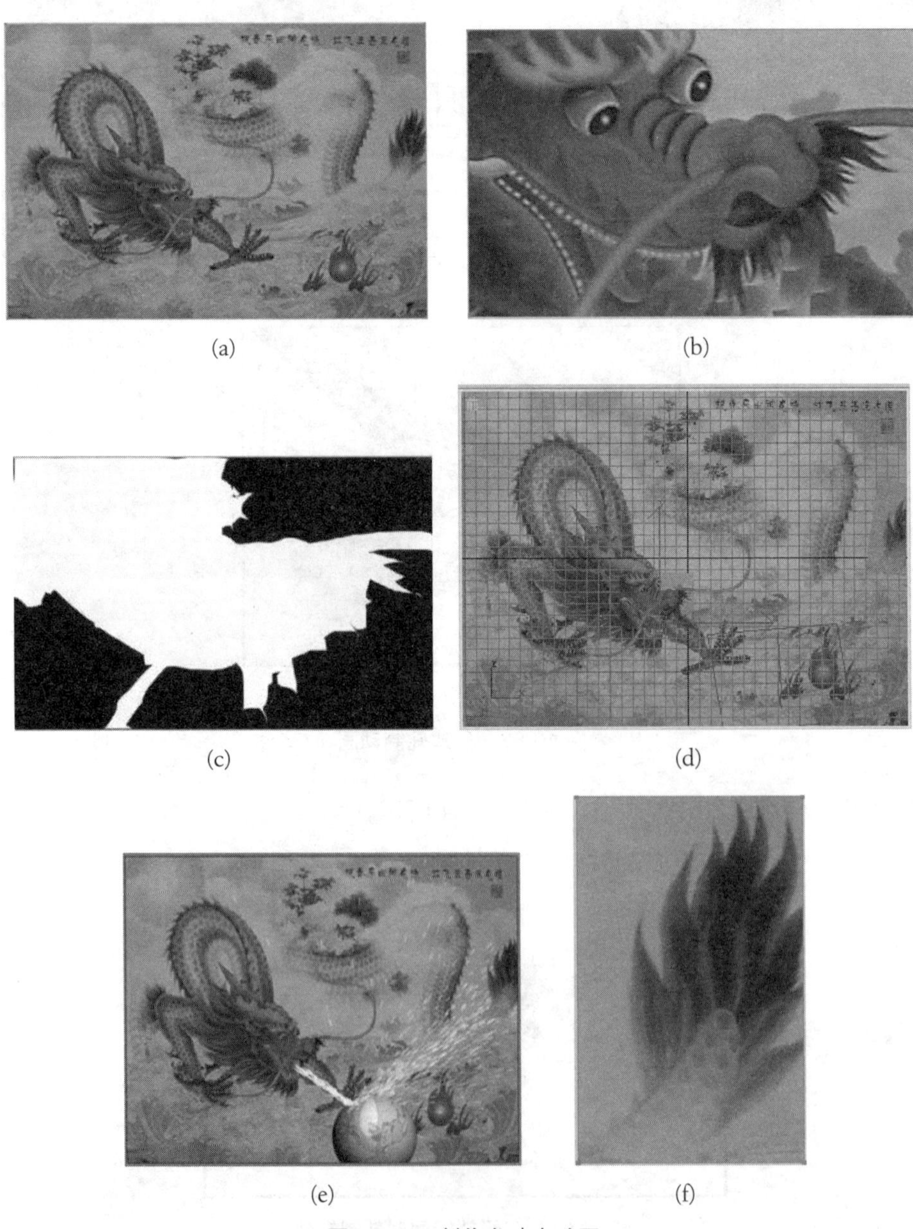

(a)　(b)　(c)　(d)　(e)　(f)

图 16-65　制作龙喷水动画

创建一个喷射粒子对象，视口计数和渲染计数均为 1000，粒子大小为 10，寿命为 100，渲染选择四面体，发射器宽度为 15，长度为 6。给粒子对象赋标准材质，自发光颜色、漫反射颜色和高光反射颜色均设置为白色，不透明度设置为 80。

创建一个球体，使用一个世界地图文件给球体贴图。

将粒子对象和球体藏在平面之后，如图 16-65(d)所示。

创建一个动力学导向板，适当调整导向板的位置和方向，使得粒子看上去刚好碰到球体表面后反射。

选定动力学导向板。单击主工具栏中的“绑定到空间扭曲对象”按钮，从喷射粒子对象拖到动力学导向板放开，喷射粒子对象就和动力学导向板绑定到一起。

对前视图制作动画：将时间滑动块移到第 20 帧，把球体从龙的嘴里移出，将时间滑动块移到第 100 帧，旋转球体数圈。

渲染输出动画，这时可以看到从龙嘴里吐出一个“地球”，“地球”在不停地旋转。与此同时，龙嘴里不停地往外喷水，水碰到“地球”后四散溅开，如图 16-65(e)所示。

龙尾摆的动画与龙头的处理类似。先将龙尾截取下来，如图 16-65(f)所示，将背景中的龙尾擦掉，涂抹上底色。创建一个平面，使用不透明度贴图技术对平面进行贴图。对龙尾创建旋转动画，龙尾就可摆动起来。

实训 9 创建刚体类对象——篮球坠落楼梯上

创建一个楼梯，不勾选“扶手”复选框。创建一个球体做篮球，并将篮球移到楼梯上方，如图 16-66(a)所示。

选定篮球，单击 reactor 工具栏中的“创建刚体类对象”按钮，将篮球创建成刚体。单击 Utilities(工具)命令面板，单击“工具”卷展栏中的 reactor(反应器)按钮，展开 Properties(属性)卷展栏。在物理属性选区设置质量为 1，弹力为 1。

选定楼梯，单击 reactor 工具栏中的“创建刚体类对象”按钮，将楼梯创建成刚体。设置质量为 0，弹力为 1。

选定楼梯栏杆，单击reactor工具栏中的Create Rigid Body Collection(创建刚体类对象)按钮，将楼梯创建成刚体。设置 Mass(质量)为 0，Elasticity(弹力)为 1。

注意：扶手通过扶手路径创建，即选定扶手路径，选择“修改”命令面板，在“渲染”卷展栏中设置厚度为 5，勾选“在渲染中启用”和“在视口中启用”复选框。不要将扶手创建成刚体。为了让篮球在楼梯拐弯处能继续滚动，可以在拐弯处放置一个质量为 0、弹力为 1 的篮球。

选择 reactor 菜单，选择 Preview Animation(预览动画)命令，弹出 Reactor Real-Time Preview 窗口。选择该窗口中的 Simulation(模拟)菜单，选择 Play/Pause(播放/暂停)命令(也可按 P 键)，就能看到篮球弹跳着从楼梯上滚下来，如图 16-66(b)所示。

按 R 键或选择 Reactor Real-Time Preview 窗口中的 Simulation(模拟)菜单，选择 Reset(复位)命令，运动对象会恢复到初始状态。

选择 reactor 菜单，选择 Create Animation(创建动画)命令创建关键帧。

渲染输出动画。

播放动画，从播放器中截取的画面如图 16-66(c)所示。

注意：在碰撞之前，两个刚体类对象的边界盒不能重合，否则在碰撞时一个刚体会穿透另外一个刚体。

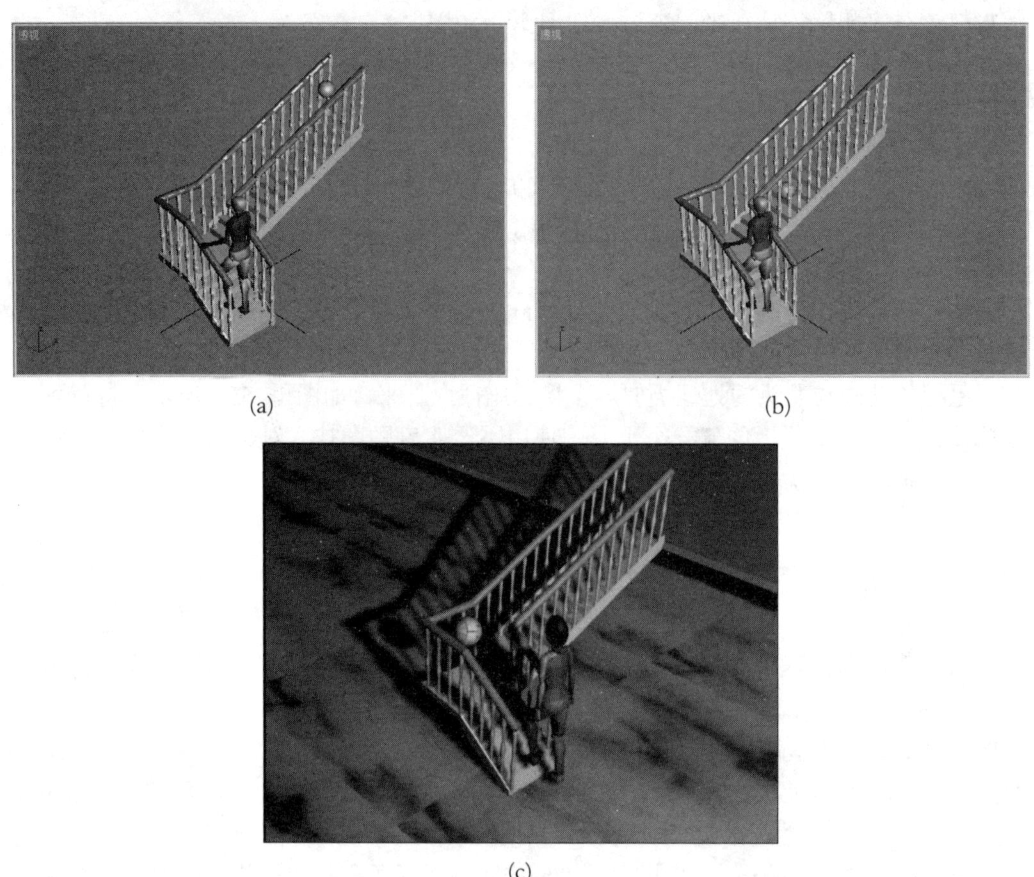

(a)　(b)

(c)

图 16-66　创建刚体类对象——篮球坠落在楼梯上

实训 10　创建水

创建两个长方体，通过布尔运算得到一个方形水池。将方形水池创建成刚体，质量设置为 0。

创建两个椭球体做蛋。把两个蛋创建成刚体，质量设置为 0。将蛋放在池中，一个完全没入水中，另一个部分露出水面。

单击 reactor 工具栏中的创建 Water(水)按钮，在透视图中拖动指针，创建 Water(水)对象。X 和 Y 方向的 Size(大小)调到刚好盖住水池，如图 16-67(a)所示。

选择 reactor 菜单，选择 Preview Animation 命令，这时就能看到水的效果，如图 16-67(b)所示。

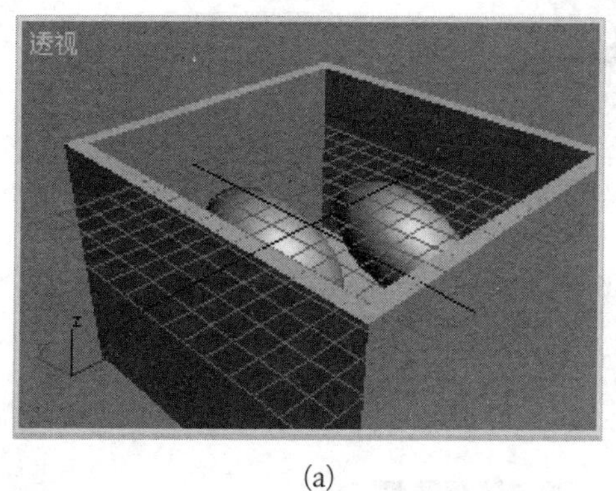

(a)

(b)

图 16-67 创建水

实训 11 地雷爆炸

创建一个几何球体，取名为球体 1。

选择“编辑”菜单中的“克隆”命令，原地复制一个球体，取名为球体 2。

创建一个圆柱体插在球体 1 上做导火索。

选择辅助对象子面板，创建一个大气装置中的球体 Gizmo，并将球体 Gizmo 放在导火索顶端。

选定球体 Gizmo，选择“修改”命令面板，选择“大气和效果”卷展栏中的“添加”按钮，添加一个火效果。

选定火效果，单击“设置”按钮，在“火效果参数”卷展栏中设置内部颜色和外部颜色为大红色，密度设置为 1000，渲染后的效果如图 16-68(a)所示。

创建一个 PArray(粒子阵列)对象。单击“基本参数”卷展栏中的“拾取对象”按钮，单击球体 1，这个球体就成为粒子发射器。

在“粒子类型”卷展栏中，选择粒子类型为 Object Fragments(对象碎片)，这时会激活 Object Fragment Controls(对象碎片控制)选区，在选区中设置碎片的厚度为 2，选择 All Faces(所有面)选项。

在“粒子生成”卷展栏中，选择散度为 50，变化为 50，发射开始为 20，显示时限为 100，寿命为 100。

在“基本参数”卷展栏的视口显示选区选择“网格”选项。

创建爆炸动画如下。

隐藏发射粒子的球体 1。

单击“自动关键帧”按钮，将时间滑动块移到第 19 帧处，移动球体 Gizmo 和导火索，让导火索完全没于球体内，略微缩小球体 2。

将时间滑动块放在第 20 帧处，将球体 2、导火索和球体 Gizmo 都缩到非常小，以至于基本上看不到这几个对象。播放动画，可以看到球体在第 20 帧爆炸，如图 16-68(b)所示。

第 25 帧可以看到碎片四散飞出，如图 16-68(c)所示。

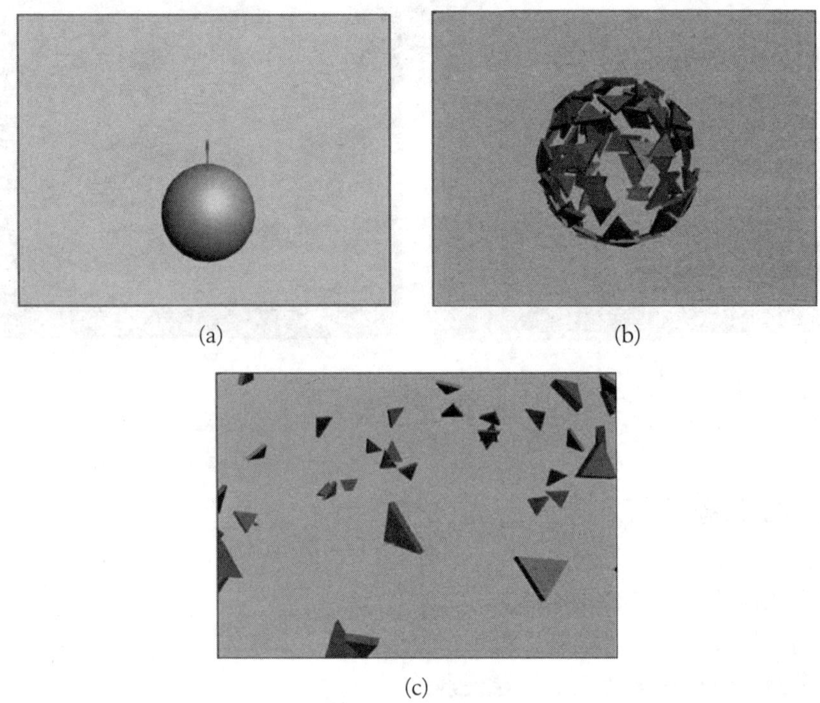

图 16-68　地雷爆炸

实训 12　给粒子贴图创建仙女散花

在顶视图中创建一个喷射粒子系统对象，大小要能覆盖整个顶视图，X、Y、Z 坐标分别为 0、0、75。渲染计数设置为 200，Drop Size(水滴大小)选择为 5，选择 Facing(面)选项，效果如图 16-69(a)所示。

为了给粒子贴图，先要准备一朵玫瑰花的位图文件，如图 16-69(b)所示。制作玫瑰花的黑白图像文件，如图 16-69(c)所示。

选定粒子系统对象，打开材质编辑器，展开“贴图”卷展栏，选择不透明度贴图，将黑白玫瑰图像文件赋给粒子系统，选择漫反射颜色贴图将玫瑰位图文件赋给粒子系统。渲染后的效果如图 16-70(a)所示。

图 16-69　贴图用的位图文件和黑白图形文件

(c)

续图 16-69

指定一幅背景贴图。渲染输出动画。播放动画，可以看到玫瑰花从天上飘落下来，图 16-70(b)所示的是截取第 50 帧的画面。

(a) (b)

图 16-70 给粒子贴图，创建天赐的玫瑰动画

实训 13 用暴风雪粒子系统创建草原上的雄鹰

创建一个暴风雪粒子系统对象。将粒子发射器放大到整个场景。

在场景中创建一个厚度为 0 的长方体。

准备一张鹰的位图文件，并制作出相应的黑白图像文件。

使用不透明贴图将鹰的黑白图像文件赋给长方体，使用漫反射颜色贴图将鹰的彩色图像文件指定给长方体。

在暴风雪创建(或修改)命令面板中的 Particle Type(粒子类型)卷展栏中选择 Instanced Geometry(关联几何体)选项。

单击“拾取对象”按钮，单击场景中已贴图的长方体。

单击材质贴图和来源选区中的“材质来源”按钮，单击场景中已贴图的长方体。

渲染后的效果如图 16-71(a)所示。

指定一幅背景贴图，渲染后的效果如图 16-71(b)所示。

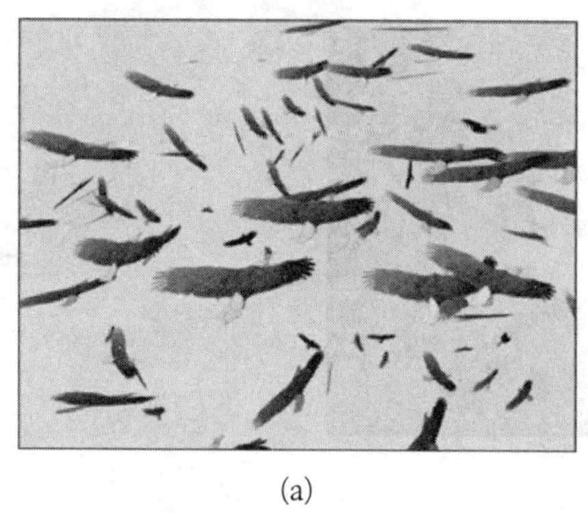

(a)

(b)

图 16-71　创建的群鹰

实训 14　用放样创建一段人行道护栏

路边护栏如图 16-72(a)所示。

在前视图中创建三个矩形，转换成可编辑样条线后附加成一个图形。在透视图中创建一条折线，如图 16-72(b)所示。

选定折线，在复合对象的“对象类型”卷展栏中选择放样，单击“创建方法”卷展栏中的“获取图形”按钮，单击护栏横截面图形，就可得到护栏的围栏，如图 16-72(c)所示。

在前视图中创建一条直线，在顶视图中创建一条护栏立柱的横截面曲线，如图 16-72(d)所示。

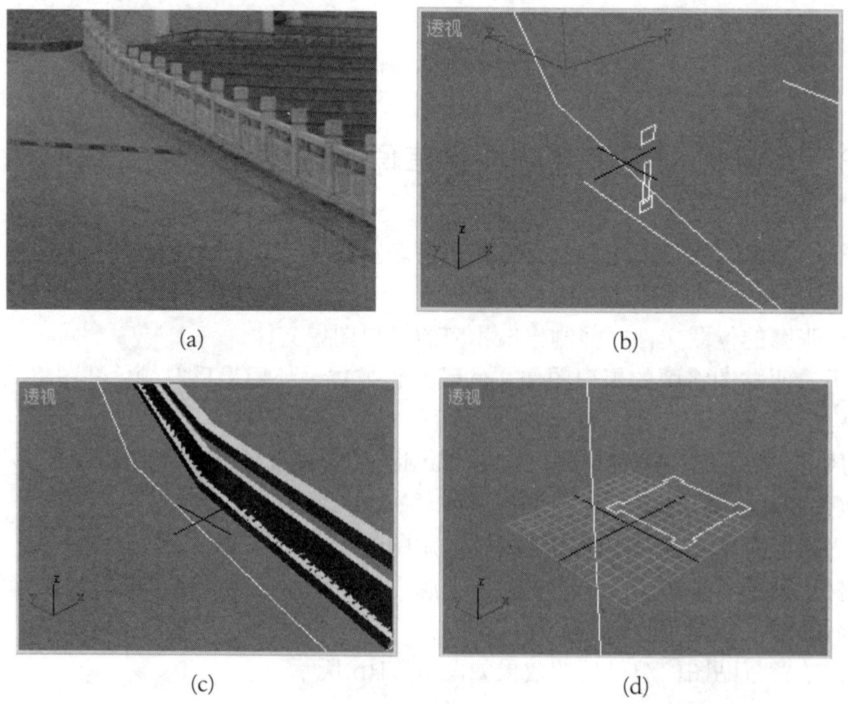

(a)　(b)

(c)　(d)

图 16-72　用放样制作人行道上的护栏

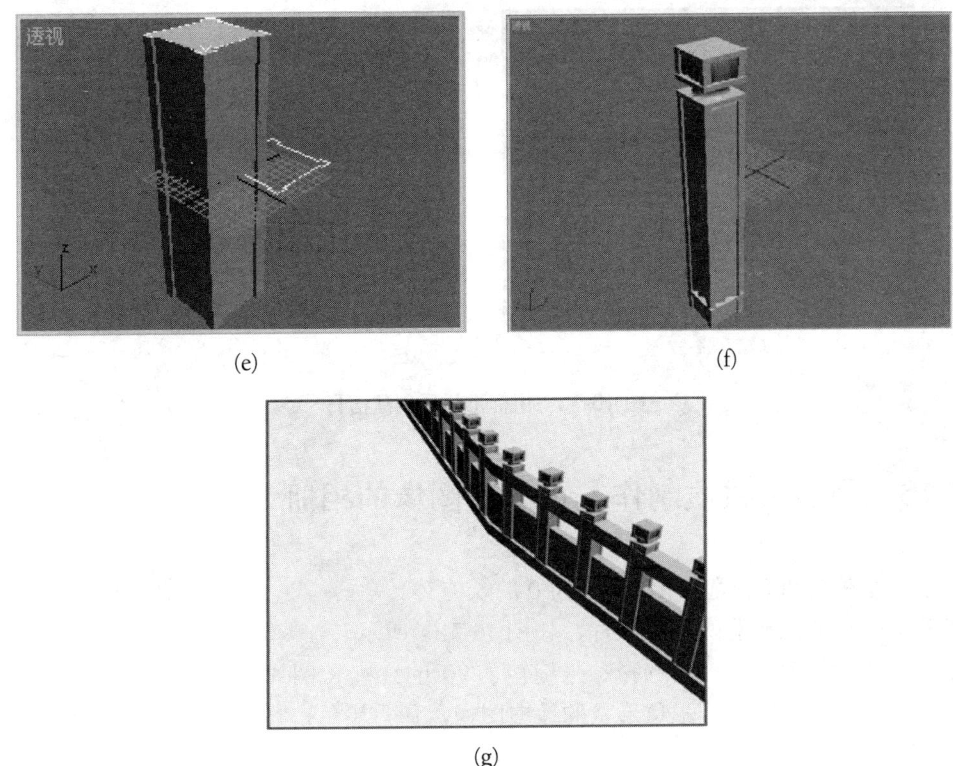

(e) (f)

(g)

续图 16-72

选定直线，在复合对象的“对象类型”卷展栏中选择放样，单击“创建方法”卷展栏中的“获取图形”按钮，单击立柱横截面曲线，就可得到一根立柱初样，如图 16-72(e)所示。

创建一个几何体中的圆环，用圆环与立柱进行布尔运算，就可得到立柱颈部。创建一个长方体，并复制三个与立柱对齐，分别移至各段顶端，就可得到一根完整的立柱，如图 16-72(f)所示。

选定立柱，以护栏路径为路径，进行间隔工具复制，就可得到护栏，如图 16-72(g)所示。

实训 15 用标准材质创建落日

创建一个球体。

给球体指定标准材质。勾选“自发光颜色”复选框，选择自发光颜色为红色，设置不透明度为 80，高光级别为 0，光泽度为 0，柔化为 0。

设置一盏泛光灯，不设置阴影，倍增设置为 0.5。

使用不透明度贴图，让太阳下落时能隐藏到山背后。

对太阳创建移动动画。

截取的第 50 帧画面如图 16-73(a)所示，截取的第 80 帧画面如图 16-73(b)所示。

(a)

(b)

图 16-73　用标准材质创建落日

实训 16　用混合材质制作一页小猫图像的相册

创建一个长为 100、宽为 150、高为 0 的长方体。

准备一张要放入相册的小猫照片，如图 16-74(a)所示。

准备一张背景图片，这里选择一张旋转了 90°的红桃 K 图片，如图 16-74(b)所示。

使用 Photoshop 制作一张鱼形状的黑白图像，鱼为黑色，背景为白色，如图 16-74(c)所示。

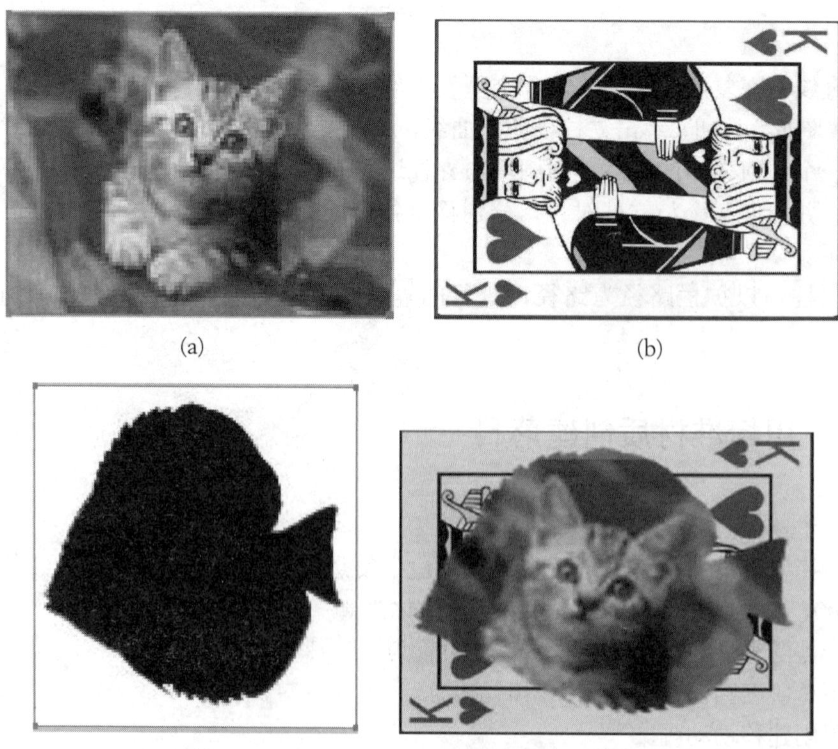

(a)　(b)　(c)　(d)

图 16-74　制作一页小猫图像的相册

打开材质/贴图浏览器，双击“混合材质”选项。

单击“混合基本参数”卷展栏中的“材质 1”按钮，展开“贴图”卷展栏，勾选“漫反射颜色”复选框，单击对应的长条形按钮，在材质/贴图浏览器的贴图列表中双击“位图”选项，选择小猫图像文件。

单击“编辑材质”工具栏中的“返回父级”按钮两次，就会返回“混合基本参数”卷展栏。单击“材质 2”按钮，展开“贴图”卷展栏，勾选“漫反射颜色”复选框，单击对应的长条形按钮，在材质/贴图浏览器的贴图列表中双击“位图”选项，选择背景文件。

单击“编辑材质”工具栏中的“返回父级”按钮两次，就会返回“混合基本参数”卷展栏。单击“遮罩”按钮，展开“贴图”卷展栏，勾选“漫反射颜色”复选框，单击对应的长条形按钮，在材质/贴图浏览器的贴图列表中双击“位图”选项，选择黑白剪影文件。

选定长方体，单击“将材质指定给选定对象”按钮，就可得到小猫图片的一页相册。渲染输出顶视图的效果如图 16-74(d)所示。

图像在视图中的位置可以通过调节贴图坐标来确定。